DELIUS KLASING

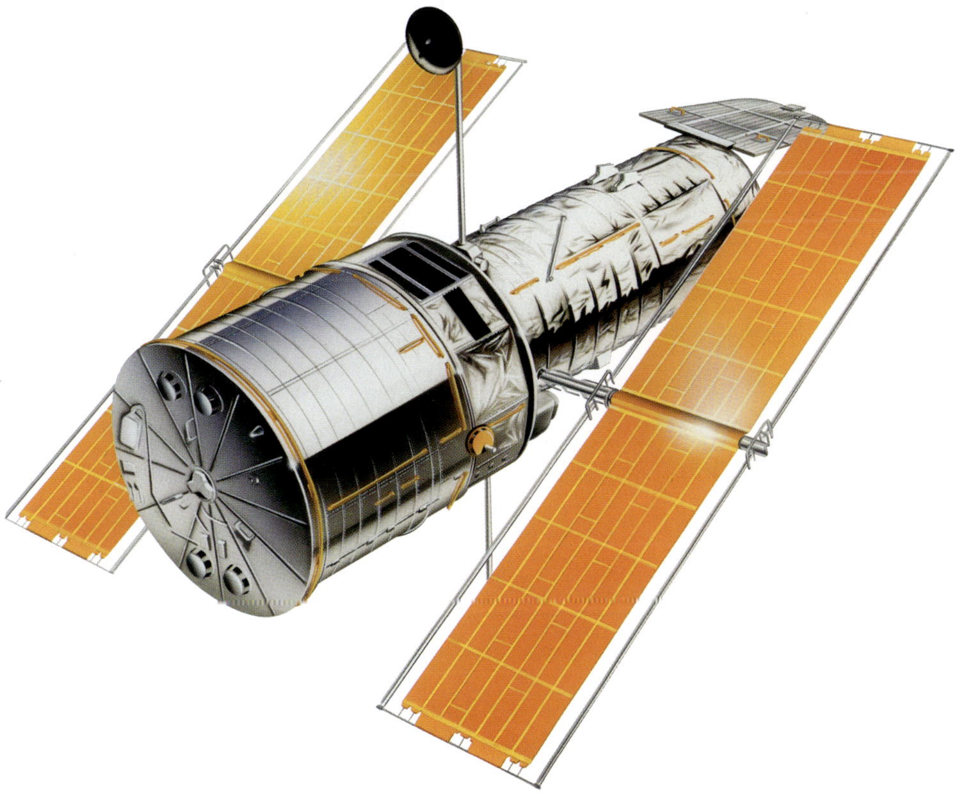

GIANLUCA RANZINI

ATLAS DES UNIVERSUMS

SONNENSYSTEME · GALAXIEN · STERNBILDER

DELIUS KLASING VERLAG

Titel der italienischen Originalausgabe:
»ATLANTE DELL'UNIVERSO, Grande guida illustrata con tutte le carte delle costellazioni«

Die Deutsche Bibliothek – CIP-Einheitsaufnahme

Atlas des Universums : Sonnensysteme - Galaxien - Sternbilder / Gianluca Ranzini. [Aus dem Ital. von Anita Ehlers]. - 1. Aufl., - Bielefeld : Delius Klasing, 2001
Einheitssacht.: Atlante dell'universo <dt.>
ISBN 3-7688-1297-9

1. Auflage
ISBN 3-7688-1297-9
Die Rechte für die deutsche Ausgabe liegen beim Verlag Delius, Klasing & Co. KG, Bielefeld

Aus dem Italienischen von Anita Ehlers
Wissenschaftlicher Berater: Roland Müller

Schutzumschlaggestaltung: Ekkehard Schonart
Printed in Italy 2001

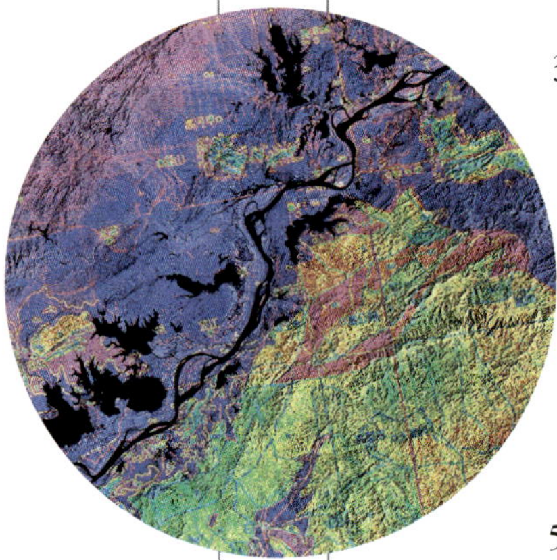

Delius Klasing Verlag, Siekerwall 21, D-33602 Bielefeld
Tel.: 0521/559-0, Fax: 0521/559-113
e-mail: info@delius-klasing.de
http://www.delius-klasing.de

INHALT

DAS SONNENSYSTEM

Sterne und Galaxien

Die Sternbilder

Einleitung

Für meinen Vater Enrico Ranzini

Nachdem die Astronomie in den letzten vier Jahrhunderten eine außerordentliche Entwicklung durchgemacht hat, steht sie jetzt vor einer Phase, die besonders viele Entdeckungen verheißt. Von Galilei ausgehend, der zu Beginn des 17. Jahrhunderts als Erster sein Fernrohr zum Himmel richtete, lässt sich die Geschichte dieser Wissenschaft in einige große Etappen einteilen.
Die erste Etappe ist gekennzeichnet durch die Erfindung des Teleskops, des Instruments, das den damaligen Wissenschaftlern eine unerforschte und unendliche Welt erschloss und die kulturelle und naturwissenschaftliche Revolution in Gang setzte, die das 17. Jahrhundert bestimmte. Das alte, in der aristotelischen Tradition stehende und von Ptolemäus systematisch ausgebaute 2000 Jahre alte geozentrische Weltbild wurde damals durch das heliozentrische Weltbild ersetzt, das besser den neuen Ansprüchen an mathematische Berechenbarkeit und Strenge entsprach. Die Wissenschaft der Astronomie, zu deren Hauptvertretern so berühmte Namen wie Kopernikus, Galilei, Brahe, Kepler und Newton gehören, hatte Mühe, sich zu behaupten und musste sich gegen Vorurteile religiöser Art und den damals vorherrschenden wissenschaftlichen Dogmatismus wehren. Man denke nur an den Prozess gegen Galilei oder an das Leben von Kopernikus, der befürchtete, der Ketzerei angeklagt zu werden und der sein Hauptwerk erst kurz vor seinem Tode gedruckt sah.

Der Himmel mit neuen Augen gesehen
Galileo Galilei, der Wissenschaftler, der als Erster ein Fernrohr (Bild links) zum Himmel richtete.

Die Zusammensetzung der Sterne
Gustav Kirchhoff (links im Bild) und Robert Bunsen (Mitte), die Erfinder der Spektroskopie. H. E. Roscoe (rechts) war Bunsens Schüler und Mitarbeiter.

Die Astronomie im 18. und 19. Jahrhundert

Das 17. Jahrhundert war für die Astronomie ein Jahrhundert des Übergangs. Die meisten Forscher bemühten sich im Rahmen einer sterilen »Positionsastronomie« um eine immer bessere Bestimmung der Orte der Planeten und Sterne. Zu den wenigen Ausnahmen gehörten Wilhelm Herschel, der die Sternbilder der Milchstraße durchmusterte, und Edmond Halley, der Entdecker des berühmten Kometen, der als Erster die periodische Wiederkehr dieses Himmelskörpers erfasste.
Eine der Lieblingsbeschäftigungen der Astronomen, die sich zu dieser Zeit mit dem Sonnensystem beschäftigten, war die »Jagd« nach Kometen. So stellte beispielsweise Charles Messier seinen berühmten Katalog nichtstellarer Objekte zusammen, weil er nach Kometen suchte, und fand dabei zufällig seltsame Objekte (Sternhaufen, Nebelflecken etc.). Im 17. Jahrhundert wurden die Teleskope immer größer und leistungsfähiger, und das ermöglichte eine gründliche Erforschung des Universums.
Das 18. Jahrhundert erlebte auf allen Gebieten der Naturwissenschaft und Technik große Veränderungen. Auf dem Gebiet der Astronomie setzte sich dank der Arbeit von Kirchhoff und Fraunhofer die Spektroskopie durch. Die Sterne, die der Philosoph Auguste Comte in eben diesen Jahren als Beispiel für etwas anführte, das Menschen niemals kennen würden, gaben dadurch wertvolle Daten preis. Die Zerlegung des von einem Himmelskörper ausgehenden Lichts in einem Prisma lieferte Informationen über die Temperatur und die chemische Zusammensetzung und über andere Parameter, die eine erste Klassifikation ermöglichten.
Das 19. Jahrhundert ist auch die Zeit, in der umfangreiche Sternkataloge herausgegeben wurden, höchst nützliche Hilfsmittel, die in mühevoller jahrelanger Arbeit sowohl für die Nord- als auch für die Südhalbkugel erstellt wurden. Bei der Untersuchung des Sonnensystems zeichnete sich dieses Jahr-

Das »Giovilabio«
Dieses einem Astrolabium ähnliche Instrument ist eine Erfindung Galileis zur Berechnung der Positionen der Galileischen Monde des Jupiter.

Der berühmteste Komet der Welt
Das Erscheinen des Kometen 1682 ermöglichte es Halley, die periodische Wiederkehr dieser Körper nachzuweisen. Die Aufnahme oben wurde 1986 gemacht.

hundert durch die Entdeckung der Asteroiden aus, von denen der Erste am 1. Januar 1801 von Giuseppe Piazzi gefunden wurde.

Das 20. Jahrhundert und die »neue Astronomie«

Gegen Ende des 19. bis in die ersten Jahrzehnte des 20. Jahrhunderts wurden wichtige neue Entwicklungen eingeleitet, als es James Clerk Maxwell gelang, die Synthese zu finden, die zu einer stimmigen Theorie des Elektromagnetismus führte, und als Einstein die Spezielle und später die Allgemeine Relativitätstheorie aufstellte, die das Wissen von der physikalischen Welt revolutionierten. In diesen Jahren wiesen die Physiker die Existenz der Atome nach und legten die Grundlagen der Quantenmechanik. Das Verständnis der Welt des unendlich Kleinen hatte Auswirkungen auch für das Verständnis der Welt des unendlich Großen, für den Bereich der Astrophysik. In den dreißiger Jahren des vorigen Jahrhunderts fanden Carl Friedrich von Weizsäcker und Hans Bethe den »Motor«, der die Sterne seit Milliarden Jahren antreibt: die Reaktion der Kernfusion. In diesen Jahren begann mit der Entwicklung der Radioastronomie der zaghafte Aufstieg der nicht optischen Astronomie. Die Bestätigung, dass von den Himmelskörpern auch außerhalb des engen Fensters des sichtbaren Lichts elektromagnetische Strahlung ausgeht, eröffnete einen ungeheuer großen Forschungsbereich. Nach dem Zweiten Weltkrieg gesellte sich die Infrarotastronomie

Himmelsdurchmusterungen
Wilhelm Herschel regte um 1800 die Erforschung der Welt jenseits des Sonnensystems und unserer Galaxis an.

Ein Sternenmeer
Die Milchstraße, das helle, den Himmel überziehende Band, wurde erstmals von Galilei in Sterne aufgelöst.

dazu und später, in der Epoche der künstlichen Satelliten, die Ultraviolett-, Röntgen- und Gammastrahlastronomie. Dank dieser neuen Abbildungsverfahren wurden »monströse« Himmelskörper entdeckt, die in nur wenigen Sekunden ungeheure Energiemengen aussenden. So erscheint das Universum immer mehr als ein Objekt, das sich unaufhörlich verändert und in dem wir noch viel entdecken werden.

Ein zum Himmel gerichtetes Ohr
Die erste »nicht optische« Astronomie war die Radioastronomie. Das Bild zeigt das riesige Radioteleskop »Very Large Array« (VLA) in New Mexico.

Die Instrumente des 21. Jahrhunderts

Die moderne Astrophysik ist heute (buchstäblich) Lichtjahre von der klassischen Astronomie entfernt, und auch die Arbeit der Astronomen hat sich sehr verändert. In den letzten Jahren haben alle Zweige dieser Wissenschaft außerordentlich viele neue Ergebnisse gebracht, die alle auf der Entwicklung der Instrumente beruhen. Nach fast 40 Jahren Stillstand fanden in den vergangenen 10 Jahren beim Bau der Teleskope neue Technologien Anwendung; nicht nur wurden neuartige Materialien für die Spiegel verwendet, sondern vor allem gaben Neuerungen auf dem Gebiet der Elektronik und der Informatik starke Impulse.
Die Teleskope der neuen Generation sind gewaltige Maschinen, deren computergesteuerte Optik die Verzerrungen durch das Gewicht der Spiegel und die immer in der Atmosphäre vorhandenen Luftunruhe in Echtzeit korrigieren können. Diese Spiegel haben 8–10 Meter Durchmesser und können unglaublich lichtschwache

Eines der größten Teleskope der Welt
Der sechseckige Spiegel mit 10 Metern Durchmesser des Keck-Teleskops vom Mauna Kea-Observatorium auf Hawaii.

Künstliche Satelliten
Seit dem Start des ersten Sputnik 1957 wurden hunderte von Satelliten in den Weltraum gesandt (dies ist Hipparcos).

Objekte wahrnehmen und auflösen. Um eine Vorstellung davon zu geben: Mit diesen Instrumenten könnte man das Licht einer Kerze entdecken, die auf dem Mond steht, oder die Zacken eines Geldstücks aus 10 Kilometer Entfernung unterscheiden. Das ehrgeizigste der Teleskope der neuen Generation wird jetzt in den chilenischen Anden gebaut, einem der wenigen Orte, die noch für die Beobachtung mit den außerordentlich teuren Geräten geeignt sind. Es handelt sich um das VLT, das Very Large Telescope, das aus vier Teleskopen mit je 8,2 Meter Durchmesser besteht, von denen zwei schon arbeiten. Bereits die ersten Aufnahmen waren ausgezeichnet. Das System wird seine höchste Leistungsfähigkeit und Effektivität erhalten, wenn die beiden anderen Instrumente fertig gestellt sind und alle vier Systeme gemeinsam so eingesetzt werden können, als ob sie ein einziges Teleskop mit über 16 Meter Durchmesser wären.

Astronomie im Weltraum
Astronomische Beobachtungen werden heute auch vom Raum aus durchgeführt. Das berühmteste Instrument ist das Raumteleskop Hubble, hier bei der Wartung.

Astronomie heute

Die Zeiten, in denen Astronomen lange Nächte im Freien mit dem Auge am Okular verbrachten, gehören jetzt der Vergangenheit an. Heute haben die großen Teleskope in ihrem Brennpunkt computergesteuerte elektronische Sucher. Die Teleskope der ESO (European Southern Observatory) können sogar vom Hauptquartier in Garching bei München aus ferngesteuert werden.
Das Sammeln der Daten wird äußerst effizient digital unterstützt; oft erfordert eine einzige Beobachtungsstunde Wochen oder Monate der Datenanalyse.

Die neuen Grenzen

Der technologische Fortschritt hatte Auswirkungen auf die Kosmologie, den Zweig der Astrophysik, der versucht, Ursprung und Entwicklung der Welt zu verstehen. Eine der eklatantesten Entdeckungen ist die, dass sich das Universum beschleunigt ausdehnt. Diese »Antischwerkraft« erinnert stark an die kosmologische Konstante, die von Einstein eingeführt und später von ihm selbst und seinen Kollegen als Irrtum wieder aufgegeben wurde. Die letzten Forschungen führen zu einem »offenen« Universum, das sich unablässig ausdehnt und dabei immer größer und kälter wird. Der andere Bereich, der vom technologischen Fortschritt profitiert und schon ausgezeichnete Ergebnisse gebracht hat, ist der der Erforschung von Planeten außerhalb des Sonnensystems.
Erst seit 1995 herrscht Gewissheit, dass auch um andere Sterne als die Sonne Planeten kreisen; sie beruht auf Entdeckungen, die raffinierten spektroskopischen Verfahren zu verdanken sind. Die Entdeckung extrasolarer Planeten bedeutet einen ersten Schritt zur Beantwortung der Frage, ob die Erde der einzige Ort im Kosmos ist, an dem sich intelligentes Leben entwickelt hat. Ehrgeizige Vorhaben, die in den nächsten Jahrzehnten verwirklicht werden, planen den Bau großer Weltraumteleskope (auch in großer Entfernung von der Erde), die aufdecken sollen, ob es auf diesen Planeten die Elemente geben könnte, die das Leben begünstigen.

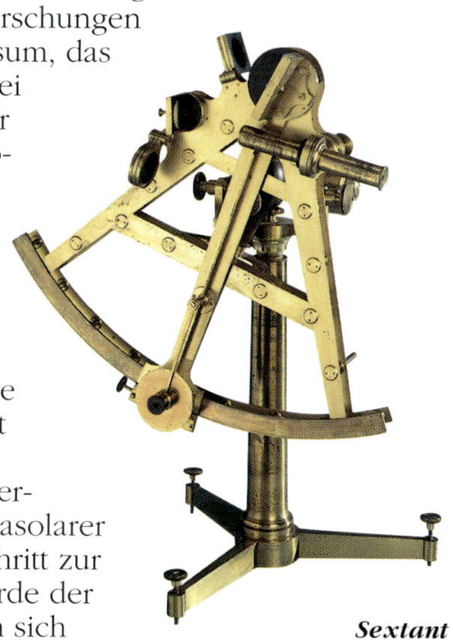

Sextant
Ein Instrument, das der Messung der Positionen der Sterne dient.

Das Sonnen-system

Doch schon bewegte meinen Wunsch und Willen,
so wie ein Rad in gleichender Bewegung,
die Liebe, die beweget Sonne und Sterne.

DANTE ALIGHIERI, Göttliche Komödie, Paradies,
33. Gesang, Verse 143-145
(Übers. Hermann Gmelin)

Unsere imaginäre Reise in den Kosmos führt uns zunächst in das Sonnensystem. Nachdem wir ein Gesamtbild der Himmelskörper gewonnen haben, die unser Planetensystem ausmachen, beschäftigen wir uns mit seinem Ursprung und den Bewegungen, die es beleben, um dann die einzelnen Körper genauer zu betrachten, wobei wir mit der Sonne beginnen.

Dann widmen wir unsere Aufmerksamkeit der Erde und dem Mond, die ein echtes Doppelsystem bilden. Über Merkur, Venus und Mars gelangen wir dann am Asteroidengürtel vorbei zu den großen Gasplaneten, die der riesige Jupiter beherrscht. Wir beschreiben nicht nur Form und Zusammensetzung der Planeten, sondern auch die Monde, die Ringe (falls es welche gibt) und die ferngesteuerten Sonden, die in ihre Nähe gelangen konnten. An den Grenzen des Sonnensystems stoßen die Kometen und die Gestirne des Edgeworth-Kuiper-Gürtels in den interplanetaren Raum vor.

Haben auch andere Sterne als die Sonne Planetensysteme? Das letzte Kapitel dieses ersten Abschnitts sucht nach einer Antwort auf diese faszinierende Frage.

Geschwister der Erde
Die nebenstehende Abbildung zeigt die wichtigsten Körper des Sonnensystems, also die Sonne und ihre Planeten. Die Größen sind maßstabsgerecht wiedergegeben, nicht aber die jeweiligen Entfernungen voneinander.

Das Reich der Sonne

Die Erde ist einer der Himmelskörper, die zum Sonnensystem gehören, also zur Gesamtheit der Planeten, Asteroiden und Kometen, die die Sonne umlaufen. Die Sonne, der uns nächste Stern, unterscheidet sich überhaupt nicht von den anderen Sternen, die nachts am Himmel leuchten. Deshalb ist es sehr wahrscheinlich, dass viele Sterne von Planetensystemen wie dem unseren umgeben sind. Dafür sprechen auch gute theoretische Gründe, denn wenn eine Gaswolke unter ihrer eigenen Schwerkraft zu einem Stern zusammenfällt, könnten sich aus den Überresten der Wolke um den Stern herum kleinere Körper, Planeten, bilden. Obwohl die Beobachtung der Planeten anderer Sterne als der Sonne sehr schwierig ist, haben die Astronomen jetzt erste Beweise gefunden, dass auch andere Fixsterne Planeten oder Planetensysteme haben, die denen in unserem Sonnensystem ähneln.

Zwischen Mars und Jupiter
Asteroiden sind gewöhnlich unregelmäßig geformte Körper, die sich größtenteils in einem Bereich zwischen den Bahnen von Mars und Jupiter finden. Gaspra, auf dem Foto, wurde von der Sonde Galileo fotografiert.

Die Bahnen der Planeten

Zweifellos zählen neben der Sonne die neun Planeten zu den wichtigsten Körpern des Sonnensystems. Sie umlaufen die Sonne auf Ellipsen, also länglich deformierten Kreisen. Die Sonne steht nicht genau im Mittelpunkt dieser Bahnen und deshalb sind die Planeten der Sonne einmal näher und einmal ferner. Beispielsweise schwankt die Entfernung Erde–Sonne im Lauf von sechs Monaten zwischen 147 und 152 Millionen Kilometern. Die Schwankung ist nicht sehr groß, denn die Planetenbahnen sind fast kreisförmig. Die größten Ausnahmen finden sich bei Merkur und vor allem bei Pluto. Pluto ist zwar die meiste Zeit der sonnenfernste Planet (seine größte Entfernung beträgt 7375 Millionen Kilometer), gelegentlich aber kommt er der Sonne näher als Neptun, der mindestens 4425 Millionen Kilometer von der Sonne entfernt ist.

Sieben der neun Planeten umlaufen die Sonne auf Bahnen, die nahezu in derselben Ebene liegen. Sie bewegen sich deshalb immer innerhalb eines engen Gürtels von Sternbildern, den Tierkreiszeichen, die wir an unserem Himmel leicht erkennen können. Wieder einmal machen Merkur und Pluto eine Ausnahme: Die Bahn des Merkur ist gegenüber der Erdbahn um 7° geneigt, und die des Pluto sogar um 17°.

Die für einen vollen Umlauf nötige Zeit ist umso länger, je weiter der Planet von der Erde entfernt ist: Sie beträgt beim Merkur 88 Tage und bei Pluto 248 Jahre.

Die Bahnen der Planeten
Die Bahnen, die die Planeten um die Sonne ziehen, liegen fast alle in Ebenen, die nur wenig zueinander geneigt sind. Die auffälligste Ausnahme stellt Pluto dar, dessen Bahn einen Winkel von 17° mit der Ekliptik bildet.

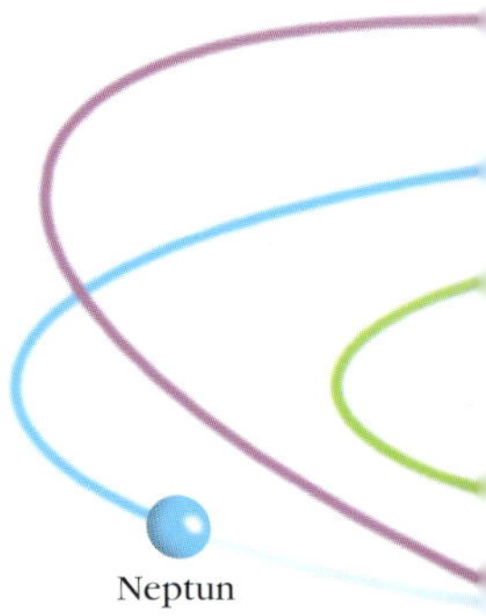

Von den Grenzen des Sonnensystems
Der 1997 sichtbare Komet Hale-Bopp kann wegen seiner außerordentlichen Leuchtkraft wohl als »Komet des Jahrhunderts« bezeichnet werden.

Zwei Arten von Planeten

Die Planeten lassen sich zwei Klassen zuordnen, nämlich den terrestrischen oder erdähnlichen einerseits und den Riesen- oder Gasplaneten andererseits. Zur ersten Gruppe gehören außer der Erde Merkur, Venus und Mars, zur zweiten die Riesenplaneten Jupiter, Saturn, Uranus und Neptun. Wieder einmal entzieht sich der seltsame Pluto der Klassifizierung.

Die terrestrischen Planeten, die der Sonne am nächsten sind, sind klein und steinig und verdanken ihren Namen der Tatsache, dass sie in gewisser Hinsicht Ähnlichkeit mit der Erde haben; außerdem haben alle

Die unteren Planeten
Die Zeichnung zeigt die terrestrischen Planeten, die der Sonne am nächsten sind. Die Größen sind im Maßstab 1:360 Millionen verkleinert.

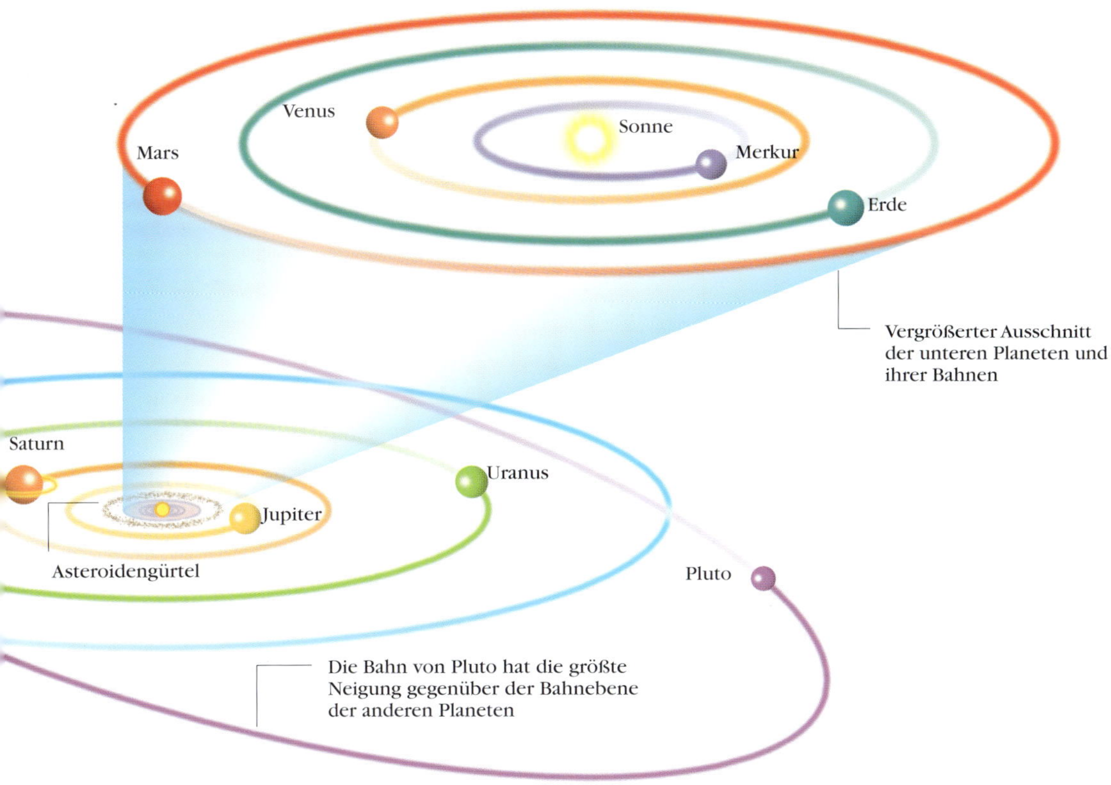

eine Atmosphäre; nur Merkur hat fast keine, weil seine Schwerkraft nicht ausreicht, sie festzuhalten. Die Riesenplaneten dagegen haben gewaltige Ausmaße und bestehen überwiegend aus Gas. Das gilt insbesondere für Jupiter, und deswegen werden die oberen Planeten auch jupiterähnlich genannt. Pluto, ganz am Rand des Sonnensystems, unterscheidet sich von allen anderen. Sein Durchmesser hat nur etwa 2320 km und ist damit kleiner als der Merkur, und seine Masse beträgt nur ein Fünftel von der des Mondes. Vermutlich hat er einen anderen Ursprung als die anderen Planeten.

Die Sichtbarkeit der Planeten

Anders als die Sonne strahlt kein Planet am Himmel in seinem eigenen Licht. Wir sehen die Planeten als sternähnliche Lichtpunkte, weil sie das Sonnenlicht reflektieren. Uns erscheint der Planet Venus am hellsten, weil er relativ erdnah ist und die dichte Atmosphäre das Sonnenlicht gut reflektiert.
Auch Merkur, Mars, Jupiter und Saturn sind mit dem bloßen Auge sichtbar (und schon seit dem Altertum bekannt), Merkur jedoch ist nur schwer zu beobachten, weil er immer in der Nähe der Sonne steht und deswegen nur kurz vor Sonnenaufgang oder gleich nach Sonnenuntergang beobachtet werden kann. Uranus ist zwar theoretisch an der Grenze der Sichtbarkeit mit dem bloßen Auge, entging aber bis 1781 der Beobachtung. Neptun und Pluto sind beide so lichtschwach, dass sie ohne Hilfe von Instrumenten nicht sichtbar sind; sie wurden erst relativ spät entdeckt: Neptun 1846 und Pluto sogar erst 1930.

Monde und Ringe

Bis auf Merkur und Venus haben die Planeten wie die Erde einen oder mehr Monde (oder natürliche Satelliten). Die vier Riesenplaneten haben alle zahlreiche Monde, die den Planeten umlaufen, als ob sie ein Sonnensystem im Kleinen bildeten. Die meisten Monde hat Saturn: Wir kennen 18 seiner Monde, aber er hat wohl noch mehr. Jupiter kann sich rühmen, mit Ganymed, dessen Durchmesser größer ist als der des Planeten Merkur, den größten Mond zu haben. Besonders interessant ist wieder Pluto, denn der Durchmesser seines einzigen bekannten Mondes Charon ist so groß

Eine Welt der Meere
Europa, einer der vier von Galilei entdeckten großen Monde des Jupiter, ist anscheinend von gewaltigen Eisschollen bedeckt, die wie Eis auf einer Flüssigkeit schwimmen.

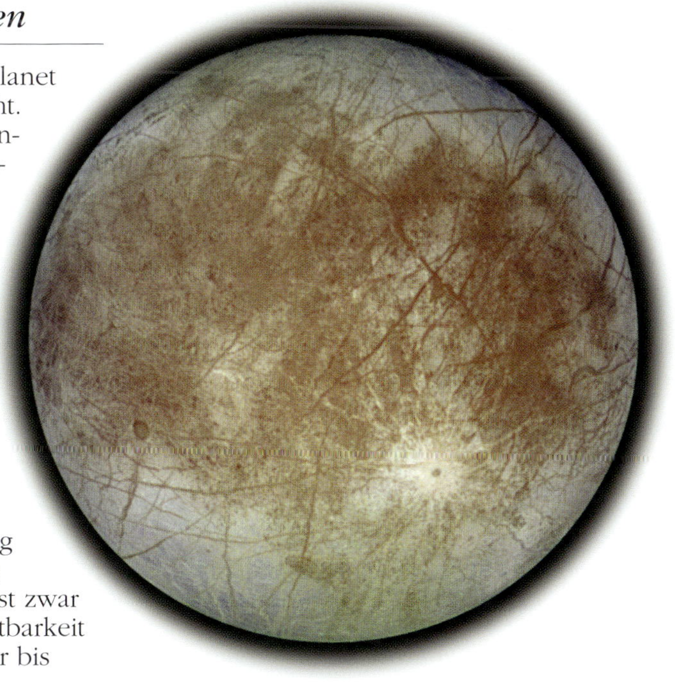

Die gasförmigen Planeten
Die vier unten abgebildeten Riesenplaneten bestehen überwiegend aus Gas. Die Größen sind hier im Maßstab 1:3 Milliarden verkleinert

Planeten und Ringe
Jeder der Riesenplaneten ist von einem Ringsystem umgeben. Am auffälligsten ist das hier abgebildete des Saturn.

wie der des Pluto selbst, weshalb dieses Paar oft als ein Doppelplanetensystem betrachtet wird.
Ein weiteres Kennzeichen der Riesenplaneten sind die Ringe, von denen die Saturnringe am bekanntesten und spektakulärsten sind. Sie lassen sich mit einem kleinen Fernrohr erkennen, während die schwachen Ringe von Jupiter, Uranus und Neptun nur mithilfe raffinierter Beobachtungsverfahren von der Erde aus beobachtbar sind und vor allem von der Voyager-Sonde erforscht wurden. Die Ringe bestehen aus winzigen Staub- und Eisteilchen.

Der Ursprung des Sonnensystems

Die Sonne und das gesamte Sonnensystem entstanden vor etwa 4,5 Milliarden Jahren. Der Ursprung lag in einer rotierenden Staub- und Gaswolke, die unter ihrem eigenen Gewicht zu einer Scheibe zusammenfiel, in deren Zentrum sich die Sonne bildete. In dieser Scheibe sammelte sich allmählich durch Zusammenstöße immer mehr feste Materie zu größeren Körpern an, die die Ausmaße der heutigen Planeten erreichte. Dabei entstanden die steinigen Planeten im Inneren des Nebels, die Riesenplaneten dagegen, die viel Eis einfingen und sich in eine dicke Gasschicht hüllten, blieben in großer Entfernung.
Die Planeten im Inneren des sehr heißen Sonnensystems bildeten sich aus Überbleibseln des Sonnennebels, die oft miteinander zusammenstießen und immer größere Körper, die so genannten »Planetesimalen«, bildeten. Diese Körper, die sich aufgrund ihrer Schwerkraft gegenseitig anzogen, wurden zu den unteren Planeten. Den beiden massereichsten von ihnen, Erde und Venus, gelang es, eine dauerhafte Atmosphäre aufzubauen, der masseärmere Mars dagegen konnte nur eine sehr dünne Atmosphäre festhalten, und Merkur, der Kleinste, fast keine. Im äußeren Sonnensystem bildeten sich dank der dort üppig vorhandenen Planetesimalen oder auch des Wasserreichtums viel massereichere Objekte mit ganzen Familien von Monden. Die Schwerkraft dieser Körper mit etwa der zehnfachen Erdmasse reichte aus, um eine dichte Atmosphäre zu halten, die wiederum die Gaswolken aufsog, die das primordiale Sonnensystem umgeben hatte. Dort bildeten sich also die großen Gasplaneten.

Das geozentrische System
Vor der kopernikanischen Revolution stellte man sich das Sonnensystem um die Erde zentriert vor. Der erdnächste Himmelskörper ist der Mond; der Entfernung nach kommt die Sonne an vierter Stelle.

Die Asteroiden

Ein Teil der kleinsten steinigen Überreste, die sich im Inneren des primordialen Sonnensystems bildeten, sammelte sich zwischen der Bahn der Planeten Mars und Jupiter in dem so genannten Asteroidengürtel.
Die größten dieser Asteroiden können als kleine Planeten durchgehen (sie werden auch »Kleinplaneten« genannt), während die kleinen eigentlich nur große unregelmäßig geformte Steine sind. Der erste bekannte Asteroid war Ceres, den der italienische Astronom Guiseppe Piazzi am 1. Januar 1801 entdeckte; Ceres ist mit einem Durchmesser von etwa 1000 km auch bei weitem der Größte. Die Gesamtmasse der Asteroiden in diesem Gürtel beträgt etwa ein Tausendstel der Masse der Erde. Die Raumsonde Galileo sandte 1993 Aufnahmen der beiden Asteroiden Gaspra und Ida zur Erde, beide sind unregelmäßig

Merkur, der sonnennächste Planet
Merkur, der sonnennächste Planet, hat eine sehr hohe Oberflächentemperatur. Durch seine stark verkraterte Oberfläche hat er viel Ähnlichkeit mit dem Mond.

geformt und mit Kratern überdeckt. Ida ist an der größten Stelle 55 km dick und hat sogar einen Mond mit etwa 1,5 km Durchmesser. Die Asteroiden bestehen nicht alle aus der gleichen Materie. Drei Viertel von ihnen sind sehr dunkel und reflektieren wenig Licht, manche Asteroiden bestehen aus gräulichem Gestein, während andere metallisch glänzen.
Außer den Asteroiden zwischen Mars und Jupiter gibt es auch welche, die ihre Bahnen in anderen Bereichen des Sonnensystems ziehen. Einige von diesen kommen der Erdbahn nahe oder schneiden sie, während zwei andere Gruppen, die so genannten »Trojaner«, der Bahn des Jupiter folgen.

Die geheimnisvollen Kometen

Die faszinierendsten Objekte des Sonnensystems sind wohl die Kometen. Einige sind durch ihre Schwerkraft an die Sonne gebunden und kehren so regelmäßig wieder wie der berühmte von Halley entdeckte Komet. Dieser durchläuft in 76 Jahren das ganze Sonnensystem bis zu einem Punkt jenseits der Bahn des Neptun. Trotzdem vermutet man die Herkunft der allermeisten Kometen in einem Bereich jenseits der Bahn des Pluto, wo anscheinend viele Bruchstücke des Sonnensystems deponiert sind. Dieser Bereich heißt nach den Astronomen, die ihre Existenz vermuteten und begründeten, Oort-Öpik-Wolke oder auch Oortsche Wolke; dort haben sich mehr als 100 Milliarden Kerne von Kometen angesammelt, die jedoch von der Erde aus nur dann beobachtbar sind, wenn sie ins Innere des Sonnensystems gesogen werden.

Ein »schmutziger Schneeball«

Der Astronom Fred Whipple beschrieb den Kern eines Kometen einmal als einen riesigen schmutzigen Schneeball, denn er besteht aus einer Mischung von Eis, Fels und Staub. Wenn sich ein Komet der Sonne nähert, erwärmt er sich, was das Eis

Der Mond der Erde
Der Mond ist der einzige natürliche Satellit der Erde. Er hat weder eine Atmosphäre noch ist er geologisch aktiv, deshalb haben sich seine Krater im Lauf der Zeit erhalten.

schmelzen lässt. Dann umgibt sich der nur einige Kilometer dicke Kern mit einer dünnen, aber riesigen Gashülle, der so genannten Koma, die sich über Millionen Kilometer erstrecken kann. Wir sehen den Kometen in dem von der Koma reflektierten Sonnenlicht. In noch größerer Sonnennähe bläst der Sonnenwind die Staub- und Gasströme, die sich auf der Oberfläche des Kerns bilden, in die der Sonne entgegengesetzte Richtung; so entstehen die langen Schweife. Obwohl Kometen so spektakulär aussehen, enthalten sie gewöhnlich sehr wenig Materie, nämlich nur etwa ein Tausendstel der Masse der Erde.
Pro Jahr finden Beobachter im Mittel mehr als 20 Kometen, von denen einige neu, also noch unbeobachtet sind, andere dagegen periodisch, nach einer bestimmten Anzahl von Jahren regelmäßig wiederkehren. Doch nur zufällig wird ein Komet so hell, dass er sich mit bloßem Auge beobachten lässt. Es gelang 1986 zum ersten (und einzigen) Mal, einen Kometen bei einem Vorüberflug zu beobachten, als die europäische Raumsonde Giotto dem Kern des Kometen Halley bis auf nur 600 km nahe kam und sehr genaue Bilder zur Erde sandte.

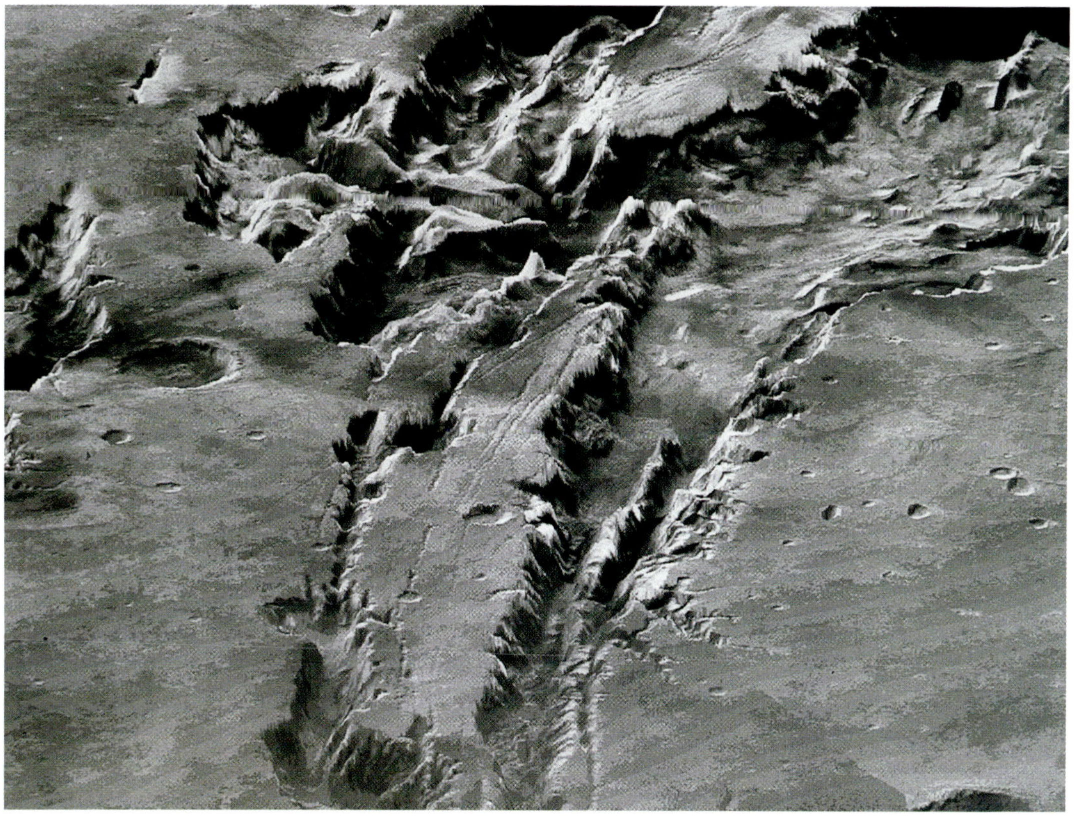

Alte Flussbetten auf dem Mars
Die Valles Marineris des Mars sind ein System riesiger Schluchten mit mehr als 300 km Länge und 8 km Tiefe. Die Täler wurden von fließendem Wasser ausgegraben.

Die Entstehung des Sonnensystems

Der Philosoph Immanuel Kant (1724–1804) vermutete 1755, die Planeten seien entstanden, als sich eine um die Sonne rotierende Massenscheibe verdichtet habe, die im Zentrum einer Gas- und Staubwolke entstanden sei. 1796 stellte der französische Astronom Pierre Simone de Laplace (1749–1827) die Hypothese auf, dass die Sonne während ihrer Entstehung von Gasringen umgeben gewesen sei, von denen jeder ein Planet geworden sei. Die Planeten ihrerseits bildeten jeweils einzeln rotierende Nebel aus, die zu ihren Trabanten wurden.

Heute meint man, das Sonnensystem sei aus einem Gas- und Staubnebel entstanden, der durch einen äußeren Anstoß, möglicherweise die Explosion einer Supernova, zum Zusammenfall gebracht wurde. Als dann die Dichte zunahm, beschleunigte die Schwerkraft den Kollaps, den außerdem die anfänglich langsame Rotation begünstigte, der den Nebel die Form einer Scheibe um die Ursonne herum annehmen ließ. Im Inneren des Systems stieg die Temperatur an, bis sie hoch genug war, um Kernreaktionen auszulösen, was der Sonne den Beginn ihrer Aktivität erlaubte.

Der Urnebel

Die Keimzelle der Protoplaneten bildete sich in einer rotierenden, die Protosonne umgebenden Scheibe.

Von Teilchen zu Planeten

Die ersten Körper, die sich in dem Nebel bildeten, variierten zwischen wenigen und einigen hundert Kilometern Durchmesser. Bei diesen so genannten Planetesimalen handelt es sich um unregelmäßig geformte Körper, deren Schwerkraft nicht ausreicht, um sie zu Kugeln zu formen. Einige von ihnen wuchsen in kaum 10 000 Jahren zu Protoplaneten mit Durchmessern zwischen 100 und 500 km an und wurden dann kugelförmig. Man schätzt, dass die terrestrischen Planeten 100 Millionen Jahre brauchten, bis ihre Protoplaneten durch das Ansammeln von Materie bis zur heutigen Größe angewachsen waren. Nicht alle Planetesimale führten zu sehr großen Körpern, denn einige der steinigen und metallischen Gebilde wuchsen nicht weiter, sondern bildeten Asteroiden. Die aus Eis bestehenden Kleinplaneten wurden zu Kometenkernen und zum größten Teil von der Schwerkraft der großen Planeten zum äußeren Sonnensystem gezogen.

Warm und kalt

Vor etwa 4,5 Milliarden Jahren begann die neu gebildete Sonne Energie auszustrahlen, die Wärme erzeugte und die Zusammensetzung der Gas- und Staubmengen des umgebenden Nebels veränderte. Die große Hitze im Inneren verhinderte ein Erstarren, denn Stoffe wie Eisen kondensieren nur bei Temperaturen unter 1000 °C. Eishaltige Körper können erst bei noch niedrigeren Temperaturen entstehen. Deswegen weist der Sonnennebel je nach der Entfernung von der Sonne eine andere Zusammensetzung auf. Anscheinend herrschte bei jedem Planeten während seiner Entstehung eine andere Mindesttemperatur: 1100 °C für den Merkur, 600 °C für die Venus, 300 °C für die Erde, 100 °C für den Mars und –100 °C für den Jupiter.

Der Prozentsatz an Wasserstoff und gasförmigem Helium ist sowohl bei Jupiter als

Die unterschiedlichen Phasen bei der Bildung der Planeten

1) Die protosolaren Nebel. 2) Mit dem Beginn der Rotation wird der Nebel flacher und bildet eine Scheibe. 3) Planeten bilden sich. 4) Gegenwart.

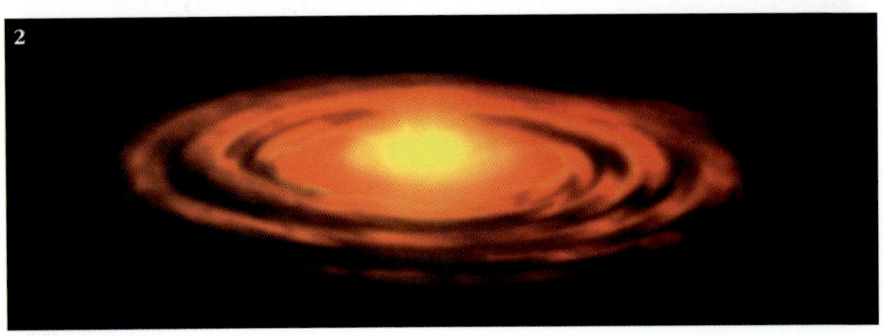

Die Planetesimale
Die ersten Ansammlungen von Materie, die so genannten Planetesimale, bilden zunächst kleine Körper, die zu Planeten anwachsen können.

Differenzierung
Wenn die Protoplaneten genug Masse gesammelt haben, nehmen sie Kugelform an. Wenn sie schmelzen, fallen schwere Stoffe wie Eisen zur Mitte hin.

auch beim Saturn heute noch so ähnlich wie im Urnebel. Außerdem haben diese Planeten viele Monde, die zum großen Teil aus Eis bestehen, ebenfalls ein Hinweis darauf, dass die mittlere Temperatur in diesem Teil des jungen Sonnensystems niemals oberhalb des Gefrierpunkts lag. Die Kerne der Riesenplaneten liegen in einem Bereich, in dem der Sonnennebel sehr dicht war. Der Gravitationskollaps der umgebenden Gaswolke führte zu Planeten mit steinigen Kernen, die in Wolken aus Wasserstoff und Helium eingebettet sind. Jupiter und Saturn wurden zu den größten Planeten, weil sie sehr viel Gas anziehen und halten konnten, während Uranus und Neptun, die aus einem viel weniger dichten Bereich stammen, sich langsamer entwickelten und weniger Gasmasse ansammelten.

Narben der Zeit

Die Planeten und die felsigen Monde haben sich im Lauf der Zeit wesentlich verändert. Diese Veränderungen haben erstaunlich viele Ursachen, aber die meisten Narben auf ihren Oberflächen stammen von Meteoriten, deren Einschläge Krater schufen, ein in den ersten Phasen der Geschichte des Sonnensystems verbreitetes Phänomen. Der Meteorit verdampft unter der Gewalt des Aufpralls, bei dem Trümmer weit vom Krater weggeschleudert werden. Wie Untersuchungen der Mondoberfläche, auf der die Wirkung der Erosion sehr gering ist, gezeigt haben, hat die Rate der Kraterbildung im Lauf der Zeit abgenommen, denn vor ungefähr 4 Milliarden Jahren war der Beschuss durch Meteoriten etwa hundert- bis tausendmal so stark wie heute. Diese Rate nahm vor etwa 3 Milliarden Jahren drastisch ab und führte zu der Annahme des »großen Bombardements«, einer Art Säuberungsaktion, die die Trümmer des Sonnennebels von den Planeten wegfegte.

Die Erde muss wohl schon in der ersten Phase ihrer Geschichte schrecklich verwüstet worden sein. Die Spuren dieser Verwüstung wurden später sowohl an der Erosion als auch an vulkanischer Aktivität und an den mit der Plattentektonik verknüpften Phänomenen nachgewiesen. Merkur, Mars und die Monde der großen Gasplaneten weisen viel deutlichere Anzeichen dieser ursprünglichen Kraterbildung auf.

Die Atmosphäre

Die ursprünglichen Atmosphären waren ganz anders als die heutigen. Der größte Teil ihrer Gase wurde sicherlich bei Vulkanausbrüchen erzeugt. Auf der Erde gab es von Anfang an Wasserdampf, Wasserstoff, Kohlenmonoxid, Kohlendioxid und Stickstoff. Der größte Teil des Wasserstoffs ist bei ihr, wie übrigens auch bei all den anderen unteren Planeten, später entwichen, während die Erzeugung größerer Mengen molekularen Sauerstoffs mit dem Auftreten von Lebensformen und der Photosynthese einherging.
Auch Größe und Stellung eines Planeten im Inneren des Sonnensystems beeinflussen die Zusammensetzung und die Entwicklung der Atmosphäre. Merkur beispielsweise hat keine Atmosphäre, weil er zu nahe an der Sonne ist, Venus dagegen hat eine dichte Hülle aus Kohlenstoff, die die Sonnenwärme einfängt und festhält, weshalb ihre Atmosphäre viel heißer ist als die der Erde. Der Mars dagegen hat eine geringe Schwerkraft und kann leichte Gase wie Wasserstoff und Helium nicht halten, seine Atmosphäre besteht aus Stickstoff und Kohlendioxid. Die Riesenplaneten mit ihrer großen Masse haben eine Atmosphäre aus Wasserstoff und Helium bewahrt.

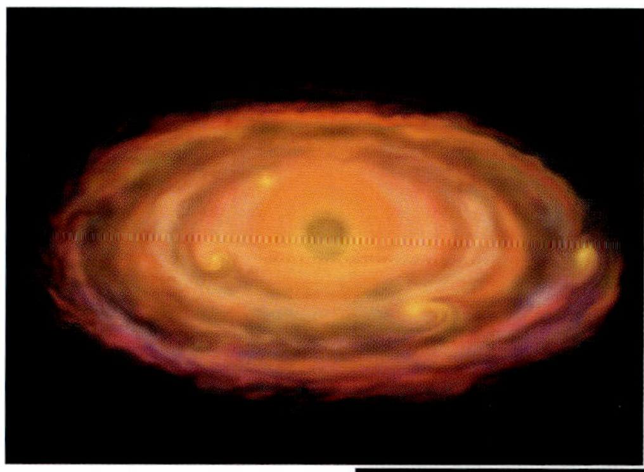

Die Bahnen der Planeten
Um die entstehenden Planeten herum bilden sich kleine Staubscheiben, aus denen die Monde werden.

Das primordiale Gas
Bildnerische Darstellung des Panoramas, wie es die protoplanetare Wolke geboten haben könnte.

Vom geozentrischen zum heliozentrischen Weltbild

Schon im 6. vorchristlichen Jahrhundert vermutete Pythagoras, dass die Erde nicht flach sei, sondern kugelförmig. Später vermutete der griechische Philosoph Aristoteles (384–322 v. Chr.), das Innere der Fixsternsphäre bestünde aus einer Reihe konzentrischer Kristallkugeln, in deren Mitte die Erde ruhe. Jede Sphäre enthielte jeweils einen Wandelstern (Planeten) und sie alle seien von der für vollkommen und unveränderlich gehaltenen Hülle der feststehenden Sterne oder Fixsterne umschlossen. Nach diesem Modell gab es sieben Planeten, weil außer Merkur, Venus, Mars, Jupiter und Saturn auch Sonne und Mond zu den Himmelskörpern gehören, die sich relativ zu den Fixsternen bewegen, also zu den Planeten zählten. Der Mittelpunkt dieser Welt war die Erde; die Planeten Uranus, Neptun und Pluto und auch die Asteroiden waren damals noch unbekannt, weil sie wegen ihrer Lichtschwäche nicht mit dem bloßen Auge beobachtet werden können.
Ein griechischer Astronom, der sich gründlich mit den Bewegungen der Sonne, Planeten und Sterne beschäftigte, war Hipparch (ca. 196 bis ca. 125 v. Chr.), dessen Überlegungen viel später von Ptolemäus (ca. 100 bis ca. 170 n. Chr.) wieder aufgenommen wurden, der ein eigenes System von Kreisbewegung erdachte, um zu erklären, warum die Planetenbewegungen bei Langzeitbeobachtungen so kompliziert waren. Nach dem Untergang des Römischen Reichs am Ende des 4. Jahrhunderts machte Europa eine Zeit des wirtschaftlich-kulturellen Rückschritts und politischer Instabilität durch, in der nur wenig Energie zur Verfügung stand, um das angesammelte Wissen zu vermehren. Etwa 800 Jahre lang waren Bagdad und Damaskus die eigentlichen Hauptstädte der Wissenschaft und Kultur, und nicht mehr Rom und Athen wie im Altertum.
Die römische Kirche behinderte zu Beginn der Renaissance das Studium der Natur und bevorzugte die Hinwendung zur Metaphysik. In der Astronomie vertrat sie den sicheren Standpunkt der Verteidigung des von Ptolemäus weiterentwickelten aristotelischen Systems, das die Erde im Zentrum der Welt sah. Aber dieses Weltbild führte zu großen Fehlern bei der Vorhersage der Positionen der Planeten, die sich in diesem System kaum korrigieren ließen und neue Ideen erforderten.

Der Einfluss des Aristoteles
Aristoteles (384–322 v. Chr.) ließ kraft seiner Autorität die Modelle des Sonnensystems etwa 1800 Jahre lang »einfrieren«.

Die Vorstellung vom Sonnensystem im Lauf der Zeit
A) Die Hypothese von Aristoteles und Ptolemäus mit der Erde im Mittelpunkt des Sonnensystems. B) Der von Tycho Brahe vertretene Kompromiss, bei dem bis auf die Erde alle Planeten die Sonne umlaufen. C) Das kopernikanische, rein heliozentrische Modell.

LEGENDE

Erde · Sonne · Mond · Merkur · Venus · Mars · Jupiter · Saturn

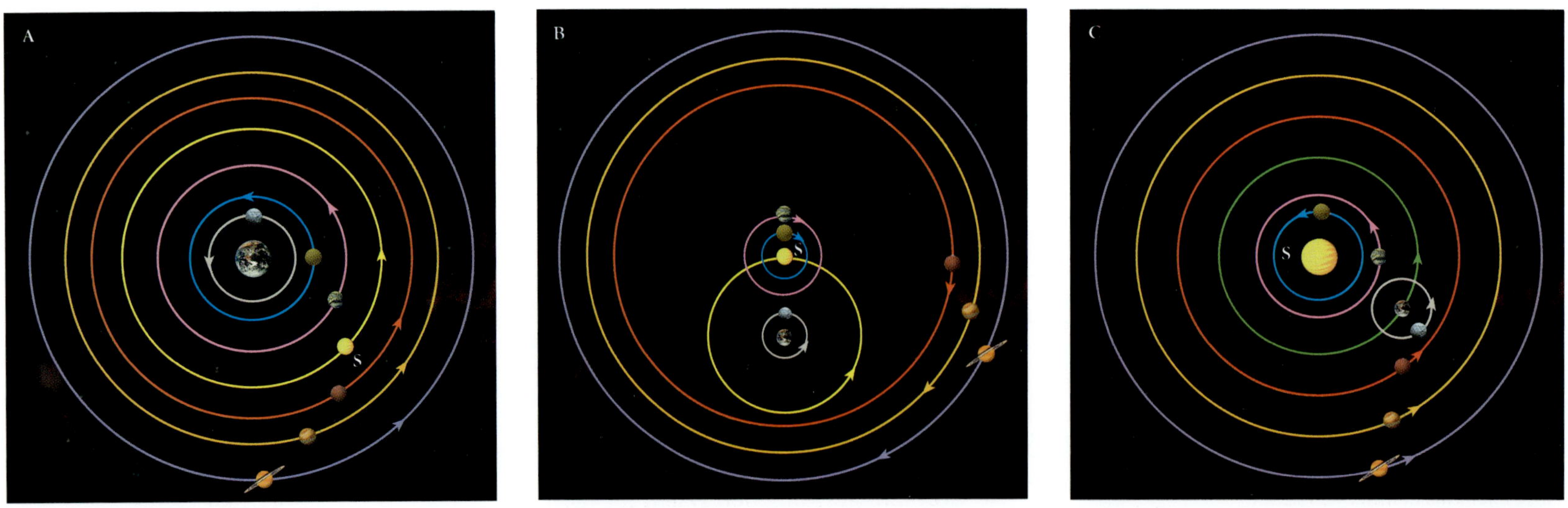

Die elliptischen Bahnen Keplers
Johannes Kepler nutzte die Beobachtungsdaten Tycho Brahes zur Aufstellung der Gesetze der Planetenbewegung.

DIE KEPLERSCHEN GESETZE

Auf der Grundlage der von Tycho Brahe gemachten Beobachtungen stellte Johannes Kepler die drei nach ihm benannten Gesetze auf, die in guter Näherung die Bewegung der Planeten bestimmen. Das erste Gesetz besagt, dass die Planeten sich auf elliptischen Bahnen bewegen, in deren einem Brennpunkt die Sonne steht (Abb. 1, die Sonne ist in F'). Das Zweite besagt, dass der Bahnstrahl, der die Sonne mit einem bestimmten Planeten verbindet, in gleichen Zeiten gleiche Flächen überstreicht (Abb. 2, die beiden markierten Flächen sind gleich groß). Das dritte Gesetz besagt schließlich, dass die Quadrate der Umlaufzeiten der Planeten proportional sind zu den dritten Potenzen der großen Halbachsen ihrer Bahnellipsen.

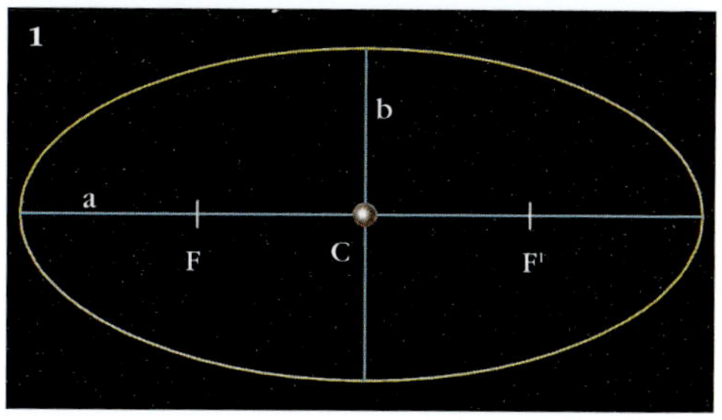

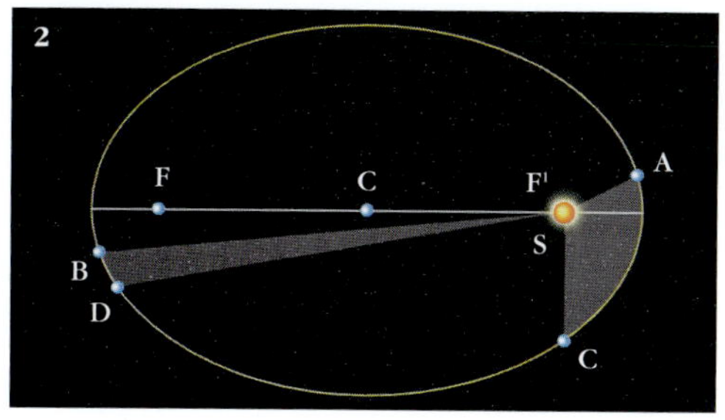

Die kopernikanische Revolution

Einer der Forscher, die versuchten, die Mängel des ptolemäischen Systems zu beheben, war Nikolaus Koppernick (1473–1543), Domherr im ostpreußischen Frauenburg, dessen Namen uns in der latinisierten Form Nicolaus Copernicus vertraut ist. Er kam aufgrund zahlreicher eigener Beobachtungen zu der Ansicht, dass die Erde zu den Planeten gerechnet werden sollte, und erklärte mutig, nicht die Erde stehe im Zentrum des Sonnensystems, sondern die Sonne. Nach seiner heliozentrischen Theorie bewegten sich die Planeten auf Kreisen um einen Punkt nahe der Sonne, und deshalb war die Übereinstimmung zwischen den gemessenen Positionen der Planeten am Himmel und den theoretisch vorhergesagten nicht besonders gut.

Ein unerwarteter Stern

Im Jahr 1572 half ein astronomisches Ereignis, den Glauben an die aristotelische Theorie zu erschüttern, wonach die Sphäre der Fixsterne vollkommen und unbeweglich ist. Im Sternbild Cassiopeia erschien ein »neues« und leuchtkräftiges Gestirn. Positionsbestimmungen ergaben, dass es sich nicht um einen Planeten oder nahen Himmelskörper handeln konnte. Dieser neue Stern, der zeigte, dass es am angeblich unbewegten gestirnten Himmel Veränderungen gibt, wurde besonders von dem dänischen Astronomen Tycho Brahe (1546– 1601) sorgfältig beobachtet. Brahe verstand sich gut auf die Vermessung der Sternorte auf der Himmelsbahn. Er bemerkte 1577 auch einen Kometen, dessen Bahn auf absolut unerklärliche Art die vermuteten aristotelischen Sphären schneiden musste. In der Folge stellte Brahe ein eigenes kompliziertes System der Planetenbewegungen auf, das so genannte Tychonische System, bei dem sich alle Planeten außer der Erde um die Sonne drehen, die wiederum die Erde umläuft. Brahe hoffte, sein System, ein Kompromiss zwischen heliozentrischem und geozentrischem Weltbild, könne die gegen die kopernikanische Theorie erhobenen Einwände entkräften.

Antike Instrumente
Eine Armillarsphäre aus dem 17. Jahrhundert, wie sie ähnlich vermutlich schon von Ptolemäus benutzt wurde.

Das heliozentrische Modell

Brahe, der starb, bevor er seine Theorie beweisen konnte, hatte seinen Schüler und Assistenten Johannes Kepler (1571–1630) angespornt, die von ihm gewonnenen Daten für diese Aufgabe zu nutzen. Wie Kepler jedoch erkannte, ließen sich Brahes Daten einfacher interpretieren, wenn die Erde zu den Planeten gezählt wurde, die die Sonne umlaufen. Nach mühseligen Berechnungen der Marsbahn fand er zudem, dass die Planetenbahnen Ellipsen sind.
Die so von Kepler berechneten Bahnen erklärten die Bewegungen der Planeten vollkommen. Weitere Belege für die Gültigkeit des heliozentrischen Modells fand Galilei, als er ab 1610 ein Fernrohr zur Beobachtung des Himmels einsetzte.
Kopernikus und Kepler überließen also den Nachkommen eine Vorstellung vom Sonnensystem, in dem die Erde ihre bevorzugte Stellung an die Sonne abgegeben hatte.

Das heliozentrische System des Kopernikus
Nikolaus Kopernikus, Domherr in Ostpreußen, fürchtete zu Recht, die Kirche würde sein heliozentrisches Weltbild als ketzerisch verdammen.

Der Aufbau der Sonne

Die Sonne ist eine gigantische Kugel aus extrem heißem Plasma, also ionisiertem Gas. Sie besteht im Wesentlichen aus Wasserstoff und Helium und hat einen Durchmesser von etwa 1,4 Millionen Kilometer. Nach Größe, Alter, Temperatur und Masse ist die Sonne ein durchschnittlicher Stern. Für uns Erdbewohner ist sie nur deswegen so besonders wichtig, weil sie uns relativ nah ist.

Eine Schale nach der anderen

Die Sonne hat wie eine Zwiebel mehrere Schalen. In der Sonnenmitte, dem Kern, beträgt die Temperatur etwa 14 Millionen °C und die Dichte etwa 100 g/cm³. Bei diesen Bedingungen können Wasserstoffkerne zu Heliumkernen verschmelzen, wobei sehr viel Energie freigesetzt wird.

Auf der Sonne herrscht ein vollkommenes Gleichgewicht zwischen der Schwerkraft, die dazu neigt, die Sonne unter ihrem eigenen Gewicht zusammenfallen zu lassen, und dem Druckabfall der von den in ihrem Inneren ablaufenden Kernreaktionen erzeugten Wärme, die nach außen drängt.

Die im Kern erzeugte Energie braucht sehr viel Zeit, bis sie zur Oberfläche der Sonne gelangt, nämlich etwa 10 Millionen Jahre. Deshalb ist das Licht, das heute von der Sonne ausgeht, das Ergebnis von Wärme, die vor Millionen Jahren in der Sonne entstanden ist. Dieses Licht wurde oft von der Materie, die ihm begegnete, absorbiert und mit größeren Wellenlängen wieder ausgesandt. Die Schicht der Sonne, in der sich diese Phänomene abspielen, wird »Strahlungszone« genannt, weil die Energie durch die Materie der Sonne hindurch durch Strahlung transportiert wird.

Die Konvektionszone

Der Sonnenkern hat einen Radius von etwa 140 000 km, und die Strahlungszone hat eine Dicke von zwei Dritteln des Sonnenradius. Bei den vielen Zusammenstößen verlieren die Photonen so lange Energie, bis ihre Energie gleich der thermischen Energie der Sonnenmaterie ist. Dann kommt das Phänomen der »Konvektion« ins Spiel, dem Vorgang, der sich in einem Topf mit kochendem Wasser abspielt, wenn das der Wärmequelle nahe Wasser hochsteigt, während das darüber liegende kältere nach unten sinkt. So entsteht ein System von Konvektionszellen, in denen das tiefer liegende Gas an die Oberfläche gelangt, sich dort abkühlt und wieder ins Innere zurückkehrt.

Diese Konvektionsströme durchmischen unablässig die Sonne oberhalb der Strahlungszone.

Schon ein Amateurteleskop zeigt die Körnigkeit oder Granulation der Oberfläche. Sie scheint aus sehr vielen »Reiskörnern« zu bestehen, und die sind nichts anderes als die Oberfläche von Konvektionszellen.

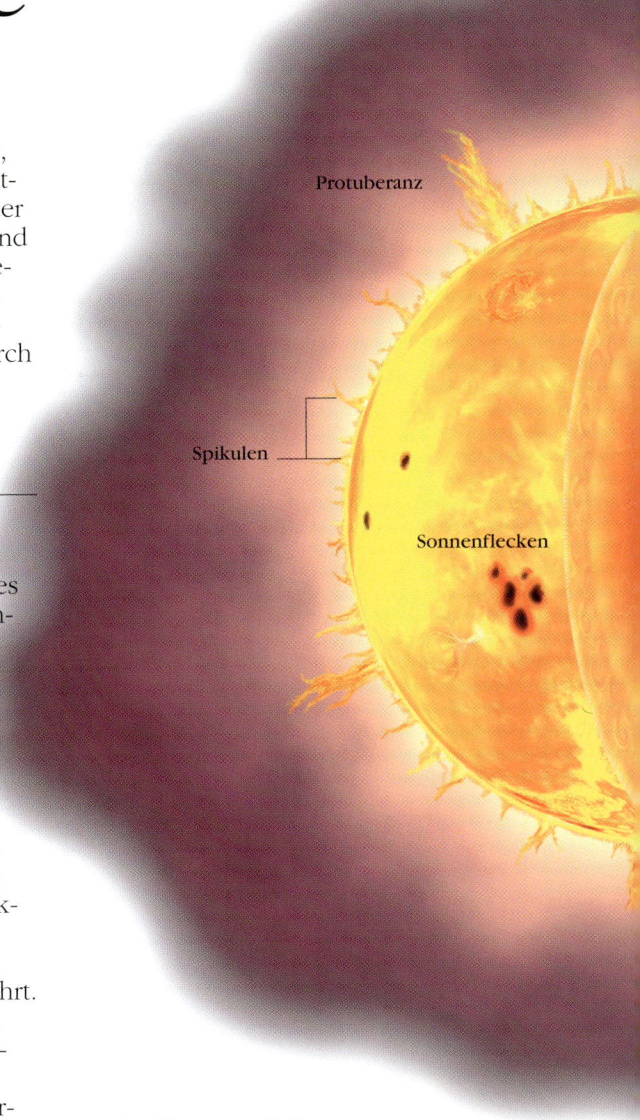

Die Photosphäre

Die Oberfläche der Konvektionszone geht über in die »Photosphäre«, eine sehr dünne (etwa 400 km dicke) Schicht, die eigent-

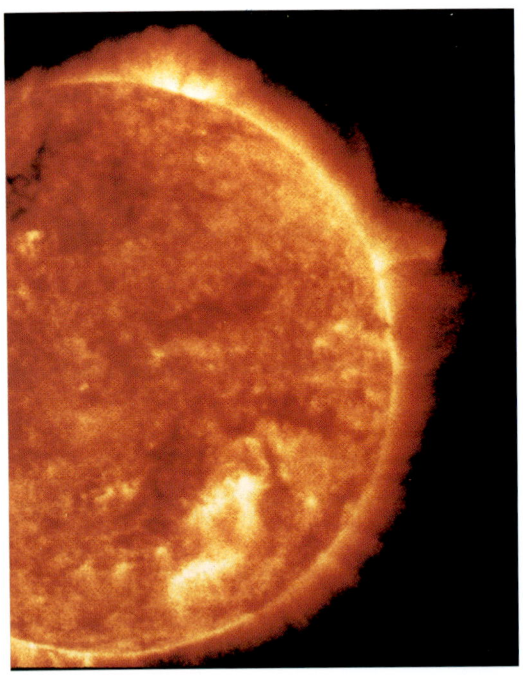

Gleichmäßigkeit der Sonne ist nur Schein
Die Aufnahme der Sonnenoberfläche lässt bei bestimmten Wellenlängen Bereiche größerer und geringerer Aktivität erkennen.

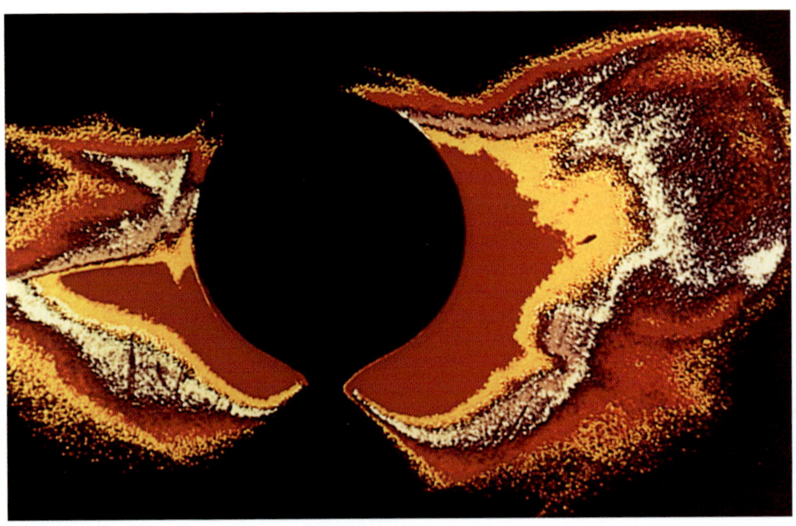

Der Aufbau der Sonne
Das Sonneninnere ist schalenförmig aufgebaut. Im Inneren ist der Kern, ihn umgibt die Strahlungszone. Weiter außen sind die Konvektionszone, die Photosphäre und die Chromosphäre (oben).

Die Korona der Sonne
Die Korona der Sonne in einer Aufnahme des Raumlabors Skylab der NASA. Die Sonne, in der Mitte, wird von einer Maske abgedeckt.

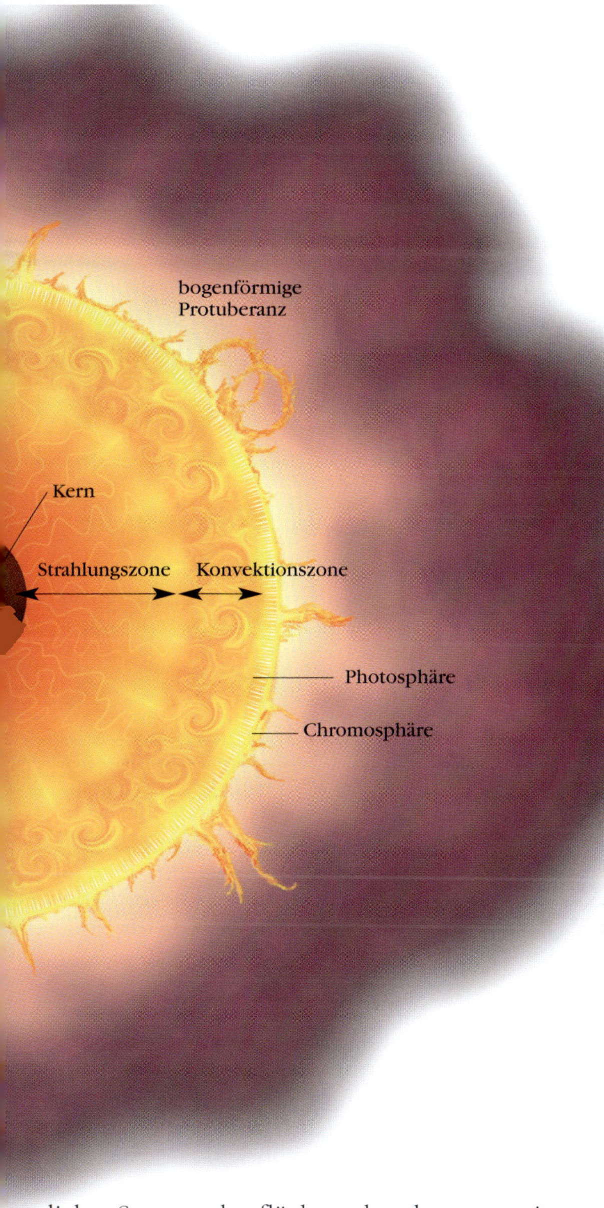

liche »Sonnenoberfläche«, also das, was wir von der Erde aus sehen.
In der Photosphäre sehen wir, wie gesagt, Körner, die zuerst 1885 von dem französischen Astronomen Pierre Janssen fotografiert wurden. Eine durchschnittliche solche Zelle hat eine Lebensdauer von 15 Minuten und einen Durchmesser von etwa 1000 km; sie steigt mit einer Geschwindigkeit von 1 km/s. In der Photosphäre beobachten wir auch die Sonnenflecken, dunkle Gebilde, die mit starken Magnetfeldern verknüpft sind; sie entstehen in den Äquatorzonen der Sonne und ziehen dann in höhere Breiten. Ihre dunkle Farbe rührt daher, dass ihre Temperatur niedriger ist als die der umgebenden Photosphäre.

Magnetfelder
Starke Magnetfelder führen zu Ausbrüchen sehr heißer Gase. Diese bilden Bögen, die den Linien der Magnetfelder folgen.

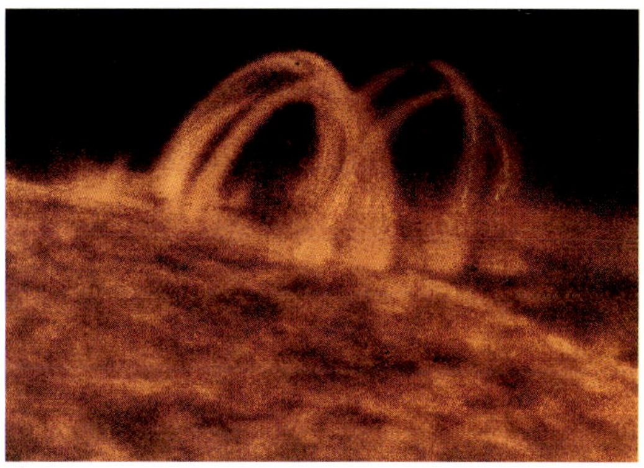

Die Chromosphäre

Über der Photosphäre befindet sich die sehr dichte, etwa 10 000 km dicke Chromosphäre (wörtlich »Farbkugel«). Diese mittlere Schicht der Sonnenatmosphäre ist schwer zu beobachten, weil die Photosphäre so stark flimmert. Am besten ist sie bei Sonnenfinsternissen zu sehen, wenn der Mond die Photosphäre verdeckt.
Im unteren Teil der Chromosphäre werden so genannte Flares beobachtet, sehr kurze Explosionen von Licht, die nicht vom ganzen Stern ausgehen, sondern einem aktiven Teilbereich. Besonders spektakulär sind die Protuberanzen, gewaltige Wasserstoffströme, die sich von der Sonne nach außen ergießen und immer mit Explosionen einher gehen. Sie können sich bis zu Höhen erstrecken, die mit dem Durchmesser der Sonne vergleichbar sind und Geschwindigkeiten von 300 km/s und Temperaturen von etwa 10 000 °C erreichen.

Eine pulsierende Kugel
Das Bild zeigt die Annäherung (dunkel) und Entfernung (hell) von Teilen der Sonnenoberfläche.

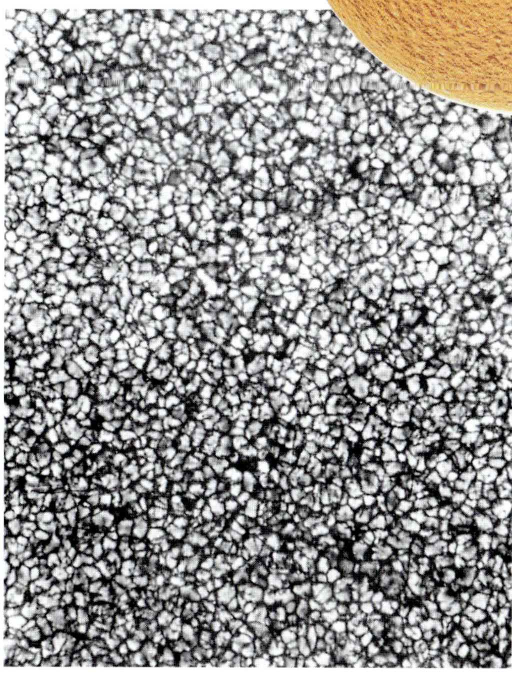

DIE DATEN DER SONNE

Äquatordurchmesser: 1,392 x 10^6 km
Rotationsdauer (am Äquator): 25 d
Masse (Erde = 1): 332 946
Volumen (Erde = 1): 1 303 600
Mittlere Dichte: 1,409 g/cm³
Dichte im Kern: etwa 100 g/cm³
Temperatur an der Oberfläche: 5550 °C
Temperatur im Kern: 14 Millionen °C
Schwerkraft an der Oberfläche (Erde = 1): 27,9-fach
Leuchtkraft: 3,86 × 10^{26} W
Periode des Umlaufs um die Mitte der Galaxis: 225 Millionen Jahre

Die Korona

Die Korona, der äußerste und dünnste Teil der Sonnenatmosphäre, erstreckt sich von der sichtbaren Oberfläche in den interplanetaren Raum. Sie ist gewöhnlich nicht zu sehen, weil ihre Leuchtkraft nur 1/600 000 der Leuchtkraft der Photosphäre beträgt. Die Materie der Korona wird von Magnetfeldern aufgeheizt und erreicht extrem hohe Temperaturen, die 1–2 Millionen °C in dem sonnennahen Inneren der Korona bis zu mehreren 100 000 °C am äußeren Rand betragen. Bei so hohen Temperaturen und der geringen Dichte ist die Materie ein hoch ionisiertes Plasma aus Protonen und Elektronen, dem einige Heliumkerne und Spuren schwerer Ionen beigemischt sind.
Schließlich geht von der Sonne ein »Sonnenwind« aus, ein Plasma aus ionisierten Elektronen, Protonen und Atomkernen. Der Sonnenwind wird mit Geschwindigkeiten von mehreren hundert Kilometern pro Sekunde ausgesandt und breitet sich durch das ganze Sonnensystem bis zur Erde hin aus, wo er in Wechselwirkung mit dem Magnetfeld der Erde die faszinierenden Polarlichter erzeugt.

Die Sonnenoberfläche aus der Nähe
Ein genaues Bild der Granulation der Photosphäre. Die Durchmesser der Körner sind in der Größenordnung von 1000 km.

Das Sonneninnere

Der Kern unserer Sonne ist ein gewaltiger Ofen: Die dort herrschenden Bedingungen für Temperatur und Druck lassen sogar das Verschmelzen von Kernen zu, also Reaktionen, bei denen die Kerne von Wasserstoff, Protonen, zusammen mit Neutronen zu Heliumkernen werden. Anders als chemische Reaktionen können Kernreaktionen ein Element in ein anderes umwandeln, sind also eine Art moderner »Stein der Weisen«. Dabei erzeugen sie gewaltige Energiemengen, die es der Sonne und auch allen anderen Sternen ermöglichen, 100 Millionen oder auch Milliarden Jahre lang zu leben.

Die Zusammensetzung der Atome

Wenn man die Kernreaktionen verstehen will, muss man etwas über Atome wissen, die Grundbausteine der Materie. Jedes Atom hat einen Kern, der eine bestimmte Anzahl an Protonen, positiv geladenen Teilchen, und Neutronen, neutralen Teilchen, enthält. Der Kern wird umlaufen von (negativ geladenen) Elektronen, von denen ein Atom gerade so viele hat wie Protonen im Kern. Die Anzahl der Protonen bestimmt die Art des Atoms; beispielsweise hat Wasserstoff, das einfachste Element, nur ein Proton, Sauerstoff hat 8, Eisen 26, Gold 79 usw. In der Natur kommen 92 Elemente vor, die in der so genannten Periodentafel der Elemente klassifiziert sind. Alles, was wir kennen (Planeten, Sterne, die Möbel unserer Wohnung, wir selbst), besteht aus unterschiedlichen Anteilen und Kombinationen von Elementen. Die chemischen Elemente können im Reinzustand vorliegen (Wasserstoff, Sauerstoff, Kohlenstoff, Eisen) oder zu mehr oder weniger komplexen Stoffen vereinigt sein (Wasser, Pflanzen, Kunststoffe, menschliche Körper).

Der Zusammenstoß zweier Atomkerne

Bei der einfachsten Kernreaktion, die in der Sonne möglich ist, vereinigen sich zunächst zwei Wasserstoffkerne, also zwei Protonen. Diese so genannte Proton-Proton-Reaktion spielt sich bei Temperaturen in der Größenordnung von 10 bis 20 Millionen K ab. (Bei diesen Temperaturen sind die Atome ionisiert, haben also ihre Elektronen verloren; deshalb spricht man hier von Kernen und nicht von Atomen.) Bei der Verschmelzung der beiden Protonen entsteht ein neuer Kern, Deuterium, ein Positron (ein positiv geladenes Elektron) und ein noch winzigeres Neutrino. Das

Wie ein ungeheuer großer Kernreaktor
Die Sonne gleicht einem höchst leistungsfähigen Fusionsreaktor. Bisher gelang die Kernverschmelzung auf der Erde nur bei der Explosion von Wasserstoffbomben oder kurzzeitig bei Experimenten in Forschungsreaktoren. Hier der Blick in den Reaktor eines gewöhnlichen Kernkraftwerks.

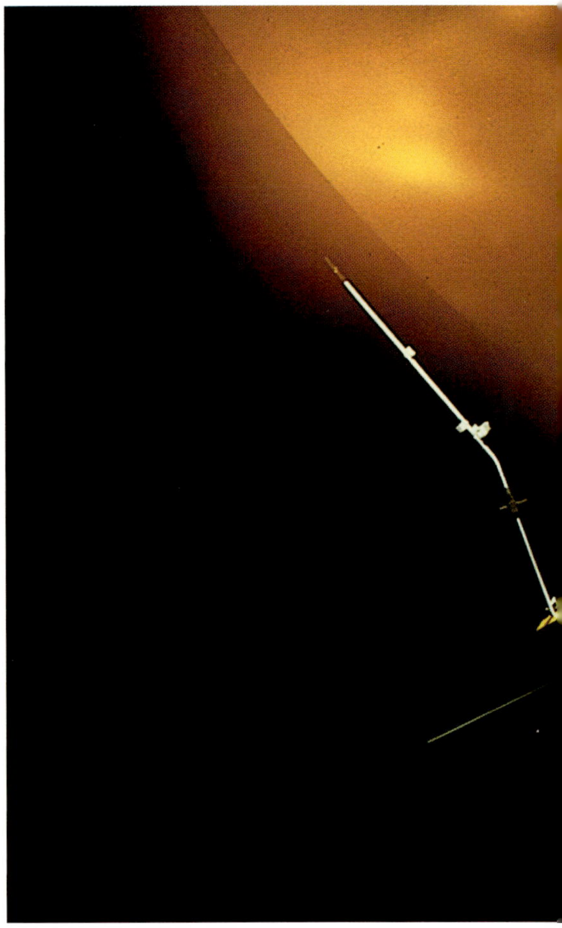

Ein griechischer Held im Raum
Die Sonde Ulysses wagte sich wie Homers berühmter Held der Literatur in unerforschte Räume und flog über die Pole der Sonne hinweg.

Deuterium ist eine Art Wasserstoff, dessen Kern außer dem üblichen Proton auch ein Neutron enthält, also ein Wasserstoffisotop. Dann verschmilzt der Deuteriumkern mit einem anderen Proton zum Kern von Helium-3, einem instabilen Heliumisotop. Schließlich finden sich zwei Helium-3-Kerne zu einem (stabilen) Kern von Helium-4 zusammen, wobei zwei Protonen übrig bleiben, mit denen der ganze Vorgang von vorn beginnen kann. Diese Reaktion setzt gewaltige Energien frei, denn jedes Mal, wenn sich ein Heliumkern bildet, weil sich in jeder Sekunde immens viele solcher Fusionsprozesse abspielen, könnte die pro Sekunde erzeugte Energie einen Eiswürfel mit 1000 km Kantenlänge zum Schmelzen bringen. Und falls die Erde einmal plötzlich in die Sonne stürzen sollte, könnte die Sonnenwärme theoretisch das gesamte Wasser in den Meeren und alles Eis in weniger als einer Stunde zum Kochen bringen.

Der Kohlenstoffzyklus

Es gibt noch ein Verfahren, bei dem aus Wasserstoff Helium gewonnen wird. Bei

diesem so genannten Kohlenstoffzyklus läuft eine Reihe komplizierter Reaktionen ab. Er setzt etwas höhere Temperaturen voraus als der Proton-Proton-Zyklus, deswegen spielt er eine wichtige Rolle in Sternen, die im Zentralbereich heißer sind als die Sonne. Er setzt außerdem die Gegenwart anderer chemischer Elemente voraus, etwa des Kohlenstoffs, die als Katalysatoren wirken und die Zwischenschritte ermöglichen. Dieser Kohlenstoffzyklus, bei dem ebenfalls zunächst aus einfachen Protonen ein Helium-4-Kern entsteht und sehr viel Energie freigesetzt wird, erzeugt auch einen kleinen Teil der Sonnenenergie.
In Sternen, die im Zentralbereich heißer sind als die Sonne, laufen auch Reaktionen ab, die zur Bildung solcher chemischen Elemente führen, die schwerer sind als Kohlenstoff. So entstehen Sauerstoff, Schwefel, Chlor usw. bis zum Eisen, dem 26. Element der Periodentafel, mit dem diese Reihe aufhört, weil zur Erzeugung schwererer Elemente als Eisen Energie zugeführt werden muss. Diese Reaktionen sind endotherm, weil sie Energie aus der Umgebung aufnehmen, und nicht exotherm (erzeugen also keine Energie).

Sternenkinder

Die Sterne stellen also ausgehend von einfacheren Elementen wie Wasserstoff neue chemische Elemente her. Tatsächlich ist die so genannte stellare Kernsynthese der einzige bisher bekannte Prozess, der die Bildung der in der Natur vorhandenen Elemente erklären kann. Diese Tatsache hat außergewöhnliche Folgerungen: Alle Atome aller chemischen Elemente außer Wasserstoff und Helium sind im Inneren eines Sterns entstanden. In der gigantischen Explosion als Supernova werden auch schwerere Elemente als Eisen erzeugt und in den interstellaren Raum geschleudert. Diese Atome bildeten dann zusammen mit Milliarden anderer Atome und Gas- und Staubteilchen die großen Wolken, aus denen unser Sonnensystem und alles, was in ihm ist, entstand, auch unser Planet und unser Körper.
Wir sind also wirklich Sternenkinder.

NEUTRINOS, BOTEN DER ATOMKERNE

Das einzige Teilchen, dem es gelingt, die dicken Schichten, die das Sonneninnere umgeben, ungehindert zu durchdringen und ungestört zu uns zu gelangen, ist das Neutrino, das Leichteste der Teilchen. Der Nachweis ist sehr schwierig, weil ein Neutrino kaum mit der Materie wechselwirkt, die es durchdringt.
Um die Reaktionen zwischen Neutrinos und Materie doch beobachten zu können, hat man in Bergwerken oder Gebirgstunneln oder auch unter dem Meer sehr große und massereiche Detektoren gebaut; der hier abgebildete Detektor steht in einem nicht mehr benutzten Bergwerk in den USA.

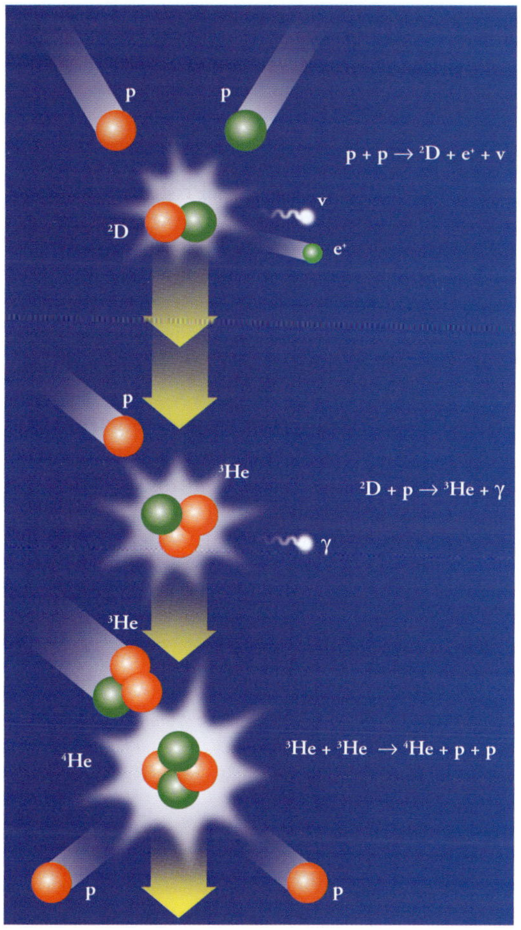

Protonen verschmelzen
Schema der Proton-Proton-Reaktion, in deren Verlauf vier Wasserstoffatome verschmelzen und einen Heliumkern bilden.

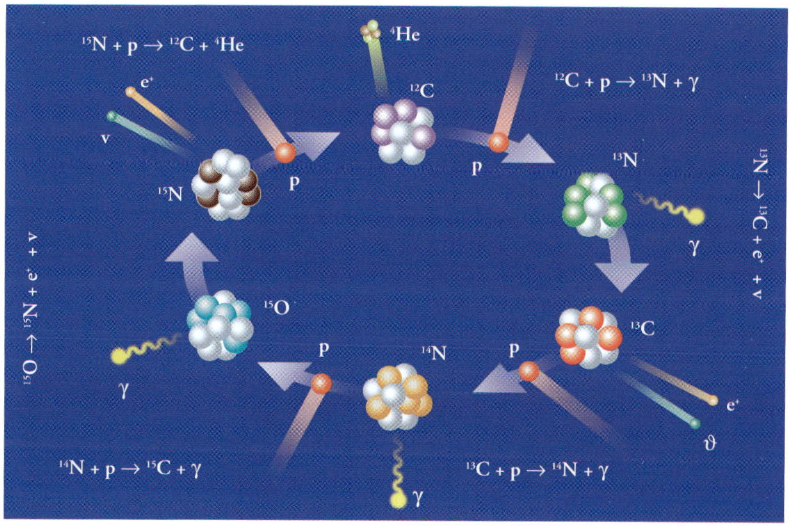

Der Kohlenstoffzyklus
Die Sterne erzeugen auch durch den Kohlenstoffzyklus Heliumatome. Dazu muss jedoch Kohlenstoff vorhanden sein.

Sonnenflecken

Schon im Altertum haben aufmerksame Beobachter auf der Sonne Flecken bemerkt, aber sie hatten natürlich keine Ahnung davon, wie sie zustande kommen. Als Kepler 1607 einen Sonnenflecken sah, hielt er ihn irrtümlich für den an der Sonne vorüberziehenden Planeten Merkur. Chinesische Jahrbücher aus dem Jahr 165 v. Chr. verzeichnen eine beachtliche Anzahl von Beobachtungen, die älteste Bemerkung über Sonnenflecken stammt jedoch aus dem dritten vorchristlichen Jahrhundert und wird Theophrast von Athen zugeschrieben, einem Schüler von Aristoteles. In der Neuzeit haben etwa gleichzeitig mit Galilei um 1610 der ostfriesische Pfarrerssohn Johannes Fabrizius und der bayrische Jesuitenpater Christoph Scheiner mit seinem Schüler Cysat in Ingolstadt die Sonnenflecken »wieder entdeckt«. (Es kam zu einem langen Prioritätsstreit zwischen Galilei und Scheiner.) Die Beobachtung der Sonnenflecken bedeutete eine Krise für das aristotelisch-ptolemäische Weltbild, wonach die Sterne vollkommene und unveränderliche Kugeln sind. Systematische Beobachtungen begannen erst um 1750.

Aussehen und Entwicklung

Die Sonnenflecken sehen dunkel aus, weil sie kälter sind als die Photosphäre. Der dunklere Bereich des Fleckens, die so genannte Umbra, ist umgeben von einem Bereich mittlerer Leuchtkraft, der Penumbra. In der Umbra beträgt die Temperatur etwa 4300–4800 K; sie ist also etwa 1000–1500°C kälter als die Photosphäre, während die Temperaturen der Penumbra im Bereich von 5400–5500 K liegen. Tatsächlich beträgt die Lichtintensität in der Umbra 32% der Intensität der Photosphäre (und die der Penumbra 80%); beide leuchten also hell, erscheinen aber im Vergleich mit der Photosphäre dunkel. Die niedrigeren Temperaturen im Inneren der Flecken sind anscheinend mit den starken Magnetfeldern dieser Bereiche verknüpft, die die regulären Konvektionsströme behindern. Die Entwicklung einer Fleckengruppe beginnt, wenn sich an einem Punkt der Photosphäre ein dunklerer Bereich mit einigen tausend Kilometern Durchmesser bildet. Die meisten dieser so genannten Poren lösen sich in einem Zeitraum von etwa einem Tag wieder auf, andere jedoch verdünnen sich allmählich, bis sie eine Penumbra, das Kennzeichen eines Fleckens, haben und Ausmaße zwischen 7000 und 50000 km haben. Ein Sonnenflecken lebt im Mittel einige Wochen, in denen Form und Größe schwanken. Im Allgemeinen bilden sich die Flecken paarweise oder in Gruppen, die im Mittel sogar drei Monate lang bestehen. Die Flecken verändern überdies ihre Lage auf der Sonnenoberfläche, was vor allem an der ungleichmäßigen Rotation der Sonne liegt. Weil die Sonne kein starrer Körper ist, rotiert sie in der Äquatorzone rascher (dort beträgt die Rotationsperiode etwa 27 Tage)

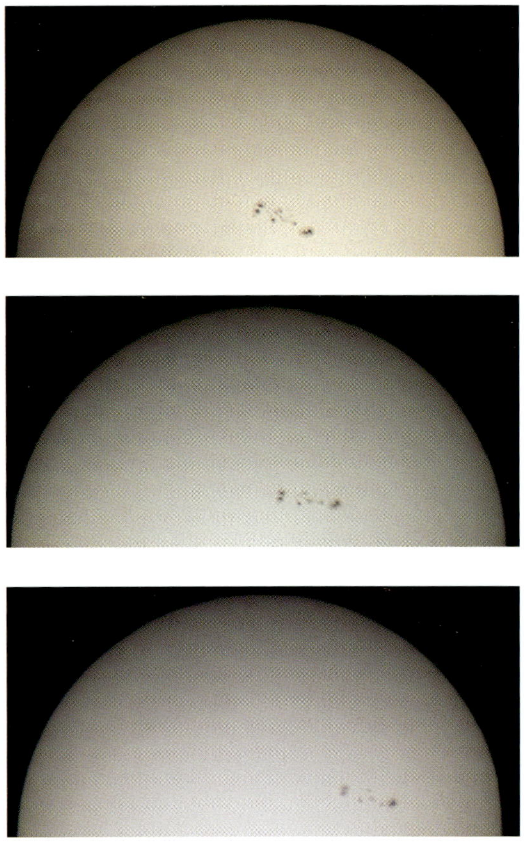

Eine Wanderung auf der Sonne
Die Flecken verschieben sich auf der Photosphäre der Sonne, wie diese drei Aufnahmen zeigen, die in einem Abstand von 24 Stunden gemacht wurden.

Eine Frage der Temperatur
Die Sonnenflecken erscheinen im Vergleich mit dem Rest der Photosphäre dunkel, weil sie etwa 1000–1500 Grad kälter sind.

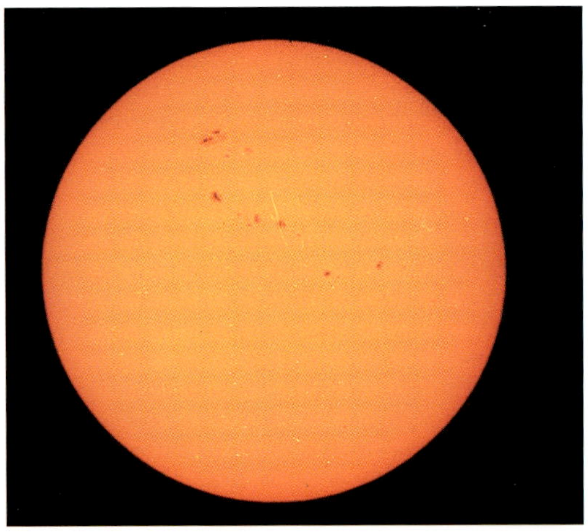

Der Sonnenfleckenzyklus
Die Grafik zeigt den Verlauf der Anzahl der Sonnenflecken vom 17. Jahrhundert bis heute. Die Periodizität von 11 Jahren ist deutlich zu erkennen.

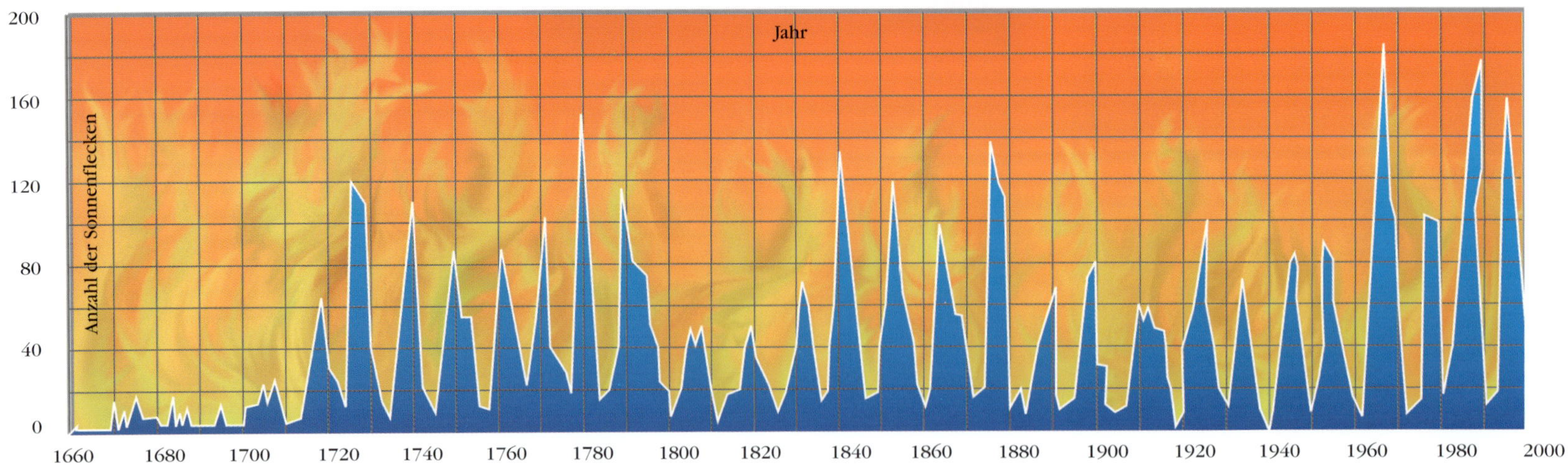

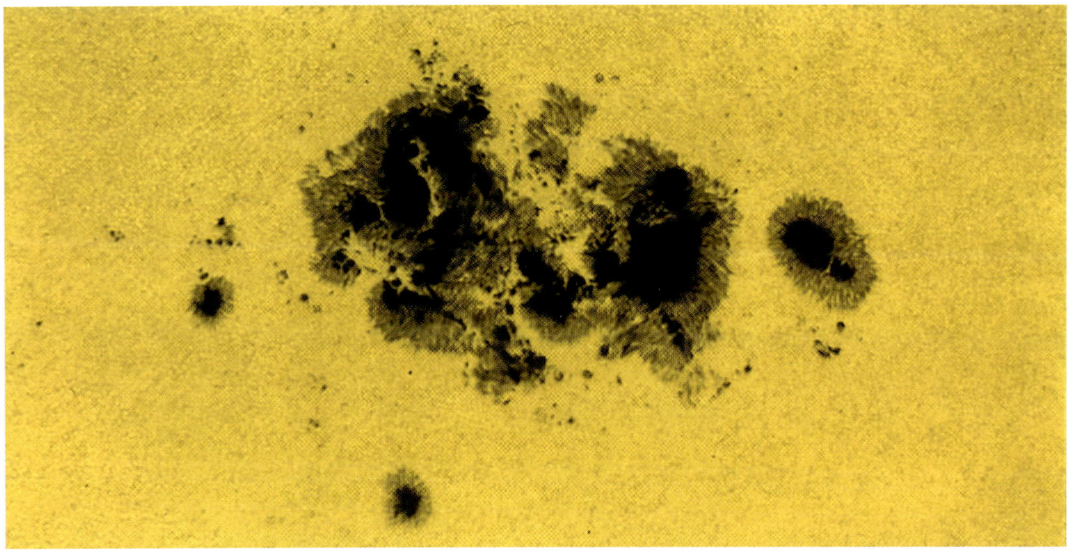

Die Form der Flecken
Nur wenige Flecken sind kreisrund, der größere Teil ist wie die Flecken in dieser spektakulären Aufnahme unregelmäßig geformt.

DIE WOLF-ZAHL

Wolf und Wolfer, zwei Schweizer Astronomen des letzten Jahrhunderts, erdachten ein System, das die Intensität der Sonnenaktivität mittels der Anzahl der beobachtbaren Flecken unabhängig vom Beobachter und den benutzten Instrumenten angibt. Diese so genannte Wolf-Zahl oder Sonnenflecken-Relativzahl wird mit dem Buchstaben W bezeichnet und nach der Formel

$$W = k(10G + T)$$

berechnet, wobei G die Anzahl von Fleckengruppen ist, T die Gesamtzahl der Flecken in der Gruppe (einschließlich der isolierten) und k ein Koeffizient, der den Beobachter, die Luftunruhe und die geschätzte Effizienz des Instruments berücksichtigt.

und an den Polarbereichen langsamer (mit einer Rotationsperiode von etwa 31 Tagen).

Der Sonnenfleckenzyklus

Wie der Dessauer Apotheker und Amateurastronom Heinrich Schwabe 1843 bemerkte, schwanken Intensität und Anzahl der Sonnenflecken in einem Zyklus von 11 Jahren. Ein Zyklus schwankt zwischen 7 und 15 Jahren, im Mittel beträgt er 11,07 Jahre.
In der Phase des Minimums zeigt die Sonne oft tagelang keine Spur eines Fleckens; im Maximum gibt es außer einzelnen Flecken auch zehn oder zwanzig Gruppen. Die letzten Maxima des Zyklus waren 1968, 1979 und 1990. Da jeder Fleck eine Lebensdauer von einigen Monaten hat, muss der elfjährige Zyklus das Ergebnis langer und tief gehender Vorgänge im Sonneninneren sein. Anscheinend ist der Sonnenfleckenzyklus das Ergebnis von Wechselwirkungen zwischen dem Magnetfeld der Sonne und der äußersten Schicht der Konvektionshülle. Wie der amerikanische Astronom George Ellery Hale 1908 entdeckte, sind in den Sonnenflecken starke Magnetfelder konzentriert. Ein typischer Sonnenflecken hat ein Magnetfeld mit einer Stärke von 0,25 Tesla (das Magnetfeld der Erde hat eine Stärke von 0,0001 Tesla). Außerdem gehorchen die Magnetfelder der Flecken einer festen Regel: Wenn sich ein Fleckenpaar auf der nördlichen Halbkugel bildet, sind die beiden Partner entgegengesetzt zueinander und zum jeweils vorangehenden und nachfolgenden polarisiert. In der südlichen Hemisphäre sind die Magnetfelder umgekehrt polarisiert. Beim Beginn eines Zyklus kehrt sich die Polarität in beiden Hemisphären um. Ein vollständiger Sonnenfleckenzyklus dauert also etwa 22 Jahre.
Die Flecken treten gewöhnlich gleichzeitig auf beiden Hemisphären in Breiten auf, die symmetrisch zum Äquator sind. Diese Bereiche der Fleckenbildung breiten sich im Lauf eines Zyklus von etwa 45° bis etwa 5° Breite aus, wie Richard Carrington 1858 bemerkte und der Gymnasiallehrer Gustav Spörer aus Anklam um 1900 in dem so genannten Spörer-Gesetz erfasste.

Aktive und ruhige Sonne

Es gibt in der Geschichte Hinweise auf relativ lange Perioden ohne Sonnenaktivität. In diesen Sonnenfleckenminima sind keine Flecken zu sehen. Der letzte Zeitraum, für den sich diese als Maunder-Minimum bekannte Situation nachweisen lässt, begann etwa 1630 und dauerte rund 75 Jahre. Man spricht im Allgemeinen von einer »ruhigen« Sonne, wenn diese nur wenige Flecken aufweist und andere Anzeichen von Aktivität (beispielsweise Protuberanzen) fehlen, und von der »aktiven Sonne«, wenn es Hinweise auf große Aktivität gibt, die entweder die Form von Flecken oder Fackeln (Bereiche in der Nähe des Sonnenrands, die heller leuchten als der Rest der Photosphäre) oder von Protuberanzen haben kann.

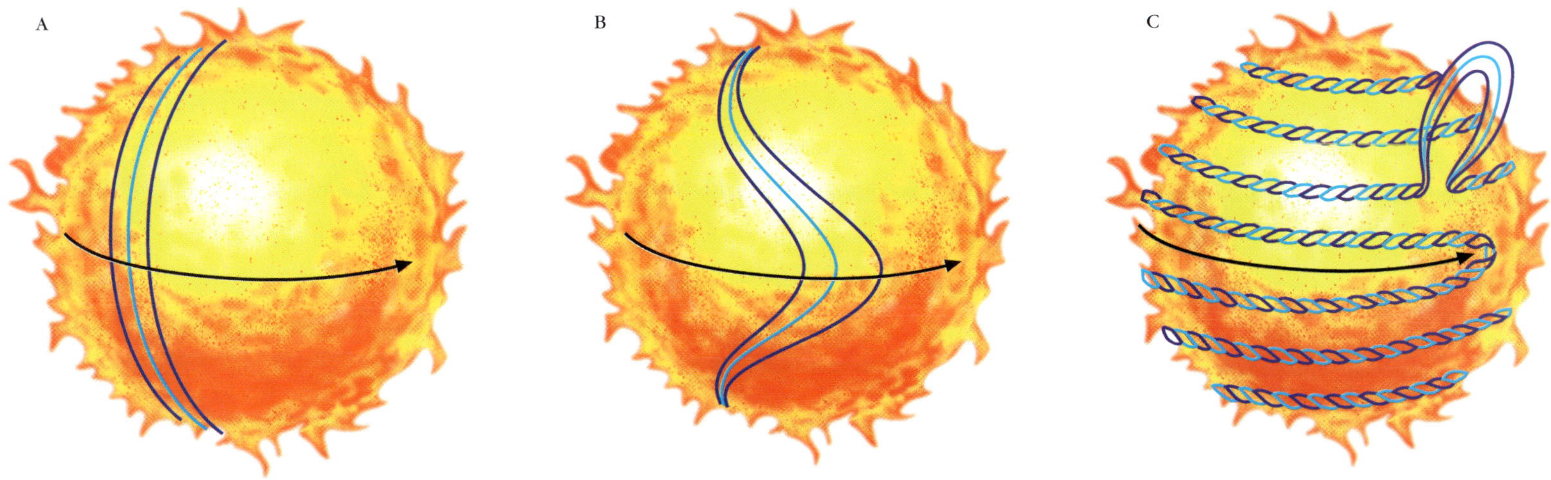

Magnetfeld und Flecken
Die Feldlinien des Magnetfelds der Sonne werden durch differenzielle Rotation verzerrt. Die Flecken bilden sich an der Basis der Eruptionen.

Die Erde

Die Geschichte der Erde beginnt vor etwa 4,5 Milliarden Jahren zeitgleich mit der des Sonnensystems. Ihre Entwicklung war lang und kompliziert. Am Anfang war die Erde sehr heiß und flüssig, deshalb sammelten sich die schwereren Elemente wie Eisen und Nickel in der Mitte der Kugel, während die leichteren, beispielsweise die Silikatverbindungen der Metalle, aus denen sich die steinige Kruste bildete, an der Oberfläche blieben. Schließlich beendete die Abstrahlung der Wärme in den Raum diesen Vorgang der Differenzierung, und die Verfestigung begann. Außerdem führten glückliche Umstände zu großen Wasserflächen auf dem Planeten. Heute schätzt man die Temperatur des Erdkerns auf etwa 6200 °C. Dieser Wert, der zu einem Teil auf der Radioaktivität von Elementen beruht, die beim Zerfall Wärme erzeugen, und zum anderen Teil auf der guten Isolation des Erdkerns durch den darüber liegenden Erdmantel, nimmt mit der Zeit ab, wenn sich die radioaktiven Elemente erschöpfen.

Im Erdinneren

Im Kern unseres Planeten lassen sich zwei Teile unterscheiden: Der innere, feste Kern hat einen Durchmesser von 1330 km und ist umgeben von einer flüssigen Schicht mit einer Dicke von 2200 km, die eingehüllt ist in einen etwa 3000 km dicken Gesteinsmantel, der wiederum zwei Schichten aufweist: Der innere Mantel ist starr, der obere leichter verformbar. Über dieser oberen, etwa 100 km dicken Lithosphäre liegt die Kruste, eine dünne Gesteinsschicht, die auf dem Meeresboden 10 km und auf dem Festland 50 km dick ist.

Die Lithosphäre besteht aus gewaltigen Schollen oder Platten von der Größe eines Kontinents, die wie die Stücke eines riesigen Puzzles zusammenpassen. Diese Platten sind aufgrund von Konvektionsströmen, die das unter dem Plateau liegende geschmolzene Gestein vermischen, in ständiger Bewegung, und diese unablässige Bewegung ist die Ursache des Phänomens, das die Geologen als Platten- oder Großschollentektonik bezeichnen.

Das Magnetfeld

Die Erde ist in gewisser Weise ein enormer Dynamo. Die Wechselwirkung zwischen dem flüssigen Metallkern in ihrem Inneren und der Drehbewegung des Planeten um sich selbst erzeugt das Magnetfeld der Erde. Es erstreckt sich in den umgebenden Raum und bildet die »Magnetosphäre«, eine Art Magnetblase um die Erde herum. Die Magnetosphäre hat die Fähigkeit, uns vor dem so genannten Sonnenwind zu schützen, einem Strom geladener Teilchen, die von der Sonne kommen. Eben diese Teilchen erzeugen in großen nördlichen und südlichen Breiten spektakuläre Lichtspiele, die so genannten Polarlichter.
Wie sich bei Untersuchungen von altem, dem Meeresboden entnommenen Gestein gezeigt hat, vertauschen sich Nord- und Südpol des Magnetfelds in regelmäßigen Abständen von etwa 100 000 Jahren. Wir wissen jedoch nicht, ob sich dieses Phänomen rasch oder im Lauf eines längeren Zeitraums allmählich einstellt.

Der Atmosphäre der Erde

Ursprünglich bestand die Erdatmosphäre, also die Gesamtheit der Gase, die unseren Planeten einhüllen, aus einer Wolke von Wasserstoff, Stickstoff und Methan mit etwas Kohlenstoff und Wasserdampf. Im Lauf der Zeit verloren sich große Teile der Komponenten der Uratmosphäre im Raum; sie wurden allmählich durch Gase aus dem Inneren des Planeten ersetzt, wie beispielsweise Kohlendioxid, Kohlensäure und schließlich Wasserdampf. Auch in der Atmosphäre, die die Erde dank ihrer Schwerkraft festzuhalten vermag, lassen sich Schichten unterscheiden. Die untere Stratosphäre, auch Troposphäre genannt, ist die, in deren Innerem Wolken und alle meteorologischen Phänomene entstehen; sie erstreckt sich bis zu Höhen von 10–15 km. In ihr sinkt die Temperatur bis auf Werte

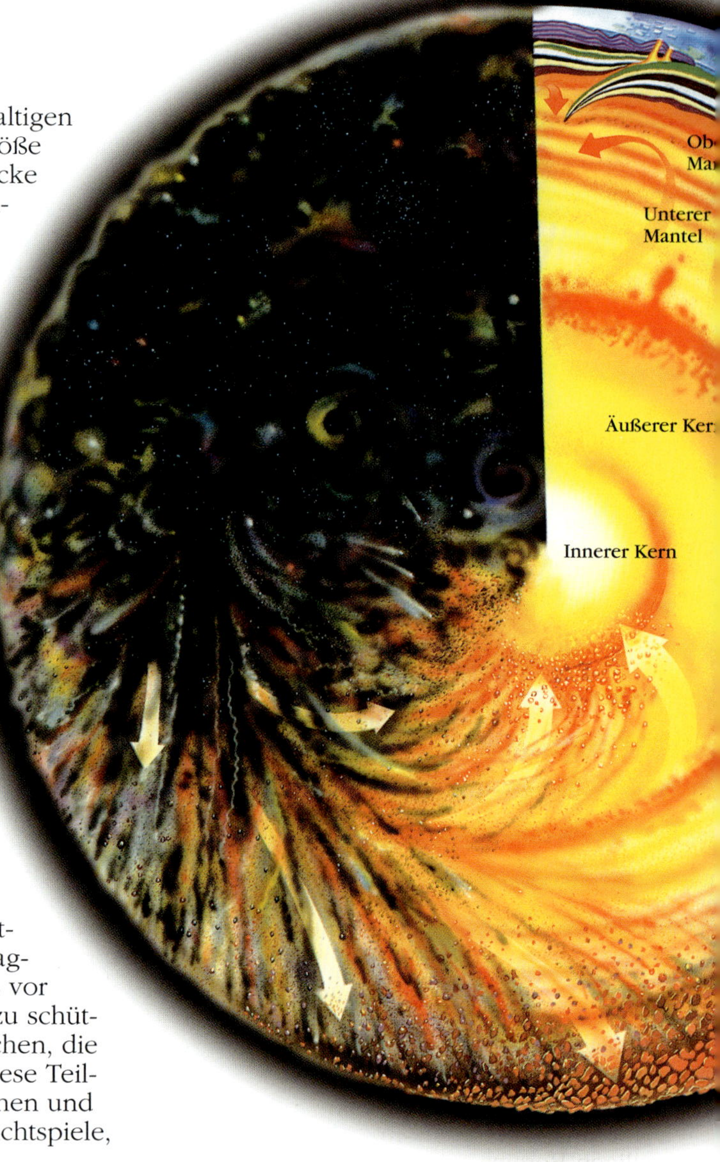

Das Erdinnere
Das Innere unseres Planeten besteht aus Schichten: einem (inneren und äußeren) Kern, einem (unteren und oberen) Mantel und der Kruste

Der Blaue Planet
Unser Planet ist vom Raum aus gesehen überwiegend blau, hat also die Farbe der Meere. Man sieht jedoch auch Wolken und Land.

von –40 bis –50 °C. Über der Troposphäre liegt die bis in Höhen von 50 km hoch reichende Stratosphäre. Sie enthält das Gas Ozon, eine Form des Sauerstoffs, bei der sich drei, und nicht wie bei gewöhnlichem Sauerstoff zwei Sauerstoffatome zu einem Molekül verbunden haben. Die Ozonschicht ist wichtig für den Schutz des Lebens auf der Erde, weil sie die gefährliche, von der Sonne kommende Ultraviolettstrahlung absorbieren kann. Die von der Sonne bewirkte Erwärmung führt in den oberen Schichten der Stratosphäre zu einer Temperaturerhöhung bis auf 15 °C. Jenseits der Stratosphäre finden wir die Ionosphäre, die bis in Höhen von 500 km reicht und ihrerseits unterteilt ist in die Mesosphäre (zwischen 50 und 85 km Höhe) und die Thermosphäre (bis zu 200 km Höhe). In der Ionosphäre fällt die Temperatur mit zunehmender Höhe bis auf –90 °C ab, was sich für die moderne Kommunikation auf der Erde als besonders günstig erweist, da sie die von der Erde ausgesandten Radiowellen im langwelligen Bereich reflektiert. Die letzte Schicht ist die so genannte Exosphäre, die in die Leere des interplanetaren Raums übergeht.

Das Leben auf der Erde

Die Oberfläche der Erde ist zu zwei Dritteln mit Wasser bedeckt, das, wie übrigens auch die Kontinente und ein Teil der Atmosphäre, viele Lebensformen enthält. Die Debatte über den Ursprung des Lebens auf der Erde und darüber, ob dieses Phänomen mehr oder weniger durch das Vorhandensein von Wasser bestimmt ist, kann trotz vieler Hypothesen dazu noch nicht endgültig entschieden werden. Nach Meinung vieler Wissenschaftler und aufgrund der insbesondere von dem amerikanischen Biologen und Nobelpreisträger Muller durchgeführten Experimente mit elektrischen Entladungen in anorganischen Stoffen sollte es unter primordialen Umweltbedingungen heftige elektrische Stürme geben, die ihrerseits chemische Reaktionen zwischen den in der Atmosphäre vorhandenen Gasen auslösen.
Zu den Ergebnissen dieser Reaktionen gehören mit größter Wahrscheinlichkeit einfache organische Moleküle wie Aminosäure (die Bestandteile des Proteins). Diese wahren Bausteine des Lebens wurden in den Ozeanen abgelagert, wo es zu weiteren chemischen Reaktionen kam. Nach mehr als einer Milliarde Jahren entwickelten sich dann die ersten einfachen Strukturen, die sich reproduzieren konnten, also einfache Zellen.
Die ersten pflanzlichen Zellen nutzten ähnlich wie die heutigen Pflanzen die Kohlensäure, von der sie sich ernährten, zum Synthetisieren organischer Moleküle. Dieser Prozess, den wir heute Photosynthese nennen, war von grundlegender Bedeutung für die Entwicklung des Lebens auf der Erde, weil dabei als Nebenprodukt Sauerstoff entsteht, der sich in der Atmosphäre ansammelte und deren Zusammensetzung radikal veränderte. All das begünstigte die Entwicklung von aeroben tierischen Lebensformen, also von Organismen, die Sauerstoff atmen. In späteren Jahrmillionen hat die Evolution zu der fantastischen Vielfalt an Formen beigetragen, die heute die Erde beleben.

DIE DATEN DER ERDE

Mittlere Entfernung von der Sonne: 149,6 Millionen km (min. 147,1 und max. 152,1)
Durchmesser am Äquator: 12 756 km
Mittlere Bahngeschwindigkeit um die Sonne: 29,79 km/s
Siderische Periode der Achsenrotation: 23h 56m 4s
Siderische Periode des Umlaufs um die Sonne: 365d 6h 9m 10s
Mond: 1
Masse: $5{,}976 \times 10^{24}$ kg
Volumen: $1{,}084 \times 10^{12}$ km^3
Mittlere Dichte: 5,517 g/cm^3
Oberflächentemperatur (im Mittel): 22 °C
Temperatur im Erdkern: 6200 °C
Neigung der Erdachse: 23° 27'
Atmosphäre: Stickstoff 77%, Sauerstoff 21%, Wasserdampf 1%, andere Gase 1%

Ein kreisrundes Unwetter
Ein Bild, das Apollo 9 über Kolumbien machte. Eine breite Zone von Cumulo-Nimbus-Wolken sind umgeben von Cirrus- und Cumulus-Wolken

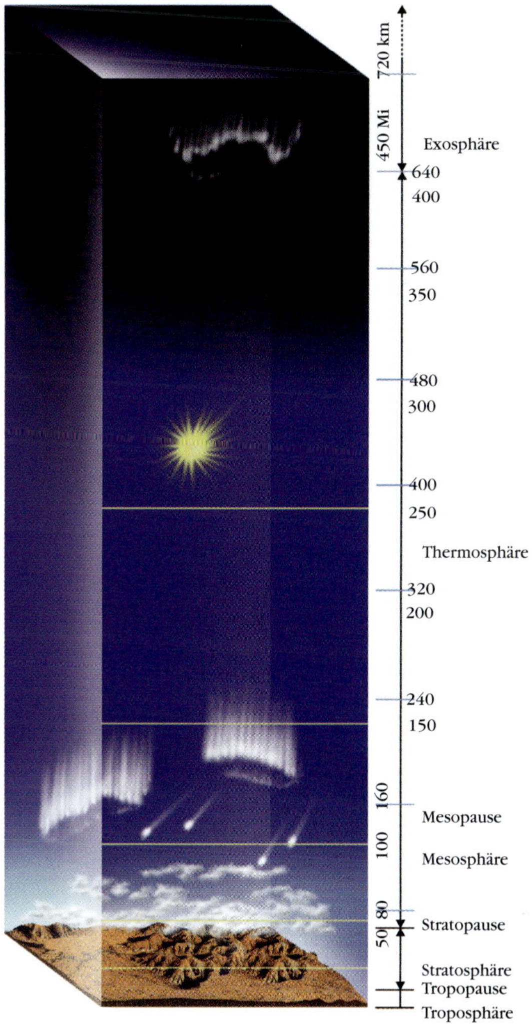

Die Atmosphäre
Die Atmosphäre, also die die Erde einhüllende Gasschicht, wird gewöhnlich entsprechend dem am Rand angegebenen Schema in Schichten eingeteilt.

Die Hauptbewegungen der Erde

Unsere Erde vollführt wie die anderen Planeten des Sonnensystems zwei Hauptbewegungen, nämlich die Drehung um ihre eigene Achse und den Umlauf um die Sonne. Diese periodischen Bewegungen sind seit dem Altertum die Grundlage der Zeitmessung und der Kalender. Ein Tag entspricht der Dauer der Drehung um die Achse, ein Jahr der Dauer eines Umlaufs um die Sonne. Auch der (synodische) Monat, die Zeit von Neumond zu Neumond, ist mit astronomischen Phänomenen verknüpft.

Die Rotation der Erde

Unser Planet dreht sich von Westen nach Osten um seine Achse, also (für einen Beobachter, der sich im Idealfall über dem irdischen Nordpol befindet) entgegen dem Uhrzeigersinn; die Rotationsachse ist die gedachte Gerade, die die Erdkugel durchquert und durch den geografischen Nord- und Südpol geht. Die Pole bleiben also fest und drehen sich nicht mit, alle anderen Punkte der Erdoberfläche jedoch bewegen sich mit einer Geschwindigkeit, die umso größer ist, je näher sie dem Äquator sind, also in dem Maß, in dem die Entfernung von der Drehachse zunimmt.
In der Breite von Mitteleuropa beispielsweise bewegen wir uns mit einer Geschwindigkeit von etwa 1200 km/h. Eine Folge der Achsendrehung ist der Wechsel von Tag und Nacht und die scheinbare Bewegung des Himmels. Wegen der Erddrehung bewegen sich die Sterne und anderen Himmelskörper am Nachthimmel scheinbar in die unserer Bewegung entgegengesetzte Richtung (also von Osten nach Westen). Die Sterne beschreiben Kreise um den Polarstern, der sich fast genau auf der Verlängerung der Erdachse nach Norden befindet. Die Drehbewegung der Sterne liefert jedoch keinen Beweis dafür, dass sich die Erde um sich selbst dreht, denn sie könnte von einer im Raum festen und unbeweglichen Erde aus auch als Drehung der Himmelskugel gesehen werden.

Das Foucaultsche Pendel

Den unwiderlegbaren Beweis der Tatsache, dass sich unser Planet um seine Achse dreht, führte 1851 der französische Astronom Jean Bernard Léon Foucault mit seinem berühmten Pendelexperiment.
Stellen wir uns vor, wir stünden am Nordpol und brächten ein Pendel zum Schwingen. Ein einmal in Bewegung versetztes reibungsfreies Pendel schwingt immer in derselben Ebene; denn es unterliegt keiner anderen Kraft als der Schwerkraft, und die wirkt in senkrechter Richtung, verändert also nicht die Schwingungsebene. Wenn das Pendel auf seiner Unterlage eine Spur seiner Schwingungen hinterlässt, zeigt sich, dass sich die Pendelschwingungen nicht genau überlagern und nicht immer in dieselbe Richtung weisen, sondern langsam drehen. Diese Rotation kann zwei Gründe haben: Entweder dreht sich die Schwingungsebene des Pendels oder die darunter liegende Erde. Weil aber auf das Pendel keine Kräfte wirken, die die Schwingungsebene verändern, müssen wir schließen,

Die Drehbewegung der Erde
Wenn wir unseren Planeten von außen beobachten, können wir sehen, wie er sich im Lauf von 24 Stunden um seine Achse dreht. Die Bewegung ist so regelmäßig, dass wir sie nicht spüren.

dass sich die Erde dreht. Unser Planet rotiert also wirklich um seine eigene Achse. Foucault führte dieses Experiment in Paris mit einem riesigen Pendel durch, das aus einer Bronzekugel von etwa 30 kg Gewicht und einem Seil von 67 m Länge bestand,

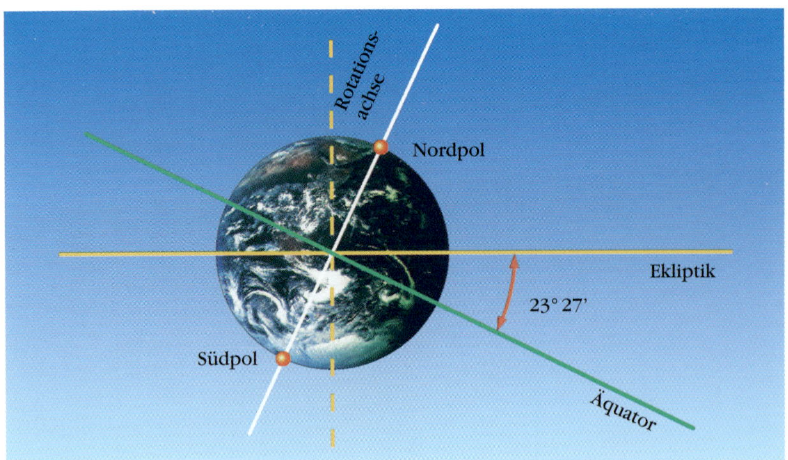

Ein wichtiger Winkel
Der Winkel von 23° 27', zwischen Äquator und Ekliptik bestimmt die Neigung der irdischen Rotationsachse, die die Jahreszeiten verursacht.

Äquator und Ekliptik
Die Zeichnung deutet die wechselseitigen Positionen der Ekliptik und des Himmelsäquators zueinander an. Ihr Schnittpunkt sind die Punkte der Tag- und Nachtgleichen.

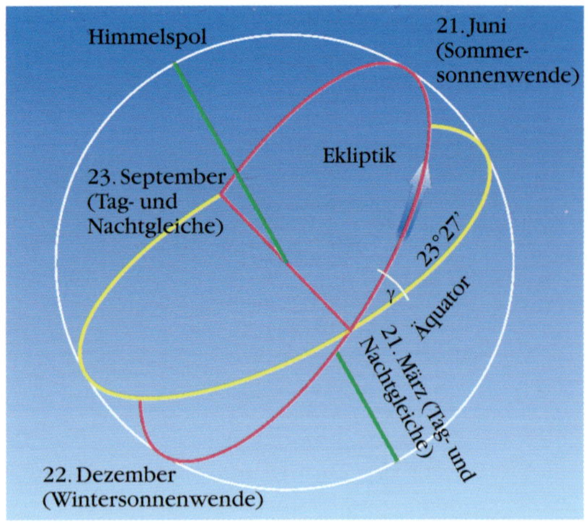

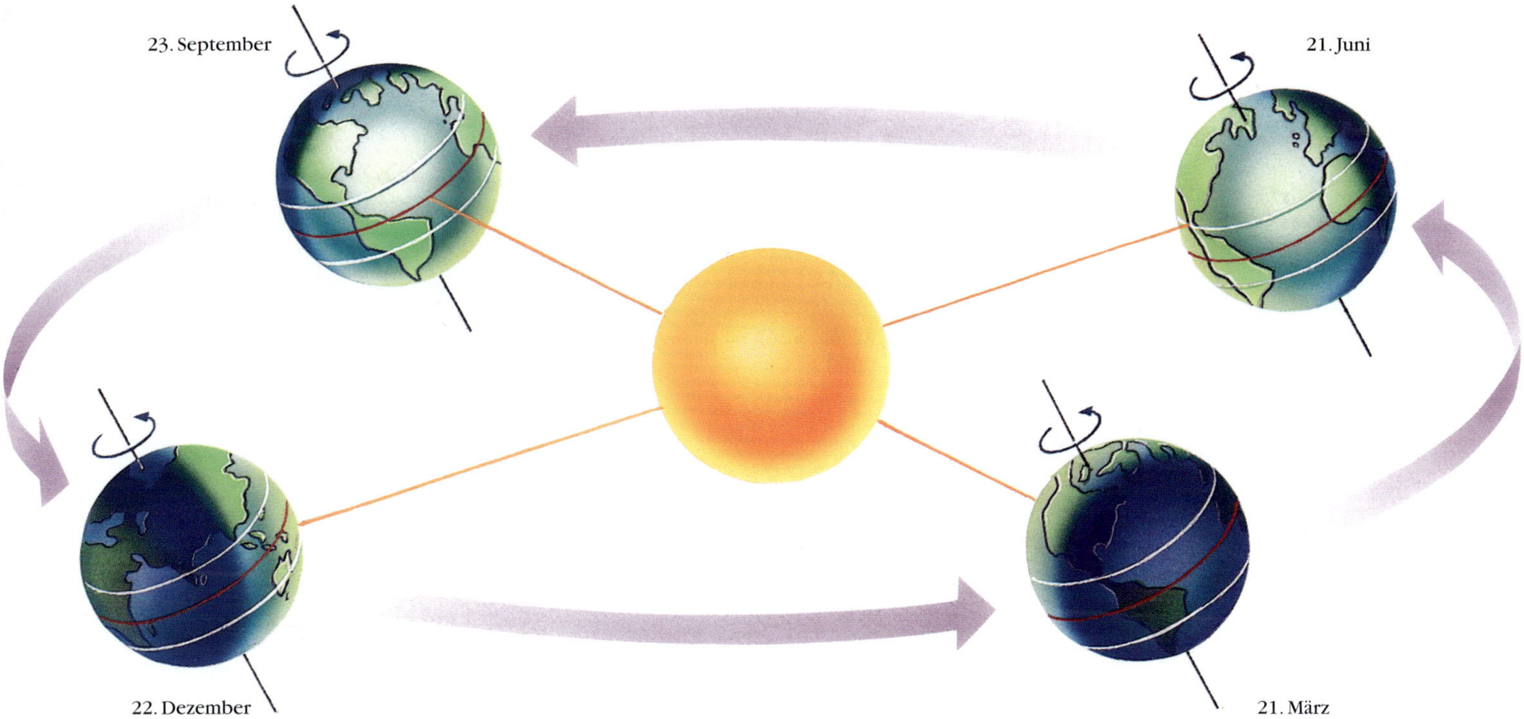

das an der Kuppel des Pantheons aufgehängt war.
Obwohl wir wissen, dass sich die Erde dreht und nicht der Himmel, ist es gelegentlich vorteilhaft, von der scheinbaren Bewegung der Sonne und Sterne zu sprechen, denn genau diese sieht ja ein Beobachter, der auf der Erde steht

Das Maß der Zeit: der Tag

Wenn wir die Zeit in Tagen messen, beziehen wir uns auf der Drehung der Erde um ihre Achse: Ein Tag ist der Zeitraum, den unser Planet für eine vollständige Drehung um seine eigene Achse braucht.
Genauer gibt es jedoch zwei Definitionen: Wenn wir die Erddrehung in Bezug auf die Sonne messen, bestimmen wir den so genannten Sonnentag: Wenn wir uns dagegen auf einen Stern beziehen, sprechen wir vom siderischen Tag. Die beiden sind nicht genau gleich lang: Der siderische Tag hat 23 Stunden, 56 Minuten und 4 Sekunden, während der Sonnentag im Mittel 24 Stunden dauert. Sonnentag und siderischer Tag unterscheiden sich, weil die Erde bei der Drehung um ihre Achse zugleich auch die Sonne umläuft und die Sonne dadurch scheinbar zurückbleibt. Die Erde muss sich also etwas mehr als einmal vollständig um sich selbst drehen, bis die Sonne wieder in der gleichen Position steht. Tatsächlich ist die Dauer von 24 Stunden für einen Sonnentag nur ein Mittelwert, weil der wahre Sonnentag veränderlich ist, was unter anderem daran liegt, dass sich die Erde dann, wenn sie in in Sonnennähe ist, schneller bewegt, als wenn sie sonnenfern ist. Als Standardgröße für die Zeitmessung wurde deshalb der »mittlere Sonnentag« festgesetzt; er ist immer gleich lang und dauert genau 24 Stunden.

Die Jahreszeiten
Die Erde ist zu verschiedenen Zeiten des Jahres unterschiedlich stark der Sonne ausgesetzt. Die Sonnenstrahlen fallen an den Sonnenwenden genau senkrecht auf die tropischen Wendekreise.

DIE JAHRESZEITEN AUF DER NORDHALBKUGEL

Datum	Phänomen	Tierkreiszeichen	Rektaszension der Sonne	Deklination der Sonne
21. März (Frühlingsanfang)	Frühlings-äquinoktium	Widder	0 h	0°
21.–22. Juni (Sommeranfang)	Sommer-sonnenwende	Krebs	6 h	+23° 27’
23. September (Herbstanfang)	Herbst-äquinoktium	Waage	12 h	0°
22. Dezember (Winteranfang)	Winter-sonnenwende	Steinbock	18 h	–23° 27’

Eine Reise um die Sonne mit 107 000 km/h

Eine andere für die Erde wichtige Bewegung ist ihr Umlauf um die Sonne. Die Erde läuft auf einer elliptischen Bahn, deren Ebene Ekliptik genannt wird. Der Name hat damit zu tun, dass es dann zu Finsternissen kommt, die nach dem griechischen Wort für »Verdunkeln« auch »Eklipsen« heißen, wenn der Mond in ihrer Nähe ist. Die mittlere Entfernung von Sonne und Erde beträgt etwa 150 Millionen Kilometer; diese Entfernung, die so genannte Astronomische Einheit (AE), wird innerhalb des Sonnensystems gern als Entfernungseinheit benutzt. Die Erde durchläuft ihre Bahn mit einer Geschwindigkeit von etwa 107 000 km/h.
Die Erdachse bildet mit der Ekliptik den Winkel 66° 33’ und bleibt während des Umlaufs fest orientiert. Aus der Sicht eines Beobachters auf der Erde jedoch umrundet die Sonne die Erde im Lauf eines Jahres auf einer Bahn, die die Projektion der Erdbahn auf die Himmelskugel ist, und zwar vor

einem Hintergrund, der aus den Sternen und Sternbildern besteht, die zum Tierkreis gehören. Die Sonne geht auch durch das Sternbild Schlangenträger, das aber gehört nicht zum überlieferten Tierkreis.

Die Jahreszeiten

Die Jahreszeiten beruhen auf der Bewegung der Erde um die Sonne und der Tatsache, dass die Rotationsachse der Erde auf ihrer Bahn immer gleich geneigt ist. Die Erde ist auf ihrer Bahn auf der Ekliptik im Januar an ihrem sonnennächsten Punkt (Perihel) und im Juli im sonnenfernsten (Aphel). Aber nicht diese Veränderungen der Entfernung Erde–Sonne bewirken die Jahreszeiten, wie auch heute noch gelegentlich fälschlich gesagt wird, sondern die unterschiedlichen Einfallswinkel, mit denen die Sonnenstrahlen die Erde erreichen und die unterschiedlichen Lichtverhältnisse auf der jeweiligen Halbkugel.
Der Sommer beginnt, wenn die Sonne bei gleichen Bedingungen (etwa mittags) höher über dem Horizont steht als an jedem anderen Tag. Die Sonne beschreibt dann auf ihrer täglichen Reise am Horizont den größten Bogen, und der Tag ist am längsten. Im Winter dagegen steht die Sonne tiefer am Horizont, die Sonnenstrahlen fallen schräger ein, und der Tag ist kürzer.

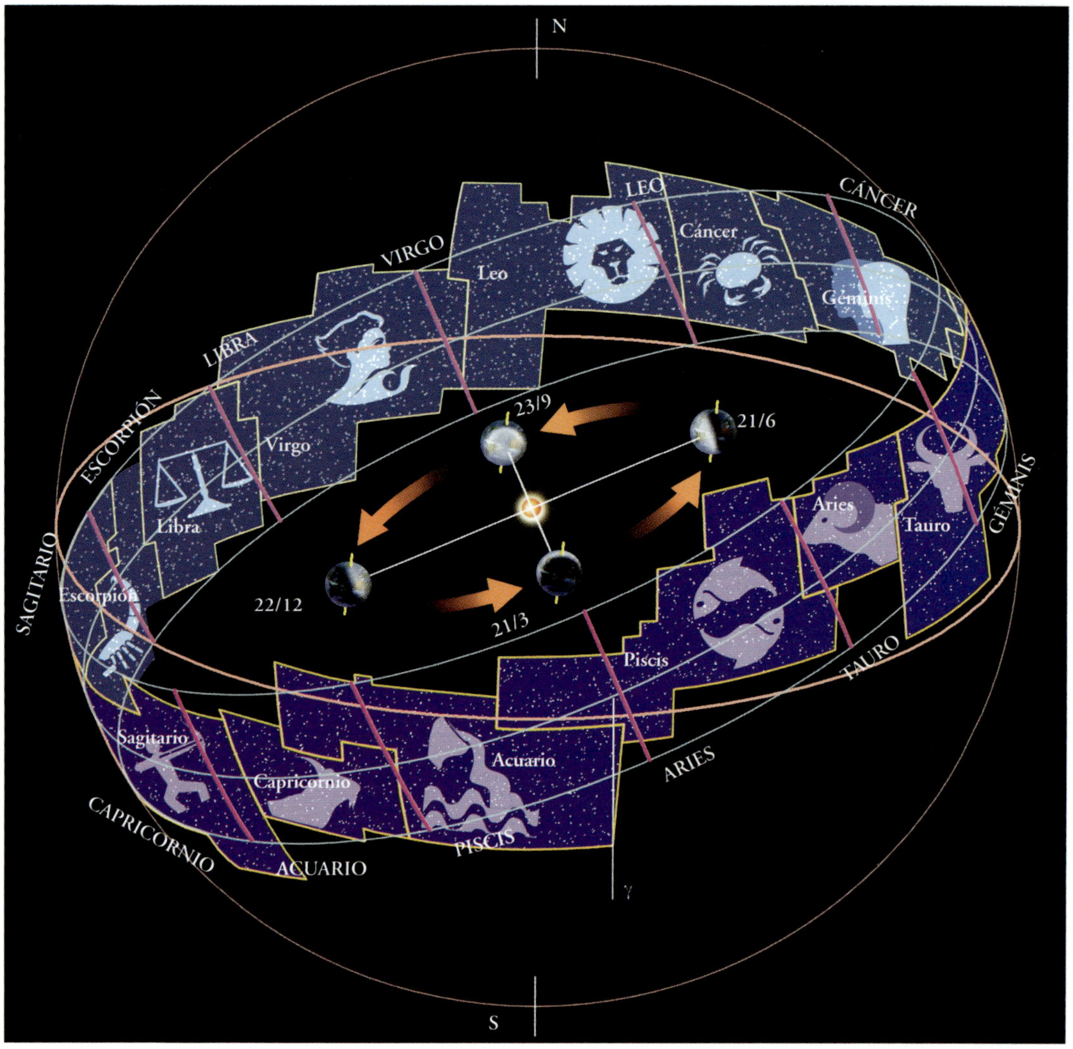

Die Tierkreiszeichen
Weil sich die Erde um die Sonne dreht, scheint sich die Sonne im Lauf eines Jahres relativ zu den Sternbildern zu bewegen und den Tierkreis zu durchqueren. Gamma (γ) bezeichnet den Frühlingspunkt. Die (mit kleinen Buchstaben geschriebenen) lateinischen Namen der Sternbilder stimmen mit den (mit großen Buchstaben geschriebenen) Namen der Tierkreiszeichen nicht mehr überein.

DIE ABERRATION DES STERNENLICHTS

Die astronomische Aberration beruht auf der scheinbaren Verschiebung eines Fixsterns aufgrund der Bahnbewegung der Erde. Der Nachweis dieses Phänomens (zuerst 1727 durch den englischen Astronomen James Bradley) liefert einen der überzeugendsten Beweise dafür, dass die Erde (in der Abbildung H) die Sonne (K) umläuft und nicht umgekehrt. Wäre sie in Ruhe, gäbe es keine Aberration, denn weil sich die Geschwindigkeit des Lichts eines Sterns (300 000 km/s) zu der addiert, mit der die Erde die Sonne umläuft (etwa 30 km/s), sieht ein Astronom diesen Stern gegenüber seiner wirklichen Position (V) »verschoben« (V¹). Wenn der beobachtete Stern in Richtung des Pols der Ekliptik (A) liegt, beschreibt er am Himmel im Lauf eines Jahres scheinbar einen kleinen Kreis. Wenn er jedoch eine mittlere Deklination hat (Fall B), scheint seine Bahn eine Ellipse zu sein; und wenn sich der Stern genau in der Ebene der Erdbahn befindet (C), scheint er sich auf einer Geraden zu bewegen.
Die größte Veränderung (a) des wahren Orts bei einem Stern senkrecht zur Erdbahn beträgt 20'49" und heißt jährliche Aberrationskonstante. Ihr Wert hängt von der Geschwindigkeit der Erde auf ihrer elliptischen Bahn ab.

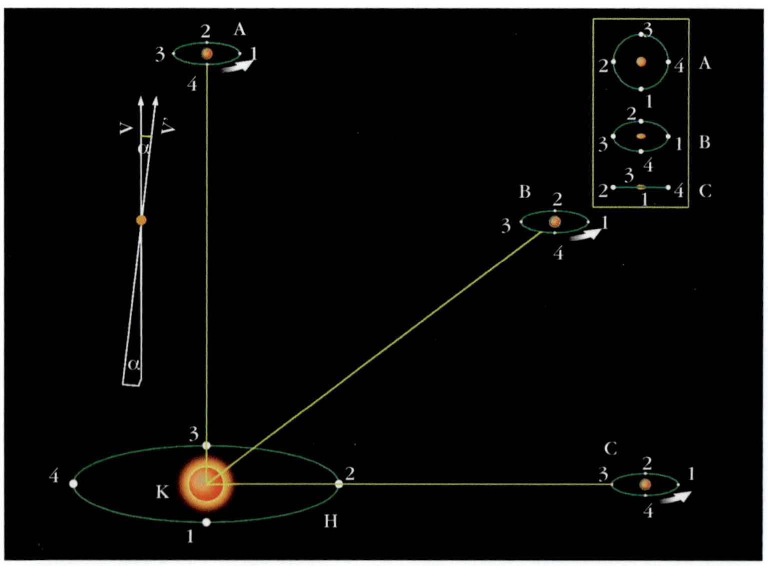

Ein wichtiger Punkt

Die Ebene der Ekliptik schneidet die Ebene des Himmelsäquators (der die Projektion des Erdäquators mit der Himmelskugel ist) und bildet mit ihr einen Winkel von 23° 27'. Die beiden Schnittpunkte dieser Ebenen bezeichnet die Äquinoktien oder Tagundnachtgleichen. Der Erste ist der Frühlingspunkt oder auch Widderpunkt (er fiel früher in das Sternbild Widder), an dem die Sonne den Himmelsäquator von Süden nach Norden durchquert. (Er wird auch Gammapunkt genannt, weil die Hörner des Widders Ähnlichkeit mit dem griechischen Buchstaben Gamma haben.) Der Zweite ist der Herbstpunkt, den die Sonne in Nord-Süd-Richtung durchquert. Der Frühlingspunkt ist ein sehr wichtiger Punkt, weil von ihm aus die Rektaszension gemessen wird, also die der geografischen Länge entsprechende Himmelskoordinate, die zusammen mit der Deklination (dem Analogon zur geografischen Breite) die Lage eines Himmelskörpers angibt. Der Frühlingspunkt entspricht der Position, die die Sonne bei ihrer scheinbaren Bewegung in der Ekliptik am 21. März hat, während der entsprechende Herbstpunkt der 23. September ist.

Wenn die Sonne am 21. März den Himmelsäquator von Süden nach Norden durchquert, beginnt für die Bewohner der Nordhalbkugel der Frühling. Am 23. September führt der scheinbare Weg der Sonne in die umgekehrte Richtung, und auf der Nordhalbkugel beginnt der Herbst. An diesen Tagen, den Äquinoktien, und nur an ihnen, dauern Tag und Nacht überall auf der Welt gleich lang: Es ist 12 Stunden Tag und 12 Stunden Nacht. Außerdem lässt sich die Sonne nur an diesen beiden Tagen des Jahres gleichzeitig, wenn auch nur den Horizont streifend, am Nord- und am Südpol der Erde sehen.

Senkrecht zu der Geraden durch die Äquinoktien verläuft die Verbindungslinie der Sonnenwenden: Am 21. oder 22. Juni (Sommensonnenwende) befindet sich die Sonne 23° 27' nördlich vom Äquator und steht deshalb genau senkrecht über dem Wendekreis des Krebses; am 22. Dezember (Wintersonnenwende) dagegen ist die Sonne bei 23° 27' südlich des Äquators im Zenit des Wendekreises des Steinbocks. Die Tage der Sonnenwenden sind auch jene, in denen die Sonne mittags die höchste (im Sommer) und geringste (im Winter) Höhe über dem Horizont erreicht (auf der Südhalbkugel ist das natürlich genau umgekehrt).

Die Zeitmessung: das Jahr

Die Zeit, die unser Planet für einen vollständigen Umlauf braucht, wird als Jahr bezeichnet und hat etwa 365 Tage. Wie für den Tag lässt sich auch das Jahr je nach dem zur Messung verwendeten Bezugspunkt am Himmel unterschiedlich definieren.

Zur Bestimmung des Jahres betrachtet man die Zeit, die bei der scheinbaren Bewegung der Sonne zwischen zwei aufeinander folgenden Konjunktionen mit einem Stern oder einem anderen Bezugspunkt am Himmel verstreicht. Man spricht dann von »Konjunktion«, wenn die Erde, Sonne und ein dritter Himmelskörper auf einer Geraden sind. Wenn wir als Bezugspunkt einen Fixstern nehmen, messen wir ein »siderisches« Jahr. Es dauert 365 Tage, 6 Stunden, 9 Minuten und 10 Sekunden. Das ist die Zeit, die die Erde tatsächlich braucht, um die Sonne einmal zu umlaufen. Das »Sonnenjahr« dagegen wird definiert als der Zeitraum, den die Sonne von Frühlingspunkt zu Frühlingspunkt braucht. Das so gemessene Jahr hat eine Dauer von 365 Tagen, 5 Stunden, 48 Minuten und 46 Sekunden.

Für die Berechnung der Kalender ist das Sonnenjahr interessant, da die Dauer der Jahreszeiten sich nach der Sonne richtet.

Wärme und Kälte
Die natürlichen und klimatischen Bedingungen unseres Planeten sind sehr vielfältig. Das gilt nicht für alle Planeten.

SIDERISCHER TAG UND SONNENTAG

Wir betrachten zwei Positionen (1 und 2), die die Erde auf ihrer Bahn um die Sonne haben kann. A sei der Ort auf der Erdoberfläche, in dem sich der Beobachter befindet, und bezeichnen mit 1 die Position, an der die Erde ist, wenn wir beginnen, den Tag relativ zur Sonne oder einem anderen Bezugsstern zu messen. Die Position 2 sei dagegen die der Erde, wenn sie relativ zu dem Stern einen vollständigen Umlauf gemacht hat: Das Licht des sehr weit entfernten Sterns erreicht Position 2 parallel zu der Richtung, in der es 1 erreichte. Wenn die Erde bei 2 ankommt, messen wir einen siderischen Tag, weil die Erde relativ zu dem fernen Stern einen vollständigen Umlauf gemacht hat, aber noch nicht relativ zur Sonne, deren Beobachtungsrichtung sich aufgrund der Erdumlaufs verändert hat. Bis die Erde ihren Umlauf um die Sonne vollendet hat (Sonnentag) müssen wir warten, bis sie noch etwa 1° mehr zurückgelegt hat (das Äquivalent zur täglichen Winkelverschiebung der Erde, weil sie in 365 Tagen 360° beschreiben muss), was etwa vier Minuten entspricht.

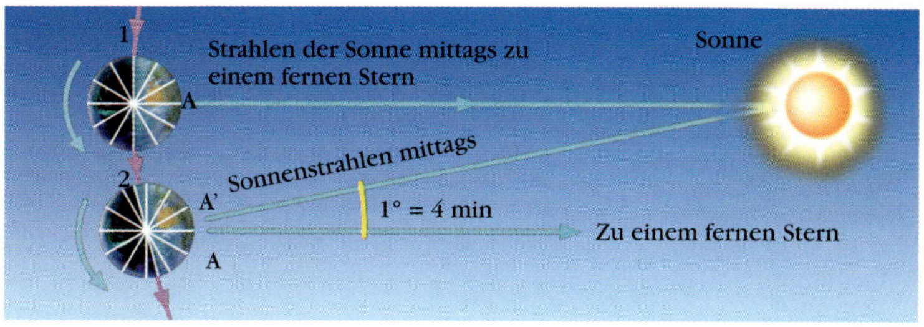

Die Langzeitbewegungen der Erde

Unser Planet vollführt im Raum zwei Bewegungen, deren Wirkungen sich tagtäglich in unserem Leben bemerkbar machen, nämlich den Umlauf um die Sonne, der die Jahreszeiten bewirkt, und die Rotation, die für Tag und Nacht sorgt. Sie vollführt jedoch auch andere Bewegungen, die zwar weniger auffällig, aber doch wichtig sind, und deren Auswirkungen die Astronomen berücksichtigen müssen, weil sie die Koordinaten beeinflussen, mit denen sie die Lage der Körper am Himmel beschreiben. Die Wichtigste dieser Langzeitbewegungen der Erde ist zweifellos die Präzession.

Die Erde als Kreisel

Die Präzession wurde im 2. Jahrhundert v. Chr. von Hipparch von Nikaia entdeckt. Sie besteht in einem langsamen Taumeln der Rotationsachse der Erde, die zwar die Neigung zur Ekliptik nicht verändert, wohl aber die Ausrichtung im Raum und den Mantel eines Kegels überstreicht, dessen Scheitel im Zentrum der Erde ist.
Die Präzession ist das Ergebnis der Gravitationsanziehung, die Sonne und Mond auf den Äquatorwulst der Erde ausüben, die ja keine vollkommene Kugel ist, sondern an den Polen etwas abgeplattet. Wenn Sonne und Mond nicht in der Ebene des Himmelsäquators sind, ziehen sie die äquatoriale Wölbung der Erde in Richtung ihrer Bahnebenen. Aber die Erde widersetzt sich dieser doppelten Anziehung durch die Drehung um die eigene Achse, und dadurch taumelt die Rotationsachse wie die Achse eines Kreisels und kehrt nach etwa 26 000 Jahren an den Ausgangspunkt zurück.

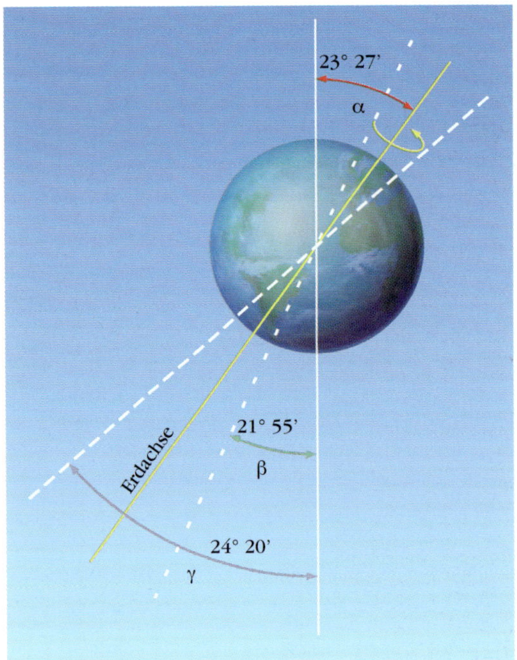

Die Erdachse
Die Neigung der Erdachse ändert sich im Lauf der Zeit zwar nur wenig, schwankt aber in einer Periode von etwa 41 000 Jahren zwischen einem Minimum von 21° 55' und einem Maximum von 24° 20'.

Durch die Wirkung der Präzession verschiebt sich also der nördliche Himmelspol (und auch der südliche) gegenüber den Sternen. Heute zeigt der Polarstern fast genau in die Polrichtung, im Jahr 14 000 beispielsweise wird er in der Nähe des Sterns Vega im Sternbild Leier sein.

Die Präzession der Äquinoktien

Auch der Frühlingspunkt, der Schnittpunkt des Himmelsäquators mit der Ekliptik, verändert sich langsam, und deshalb wird diese Bewegung die Präzession der Äquinoktien genannt. Die Veränderung des Frühlingspunkts hat zwei Konsequenzen, von denen eine die Himmelskoordinaten betrifft, die andere die Tierkreiszeichen. Der Frühlingspunkt stellt den Bezugspunkt dar, von dem aus die Rektaszension der Sterne im äquatorialen Koordinatensystem gemessen wird. Weil sich der Frühlingspunkt am Himmel verschiebt, müssen die Koordinaten laufend angepasst werden.
Der Frühlingspunkt heißt auch Widderpunkt, weil er im Altertum im Sternbild Widder lag. Heute jedoch liegt er nicht mehr im Widder, sondern im Sternbild Fische. Überhaupt entsprechen die Daten der zwölf Tierkreiszeichen, wie sie im Altertum definiert waren, heute nicht mehr den Sternbildern, die dieselben Namen tragen. So steht beispielsweise die Sonne zwischen dem 21. Februar und dem 21. März nicht im Sternbild der Fische, wie man aufgrund der herkömmlichen Daten des Horoskops denken sollte. Das traf zwar im Altertum zu, aber von der Erde aus gesehen liegt die Sonnenbahn heute aufgrund der Präzession in diesem Zeitraum im Sternbild Wassermann.

Störungen der Kreiselbewegung

Die von der Anziehungskraft von Sonne und Mond bewirkte Präzessionsbewegung der Rotationsachse der Erde heißt lunisolare Präzession. Die Anziehung durch diese beiden Körper hängt beispielsweise von der Entfernung ab, die Mond und Sonne von der Erde haben. Dieser Umstand trägt dazu bei, dass sich der einfachen Kreiselbewegung der Erdachse eine »Nickbewegung« überlagert, die so genannte Nutation, die den Präzessionskegel »wellt«. Die Nutation hat eine Periode von etwa 18,6 Jahren und eine maximale Breite von etwa 9 Bogensekunden.
Die lunisolare Präzession ist nicht die

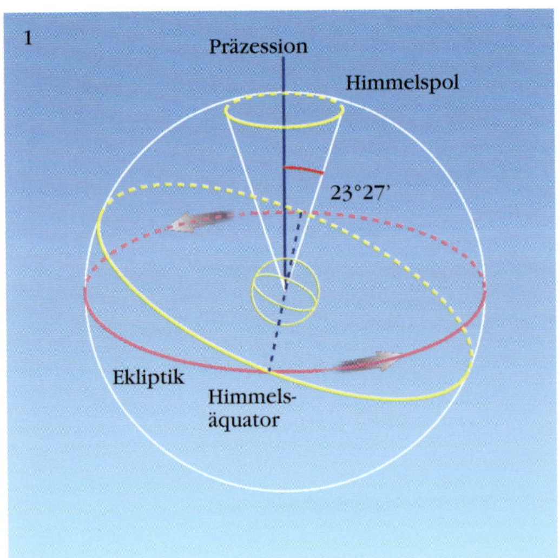

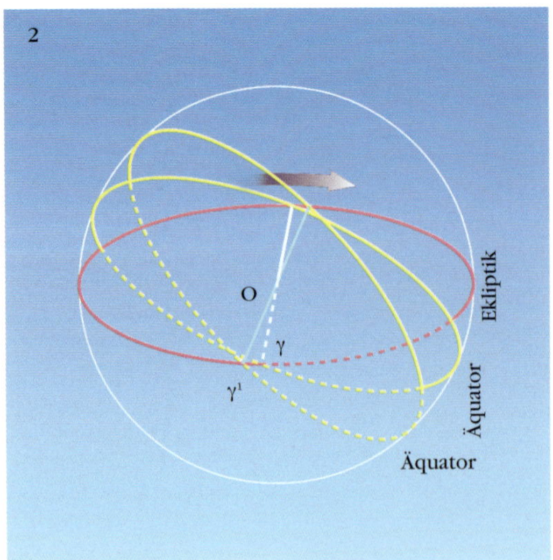

Auswirkungen der Präzession
Die Erdachse beschreibt im Raum einen Kegel (Abbildung 1). Wegen der Präzession ist die Neigung des Himmelsäquators zur Ekliptik nicht immer gleich (Abbildung 2).

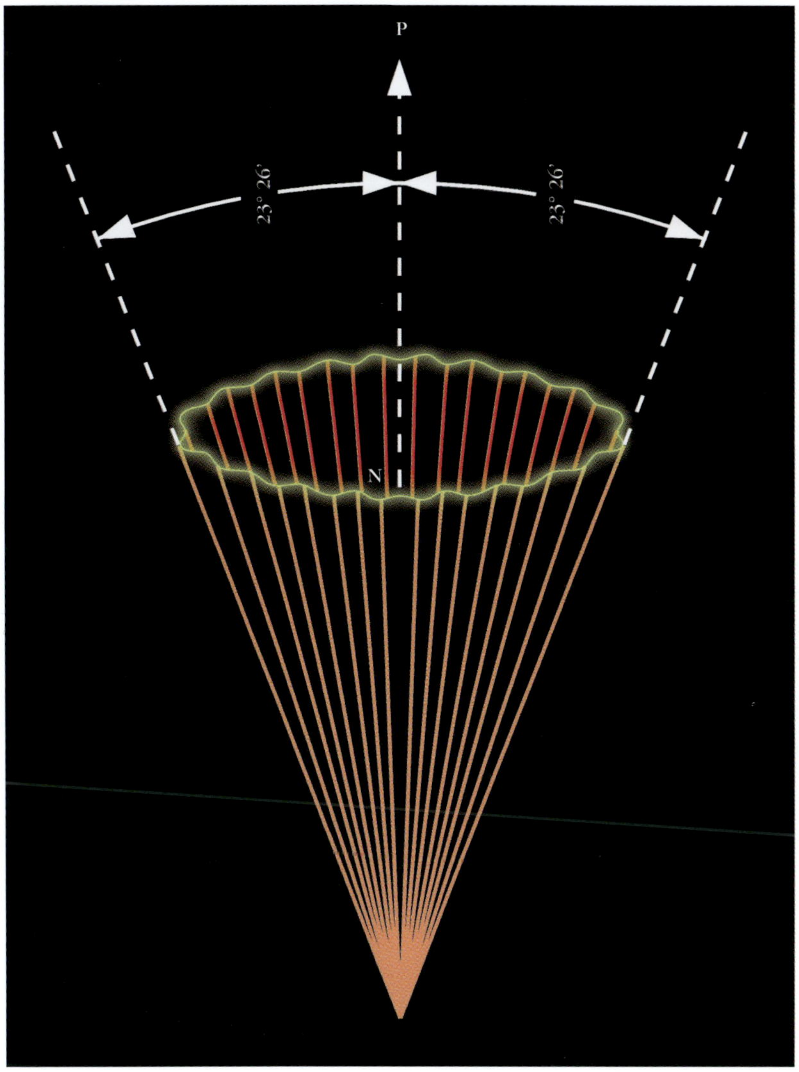

Die Nutation
Der Präzessionsbewegung, die den Pol der Ekliptik im Raum verschiebt (P), überlagert sich eine Bewegung mit kürzerer Periode, die Nutation (N), die den Rand des Kegels »wellt«.

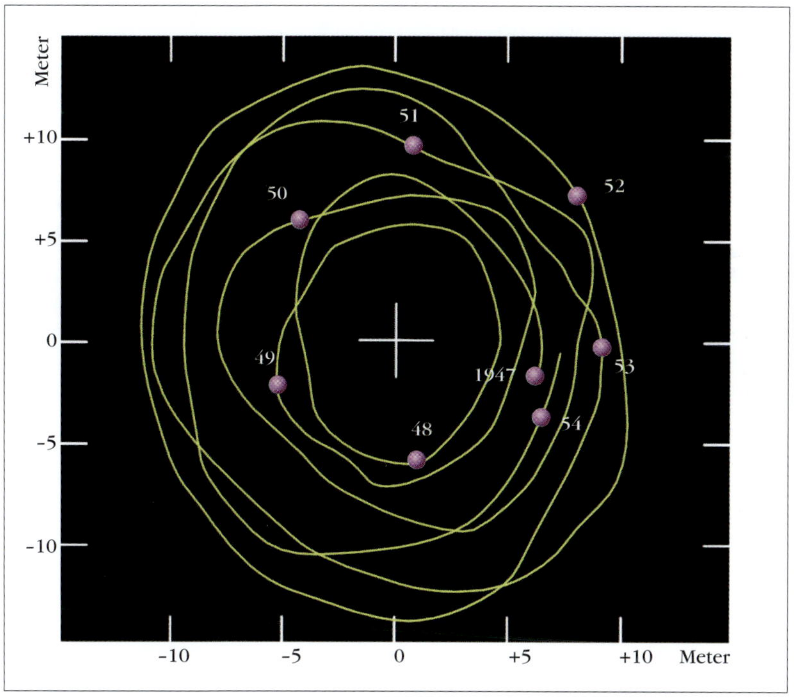

Auch die Pole verschieben sich
Die hier gezeichnete Kurve ist die so genannte Polhodie. Sie stellt die Bahn dar, die der Nordpol der Erde im Lauf der Jahre 1947 bis 1954 beschrieb.

einzige Präzessionsbewegung der Erde, denn auch die Planeten haben einen Einfluss auf die Bewegung der Erde um die Sonne und verschieben die Ebene der Umlaufbahn der Erde. Diese Bewegung, die so genannte Planetenpräzession, verlagert den Pol der Ekliptik im Raum, weswegen die Gesamtpräzession, also Lunisolar- und Planetenpräzession zusammen, eine zwar periodische, aber nicht geschlossene Kreiselbewegung ist. Die Erdachse beschreibt in 26 000 Jahren einen vollständigen Kreis, ist aber bei der Rückkehr zum Ausgangspunkt nicht genau so ausgerichtet wie vorher.

Andere Bewegungen der Erde

Die anderen Körper des Sonnensystems verändern durch ihre Anziehung auf die Erde nicht nur die Lage der Umlaufbahn der Erde um die Sonne, sondern auch ihre Form. So ändert sich beispielsweise die Exzentrizität der Erdbahn in einem Zeitraum von etwa 92 000 Jahren. Zu bestimmten Zeiten wird also die Erdbahn stärker gestaucht als zu anderen. Auch der Neigungswinkel der Erdachse ändert sich im Lauf der Zeit, wenn auch nur wenig, und schwankt in einem Zeitraum von etwa 40 000 Jahren zwischen einem Maximum von 24° 20' und einem Minimum von 21° 55'; zurzeit beträgt er 23° 27'. Diese Bewegungen bewirken zusammen mit der Präzession, dass sich die Bestrahlung der Erde durch die Sonne verändert. Damit hängt vermutlich auch die Gletscherbildung auf unserem Planeten zusammen, wie Untersuchungen vermuten lassen, die schon im 19. Jahrhundert begannen. Schließlich spielt die vom Mond auf die Weltmeere ausgeübte Gezeitenwirkung eine wichtige Rolle für die Rotationsbewegung: Die von den Meeresströmungen ausgeübte Reibung verlangsamt die Erddrehung und verlängert die Dauer eines Tages. Gleichzeitig entfernt sich der Mond von unserem Planeten. Diese Wirkung ist berechenbar und vorhersehbar. Außerdem gibt es spontane Bewegungen der Erdachse, die beispielsweise von Verschiebungen der Wassermassen der Ozeane durch innere Bewegungen der Erdkugel herrühren können. Man spricht aufgrund dieser Veränderungen von einer »Wanderung der Erdpole«. Die Kurve, die die Pole während ihrer Bewegung auf der Erdoberfläche beschreiben, wird »Polhodie«, also »Weg des Pols« genannt. Die Messung dieser Veränderungen wurde durch den Bau genauerer Uhren ermöglicht. Nachdem um 1935 die ersten Quarzuhren die Pendeluhren ersetzt hatten, führte die Entwicklung von Atomuhren seit 1955 zu ungeahnter Präzision bei der Zeitmessung.

IM SCHRITT MIT DEM SONNENSYSTEM

Die Erde bewegt sich im Raum gemeinsam mit dem Sonnensystem in Richtung des Sternbilds Herkules.
Die Sonne verschiebt sich in Richtung auf dieses Sternbild mit einer Geschwindigkeit von etwa 70 000 km/s.
Die Erde bewegt sich außerdem mit dem Sonnensystem zum Inneren unseres Milchstraßensystems und umläuft das Zentrum der Galaxis auf einer fast kreisförmigen Bahn mit einer Geschwindigkeit von etwa 980 000 km/h.
Unsere Galaxis wiederum ruht nicht im Raum, sondern bewegt sich mit einer Geschwindigkeit von etwa 950 000 km/h.

Der Mond

Der Mond hat wohl schon immer eine geheimnisvolle Faszination auf die Menschheit ausgeübt, und auch heute ist sein Zyklus von grundlegender Bedeutung für unser Leben. Der Mond, dessen Durchmesser mit 3476 km ein Viertel des Erddurchmessers beträgt, ist nicht nur der uns nächste Himmelskörper, sondern auch der einzige natürliche Begleiter der Erde. Er ist uns so nah, dass wir schon mit einem einfachen Fernglas Einzelheiten beobachten können. Ein Umlauf um die Erde (ein siderischer Monat) dauert etwa 27,3 Tage; die Zeitspanne zwischen zwei gleichartigen Mondphasen, der synodische Monat, beträgt etwa 29,5 Tage. Der synodische Monat ist länger als der siderische, weil sich die Erde in der Zeit, in der der Mond sie umläuft, selbst um die Sonne bewegt. Der Mond muss also etwas mehr als eine Umdrehung vollenden, bis dieselbe Phase wiederkommt.

Die Beobachtungen

Wir verdanken Galileo Galilei die erste genaue Beschreibung der Mondoberfläche. Er klassifizierte als Erster die sichtbaren Strukturen als Meere, Gebirge und Krater und schloss aus der Länge der Schatten, dass die Berge auf dem Mond höher sein müssten als die der Erde. Seine Arbeit verstärkte das Interesse an unserem Begleiter bei den Beobachtern seiner Zeit, die beim Versuch, die Entstehung der lunaren Strukturen zu erklären, bald zwei Theorien aufstellten. Eine Schule schrieb diese Formationen vulkanischen Ursachen zu, während die andere die Krater und Meere für Einschlagkrater von Meteoriten hielt. Die Frage blieb über drei Jahrhunderte unentschieden; erst die Mondsonden und die Mondbesuche der Astronauten gaben bei den meisten der lunaren Formationen den Ausschlag zugunsten der Meteoritentheorie.
Der italienische Jesuit und Astronom Giovanni Riccioli veröffentlichte 1651 eine detaillierte Mondkarte, auf der er die auf dem Mond sichtbaren Strukturen mit ihren auch heute noch gebräuchlichen lateinischen Fantasienamen bezeichnete. Auf ihn gehen Namen wie Mare Serenitatis (Meer der Heiterkeit), Mare Tranquillitatis (Meer der Ruhe) oder Oceanus Procellarum (Ozean der Stürme) und die Benennung der Krater Copernicus und Tycho zurück. Nach Galilei, der ja von der Kirche bekämpft wurde, heißt nur ein kleiner Krater mit 15 km Durchmesser.

Die Mondoberfläche

Das Aussehen der Mondoberfläche erinnert an irdische Wüsten. Der Boden ist mit einer Staubschicht bedeckt, dem so genannten Regolith. Am Horizont zeichnen sich Hügel und Berge ab, während an seinem dunklen Himmel über der Tagseite Sterne leuchten, weil der Mond keine Atmosphäre hat. Die Oberfläche ist mit vielen Abhängen und Hügeln sehr uneben. Der wichtigste Unterschied in der Oberflächengestalt des Mondes ist der zwischen den so genannten Meeren (Maria) und dem Land (Terra). Die Maria-Gebiete liegen tiefer als die mittlere Mondoberfläche und befinden sich vor allem auf der der Erde zugewandten Seite. Sie erinnern an glatte Flächen, zeigen keine Schroffheit, haben nur wenige Krater und sind dunkel, weil sie das Sonnenlicht weni-

Die sichtbare Mondhälfte
Auf der erdzugewandten Seite des Mondes sehen wir große so genannte Maria oder Meere (die dunklen Bereiche), die von früheren Lavaströmen aus darunter liegenden Schichten stammen.

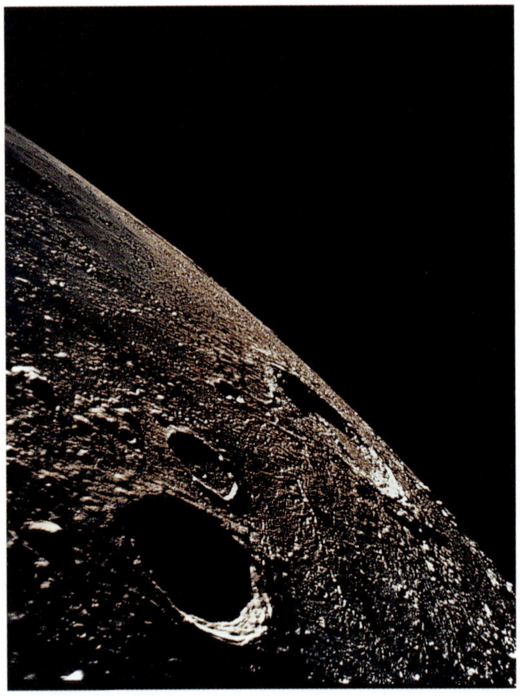

Große Krater
Nahaufnahme des Mondes mit einigen imponierenden Kratern. Vorn liegt der Krater Reinhold und am Rand der Krater Copernicus, der sich vor etwa einer Milliarde Jahre bildete.

Eine Spazierfahrt auf dem Mond
Das Mondfahrzeug Rover, mit dem die Astronauten von Apollo-17 den Mond erforschten. Der Mond ist außer der Erde der einzige Himmelskörper, der je von Menschen betreten wurde.

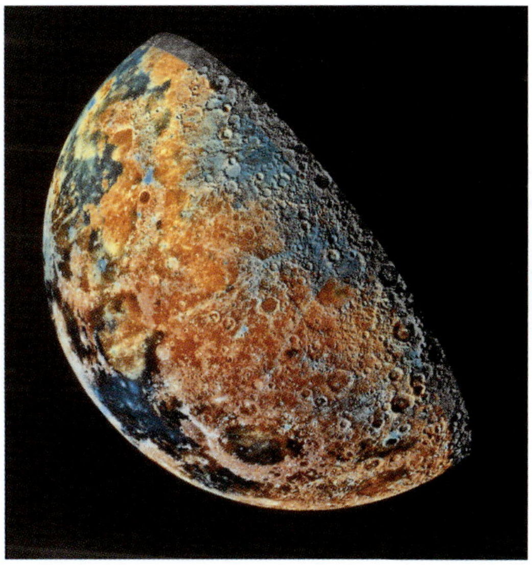

Falschfarbenbild
Ein Mosaikbild eines Teils der Mondoberfläche. Zu diesem Bild mussten 53 mit drei unterschiedlichen Farbfiltern aufgenommene Einzelbilder zusammengesetzt werden.

ger stark reflektieren. Sie sind anscheinend viel jünger als andere Strukturen auf dem Mond, denn sie entstanden vor etwa 3,8 bis 3,3 Milliarden Jahren und wurden von enormen Lavaströmen vulkanischen Ursprungs geschaffen. Die Terrae-Gebiete dagegen sind höher und im Allgemeinen deutlich heller und mit tausenden Kratern unterschiedlicher Größe bedeckt.
Auf dem Mond gibt es auch Gebirge mit Erhebungen, die bis 6000 m Höhe reichen. Sie sind unregelmäßig verteilt und konzentrieren sich vor allem um die Maria-Gebiete; die höchsten Berge liegen jedoch in einem Bereich in der Nähe des Südpols.

Meteoritenhagel

Wie schon gesagt, wurden die meisten Krater und großen kreisrunden Becken durch den Aufprall von Meteoriten verursacht. Der Einschlag sehr großer Objekte ließ sogar Lava aus dem Mondmantel ausströmen. Die so genannten Strahlenkrater zeigen die Spuren der Materie, die dabei herausspritzte.
Auf dem Mond sind keine atmosphärischen Kräfte am Werk, und deshalb bleibt jede Struktur, die sich auf der Mondoberfläche bildet, intakt. Die Astronauten der Apollo-Flüge haben viel Mondgestein gesammelt, das zumeist balsatischer Natur war. Weil dieses Gestein auf der Erde in der Nähe von Vulkanen gefunden wird, meint man, dass auch das Mondgestein vulkanischen Ursprungs ist.
Nach neueren Theorien war der Mond im Lauf seiner ganzen Geschichte vulkanisch aktiv. Während man bis vor kurzem meinte, es habe auf dem Mond nur in den ersten anderthalb Milliarden Jahren nach seiner Entstehung vulkanische Aktivität gegeben, fanden die Astronauten Anzeichen von vulkanischen Vorgängen, die sich vor nur 900 Millionen Jahren ereigneten.

DIE DATEN DES MONDES

Mittlere Entfernung von der Erde: 384 000 km (min. 356 000 km, max. 407 000 km)
Durchmesser: 3476 km
Mittlere Bahngeschwindigkeit: 1 km/s
Periode einer Drehung um die Achse: 27d 7h 43m 12s
Siderische Periode des Umlaufs: 27d 7h 43m 12s
Siderische Periode des Umlaufs (Phasen): 29d 12h 44m 03s
Masse: $7{,}35 \times 10^{22}$ kg
Dichte: 3,35 g/cm^3
Oberflächentemperatur (im Mittel): 22 °C
Atmosphäre: keine

Das Innere des Mondes

Das Innere unseres Begleiters ist sehr ähnlich aufgebaut wie das der Erde, wenn auch die Proportionen der Schichten anders sind. Der relativ kleine Kern (etwa 700 km Durchmesser) besteht aus eisenhaltiger Materie; das größte Volumen nimmt der Mantel ein. Die dünne Kruste misst auf der von uns abgewandten Seite etwa 100 km und auf der uns zugewandten 60 km. Das erklärt die unterschiedliche Morphologie der beiden Seiten. Auf der von uns abgewandten Seite ist die Oberfläche fast vollständig mit Kratern und Bergen bedeckt; dort sind Maria-Bereiche selten, während die uns zugewandte Seite sehr große glatte Bereiche zeigt, weil die im Mantel vorhandene Lava wegen der geringeren Dichte der Mondkruste leichter ausströmen und Maria-Gebiete schaffen konnte.
Außer der Erde ist der Mond der einzige Himmelskörper, mit dem Menschen je direkt in Verbindung waren. Das »Wettrennen« mit der früheren Sowjetunion konnten die Amerikaner für sich gewinnen, als ihre Astronauten als erste Menschen im Juli 1969 den Mond betraten. Die Namen der drei Astronauten von Apollo 11 (Armstrong, Aldrin und Collins) sind unauslöschlich mit der Geschichte der Raumforschung verbunden, und die von ihnen auf dem Mond hinterlassenen Spuren werden Äonen überdauern.

Krater und Verwerfungen
Der Boden des Mondmeers Sinus Medii, das in der Mitte der von der Erde aus sichtbaren Mondhälfte liegt. Man sieht Verwerfungen, die sich von einem Krater zum anderen ziehen.

Der Mondjeep
Die Astronauten von Apollo 15 erkundeten weit von der Mondlandefähre entfernte Orte mit einem Jeep.

Der Ursprung des Mondes

Der Ursprung des Mondes ist auch heute noch umstritten. Es gibt viele Theorien über seine Herkunft und seine Entwicklung, über die wir erst in der letzten Zeit allmählich Klarheit gewinnen. Bevor wir die unterschiedlichen Hypothesen erörtern, fassen wir einige Eigenschaften des Erdtrabanten zusammen, um Ähnlichkeiten und Unterschiede zur Erde zu erkennen. Schon dem bloßem Auge fallen Besonderheiten der Mondoberfläche auf: Wir sehen keine gleichmäßige Fläche, sondern helle Bereiche (Terrae) und dunkle (Maria). Außerdem erkennen wir viele Krater (etwa eine Million) sehr unterschiedlicher Größe mit Durchmessern von wenigen Zentimetern bis zu hunderten Kilometern. Die Maria-Gebiete sind flach und recht gleichförmig und bedecken etwa ein Drittel der der Erde zuwandten Seite des Mondes. Die Terrae-Gebiete dagegen sehen viel unebener und wie zerkratzt aus. Sie nehmen zwei Drittel der sichtbaren Seite und fast die ganze erdabgewandte Seite ein. In ihnen gibt es sehr viele große Krater, zehnmal mehr als in den Maria.

Aus einer »Rippe« der Erde
Die einzelnen Phasen einer hypothetischen Abtrennung des Mondes von einer noch flüssigen Erde. Nach neueren Daten wäre die Abspaltung aufgrund des Einfalls eines massereichen Körpers erfolgt.

Das Mondgestein

Die gesamte Mondoberfläche ist von einer gut haftenden Schicht aus Staub und Gesteinstrümmern bedeckt, dem so genannten Regolith, dem Rest der Meteoriten, die den Mond beschossen und die Mondoberfläche aufbrachen. Ein aufprallender Meteorit erzeugt nicht nur einen Krater, sondern verändert auch das Gestein, aus dem die vom Einfall betroffene Oberfläche besteht. Die beim Aufprall freigesetzte Energie lässt das darunter liegende Gestein schmelzen, das weit vom Ort der Explosion weggeschleudert wird und sich bei der Abkühlung zu kleinen Glaspartikeln verfestigt. Das weiter vom Einschlag entfernte Gestein schmilzt zwar nicht, aber der Druck lässt die unterschiedlichen Gesteinsarten mit Mondstaub »zusammenbacken« und dann zu so genannten Brekzien zerbrechen. Die Apollo-Missionen haben Proben dieser Brekzien zur Erde gebracht. Hier hat sich gezeigt, dass es vor allem drei Arten von Mondgestein gibt: Basalte, die so genannten KREEP und die Anorthositen. Die Basalte sind vulkanisches Gestein dunkler Farbe, die KREEP werden so genannt, weil sie viel Kalium (chemisches Symbol K), seltene Erden *(Rare Earth Elements,* REE*)* und Phosphor enthalten (Symbol P). Die auf der Erde sehr seltenen Anorthositen sind hell, leicht und reich an Kalzium; aus ihnen bestehen vorwiegend die lunaren Hochebenen.
Die chemische Analyse der Stichproben hat gezeigt, dass der Mond aus denselben Elementen besteht wie die Erde. Aber die Anteile sind verschieden. Der Mond ist viel

Zahllose Krater
Die Oberfläche des Mondes ist mit Kratern meteoritischen Ursprungs durchsetzt, die noch keinerlei Erosion durchgemacht haben, weil es auf dem Mond weder eine Atmosphäre noch flüssiges Wasser gibt.

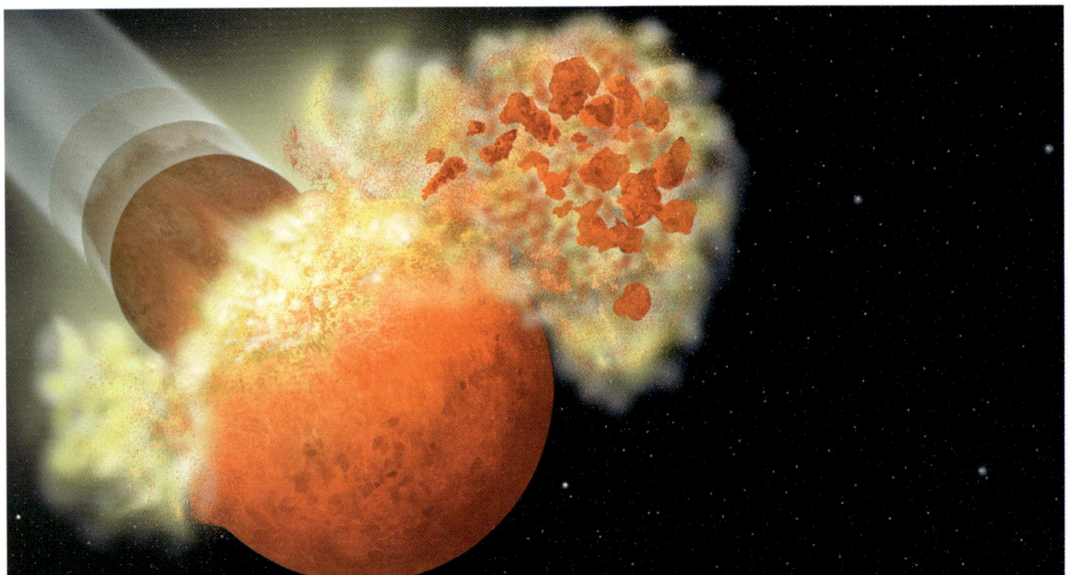

Ein kosmischer Zusammenstoß
Nach der glaubwürdigsten Form der Abspaltungstheorie bildete sich der Mond aus Materie, die beim Zusammenstoß der Erde mit einem Körper von der Größe des Mars in den Raum geschleudert wurde.

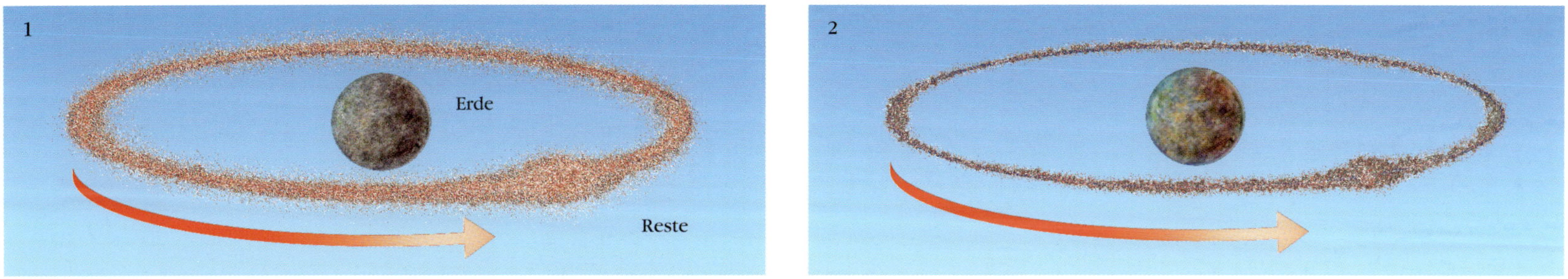

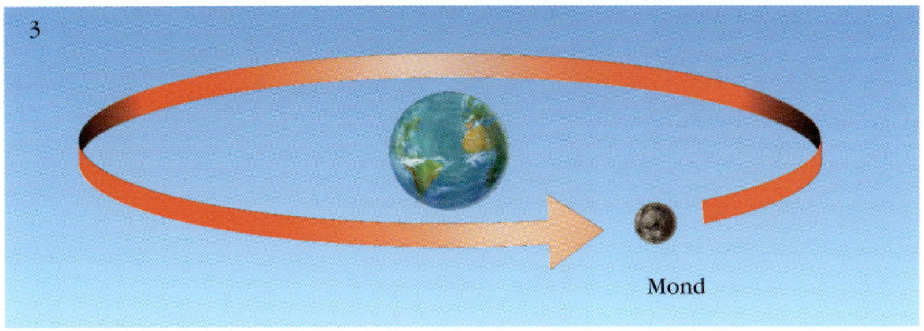

Zuwachs-Hypothese
Nach dieser Hypothese bildete sich der Mond unabhängig von der Erde durch das Ansammeln von Materie in einer Bahn um unseren Planeten.

reicher an Elementen mit hohem Schmelzpunkt, wie beispielsweise Kalzium und Titan. Er enthält andererseits viel weniger flüchtige Elemente als die Erde, also solche mit niedriger Verdampfungstemperatur. Das ist wichtig für Hypothesen über den Ursprung des Erdtrabanten.

Inneres und Magnetfeld

Die Mondkruste besteht aus Anorthositen und reicht etwa 60 km tief. Der darunter liegende Mantel besteht aus dichterem Gestein. Wir wissen wenig über die Zusammensetzung der tieferen Schichten. Anscheinend hat der Mond keinen flüssigen Eisenkern, denn seine mittlere Dichte (etwa 3,3 g/cm³) ist im Vergleich zur Dichte der Erde (etwa 5,5 g/cm³) gering, und es fehlt ein Magnetfeld. Früher jedoch muss der Mond ein sehr starkes Magnetfeld gehabt haben, weil alles uns bekannte Mondgestein einen Restmagnetismus aufweist, was sozusagen einen fossilen Beweis für die Tatsache liefert, dass der Mond zur Zeit seiner Entstehung ein starkes Magnetfeld gehabt haben muss. Aus Altersbestimmungen der Gesteinsproben hat man geschlossen, dass die Formationen der Maria-Gebiete geologisch jünger sind als die Hochebenen. Das merkt man auch daran, dass die Krater größer sind, also von zerstörerischen Einschlägen herrühren und sich im Wesentlichen in den Terrae-Bereichen befinden, während sie in den Maria fast völlig fehlen. Die Maria-Bereiche haben sich also gebildet, als die häufigen Zusammenstöße mit großen Meteoriten schon Vergangenheit waren. Dem starken Meteoritenhagel (vor etwa 4 Milliarden Jahren) folgte eine Zeit, in der Lava aus dem Mantel strömte und die weiten, durch den Einschlag der Meteoriten erzeugten Senken füllte. Die Lava bildete dann, als sie verfestigt war, die Maria. Später ereigneten sich weitere Meteoriteneinschäge, aber weniger stark und in geringerer Anzahl. Auch in den Maria bemerkt man einige Krater, die aber nicht so groß sind wie jene in den Terrae-Gebieten.

Drei mögliche Szenarien

Es gibt drei klassische Theorien über den Ursprung des Mondes: Wir nennen sie »Einfang«, »Zuwachs« und »Abtrennung«.
Nach der Einfang-Hypothese hat sich der Mond in einem von der Erde entfernten Bereich gebildet und wurde von der Erde aufgrund ihrer Schwerkraft eingefangen. Das könnte den Unterschied in der chemischen Zusammensetzung der Oberfläche von Erde und Mond erklären: Sie könnte sich in einem Gebiet des Sonnensystems gebildet haben, das arm war an flüchtigen Elementen, aber reich an solchen mit hohem Schmelzpunkt. Aus dynamischer Sicht dagegen scheint der Einfang ein eher unwahrscheinlicher Vorgang zu sein, denn wenn ein Körper wie der Mond der Erde nahe kommt, wird er von ihr vermutlich nicht eingefangen, sondern nur von seiner Bahn abgelenkt.
Nach der Zuwachs-Theorie wäre der Mond ein »Geschwister« der Erde, das sich gemeinsam mit ihr, aber unabhängig von ihr aus Bruchstücken gebildet hätte, die sich auf einer Umlaufbahn um die Erde befanden. Diese Hypothese erklärt nicht die Unterschiede in der Zusammensetzung der beiden Körper, weil sie in diesem Fall gemeinsam aus der gleichen Materie entstanden wären.
Nach der Spaltungshypothese wäre der Mond bei einem großen kosmischen Zusammenstoß entstanden, den unser Planet in sehr ferner Vergangenheit erlebte, als ein Körper mit beachtlicher Masse (vergleichbar dem Mars) mit der Erde zusammenstieß und sehr viel Materie »abgespalten« hat. Diese Materie wäre dann in eine Umlaufbahn um die Erde geraten und hätte sich zu einem kompakten Körper, eben dem Mond, verfestigt. Diese Hypothese kann die Ähnlichkeit zwischen der Mondmaterie und dem Erdmantel erklären, während die Schichten im Erdinneren von der Kollision nicht betroffen wurden; sie ist heute die Wahrscheinlichste.

Ein Bekannter aus ältesten Zeiten
Obwohl der Mond der Himmelskörper ist, der seit ältester Zeit beobachtet wird, bleiben immer noch viele Fragen zu seiner Natur und seinem Ursprung unbeantwortet.

Mondphasen und Finsternisse

Der Mond zeigt uns Abend für Abend einen anderen Anblick, und das ist zweifellos das Auffallendste an ihm: Manchmal erscheint er uns als dünne Sichel, dann wieder als vollständig von der Sonne beleuchtete Scheibe. Die Mondphasen sind eine Folge der fortwährenden Veränderung der relativen Stellung von Sonne, Mond und Erde, wenn der Mond die Erde umläuft. Der Mond ist unsichtbar (Neumond), wenn er zwischen Sonne und Erde steht, weil er uns dann seine dunkle Seite zuwendet. Wenn er jedoch der Sonne gegenüber steht, fällt das von ihm reflektierte Licht auf die Nachthälfte der Erde und wir haben Vollmond. Wenn der Winkel zwischen der Verbindungslinie Erde–Mond und Erde–Sonne gerade 90° beträgt, sehen wir von der Erde aus die Hälfte der beleuchteten Mondscheibe (erstes und letztes Viertel), sonst eine mehr oder weniger dünne Sichel. In den Tagen nach Neumond nimmt der Mond zu, bis nach zwei Wochen Vollmond ist, und dann beginnt er abzunehmen. Man spricht vom »Mondalter«, um die Zeit zu definieren, die nach dem letzten Neumond vergangen ist. Übrigens erkennt man den abnehmenden Mond daran, dass sich seine Krümmung der des kleinen Schreibschrift-*a* anpasst.
Wenn man den Mond an aufeinander folgenden Tagen immer zur selben Zeit beobachtet, verschiebt er sich gegenüber den Hintergrundsternen nach Osten, was auf seiner Bewegung um die Erde beruht, die gegen den Uhrzeigersinn verläuft (also von Westen nach Osten); er geht jeden Tag durchschnittlich 50 Minuten später auf als am Vortag.

Siderischer Monat und synodischer Monat

Die Zeit, die der Mond für einen vollständigen Umlauf braucht, lässt sich auf zwei Arten definieren, was daran liegt, dass die Erde nicht ruht, sondern ihrerseits die Sonne umläuft. Auf die Fixsterne bezogen dauert ein Mondumlauf 27 Tage, 7 Stunden 43 Minuten und 11 Sekunden; diese Zeitspanne wird als siderischer Monat bezeichnet. Der so genannte synodische Monat jedoch berücksichtigt auch die Bewegung der Erde. Die Zeitspanne, die der Mond braucht, um zur selben Phase zurückzukehren, beträgt 29 Tage, 12 Stunden und 44 Minuten.

Zunehmender und abnehmender Mond
Vom Neumond ausgehend kommt man mit dem zunehmenden Mond über das erste Viertel zum Vollmond und über den abnehmenden Mond zurück zum Neumond.

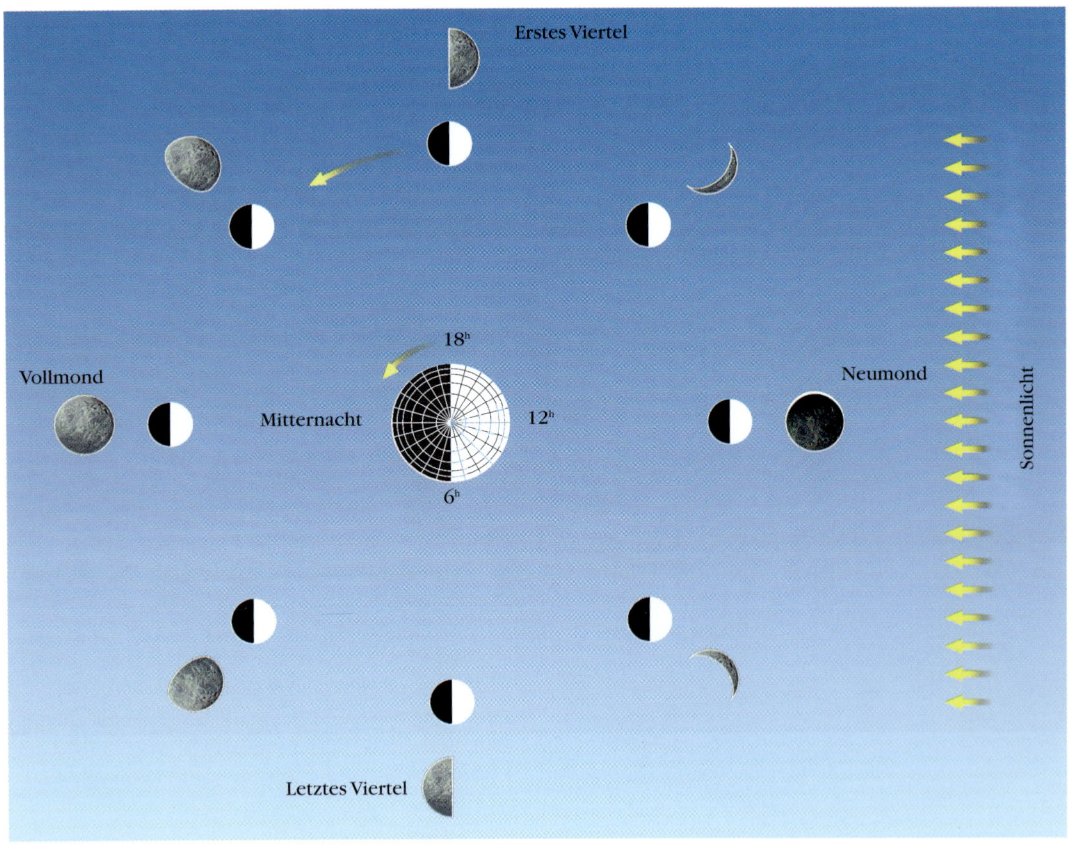

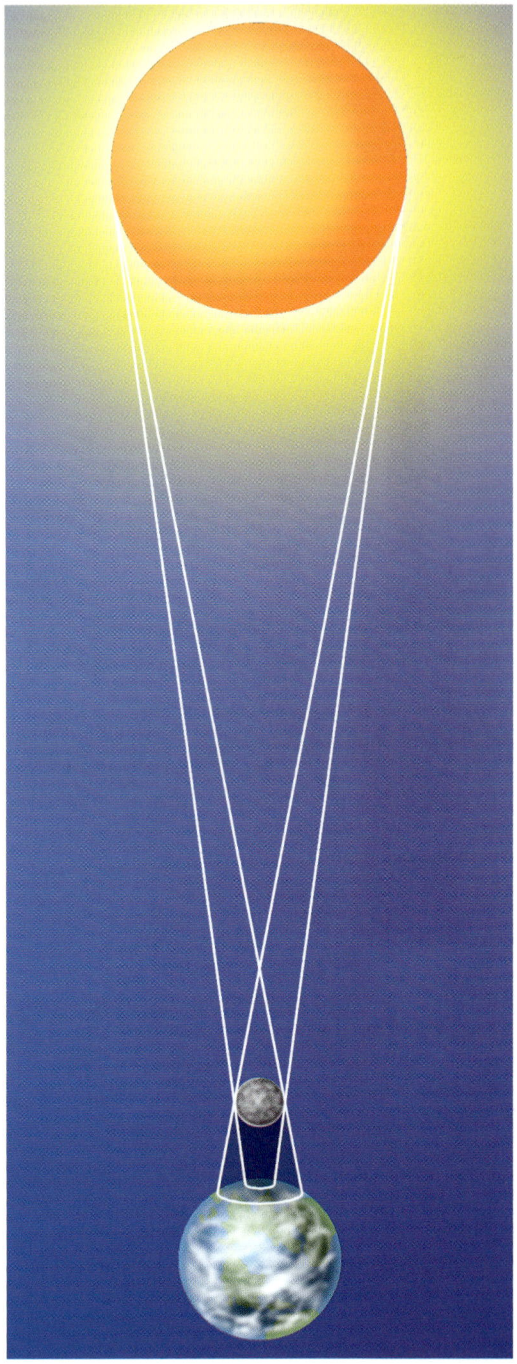

Ein schmaler Schattenkegel
Geometrische Darstellung einer Sonnenfinsternis. Dort, wo der Schattenkegel des Mondes auf die Erde trifft, wird die Sonne von unserem Begleiter verdeckt.

Der rote Mond
Wenn eine Mondfinsternis eintritt, verschwindet der Mond nicht ganz. Sein Licht wird schwächer und aufgrund eines atmosphärischen Effekts etwas rötlich.

Finsternis oder nicht

Wenn Sonne, Mond und Erde auf einer Geraden stehen, kommt es zu einer Finsternis. Es kommt zu einer Sonnenfinsternis, wenn der Mond zwischen Sonne und Erde ist und die Sonne vor unseren Blicken verbirgt. Bei einer Mondfinsternis steht die Erde zwischen Sonne und Mond, und der Schatten der Erde verdunkelt den Mond. Wenn Mond- und Erdbahn in derselben Ebene liegen würden, käme es etwa alle zwei Wochen, nämlich jeweils nach einem halben synodischen Monat, abwechselnd zu einer Sonnen- oder Mondfinsternis. Aber die Bahnebenen sind zueinander um etwa 5° geneigt und schneiden sich entlang der so genannten Knotenlinie, der Geraden durch die Schnittpunkte der Mondbahn mit der Ekliptik. Damit eine Finsternis eintritt, muss der Mond also nicht nur in der richtigen Phase sein, sondern auch in der Nähe eines Knotens.
Eine Mondfinsternis tritt nur bei Vollmond ein, eine Sonnenfinsternis dagegen nur bei Neumond. Die Finsternisse folgen einem wohldefinierten Zyklus. Dieser schon seit dem Altertum bekannte »Saros-Zyklus« dauert 6585,3 Tage, also 18 Jahre, 11 Tage und 8 Stunden (darunter sind vier Schaltjahre); nach dieser Periode wiederholen sich die Finsternisse mit fast genau denselben Eigenschaften.

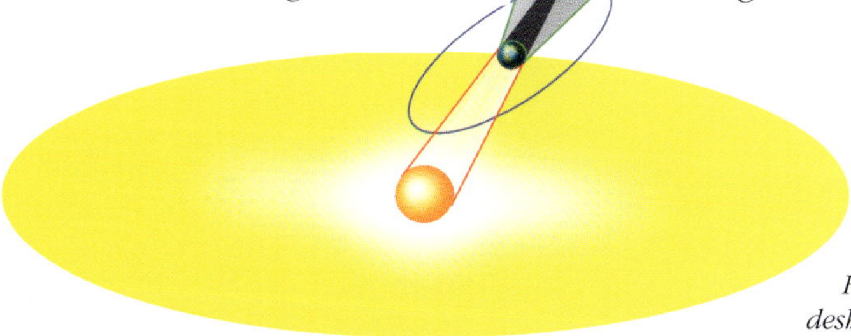

Der lange Schatten der Erde
Bei einer Mondfinsternis steht kein Hindernis zwischen Erde und Mond, deshalb bleibt der Mond sichtbar.

DREHUNG UND UMLAUF

Eine Merkwürdigkeit der Bewegung des Mondes sorgt dafür, dass der Mond der Erde immer dieselbe Seite zuwendet: Seine Rotationsperiode stimmt mit der Umlaufzeit seiner Bahn überein. Diese »gebundene Rotation« rührt daher, dass sich die ursprünglich raschere Monddrehung aufgrund der Gravitationsreibung im Lauf der Zeit verlangsamt hat. Von der Erde aus ist also eine Hälfte des Mondes der Beobachtung unzugänglich; sie wurde zum ersten Mal auf Fotos gesehen, als die Mondsonde Luna 3 im Jahre 1959 den Mond umrundete. Tatsächlich sehen wir mehr als 50% des Mondes, weil es (von Galilei entdeckte) scheinbare Schwingungen der Mondscheibe gibt, die als »Librationen« bekannt sind. Insgesamt können wir wegen der Librationseffekte 59% der Mondoberfläche sehen.

Partielle Sonnenfinsternis
Eine Sonnenfinsternis ist nur dann aufregend, wenn sie total ist. Nur wenn der Mond die Sonnenscheibe vollständig verdeckt, wird es tagsüber dunkel und die Korona sichtbar.

Unterschiedliche Arten von Finsternissen

Bei Sonnenfinsternissen unterscheiden wir totale, partielle und ringförmige Finsternisse. Man nennt eine Finsternis total, wenn die Sonnenscheibe vollständig vom Mond bedeckt ist. Der Bereich, in dem eine totale Sonnenfinsternis beobachtet werden kann, ist sehr beschränkt: Der Mondschatten »überstreicht« die Erde in einem Streifen, der höchstens 200 km breit ist und markiert den Bereich, in dem die Finsternis total ist. Diese relativ schmale Totalitätszone liegt in einem viel breiteren Bereich, in dem die Finsternis partiell ist. Die Höchstdauer der Totalität beträgt etwa 8 Minuten. Es kommt dann zu einer ringförmigen Finsternis, wenn der Mond die Sonne nicht vollständig bedeckt, sondern deren äußeren Teil als Ring sichtbar lässt. Eine solche Ringfinsternis ist eine Folge der Tatsache, dass die Entfernung Erde–Mond veränderlich ist, weil die Mondbahn stark elliptisch ist. Wenn der Mond der Erde nahe ist, erscheint er größer als an dem fernsten Punkt seiner Bahn; in der Nähe des erdfernsten Punkts reicht der scheinbare Durchmesser der Mondscheibe nicht aus, die Sonne zu bedecken.
Mondfinsternisse sind viel leichter zu beobachten, weil sie jeweils von der Nachthälfte der Erde zu sehen sind. Sie dauern mehrere Stunden, da der Mond viel Zeit braucht, um den breiten Schattenkegel der Erde zu durchqueren.

Die Gezeiten

Jeder, der einmal längere Zeit am Meer verbrachte, kennt die Wirkung der Gezeiten. Sie sind eine Folge der Schwerkraft, die der Mond auf die Erde ausübt. Die Gezeiten oder Tiden sind periodische Bewegungen der großen Wassermassen der Erde: Der Wasserstand steigt periodisch und vorhersagbar an (auflaufendes Wasser, Flut) und sinkt (ablaufendes Wasser, Ebbe). Auch die Anziehung, die die Sonne auf die Erde ausübt, trägt zum Tidenhub bei, aber die Sonne ist viel weiter entfernt als der Mond, und deshalb ist ihr Beitrag geringer.

Ebbe und Flut
Mont-Saint-Michel an der Nordküste Frankreichs, wo der Unterschied zwischen Niedrigwasser (links) und Hochwasser (rechts) besonders deutlich ist. Auch an anderen Orten der Erde beträgt der sogenannte Tidenhub mehrere Meter.

Ebbe und Flut

Der gemeinsame Schwerpunkt des Systems Erde–Mond liegt wegen der größeren Masse der Erde etwa 1700 km unter der Erdoberfläche auf der Verbindungslinie der Mittelpunkte von Erde und Mond. Wir stellen uns der Einfachheit halber die Erde als eine starre Kugel vor, die vollständig von Wasser bedeckt ist, und denken uns die Achsendrehung der Erde so geändert, dass Erde und Mond wie Holzpferde auf einem sich drehenden Karussell in einem rotierenden Bezugsraum ruhen. In diesem System stellt sich auch das Meer auf einen Ruhezustand ein. Auf das Wasser wirken die Schwerkräfte von Erde und Mond sowie die mit der Drehung verknüpfte Flieh- oder Zentrifugalkraft. Der Mond zieht nun einerseits auf der dem Mond nahen Seite das Wasser stärker an als auf der abgewandten Seite, und andererseits drücken die Fliehkräfte das Wasser zu der abgewandten Seite; auf ihr ist die Fliehkraft größer als auf der anderen, da sie weiter vom Schwerpunkt entfernt ist. Beide Kräfte zusammen bewirken, dass das Wasser auf diesen beiden Seiten höher steht als anderswo – es bilden sich zwei etwa gleich hohe Wasserberge.

Etwas Geschichte

Die Erklärung der Gezeiten aufgrund des Zusammenwirkens der Schwerkraft von Sonne und Mond und der Trägheit der Wassermassen war lange ein ungelöstes Problem, das noch Galilei nicht befriedigend lösen konnte. Die zufriedenstellende Klärung des Phänomens gelang erst dem großen Mathematiker und Physiker Isaac Newton in der zweiten Hälfte des 18. Jahrhunderts.

Aber die Erde dreht sich schneller

Von außen betrachtet dreht sich die Erde relativ zu dem rotierenden Erde-Mond-Karussell schneller, weil ein Tag kürzer ist als ein Monat. Die Reibung des Wassers an der festen Erde zieht daher die Wasserberge, vom Karussell aus betrachtet, etwas

Die Verzögerung der Gezeiten
Wenn man auf der Erde einen Punkt P verfolgt, an dem gerade Hochwasser ist, tritt das nächste Hochwasser nicht nach genau einem Umlauf ein, sondern wegen der Bewegung des Mondes erst eine knappe halbe Stunde später.

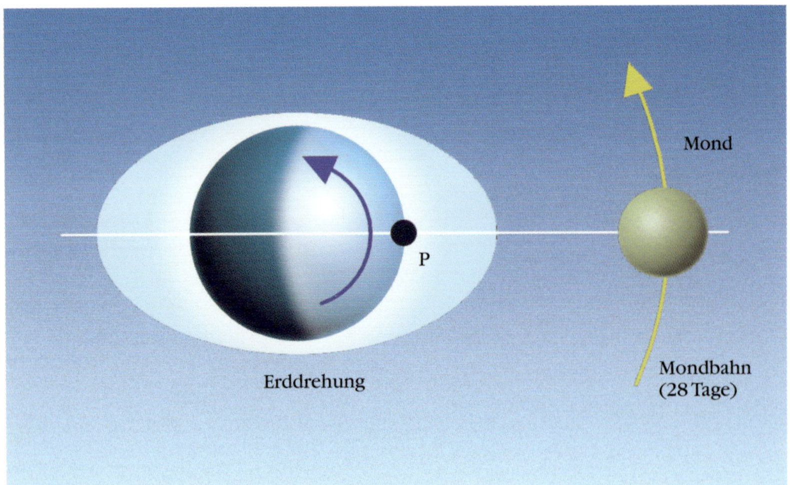

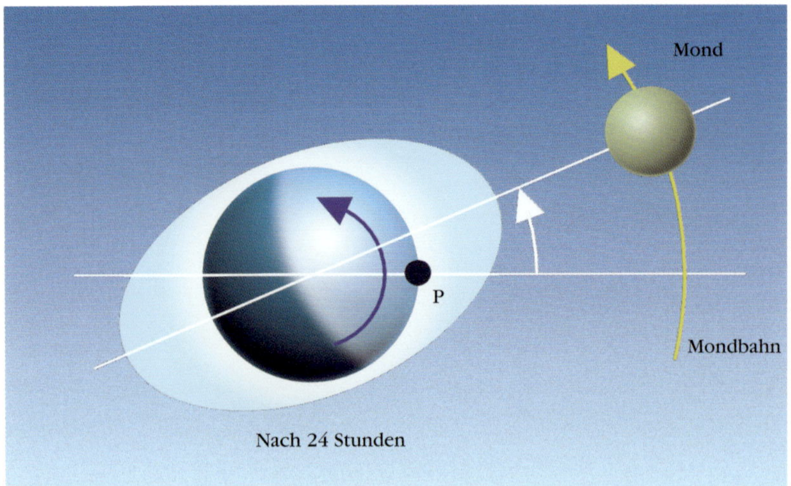

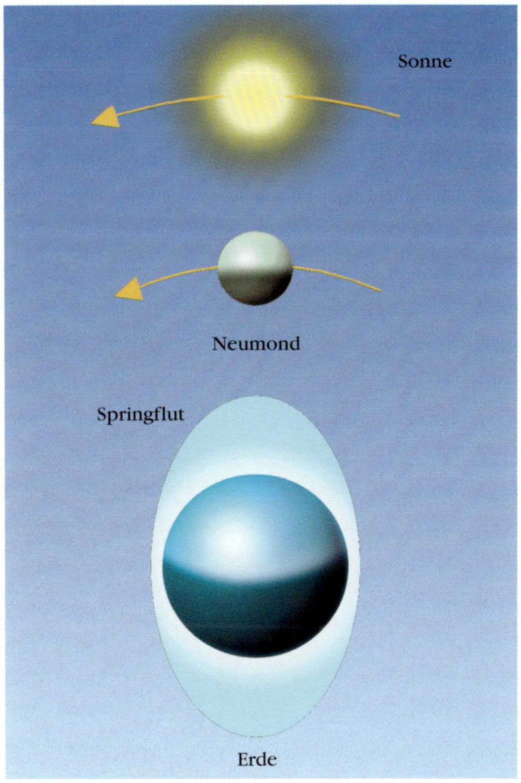

Springtiden
Der Einfluss der Sonne zeigt sich in der erhöhten Gezeitenwirkung, wenn Sonne, Mond und Erde in einer Reihe stehen. Man spricht dann von Springflut.

Nipptiden
Wenn der Mond im ersten oder letzten Viertel ist und also einen Winkel von 90° mit der Verbindungslinie von Erde und Sonne bildet, spricht man von Nipptiden.

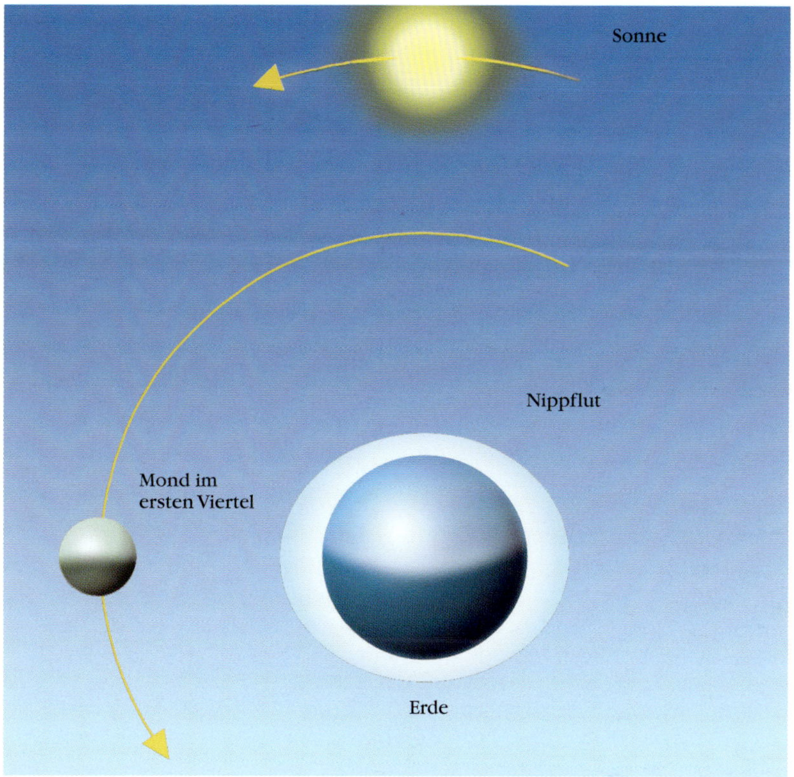

mit der Erddrehung mit, so dass die Verbindungslinie der Flutberge nicht auf den Mond weist, sondern dem Mond auf seiner Bewegung um die Erde etwas vorauseilt.
Stellen wir uns vor, wir seien auf dem Meer und zwar auf der dem Mond zugewandten Seite, und es sei gerade Hochwasser, weil wir uns an einem der beiden Flutberge befinden. Im Lauf der Stunden, während sich die Erde um sich selbst dreht, nimmt die Wasserhöhe immer weiter ab, bis nach etwa sechs Stunden Niedrigwasser ist. Etwa sechs Stunden nach dem Niedrigwasser sind wir wieder auf einem Flutberg, weil wir uns dann genau auf der dem Mond gegenüberliegenden Seite befinden, der Zone, in der sich der zweite Gezeitenberg ausbildet. Dann folgt wieder Ebbe, bis wir nach sechs Stunden, etwa zwölf Stunden nach dem ersten, Niedrigwasser haben.
Im Lauf eines Tages wechseln sich also Ebbe und Flut zweimal ab. Die Gezeitenberge folgen der Bewegung des Mondes, und deshalb kommen Ebbe und Flut an jedem Tag etwa 50 Minuten später als am Vortag.
Das eben beschriebene Vorauseilen der Flutberge bewirkt, dass der Mond in seiner Bahn etwas beschleunigt und die Erddrehung wegen der Reibung etwas verzögert wird. Deshalb wird die Tagesdauer in 10 000 Jahren um eine Sekunde verlängert. Diese Vorgänge werden weitergehen, bis die Erde dem Mond immer dieselbe Seite zuwendet, bis also ein Tag so lange dauert wie ein Monat.

Die Wirkung der Sonne auf die Gezeiten

Der Mond ist nicht der einzige Himmelskörper, der in Betracht gezogen werden muss. Allerdings hat er bei weitem den größten Einfluss, wenn es um die Gezeiten geht. Die Sonne ist auch wichtig, weil sie die vom Mond bewirkten Gezeiten verstärkt oder abschwächt.
Der Tidenhub, also der Unterschied zwischen Hoch- und Niedrigwasser, ist am größten bei Vollmond oder Neumond. Dann sind Mond, Erde und Sonne auf einer Geraden, und die von der Sonne auf die Ozeane ausgeübte Anziehung addiert sich zu der des Mondes. Dann kommt es zu Springfluten. Wenn dagegen Mond und Sonne einen rechten Winkel mit der Erde bilden (Nipptide), ist der Tidenhub relativ gering, weil sich die Anziehungskraft der Sonne nicht zu der des Mondes addiert. Für die Höhe des Gezeitenbergs spielen noch viele weitere Faktoren eine Rolle, so beispielsweise die Form der Küste und die Windrichtung.

GEZEITENWIRKUNGEN IM WELTALL

Gezeitenwirkungen sind nicht auf das System Erde–Mond beschränkt. Beispielsweise übt Jupiter mit seiner großen Masse auf seinen Mond Io starke Gezeitenkräfte aus. Io wird dadurch so heiß, dass er geologisch instabil ist und es zu Vulkanausbrüchen kommt. Die möglicherweise zerstörerische Wirkung der Gezeiten könnte ein hypothetisches Raumschiff daran hindern, sich einem sehr dichten und kompakten Körper wie beispielsweise einem Neutronenstern über eine gewisse Grenze hinaus zu nähern. Neutronensterne haben so viel Masse wie anderthalb Sonnen, aber einen Radius von nur etwa 10 oder 20 Kilometern. Ihr starkes Schwerefeld erzeugt so starke Gezeitenwirkungen, dass diese ein sich näherndes Raumschiff schon in 1000 km Entfernung zerstören würden, weil die unterschiedlich weit vom Stern entfernten Teile des Raumschiffs unterschiedlich stark angezogen und damit auseinander gezerrt würden.

»Feste« Gezeiten auf dem Mond

Die Erde übt ihrerseits ebenfalls eine deutliche Gravitationswirkung auf den Mond aus. Die Anziehung ist also wirklich wechselseitig. Die Gezeitenwirkung ist »fest«, weil ja der Mond kein Oberflächenwasser hat. Tatsächlich hat man sogar beobachtet, dass der Mond aufgrund dieser Anziehung nicht vollkommen sphärisch ist, sondern in Richtung unseres Planeten etwas verlängert. Außerdem haben die von der Erde ausgeübten Gezeitenkräfte den Mond bei seiner Drehung um die eigene Achse immer stärker verlangsamt, bis er gezwungen war, der Erde immer dieselbe Seite zuzuwenden.

Merkur

Merkur ist der Kleinste der unteren Planeten; seine Bahn ist sonnennäher und seine Geschwindigkeit ist größer als die aller anderen Planeten. Fast all unser heutiges Wissens über den Merkur stammt von der Sonde Mariner 10, die 1974 als bis jetzt einziges Raumfahrzeug in seine Nähe kam.

Oberfläche und Krater

Wie Mariner 10 zeigte, besteht die Oberfläche des Merkur überwiegend aus Kratern. Auf den ersten Blick könnte man meinen, er habe große Ähnlichkeit mit dem Mond. Auf Merkur gibt es in der Tat Bereiche, die lunare Hochebenen genannt werden, und es gibt auch Ebenen ohne alle Erhebungen und mit wenigen Kratern, also sehr ähnlich zu den Maria-Gebieten des Mondes. Außer verkraterten Bereichen gibt es auch große ebene, fast völlig glatte Flächen, die wahrscheinlich von Lavaströmen aus der Tiefe des Planeten gefüllt wurden. Ein anderes Kennzeichen sind bogenförmige Böschungen und Verwerfungen, die die Oberfläche hunderte von Kilometern lang durchziehen. Ihre Höhe schwankt zwischen 100 m und einem Maximum von 3 km. Vermutlich sind sie entstanden, als sich die Kruste des neu gebildeten Planeten abkühlte und bei der darauf folgenden Kontraktion des Planeten Spannungen auftraten.

Die Sonne des Merkur *Künstlerische Darstellung der Oberfläche des Merkur aus geringer Entfernung. Sie besteht aus Kratern, und die Sonne erscheint besonders groß und leuchtkräftig.*

Ein Merkur-Mosaik *Das erste Fotomosaik der Oberfläche des Merkur setzt sich aus 18 Aufnahmen der Sonde Mariner 10 zusammen.*

In der Tiefe des Merkur

Merkur hat ein Magnetfeld, das aber nur etwa 1/100 so stark ist wie das der Erde. Sein Kern ist von einem relativ dünnen Mantel und einer Kruste umgeben. Die Dichte ist mit mehr als 5 g/cm^3, ähnlich wie die der Erde, sehr hoch, was bedeutet, dass der größte Teil des Planeten aus schweren Stoffen bestehen muss.

Man meint, dass etwa 70% der Masse des Merkur in einem Eisenkern steckt, der fast drei Viertel des Radius des Planeten ausmacht. Das könnte die Existenz des Magnetfelds erklären, aber wir wissen nicht, was zu seiner Bildung geführt hat. Vermutlich verhält es sich im Merkur wie in der Erde: Die geschmolzene metallische Materie im Inneren des Kerns wirkt wie ein Dynamo.

Es ist extrem unwahrscheinlich, dass der Planet von Anfang an einen so großen eisenhaltigen Kern gehabt hat. Wahrscheinlich hat Merkur einen großen Teil seines Gesteinsmantels verloren, als er mit einem anderen Körper zusammenstieß. Diese Katastrophe könnte sich zu Beginn der Geschichte des Sonnensystems ereignet haben.

Im Inneren des Merkur
70% des Merkur besteht aus einem Nickel- und Eisenkern, der von einem Mantel und einer dünnen Kruste umgeben ist. Merkur ist eisenhaltiger als jeder andere Planet.

Eine exzentrische Bahn

Die Bahn des Merkur hat einen mittleren Abstand von 58 Millionen km von der Sonne; sie ist sehr exzentrisch, denn die Entfernung zwischen Planeten und Sonne schwankt um etwa 24 Millionen km. Merkur bewegt sich mit einer mittleren Geschwindigkeit von etwa 48 km/s, die ebenfalls je nach seiner Position auf der Bahn stark schwankt. Im Aphel ist seine Bahngeschwindigkeit 38,7 km/s, im Perihel dagegen 56,6 km/s.

Aufgrund seiner Stellung zwischen Erde und Sonne weist Merkur ähnliche Phasen auf wie der Mond. Wenn er nahe an der Erde ist, sieht er wie ein schmaler Halbmond aus, wenn er weit von der Erde entfernt ist, sehen wir mehr als die Hälfte seiner Oberfläche. Wenn er voll beleuchtet ist, steht er zu nahe an der Sonne, als dass wir ihn beobachten könnten. Die Bahnebene des Merkur ist zu der der Erde um 7° geneigt, deshalb geht er gewöhnlich nördlich oder südlich der Sonne zwischen Sonne und Erde hindurch und nur bei seltenen Gelegenheiten, etwa 14-mal im Jahrhundert, direkt vor der Sonne vorüber. Diese so genannten Durchgänge oder Vorübergänge wurden von den Astronomen der letzten Jahrhunderte sehr sorgfältig beobachtet.

DIE DATEN DES MERKUR

Mittlere Entfernung von der Sonne: 57,9 Millionen km (min. 45,9 und max. 69,7)
Durchmesser: 4878 km
Mittlere Bahngeschwindigkeit um die Sonne: 47,87 km/s
Periode einer Drehung um die Achse: 58d 16h
Periode des Umlaufs um die Sonne: 88d
Bekannte Monde: keinen
Masse (Erde = 1): 0,055
Volumen (Erde = 1): 0,056
Mittlere Dichte: 5,43 g/cm³
Niedrigste Oberflächentemperatur: –180 °C
Höchste Oberflächentemperatur: +430 °C
Neigung der Achse: 0°
Neigung der Bahn zur Ekliptik: 7°
Atmosphäre: fast nicht vorhanden (Spuren von Helium, Natrium, Sauerstoff und anderen Elementen)

Tag und Nacht

Merkur dreht sich sehr langsam um seine Achse, und diese ungewöhnlich langsame Rotation bewirkt einige für ihn charakteristische Phänomene. In der Zeit, die er zum Umlauf um die Sonne braucht, dreht er sich anderthalbmal um seine eigene Achse, und deshalb ist ein Merkurtag (von Sonnenaufgang bis Sonnenaufgang, nicht eine 360°-Umdrehung um die eigene Achse) so lang wie zwei Merkurjahre. Weil die Rotation so langsam ist, ist ein und dieselbe Hemisphäre der Sonne sehr lange zugewandt, und deshalb ist der Unterschied zwischen Tag und Nacht auf seiner Oberfläche viel ausgeprägter als auf jedem anderen Planeten. Nachts fällt die Temperatur auf der der Sonne abgewandten Seite bis auf –180°C, aber wenn Merkur im Aphel ist, kann die Temperatur am »Spätnachmittag« 430 °C erreichen. Auf Merkur gibt es keine Jahreszeiten, wie wir sie auf unserem Planeten kennen, weil seine Drehachse fast senkrecht auf der Bahnebene steht. Folglich gibt es in Polnähe Bereiche, die nie von der Sonne beschienen werden. Das Radioteleskop von Arecibo in Puerto Rico konnte in diesen kalten und dunklen Gebieten die typische Reflexion von Licht an Eis entdecken. Die Eisschicht könnte sogar einige Meter dick sein.

Die Mission von Mariner 10
Merkur wurde zum ersten Mal im März 1974 von einer Sonde besucht: Diese Sonde, Mariner 10, flog in den Monaten danach noch zweimal nahe am Planeten vorbei, der seitdem nie wieder besucht wurde.

Ein einmaliger Besuch bei Merkur

Vor dem Beginn der Raumfahrt war Merkur ein relativ unbekannter Himmelskörper. Man kannte nicht einmal seine Bahnperiode genau und konnte auch nur wenig über die Beschaffenheit seiner Oberfläche sagen, denn selbst die leistungsfähigsten Teleskope konnten keine Einzelheiten auflösen, die weniger als 300 km Abstand hatten. Man kannte jedoch einige Daten, die auf seine Ähnlichkeit mit dem Mond hinwiesen. Wie der Mond reflektiert Merkur nur etwa 7% des empfangenen Sonnenlichts, und seine Oberfläche ist anscheinend so staubig und undurchsichtig wie das Regolith auf dem Mond. Weil man die Rotationsperiode nicht kannte, fragte man sich, ob Merkur überhaupt eine Atmosphäre habe. Bevor er mit Radioteleskopen erforscht wurde, meinte man, die Atmosphäre entspräche trotz der relativen Kleinheit des Planeten etwa 10 Millibar Kohlendioxid; es wurde sogar behauptet, man könne die hinter Staubwolken oder »Schleier« verborgene Oberfläche sehen. Genauere Untersuchungen aber, die vor allem bei Vorübergängen des Merkur vor der Sonne gemacht wurden, zeigten keinerlei Hinweise auf eine Brechung, und die Radardaten bestätigten das Fehlen einer Atmosphäre. Damals konnte man auch nichts über die Zusammensetzung und das Alter des Gesteins der Oberfläche in Erfahrung bringen, und man wusste nicht, ob es auf Merkur Krater gibt und ob er ein Magnetfeld hat. Merkur war ein fast unbekannter Planet, der auf gründliche Erforschung wartete.

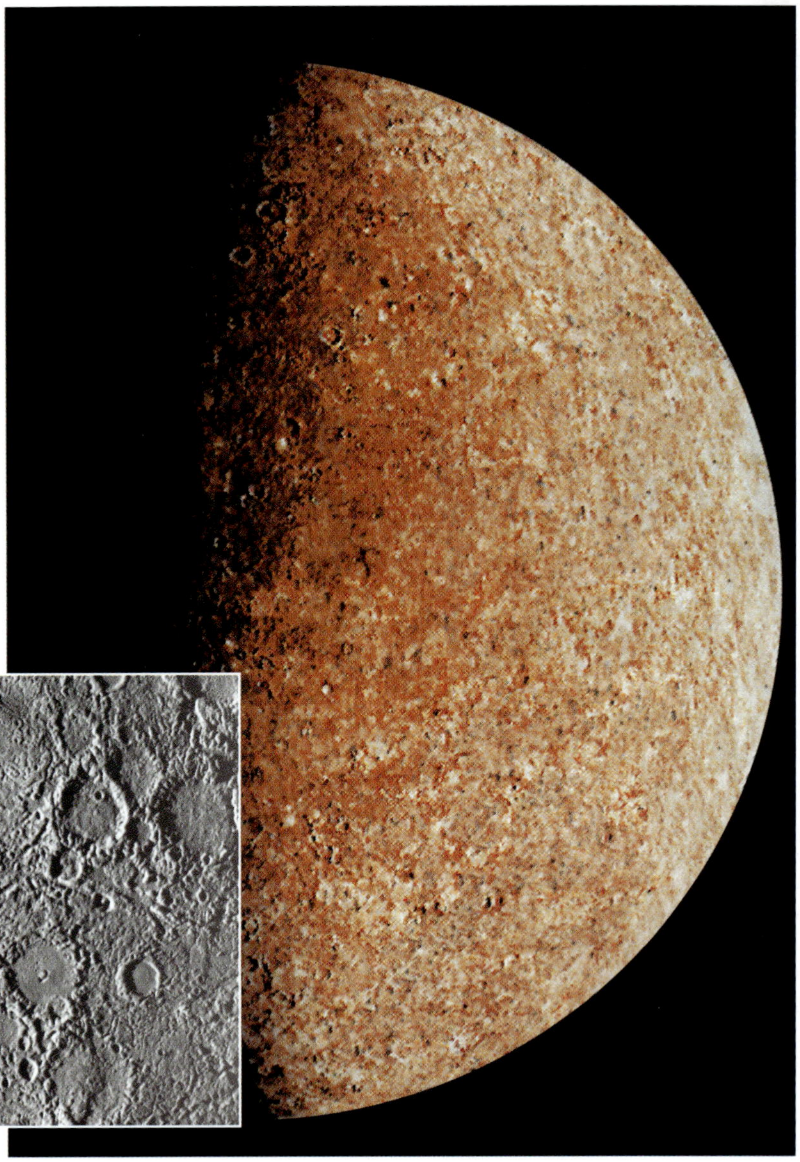

Die steinige Oberfläche
Wie Venus gehört Merkur zusammen mit Erde und Mars zur Gruppe der kleinen und steinigen inneren Planeten.

Einschlagkrater
Eine Einzelheit von der Oberfläche des Merkur. Die Krater dieses Planeten sind wie die des Mondes Einschlagkrater von Meteoriten.

Mariner 10

Es ist schwer zu sagen, welche der Erkundungen in der Geschichte der Raumfahrt die Goldmedaille verdient, aber sicherlich käme die Sonde Mariner 10 aufs Siegerpodest: Die Mission war enorm erfolgreich und hat viele neue und überraschende Erkenntnisse über eine vollkommen fremde Welt gebracht.

Mariner 10 startete im November 1973. Die Bahn der Sonde war von dem italienischen Wissenschaftler Giuseppe Colombo so berechnet worden, dass sie drei Monate später in einer Entfernung von 6000 km Venus passierte, deren Schwerefeld Geschwindigkeit und Richtung von Mariner 10 so veränderte, dass die Sonde auf eine Bahn um die Sonne gelangte. Die Bahn führte sie dreimal in die Nähe des Merkur, bevor sie den Betrieb einstellte.

Die Sonde hatte viele Instrumente an Bord: Telekameras zur Beobachtung der Oberfläche, ein Spektrometer zur Suche nach möglichen Spuren von atmosphärischem Gas, einen Infrarotsensor zur Messung der Oberflächentemperatur und ein Magnetometer zum Aufspüren des Magnetfelds.

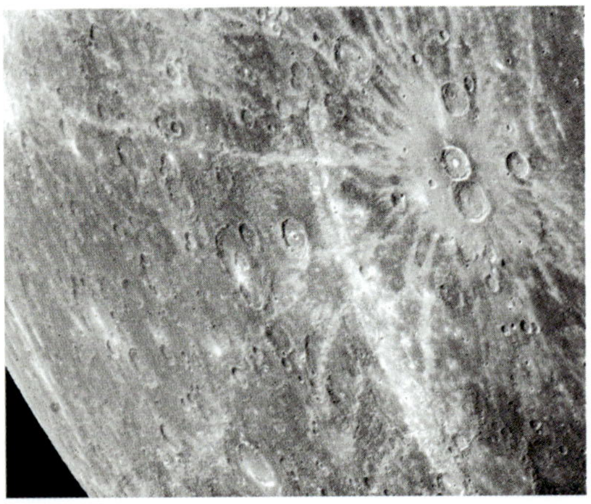

Ein geologisch träger Planet
Die Kennzeichen der Oberflächenbeschaffenheit des Merkur lassen vermuten, dass dieser Planet anders als die Erde niemals geologisch aktiv war.

Ergebnisse

Die mit Mariner 10 befassten Forscher drängten sich im Kontrollraum des Jet Propulsion Laboratory in Pasadena, als die Sonde im März 1974 beim ersten Vorbei-

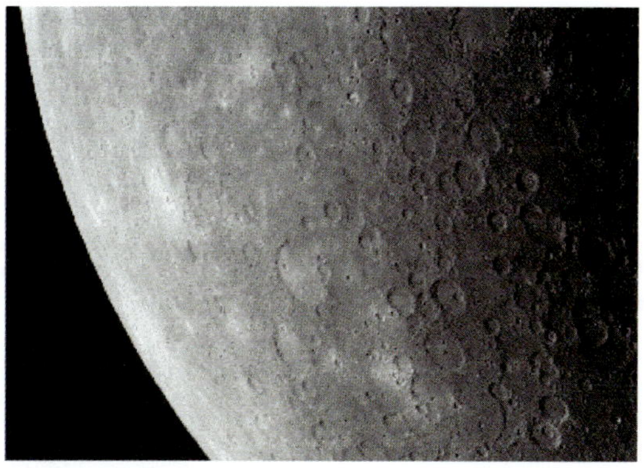

Sehr alte Krater
Unter allen Planeten des Sonnensystems ist die Oberfläche des Merkur am dichtesten mit Kratern übersät. Wie auf dem Mond führen das Fehlen einer Atmosphäre und geologischer Aktivität dazu, dass diese Krater nicht abgetragen werden.

flug eine ungeheure Menge von Fotos zur Erde sandte, die zum ersten Mal die Oberfläche des Merkur zeigten. Bei diesem ersten Vorbeiflug überquerte Mariner die Äquatorialbereiche des Planeten in einer Entfernung von etwa 700 km; der zweite Vorbeiflug führte in einer Entfernung von etwa 5000 km über den Südpol und der dritte in etwa 350 km Höhe über die nördliche Hemisphäre.
Die Vorbeiflüge brachten mehrere tausend ausgezeichnete Aufnahmen, die etwa 40 % der Oberfläche des Planeten erfassten und eine trockene und desolate Welt zeigen, einen tristen, stark verkraterten Vorposten des Sonnensystems. Die Oberfläche des Merkur erwies sich als sehr ähnlich zu der des Mondes; es waren Krater sichtbar, sogar solche, von denen helle Strahlen ausgingen, genau wie bei den Strahlenkratern auf dem Mond.
Aber auch wenn eine Aufnahme des Merkur auf den ersten Blick schwer von der des Mondes zu unterscheiden ist, zeigt eine genauere Betrachtung doch wichtige Unterschiede. Auf dem Mond finden sich beispielsweise zwei unterschiedliche Arten: helle und verkraterte Hochebenen und Ebenen mit dunkleren Lavaströmen gefüllte Maria-Gebiete. Auf Merkur dagegen gibt es keinerlei so deutliche Kontraste. Während die Lavaströme der Maria auf dem Mond deutlich von einer gewissen vulkanischen Aktivität relativ neueren Datums zeugen, ließ sich auf dem Merkur nichts Ähnliches finden.

DIE BEOBACHTUNG DES MERKUR

Obwohl Merkur sehr hell ist, ist er unter allen Planeten besonders schwer zu mit dem bloßen Auge zu beobachten, weil seine Bahn sehr sonnennah ist. Er entfernt sich nie mehr als 28° von der Sonne und verändert seine Stellung am Himmel jeden Tag. Wie gut Merkur zu beobachten ist, hängt von der geografischen Breite des Beobachters ab. Mit Hilfe eines Teleskops ist Merkur am einfachsten in der Nähe des Äquators zu beobachten, wo die Dämmerung sehr kurz ist und er vor einem dunklen Himmel steht. In Breiten oberhalb von etwa 50° steht Merkur immer sehr nahe am Horizont des Abendhimmels. Östlich von der Sonne ist er nur kurz während der Abenddämmerung im Westen sichtbar, aber wenn er westlich von der Sonne steht, ist er in der Morgendämmerung am östlichen Horizont sichtbar. Seine Phasen sind auch mit einem Teleskop mittlerer Größe beobachtbar, die Merkmale seiner Oberfläche aber lassen sich nur mithilfe großer Teleskope erkennen.
Schon Kepler bedauerte, dass er Merkur wegen der Luftunruhe niemals zu Gesicht bekam; ein Barockdichter nennt Merkur »einen eifrigen Speichellecker der Sonne, der sich in unseren Breiten selten zeigt, als ob er Schulden hätte«.

Die Kartierung des Merkur

Die Auflösung der Aufnahmen der Oberfläche des Merkur, die wir Mariner 10 verdanken, ist so gut wie Aufnahmen vom Mond mit einem leistungsfähigen Teleskop. Jeder, der einmal den Mond mit einem kleinen Fernrohr beobachtet hat, kann sich ausmalen, vor welchen Schwierigkeiten die Wissenschaftler von Mariner 10 standen, als sie den Planeten kartieren und die Strukturen auf seiner Oberfläche mit den richtigen Bezeichnungen versehen wollten. Zunächst musste ein Koordinatensystem festgelegt werden. Auf der Erde geht der Nullmeridian, also der 0. Längenkreis, verabredungsgemäß durch das Observatorium Greenwich. Bei Merkur hat man sich darauf geeinigt, den 20°-Meridian durch die Mitte des kleinen Kraters Hun Kal zu legen, weil das in der Sprache der Maya 20 bedeutet.
Aber wie sollen die Charakteristika eines fast völlig unbekannten Himmelskörpers benannt werden? Wo soll man beginnen? Zunächst wurde ein für die Namensgebung zuständiges Komitee geschaffen. Es stellte für Merkur einigermaßen originelle Regeln auf, nach denen die wichtigsten Täler die Namen berühmter Radiosternwarten wie Arecibo, Goldstone und Krim erhielten, während die Senken nach Schiffen benannt wurden, mit denen große Entdeckungsreisen unternommen wurden, wie Fram, Endeavour, Wostok, Santa Maria und so weiter. Bei den Ebenen entschied man sich für die Namen, die der Planet in anderen Sprachen hat: Tir, Bouda, Odin, Sokolu usw. Noch gibt es jedoch kein strenges Schema für die Benennung der Krater.

Die Phasen des Merkur
Merkur läuft von der Erde aus gesehen auf einer inneren Bahn und zeigt wie Venus Phasen. Wenn seine Sichel besonders schmal ist, ist er uns auch am nächsten und erscheint deshalb größer.

Venus

Venus ist der von der Sonne aus zweite und der uns nächste Planet, außerdem (nach Sonne und Mond) in der Morgen- und Abenddämmerung der hellste Himmelskörper.
Venus ist seit dem Altertum bekannt, aber erst Galilei konnte mithilfe des Fernrohrs bei ihr Phasen unterscheiden. Wie die Zeichnungen der ersten Beobachtungen mit dem Teleskop zeigen, meinten die Forscher damals, entlang der Trennlinie zwischen dem beleuchteten und unbeleuchteten Teil hohe Berge zu sehen, hatten aber tatsächlich lediglich ein Phänomen beobachtet, das von Turbulenzen in der Atmosphäre herrührt. Selbst die höchsten Erhebungen der Venus bleiben unter der dichten und leuchtenden Atmosphäre unsichtbar. Am Teleskop lassen sich nicht viele Einzelheiten erkennen, denn man sieht nur die Wolkendecke. Weil gesicherte Daten fehlten, gab es seit Jahrhunderten viele Theorien über die Beschaffenheit der Oberfläche der Venus. Zunächst meinte man, die Umweltbedingungen seien dort ähnlich wie auf der Erde. Auch als klar war, dass die Temperaturen viel höher waren als auf der Erde, nahmen manche Gelehrte an, es gebe auf der Venus feuchte tropische Dschungel.

Die Venussonden

Die besten Ergebnisse bei der Erkundung des Planeten verdanken wir den sowjetischen Venussonden. Venera 7 landete 1970 in der schrecklich heißen Atmosphäre und schaffte es, mehr als 20 Minuten lang Daten zu übermitteln. Die Sonde maß eine Temperatur von 475 °C und einen Druck von mehr als 90 bar. Venera 9 machte dann das erste Foto. Anfang der achtziger Jahre baute die Sowjetunion die letzten Modelle der Venera-Reihe, die Sonden 14 und 15, die in Vega 1 und 2 umgetauft wurden. Sie waren zu einer Begegnung mit Halleys Komet bestimmt und ließen beim Vorbeiflug am Planeten zwei Module und zwei Atmosphärenballons fallen, die Messungen in 50 km Höhe durchführten. Einige Jahre zuvor hatten die Amerikaner die beiden Pioneer-Venus-Sonden gestartet, die ebenfalls mit kleinen Modulen zur Untersuchung der Oberfläche des Planeten ausgerüstet waren. Die Sonde jedoch, die unser Wissen von Venus wohl am meisten bereicherte, war Magellan. Sie ermöglichte zu Beginn der neunziger Jahre des vorigen Jahrhunderts eine Kartierung der Oberfläche, die viel genauer ist als alle früheren.

Drehung und Bahn

Von allen Planeten des Sonnensystems drehen sich nur Venus und Pluto von Osten nach Westen um die eigene Achse. Gewöhnlich umlaufen die Himmelskörper die Sonne in derselben Richtung, in der sie

Eine undurchdringliche Wolkendecke
Dieses Bild der Venus zeigt die außerordentlich dichte Wolkendecke, die den Planeten umgibt. Manche Wolken bilden helle und dunkle Streifen, die die Beobachtung der Oberfläche erschweren.

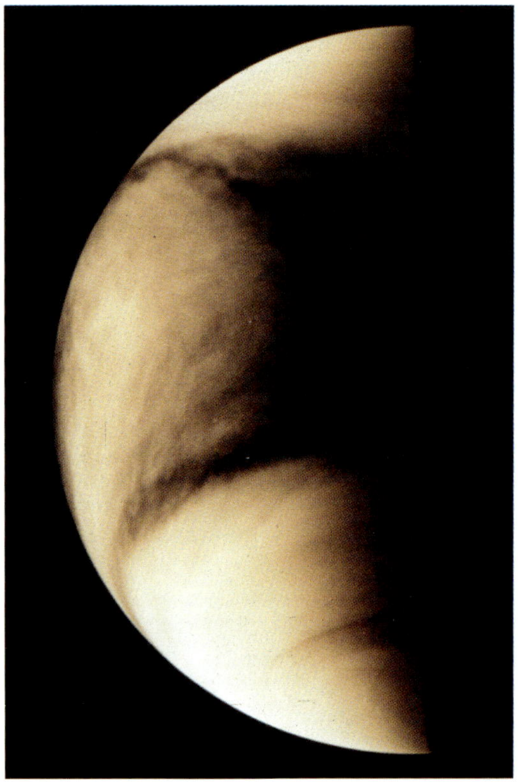

Die Pioneer-Sonde
Eine Fotomontage der Annäherung der Pioneer-Venus-Sonde an die Venus, die in den sechziger Jahren erfolgte. Bis zur Magellan-Mission war sie die wichtigste Venus-Sonde.

Lavaströme
Diese Abbildung der Oberfläche der Venus zeigt einen Lavastrom, der sich schon verfestigt hat und deshalb auf dem Radar trüb wirkt, weil er noch nicht von der Atmosphäre erudiert wurde.

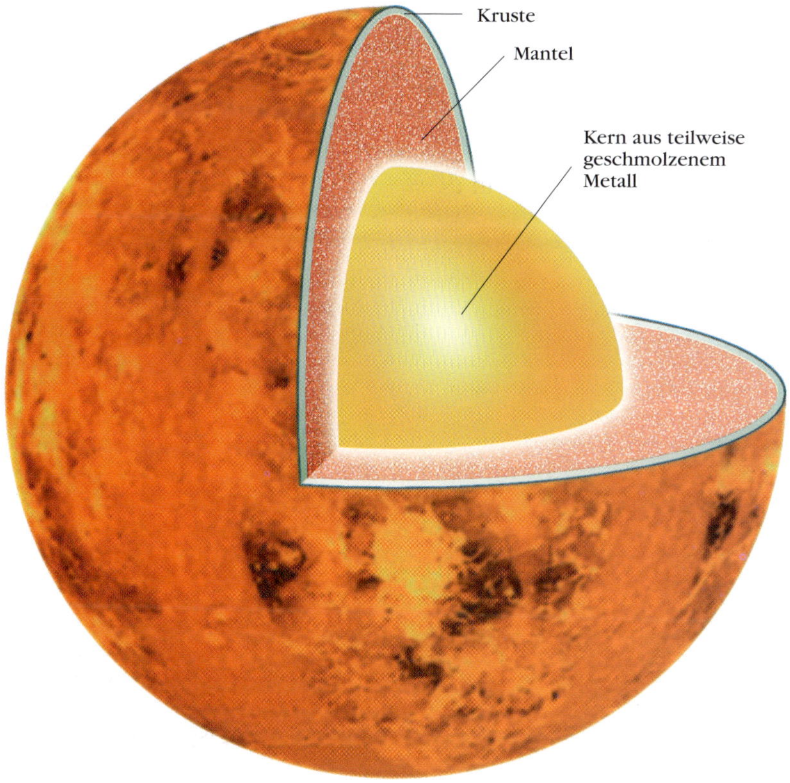

Das Innere der Venus
Venus hat einen Kern von etwa 3000 km, einen fast ebenso dicken Mantel und eine Kruste von 60 km Dicke.

DIE DATEN DER VENUS

Mittlere Entfernung von der Sonne: 108,2 Millionen km (min. 104,7 und max. 109)
Durchmesser: 12 103 km
Mittlere Bahngeschwindigkeit um die Sonne: 35,03 km/s
Periode einer Drehung um die Achse: 243d 00h 14m (retrograd)
Periode des Umlaufs um die Sonne: 224,70d
Bekannte Monde: keinen
Masse (Erde = 1): 0,815
Volumen (Erde = 1): 0,857
Mittlere Dichte: 5,25 g/cm^3
Oberflächentemperatur: etwa 470 °C
Neigung der Achse: 177° 3'
Neigung der Bahn zur Ekliptik: 3,4°
Druck an der Oberfläche (Erde = 1): 90
Atmosphäre: Kohlendioxid (96 %), Stickstoff (3,2 %), Spuren von Sauerstoff und anderen Elementen

sich um sich selbst drehen, also von Westen nach Osten. Astronomen nennen dazu gegenläufigen Drehungen »rückläufig« oder »retrograd«. Die Rotationsgeschwindigkeit ist sehr gering, etwas geringer sogar als die Umlaufgeschwindigkeit. Für eine vollständige Umdrehung um ihre Achse braucht Venus 243 Tage, für ihren fast kreisförmigen Umlauf um die Sonne nur 225 Tage. Anders als auf der Erde wird der Wechsel von Tag und Nacht auf Venus also nicht durch ihre Rotation bestimmt, und die Zeit, in der die Sonne oberhalb des Horizonts ist, hängt von der Dauer des Umlaufs um die Sonne ab.

Die Oberfläche der Venus

Höchstwahrscheinlich gab es auf der Oberfläche der ganz jungen Venus große Wassermassen. Im Lauf der Zeit bildete sich ein Prozess heraus, der einerseits zur Verdampfung der Meere und andererseits zur Freisetzung von Kohlendioxid aus dem Gestein in die Atmosphäre führte. Damit begann ein Kreislauf, der aufgrund des Treibhauseffekts zu einem Anstieg der Temperatur und zur immer rascheren Verdampfung von Wasser führte. Bald verschwand das Wasser von der Oberfläche der Venus und der größte Teil des Kohlenstoffdioxids ging in die Atmosphäre über.
Die Oberfläche der Venus ähnelt jetzt einer von gelblichem Licht beleuchteten steinigen Wüste mit hügeligen Ebenen und wenigen Bergen. Die Senken werden als Anzeichen früherer Meere gedeutet. Die Venus-Sonden fanden auch Hinweise auf neuere vulkanische Aktivität. Radarechos lassen dunkles Gelände erkennen, was anzeigt, dass dort noch vor kurzem Lava floss. Dafür spricht auch, dass die dichte Atmosphäre des Planeten den offen liegenden Teil des Magma rasch erodiert und einen Streifen von Eisensulfat freilegt, der Radarechos gut reflektiert. Das Venusgestein ist ähnlich zusammengesetzt wie Basaltgestein auf der Erde. Die Morphologie der beobachteten Gebiete, die Vulkan- und Einschlagkrater und die Spuren von tektonischen Phänomenen sind so vielfältig, dass sie auf eine sehr komplexe und aktive geologische Geschichte der Venus schließen lassen.

Die Kontinente

Auf der Nordhalbkugel der Venus und südlich des Äquators werden zwei Bereiche unterschieden, die sich mit irdischen Kontinenten vergleichen lassen, weil die Erhebungen weit über der mittleren Höhe liegen. Diese Gebiete wurden Ischtar-Terra und Aphrodite-Terra genannt. Ischtar-Terra ist etwas kleiner als die USA; die höchsten Erhebungen sind die Montes Maxwell, die eine Höhe von etwa 11 km erreichen und als Einzige nach einem Menschen benannt wurden. Aphrodite-Terra ist der Fläche nach größer als Nordafrika. Im Inneren dieses Hochlands liegt Monte Maat, ein Vulkan mit einer Höhe von 8 km, von dem sich relativ kürzlich Lavaströme ergossen. Dieser Kontinent weist ein komplexes System enorm großer Schluchten tektonischen Ursprungs auf, die gelegentlich hunderte Kilometer lang, 2–4 km tief und bis zu 280 km breit sind.

Das Innere der Venus

Venus ist ähnlich wie die Erde aufgebaut und hat eine etwa 20 km dicke Kruste, einen Mantel aus geschmolzener Materie von 2800 km Dicke und einen eisenhaltigen Kern mit einem Radius von 3200 km. Der Eisenkern sollte ein Magnetfeld erzeugen, das jedoch fehlt. Der Sonnenwind dagegen weht direkt in die höchsten Schichten der Atmosphäre hinein und ionisiert die Atmosphäre, was zur Bildung einer Stoßfront beiträgt, die ihrerseits ein Magnetfeld induzieren kann.

Hochebenen der Venus
Eine typische Hochebene auf der Venus, die aufgrund von Daten der Magellan-Sonde dreidimensional rekonstruiert wurde. Etwa 65 % des Bodens der Venus besteht vor allem aus solchen Ebenen.

Die Atmosphäre der Venus

Nach den Daten der Venus-Sonden besteht die Atmosphäre überwiegend aus Kohlendioxid (über 96%) und nur wenig Stickstoff, Sauerstoff, Argon, Schwefeldioxid und Wasserdampf. Da dieses komplexe Moleküle sind, »wiegt« die Gassäule über einem Quadratmeter der Venus viel, und der Druck auf der Oberfläche beträgt 90 bar. Es ist aufschlussreich, die Entwicklung der Atmosphäre der Venus mit der der Erde zu vergleichen. Dazu betrachtet man am besten die so genannten Edelgase (Helium, Neon, Argon, Krypton und Xenon), die, weil sie nur schwer reagieren, heute noch nahezu so häufig sind wie zur Zeit der Entstehung der Planeten. In der Atmosphäre der Venus finden wir beispielsweise viel mehr Krypton als auf der Erde. Vielleicht hat Venus zu Beginn der Geschichte des Sonnensystems, als der Sonnenwind stärker war als heute, sehr viele unterschiedliche Gase aufgesammelt und die weiter von der Sonne entfernten inneren Planeten, also Erde und Mars, abgeschirmt und dadurch verhindert, dass sich auf ihnen eine vergleichbare Menge an Edelgasen ansammeln konnte.
Andere Komponenten der Atmosphäre der Venus sind wichtig für die Wolkenbildung und ihre chemische Zusammensetzung. So bestimmt die Verteilung von H_2S, SO_2 und H_2O die Erzeugung von Schwefelsäuretropfen in den Wolkenschichten.

Komplexe Strukturen in der Atmosphäre
Die dicke Wolkendecke der Venus bildet komplexe Strukturen, die sich als makroskopische Streifen zeigen.

Der Aufbau der Atmosphäre

Die Messungen der Pioneer-Venus-Sonde begannen in einer Höhe von 200 km und wurden auch in 60 km und 140 km Höhe angestellt. Diese Daten haben Unterschiede zwischen den Atmosphären der Venus und der Erde gezeigt: Während in der Erdatmosphäre drei deutlich definierte Bereiche unterschieden werden, gibt es auf der Venus nur Unterschiede zwischen der Tag- und der Nachtseite. Auf der beleuchteten Seite gibt es eine Thermosphäre von der Art der irdischen, und die Temperaturen reichen von –90 °C (in 100 km Höhe) bis etwa +27 °C (in der Exosphäre). Auf der Nachtseite jedoch gibt es keine Thermosphäre, und die Temperatur nimmt von –90 °C (bei 100 km) auf –170 °C (bei 150 km) ab. Die Temperaturschwankungen beim Übergang von der Tagseite zur Nachtseite sind also sehr deutlich. Zwischen 100 km Höhe und der oberen Wolkenschicht (bei etwa 70 km) schwankt die Temperatur stark. In einer Höhe von etwa 95 km wurden tägliche Schwankungen von etwa 25 °C beobachtet. Da 90% der gesamten Atmosphäre zwischen der Oberfläche und 28 km Höhe liegen, erhitzt die Sonne diese dichte und »kompakte« Schicht sehr stark. In Höhen über 28 km zeigen sich Unterschiede in der Temperatur in Abhängigkeit von der Höhe.

Der Treibhauseffekt

Messungen mit unterschiedlichen Instrumenten haben gezeigt, dass die Oberflächentemperatur der Venus bei etwa 470 °C liegt, was auf die dichte und kompakte Atmosphäre des Planeten und seine Zusammensetzung zurückzuführen ist. Der Prozentsatz des vorhandenen Kohlendioxids ist höher als der in irdischem Kalkgestein, weil die Bahn der Venus sonnennäher ist. Dadurch erhält ihre Oberfläche mehr Sonnenwärme; die setzt das Kohlendioxid im Gestein frei und erhöht die Undurchsichtigkeit der Atmosphäre. Die Atmosphäre lässt Sonnenstrahlung durch (die die Oberfläche erhitzt), nicht jedoch die von der Oberfläche abgegebene Infra-

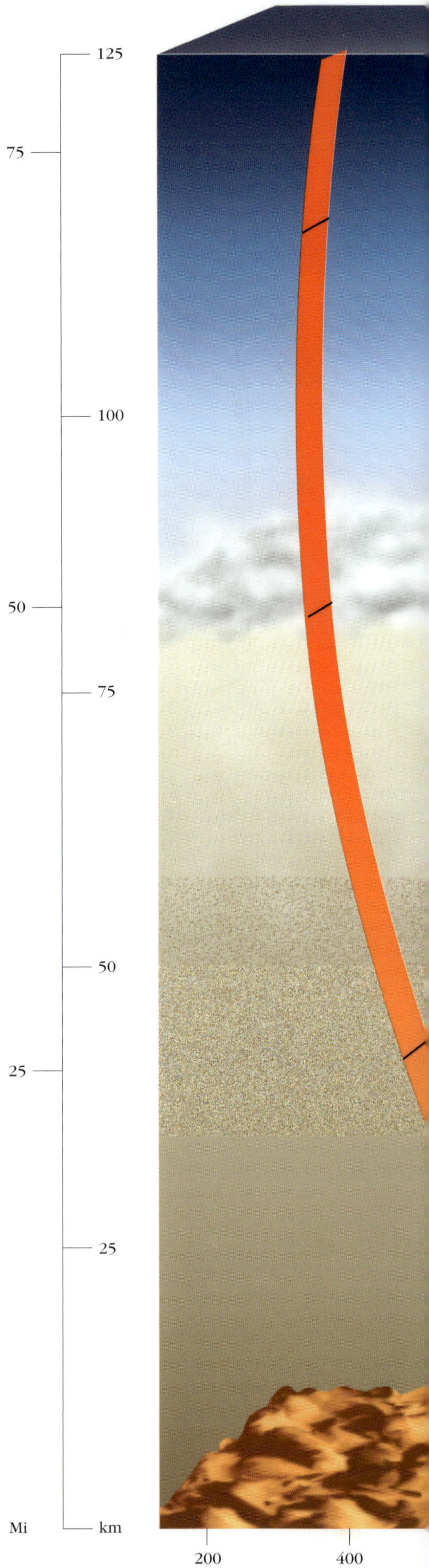

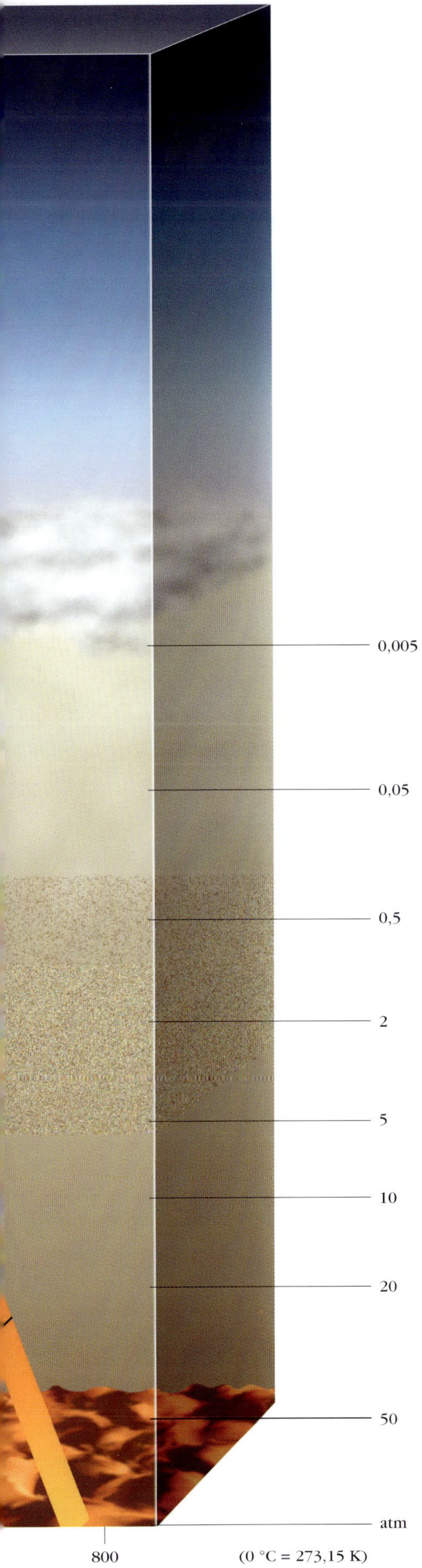

Der Aufbau der Atmosphäre
Die Grafik (links) zeigt den Anstieg von Druck und Temperatur in der Atmosphäre der Venus in Abhängigkeit von der Höhe. Die Temperatur (in Kelvin) ist senkrecht aufgetragen.

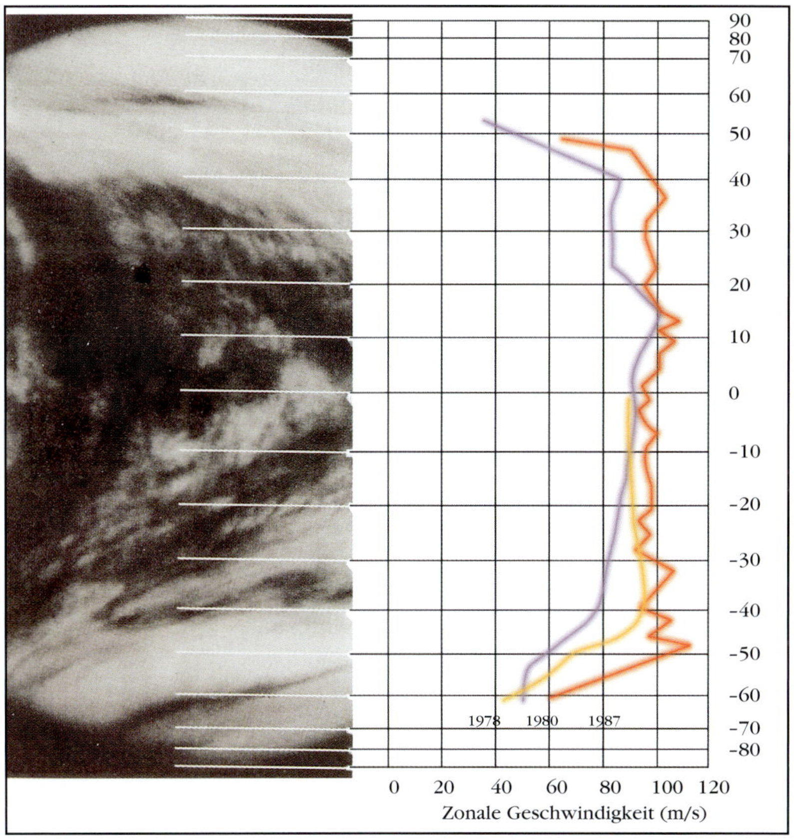

Starke Stürme
Die Abbildung und die zugehörige Grafik zeigen die Windgeschwindigkeit in den verschiedenen Breiten in Abhängigkeit von der Rotationsgeschwindigkeit des Planeten in drei aufeinander folgenden Jahrzehnten.

rotstrahlung, was zu einer weiteren Erhöhung der Temperatur führt. Dieser Mechanismus ist als Treibhauseffekt bekannt. Er beruht zu 55% auf Kohldioxid, weitere 25% sind dem Wasserdampf zuzuschreiben und der verbleibende Teil den Wolken.

Wolken und Blitze

Die Atmosphäre der Venus zeigt Schichtungen mit jeweils anderer Zusammensetzung und Art der Wolken. Die höchste Schicht ist ein Nebelstreifen aus winzigen Tropfen von Schwefelsäure; diese Schicht ist nicht dauerhaft, sondern taucht auf und verschwindet mit einer Periode von mehreren Jahren. Darunter, zwischen 47 und 52 km, ist eine ebenfalls aus Schwefelsäure bestehende Wolkenschicht zu größeren Tropfen kondensiert; in ihr gibt es auch feste Teilchen. In dieser Höhe ist die Atmospäre sehr dicht und undurchsichtig. Auch darunter ist die Sichtweite gering. Im oberen Teil der Atmosphäre gibt es eine fotochemische Quelle für Schwefel und Schwefelsäure, die ultraviolette Einstrahlung voraussetzt (die nicht in die unteren Schichten eindringen kann). Die Schwefelsäuretropfen verdünnen sich in den unteren Bereichen, wo sie Wassermolekülen begegnen; die Größe dieser Teilchen bestimmt die Art der Niederschläge: Je größer die Tropfen, umso höher ist die Wahrscheinlichkeit, dass es Regen gibt.

Überraschenderweise fanden die Sonden Venera 1 und 2 in der Schicht zwischen 32 und 2 km elektromagnetische Signale, wie sie in einem irdischen Gewitter ausgesandt werden. Die Blitze der Venus sind viel stärker als irdische und folgen einander viel rascher, bis zu 25-mal in einer Sekunde. Wir vermuten aufgrund unseres Wissens über irdische Gewitter, dass es in den untersten Schichten der Venus-Atmosphäre Eiskristalle (aus Wasser) und eine rasche Vertikalbewegung der Luftmassen gibt. Die Blitze könnten auch mit Vulkanen verknüpft sein; eine Bestätigung dafür brachte die Sonde Pioneer-Venus, die über dem Hochland Beta Regio elektrische Entladungen beobachtete.

ATMOSPHÄREN IM VERGLEICH

Die Tabelle zeigt einen Vergleich der Zusammensetzung der Atmosphären von Erde und Venus. Die Zahlen geben die Anzahl der Moleküle pro Kubikmeter im Verhältnis zur Gesamtzahl der Moleküle pro Kubikmeter in der Erdatmosphäre.

	Erde	**Venus**
N_2	0,79	3
O_2	0,20	< 0,002
Ar	0,01	Spuren
CO_2	0,0003	86
H_2O	~ 0,02	~ 0,01
Gesamt	1,00	90

Mars

Mars, der Rote Planet, ist der Vierte nach der Entfernung von der Sonne. Sein Name leitet sich vom Kriegsgott her, und diese Zuschreibung beruht hauptsächlich auf der roten Farbe, mit der er am Himmel leuchtet. Mars ist mit bloßem Auge zu sehen und ist nach den Analysen, die die Sonden lieferten, der erdähnlichste Planet und der Einzige, auf dem in nicht zu ferner Zeit ein Mensch landen könnte.

Die Oberfläche des Mars

Die Oberfläche ist mit Kratern, Ebenen, Schluchten und Vulkanen sehr vielfältig und hat Ähnlichkeit mit der des Mondes. Besonders wichtig ist das Vorhandensein von Wasser (vor allem in Polnähe), das in weiter oben gelegenen Gesteinsschichten eingeschlossen ist und so genannte Permafrost- oder Dauerfrostbereiche bildet. Analog zum Wechsel der Jahreszeiten auf der Erde schwankt auch auf dem Mars die Oberflächentemperatur aufgrund der Neigung der Rotationsachse. Sie liegt im Mittel um –40 °C mit einem sommerlichen Mittelwert von –14 °C und einem winterlichen Tiefstwert von –120 °C. Die Oberfläche des Mars weist keine Schollentektonik auf, weil die Abkühlung und die dadurch bedingte dicke Kruste eine Entwicklung von Schollen verhindert haben. Man kann also Mars für einen Planeten mit nur einer Scholle betrachten, deren Eigenschaften sowohl endogen sind (beispielweise jene, die auf dem Ausströmen von Lava aus dem Mantel und dem Vulkanismus beruhen) als auch exogen (wenn der Einfall von Meteoriten zum Schmelzen der Kruste geführt hat). Auch beim Mars unterscheiden sich die beiden Hemisphären deutlich: Die Nordhalbkugel zeigt glatte Ebenen und mäßige Kraterbildung, auf der Südhalbkugel aber gibt es fünfmal mehr Krater. Das liegt daran, dass die Oberfläche der Südhalbkugel vor etwa 3,8 Milliarden Jahren geformt wurde, zu einer Zeit, in der das Bombardement durch Meteoriten im ganzen Sonnensystem besonders stark war.

Zwischen den beiden Halbkugeln liegt die so genannte Tharsis-Region mit den großen Vulkanbergen Arsia, Pavonis, Ascraeus und dem langen Vallis Marineris, einem komplexen System von Schluchten.

Eine Welt fast wie die unsere
Auf der Oberfläche des Mars sind die Profile von drei Vulkanen zu erkennen; oben sieht man eine Polkappe.

Die Oberfläche des Mars
Ein Bild von der Oberfläche des Mars, wie sie sich der Sonde Viking 1 im Juli 1976 bot. Der Anblick erinnert an dürre und steinige Wüsten auf der Erde.

Flussbetten

Auf der Oberfläche des Mars gibt es zahlreiche Formationen, die Ähnlichkeit mit Kanälen haben und an Flussbetten auf der Erde erinnern. Einige von ihnen sind bis zu 200 km lang. Man erkennt zwei Arten: Die einen sind kürzer, gewundener und verzweigter, die anderen, tieferen, *outflow* genannt, sind in ihrer ganzen Länge regelmäßig. Über den Ursprung dieser Phänomene gibt es zwei Hypothesen: Nach der ersten handelt es sich um gewöhnliche Flüsse, die in einem gemäßigten Klima Wasser führten, nach der anderen wurden diese Flussbetten von heftigen und überraschend entstehenden Flüssen erzeugt, die beim Schmelzen der Dauerfrostschichten entstanden. Ein Beispiel dafür sind die Schluchten des Vallis Marineris, die etwa über 5000 km lang sind und wahrscheinlich auf die Wirkung plötzlich freigesetzter enormer Wassermassen zurückgehen.

Schluchten und Flussbetten
Ein Bild des Canyons Noctis Labyrinthus am äußersten Rand des Vallis Marineris. Die Oberfläche des Mars bezeugt, dass es vorübergehend flüssiges Wasser gegeben haben muss.

Ozeane

Trotz seines jetzt so kalten und trockenen Klimas zeigt Mars Anzeichen von Erosion durch Wasser und Eis. Seine eindrucksvollen Flussbetten, periglaziale Ebenen, Dauerfrostregionen und gefrorene Polkappen zeigen, dass das Klima in früheren Zeiten der geologischen Geschichte mäßig war und auf der Oberfläche Wasser fließen konnte.

Die erste geologischen Ära sah ein starkes Bombardement mit Meteoriten und einem diffusen Vulkanismus; während dieser Zeit, als Wasser die alten Krater durch Erosion abtrug, entwickelten sich die Flussbetten. Die für solche Erosion notwendige Strömung lässt sich nicht allein durch das Schmelzen und die Schollenbildung in den Dauerfrostregionen erklären; sondern setzt einen hydrodynamischen Zyklus voraus, bei dem Wasserdampf in der Atmosphäre zirkulierte. Die Verteilung der Flussbetten

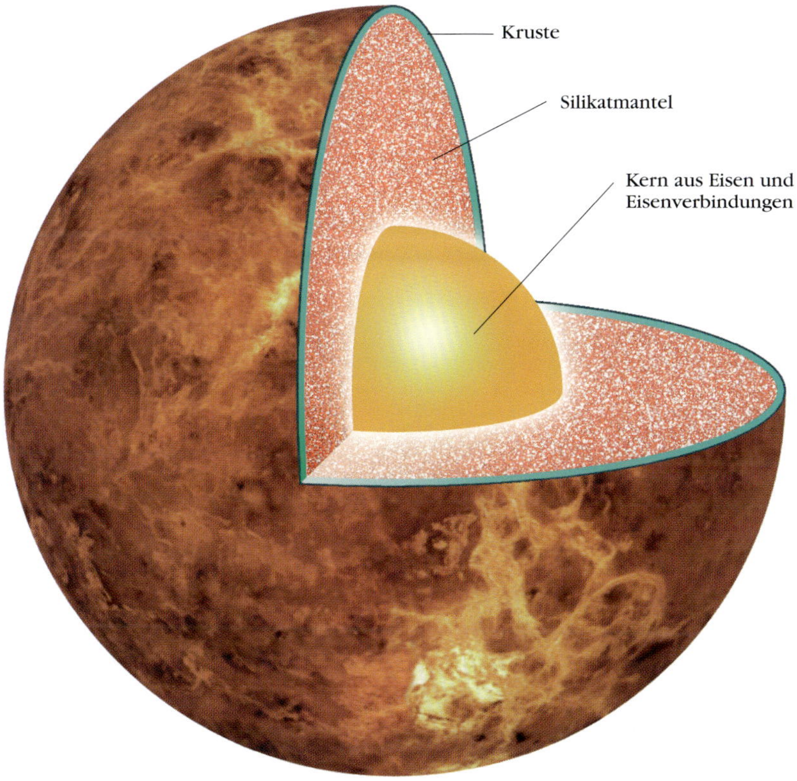

DIE DATEN DES MARS

Mittlere Entfernung von der Sonne: 227,9 Millionen km (min. 206,7 und max. 249,1)
Durchmesser: 6786 km
Mittlere Bahngeschwindigkeit um die Sonne: 24,1 km/s
Periode einer Drehung um die Achse: 24h 37m 23s
Periode des Umlaufs um die Sonne: 687d
Bekannte Monde: 2
Masse (Erde = 1): 0,108
Volumen (Erde = 1): 0,150
Mittlere Dichte: 3,9 g/cm³
Mittlere Oberflächentemperatur: –50 °C
Neigung der Achse: 25° 11'
Neigung der Bahn zur Ekliptik: 1,9°
Druck an der Oberfläche (Erde = 1): 0,006
Atmosphäre: Kohlenstoffdioxid (fast 96%), Stickstoff (2,7%) Argon (1,6%), Spuren von Sauerstoff (1,6%) Wasserstoff (0,03%) usw.

Das Innere des Mars
Mars hat einen Kern mit einem Radius von 1500 km, einen etwa 1800 km dicken Mantel und eine 100 km dicke Kruste.

Der Monte Olympus
Auf dem Mars gibt es eindrucksvolle Vulkane. Der höchste von ihnen, Monte Olympus, hat eine Höhe von etwa 27 km (ist also dreimal so hoch wie der Mount Everest, der höchste Berg der Erde).

auf dem Planeten lässt auf ein mildes und gleichförmiges Klima schließen, und das muss fast unvermeidlich zu Ozeanen und einem Wasserkreislauf geführt haben, bei dem das Wasser über dem Meer verdunstete, in Wolken kondensierte und abregnete. Möglicherweise kam dieser Zyklus zu einem Ende, als das poröse Gestein das Wasser absorbierte, weil die geringe Masse des Planeten nicht ausreichte, die Gase der Atmosphäre festzuhalten, und diese Gase entkommen konnten.
Nach einer ersten längeren Zeit mit stabilem Klima gab es wahrscheinlich wiederholt Episoden, in denen sich auf der Oberflache Meere bildeten. Das könnte die Kanäle ebenso erklären wie die Existenz des Vallis Marineris und all der Schluchten, die vom Mons Tharsis ausgehen. Diese Ozeane rührten vermutlich im Wesentlichen von dem Schmelzen von Dauerfrostregionen durch Vulkanismus her. Als Beleg für diese Meinung lässt sich die Nachbarschaft der Canyons zu vulkanischen Strukturen anführen. Als Wasser vorhanden war, füllte sich die Atmosphäre mit Wasserdampf und mit vom Boden freigesetztem Kohlendioxid. Der Treibhauseffekt wurde stärker und führte zu einem Temperaturanstieg, der die Polkappen schmelzen ließ und erst aufhörte, als das fast überall poröse Marsgelände langsam und anhaltend alles Wasser aufgesogen hatte. Als der Ozean kleiner wurde, nahm sein Einfluss auf die Atmosphäre ab, die Reflektivität nahm zu (weil sich auf dem Wasser eine Eisschicht bildete) und die Temperatur sank. Als schließlich das gesamte Wasser im Boden versickert war, nahm die vulkanische Aktivität des Planeten ab und das Klima stabilisierte sich bei den aktuellen Werten. Ein solcher ozeanischer Zyklus kann sich nur schwerlich wiederholen.

Die Beobachtung des Mars
In einem Amateurinstrument zeigt sich Mars als eine kleine rote Scheibe, auf der sich die Polkappen und hellere und dunklere Streifen erkennen lassen.

Die Atmosphäre

Die Sonden haben gezeigt, dass die Atmosphäre aus fast 96% Kohlendioxid, 2,7% Stickstoff und 1,6% Argon besteht. Der Sauerstoff macht nur 0,13% und Wasserdampf 0,03% aus. Der Druck auf dem Boden ist sehr gering, etwa ein Tausendstel des irdischen. Ein hypothetischer Astronaut sieht auf dem Mars einen rötlichen Himmel, über den Winde Staubwolken treiben. Wegen der geringen Dichte ist der von den Winden bewirkte Wärmeaustausch gering und damit sind die Temperaturunterschiede zwischen unterschiedlichen Bereichen groß. Die Wolken auf dem Mars bestehen aus Wasser und Kohlendioxid und ähneln den Cirruswolken auf der Erde, werden aber in der Nähe von Bergen, die aufgrund ihrer Höhe die meteorologischen Bedingungen der Umgebung verändern, zu Wirbelstürmen.

Sandstürme
Rekonstruktion des Rift-Tals auf dem Mars aufgrund der Daten der Sonde Viking. Mit dem Wechsel der Jahreszeiten wirbelt der Staub vom Boden auf und erzeugt gewaltige Stürme.

Die Pole des Mars

Die Pole sind eines der wenigen Charakteristika des Planeten, die wir mit einem kleinen Fernrohr von der Erde aus sehen können. Diese Bereiche sind mit Kappen aus Wassereis bedeckt, auf denen sich im Winter eine Schicht von Trockeneis, gefrorenem Kohlendioxid, ablagert. In der kalten Jahreszeit vergrößern sich die beiden Polkappen bis jeweils 60° nördlicher beziehungsweise südlicher Breite, und die Kohlendioxidschicht wird dann 50 cm dick. Die Polkappen sind umgeben von Bereichen, in denen sich ein Gemisch von Staub und Eis angesammelt hat. Diese Sedimente sind an den Seiten der Spalten und Canyons gut zu erkennen.
Wenn es wieder warm wird, wird das Kohlendioxid gasförmig und wandert zum entgegengesetzten Pol. Es kann passieren, dass diese Sublimation zu rasch geschieht. Dann werden enorme Gasmengen an die Atmosphäre abgegeben, die sehr heftige Winde erzeugen. Damit einher gehen Staubstürme, die den ganzen Planeten erfassen und seine Atmosphäre einige Wochen lang undurchsichtig machen, bevor sich der Staub wieder ablagert.

Phobos und Deimos

Wie die meisten Planeten des Sonnensystems hat auch der Rote Planet natürliche Satelliten. Die beiden Marsmonde heißen Phobos und Deimos, was auf Deutsch Furcht und Schrecken bedeutet und an die im 15. Gesang der Ilias erwähnten Begleiter des Kriegsgottes erinnern soll. Seltsamerweise ist die Vermutung, dass Mars zwei Monde habe, viel älter als ihre Entdeckung durch den amerikanischen Astronomen Asaph Hall (1829–1907) im August 1877, denn schon anderthalb Jahrhunderte früher hatte der englische Schriftsteller Jonathan Swift den Gelehrten von Laputa, der schwimmenden Insel in *Gullivers Reisen*, von zwei Marsmonden berichten lassen. Der französische Philosoph Voltaire berichtet in seinem Buch *Micromega*, die Bewohner von Sirius und Saturn hätten, als sie in die Nähe des Mars gekommen seien, zwei

Eine dünne Atmosphäre
Mars hat eine sehr dünne Atmosphäre, wie die Tatsache zeigt, dass seine Oberfläche gut sichtbar ist. Sie ist nur am Rand zu erkennen, wo die Perspektivwirkung sie dichter erscheinen lässt.

LEBEN AUF DEM MARS

Das Interesse an diesem Planeten war immer sehr groß, seit zu Beginn des vorigen Jahrhunderts über das Wesen der von Schiaparelli beobachteten Kanäle debattiert wurde und einige Autoren erfolgreiche Sciencefictionbücher über das Leben auf dem Mars schrieben. Es war deshalb eine große Enttäuschung, als die Bilder und Daten der Mars-Sonden keinerlei Überreste einer Zivilisation auf dem Mars zeigten (Mariner 4) und nicht einmal auch nur primitive Lebensformen (Viking 1 und 2). Die Labors der Viking-Sonden haben biochemische Experimente durchgeführt, die die Abwesenheit von jeglicher Form biologischer Aktivität und organischer Moleküle in den Bodenproben bestätigt haben.
In den letzten Jahren jedoch hat man in der Antarktis Meteoriten gefunden, die möglicherweise vom Mars stammen und Spuren von Leben zu enthalten scheinen.
Der berühmteste dieser Funde ist als ALH 84001 bekannt. Im Sommer 1996 behaupteten einige Forscher der NASA, sie hätten in seinem Inneren fossile Strukturen identifiziert, die sich von biologischer Aktivität herleiten. Nach Meinung dieser Forscher erzählt der Meteorit die folgende Geschichte: Er bildete sich auf dem Mars vor etwa 4,5 Milliarden Jahren und wurde infolge eines Einschlags in den Raum hinausgeschleudert; nach einer Reise von 15 Millionen Jahren fiel er vor etwa 13 000 Jahren in der Antarktis nieder und wurde dort 1984 entdeckt.
In seinem Inneren fand man Minerale, die möglicherweise fossile Überreste von Bakterien sind, die vor Milliarden Jahren auf dem Roten Planeten lebten. Die Existenz von Molekülen, die in der Fachsprache polyzyklische aromatische Kohlenwasserstoffe heißen, belegt das Vorhandensein ziemlich komplexer organischer Bestandteile; man fand auch Magnetite und Eisensulfat, wie sie auf der Erde normalerweise von anaeroben Bakterien produziert werden.
Damit handelt es sich um den ersten Beweis von wenn auch nur außerordentlich einfachem Leben in einem außerirdischen Körper. Ein 1998 veröffentlichter Artikel nährte Zweifel an der Wahrheit dieser Ergebnisse und zeigte, wie der Meteorit nach seiner Ankunft auf der Erde mehr als zunächst vermutet kontaminiert worden sein könnte. Die Debatte über diese Fragen wird jedenfalls so lange weitergehen, bis die zahlreichen für die nächste Zeit geplanten Missionen eine definitive Antwort auf die Frage erlauben, ob es Leben auf dem Mars, in welcher Form auch immer, wirklich gibt, oder in ferner Vergangenheit gegeben hat.

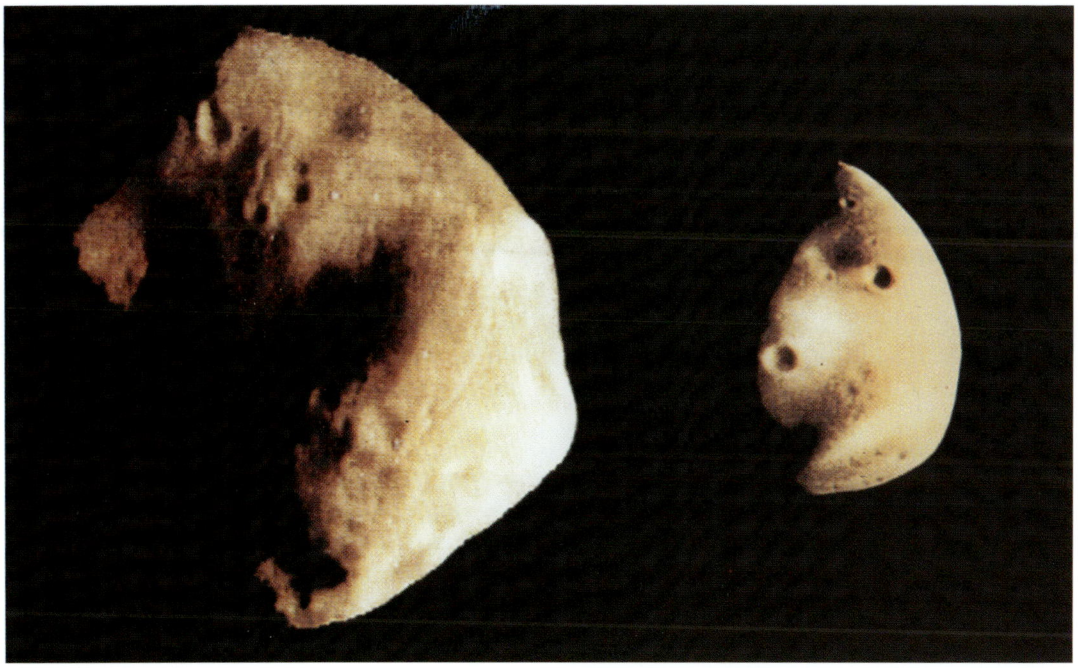

DIE MARSMONDE

PHOBOS	
Tag der Entdeckung:	12.8.1877
Größe:	27 × 21 × 19 km
Umlaufzeit:	7h 39m
Entfernung zum Mars:	9400 km
Mittlere Dichte:	2 g/cm³

DEIMOS	
Tag der Entdeckung:	10.8.1877
Größe:	15 × 12 × 11 km
Umlaufzeit:	30h 17m
Entfernung zum Mars:	23 400 km
Mittlere Dichte:	1,7 g/cm³

Monde gesehen, die dem Blick der Astronomen verborgen geblieben seien. Die Erklärung von so viel »Voraussicht« ergibt sich aus der Tatsache, dass die Dichter die Theorie Keplers kannten, wonach der Mars der Ordnung halber zwei Monde haben müsse, da die Erde einen Mond und Jupiter vier hat. Natürlich entbehrt eine solche Annahme, auch wenn sie suggestiv ist, jeder Grundlage, aber ein glücklicher Zufall fügte, dass sie im Fall des Roten Planeten zutrifft.

Zwei geheimnisvolle Welten

Soviel wir über den Mars wissen, so wenig wissen wir über seine beiden Monde. Die Bilder zeigen sie als sehr unregelmäßig geformte Körper, die mehr Ähnlichkeit mit Asteroiden haben als mit anderen Körpern des Sonnensystems. Sie sind nicht sehr groß: Phobos hat maximal einen Durchmesser von 27 km und Deimos von 15 km. Die Albedo, also die Fähigkeit, Licht zu reflektieren, ist mit 6 % bei Phobos und 7 % bei Deimos sehr gering; bei beiden ist die Oberfläche verkratert.

Die Monde des Mars
Phobos (links) und Deimos (rechts), die beiden bekannten Monde des Mars. Ihr an Asteroiden erinnerndes Aussehen stellt Fragen nach ihrer Herkunft.

Vermutlich sind die Marsmonde ähnlich zusammengesetzt wie jene Asteroiden, die überwiegend aus karbonathaltigem Gestein bestehen. Die Dichte der vorhandenen Krater lässt auf ein Alter von etwa 3 Milliarden Jahren schließen, also etwas weniger als das des Sonnensystems. Phobos umkreist Mars in nur 9400 km Entfernung; wenn er gerade vor Mars steht, verdeckt er Bereiche des Mars unserem Blick. Die Oberfläche von Phobos wird von dem großen Krater Stickney beherrscht, der mit einem Durchmesser von 10 km ein Drittel so groß ist wie der ganze Mond. Dieser Einschlagkrater wurde von einer Kollision hervorgerufen, die den ganzen Marstrabanten erschütterte und fast vollständig zu zerstören drohte. Deimos hat im Gegensatz zu seinem »großen Bruder« keine Krater, die größer sind als 2,3 km Durchmesser. Bei beiden Monden ist die Rotationsperiode synchron mit der Umlaufperiode, aber Deimos ist gerade so weit von Mars entfernt, dass auch seine Bahn fast synchron ist und er mehr als zwei Tage lang von Mars aus gesehen nicht untergeht. Dagegen ist die Umlaufperiode von Phobos so kurz, dass der Mond alle 11h untergeht, also pro Marstag mindestens zweimal. Phobos und Deimos sind beide mit einer dicken Regolithschicht bedeckt.

Der Ursprung der Monde

Die große Ähnlichkeit von Phobos und Deimos mit einem bestimmten Typ Asteroiden lässt vermuten, dass der Mars seine Trabanten eingefangen hat, zumal der Hauptgürtel der Kleinplaneten neben der Marsbahn liegt. Vielleicht sind von Jupiter Störungen ausgegangen, die einige kleinere Himmelskörper in innere Bereiche des Sonnensystems schleuderten, die Mars dann leicht einfangen konnte. Diese Erklärung ist jedoch eher unzutreffend, weil die Bahnen von Phobos und Deimos sehr regelmäßig sind und in derselben, fast mit der Äquatorebene des Mars übereinstimmenden Ebene liegen. Nach einer anderen Hypothese sind diese Monde Bruchstücke eines einzigen Mondes, der den Mars früher umlief. Dafür spricht ihre unregelmäßige Form. Auch falls sie von einem einzigen Körper stammen, der bei einem Zusammenstoß zerstört wurde, müssten sie schon vor 2 bis 3 Milliarden Jahren entstanden sein.

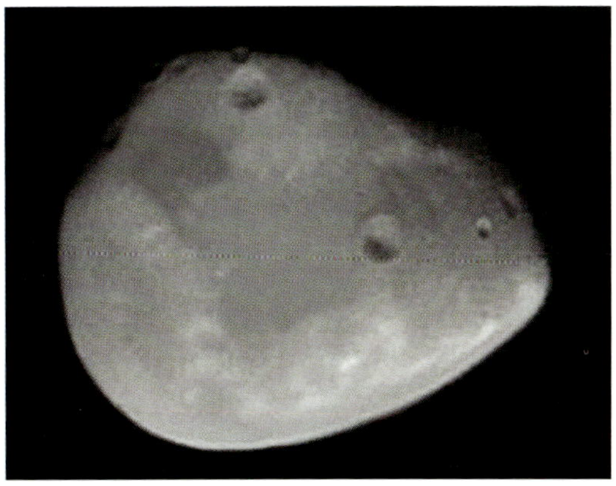

Verkraterte Körper
Noch zwei Bilder von Deimos (links) und Phobos (nebenstehend). Der Anblick des Phobos wird von dem riesigen Krater Stickney beherrscht.

Die Erforschung des Mars

Mars lässt sich auch mit dem bloßen Auge beobachten, und schon in der Antike wusste man, dass er seine Bahn am Himmel im Lauf des Jahres nicht gleichmäßig verfolgt. Dank der gewaltigen Datenmenge, die Tycho Brahe bei seinen Beobachtungen gesammelt hatte, gelang es Kepler mit langen und mühsamen Berechnungen, den Lauf des Mars auf seiner stark elliptischen Bahn richtig zu verstehen. Cassini konnte 1666 einigermaßen genau die Dauer der Rotationsperiode des Planeten bestimmen; seine Schätzung von 24h 40m kam dem wirklichen Wert von 24h 37m 23s sehr nahe.
Der italienische Astronom Giovanni Schiaparelli, Direktor der Sternwarte in Brera, führte 1877, als der Planet in Opposition stand, eine Reihe von wichtigen Beobachtungen durch; dabei zeichnete er Karten, die Meere und Landflächen zeigten, aber auch Rillen, italienisch *canali*, die gerade und regelmäßig waren und bald als künstliche geradlinige und schiffbare Wasserstraßen gedeutet wurden. Das führte in aller Welt zu sehr viel Verwirrung und zu einer internationalen Debatte über die Hypothese, diese Kanäle seien künstlich angelegt und deshalb müsse der Mars eine hochentwickelte Zivilisation beherbergen. Die Auseinandersetzung wurde geschlichtet, als der italienische Astronom Vincenzo Cerulli zeigen konnte, dass die Kanäle in Wirklichkeit nichts als Fantasiegebilde waren. Praktisch waren sie eine vom Unbewussten diktierte optische Täuschung. Schiaparelli gestand 1907 im Geiste wahrer Wissenschaft seinen Irrtum ein und bestätigte die Vermutung Cerullis, womit der Streit endgültig beigelegt war.

Die Eroberung des Roten Planeten

Auch die Besiedelung des Mars beschäftigt die Vorstellungskraft der Menschen und die Fantasie der Gelehrten und Dichter seit langem, was wohl durch seine Ähnlichkeit zur Erde bedingt ist. Die Liste der vom Mars inspirierten Romane reicht von H.G. Wells und seinem Buch *The War of the Worlds* (1898) über die Schriften Wernher von Brauns, der eine wissenschaftlich plausible Marsexpedition mit einer wahren Armada von Marsschiffen mit konventionellem Raketenantrieb vorschlug, bis zu den Filmen der neunziger Jahre des 20. Jahrhunderts, wie *Mars Attacks* einer war, zu unzähligen Romanen mit Außerirdischen und außerirdischem Leben. Angestoßen wurden diese Fantasien durch die überzogene Deutung der Marskarte von Schiaparelli und der Unterstützung durch den reichen Amerikaner Percival Lowell, der in Arizona eine Sternwarte errichtete, die ausdrücklich für die Beobachtung des Mars bestimmt war. Die Viking-Sonden aber haben in den siebziger Jahren des vorigen Jahrhunderts bewiesen, dass Mars nicht nur unbewohnt, sondern auch ein dürrer und nach normalen irdischen Maßstäben wenig gastfreundlicher Ort ist. Natürlich könnte es in ferner Vergangenheit trotzdem einige Formen elementaren Lebens gegeben haben; der im August 1996 in der Antarktis gefundene Mars-Meteorit birgt in seinem Inneren anscheinend fossile Zeugnisse möglicherweise organischer Abstammung. Das hat den Wunsch der Bestätigung dieser Entdeckung geradezu explosionsartig verstärkt und die Anstrengungen, Menschen auf den Roten Planeten zu bringen, vervielfacht. Mars wäre zweifellos nach dem Mond der erste wirklich und wahrhaftig kolonisierbare Planet, aber der Weg dahin ist noch sehr lang und erfordert eine genauere Kenntnis der früheren und jetzigen Geschichte des Planeten.

Die ersten Sonden
Eine Fotomontage, die eine Sonde der Mariner-Serie bei der Annäherung an den Mars zeigt. Die Mariner Sonden waren in den sechziger Jahren des zwanzigsten Jahrhunderts die ersten, die sich dem roten Planeten näherten.

Eine Nahaufnahme
Die Wand eines seitlichen Canyons des Vallis Marineris, die am 4. Januar 1998 von der Sonde Mars Global Surveyor im Lauf seiner 48. Umrundung des Roten Planeten gemacht wurde.

Felsen, Steine und Staub
Die Oberfläche des Mars hat sich den Sonden, die dort gelandet sind, als ein steinige und trockene Wüste gezeigt. Die Analyse hat bis jetzt keinerlei Hinweise auf organische Aktivität ergeben.

Die inneren Planeten
Der Landeplatz einer der Viking-Sonden. Die im Hintergrund sichtbare Masse ist die höchste Erhebung, die Viking auf dem Mars entdeckte. Unten erkennt man die Sonde selbst.

Das Zeichen der Winde
Ein Bereich des Mars, der Hebes Chasma heißt. Dort werden komplexe Strukturen beobachtet, die aus Dünen unterschiedlicher Form bestehen und zeigen, dass die Winde im Lauf der Zeit aus unterschiedlichen Richtungen geweht haben.

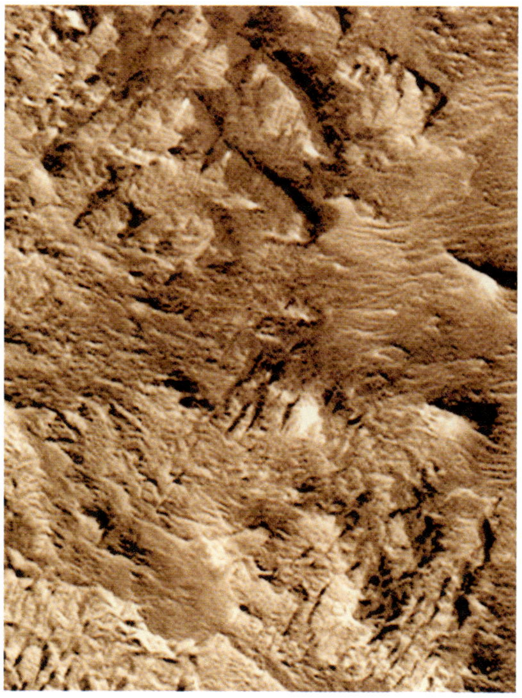

Mars-Sonden

Erst die direkte Erkundung mit Sonden hat es ermöglicht, in den Besitz genauerer Daten zu gelangen und deshalb viele bis dahin ungelöste Probleme zu lösen. Besonders wichtig waren die Flüge der beiden amerikanischen Viking-Sonden, die unser Wissen enorm bereichert haben und uns die Geologie des Mars besser verstehen ließen. Sie hatten eine Reihe von Vorgängern; diese haben es im Lauf von einem Jahrzehnt ermöglicht, die Fähigkeit und die Erfahrung zu sammeln, die den Bau der Viking-Sonden ermöglichten, die das erste von Menschen gemachte Gefährt auf die Oberfläche des Mars trugen. Die erste Sonde, die in die Nähe des Roten Planeten gelangte, war die amerikanische Sonde Mariner 2, die im Juli 1965 aus etwa 10 000 km Höhe 22 Aufnahmen vom Mars machte.
Mariner 6 flog 1969 und war als erste Sonde mit einem von der Erde aus steuerbaren Computer ausgestattet; sie machte in 3429 km Höhe 75 Aufnahmen, die die südliche Polkappe zeigten. Auch die UdSSR sandte in diesen Jahren eine Reihe von Sonden zum Mars, die mit wechselhaftem Glück sehr viele Daten zurücksandten.
Erst der amerikanischen Mariner 9 jedoch gelang die Entdeckung der höchsten Erhebung, des 27 km hohen Monte Olympus. Die beiden Viking-Sonden landeten in einem Abstand von wenig mehr als einem Monat (im August und September 1976) in zwei 6000 km voneinander entfernten Gebieten. Ein Greifarm ermöglichte das Sammeln von Bodenproben, die an Bord in einem Labor analysiert wurden. Außer dem biochemischen Labor war jedes der beiden Module mit meteorologischen Instrumenten, einer digitalen Telekamera und einem Seismografen ausgerüstet. Die beiden Sonden arbeiteten viel länger als die erwarteten drei Monate: Viking 2 brach die Verständigung 1980 ab, während Viking 1 1982 den Betrieb einstellte.

RETROGRADE BEWEGUNG

Wer den Mars von der Erde aus beobachtet, kann bemerken, dass sich seine Bewegungsrichtung im Lauf des Jahres ändert und er zu gewissen Zeiten rückwärts zu laufen scheint. Astronomen sprechen dann von Rückläufigkeit oder retrograder Bewegung. In Wirklichkeit ist die Richtungsänderung nur scheinbar und beruht auf der Tatsache, dass die Marsbahn weiter von der Sonne entfernt ist. Mars verschiebt sich deshalb langsam gegenüber unserem Planeten und bleibt, wie in der Zeichnung unten zu sehen ist, hinter der Erde »zurück«, die ihn gewissermaßen überholt. Das zeigt sich von der Erde aus in einer rückläufigen Bewegung des Roten Planeten.

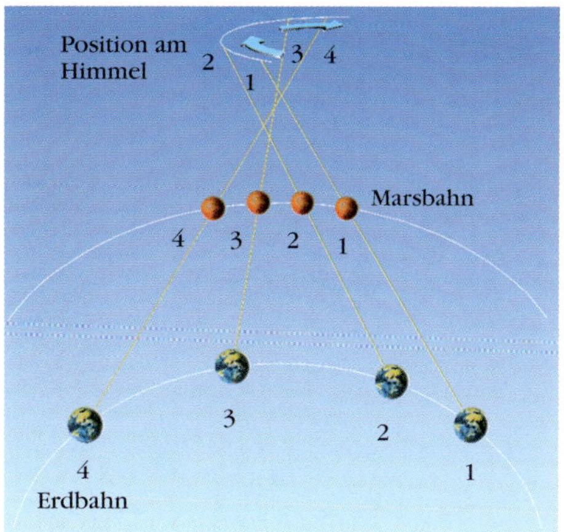

Mars-Pfadfinder

Die Sonde Mars Pathfinder landete am 4. Juli 1997 auf dem Mars und öffnete mit ihrer Spitzentechnologie die Tür zur Erkundung des Mars durch Menschen.
Es gelang zweieinhalb Monate lang mit Sojourner, dem kleinen Rover, dem wohl teuersten Auto der Welt, mehr als 16 000 Aufnahmen zu machen und 15 genaue chemische Analysen des Bodens und Gesteins durchzuführen. Die Sonde hat auch die Atmosphäre, die Meteorologie und die Winde untersucht und beobachtet. Diese wahrhaft historische und bis in kleinste Einzelheiten durchdachte Mission brachte die forschrittlichste irdische Technologie zum Mars und steht am Beginn eines neuen Kapitels in der interplanetaren Erkundung der NASA, denn sie ist die Grundlage für die Konstruktion kleiner, weniger kostspieliger Sonden, die schneller zu entwickeln und zu verwirklichen sind. Die erste Erkundung des Mars durch Menschen sollte als Landeplatz einen sicheren, aber doch wissenschaftlich interessanten Ort wählen, der möglichst viele Fragen geologischer und paläologischer Art zu beantworten erlaubt, die sich schon lange stellen. Deshalb sind solche Vorposten wie der Mars-Pathfinder nötig, die im Rhythmus von etwa zwei Jahren die Informationen sammeln können, die für die erste große bemannte Mission, wie sie für die ersten Jahrzehnte dieses Jahrhunderts geplant ist, benötigt werden.

Die Asteroiden

Wie die unteren Planeten sind auch die Asteroiden steinige Körper, die die Sonne umlaufen. Sie haben zwar ähnliche Eigenschaften wie die größeren Körper des Sonnensystems, sind aber doch zu klein, um zu den »richtigen« Planeten zu zählen. Man nennt sie auch Kleinplaneten oder Planetoiden.

Der Asteroidengürtel

Die bekannten Asteroiden haben extrem unterschiedliche Ausmaße. Einige haben Durchmesser von mehr als 250 km, und der größte, Ceres, sogar von mehr als 1000 km. Ceres wurde auch als Erster entdeckt, und zwar in Palermo am 1. Januar 1801 von dem italienischen Jesuitenpater Giuseppe Piazzi. Die kleineren Asteroiden dagegen haben manchmal nur wenige Dutzend Zentimeter Durchmesser und sind wenig mehr als rohe Felsbrocken. Der größte Teil der vermutlich etlichen zehntausend zählenden Asteroiden ist in einem Bereich des Sonnensystems zwischen Mars und Venus in einer Entfernung von etwa 2 AE, also der doppelten Entfernung Erde–Sonne, von der Sonne konzentriert. Dieser »Asteroidengürtel« hat eine Dicke zwischen 100 und 300 Millionen km. Nach einigen Theorien sind die Asteroiden die Überbleibsel eines primoridalen Planeten, der zwischen Mars und Jupiter umlief, aber vor hundert Millionen Jahren bei einer gewaltigen Explosion, vielleicht durch Zusammenstoß mit einem vorbeiziehenden Planeten, zerstört wurde. Die anerkanntesten Theorien behaupten jedoch, die Asteroiden seien ein »verhinderter Planet«, dessen Zusammenschluss aus Kleinplaneten das starke Gravitationsfeld des Jupiter verhindert habe. Dieser Planet wäre halb so groß gewesen wie unser Mond.

Die Typen der Asteroiden

Unser heutiges Wissen über die Asteroiden stammt im Wesentlichen von Beobachtungen, die mit irdischen Teleskopen durchgeführt wurden; in den letzten Jahren haben wir Daten über sie von der Raumsonde Galileo erhalten, die auf ihrer Reise zum Jupiter den Hauptgürtel durchquerte. Wichtige Informationen stammen außerdem von den chemischen Analysen einiger Felsbrocken, die auf die Erde gefallen sind. Die Daten haben es ermöglicht, einige Unterschiede zwischen bekannten Asteroiden aufzuzeigen und sie zu klassifizieren: Die Kriterien beruhen auf ihrer chemischen Zusammensetzung und ihrer Oberflächengestalt. Diese leiten die Astronomen aus der unterschiedlichen Helligkeit her, die sich im Lauf seiner Drehung um die eigene Achse ergeben. Wie alle planetarischen Körper senden auch die Asteroiden kein eigenes Licht aus, sondern sind nur sichtbar, weil sie das Sonnenlicht reflektieren. Wenn sie sich um ihre Achse drehen, wenden sie der Sonne unterschiedliche Teile ihrer Oberfläche zu, und da sie höchst unregelmäßig geformte Körper sind, reflektieren sie unterschiedlich viel Licht.
Nach diesen Kriterien lassen sich die meisten Asteroiden einer von drei Kategorien zuordnen: den kohlenstoffhaltigen (Typ C), den silikathaltigen (Typ S) oder den metallischen (Typ M). Die meisten der bekannten Asteroiden (etwa 75%) gehören zum Typ C. Sie finden sich vor allem in den äußeren Bereichen des Asteroidengürtels und sind weniger leuchtkräftig. Ihre chemische Zusammensetzung weist weder Wasserstoff noch Helium oder andere flüchtige Elemente auf. Die meisten der anderen Asteroiden (17%) gehören zum Typ S. Sie bevölkern den inneren Bereich des Gürtels, sind heller als die vom Typ C und bestehen aus einem Gemisch eisenhaltiger Minera-

Familien von Asteroiden
Asteroiden gleichen oft riesigen Felsbrocken, die einsam durch den Kosmos reisen. Auch wenn ihre Entfernungen voneinander oft beträchtlich sind, bilden sie doch oft Familien.

Gaspra aus der Nähe
Eine Rekonstruktion der Begegnung der Sonde Galileo mit Gaspra, einem der wenigen aus der Nähe beobachteten Asteroiden. Gaspra misst etwa 15 km x 10 km x 9 km.

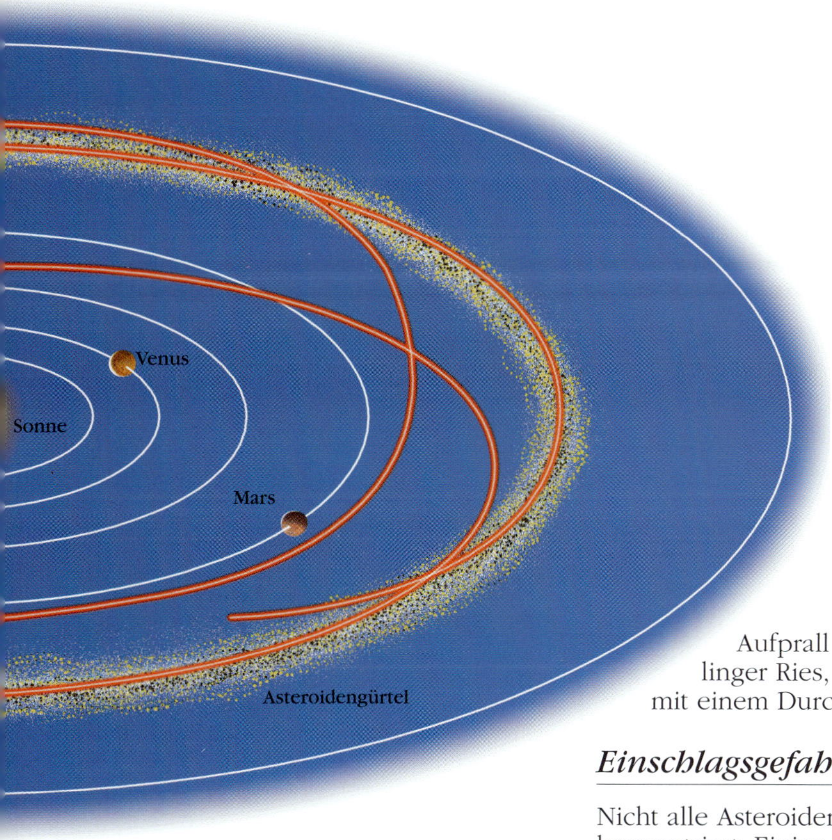

Zwischen Mars und Jupiter
Der Hauptgürtel der Asteroiden liegt in einem Bereich zwischen Mars und Jupiter. Die Asteroiden haben Durchmesser, die von 1000 km bis zu dem eines Staubkorns reichen

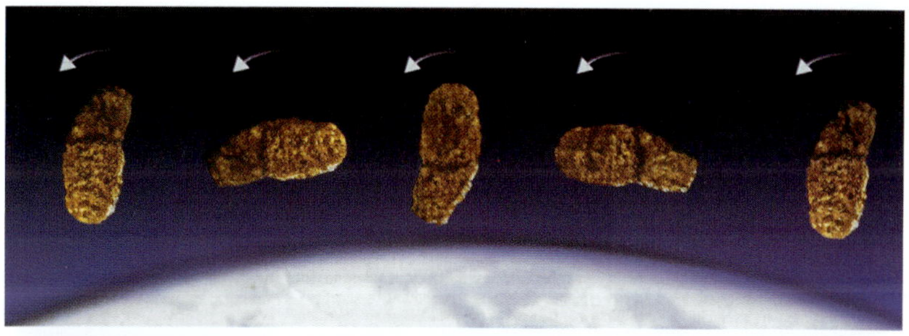

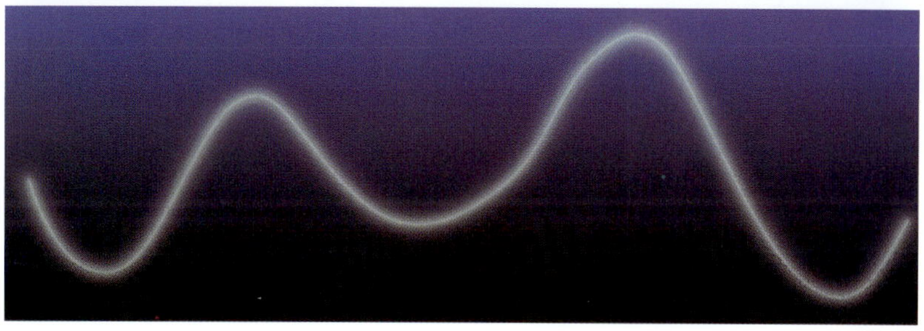

Die Leuchtkurve eines Asteroiden
Die Schwankungen der Helligkeit eines Asteroiden in Abhängigkeit von seiner Rotation. Der Asteroid ist heller, wie die Lichtkurve zeigt (unten), wenn er eine größere Oberfläche hat.

lien und Magnesiumsilikaten. Alle übrigen Asteroiden gehören zum Typ M. Sie finden sich in dem mittleren Teil des Gürtels und bestehen überwiegend aus eisenhaltigen Mineralien. Ihre Leuchtkraft ist etwa gleich der Leuchtkraft von Asteroiden des Typs S.

Meteoriden und Meteoriten

Die Bruchstücke von Asteroiden, die sich auf einem Kurs befinden, der sie mit der Erde zusammenstoßen lässt, werden auch »Meteoriden« genannt. Wenn ein Meteorid in großer Höhe in die Erdatmosphäre eintritt, erzeugt die Reibung große Hitze, die ihn verglühen und manchmal aufflammen lässt; dabei entsteht ein Lichtstreifen am Himmel. Wenn der Meteoroid beim Durchqueren der Erdatmosphäre nicht vollständig verglüht, können die verbleibenden Teile auf die Erde prallen. In diesem Fall sprechen wir von »Meteoriten«. Sehr große Meteoriten hinterlassen auf der Erde deutliche Spuren in Form von Kratern, die gewöhnlich 20-mal größer sind als der Meteorit, der sie erzeugte. Beispielsweise schuf ein etwa 500 bis 1000 m dicker Steinmeteorit vor 14,5 Millionen Jahren bei seinem Aufprall auf die Erde das Nördlinger Ries, einen Einschlagskrater mit einem Durchmesser von 24 km.

Einschlagsgefahr?

Nicht alle Asteroiden sind im Hauptgürtel konzentriert. Einige umlaufen die Sonne auch auf derselben Bahn wie Jupiter und konzentrieren sich in zwei Gruppen, die dem Planeten um etwa 60° vorausgehen oder nachfolgen. Dies sind die Trojaner, die so heißen, weil sie alle nach Helden des Trojanischen Kriegs benannt wurden. Andere dagegen wie etwa Hidalgo wurden bei vielen Zusammenstößen mit anderen Asteroiden und der Gravitationswirkung des Jupiter aus dem Gürtel hinausgeschleudert. Sie laufen auf sehr exzentrischen Bahnen, die Ähnlichkeit mit denen der Kometen haben. In einigen Fällen führen sie diese Bahnen bis etwa 1,3 AE zur Sonne hin, und damit kommen sie auch der Erde sehr nah. Einige beschränken sich darauf, die Marsbahn zu durchqueren, bleiben aber außerhalb der Erdbahn. Andere dagegen schneiden die Erdbahn jedes Jahr mehrmals. Das gilt für die Asteroiden Eros und Apollo.
Zur Zeit sind etwa 250 Asteroiden bekannt, deren Bahnen die Erdbahn kreuzen können. Man vermutet jedoch, dass es mindestens Tausende gibt, deren Bahnen wir noch nicht kennen. Der Größte dieser Kleinplaneten heißt Ganymed 1036 und hat einen Durchmesser von etwa 40 km. Die Möglichkeit, dass ein Asteroid auf die Erde fallen könnte, ist zwar sehr gering, kann aber nicht völlig ausgeschlossen werden.
Viele der heute auf unserem Planeten beobachtbaren Krater zeigen, dass in ferner Vergangenheit oft Himmelskörper beträchtlicher Größe auf die Erde geprallt sind. Nach einer verbreiteten Theorie könnte der Einfall eines Asteroiden von mindestens 10 km Durchmesser zum Aussterben der Dinosaurier beigetragen haben.

EINIGE WICHTIGE ASTEROIDEN

NAME	DURCHMESSER (km)	ENTFERNUNG VON DER SONNE (AE)	UMLAUFZEIT (JAHRE)	EXZENTRITÄT DER BAHN	ROTATIONSPERIODE (STUNDEN)
Ceres	930	2,77	4,60	0,08	9,1
Pallas	552	2,77	4,61	0,239	10,1
Vesta	521	2,36	3,63	0,089	10,6
Hygieia	419	3,15	5,60	0,100	18,0
Psyche	249	2,92	4,99	0,139	4,3
Juno	242	2,67	4,36	0,257	7,2

Jupiter, der Riese im Sonnensystem

Jupiter, der Größte der Planeten des Sonnensystems, hat mehr Ähnlichkeit mit der Sonne als mit einem richtigen Planeten, denn er ist fast vollständig gasförmig und besteht vor allem aus Wasserstoff und Helium. Dieser, einer der fünf schon immer bekannten Planeten, ist der nach Venus hellste und trägt den Namen des mächtigsten der olympischen Götter, des griechischen Göttervaters Zeus, den die Römer Jupiter nannten. Mit einem kleinen Teleskop erkennt man ihn an den parallel zum Äquator verlaufenden farbigen Streifen und den alternierenden hellen und dunklen Bereichen.

Aus der Geschichte der Beobachtungen

Als Galileo Galilei 1610 als erster Wissenschaftler ein Fernrohr zum Himmel richtete, machte er an Jupiter eine Reihe von systematischen Beobachtungen. Er beschreibt in seinem (schon 1610 veröffentlichten) *Sidereus Nuncius* die Scheibe des Planeten als einen etwas abgeplatteten Kreis. Galileo fand auch die vier größeren Monde, die er zu Ehren seines Gönners »mediceische Planeten« nannte. Der fränkische Astronom Simon Marius behauptete nachträglich, sie vor Galilei gesehen zu haben und taufte sie Io, Europa, Ganymed und Kallisto. Heute werden sie angemessen als die galileischen Monde bezeichnet.

Die Scheibe des Jupiter wurde im Einzelnen erst gründlich betrachtet, als der Astronom Zucchi 1630 die Streifen beschrieb, die ihn überziehen, und Robert Hooke 1664 die Existenz von Flecken meldete. Im Jahr darauf entdeckte Gian Domenico Cassini den Großen Roten Fleck, ein ungeheuer großes ovales Gebiet in den südlichen Tropen, mit dessen Hilfe er die Rotationsperiode des Planeten (9h 56m) bestimmen konnte. Cassini beobachtete nicht nur mit großer Genauigkeit die im Äquatorstreifen sichtbaren Strukturen, deren Rotationsperiode er als 9h 51m bestimmte, sondern maß auch die Abplattung am Pol, die sich auf 1/15 des Durchmessers beläuft. Die Erfindung des Reflektors, der mit versilberten Glasspiegeln mehr Licht einfangen kann als ein Linsenfernrohr, ermöglichte genauere Untersuchungen der Eigenschaften des Planeten. Im 19. Jahrhundert war die physikalische Natur des Jupiter sehr umstritten. Während man zunächst meinte, der Planet sei ähnlich aufgebaut wie die Erde, wurde in den letzten Jahren des 19. Jahrhunderts klar, dass er eine Atmosphäre mit hohen und sehr kalten, aber bewegten Wolken hat und Wirbel, die sich nur durch die Wirkung eines inneren Wärmestroms erklären lassen. Damals fand man im Spektrum auffallende Absorptionslinien, die man später dem Methan und Ammoniak zuschreiben konnte, die den Planeten oberhalb der dicken Wolkenschicht umgeben.

Eine ganz andere Welt
Jupiter hat keine feste Oberfläche. Was wir als Oberfläche sehen, ist die äußerste Schicht der Gase, aus denen er besteht. Dieses Gas wirbelt herum und erzeugt sehr eindrucksvolle Formen.

Differenzielle Rotation

Von allen Planeten des Sonnensystems hat Jupiter die kürzeste Rotationsperiode. Wie die anderen Gasplaneten weist auch Jupiter differenzielle Rotation auf, dreht sich also nicht wie ein fester Körper überall

Ein ungeheurer Wirbel
Ein Bild des Großen Roten Flecks, aufgenommen von der amerikanischen Sonde Viking 1. Dieser Wirbel ist auch mit kleinen Instrumenten zu sehen.

Helle Flecken
In den Wolken des Jupiter werden oft weißliche ovale Flecken beobachtet.

Dimensionen im Vergleich
Unser Planet passt mit seinem Durchmesser von knapp 13 000 km bequem in den Roten Fleck des Riesenplaneten.

gleich rasch, sondern seine Geschwindigkeit ändert sich auf komplizierte Weise lokal mit der Breite. Die Rotationsperiode schwankt zwischen 9h 50m im Äquatorgürtel und 9h 55m in höheren Breiten. Diese große Rotationsgeschwindigkeit hat in dem Planeten außerdem eine beträchtliche polare Abplattung bewirkt: Der Durchmesser an den Polen beträgt 134700 km, am Äquator jedoch 143 000 km.

Das Innere des Jupiter

Man vermutet im Jupiter einen festen Kern aus Gestein und Eis, der umgeben ist von gefrorenem Methan, Ammoniak und Wasser und etwa 4% der Masse ausmacht. Darüber liegt eine Schicht aus Helium und metallischem Wasserstoff, in der die Elektronen zwar an ein Proton gebunden sind, sich aber frei bewegen können; in ihr ist der Druck etwa 3 Millionen mal so groß wie in der Erdatmosphäre. Die nächste Schicht liegt zwischen der Schicht mit metallischem Wasserstoff und einem Gemisch aus flüssigem Helium und molekularem Wasserstoff. Über ihr liegt die Atmosphäre, die aus Wasserstoff und gasförmigem Helium und anderen Elementen besteht.

Woher kommt die Wärme?

Jupiter gibt Energie zumeist in Form von Infrarotstrahlung ab, und zwar, wie Energiemessungen zeigen, etwa anderthalb mal mehr, als er von der Sonne erhält. Jupiter muss also eine eigene Energiequelle haben. Der Energieüberfluss ist ein Überbleibsel der Gravitationsenergie, die bei der Entstehung des Planeten freigesetzt und in seinem Inneren aufgespart wurde: Das Innere des Jupiter ist mit etwa 30 000 °C heute noch sehr heiß. Wenn diese Wärme nach außen strömt, trifft sie jedoch auf viele Hindernisse, die von den Konvektionsströmen im metallischen Wasserstoff herrühren.

DIE DATEN DES JUPITER

Mittlere Entfernung von der Sonne: 778,3 Millionen km (min. 740,9 und max. 815,7)
Durchmesser am Äquator: 143 000 km (am Pol 134700 km)
Mittlere Bahngeschwindigkeit um die Sonne: 13,1 km/s
Periode einer Drehung um die Achse: 9h 50m 30s
Periode des Umlaufs um die Sonne: 11,86a
Bekannte Monde: 16
Masse (Erde = 1): 317,9
Volumen (Erde = 1): 1319,6
Mittlere Dichte: 1,3 g/cm³
Mittlere Oberflächentemperatur: –150 °C
Neigung der Achse: 25° 11'
Neigung der Bahn zur Ekliptik: 1,9°
Atmosphäre: Wasserstoff (82%), Helium 18 %, Spuren anderer Elemente

Das Magnetfeld

Jupiter hat ein Magnetfeld, das etwa 12-mal stärker ist als das der Erde, und eine Magnetachse, die etwa 11° zur Rotationsachse geneigt ist. Das Magnetfeld entsteht durch den rasch rotierenden flüssigen metallischen Wasserstoff im Inneren des Planeten, der ein guter Leiter ist. Das Magnetfeld des Jupiter hat Ähnlichkeit mit dem der Erde, denn auch auf Jupiter gibt es zwei Magnetpole, die allerdings umgekehrt angeordnet sind. Auf diesem riesigen Gasball würde eine Kompassnadel nach Süden zeigen und nicht wie auf der Erde nach Norden.

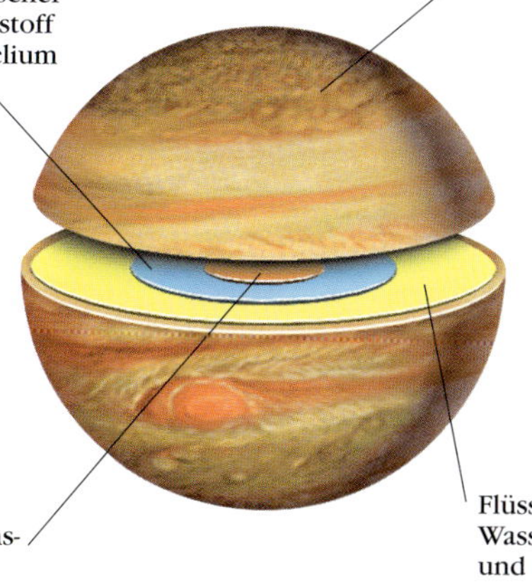

Das Innere des Jupiter
Querschnitt durch die vermutete innere Zusammensetzung des Jupiter. Der feste Kern ist von dicken Schichten aus Wasserstoff in metallischem und flüssigem Zustand umgeben. Außen ist die Atmosphäre.

Die Erforschung des Jupiter

Trotz der großen Entfernung von der Erde wurde Jupiter schon von sechs Sonden besucht: Pioneer 10 und 11, Voyager 1 und 2, Ulysses und Galileo. Pioneer 11 startete 1973 und reiste nach seinem Besuch bei Jupiter 1979 weiter bis zum Saturn, während die 1972 gestartete Sonde Pioneer 10 das Sonnensystem 1983 verließ. Das ehrgeizige Voyager-Projekt wurde in Anbetracht der Aufreihung der äußeren Planeten geplant, ein Phänomen, das sich erst nach 200 Jahren wiederholt, und dies ermöglichte die Erkundung von Jupiter, Saturn, Uranus und Neptun mit einem einzigen Raumschiff.
Voyager 1 kam Jupiter im März 1979 so nah wie möglich und sandte eine enorme Menge an Bildern und Daten zur Erde, deren Analyse die Wissenschaftler auf Jahre beschäftigte. Voyager 2 blieb immer in größerer Entfernung vom Planeten, lieferte aber unglaubliche Bilder und bemerkenswerte Informationen über die galileischen Monde. Mit der Entwicklung der Elektronik wurden die »Gehirne« der Sonden immer leistungsfähiger; sie können jetzt einigermaßen selbstständig Forschungen durchführen und Entscheidungen treffen.

Fallschirmspringen in den Wolken
Zeichnerische Darstellung des von der Sonde Galileo zur Untersuchung des Planeten ausgesetzten Instrumentenmoduls. Die kleine Sonde hielt dem großen Druck fast eine Stunde lang stand, bevor sie zermalmt wurde.

Ulysses und Galileo

Ulysses sollte eigentlich nicht zum Jupiter fliegen, sondern die Polarbereiche der Sonne erkunden. Um die Ekliptik verlassen zu können, musste Ulysses die Äquatorebene des Jupiter durchqueren und von ihm einen Gravitationsschub erhalten. Ulysses konnte keine Aufnahmen machen, denn die Sonde war nicht mit einer Kamera ausgerüstet, aber wir verdanken ihr wichtige Enthüllungen über das Magnetfeld des Jupiter, insbesondere über den Plasmaring, der den Planeten umgibt und der um den Mond Io zentriert ist. Das Plasma ist das Ergebnis der Ionisation der von den Vulkanen auf Io hinausgeschleuderten Schwefelteilchen und elektrisch geladener Sauerstoffteilchen durch den Sonnenwind. Ulysses zeigte ein im Vergleich mit den Befunden von Voyager stärkeres Magnetfeld, was wahrscheinlich auf das von Io bewirkte Plasma zurückgeht. Die Sonde

So beobachten die Sonden
Die für die Atmosphäre des Jupiter typischen heftigen und spektakulären Wirbelbewegungen werden auch von Konvektionsströmen bewirkt, die sich in den darunter liegenden Schichten abspielen.

SONDEN ZUM JUPITER

Sonde	Datum des Starts	Startrakete	Wissenschaftliche Ergebnisse
Pioneer 10	3.3.1972	Atlas-Centaur	Erster Überflug
Pioneer 11	6.4.1973	Atlas-Centaur	Vorbeiflug am Jupiter, erster Überflug des Saturn
Voyager 2	20.8.1977	Titan 3/Centaur	Überflug bei Jupiter, Saturn, Uranus und Neptun
Voyager 1	5.9.1977	Titan 3/Centaur	Überflug bei Jupiter und Saturn, Entdeckung von Vulkanen auf Io und der Jupiterringe
Galileo	18.10.1989	Space Shuttle	Absetzen einer Sonde in der Atmosphäre des Jupiter, genaue Erkundung der galileischen Monde
Ulysses	6.10.1990	Space Shuttle	Untersuchung des Magnetfelds von Jupiter

Die ersten Erkundungen
Die ersten Reisen zum Jupiter machten 1972/73 die Pioneer-Sonden, von denen eine bei der Annäherung an den Großen Roten Fleck dargestellt ist.

Galileo, die Jupiter Ende 1995 erreichte, verwirklichte den letzten Fortschritt im Einsatz automatisierter Robotersysteme. Die Hauptaufgabe der Mission bestand darin, von dem den Planeten umrundenden Mutterschiff eine Kapsel abzusetzen, die Informationen über die Atmosphäre des Jupiter liefern sollte. Nach einer Reihe von Problemen, die den Start von 1986 auf 1989 verschoben, merkte man, dass Galileos regenschirmartige Hauptantenne sich nicht voll entfaltete; eine sehr viel kleinere Hilfsantenne ließ nur eine wesentlich geringere Datenübertragungsrate zu. Im Dezember 1995 aber gelang das Aussetzen der Atmosphärenkapsel, wobei dieser kleine wissenschaftliche Fallschirmjäger den schwierigen Umweltbedingungen 57 Minuten lang standhielt. Die Messungen seiner acht Instrumente ergaben viel höhere Werte für die Dichte und Temperatur als erwartet. Im Gegensatz zu den Informationen aus den Voyager-Missionen, wurden keine Wasserwolken gefunden, und die Anteile von Helium, Neon, Sauerstoff und Schwefel lagen unter den vermuteten.

Atmosphäre, Wolken und Flecken

Vom Jupiter ist nur die Atmosphäre mit den typischen Wolken und Flecken beobachtbar. Die Wolken liegen parallel zum Äquator und sind hell oder dunkel, je nachdem, ob es sich um (aufsteigende) warme oder (absteigende) kalte Strömungen handelt. Die Atmosphäre enthält mehrere Gase, darunter Methan, Ammoniak, Wasserstoff, Helium, Kohlenstoff, Stickstoff und andere Komponenten. Die Farben der Wolken zeigen, dass die Atmosphäre geschichtet ist: die höchsten Schichten sind rot, die unmittelbar darunter weiß, die nächsten braun, während die unteren Schichten bläulich schimmern.
Auf der Erde bilden sich die Winde aufgrund des horizontalen thermischen Gefälles, das auf der größeren Wärmeeinstrahlung der Sonne in den Tropen beruht. Auf Jupiter wehen die Winde viel stärker als auf der Erde abwechselnd von Osten oder von Westen. Vermutlich bilden sie sich in dem Teil der Jupiter-Atmosphäre, der Sonnenlicht erhält, ähnlich wie die Winde auf der Erde.
Die Flecken können aus mehr oder weniger dauerhaften Wirbeln bestehen, die herumtreiben und dabei Energie sammeln und speichern; jedenfalls gilt das für die größeren, die die kleineren absorbieren.

Der Große Rote Fleck

Der Große Rote Fleck ist ein riesiger unter hohem Druck stehender Wirbel, der von einem aufsteigenden Strom durchzogen wird, der sich einige Dutzend Kilometer über die Wolken der Umgebung erhebt. Die Luftmassen brauchen sechs Tage, bis sie ihr Zentrum einmal umrundet haben. Es gibt mehrere Vermutungen über seinen Ursprung. So könnte er aus einer Welle mit einem einzigen Wellenberg entstanden sein, also einer einzigen Bewegung in Nord-Süd-Richtung quer zu den Flusslinien, die normalerweise von Osten nach Westen gerichtet sind. Er könnte auch durch die Bewegung der Wolken in tieferen Schichten verursacht sein; in diesem Fall müsste es ein System stabiler Wirbel geben, die von Osten nach Westen strömen. Computersimulationen haben gezeigt, dass diese Art Wirbel einen anderen Widerstand gegenüber Störungen hat und die großen Flecken sich auf Kosten kleinerer Flecken entwickeln.

Eine sechs Jahre lange Reise zu einem Rendezvous
Eine andere zeichnerische Darstellung der von Galilei über den Wolken des Jupiter freigesetzten kleinen Sonde. Sie trat am 17. Dezember 1995, nach sechsjähriger Reise, in die Atmosphäre ein.

Die galileischen Monde des Jupiter

Von den bisher bekannten 16 Monden des Jupiter sind die von Galilei beobachteten Monde Io, Europa, Ganymed und Kallisto die Wichtigsten. Ihre Bahnen liegen in der Äquatorebene des Jupiter, deshalb sehen wir ihre Bahn von der Seite und können beobachten, dass ihre Bewegung auf einer Geraden verläuft, wobei sie Jupiter immer dieselbe Seite zuwenden. Drei von ihnen sind nicht immer sichtbar.

Vulkane auf Io

Die Oberfläche von Io zeigt eine Vielzahl seltsamer Gebilde mit Böschungen und Verwerfungen. Die von Voyager 1 übermittelten Bilder liefern eine Erklärung für den Vorgang, der die Oberfläche des Mondes neu gestaltet haben könnte. Eines zeigt eine kreisrunde vulkanische Senke mit einem Durchmesser von etwa 50 km, die umgeben ist von einem Abhang, von dem lange Strahlen ausgehen, wie wir sie von anderen Himmelskörpern kennen: Es handelt sich um eine Caldera, also einen riesigen Wall um das flache Innere eines Kraters, der sich bei einem Vulkanausbruch aus der zurückregnenden Materie bildet. Man hat mehr als 100 ähnliche Formen mit mehr als 25 km Durchmesser gefunden. Die aus den mutmaßlichen Zentren dieser Vulkane hervorbrechenden Ströme können schwarz, gelb, rot, orange und braun sein, bestehen also wahrscheinlich aus mit Schwefel durchsetzten Basalten und reinem Schwefel. Ein Forscher behauptet sogar die Existenz von Seen und Meeren aus Schwefel. Wenige Tage nach der Begegnung von Voyager 1 mit Jupiter fiel bei der Betrachtung eines Fotos am Rand der Südhalbkugel in etwa 270 km Höhe eine große leuchtende Form auf. Es handelte sich um eine enorme Wolke, die von einem Vulkanausbruch stammte. Die weitere Suche zeigte neun aktive Vulkane, die mit einer Geschwindigkeit von 1 km/s bis zu 300 km hohe Eruptionsfontänen ausstoßen. Von den neun vulkanischen Rauchfahnen, die Voyager 1 beobachtete, konnte Voyager 2 vier Monate später sieben wieder finden. Offensichtlich sind Vulkanausbrüche nicht selten und dauern einige Monate oder Jahre.

Eine kleine Familie
Die vier galileischen Monde des Jupiter in einer Fotomontage zusammen mit ihrem Planeten. Es sind richtige kleine Welten, jede mit besonderen Eigenschaften.

Ozeane auf Europa

Die Oberfläche von Europa hat ein Alter zwischen einigen hundert Millionen und einer Milliarde Jahren; sie besteht aus einer Eisschicht, die sie so glatt macht wie eine Billardkugel.
Heute stimmen auch die größten Zweifler darin überein, dass es in der geologischen Geschichte von Europa einen Ozean mit flüssigem Wasser gegeben haben muss. Die letzten Bilder der Sonde Galileo zeigen deutlich, dass sich ihre morphologischen Eigenschaften am besten erklären lassen, wenn man unter der Oberfläche einen Ozean annimmt. Die Bilder zeigen, dass die gefrorene Oberfläche, die einem enormen Eisberg ähnelt, von einer Unzahl von Rissen durchsetzt ist. Außerdem sind auf der Oberfläche des Eises eine Reihe von Bruchstellen sichtbar, wie man sie im antarktischen Eis beobachtet, oder wenn ein gefrorener See im Frühling auftaut. Es muss

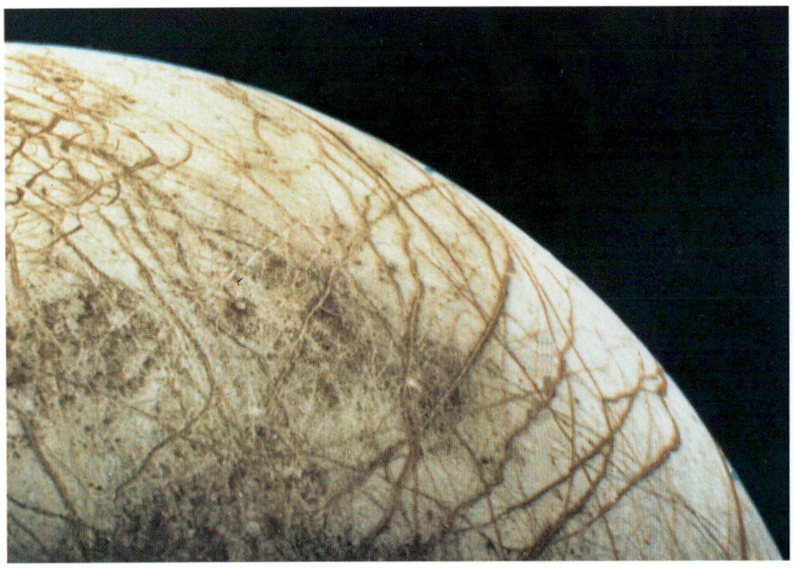

Ein Ozean unter dem Eis?
Die auf der Oberfläche von Europa sichtbaren Linien werden heute vor allem aufgrund der Aufnahmen der Sonde Galilei als tiefe Risse in der Eiskruste gedeutet.

Groß und leuchtend
Ganymed, der Größte der vier galileischen Monde, ist der drittgrößte Mond des Sonnensystems. Auf seiner Oberfläche lassen sich eisbedeckte Einschlagkrater erkennen.

Eine geologisch aktive Welt
Die außerordentliche geologische und vulkanische Aktivität von Io, die auf von Jupiter ausgehende Gezeitenkräfte zurückgeht, wurde auf den Bildern der Voyager-Sonde eher zufällig entdeckt.

also etwas geben, das durch Konvektion das Zerbrechen bewirkt, und das ist höchstwahrscheinlich eine Flüssigkeit mit hoher Temperatur.
Aufgrund dieser außerordentlichen Ergebnisse beschlossen die Wissenschaftler der NASA, die Mission Galileo um zwei Jahre zu verlängern, um eine genauere Karte der Oberfläche von Europa zu erhalten.

Ganymed

Ganymed ist der Größte und Hellste der Jupitermonde. Er gehört mit dem Saturnmond Titan und dem Neptunmond Triton zu den größten Monden des Sonnensystems. Die Oberfläche von Ganymed ist von einer mehr als 100 km dicken Eiskruste bedeckt, unter der eine 500 bis 600 km Schicht halbfester Materie (wahrscheinlich Schlamm) und ein von einem Felsmantel umschlossener Eisenkern liegen. Auf Ganymed lassen sich zwei Geländeformen unterscheiden. Eine ist eine kraterreiche Landschaft, die sich viele Dutzend Quadratkilometer weit erstreckt, die andere umgibt die erste und besteht aus jüngeren Bereichen, die durch Furchen gekennzeichnet sind. Darin finden sich Bergkämme und Täler unterschiedlichen Alters, die bis zu 15 km breit und viele hundert Kilometer lang sein können. Das Vorkommen dieser Rillen rührt vielleicht von einem ähnlichen Mechanismus her wie dem, der auf der Erde dazu führt, dass Materie aus dem Erdmantel durch einen Riss der Kruste nach außen gelangt.
Auf der Oberfläche von Ganymed könnten sich Schollen gebildet haben, die denen auf der Erde ähneln. Diese konnten sich anfangs gegeneinander verschieben, sind aber jetzt praktisch fest.
Der gefrorene Boden ist mit Kratern übersät, die im Mittel viel älter zu sein scheinen als die von Io und Europa.

Kallisto

Kallisto ist der Äußerste der vier Monde und der mit der geringsten Dichte. Seine Oberfläche weist unzählige Einschlagskrater auf, die zwar weniger tief, aber viel zahlreicher sind als die Krater auf anderen Körpern des Sonnensystems.
Da die Oberflächengestalt von Kallisto in den letzten Milliarden Jahren im Wesentlichen unverändert geblieben ist, hat dieser Mond die älteste Oberfläche des Sonnensystems. Die etwa 300 km dicke äußere Schicht aus Eis und Gestein liegt über einem etwa 1000 km dicken Mantel aus Wasser und Eis. Der steinige Kern hat einen Radius von 1200 km.
Der linke Teil der dem Jupiter zugewandten Hemisphäre wird von einem System konzentrischer Ringe beherrscht, die ein kreisrundes helles Becken umgeben, das einen Durchmesser von 600 km hat. Die wahrscheinlichste Erklärung ist, dass das Becken bei dem Zusammenstoß mit einem relativ großen Körper entstand, und dass der enorme Stoß, der die Ringe erzeugte, erfolgte, als die Kruste des Mondes noch nicht starr genug war, um die topografische Form zu behalten, die wir gewöhnlich bei einem Einschlagbecken erwarten.
Die Ringe könnten sich sofort gebildet haben oder auch später durch das »Zurückprallen« des Zentralbereichs des Mondes und die darauf folgende Umformung der umgebenden Oberfläche; danach erst verfestigte sich die Eiskruste und gefror bis in große Tiefen.

DIE GALILEISCHEN MONDE

MOND	ENTFERNUNG (km)	BAHNPERIODE (Tage)	RADIUS (km)	MASSE (kg)	MITTLERE DICHTE (g/cm³)
Io	421 600	1,77	1815	$8{,}94 \times 10^{22}$	3,57
Europa	670 900	3,55	1569	$4{,}8 \times 10^{22}$	2,97
Ganymed	1 070 000	7,16	2631	$1{,}48 \times 10^{23}$	1,94
Kallisto	1 883 000	16,69	2400	$1{,}08 \times 10^{23}$	1,86

Folgen eines Aufpralls
Diese Nahaufnahme von Kallisto zeigt das System konzentrischer Kreise, die die dem Jupiter zugewandte Seite beherrschen. Diese Ringe haben sich wahrscheinlich beim Aufprall eines großen Asteroiden gebildet.

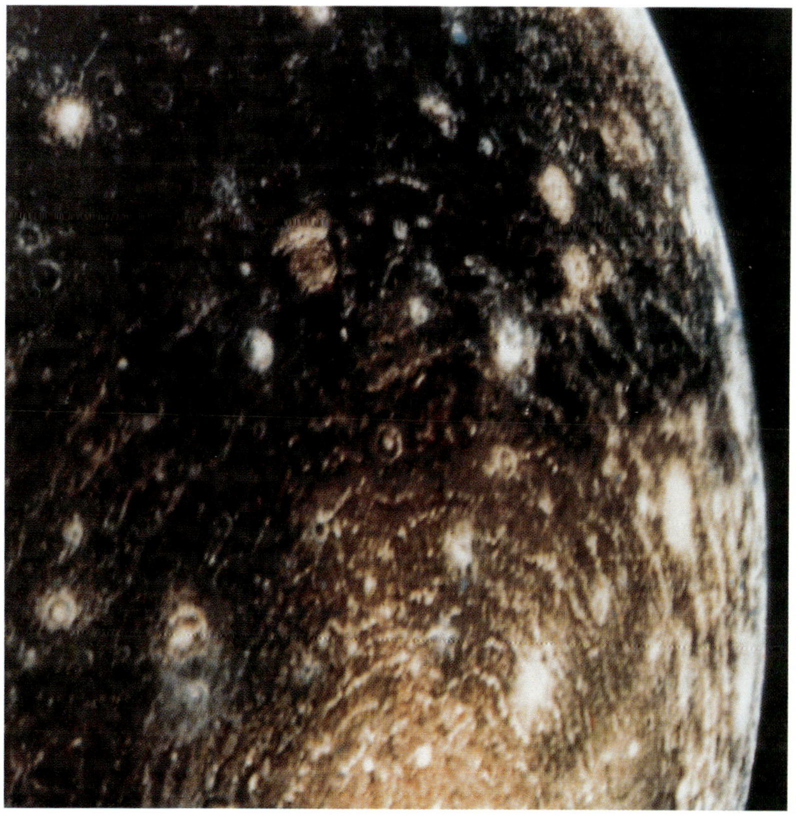

Die kleineren Jupitermonde und der Jupiterring

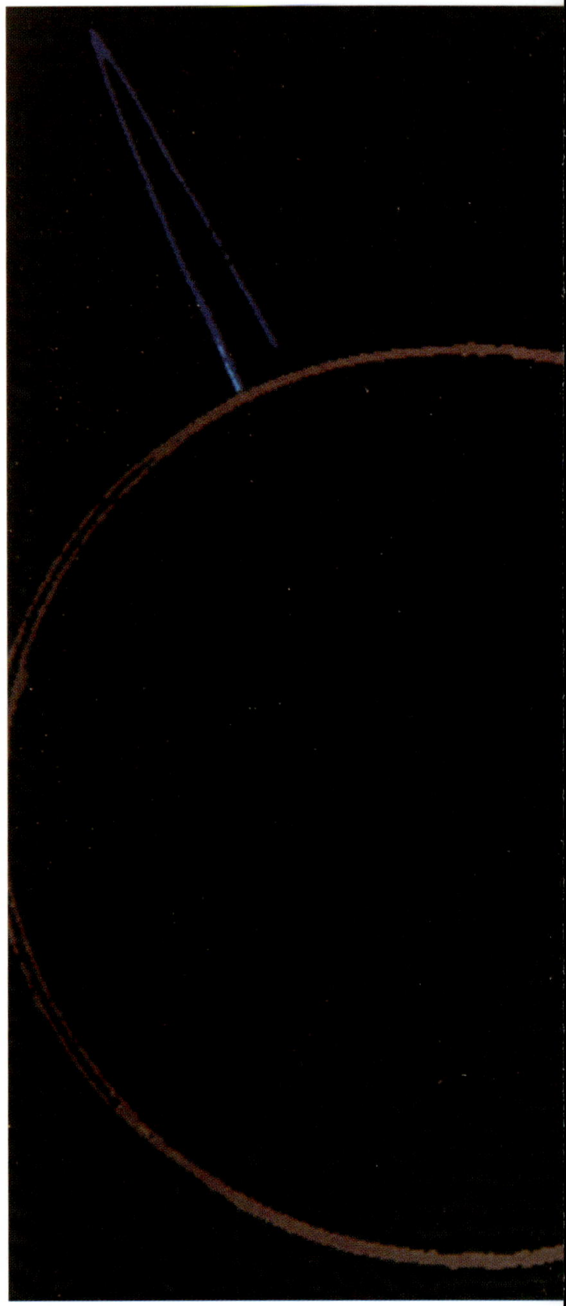

Der Ring des Jupiter wurde als drittes Ringsystem entdeckt. Das erste war das des Saturn (1655) und das zweite das des Uranus (1977). Von diesen drei Systemen ist das des Jupiter das kleinste.

Die Entdeckung des Rings

Der Jupiterring wurde zuerst auf den Bildern gesehen, die Voyager 1 im März 1979 zur Erde sandte. Daraufhin programmierten die Wissenschaftler Voyager 2 so, dass sie den Ring besser fotografieren konnten. Die Aufnahmen wurden in zwei Zeitspannen gemacht – kurz vor und nach der Begegnung mit Jupiter. Die ersten Bilder zeigen den Ring unter einem sehr kleinen Winkel von etwa 10°, die späteren unter einem Winkel von fast 180°.

Allgemeines und Morphologie

Das Ringsystem ragt in der Äquatorebene des Jupiter etwa 55 000 km über die Wolkendecke hinaus. Der Ring besteht aus Eis und kleinen Staubteilchen (mit Durchmessern von 5 mm) und ist praktisch unsichtbar, weil er nur sehr wenig Sonnenlicht reflektiert.
Das Ringsystem enthält drei morphologisch unterschiedliche Komponenten. Die erste ist ein sehr heller, ebener und kreisförmiger Ring, der zum Rand hin dünner wird (zweite Komponente), die dritte ein gewaltiger Halo, der die anderen beiden umgibt und sich mehr als 10 000 km über und unter der Ebene des hellen Rings erstreckt. Dieser Halo reicht anscheinend bis zur Atmosphäre des Planeten. Das ganze System wird außen von dem kleinen Mond Adrastea umlaufen.
Die auffälligste und leuchtendste Komponente wird einfach »heller Ring« genannt. Die Bilder von Voyager 2 haben es ermöglicht, die Breite von 6400 km und die größte Dicke von 30 km zu bestimmen. Die äußere Begrenzung ist sehr deutlich, die innere eher verschwommen.

Adrastea, Metis und der Ring

Die Materie des Rings stammt sehr wahrscheinlich von den beiden inneren Monden Adrastea und Metis, die 1979 gleichzeitig mit dem Ring entdeckt wurden. Der Staub, aus dem der Ring besteht, ist das Ergebnis eines komplexen Vorgangs, an dem außer diesen beiden Monden auch Io beteiligt ist. Die von Io bei einem der häufigen Vulkanausbrüche ausgestoßene Materie wird aufgrund der schwachen Schwerkraft in den Raum geschleudert und löst, wenn sie auf Andrastea und Metis fällt, dort Staub und Felsbrocken los, die dann auf ringförmigen Bahnen den Äquator des Jupiter umlaufen. Die sehr ähnlichen Bahnen dieser Trabanten liegen, wie gesagt, in der Nähe des äußersten Randes des leuchtenden Rings.

Sehr feine Ringe
Eine Fotomontage, die den Jupiterring zeigt, der auf Bildern der Sonde Voyager 1979 entdeckt wurde.

Die Bahnperioden betragen etwa 7 Stunden; weil die Monde so klein sind, widersetzen sie sich der Zerstörung aufgrund der Gezeitenwirkung des Jupiter, aber ihre Bahnen werden immer enger, und deshalb werden sie schließlich auf den Planeten fallen. Der Mond Metis, dessen Bahn wir am besten kennen, kann von der Erde aus nicht beobachtet werden. Die Monde sind vermutlich dunkle Körper mit wenigen Dutzend Kilometer Durchmesser (der von Metis wird auf 40 km geschätzt).

Amalthea

Nach den beiden Monden Adrastea und Metis, die nur mit Hilfe der Sonde entdeckt werden konnten, ist der Mond Amalthea dem Jupiter am nächsten. Dieser im Sep-

Sonnenfinsternis
Die Voyager-Sonde sieht die Sonne genau vor der Scheibe des Jupiter, von dem nur ein Rand sichtbar bleibt.

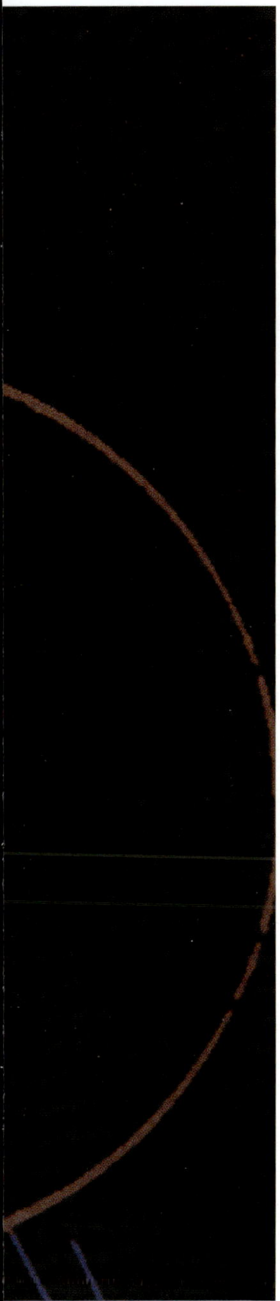

Im Gegenlicht
Die Scheibe im Gegenlicht des Jupiter ermöglicht die Beobachtung des von Voyager 2 fotografierten schmalen Rings.

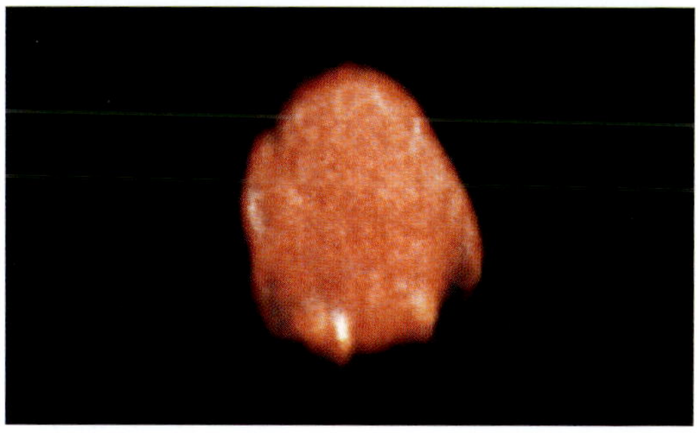

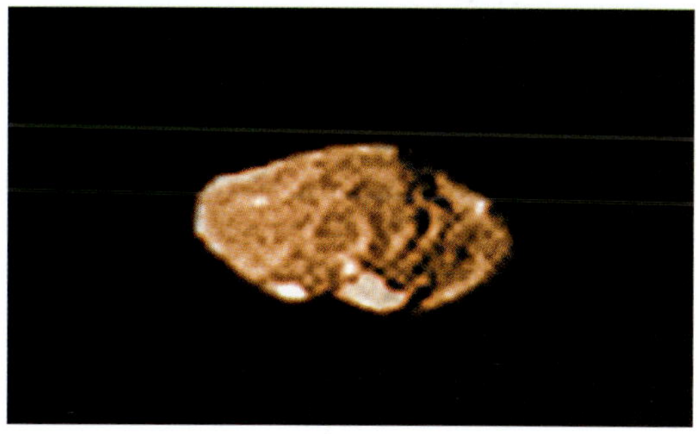

Amalthea
Zwei Bilder von Amalthea, dem größten der kleinen Monde des Jupiter. Amalthea ist ein unregelmäßiger länglicher Körper.

tember 1892 von Barnard entdeckte Mond war der Letzte, der durch direkte Beobachtung am Fernrohr und nicht mittels der Fotografie entdeckt wurde. Seine Oberfläche ist dunkel, unregelmäßig und aus schwerer Materie. Mit einem Durchmesser von etwa 270 km ist er nach den Maßstäben des Jupitersystems klein, aber groß im Vergleich mit den meisten Asteroiden und auch mit dem Marsmond Phobos, der eine ähnliche Oberfläche hat. Sein unregelmäßiges Profil und seine verkraterte Oberfläche lassen vermuten, dass er ein Bruchstück ist, das bei einem Aufprall entstand, und wie ein Asteroid zusammengesetzt ist. Einige Krater sind verhältnismäßig riesig: Pan hat einen Durchmesser von 100 km, Gaia von 80 km. Amalthea ist der roteste Körper des Sonnensystems. Vermutlich erhalten ihre obersten Schichten Schwefel, der von Io stammt. Wie Io sendet auch Amalthea mehr Wärme aus, als sie von der Sonne erhält, was vielleicht eine Wirkung der Ströme ist, die das Magnetfeld des Jupiter hervorruft.

Thebe

Zwischen der Bahn von Amalthea und der der galileischen Monde läuft Thebe. Der Bahnradius misst etwa 221900 km, die Größe 55 km x 45 km und die Albedo ist 0,05. Wahrscheinlich hat Thebe im Lauf der geologischen Geschichte dieselben Prozesse durchgemacht wie Amalthea.

Äußere Monde

Die Bahnen aller anderen kleineren Monde liegen weiter außen. Diese Trabanten werden aufgrund ihrer Bahnen und vielleicht auch ihres Ursprungs in zwei Gruppen eingeteilt. Die vier inneren sind Leda, Himalia, Lysithea und Elara, deren Bahnen stark (etwa 28°) zur Äquatorebene des Jupiter geneigt sind. Der Kleinste ist Leda. Die vier Monde Ananke, Carmen, Pasiphe und Sinope sind weiter entfernt und bewegen sich auf ungewöhnlichen, aber ähnlichen Bahnen rückläufig. Die große Neigung ihrer Bahnebenen (etwa 150°) lassen vermuten, dass diese äußeren Monde die Überreste eines einzigen großen Asteroiden sind, der von Jupiter eingefangen und zerstört wurde.

DIE KLEINEREN MONDE DES JUPITER

Mond	Jahr der Entdeckung	Bahn-Radius (km)	Umlauf-zeit (Tage)	Radius oder Grösse (km)	Masse (kg)	Dichte (g/cm³)
Himalia	1904/05	127960	0,295	93	$9{,}56 \times 10^{18}$	2,8
Amalthea	1892	128980	0,298	270 × 165 × 150	$1{,}91 \times 10^{16}$	1,8
Elara	1904/05	181300	0,498	38	$7{,}77 \times 10^{17}$	3,3
Thebe	1979/80	221900	0,675	55 × 45	$7{,}77 \times 10^{17}$	1,5
Metis	1979/80	11094000	238,72	20	$9{,}56 \times 10^{16}$	2,8
Adrastea	1979	11480000	250,6	etwa 20	$1{,}91 \times 10^{16}$	4,5
Pasiphe	1908	11720000	259,22	25	$1{,}91 \times 10^{17}$	2,9
Sinope	1914	11737000	259,65	18	$7{,}77 \times 10^{16}$	3,1
Carme	1938	21200000	631,0	20	$9{,}56 \times 10^{16}$	2,8
Lysithea	1938	22600000	692,0	18	$7{,}77 \times 10^{16}$	3,1
Ananke	1951	23500000	735,0	15	$3{,}82 \times 10^{16}$	2,7
Leda	1974	23700000	758,0	8	$5{,}68 \times 10^{15}$	2,7

Saturn

Der Schönste und Spektakulärste aller Planeten ist sicherlich Saturn. Seine gelbliche Farbe und vor allem seine Ringe machen ihn zu einem der Himmelskörper, die Liebhaberastronomen besonders gern betrachten. Auch mit einem kleinen Teleskop oder Fernglas lässt sich dieser einzigartige Planet, der nach Jupiter zweitgrößte des Sonnensystems, gut beobachten. Saturn ist außerdem der einzige Planet mit einer mittleren Dichte, die geringer ist als die von Wasser; falls Wasser auf seiner Oberfläche schwimmt und es einen hinreichend großen Ozean gäbe, müsste er gut sichtbar sein.

Die Beobachtung des Saturns
Der Planet der Ringe ist auch mit Amateurinstrumenten gut zu beobachten. Schon ein kleines Teleskop zeigt die Ringe und die zarten horizontalen Streifen auf seiner Scheibe.

Die Geschichte der Beobachtung

Der Erste, der Saturn mit einem Instrument beobachtete, war Galilei, der 1610 bei dem Planeten zwei »Nebenkugeln« oder besser zwei Ausbuchtungen oder »Ohren« bemerkte, die in den folgenden Jahren verschwanden und später in etwas anderer Form wieder auftauchten. Christiaan Huygens behauptete 1656, die Lösung des Rätsels sei ein gegenüber dem Planeten geneigter Ring. Es war ihm gelungen, einen Schatten auf der Scheibe des Planeten zu beobachten, und er konnte die Kreisform der beiden von Galilei beobachteten Körper nachweisen.
1675 entdeckte Giandomenico Cassini im Inneren des Rings eine Lücke, die nach ihm benannte Cassinische Teilung. Er entdeckte auch die horizontalen Streifen, die den Planeten umziehen und denen auf Jupiter ähneln, aber viel weniger ausgeprägt und zarter getönt sind.
Gegen Ende des 18. Jahrhunderts konnte Wilhelm Herschel die Rotationsperiode von Saturn bestimmen, indem er besondere Eigenschaften der Streifen beobachtete. Sein Wert von 10h 16m stimmt gut mit dem heute bekannten von 10h 13m überein.

Ein Gasriese

Saturn ist der Zweite der vier Gasriesen des Sonnensystems und hat denselben Aufbau wie Jupiter. Auch seine Hauptbestandteile sind Wasserstoff und Helium.
Wie schon gesagt, ist eine der Besonderheiten des Planeten seine geringe Dichte, die geringste aller Planeten des Sonnensystems; eine Bestätigung dafür ergibt sich aus seiner Form. Saturn ist an den Polen abgeplattet und hat am Äquator einen beachtlichen Wulst. Der Durchmesser von einem Pol zum anderen ist etwa 10% geringer als der am Äquator; beim Jupiter dagegen beträgt der Unterschied nur 6%. Die deutliche Abplattung hängt auch mit der je nach dem Breitengrad unterschiedlichen Rotationsgeschwindigkeit zusammen: An den Polen ist die Rotationsperiode 10h 38m, am Äquator dagegen 10h 13m.
Saturn braucht für einen vollständigen Umlauf um die Sonne etwa 29,5 Jahre; seine mittlere Entfernung von der Sonne beträgt 9,5 AE (etwa 1400 Millionen km), also das 9,5fache der Entfernung der Erde von der Sonne. In dieser Entfernung ist die Sonnenstrahlung 90-mal schwächer als auf unserem Planeten.

Die Farben des Saturn

Auch wenn Aufbau und Zusammensetzung von Jupiter und Saturn sehr ähnlich sind, unterscheiden sich die beiden Gasriesen doch stark. Die Scheibe des Saturn hat nicht die starken Farben, die der »größere Bruder« Jupiter aufweist, sondern viel zartere. Die Streifen sind weniger ausgeprägt, was vielleicht durch die geringe Wolkenbildung bedingt ist, die dort näher an der Oberfläche liegen. Auch die in den Oberflächenschichten vorhandenen Kohlenwasserstoffe tragen zu den zarten Farben der Streifen des Saturn bei. Die Farbe eines

Ein Ring, tausend Ringe
Das außerordentliche Ringsystem des Saturn, hier in einem Falschfarbenbild im Größenvergleich mit der Erde.

Weiß und Ocker
Eine Nahaufnahme der Oberfläche des Saturn von Voyager 2. Die zarten Farben des Planeten rühren von den Ammoniakverbindungen in den Wolkenschichten her.

Die Südhalbkugel des Saturn
Ein Falschfarbenbild der Südhalbkugel des Saturn. Die Aufnahme wurde von Voyager 1 aus einer Entfernung von etwa 8 Millionen km gemacht. Man sieht den Schatten, den der Mond Dione auf die Scheibe wirft.

DIE DATEN DES SATURN

Mittlere Entfernung von der Sonne: 1427 Millionen km (min. 1347 und max. 1507)
Durchmesser: 120 000 km (von Pol zu Pol 108 000 km)
Mittlere Bahngeschwindigkeit um die Sonne: 9,6 km/s
Periode einer Drehung um die Achse: 10h 13m 23s
Periode des Umlaufs um die Sonne: 29,46a
Bekannte Monde: 18
Masse (Erde = 1): 95,181
Volumen (Erde = 1): 761,446
Mittlere Dichte: 0,69 g/cm³
Mittlere Oberflächentemperatur: –180 °C
Höchste Oberflächentemperatur: +430°C
Neigung der Achse: 26° 44'
Neigung der Bahn zur Ekliptik: 2,5°
Atmosphäre: Wasserstoff (96 %), Helium (3 %), Methan (0,4 %), Spuren anderer Elemente

Planeten hängt davon ab, welche Stoffe in seiner Atmosphäre enthalten sind; beim Saturn herrschen das Weiß der Ammoniakwolken und das Ocker der darunter liegenden Ammoniak-Schwefelwasserstoffe vor. Das Innere des Saturn ist vermutlich ähnlich aufgebaut wie das von Jupiter. Nach dem heute anerkannten Modell besteht die Mitte des Planeten aus einem Gesteinskern, der umgeben ist von einem Bereich mit flüssigem metallischem Wasserstoff, in dem der Wasserstoff also die Eigenschaft eines Metalls hat. Darüber liegt eine Schicht aus molekularem Wasserstoff und Helium, die schließlich in die unteren Bereiche der Atmosphäre übergeht, die die äußerste Schicht des Saturn darstellt.

Die Atmosphäre

Bei den Gasplaneten lässt sich nur schwer sagen, wo die Oberfläche aufhört und die Atmosphäre beginnt. Deshalb haben die

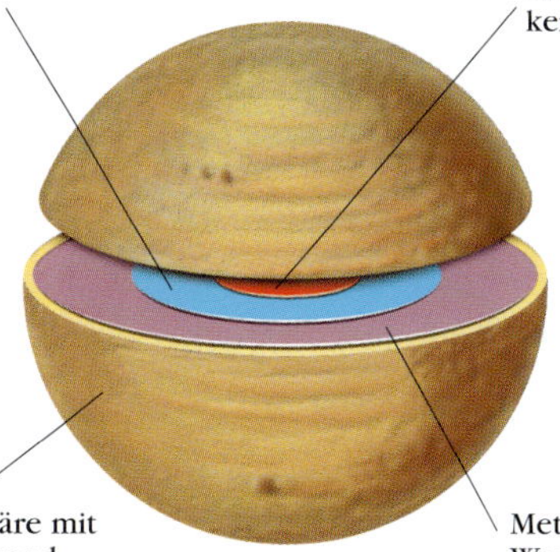

Der Aufbau des Saturn
Der innere Aufbau des Saturn ähnelt dem von Jupiter: Ein fester Kern ist umgeben von dicken Schichten aus metallischem und flüssigem Wasserstoff und wird von einer Atmosphäre umhüllt, die überwiegend Wasserstoff enthält.

Saturn in Falschfarben
Ein Falschfarbenbild von der Scheibe und Teilen der Ringe. Man sieht die parallel zum Äquator verlaufenden Streifen der Atmosphäre und eine helle, besonders aktive Zone.

Voyager … und Schluss
Eine zeichnerische Rekonstruktion der Annäherung einer Voyager-Sonde an Saturn. Die Voyager-Sonden waren fast 20 Jahre lang die einzigen Besucher der äußeren Planeten und werden bei Uranus und Neptun noch lange die Einzigen bleiben.

Ähnlichkeiten zwischen den Riesenplaneten
Nahaufnahme der Wolken des Saturn. Bei einer Auflösung von nur 60 km zeigen sich ähnliche Eigenschaften wie auf Jupiter.

Astronomen den Punkt als »Nullhöhe« definiert, an dem die Temperatur ihren niedrigsten Wert hat. Zunächst nimmt die Temperatur mit der Entfernung vom Mittelpunkt ab. Es gibt aber eine Höhe, in der die Absorption der Sonnenstrahlung durch die Gase der Atmosphäre ein Ansteigen der Temperatur bewirkt; auf dem Saturn führt das Methan zu diesem Anstieg.
Die Atmosphäre des Planeten besteht zu 96% aus Wasserstoff, zu 3% aus Helium und zu 0,4% aus Methan. Etwa hundert Kilometer unter der Nullhöhe jedoch fällt die Temperatur stark ab, während der Druck deutlich zunimmt (auf etwa 1 bar). Dort kondensiert Ammoniak und sammelt sich in leicht beobachtbaren großen weißlichen Wolken.

Der Saturn gibt ähnlich wie Jupiter mehr Energie ab, als er von der Sonne erhält, und zwar im Verhältnis zwei zu eins. Dieses Phänomen lässt sich mit dem Phänomen der Kompression des Helium in den Zentralbereichen des Saturn erklären. Diese Wärme kann Konvektionsströme auslösen und so im Inneren der Atmosphäre aufsteigende warme Strömungen erzeugen, die als kalte Ströme in die inneren Schichten zurückfallen.

Die Winde

Auf der Erde wird der Kreislauf in der Atmosphäre von der Sonnenstrahlung bestimmt (sie bewirkt einen Temperaturunterschied zwischen Pol und Äquator). Auf dem Saturn dagegen führt eine innere Wärmequelle zur Entstehung von Winden. Außerdem trägt die rasche Rotation des Planeten, der darin nur vom Jupiter übertroffen wird, nicht wenig zur Bewegung der Atmosphäre bei. Auf dem Saturn wurden Winde bis zu 1800 km/h gemessen, also noch stärker als auf Jupiter. Diese Phänomene sind auf beiden Hemisphären gleich und symmetrisch verteilt, weil die Neigung der Achse und deshalb der Wechsel der Jahreszeiten auf einem so weit von der Sonne entfernten Planeten keine deutliche Wirkung hat. Auch auf dem Saturn

Sonden früher und heute
Eine Zeichnung der Sonde Voyager 1 beim Umlauf um den Saturn (unten). Zurzeit ist die Sonde Cassini auf dem Weg zum Saturn, wo sie 2004 ankommen soll.

SONDEN ZUM SATURN

Mehrere Sonden sind nahe an Saturn vorbeigeflogen und haben dadurch unser Wissen über den Planeten enorm bereichert und viele wichtige wissenschaftliche Entdeckungen ermöglicht. Die Erste war die Sonde Pioneer 11, die nach einem Besuch bei Jupiter im September 1979 in die Nähe des Saturn kam. Die Bilder, die sie zur Erde sandte, ermöglichten es, von der Erde aus unsichtbare Ringe und den kleinen Mond 1979S1 zu erkennen. Als zweite Sonde kam im November 1980 Voyager 1 in die Nähe des Saturn; sie erkundete ihn und seine wichtigsten Monde aus einer Entfernung von 64 000 km. Voyager 2 flog im August 1981 nahe am Planeten vorbei; weil ihn seine Reise zu Uranus und Neptun führen sollte, verfolgte er einen anderen Kurs als sein Zwilling und sammelte weitere Daten. In Zusammenarbeit mit der ESA startete die NASA 1997 die Sonde Cassini, die Saturn besuchen und mehr als 40-mal umlaufen soll. Wenn alles nach Plan läuft, erreicht sie Saturn 2004, nachdem sie nahe an Venus und Jupiter vorbei geflogen ist, um den Gravitationsschub zu erhalten, der nötig ist, um sie ohne Treibstoff zu beschleunigen.

Ringe und Ringlein
Die Sonden haben eindeutig gezeigt, dass der Saturn von tausenden Ringen umgeben ist, von denen einige groß sind und andere extrem schmal und dünn.

gibt es Wirbel, die lange (sogar Jahre) Bestand haben, aber sie sind nicht so groß und spektakulär wie beispielsweise der Große Rote Fleck und andere Turbulenzen auf Jupiter. Da jedoch auf allen Gasriesen dieselben großen Formationen vorkommen, können wir schließen, dass auf ihnen allen die Struktur des Planeten von denselben Mechanismen bewirkt wird.

Die Ringe

Wenn man an den Saturn denkt, denkt man unweigerlich auch an seine Ringe. Die Sonden haben bestätigt, dass alle vier Gasplaneten von Ringen umgeben sind, aber nur die des Saturn sind so schön und gut sichtbar.
Wie schon Huygens vermutete, sind die Saturnringe keine festen Körper, sondern bestehen aus unzähligen sehr kleinen Körnchen, die im Äquatorbereich des Planeten umlaufen. Saturn hat drei große und vier schwache Ringe; sie alle reflektieren das Licht der Scheibe des Planeten.
Die von den Sonden übermittelten Bilder haben gezeigt, dass die Ringe in Wirklichkeit aus Milliarden kleiner Ringe bestehen, die durch Lücken getrennt sind, die an die Rillen einer Schallplatte erinnern. Einige dieser Ringe im Mikrosystem sind nicht kreisrund, sondern elliptisch, und fast alle sind mit einer dünnen Staubschicht bedeckt. Der Ursprung der Saturnringe ist nicht geklärt; sie könnten sich zusammen mit dem Planeten gebildet haben, denn sie bilden kein stabiles System, und die Materie, aus denen sie bestehen, muss periodisch ergänzt werden. Das geschieht wahrscheinlich, wenn ein kleiner Mond bei einem Zusammenstoß zerstört wird.
Möglicherweise sind die Saturnringe nur 100 Millionen Jahre alt, also noch relativ jung und deshalb so ausgeprägt. Sie könnten nach weiteren 100 Millionen Jahren Wechselwirkung mit den Monden völlig aufgelöst sein oder so geschrumpft wie die Ringsysteme anderer Planeten.

Das Magnetfeld

Da Saturn metallischen Wasserstoff enthält, der ein flüssiger elektrischer Leiter ist, muss er aufgrund seiner Rotation ein Magnetfeld haben. Es hat sich jedoch als schwächer erwiesen als nach der Theorie zu erwarten war, was wahrscheinlich daran liegt, dass die Rotationsachse des Saturn nur um etwa 1° zur Achse des Magnetfelds geneigt ist, während die Differenz auf dem Jupiter 10° beträgt. Der Saturn ist von einer Magnetosphäre umgeben, die hinter dem Planeten lang gezogen ist, weil das Magnetfeld des Planeten mit den Teilchen des Sonnenwinds in einer Wechselwirkung steht. Die Form der Magnetosphäre des Saturn ist sehr ähnlich zu der des Jupiter und der anderen Planeten mit Magnetfeld.

SATURN IN DER MYTHOLOGIE

Saturn, den die Griechen Chronos nannten, ist eine römische Gottheit. Um dem Zorn seines Sohnes Zeus zu entgehen, floh er von Griechenland nach Italien, wo er den Menschen die Landwirtschaft lehrte. Damit begann das von vielen römischen Dichtern gefeierte Goldene Zeitalter. Saturn wird gewöhnlich als alter Mann mit strengem Blick, langem Haar und dichtem Bart dargestellt. Sein Name leitet sich vermutlich von dem lateinischen Wort sata (Aussaat) her. In Rom feierte man die Saturnalien am 17. Dezember mit privaten und öffentlichen Gelagen. Die Herren bedienten die Sklaven und Standesunterschiede waren aufgehoben. Man beschenkte sich mit Kerzen und Tonfiguren.

Die Saturnmonde

Der Saturn ist von 18 »offiziellen« Monden umgeben. Wahrscheinlich gibt es noch viel mehr kleine Monde (fast Asteroiden), die noch nicht entdeckt wurden. Weil die Monde eine Gravitationswirkung ausüben, kann die Materie, die die Ringe bildet, auf stabilen Bahnen laufen.
Die Saturnmonde sind zum größten Teil außerordentlich unwirtliche Orte, die zumeist aus Fels und Eis bestehen, wie ihr beachtlich großes Reflexionsvermögen zeigt.
Mit einem Durchmesser von mehr als 5000 km ist Titan nicht nur der größte Trabant des Saturn, sondern auch nach dem Jupitermond Ganymed der zweitgrößte des ganzen Sonnensystems. Seine äußerst dichte Atmosphäre (die Dichte beträgt mehr als 50 % der irdischen) besteht zu 90 % aus Stickstoff mit einem kleinen Anteil an Methan. Man hält es für möglich, dass es auf ihm Methanregen und sogar Methanmeere gibt.

Die erste Sonde
Zeichnerische Darstellung der Annäherung der Sonde Pioneer 11 an den Saturn; diese Sonde war die Erste, die in die Nähe des Planeten der Ringe gelangte.

Die Monde des Saturn

Saturn hat zahlreiche Monde. Der größte von allen ist Titan; ihn entdeckte Christiaan Huygens 1665. Cassini fand gegen Ende des 17. Jahrhunderts die vier Monde Japetus, Rhea, Tethys und Dione. Wilhelm Herschel beobachtete 1789 die beiden Monde Mimas und Enceladus, der Bostoner Uhrmacher Bond entdeckte 1848 den Mond Hyperion und der in Harvard arbeitende Astronom Pickering fotografierte 1898 Phoebe. Japetus wurde erst im 20. Jahrhundert gefunden.
Die Beobachtung der Monde des Saturn erfordert eine gewisse Geschicklichkeit und viel Geduld; sie wird erschwert durch die beachtliche Leuchtkraft der Ringe. Vor dem Besuch der beiden Voyager-Sonden kannten wir nur die neun oben genannten Monde, heute kennen wir 18. Irdische Instrumente können nur Titan als kleine Scheibe zeigen, alle anderen Monde scheinen auch bei bestmöglicher Auflösung nur zwei schwach leuchtende Punkte zu sein.

Titan

Titan ist der größte Trabant des Saturn und nach dem Jupitermond Ganymed der zweitgrößte Trabant des ganzen Planetensystems. Er umläuft den Saturn in einer mittleren Entfernung von 1 221 900 km, braucht 16 Tage für einen vollständigen Umlauf um seinen Planeten und mit seinem Planeten etwa 30 Jahre für eine Umrundung der Sonne. Weil seine Rotationsperiode genau wie die des Erdtrabanten mit der Umlaufzeit seines Planeten zusammenfällt, wendet Titan dem Saturn immer dieselbe Seite zu. Titan ist der einzige Trabant des Sonnensystems mit einer dichten Atmosphäre. Sie ist anderthalbmal so dicht wie die der Erde und hat einige Ähnlichkeit mit ihr, denn bei beiden ist der Hauptbestandteil molekularer Stickstoff.
Auch Paläoklimatologen interessieren sich für Titan, weil die primordinale Erdatmosphäre vermutlich viel Ähnlichkeit mit der dieses fernen Mondes hatte und die Kenntnis der Atmosphäre des Titan deshalb wichtige Hinweise für die Rekonstruktion der Entwicklung des Lebens auf der Erde geben könnte.
Die ersten Nahaufnahmen von Titan wurden 1980 von Voyager 1 gemacht; sie zeigten, dass die vorherrschende Farbe auf dem Satelliten Orange ist, was an der dichten Schicht organischer Moleküle in seiner Atmosphäre liegt. Die Dichte dieser Schicht lässt keinen Blick auf die Oberfläche zu, und das hat zu vielen Spekulationen darüber geführt, was sich dort befinden könnte: Sie reichen von einem Meer aus Äthan bis zu einer steinigen und trockenen Wüste.

Krater auf Rhea
Die Oberfläche von Rhea ist extrem verkratert und erinnert etwas an die des Planeten Merkur. Nach Titan ist Rhea mit einem Durchmesser von über 1500 km der zweitgrößte Saturnmond.

Der Canyon von Tethys
Tethys zeigt eine der verblüffendsten Strukturen des Sonnensystems. Es handelt sich um eine gewaltige Spalte, die sich von einer Polarregion bis zur anderen über mehr als 1000 km erstreckt.

Die Atmosphäre und die Oberfläche von Titan

Die Atmosphäre ist so dicht, dass der Druck auf die Oberfläche anderthalb mal so groß ist wie auf der Erde (also etwa 1,5 bar). Die Temperatur könnte zwischen 90° und 100°C liegen. Die Hauptkomponente der Atmosphäre ist Stickstoff (90%), aber es gibt auch Methan, von dem schon 1944 bei Infrarotuntersuchungen Spuren gefunden wurden, und Spuren von Wasserstoff, Kohlenmonoxid und Äthan. Das größte Geheimnis bleibt jedoch die Oberfläche des Titan. Zahlreiche neue radiometrische und spektroskopische Untersuchungen zeigen, dass sie ausgeprochen inhomogen ist, was die Existenz eines globalen Ozeans unwahrscheinlich macht. Im Augenblick gilt als die glaubwürdigste Hypothese, dass es unter oder auf der aus Eis und Gestein bestehenden Oberfläche (in Seen) organische Flüssigkeiten gibt. Man schließt auch die Existenz hoher Gebirge nicht aus, denn wahrscheinlich war Titan in ferner Vergangenheit einmal einem starken Meteoritenhagel ausgesetzt, der auf seiner Oberfläche viele Krater voll flüssigen Kohlenwasserstoffs hinterlassen haben könnte.

Die anderen Monde

Die Bahnen der innersten Monde (Mimas, Enceladus und Tethys) stehen untereinander in Beziehung, denn ihre Umlaufzeiten sind in Resonanz. Man kennt auch einige kleine Körper, die mit der Materie der Ringe in Resonanz sind. Diese so genannten »Schäferhundmonde« sorgen für die stabilen

Das Geheimnis von Japetus
Das auffälligste Merkmal von Japetus ist die unterschiedliche Helligkeit der dem Saturn zugewandten und abgewandten Hemisphären. Einige Forscher meinen, die dunkle Hemisphäre rühre von einer Explosion her.

Der Riese Titan
Titan ist mit mehr als 5000 km Durchmesser einer der größten Monde des ganzen Sonnensystems; er hat auch die dichteste Atmosphäre.

DIE MONDE DES SATURN

Name	Bahnradius (km)	Durchmesser (km)	Periode (Stunden)
Pan	133 600	20	13,80
Atlas	137 700	40 × 20	14,45
Prometheus	139 400	140 × 100 × 74	14,71
Pandora	141 700	110 × 90 × 66	15,09
Epimetheus	151 400	140 × 116 × 100	16,66
Janus	151 500	220 × 190 × 160	16,67
Mimas	185 500	394	22,62
Enceladus	238 000	502	32,89
Tethys	294 700	1048	45,31
Telesto	294 700	30 × 20 × 16	45,31
Calypso	294 700	24 × 22 × 22	45,31
Dione	377 400	1118	65,69
Helene	377 400	34 × 32 × 30	65,74
Rhea	527 000	1528	108,42
Titan	1 221 900	5150	382,69
Hyperion	1 481 000	410 × 260 × 220	510,64
Japetus	3 560 800	1436	1 903,90
Phoebe	12 954 000	220	13 210,80

Bahnen der Ringe. Bis auf die drei Äußeren, die möglicherweise eine Ausnahme machen, bewegen sich alle Trabanten des Saturn synchron und wenden dem Planeten immer dieselbe Seite zu, genau wie es bei unserem Mond und der Erde der Fall ist. Fast alle Saturnmonde laufen auf Kreisbahnen, die in der Äquatorebene liegen; nur die Bahnen von Japetus und Phoebe sind relativ zu ihr um 14,7° und 150° geneigt. Phoebe ist der einzige rückläufige Satellit des Saturn.

Größenunterschiede

Die Größen der Saturnmonde sind sehr unterschiedlich. Es gibt welche, die so klein sind wie Asteroiden und solche, die so groß sind wie Merkur. Im Allgemeinen ist ihre Dichte sehr gering, kleiner als 1,5 g/cm³, was bedeutet, dass sie überwiegend aus Eis bestehen. Vermutlich bestehen sie zu 30-40% aus Gestein und zu 60-70% aus Eis. Nur Titan ist einigermaßen massereich, weil er zu gleichen Teilen aus Gestein und Eis besteht. Die Information, die wir den interplanetaren Sonden verdanken, lässt vermuten, dass die Dichte der Planeten und ihrer Trabanten umso geringer ist, je weiter sie von der Sonne entfernt sind. Insgesamt haben Saturnmonde eine geringere Dichte als Jupiter und deshalb einen höheren Anteil an Eis. Das Vorhandensein von Eis im Inneren eines Mondes senkt den Schmelzpunkt und erleichtert (dank der damit einhergehenden Zunahme der Temperatur) eine geologische Aktivität, wie viele der Saturnmonde zeigen.

Andere Beispiele

Japetus hat einen Durchmesser von 1500 km und eine Dichte, die sich der von Wassereis nähert. Die immer dem Saturn zugewandte Seite ist mindestens fünfmal so leuchtkräftig wie die andere. Dieser Unterschied wurde schon um 1700 von Cassini bemerkt. Wahrscheinlich reflektiert die Materie auf der dunkleren Halbkugel weniger gut. Dieser Staub könnte von Phoebe stammen oder auch von einer Explosion. Die Eigenschaften von Phoebe lassen jedoch vermuten, dass dieser Mond eigentlich nichts anderes als ein eingefangener Asteroid ist. Die Bilder von Rhea zeigen eine mit sehr vielen Kratern bedeckte Oberfläche. Das Gelände ist ähnlich wie andere Hochebenen des Erdmonds oder des Merkur, mit dem Unterschied, dass die jüngsten Krater von Rhea andere morphologische Kennzeichen haben: Der westliche Teil des Polarbereichs zeigt Krater mit Durchmessern zwischen 30 und 100 km sowie sehr viele kleine Krater. Auf dem östlichen Teil dagegen fehlen die großen Krater, und es gibt Senken.

Unterschiedliche Hälften
Dione (unten) hat eine größere Dichte als die anderen Satelliten. Außerdem sind die beiden Hemisphären sehr verschieden, denn eine zeigt Ebenen und kleine Krater, die andere die Überreste eines starken Bombardements.

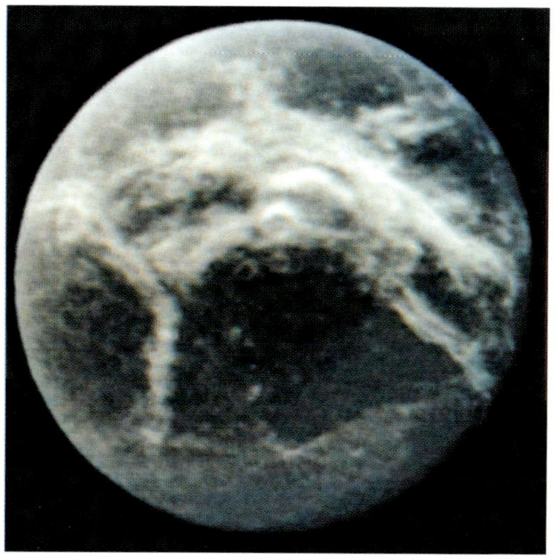

Dione ist mit einem Durchmesser von 1100 km der größte Satellit und hat nach Titan die größte Dichte. Auch auf diesem Mond unterscheiden sich die Oberflächen der beiden Hemisphären. Auf einer Seite überziehen viele helle Streifen Krater mit Durchmessern zwischen 50 und 100 km, auf der anderen ist die Leuchtkraft praktisch überall gleich. Auch auf Dione gibt es Flächen mit nur wenigen Kratern.
Janus und Epimetheus haben so ähnliche Bahnen, dass sie einander alle vier Jahre überholen und ihre Plätze tauschen. Sie vermeiden dabei durch geschicktes Ausweichen einen Zusammenstoß.

In den Saturnringen

Das spektakulärste Kennzeichen des Saturn sind zweifellos seine Ringe. Sie liegen in der Äquatorebene des Planeten, die ihrerseits 28° zur Umlaufbahn des Saturn um die Sonne geneigt ist. Dadurch sehen die Ringe von der Erde je nach der Stellung der beiden Planeten zueinander immer wieder anders aus. Wir können sie sowohl von der Seite als auch in ganzer Breite sehen.

Zusammensetzung und Aufbau

Die Ringe bestehen aus enorm vielen sehr kleinen Teilchen, die wegen ihres hohen Reflexionsvermögens auch aus großer Entfernung gut sichtbar sind. Diese außerordentlich winzigen Teilchen leuchten sogar heller als die Scheibe des Planeten. Zu den Teilchen, die die Ringe bilden, gehören Eisteilchen und mit Eis bedecktes Gestein. Das Gesamtsystem der Ringe hat einen Durchmesser von mehr als 275 000 km, während die Dicke nicht über 1 km liegt. Die Gesamtmasse der Ringe ist sehr gering; wenn sie einen einzigen Körper bildeten, hätte er einen Durchmesser von weniger als 100 km.
Von der Erde aus lassen sich drei Ringe unterscheiden, die der Einfachheit halber

A, B und C heißen. Die Voyager-Sonden entdeckten vier schwächere Ringe, die ebenfalls mit den Buchstaben des Alphabets bezeichnet werden. Der Ring B ist der mittlere, größte und hellste Ring, zum Inneren hin liegt der fast durchsichtige Ring C, während A sich außerhalb von B befindet. Zwischen den Ringen liegen dunkle Bereiche, die so genannten Teilungen. Die größte Teilung trennt die Ringe A und B und ist nach dem berühmten italienischen Astronom Cassini benannt; eine andere wichtige Teilung heißt nach Encke, der im 19. Jahrhundert Direktor der Berliner Sternwarte war, und liegt im Inneren des Rings A.
Die Raumsonden haben gezeigt, dass die Ringe aus sehr vielen Unterringen gebildet werden, die ihrerseits wieder geteilt sind. Die Lücken könnten von winzigen Monden geschaffen sein, die durch ihre Gegenwart diese Bereiche »zurückstoßen«.

Ein abenteuerlicher Annäherungsversuch
Am 12. November 1980 näherte sich die Sonde Voyager 1 den Saturnringen von Norden nach Süden und enthüllte viele Einzelheiten. Im Lauf der Reise erlitt die Sonde sehr viele Zusammenstöße, erreichte aber doch ihr Ziel.

Die Cassini-Teilung

Zwischen den Ringen A und B liegt die 4000 km breite Cassini-Teilung. Auch in dieser Lücke lassen sich Sekundärstrukturen erkennen, in denen die Materie allerdings sehr dünn verteilt ist. Zur Erklärung dieser Zonen außerordentlich geringer Dichte (den Teilungen), die in allen Ringen vorkommen, wird der Begriff »Resonanz« verwendet. Man sagt, dass die Bahnen zweier Körper dann in Resonanz sind, wenn der Quotient aus den Umlaufdauern der beiden Körper sich als das Verhältnis zweier kleiner ganzer Zahlen ausdrücken lässt; man sagt beispielsweise, die Resonanz zweier Körper sei 1:3, wenn die Periode des zweiten dreimal länger als die des ersten ist. Einige Bereiche sind leer, weil die Teilchen dieses Bereichs die Anziehungskraft der äußeren Monde immer wieder relativ lange spüren und sich auf diese zu bewegen, werden die betreffenden Bereiche leergefegt.

Ringe D, C und B

Weiter draußen begegnen wir zuerst dem Ring D, der nur sehr wenig leuchtet. Der

Der Schatten der Ringe
Das untere Bild wurde von Voyager 1 aufgenommen und zeigt Saturn und das System der Ringe unter einem ungewöhnlichen Winkel. Man beachte unten links den Schatten der Ringe auf der Scheibe des Planeten.

HYPOTHESEN ÜBER DIE NATUR DER RINGE

Der Erste, der die Natur der Ringe erkannte, war der Franzose Pierre Simon de Laplace, der schon 1785 die Hypothese aufstellte, dass es sich um Gebilde handele, die aus unzähligen sehr kleinen festen Körpern bestünden, die den Saturn umlaufen und, aus der Ferne gesehen, den Eindruck eines stetigen Gebildes machen.
1856 wies James Clerk Maxwell diese kleinen Körper auch in kleineren benachbarten ringförmigen Strukturen nach, deren Größe nicht vergleichbar ist mit der der größeren Ringe.
Ein weiteren wesentlichen Beitrag lieferte der Mathematiker Edouard Roche, der nachwies, dass ein großer Körper einen Mindestabstand von einem Planeten einhalten muss, weil er sonst vom Schwerefeld des größeren Körpers zerstört werden würde. Die für Monde »verbotene« Zone wurde als »Roche-Zone« bezeichnet und ihr Rand als »Roche-Grenze«. Als die Astronomen die Roche-Grenze des Saturn berechneten, fanden sie, dass sie etwas außerhalb des äußersten Rings liegt, was bestätigt, dass die Ringe aus sehr kleinen Körpern bestehen müssen.

innere Teil des Rings reicht bis in die oberen Schichten der Atmosphäre des Saturn. Außen liegt Ring C, der größer und komplexer ist als Ring D; in seinem Inneren liegen mehrere weniger durchsichtige Unterringe. Im äußeren Teil von C klafft eine etwa 270 km breite Lücke zwischen den sehr scharfen Rändern der vorangehenden und folgenden Ringe. Die Körper, die den Ring C bilden, können bis zu zwei Meter groß sein. Zwischen Ring C und Ring B liegt die »französische Teilung«, eine teilchenfreie, etwa 3600 km breite Zone. Der Ring B ist der Hauptring des ganzen Systems (28 800 km) und auch der am besten sichtbare. Lücken teilen ihn in mehrere

Der Anblick der Ringe
Aufgrund der reziproken Bewegung von Erde und Saturn sehen wir die Saturnringe unter unterschiedlichen Winkeln. Von der Seite sind sie praktisch unsichtbar.

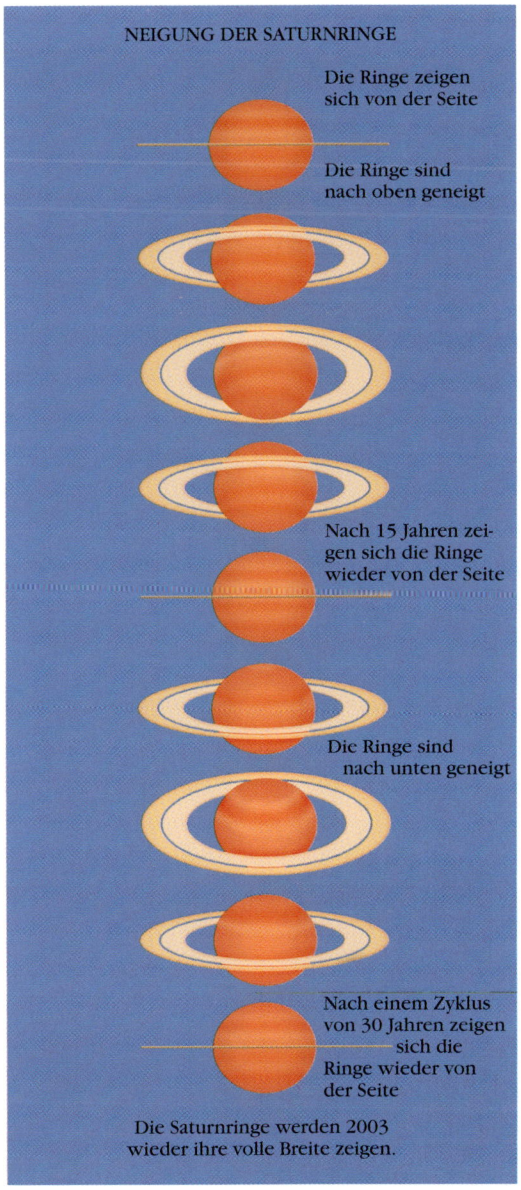

Ringe, die aus Körpern bestehen, deren Größe zwischen wenigen Metern und einigen Kilometern liegt.
Im äußeren Teil des Rings (in den äußersten 10–15 km) finden wir seltsame Speichenmuster, die Dreiecke bilden, deren Grundlinie zum Planeten zeigt. Die Materie in ihrem Inneren ist sehr klein, in der Größenordnung von Mikrometern. Diese Gebilde sind nicht dauerhaft, sondern haben nur etwa 10 Stunden lang Bestand. Vermutlich beruhen sie auf der Wechselwirkung zwischen ionisierten Wassermolekülen (in Form von Eis) und dem Magnetfeld des Saturn. Die Gebilde verschwinden, wenn die herumschweifenden Elektronen in der Nähe des Rings neutralisiert werden.

Ringe A und F

Jenseits der Cassini-Teilung liegt der Ring A mit der Encke-Teilung am äußeren Rand des Rings. Sie gehört zu einem Bereich mit einer Umlaufperiode, die in Resonanz mit dem Mond Mimas ist. Noch weiter außen liegt der in kleine Ringe unterteilte Ring F. Der Äußerste seiner Ringlein ist seinerseits in mindestens zehn Filamente aufgeteilt, die möglicherweise auf gravitative Störungen durch die beiden Schäferhundmonde in ihrer Nähe bewirkt werden.

Im Vordergrund sind Ringe
Die Zeichnung ist eine auf Daten der Sonde Voyager beruhende Rekonstruktion der Hauptringe des Saturn mit den wichtigsten Teilungen.

Uranus

Der auf der Entfernungsskala des Sonnensystems siebte Planet gehört zur Familie der riesigen Gasplaneten von der Art des Jupiter. Seine Helligkeit liegt theoretisch am Rand der Sichtbarkeit des bloßen Auges, aber er wurde erst im 18. Jahrhundert entdeckt.

Die Entdeckung des Uranus

Als Wilhelm Herschel in der Nacht des 13. März 1781 sein Fernrohr auf das Sternbild Zwillinge richtete, bemerkte er dort einen ihm unbekannten Himmelskörper. Dieser Körper war nicht punktförmig, sondern zeigte sich als Scheibe, war also kein Fixstern. Sorgfältige, viele Nächte währende Beobachtung zeigte, dass sich das neue Objekt gegenüber den Sternen langsam bewegte. Anfangs hielt Herschel den Körper für einen Kometen. Kometen sind jedoch gewöhnlich weniger scharf und deutlich umrissen, während dieser Körper sehr strahlend und klar begrenzt war.

Die Neuigkeit von der Entdeckung verbreitete sich rasch und machte Herschel mit einem Schlag berühmt. In ganz Europa begannen Astronomen und Mathematiker, die Größe des Körpers und seiner Bahn zu berechnen, und schon im Mai 1781 waren alle überzeugt, dass der 42-jährige Wilhelm Herschel den siebten Planeten entdeckt hatte. Die ersten Berechnungen ergaben, dass es sich um einen Planeten handelte, der doppelt so weit von der Sonne entfernt ist wie Saturn. Damit verdoppelten sich auf einen Schlag die Ausmaße des bis dahin bekannten Sonnensystems.

Die Farbe des Uranus
Das für die Oberfläche des Uranus typische Blaugrün rührt vom Methan der Atmosphäre her, das die Komplementärstrahlung, also Rosa, verschluckt.

Eine Besonderheit des Uranus

Uranus ist der einzige Planet des Sonnensystems, dessen Rotationsachse so stark geneigt ist, dass sie praktisch parallel zur Ekliptik liegt. Der Nordpol liegt genau unter der Bahnebene, deshalb sehen irdische Beobachter die halbe Umlaufzeit, also etwa 42 Jahre lang, jeweils einen Uranuspol. Die Ursache dieser Besonderheit ist noch nicht geklärt; am stärksten verbreitet ist die Hypothese, dass Uranus einmal mit einem anderen Himmelskörper zusammengestoßen ist.

Uranus und Voyager

Im Januar 1986 gelangte Voyager 2 in die Nähe des Uranus, allerdings nur für wenige Stunden. Trotz der kurzen Besuchszeit konnte die Sonde eine enorme Menge an Daten und Informationen zur Erde senden und so unser Wissen von dem Planeten beachtlich vermehren. Die von der Sonne übermittelten Bilder haben die Existenz sporadischer Nebelsysteme und vieler Nebel aus Methan in den höchsten Schichten der Atmosphäre bestätigt. Voyager 2 übermittelte auch Bilder von den Monden des Uranus, auf denen außer den fünf schon bekannten weitere zehn Monde gefunden wurden. Voyager 2 lief mit wenig mehr als 30 000 km Abstand an Miranda vorbei und fotografierte den Trabanten mit einer Auflösung von weniger als 1 km.

Das Innere des Uranus ist den anderen gasförmigen Planeten sehr ähnlich. Seine Dichte ist vergleichbar mit der des Jupiter, aber seine viel kleinere Masse hat die Bildung von flüssigem metallischem Wasserstoff verhindert. Unter einer breiten äußeren Schicht aus Sauerstoff und Helium liegt ein Bereich, der außer molekularem Wasserstoff und Helium viel Ammoniak, Methan und andere Kohlenstoff- und Stickstoffverbindungen enthält. In der Mitte des Planeten wird ein Gesteinskern vermutet.

Die Atmosphäre

Dem Auge des Beobachters erscheint der Uranus als gleichmäßig leicht blaugrün getönte Scheibe, über die gelegentlich weißliche Wolken ziehen. Die Farbe des Planeten rührt daher, dass Wasserstoff und

Ein kurzer Besuch
Die Sonde Voyager 2 flog am 24. Januar 1986 nahe an Uranus vorbei. Der Vorbeiflug dauerte wenige Stunden, dann setzte Voyager die Reise zum Neptun fort.

Die Ringe
Auch Uranus hat ein Ringsystem. Es umgibt den Äquator des Planeten und ist im Vergleich zu seinem Durchmesser sehr dünn.

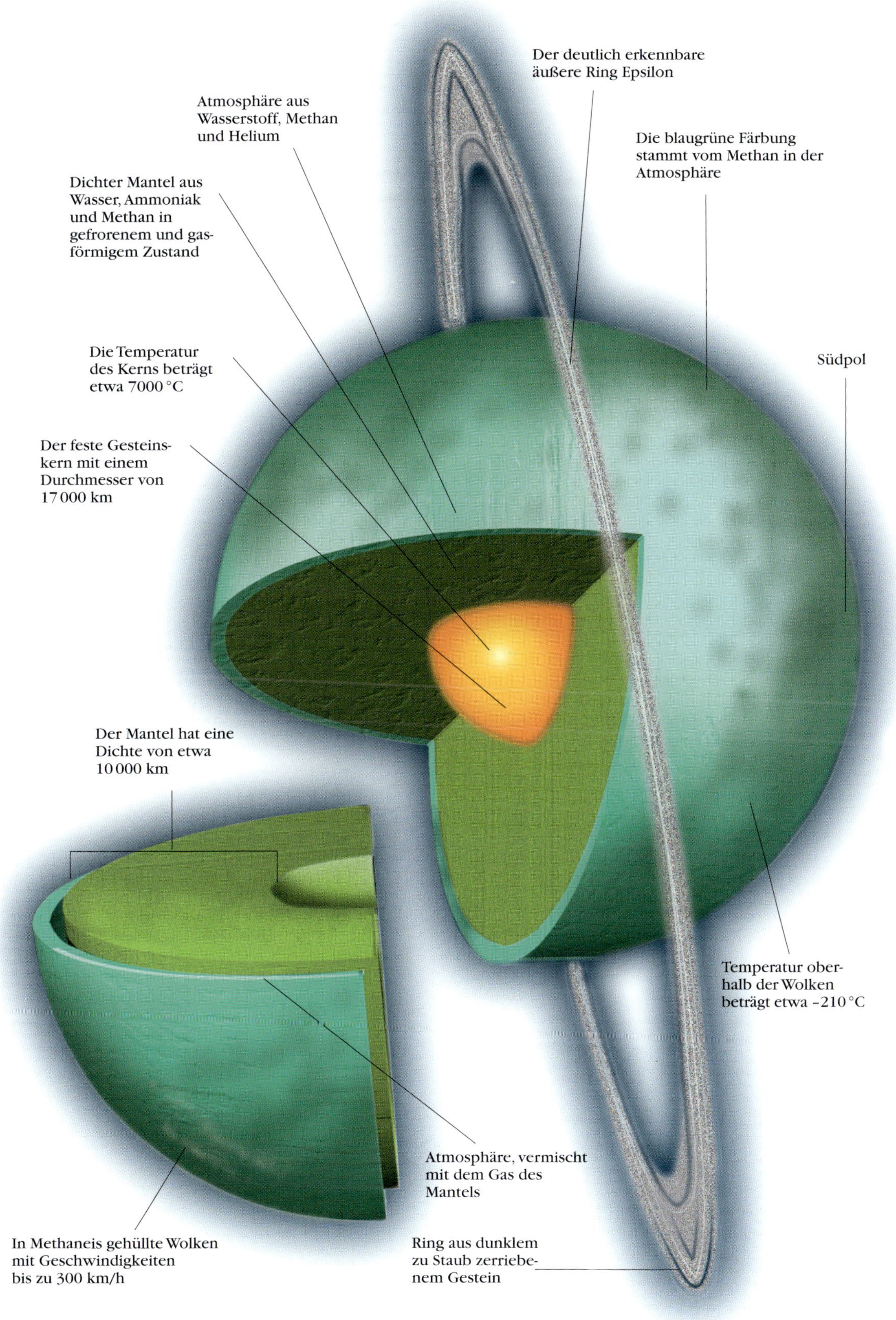

DIE DATEN DES URANUS

Mittlere Entfernung von der Sonne: 2896,6 Millionen km (min. 2735 und max. 3004)
Durchmesser am Äquator: 51 118 km
Mittlere Bahngeschwindigkeit um die Sonne: 6,8 km/s
Periode einer Drehung um die Achse: 17h 12m (retrograd)
Periode des Umlaufs um die Sonne: 84,01a
Bekannte Monde: 17
Masse (Erde = 1): 14,531
Volumen (Erde = 1): 62,181
Mittlere Dichte: 1,29 g/cm³
Mittlere Oberflächentemperatur: –210 °C
Neigung der Achse: 97° 55'
Neigung der Bahn zur Ekliptik: 0,8°
Atmosphäre: Wasserstoff (83 %), Helium (15 %), Methan (2 %)

Der Aufbau des Uranus
Wie Jupiter und Saturn ist auch Uranus überwiegend gasförmig. Er ist jedoch kleiner und hat einen vergleichsweise großen festen Kern.

Von allen gasförmigen Planeten zeigt nur Uranus eine gewisse Gleichförmigkeit und geringe atmosphärische Aktivität. Das könnte an der Tatsache liegen, dass nur 30 % der ausgestrahlten Wärme aus dem Inneren kommt, während die verbleibenden 70 % von der Sonnenstrahlung herrührt; bei den anderen Planeten dagegen stammt der größte Teil der von ihnen ausgesandten Wärme aus tief liegenden Schichten. Sehr wahrscheinlich hat Uranus in den ersten Phasen seiner Entstehung einen großen Teil seiner inneren Wärmequellen verloren.

Eine einzigartige Begegnung
Alle wichtigen Informationen über Uranus verdanken wir der Sonde Voyager 2, die bis jetzt als Einzige in seine Nähe gelangt ist.

Methan die roten und infraroten Komponenten der Sonnenstrahlung absorbieren und nur die grünen und blauen Anteile durchlassen.
Die wenigen Wolkenformationen und die Winde der mittleren Breiten wehen mit mehr als 600 km/h in Richtung der Breitenkreise und folgen so der Rotation des Planeten. Die Winde in geringeren Breiten sind anscheinend schwächer und wehen mit nur etwa 360 km/h entgegen der Drehrichtung. Uranus hat ein beträchtliches Magnetfeld, dessen Magnetachse nicht mit der Rotationsachse zusammenfällt, sondern um den außergewöhnlich großen Winkel von 55° von ihr abweicht.

Ringe und Monde des Uranus

Das System der Uranusringe wurde 1977 zufällig entdeckt, als ein Teil des Planeten durch einen hellen Stern verdeckt war. Die Existenz der Ringe wurde später von der Sonde Voyager 2 bestätigt, die außer den von der Erde aus sichtbaren zwei weitere fand. Die Uranusringe reflektieren sehr wenig Licht, deshalb sind sie nur sehr schwer zu beobachten und so spät entdeckt worden.
Die Staubteilchen, aus denen die Ringe bestehen, sind nur wenige Zentimeter groß und sehr unregelmäßig geformt. Die Ringe entstanden vermutlich vor mindestens 100 Millionen Jahren, als ein kleiner Mond beim Zusammenstoß mit einem Meteoriten oder Kometen zerbrach.
Gewöhnlich bezeichnet man die Ringe in der durch den Bahnradius bestimmten Reihenfolge als Ring 6, 5, 4, alpha, beta, eta, gamma, delta und epsilon; ihre Entfernung vom Planeten liegt zwischen 40 000 und 59 999 km. Der Ring Epsilon ist der bei weitem exzentrischste von allen, denn seine Breite reicht von 20 bis 100 km.

Die Entdeckung der Ringe
Ein Bild des Uranus uns seiner Ringe. Die Uranusringe wurden 1977 mit Hilfe eines Infrarotteleskops mit 91 cm Durchmesser entdeckt.

»Schäferhundmonde«

Man vermutet, dass viele kleine Monde die schmalen Ringe auf ihrer Bahn halten, und hat auch schon neben dem Epsilon-Ring zwei solche »Schäferhundmonde« gefunden. Der plötzlich abbrechende äußerste Rand entspricht der Position der Resonanzzonen eines der beiden Monde, und das Gleiche gilt für die innere Grenze und den anderen Mond. Für die anderen Ringen jedoch wurden keine Schäferhundmonde gefunden. Der scharfe Rand des Epsilon-Rings zeigt, dass er weniger als 150 Meter breit ist. Die relative geringe Dichte der kleinsten Teilchen könnte auf den Einfluss der äußeren Wasserstoffatmosphäre des Planeten zurückgehen. Die Verteilung dieser mikroskopischen Staubteilchen ist sehr komplex und erinnert an die Verteilung im D-Ring des Saturn. Dort wurde Voyager 2, als er in einer Entfernung von 116 km vom Planeten an der Ebene des Rings vorbeiflog, von mikroskopisch kleinen Geschossen bombardiert.

Ringe und Staub
Eine Nahaufnahme der Uranusringe, auf der man zwischen zwei Ringen Materie sieht. Auch diese Aufnahme stammt von Voyager 2.

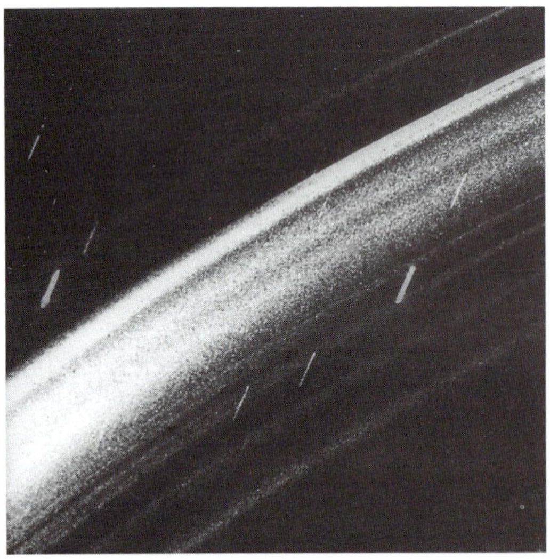

Die Monde des Uranus

Nach dem Planeten entdeckte Herschel 1787 die beiden Monde Titania und Oberon; 1851 fand der englische Astronom Wilhelm Lassel zwei weitere der fünf größten Monde, die von Herschels Sohn John Ariel und Umbriel getauft wurden. Die Uranus-Monde sind die einzigen Monde des Sonnensystems, die nicht nach Gestalten aus der griechischen oder römischen Mythologie benannt sind, sondern nach Gestalten aus Shakespeares Dramen. Den letzten der Hauptmonde, Miranda, entdeckte 1948 der Astronom Gerald Kuiper. Voyager 2 fand weitere zehn Monde, später wurden noch drei entdeckt, so dass jetzt 18 Monde bekannt sind. Alle fünf großen Monde waren offenbar, zumindest zu Beginn ihrer Geschichte, geologisch aktiv. Das überrascht, weil so kleine Körper (Ariel ist ein Drittel so groß wie der Erdmond und Miranda ein Sechstel) überhaupt keine Aktivität zeigen sollten. Der Grund dieser Besonderheit ist möglicherweise in der

Die zwei Monde
Die Abbildung zeigt die beiden Schäferhundmonde, die hier noch mit ihren vorläufigen Namen 1986U8 und 1986U7 bezeichnet sind, die die Bahn eines dünnen Rings konstant halten.

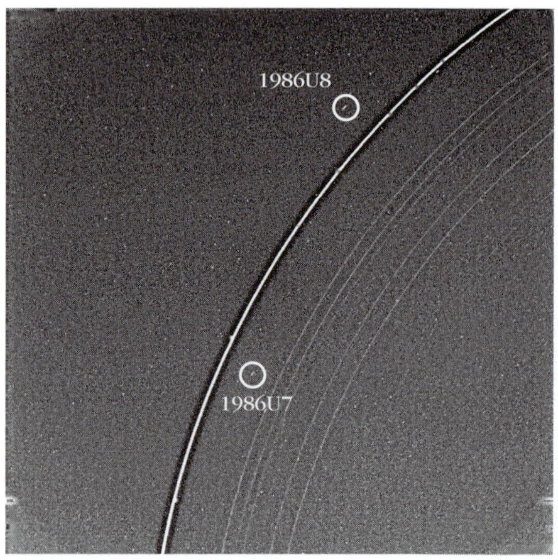

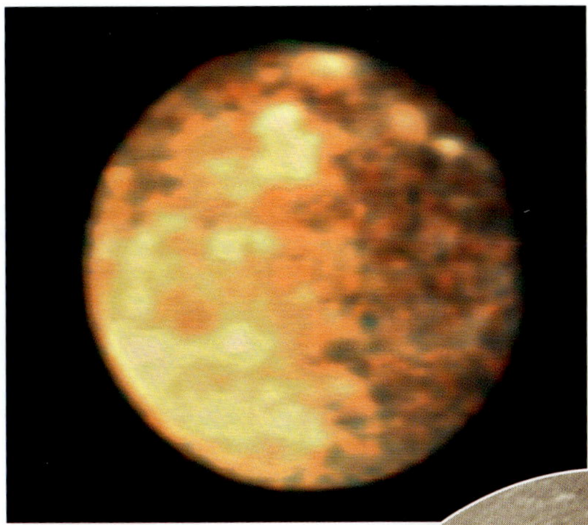

Ein Mond aus Wasser
Ein Bild von Titania. Dieser Mond besteht zu 50 % aus Wassereis.

Die Krater von Oberon
Im Zentrum der Scheibe des Oberon bemerkt man einige große Einschlagskrater, die mit dunkler Materie bedeckt sind.

DIE URANUSMONDE

Name	Entfernung vom Planeten (km)	Radius (km)	Jahr der Entdeckung
Cordelia	50 000	13	1986
Ophelia	54 000	16	1986
Bianca	59 000	22	1986
Cressida	62 000	33	1986
Desdemona	63 000	29	1986
Juliet	64 000	42	1986
Portia	66 000	55	1986
Rosalind	70 000	27	1986
Belinda	75 000	34	1986
1986U10	75 000	20	1999
Puck	86 000	77	1985
Miranda	130 000	236	1948
Ariel	191 000	579	1851
Umbriel	266 000	585	1851
Titania	436 000	789	1787
Oberon	583 000	761	1787
Caliban	7 200 000	30	1997
Sycorax	12 200 000	60	1997

Gezeitenkraft zu suchen, die von dem großen Gasplaneten ausgeht. Auch der hohe Prozentsatz an Gestein könnte zu ihrer geologischen Aktivität beitragen. Oberon und Titania bestehen zu 40–50% aus Gestein, dessen Radioaktivität Wärme erzeugt.

Oberon und Titania

Diese größten und äußersten Monde haben eine Oberfläche, die reich ist an Wassereis und etwa 30% des Sonnenlichts reflektiert. Sie sind umgeben von gleichförmig grauen Ringen. Oberon zeigt zahlreiche Verwerfungen, aber wenig Anzeichen einer Plattenbildung. Seine Oberfläche ist fast vollständig mit großen Kratern mit Durchmessern bis zu 100 km bedeckt. Die Oberfläche von Titania dagegen lässt auf umfassende tektonische Aktivität schließen, denn es gibt viele Krater und Auffaltungen, die wohl von Einfällen neueren Datums herrühren.

Umbriel und Ariel

Umbriel zeigt keinerlei Anzeichen geologischer Aktivität. Er ist mit ungeheuer großen Kratern bedeckt, die aber nicht die typischen klaren Strahlen zeigen, mit denen sie gewöhnlich einhergehen. Ariel hat ein ganz anderes Aussehen. Er reflektiert mehr Licht als jeder der anderen fünf großen Monde und hat möglicherweise die jüngste Oberfläche. Auf Ariel gibt es Anzeichen großräumiger geologischer Aktivität.

Miranda

Miranda ist eine der seltsamsten Welten, der wir bisher begegnet sind. Die Oberfläche zeigt komplexe und eigenartige geologische Formationen. Der älteste Teil besteht aus Ebenen, auf denen erst später Krater entstanden sind. Diesen Ebenen überlagert sind drei enorme ovale Bereiche mit Durchmessern zwischen 200 und 300 km, die viel jünger sind als die Ebenen. Diese Bereiche wurden von parallelen Gürteln von Klippen, Bergrücken und Gräben gebildet, auf deren Grund sowohl helle als auch dunkle Materie sichtbar ist. Die ovalen Bereiche und die Ebenen sind von Gräben durchzogen, die bis zu 20 km tief sind. Es gibt Anzeichen von Lavaströmen, die aber weniger deutlich sind als auf Ariel. Inzwischen wurden in Aufnahmen von Voyager 2 weitere Monde mit Radien zwischen 10 und 20 km entdeckt und auch benannt.

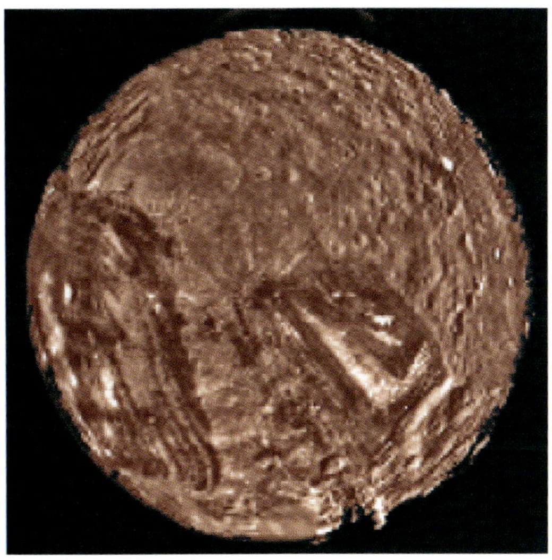

Ariel und Miranda
Die vielen Krater auf Ariel lassen eine bewegte tektonische Vergangenheit vermuten. Miranda (links) hat einen Durchmesser von knapp 500 km und ist einer der kleinsten Uranusmonde.

Neptun

Nach der Entdeckung des Uranus bemerkten die Astronomen, dass seine Bewegung eine Unregelmäßigkeit zeigte, die vermuten ließ, dass ein anderer, weiter von der Sonne entfernter Planet seine Bahn stört. Die ersten Untersuchungen dazu führte Alexis Bouvard 1821 durch, im selben Jahr, in dem auch Friedrich Bessel in einem Brief an Heinrich Olbers die Möglichkeit erwog, es könne einen weiteren Planeten geben.

Ein schwieriges Problem

Zur Erklärung des Unterschieds zwischen der tatsächlichen und der theoretisch vorhergesagten Bahn des Uranus müssen die Gravitationswirkungen von Saturn und Jupiter berücksichtigt werden. Viele Forscher hielten dieses mathematisch sehr schwierige Problem für schlechthin unlösbar. Glücklicherweise jedoch widmeten ihm zwei Mathematiker ihre Aufmerksamkeit. Der eine, der Engländer John Couch Adams, ging von dem Gedanken aus, dass der hypothetische Planet 38,4 astronomische Einheiten entfernt sein müsse, doppelt so weit wie Uranus. Dieser Wert ist viel kleiner, als er nach der Titius-Bodeschen Reihe sein sollte (diese empirisch gefundene Zahlenfolge gibt bemerkenswert genau die Entfernung der Planeten von der Sonne an). Adams Lösung wurde Airy, dem Königlichen Astronom und Direktor der Sternwarte in Greenwich vorgelegt, der sie aber ignorierte.

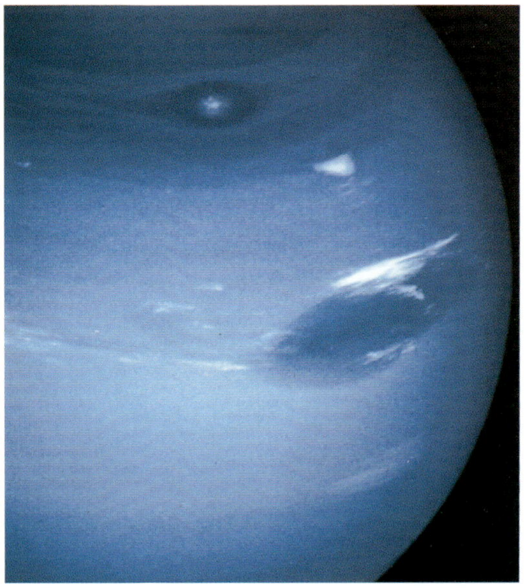

Helle und dunkle Flecken
Die Atmosphäre des Neptun ist durchsetzt mit Wolken und zeigt ähnliche Wirbel wie die des Jupiter. Rechts sieht man den großen dunklen von Voyager 2 entdeckten Fleck.

Der Gedanke wird wieder aufgenommen

Im Juni 1845 begann der französische Astronom Urbain Leverrier, sich mit dem Problem der Existenz des Neptun zu beschäftigen. Weil seine Pariser Kollegen uninteressiert waren, sandte er die Ergebnisse seiner Berechnungen nach England an Airy. Jetzt erkannte dieser die Bedeutung der Arbeit Adams und begann 1846 mit Beobachtungen, die jedoch zu keinem Ergebnis führten.

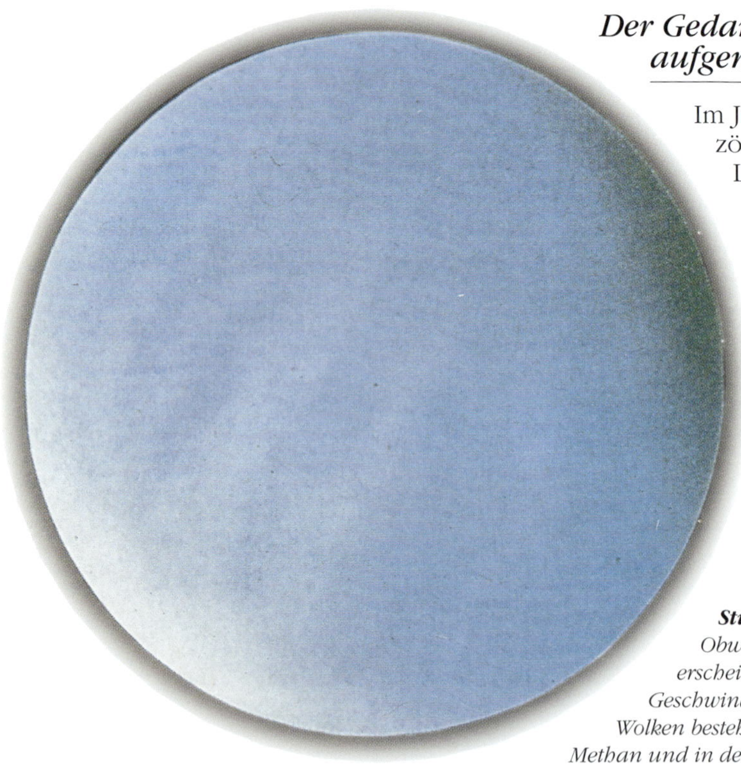

Stürme mit 2000 km/h
Obwohl Neptun so regungslos erscheint, wehen auf ihm Winde mit Geschwindigkeiten bis zu 2000 km/h. Die Wolken bestehen in den äußeren Schichten aus Methan und in den inneren aus Ammoniak.

Im August desselben Jahres legte Leverrier eine weitere, viel genauere Abhandlung über die Position des Planeten vor. Die Arbeit wurde gelobt und wegen der beachtlichen mathematischen Fertigkeit gepriesen, aber niemand bot sich an, die Vorhersagen durch Beobachtung zu bestätigen. Tief enttäuscht erwähnte Leverrier das Problem in einem Brief an Johann Galle, Astronom an der Berliner Sternwarte. Galle erhielt Leverriers Brief am 23. September 1846, und weil Encke, der Direktor der Sternwarte, gerade seinen Geburtstag feierte, konnte er noch in derselben Nacht gemeinsam mit seinem Assistenten Heinrich d'Arrest das Teleskop auf die von seinem französischen Kollegen angegebene Stelle richten. Dank einer guten Karte fanden sie den Planeten schon nach einer Stunde in der Nähe des von Leverrier berechneten Orts. Die Entdeckung wurde Leverrier zugeschrieben. Als die Engländer die Urheberschaft für sich in Anspruch nehmen wollten, protestierte die französische Akademie der Wissenschaften. Es kam zu bitteren Vorwürfen, bis schließlich der Beitrag Adams anerkannt wurde, der jetzt gemeinsam mit Leverrier als Entdecker des Neptun gilt.

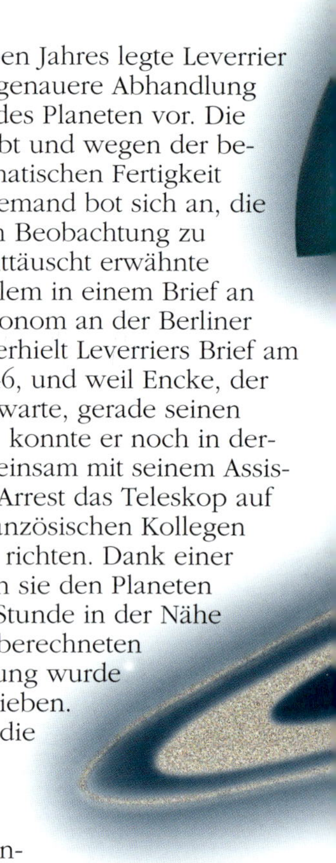

Ein eingefangener Mond
Neptun und sein Mond Triton von der Sonde Voyager 2 aus fotografiert. Triton, der größte der Neptunmonde, entstand wahrscheinlich im Edgeworth-Kuiper-Gürtel.

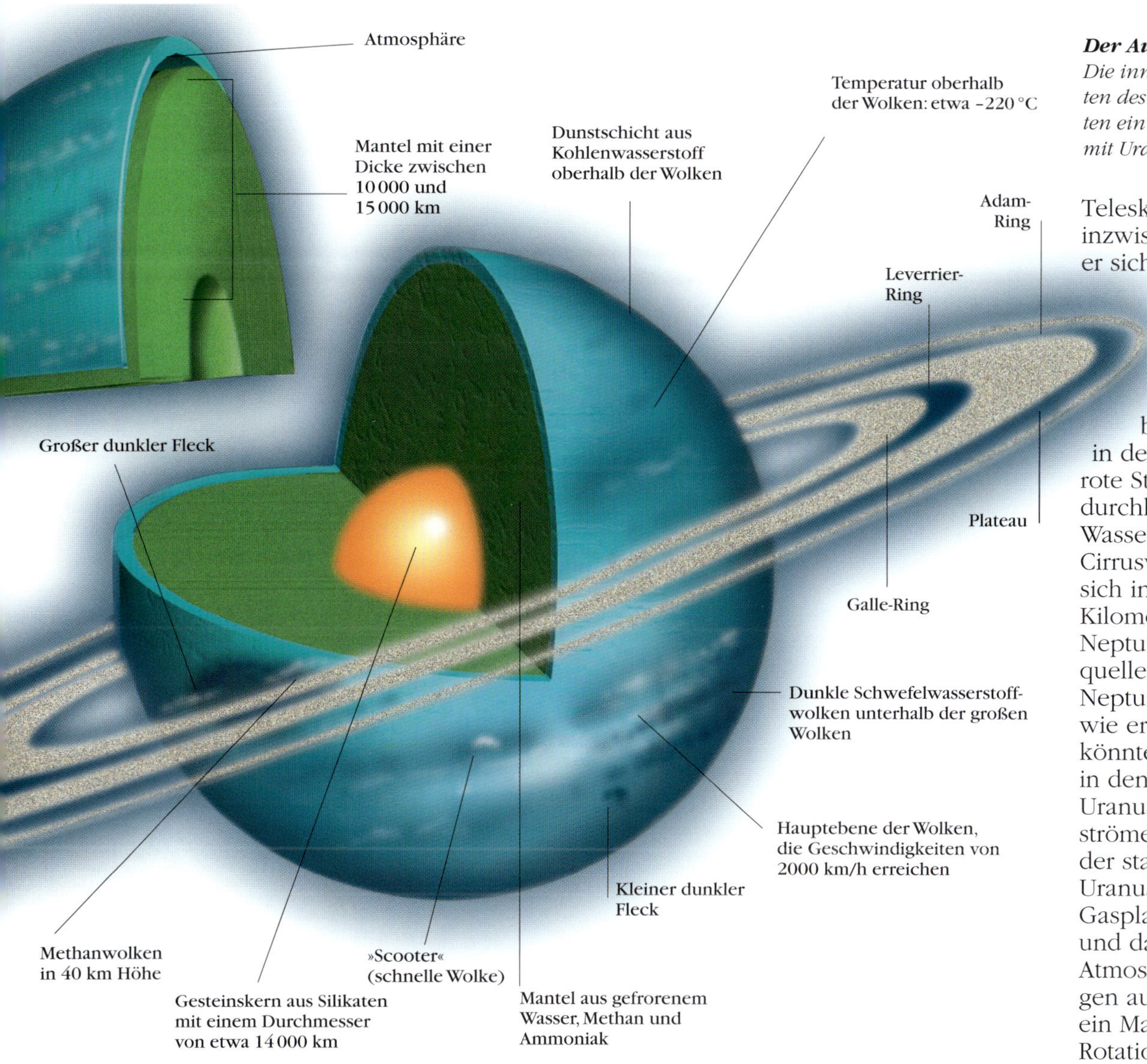

Der Aufbau des Neptun
Die innere Struktur und die wichtigsten Eigenschaften des Neptun. Er ist wie die anderen großen Planeten ein Gasplanet und hat besonders viel Ähnlichkeit mit Uranus.

Die Zusammensetzung des Neptun

Die einzige Sonde, die Neptun besucht hat, war Voyager 2, die im August 1989 nur 4500 km über den Nordpol hinwegflog und dabei sechs neue Monde fand. Wie Uranus ist Neptun ein besonderer Gasplanet, der im Gegensatz zu Jupiter und Saturn einen festen Kern und deshalb auch eine besonders große Dichte hat. Unter den Oberflächenschichten der Atmosphäre kondensieren deren Hauptbestandteile, Wasser, Ammoniak und Methan zu Kristallen und in tieferen Schichten zu Eis. Weil der Gefrierpunkt von Methan sehr niedrig ist, bestehen die höheren Wolkenschichten aus Methan und verbergen die darunter liegenden Formationen aus Stickstoff und Wasser. Die Atmosphäre weist beträchtliche Aktivität auf; es wehen starke Stürme (mit mehr als 2000 km/h), und es entwickeln sich große Wirbel, die lange Bestand haben können. So beobachtete beispielsweise Voyager 2 bei 31° südlicher Breite einen großen dunklen Fleck, der so groß ist wie die Erde. Dieser Wirbelsturm dehnt sich über fast 10000 km aus und braucht etwa zehn Tage, bis er sich gegen den Uhrzeigersinn einmal um sich selbst gedreht hat. Neuere Beobachtungen mit dem Hubble-Teleskop haben jedoch gezeigt, dass er inzwischen verschwunden ist. Vielleicht hat er sich aufgelöst, vielleicht wird er von anderen Gebilden verdeckt.

DIE DATEN DES NEPTUN

Mittlere Entfernung von der Sonne: 4496,6 Millionen km (min. 4456 und max. 4537)
Durchmesser: 49528 km
Mittlere Bahngeschwindigkeit um die Sonne: 5,4 km/s
Periode einer Drehung um die Achse: 16h 6m
Periode des Umlaufs um die Sonne: 164,8a
Bekannte Monde: 8
Masse (Erde = 1): 17,135
Volumen (Erde = 1): 57,675
Mittlere Dichte: 1,64 g/cm³
Mittlere Oberflächentemperatur: –220 °C
Neigung der Achse: 28° 48’
Neigung der Bahn zur Ekliptik: 1,8°
Atmosphäre: Wasserstoff, Helium, Methan

Der blaue Planet

Die für diesen Planeten typische blaue Farbe wird von dem Methan in der Atmosphäre hervorgerufen, das die rote Strahlung absorbiert und nur Blau hindurchlässt; sie enthält außer Methan auch Wasserstoff und Helium. Die silbernen Cirruswolken der Atmosphäre erstrecken sich in etwa 50 km Höhe über tausende Kilometer.
Neptun hat eine sehr starke innere Wärmequelle, denn Voyager 2 hat gezeigt, dass Neptun fast dreimal so viel Energie abgibt, wie er von der Sonne empfängt. Das könnte auch den Unterschied der Aktivität in den Atmosphären von Neptun und Uranus erklären, wenn die Konvektionsströme im Inneren von Neptun die Ursache der starken Stürme in der Atmosphäre sind. Uranus dagegen hat als Einziger der vier Gasplaneten keine innere Wärmequelle, und das könnte erklären, warum seine Atmosphäre fast keine erkennbaren Störungen aufweist. Wie Uranus hat auch Neptun ein Magnetfeld, dessen Achse stark zur Rotationsachse geneigt ist (etwa 47°).

Die Annäherung an Neptun
Eine zeichnerische Darstellung der Annäherung von Voyager 2 an Neptun. Wie Uranus wurde auch dieser Planet bisher nur ein einziges Mal von einer Sonde besucht.

Ringe und Monde des Neptun

Die ersten Anzeichen dafür, dass Neptun Ringe hat, deren Bogen Lücken haben, (die also anscheinend keinen geschlossenen Kreis bilden, sondern nur »Abschnitte«) stammen aus den achtziger Jahren des vorigen Jahrhunderts. Dann wurde bei systematischen Beobachtungen von Durchgängen an Sternen unmittelbar vor und unmittelbar nach der Bedeckung ein kurzer Blitz beobachtet. Die Erklärung dafür lieferten 1989 die Bilder der Sonde Voyager 2, die ein schwach leuchtendes Ringsystem nachwiesen. Der Äußerste der Ringe, der so genannte Adam-Ring, enthält drei auffällige Staubklumpen, die Freiheit, Gleichheit und Brüderlichkeit getauft wurden.
Die Existenz von Kreisbögen ist schwer zu erklären, weil die Bewegungsgesetze vorsehen, dass sie sich gleichmäßig verteilen und nach kurzer Zeit einen gleichförmigen Ring bilden sollten. Offenbar reicht die Schwerkraft von Galathea, einem Mond im Inneren des Rings, nicht aus, die Bögen zu schließen. Die Telekameras von Voyager entdeckten außer diesem seltsamen Adam-Ring (der 63 000 km von Neptun entfernt ist) den so genannten Leverrier-Ring (in 53 000 km Entfernung) und den schwächeren Galle-Ring (42 000 km). Die Verlängerung des Leverrier-Rings nach außen, der so genannte Lassell-Ring, wird vom Arago-Ring begrenzt (37 000 km). In einer Nahaufnahme scheint der Brüderlichkeit-Teil des Adam-Ring wie ein Seil verdreht. Dies ist vermutlich sowohl der Materie in den Ringen zuzuschreiben als auch dem Umstand, dass die während der Umläufe um Neptun einbezogene Materie ursprünglich vereinigt war und erst später zerstreut wurde.

Ein maskierter Neptun
Ein Bild der Neptunringe. Um sie zu zeigen, wurde der Planet künstlich ausgeblendet, da er die Ringe mit seiner Leuchtkraft überstrahlt.

Ringe und Bögen und Ringe
Im unteren Teil des Bildes sind gut die Bögen eines der Ringe sichtbar, die Neptun umgeben. Das Licht des Planeten oben links wird von Staubkörnern aus der benachbarten Zone gestreut.

Die Monde des Neptun

Vor dem ersten Besuch der Voyager 2-Sonde bei Neptun kannte man nur zwei Monde, Triton und Nereid, deren Bahnen 20° beziehungsweise 30° zur Äquatorebene des Planeten geneigt waren; Triton ist der einzige Mond des Sonnensystems mit stark rückläufiger Bewegung. Die Sonde entdeckte weitere sechs Monde mit Durchmessern zwischen 60 und 400 km, deren Bahnebenen jedoch fast mit der Äquatorebene des Neptun zusammenfallen und die sich in derselben Richtung wie der Planet drehen.

Triton

Zu den interessantesten Aufnahmen, die wir Voyager 2 verdanken, gehören die seines schon 1846 entdeckten Mondes Triton. Sie zeigen Schluchten, Krater, Berggipfel, Seen aus Eis und Ammoniak und sehr lange Risse, die an Autobahnen erinnern. Dies bildet eine fremdartige und faszinierende Landschaft. Die größte Überraschung war die Entdeckung seltsamer Vulkane. Im Unterschied zu einem irdischen Vulkan, der heiße Lava ausstößt, sprudeln aus den Vulkanen auf Triton wie aus einem Geysir heiße Gase, siedender Stickstoff vermischt mit dunklen Kohlenstoffverbindungen, aus dem Untergrund. Die ausgestoßene Materie wird einige Dutzend Kilometer weit über die dünne Atmosphäre hinausgeschleudert. Triton hat eine im Vergleich mit den anderen Monden relativ hohe Dichte und bewegt sich, wie gesagt, rückläufig. Diese beiden Eigenschaften haben zu der Vermutung geführt, dass der Satellit nicht immer zur Gruppe der Neptunmonde gehörte. Die Dichte von Triton (2,0 g/cm^3) ist größer als die der Eismonde des Saturn (wie beispielsweise Rhea), und er besteht vermutlich nur zu 25% aus Eis; der Rest muss Gestein sein. Aufgrund seiner rückläufigen Bewegung entziehen die Gezeitenkräfte zwischen Neptun und Triton dem Mond Energie, was die Bahn absenkt und die Umdrehung des Neptun beschleunigt.

Ein eingefangener Mond

Anscheinend ist Triton unabhängig von Neptun in einem äußeren Bereich des Sonnensystems entstanden, wahrscheinlich im Edgeworth-Kuiper-Gürtel, und von der Schwerkraft an den Planeten gebunden

Vorhergesagte Ringe
Einzelheiten der beiden hellsten Neptunringe. Man hatte bei diesem Planeten schon viele Jahre vor ihrer Entdeckung Ringe vermutet.

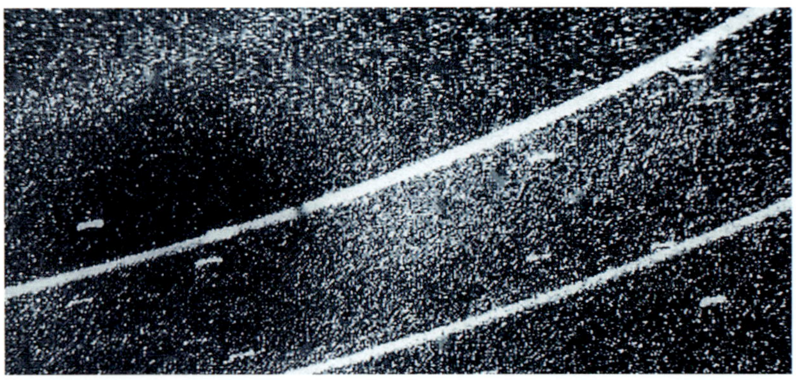

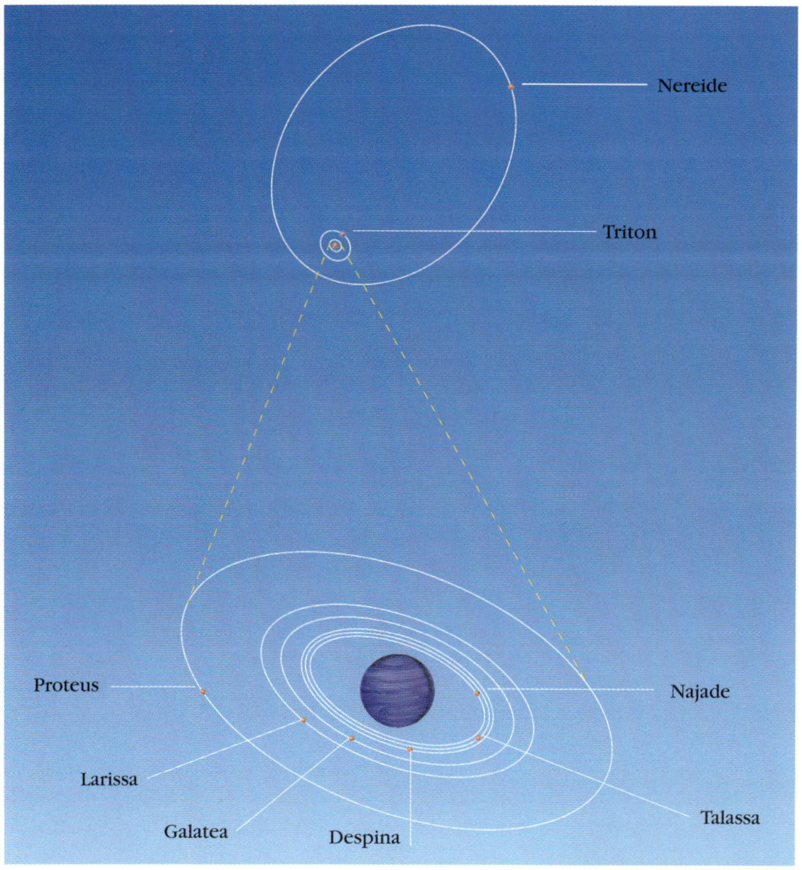

Die Bahnen der Monde
Schematische Darstellung der wichtigsten Neptunmonde. Nereide ist viel weiter entfernt als die anderen.

DIE MONDE DES NEPTUN

NAME	RADIUS (km)	ENTFERNUNG (km)	ENTDECKER	DATUM
Najade	29	48 000	Voyager 2	1989
Talassa	40	50 000	Voyager 2	1989
Despina	74	52 500	Voyager 2	1989
Galatea	79	62 000	Voyager 2	1989
Larissa	104 × 89	73 600	Voyager 2	1989
Proteus	209	117 600	Voyager 2	1989
Triton	1350	354 800	W. Lassell	1846
Nereide	170	5 513 400	G. Kuiper	1949

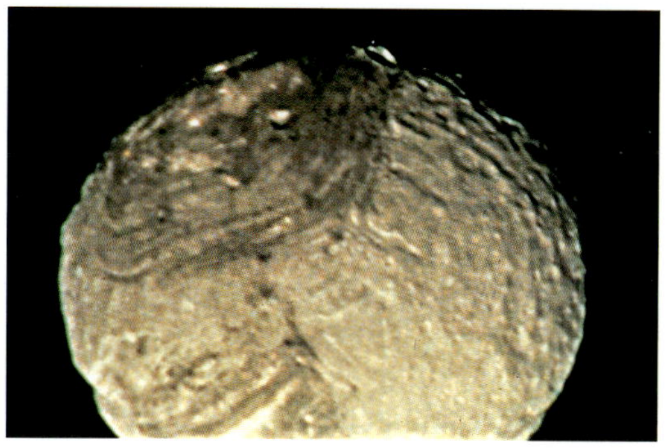

Die Entdeckung des Proteus
Proteus, der zweitgrößte Neptunmond, hat einen Durchmesser von etwa 400 km. Seine Entdeckung ist Voyager 2 zu verdanken.

worden. Dann hätten die beim Einfang wirksamen Gezeitenkräfte zu den Geysiren führen können. Teile der Oberfläche des Triton, die einem Bereich von etwa 1000 km Durchmesser entsprechen, erinnern an die Schale einer Melone.

Die Kappe des Südpols zeigt dunkle Streifen, die von Eruptionen des darunter liegenden Materials stammen. Die gesamte Oberfläche ist mit Stickstoff und Methaneis bedeckt und reflektiert das Sonnenlicht gut. Dadurch und aufgrund der großen Entfernung von der Sonne ist dieser große Mond einer der kältesten Körper des gesamten Sonnensystems. Seine Oberflächentemperatur liegt nur 38 °C über dem absoluten Nullpunkt. Bei dieser Temperatur sind Stickstoff, Methan und Kohlenstoffanhydrid fest. Die Drehachse von Triton ist um 157° gegenüber der des Neptun geneigt (die selbst wiederum 30° gegenüber der Bahnebene geneigt ist). Damit ist der Mond etwa so ausgerichtet wie Uranus: Die Polarbereiche und die Äquatorialbereiche sind abwechselnd der Sonne zugewandt.

Die kleinen Monde

Die vier innersten Monde des Neptun, Najade, Thalassa, Despina und Galathea, wurden 1989 von Voyager 2 entdeckt. Diese kleinen Monde haben viel Ähnlichkeit mit Asteroiden, vor allem wegen ihrer unregelmäßigen Form. Dem Neptun am nächsten

In Richtung Triton
Ein Bild von Triton, das aufgenommen wurde, als Voyager 2 sich Neptun näherte. Hier kann man die für diesen Mond so typischen langen Risse erkennen.

ist Najade, die nach der Nymphe der Quellen und Flüsse heißt. Thalassa, der zweitnächste Mond, erhielt seinen Namen nach dem griechischen Wort für Meer. Despina war die Tochter von Poseidon und Demeter, und Galathea ist die Nymphe, in die sich der Zyklop Polyphem verliebte.

Der fünfte Neptunmond ist Larissa, benannt nach der Mutter des Pelasgus. Der stark verkraterte Mond wurde offiziell 1989 gemeinsam mit den anderen entdeckt, war aber schon seit 1981 aufgrund von Untersuchungen der Sternbedeckungen bekannt. Proteus ist der sechste Mond des Neptun, benannt nach dem weisen Meergreis, der sein Erscheinungsbild beliebig verändern konnte. Er ist ein kleiner Mond mit nur 200 km Durchmesser, dessen graue und dunkle Oberfläche nur 6 % des einfallenden Sonnenlichts reflektiert.

Der Reichtum an Kratern spricht für eine geologische Geschichte, die durch wiederholte Zusammenstöße mit kleinen Asteroiden geprägt ist. Proteus hat eine sehr unregelmäßige Form, und das lässt vermuten, dass er im Lauf seiner geologischen Geschichte immer kalt und starr war. Die Bilder von Voyager 2 zeigen eine Oberfläche mit sehr vielen kraterähnlichen Strukturen, aber auch solchen, die an gerade Furchen erinnern. Die schlechte Auflösung der Bilder erschwert eine gründlichere Untersuchung. Der äußerste Mond wurde 1949 von Kuiper entdeckt und heißt nach einer Meernymphe Nereide. Seine exzentrische Bahn zeigt an, dass er ein Asteroid sein könnte, der vielleicht aus dem Edgeworth-Kuiper-Gürtel stammt und von der Schwerkraft des Neptun eingefangen wurde.

Pluto

Noch vor wenigen Jahrzehnten wäre die Aufgabe, die Eigenschaften von Pluto zu beschreiben, unlösbar gewesen. Er ist zu weit entfernt und zu klein, als dass ihn irdische Teleskope gut genug auflösen könnten. Weder die Voyager noch die Pioneer-Sonden sind bei ihren Erkundungsreisen durch das Sonnensystem in seine Nähe gekommen, und so blieb jede Beschreibung des Planeten reine Vermutung. Heute jedoch haben neue Beobachtungsverfahren (vor allem die Linsen des Raumteleskops Hubble, HST) uns so viel Datenmaterial vermittelt, dass wir ein einigermaßen genaues Bild vom System Pluto und seinem Mond Charon haben und ihn mit den anderen Objekten des Sonnensystems vergleichen können. Die erhaltenen Informationen haben sich als so wichtig erwiesen, dass sie eine Expedition mit einer automatischen Sonde nötig machen, die uns dieses seltsame himmlische System aus der Nähe betrachten lässt.

Etwas Geschichte

Die Entdeckung des Pluto hat faszinierende Aspekte. Seit 1880 suchen die Astronomen nach einem Planeten, der die Sonne in etwa 50–100 AE umläuft und jene Störungen in der Bahn des Uranus bewirken könnte, die sich nicht auf die vom Neptun ausgehenden Kräfte zurückführen ließen. Der als Marsforscher bekannte Percival Lowell widmete seine ganze Arbeitskraft dieser Forschung, starb aber nach 14 Jahren Arbeit »mit der größten Enttäuschung seines Lebens«, wie sein Bruder sagte, weil er, obwohl er von der Existenz dieses Objekts überzeugt war, es niemals finden konnte. Vierzehn Jahre nach seinem Tod, am 13. März 1930, konnte Clyde Tombaugh, ein junger Mitarbeiter des Observatoriums in Flagstaff, die Entdeckung eines neuen Planeten bekannt geben. Dieser lag nur 6° von der Position entfernt, die Lowell vermutet hatte. Man nannte den Planeten auch deshalb nach dem Gott der Unterwelt Pluto, weil dessen Anfangsbuchstaben die Initialen von Percival Lowell sind.
Die Analyse des damals verfügbaren Bildmaterials hat gezeigt, dass Pluto in Wirklichkeit bei mindestens zwei Gelegenheiten schon zu Lebzeiten Lowells am Lowell-Observatorium fotografiert worden war, und an anderen Orten sogar 14-mal. Das hätte auch damals schon die hinreichend genaue Bestimmung seiner Bahn ermöglicht.

Die Beobachtung des Pluto
So sehen Pluto und Charon in einem starken irdischen Teleskop aus. Um diese Planeten zu erkennen, braucht man ein Teleskop mit mindestens 25 cm Durchmesser.

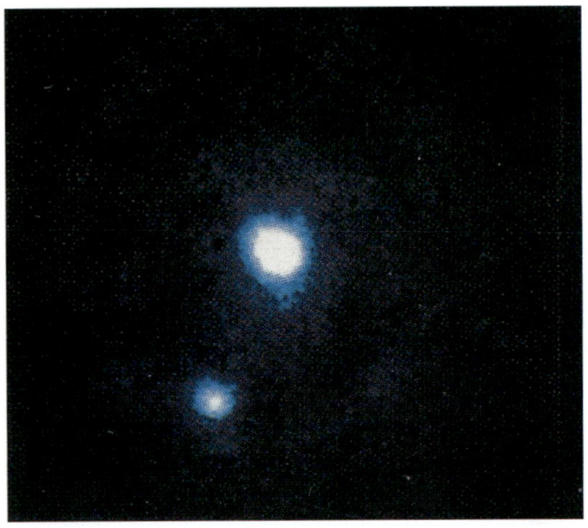

Ein Doppelsystem
Eine zeichnerische Darstellung des Pluto und seines Mondes Charon. Die beiden Körper sind fast gleich groß, bilden also praktisch ein Doppelplanetensystem.

Pluto erregte vor allem aufgrund der Bilder des HST die Aufmerksamkeit der Astronomen, was man gut versteht, wenn man etwas über die besonderen Eigenschaften des Systems weiß, das der Planet und sein Mond Charon bilden.
Wie wir heute wissen, sind Pluto und Charon etwa 39,4 AE von der Sonne entfernt, also etwa 5900 Millionen km. Aufgrund dieser gewaltigen Entfernung braucht das System für einen Umlauf um die Sonne etwa 248 Erdenjahre. Seit der Entdeckung des Pluto, aber vor allem seit der Entdeckung seines Mondes Charon (1978) wurden die Bahnen, Dichte und Strahlung der beiden Himmelskörper mit immer größerer Genauigkeit bestimmt.

Das Innere von Pluto

Beim Betrachten der heute bekannten Werte für Dichte, Strahlung und Rotationsperiode des Pluto (siehe die Tabelle) und unter der Voraussetzung, dass die kosmologische Häufigkeit von Wasser und Silikaten in diesen Entfernungen von der Sonne richtig bestimmt wurde, lässt sich dem Planeten eine innere Struktur zuschreiben. Es gibt dazu zwei Meinungen, und im Augenblick ist keine der anderen vorzuziehen. Nach dem ersten Modell liegt unter einer aus unterschiedlichen Elementen bestehenden Oberfläche, die vor allem aus Stickstoff, Methan und Kohlensäure besteht, eine etwa 230 km dicke Eisschicht, die in etwa 130 km Tiefe unterteilt ist; dort, meint man, geht das Eis unter dem Druck der darüber liegenden Schicht von einer Molekularstruktur in eine andere über. Darunter soll es einen Gesteinskern aus teilweise hydrierten Silikaten geben.

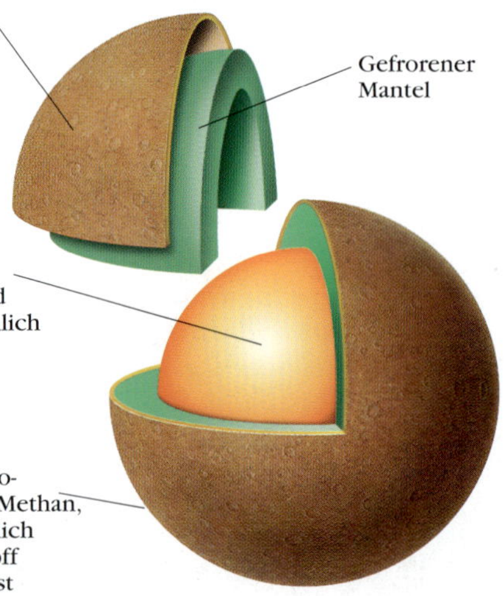

Der innere Aufbau von Pluto
Pluto hat zwar besondere Eigenschaften, ist aber ein fester Planet von der Art der terrestrischen Planeten, mit einem Kern, einem Mantel und einer Oberfläche. Seine Hauptbestandteile sind Wasser und Methan

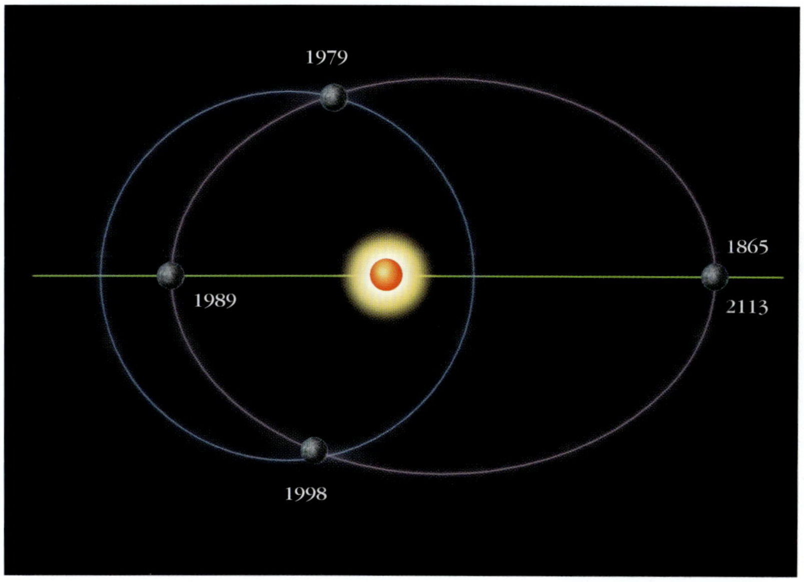

Die fernsten Körper
Die Bahnen von Neptun (blau) und Pluto (violett) schneiden sich aufgrund der ausgeprägten Elliptizität der Bahn des Pluto. Es gibt deshalb Zeiträume (der letzte dauerte von 1979 bis 1998), in denen Neptun der sonnenfernste Planet ist.

DIE DATEN DES PLUTO

Mittlere Entfernung von der Sonne: 5900 Millionen km (min. 4425 und max. 7375)
Durchmesser: 2390 km
Mittlere Bahngeschwindigkeit um die Sonne: 4,7 km/s
Periode einer Drehung um die Achse: 6d 8h (retrograd)
Periode des Umlaufs um die Sonne: 247,7a
Bekannte Monde: 1
Masse (Erde = 1): 0,002
Volumen (Erde = 1): 0,005
Mittlere Dichte: 1,1 g/cm^3
Mittlere Oberflächentemperatur: –230 °C
Neigung der Achse: 122°
Neigung der Bahn zur Ekliptik: 17,2°
Druck an der Oberfläche (Erde = 1): 10^{-4}–10^{-6}
Atmosphäre: Stickstoff, Methan

Auch nach dem zweiten Modell hat Pluto eine Eisschicht von etwa 250 km Dicke, aber zwischen ihr und dem inneren Silikatkern wird eine etwa 100 km dicke Schicht mit organischer Materie vermutet. Das Vorhandensein von Eis könnte als Folge der Trennung der Eisschicht von der primordialen Gesteinsschicht gesehen werden, aus der der Planet bestand, als dieser von einem oder mehreren Asteroiden getroffen wurde, die sein Inneres erhitzten. Falls aber Pluto niemals mit einem anderen Himmelskörper zusammengestoßen ist, ließe sich das Aufsteigen von Wasser in die oberen Schichten des Planeten einfach auf die Wärme zurückführen, die von den radioaktiven Elementen im Gestein erzeugt wird. Auf der Oberfläche des Planeten haben sich schon vor einigen Jahren während seiner Rotation Schwankungen der Leuchtkraft gezeigt (die vom HST genauer nachgewiesen werden konnten), die sich als hellere und dunklere Bereiche zeigen. Heute meint man, dass die hellste Materie vor allem aus festem Stickstoff besteht, das sich mit anderen Molekülen verbunden hat. Spektroskopische Untersuchungen, die auf der Erde durchgeführt wurden, zeigen an, dass Methaneinschlüsse etwa 1% der Masse ausmachen. Gelegentlich scheint das Methan jedoch homogene Flecken zu bilden, die sich gut von denen unterscheiden lassen, die sich in einer Zone finden, in der die Temperatur höher ist als in der Umgebung. Ein anderer Bestandteil der Oberfläche könnte Kohlensäure sein, die aber weniger als 1% ausmacht. Laboruntersuchungen, die sich bemühen, die Oberflächenbedingungen auf Pluto zu rekonstruieren, lassen vermuten, dass der Stickstoff Kristalle in messbarer Größe bilden könnte.

Nicht nur Stickstoff

Die Temperaturschwankungen zwischen den langen Jahreszeiten des Planeten könnten Phasenübergängen des Stickstoff entsprechen. Im Lauf eines Plutojahrs geht der Stickstoff von einer Kristallstruktur größerer zu einer Struktur geringerer Dichte über und trägt so zu den Schwankungen der Leuchtkraft bei, die sich auf seiner Oberfläche beobachten lassen. Andererseits sind Stickstoff, Methan und Kohlensäure möglicherweise nicht die einzigen Elemente der Oberfläche, auch wenn wir trotz aller Bemühungen bis heute noch keine anderen Moleküle beobachten konnten. Aufgrund von Untersuchungen im Infrarotbereich, die mit dem Satelliten IRAS durchgeführt wurden, vermutet man, dass gewisse Bereiche des Pluto nicht überwiegend mit Stickstoff bedeckt sind, weil sie eine niedrigere Reflexionsfähigkeit, eine rötliche Farbe und etwas höhere Temperatur aufweisen. Die Zusammensetzung der dunklen Flecken in der Nähe des Äquators und an einigen Punkten in Polnähe ist nicht bekannt; dort könnte es feste organische Stoffe geben.
Die Oberfläche von Charon reflektiert weniger als Pluto. Spektroskopische Untersuchungen zeigen, dass Charon zum großen Teil mit Wassereis und anderen, nicht identifizierten Bestandteilen bedeckt ist,

Körper jenseits von Neptun?
Eine zeichnerische Darstellung von Pluto, Charon und anderen kleinen Körpern, die vermutlich zum Edgeworth-Kuiper-Gürtel gehören.

Die Atmosphäre

Unser Wissen über die Eigenschaften der Atmosphäre des Pluto stammt aus mehreren Quellen: Eine ist die direkte Beobachtung der Oberfläche, die sicher mit dieser Atmosphäre in Wechselwirkung ist, wenn der Planet von einem Stern verdeckt wird, und eine andere, indirekte ergibt sich durch den Vergleich mit dem Neptunmond Triton, der viel Ähnlichkeit mit Pluto hat, und schließlich sind auch Computersimulationen hilfreich.
Da alle Verfahren bemerkenswerte Schwankungen der Reflexivität der Oberfläche zeigen, nimmt man an, dass es wichtige horizontale Schwankungen der Temperatur geben muss, die sich natürlich auf die darüber liegende Atmosphäre auswirken müssen. Einige Modelle behaupten sogar eine seitliche Schwankung um den Faktor zwei, was im Sonnensystem einmalig wäre. Aufgrund der Daten aus Sternbedeckungen scheint die Temperatur vertikal pro Kilometer um 10 bis 30 Kelvin abzunehmen. Insgesamt legen die oben beschriebenen For-

die die grauen Flecken auf der Oberfläche des Mondes bilden.
Die Bestimmung der genauen Zusammensetzung anderer Gebiete erweist sich sowohl auf Pluto als auch auf Charon als extrem wichtig, wenn man den Ursprung dieser und anderer kleiner Körper am Rand des Sonnensystems verstehen will. Wenn diese beiden Objekte besser bekannt wären, könnte man beispielsweise auch herausfinden, ob das organische Material, aus dem sie bestehen, schon in der interstellaren Wolke vorhanden war, aus der das Sonnensystem entstanden ist, oder ob es sich erst im Lauf der Zeit in Folge eines kosmischen Bombardements oder durch fotochemische Prozesse auf der Oberfläche entwickelt hat.

Der Ursprung von Charon
Eine der Hypothesen über den Ursprung des Charon besagt, dass dieser bei einem Zusammenstoß von Pluto mit einem sehr großen Körper entstand.

Vollkommene Auflösung
Pluto und Charon in einer Aufnahme des Hubble-Raumteleskops am 21. Februar 1994. Auf den ersten von der Erde gemachten Aufnahmen war es fast unmöglich, die beiden Körper zu unterscheiden.

PLUTO VOM HUBBLE-TELESKOP AUS GESEHEN

Diese Bilder gehören zu den ersten, die mit dem Hubble-Teleskop aufgenommen wurden. Sie zeigen etwa 85% der Oberfläche des Planeten. Man erkennt die hellen und dunklen Bereiche, die Pluto zu einem Körper mit großräumigen Kontrasten machen, was sonst nur noch bei der Erde der Fall ist. Die Bilder ermöglichen es, etwa ein Dutzend Bereiche mit unterschiedlicher Reflexivität zu unterscheiden. Andere starke Kontraste auf der Oberfläche können als topografische Strukturen wie Becken oder Einfallskrater gedeutet werden. Große Teile der Oberfläche des Pluto sind jedoch höchstwahrscheinlich durch komplizierte Verteilung der gefrorenen Gebiete entstanden, die im jahreszeitlichen Zyklus auf der Oberfläche wandern. In den kurzen warmen Zeiten, in denen Pluto sich der Sonne nähert, sublimiert ein Teil des gefrorenen Bereichs (verwandelt sich direkt in Gas), was die Dichte der Atmosphäre erhöht. Wenn sich der Planet dann wieder weiter entfernt, kondensiert ein Teil der Atmosphäre und fällt in Form von »Schnee« auf den Planeten zurück. Das sind dann die hellsten Bereiche.

PLUTO-EXPRESS-MISSION

Zur Erkundung des Systems Pluto – Charon aus der Nähe wird eine wissenschaftliche Mission erwogen, die so genannte Pluto-Express-Mission, die von den USA in Zusammenarbeit mit Russland verwirklicht werden könnte. Das Ziel dieser Mission wäre es, die beiden Objekte mit einer sehr leichten und technologisch hoch entwickelten Sonde zu untersuchen, die in der Lage wäre,
- die geologischen und geomorphologischen Eigenschaften der beiden Körper zu enthüllen,
- eine Karte der chemischen Zusammensetzung zu gewinnen,
- die Zusammensetzung der Atmosphäre, ihre thermische Struktur und die Eigenschaften der Aerosole zu bestimmen,
- die Grenzen des Sonnensystems zu bestimmen.

Die Sonde könnte von einer russischen oder amerikanischen Rakete in den Raum getragen werden und würde bei einer mittleren Geschwindigkeit von etwa 18 km/s nach etwa 12 Jahren ihr Ziel erreichen. Sie würde drei Begegnungen mit Venus und eine mit Jupiter nutzen, um von ihnen neuen Schwung zu erhalten. Nachdem sich dann eine von den Russen gebaute Mikrosonde vom Mutterschiff abgelöst hat, die sich der Oberfläche des Pluto nähert, umläuft die Hauptsonde Pluto in einer Entfernung von 15 000 km und fotografiert ihn mit einer Auflösung von 5–10 km.

schungsergebnisse eine vertikale Unterteilung der Atmosphäre in zwei Teile nahe, eine äußere, oberhalb von 1215 km, und eine innere darunter liegende. Der Atmosphärendruck beträgt bei 1215 km etwa 2,33 Mikrobar. Die beiden Schichten sind anscheinend durch eine Aerosol-Schicht getrennt. Der Druck an der Oberfläche sollte zwischen 3 und 160 Mikrobar schwanken, und die Temperatur im Mittel zwischen –228 und –238 °C liegen. Diese Werte sind denen ähnlich, die für den atmosphärischen Druck auf der Oberfläche von Triton geschätzt werden. Selbst wenn der Druck viel niedriger wäre, sollte er ausreichen, um als Folge der starken Temperaturschwankungen physikalische Vorgänge auszulösen. Der Hauptbestandteil der Atmosphäre ist molekularer Stickstoff (N_2), da dieser sich aus Materie entwickelt hat, die die Oberfläche des Planeten bildet. Bei den heute auf der Oberfläche von Pluto herrschenden Temperaturen ist der Stickstoff leichter flüchtig als Kohlendioxid und Methan, das wohl den Hauptbestandteil bildet. Trotzdem sollte es in der Atmosphäre Moleküle, Atome und Ionen aus fotochemischen Prozessen geben, also Wasserstoff und atomaren Stickstoff, Zyanidsäure und andere Kohlenwasserstoffe. Atomarer und molekularer Wasserstoff sind jedoch extrem leicht und neigen dazu, sich im Raum zu verteilen. Entweder war also die Menge des Methans, die bei der Entstehung des Planeten zur Verfügung stand, so groß, dass sie heute nicht vollständig verteilt ist, oder dieser Stoff gelangt aus dem Inneren des Planeten an die Oberfläche.

Pluto und Charon

In Anbetracht der Einzigartigkeit der physikalischen Eigenschaften und der Bahnen dieser beiden Himmelskörper erscheint die Vermutung vernünftig, dass wir einige der Geheimnisse entschleiern könnten, die die Entstehung des Sonnensystems noch umgeben, wenn wir den Ursprung des Systems Pluto – Charon kennen würden. Zu den Besonderheiten gehören
- die mit mehr als 17,2° starke Neigung ihrer Bahn zur Ekliptik
- die im Vergleich mit den äußeren Planeten des Sonnensystems geringe Größe
- die Kopplung von Spin und Bahn, also die Tatsache, dass die Umlaufzeit von Charon um Pluto gleich der Rotationsperiode von Pluto ist. Mit anderen Worten: Charon steht immer über demselben Punkt der Oberfläche von Pluto: Er ist ein Mond, der weder aufgeht noch untergeht.
- die Unterschiede zwischen den Eigenschaften der Oberflächen der beiden Körper und möglicherweise auch ihrer Kerne.

All das führt zu der Vermutung, dass Pluto und Charon nicht durch gleichzeitigen Einfang von Materie oder Spaltung eines großen Körpers entstanden sind, wie gelegentlich vermutet wird. Das einzige Szenario, das die meisten Parameter dieses Doppelsystems erklären kann, ist ein Zusammenstoß zwischen Pluto und riesigen Asteroiden, die Durchmesser von 1000 km oder mehr gehabt haben könnten. Diese zerschmetterten den Planeten und entrissen ihm sehr viel Materie, die sich im Lauf von etwa 10 Millionen Jahren wieder um Pluto sammelte und seinen Mond Charon bildete. Noch wahrscheinlicher ist, wie neuere Theorien nahe legen, dass diese beiden Körper gemeinsam mit Triton zu den größten Vertretern jener Kategorie von Körpern gehören, die an den Grenzen des Sonnensystems als die Körper des Edgeworth-Kuiper-Gürtels bekannt sind.

An den Grenzen des Sonnensystems
Eine imaginäre Sonde nähert sich Pluto und Charon. Bis heute ist Pluto der einzige Planet des Sonnensystems, der noch nicht von einer Sonde besucht wurde.

Der Edgeworth-Kuiper-Gürtel

Bald nach der Entdeckung des Uranus erkannten die Astronomen, dass seine Bahn durch einen Körper von Planetengröße gestört wurde. Diese Überlegungen führten zur Entdeckung des Neptun. Genaue Berechnungen zeigten jedoch, dass ein unerklärlicher Rest blieb, die Bahnparameter der Planeten also immer noch nicht ganz erklärbar waren. Dann entdeckte Clyde Tombaugh 1930 Pluto, und damit schien das Problem zunächst gelöst zu sein, aber immer noch behaupteten Astronomen, es gäbe ungeklärte Fragen zu den Planetenbahnen. So entstand die Legende vom »Planeten X«, dem Phantom eines Planeten jenseits der Bahn des Pluto, der mit seiner Schwerkraft die Bewegung der inneren Planeten beeinflusst. Er wurde trotz vieler Bemühungen niemals gefunden.

Eine glückliche Vorhersage

Um 1950 tauchte ein anderer Gedanke zu diesem Thema auf. Damals beschäftigten sich der irische Amateurastronom E. Edgeworth und der aus Holland stammende

Das umgebende Dunkel
Künstlerische Darstellung des Panoramas, das ein hypothetischer Beobachter von einem Körper des Edgeworth-Kuiper-Gürtels aus sehen würde. Die meisten Körper sind unregelmäßig geformt.

Drei Mitglieder derselben Familie?
Der Neptunmond Triton könnte zusammen mit Pluto und Charon zum Edgeworth-Kuiper-Gürtel gehören. Diese drei Körper haben sehr ähnliche Eigenschaften.

amerikanische Astronom Gerard P. Kuiper mit dem Nebel, aus dem das Sonnensystem entstanden ist, und es kam ihnen seltsam vor, dass das Sonnensystem so plötzlich ausgerechnet in einer Entfernung aufhören sollte, die der Bahn des Neptun entspricht. Sie behaupteten deshalb 1949 und 1951 unabhängig voneinander, es müsse in diesem Bereich eine Gruppe mittelgroßer Körper geben. Die Hypothese konnte damals nicht durch Beobachtung bestätigt werden, weil die Beobachtung so ferner kleiner Himmelskörper die Möglichkeiten unserer Instrumente überstiegen. In den letzten Jahren aber wurden solche Körper in großer Zahl entdeckt und Vorhersagen von Edgeworth und Kuiper bestätigt.

Millionen von Himmelskörpern

Nach heutiger Ansicht hat der Edgeworth-Kuiper-Gürtel eine abgeflachte Form, liegt zwischen etwa 30 und 100 AE von der Sonne entfernt und enthält im Bereich zwischen 30 und 50 AE über 70 000 Objekte mit einem Durchmesser von mehr als zehn Kilometern. Jenseits der Grenzen, die der Beobachtung gesetzt sind, liegen mit größter Wahrscheinlichkeit noch mehr. Außerdem gibt es wahrscheinlich im Inneren des Gürtels 10 Millionen Körper mit mehr als 10 Kilometer Durchmesser und 10 Milliarden Objekte mit mehr als 1 km Durchmes-

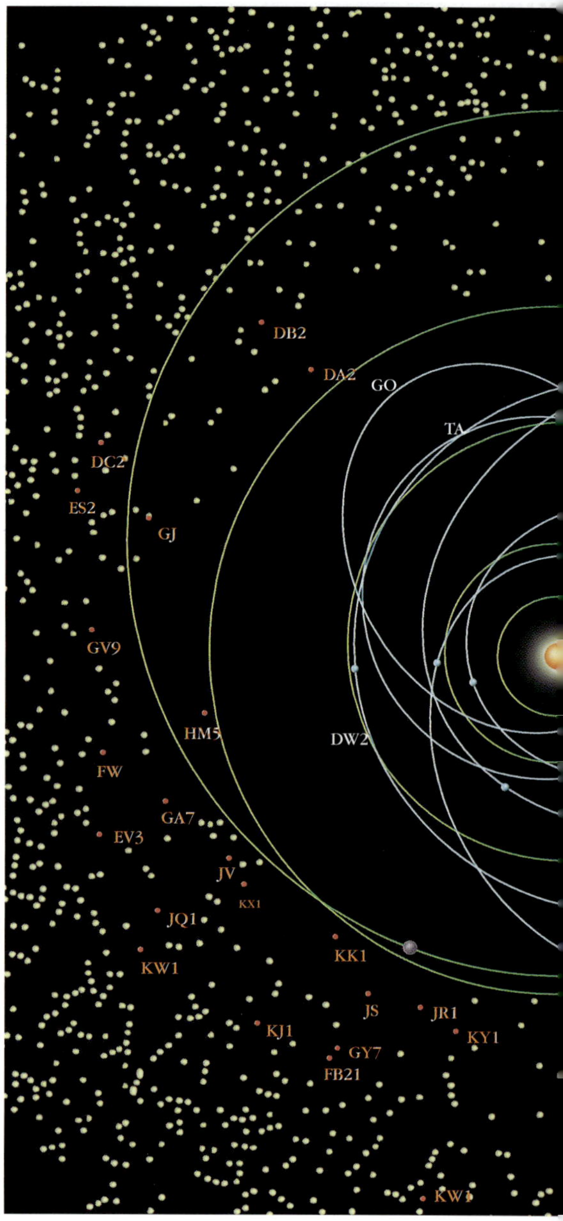

Die Verteilung der Centauren
Eine schematische Darstellung der räumlichen Verteilung sehr vieler der bekannten Centauren und die Bahnen einiger von ihnen (blau) im Vergleich mit denen der Planeten (grün).

ser. Gelegentlich wird die Bahn eines dieser Objekte durch gravitative Wechselwirkung mit den Riesenplaneten verändert, und dann kann seine Bahn die des Neptun kreuzen. In diesem Fall ist es sehr wahrscheinlich, dass eine nahe Begegnung mit Neptun ihn aus dem Sonnensystem hinausschleudert. Manchmal gerät einer dieser Körper auf eine Bahn, die ihn in die Nähe eines anderen Riesenplaneten oder geradewegs zu den terrestrischen Planeten bringt. Zum Edgeworth-Kuiper-Gürtel gehören auch die so genannten Centauren, denen wir einen Teil unseres Wissens über die Bedingungen im primordialen Sonnensystem verdanken. Außerdem sind die Centau-

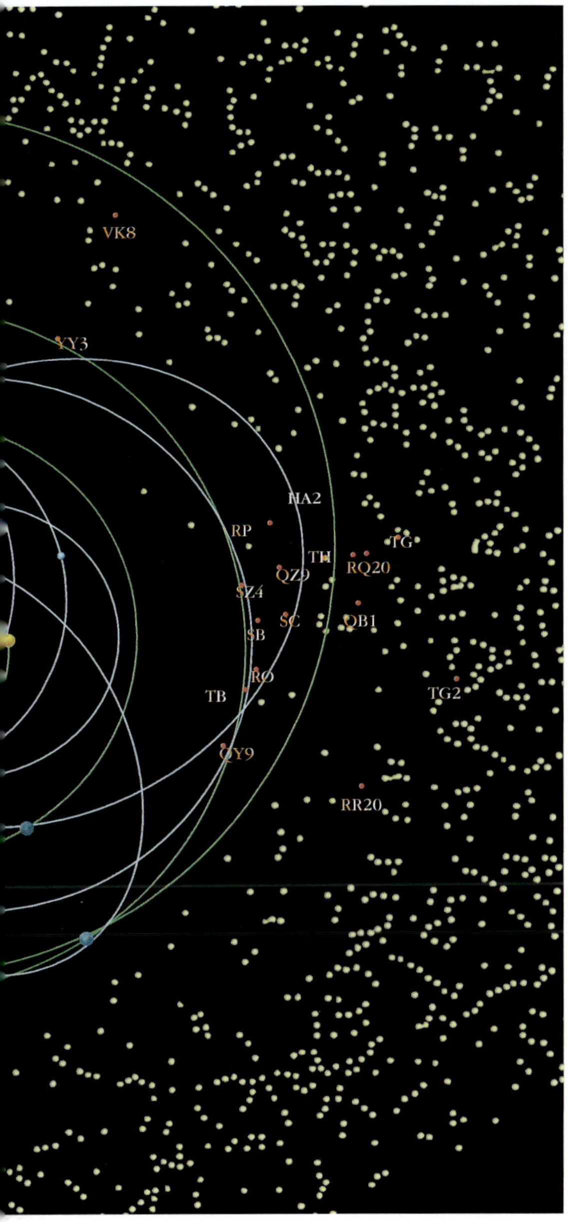

ren, wie schon Kuiper behauptete, höchstwahrscheinlich die Kerne von Kometen mit kurzer Periode.

Der Erste der Centauren

Der bei weitem Größte der himmlischen Centauren ist Chiron, der seinen Namen dem Gerechtesten und Weisesten unter den Centauren verdankt. In der griechischen Sage sind die Centauren Ungeheuer, halb Mensch und halb Pferd. Chiron fand sich zuerst 1977 auf einer fotografischen Platte, die nach Asteroiden durchsucht wurde. Sein Durchmesser wurde auf 160 bis 200 km geschätzt, und die Berechnung seiner Bahn erlaubte es, ihm ein Aphel von 18,9 AE und ein Perihel von 8,42 AE mit einer Umlaufzeit von 50 Jahren zuzuschreiben. Er wurde zu den Asteroiden gezählt und 2060 Chiron genannt. Aber das ist erst der Anfang der Geschichte, denn ein Vergleich der neuen Beobachtungen mit den älteren Daten zeigte, dass Chiron seine Leuchtkraft fast verdoppelt hatte. Ein ähnliches Phänomen wurde noch bei keinem anderen Asteroiden beobachtet, sondern vielmehr Kometen zugeschrieben. Neue Beobachtungen bestätigen, dass Chiron ein Komet ist, der bei dieser Gelegenheit eine schwache Koma und einen richtigen, wenn auch kleinen Schweif zeigte. Chiron mag zwar wie ein Komet aussehen, ist aber doch für einen Kometen ungewöhnlich groß und eher von der Art eines Planeten, während Kometen im Allgemeinen um einen Faktor zehn kleiner sind. Wegen dieser Ungewissheit nennt man ihn gelegentlich P/Chiron, bezeichnet ihn also als Komet. Mittlerweile gibt es viele Beobachtungshinweise auf etwa ein Dutzend andere Objekte dieser Art.

Woher kommen sie?

Die im Wesentlichen instabilen Bahnen der Centauren lassen vermuten, dass sie nicht in dem Bereich entstanden sind, in dem wir sie heute beobachten, sondern wahrscheinlich in viel größerer Entfernung. Sie könnten deshalb die Stammväter einer Kategorie von Himmelskörpern sein, die man »Kometen im Übergang« nennen könnte. Nachdem sie sich im Edgeworth-Kuiper-Gürtel gebildet haben, wurden sie von Riesenplaneten eingefangen und in innere Bereiche des Sonnensystems geschleudert. Heute überlegen die Astronomen auch, ob der Gürtel nur ein Speicher für Kometen mit kurzer Periode ist oder ob sich dort auch andere Objekte befinden. Das könnte beispielsweise bei Pluto, seinem Mond Charon und dem Neptunmond Triton zutreffen. Diese drei Körper sind einander sehr ähnlich, aber ganz anders als ihre »Nachbarn« wie etwa Neptun. Sie haben alle drei eine viel größere Dichte als die Riesenplaneten und sehr seltsame Bahnparameter. Außerdem ist Pluto in 3:2-Resonanz mit Neptun; er macht also in der Zeit zwei Umläufe um die Sonne, in der Neptun drei macht. Vielleicht sind diese drei Körper die Überlebenden einer größeren Menge von Himmelskörpern ähnlicher Größe, die von Neptun angezogen werden, der einerseits Triton so stark bindet, dass er ein richtiger Mond ist, und andererseits durch die Bahnresonanz das System Pluto – Charon so »stabilisiert«, dass mögliche Zusammenstöße mit den Riesenplaneten verhindert werden. Tatsächlich schneidet die Bahn von Pluto die des Neptun, so dass Neptun zu bestimmten Zeiten sonnennäher ist als Pluto; die Resonanz verhindert jedoch einen Zusammenstoß. Eine Bestätigung dafür findet sich in den Bahneigenschaften der anderen bekannten Centauren. Viele haben dieselbe Resonanz mit Neptun wie Pluto. Auf diese Weise können sie sich der Bahn des Neptun nähern, ohne dem Planeten gefährlich nah zu kommen. Die Centauren mit diesen Eigenschaften werden »Plutiner« genannt. Von ihnen haben 35 bis 40% ein Perihel, das, wie Pluto, die Bahn des Neptun schneidet, und ein Aphel innerhalb von 39 AE; die anderen Centauren (nicht die Plutiner) sind im Allgemeinen weiter von der Sonne entfernt.

GERARD P. KUIPER (1905–1973)

Der in Holland geborene Kuiper verbrachte den größten Teil seines Lebens in den USA, deren Bürger er wurde. Sein Name wird vor allem mit dem Gürtel der Himmelskörper jenseits des Neptun verknüpft, der heute als Edgeworth-Kuiper-Gürtel bekannt ist, aber Kuiper befasste sich auch mit vielen anderen Bereichen der Astronomie. Sehr wichtig sind seine Untersuchungen zur Oberfläche des Mondes; außerdem entdeckte er Nereide, den achten Neptunmond, und Miranda, den fünften Mond des Uranus. 1944 gelang ihm durch Beobachtungen von Titan, dem größten Saturnmond, der erste Nachweis für das Vorkommen einer Atmosphäre um einen Mond des Sonnensystems. Außerdem stellte er eines der ersten Systeme zur spektralen Klassifizierung der weißen Zwerge auf und beschäftigte sich mit Doppelsternen.

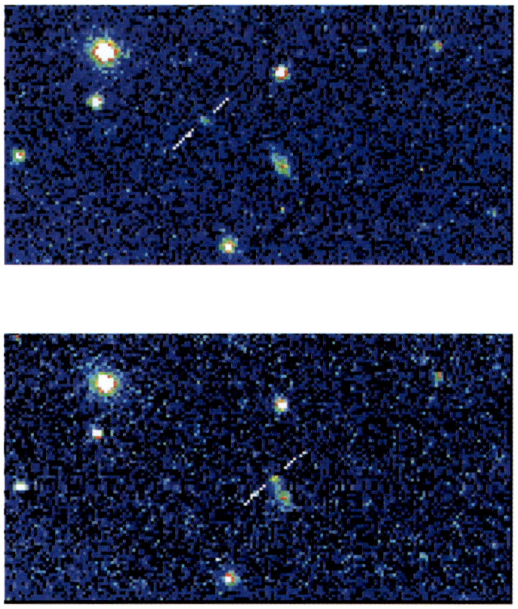

Sehr schwache Körper
Die Bilder der Entdeckung von 1993 SC (angedeutet durch weiße Striche), vermutlich ein Centaur. Die kleine Verschiebung gegenüber den Sternen zeigt, dass er zum Sonnensystem gehört.

Kometen

Kometen haben wohl schon immer fasziniert. Die Völker des Altertums sahen das Erscheinen dieser Himmelskörper mit dem langen leuchtenden Schweif oft als Vorzeichen von Unheil oder großem Unglück. Dieser Aberglauben hängt vielleicht mit der Plötzlichkeit des Auftauchens dieser Körper zusammen und mit der Tatsache, dass sie gelegentlich sogar am Tag sichtbar sind. Wegen dieser Eigenschaften hielten unsere Ahnen die Kometen für Zeichen der Götter für die Menschen. Erst in der Renaissance und dank Tycho Brahe wurden die Kometen als Himmelskörper gesehen. Johannes Kepler entdeckte, dass ihre Bewegung gesetzmäßig verläuft, und später verstand man aufgrund der Erkenntnisse Isaac Newtons, dass die Kometen auf elliptischen oder hyperbolischen Bahnen laufen.

Der Aufbau eines Kometen
1) Kern. 2) Koma. 3) Staubschweif. 4) Gasschweif. 5) Bahnrichtung des Kometen. 6) Sonnenwind. Der Gasschweif weist immer von der Sonne weg, während der Staubschweif in der Bahn des Planeten liegt.

Halleys Komet

Der Erste, der die Bahn eines Kometen genau berechnete und seine Wiederkehr vorhersagte, war der englische Astronom Edmond Halley (1656–1742). Er untersuchte die Kometen anhand eines Katalogs, der ihr Auftreten seit dem Jahr 1337 verzeichnete, und erkannte aufgrund der damals gerade von Newton entwickelten Gravitationstheorie, dass die Eigenschaften des 1682 beobachteten Kometen mit denen eines 1607 und 1531 erschienenen Kometen übereinstimmten. Halley vermutete, dass es sich um dasselbe Objekt handelte, und sagte nach der Berechnung der Bahn seine Wiederkehr für das Jahr 1758 vorher. Leider lebte er nicht lange genug, um seine Theorie bestätigt zu sehen. Am 24. Dezember 1758 fand der sächsische Landwirt und Amateurastronom Johann Palitzsch den Kometen genau an dem von Halley vorhergesagten Ort.

Die Archäoastronomie fand heraus, dass die ersten Sichtungen von Halleys Komet bis in das Jahr 2467 v. Chr. zurückgehen, auch wenn sein Erscheinen offiziell erst 240 v. Chr von chinesischen Astronomen verzeichnet wurde. Seitdem ist er 29-mal erschienen (alle 76 Jahre), das letzte Mal 1986. Damals sandte die Sonde Giotto wunderbare Bilder des Kerns zur Erde.

Der König der Kometen
Der Komet Halley auf seiner Reise im Jahr 1986. Bei der Beschäftigung mit diesem Kometen erkannte 1682 Edmond Halley die Periodizität seiner Bahn und sagte seine Wiederkehr für 1758 vorher.

Der Ursprung der Kometen

Kometen bestehen aus einem Kopf, der einen kleinen Kern enthält und von leuchtendem Gas, der Koma, umgeben ist. Wenn ein Komet in Sonnennähe ist, hat er einen auffallenden Schweif, der sich oft einige Millionen Kilometer weit in den Raum erstreckt und immer von der Sonne weg zeigt. Unter den Resten des protosolaren Nebels, also der Gas- und Staubscheibe, in der die Sonne und Planeten entstanden sind, sind auch viele sehr kleine Körper, deren Bahnen entweder zwischen denen der Planeten liegen (die Asteroiden) oder in großer Entfernung von den Planeten. Das sind die Kometen. Sehr viele dieser kleinen steinigen Körper mit einem Durchmesser von wenigen Kilometern und sehr unregelmäßigen Formen enthalten viele gasförmige Komponenten sowie viel Eis und laufen auf Bahnen zwischen 30 000 und 50 000 AE.

Die Gravitationswirkung der Planeten, zu denen vermutlich die der nächsten Sterne hinzukommt, veranlasst einige Kometen dazu, ihre Bahn zu verändern und in den

Der Kern von Halleys Komet
Der Kern von Halleys Komet in einer Aufnahme der Sonde Giotto im März 1986. Bis heute hat nur diese Sonde einen Kometenkern aus der Nähe aufgenommen.

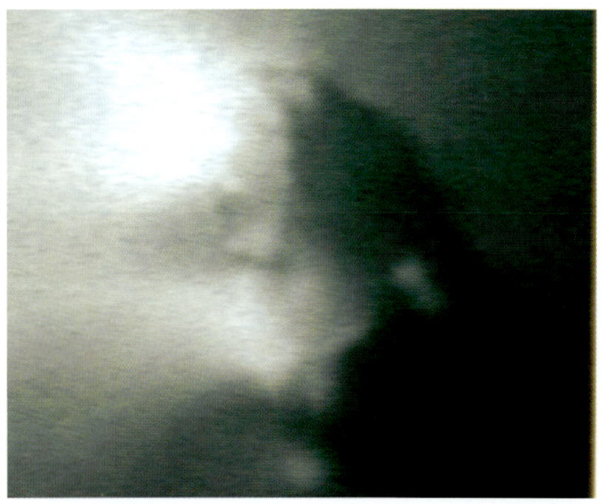

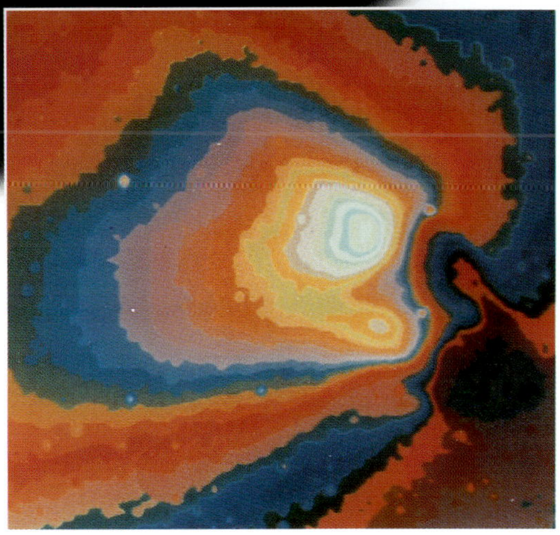

Bereich der großen Planeten einzudringen, wo sie dann sichtbar werden.
Der holländische Astrophysiker Jan Oort (1900–1992) vermutete als Erster die Existenz einer »Wolke« von Kometen an der Grenze unseres Planetensystems. In dieser Entfernung von der Sonne liegt die Temperatur in der Nähe von 10 K, weshalb diese Objekte Kohlenmonoxid, Methan und Schwefel in molekularer Form enthalten, Stoffe, die schon bei geringer Erwärmung gasförmig werden. Im Inneren der Oortschen Wolke gibt es wahrscheinlich einige hunderttausend Kometenkerne. Allerdings wurde in den letzten Jahren vermutet, dass die »Vorratskammer« für kurzperiodische Kometen ein Gürtel mit Milliarden Objekten ist, der jenseits der Bahn des Neptun liegt. Dieser Gürtel, den die Astronomen Kenneth Edgeworth und Gerard Kuiper um 1950 vermuteten und der heute tatsächlich auch beobachtet wird, ist der so genannte Edgeworth-Kuiper-Gürtel.

Aus ferner Vergangenheit
Die Koma des Kometen Halley im Lauf der Reise 1986. Die Wiederkehr dieses periodischen Kometen nach jeweils 76 Jahren ist seit mehr als zweitausend Jahren belegt.

Unterschiedliche Bahnen

Die Schwerkraft eines Planeten kann einen Kometen zwingen, seine Bahn zu ändern und sich dem Inneren des Sonnensystems zu nähern. Er ist dann gleichsam von der Schwerkraft gefangen, die von den Planeten, insbesondere dem größten, Jupiter, ausgeht. Andere Kometen laufen auf hyperbolischen Bahnen, die sie nur ein einziges Mal in Sonnennähe bringen, und dann wieder in den interstellaren Raum zurückkehren lassen, andere dagegen auf stabilen elliptischen Bahnen, die sie regelmäßig in die Nähe der Sonne führen und sie periodisch sichtbar machen. Die kurzperiodischen Kometen sind jene, die für einen Umlauf weniger als hundert Jahre brauchen. Gewöhnlich sind ihre Bahnen, ähnlich wie die Bahnen der Planeten, nicht sehr stark zur Ekliptik geneigt.
Fern von der Sonne ist ein Komet so unsichtbar wie viele andere kleine Körper, aber jedes Mal, wenn er sich den inneren Bereichen des Sonnensystems nähert, lässt die von der Sonne erzeugte Wärme einen Teil des im Kern vorhandenen Eises verdampfen, und dieser Dampf bildet zusammen mit anderen Gasen die Koma und den Schweif. Im Lauf der Zeit und nach hunderten von Umläufen haben kurzperiodische Kometen ihre Materie gewöhnlich durch Verdampfung erschöpft und werden zu einem dunklen winzigen Körper unter vielen.
Gelegentlich begegnet die Erde bei ihrem eigenen Umlauf um die Sonne der von einem Kometen abgestoßenen Materie (Staub und Gas), die beim Durchqueren unserer Atmosphäre die hell glänzenden Meteore bilden, die wir auch Sternschnuppen nennen.

Die Koma

Die Koma bildet sich, wenn zunächst Kohlenmonoxid und Kohlendioxid des Kometen verdampfen, und später, wenn der Komet in den Gürtel zwischen Jupiter und Mars kommt, auch das Eis sublimiert. Da der Kern kaum eine Anziehungskraft ausübt, verliert sich das ausgestoßene Gas im Raum und wird fortwährend von neuer Materie ersetzt. Das Verdampfen spielt sich nur auf der aktiven, der Sonne zugewandten Seite des Kometen ab. Die Hauptbestandteile der Koma sind außer den genannten Stoffen auch Formaldehyd und Methan, aber es gibt in der Koma auch

Jetströme in Falschfarben
Ein anderes Bild des Kerns von Halleys Komet, das von der Sonde Giotto aufgenommen und in Falschfarben verarbeitet wurde. Der Kern ist der dunkle Fleck unten rechts; der weiße Fleck in der Mitte ist ein Staubjet.

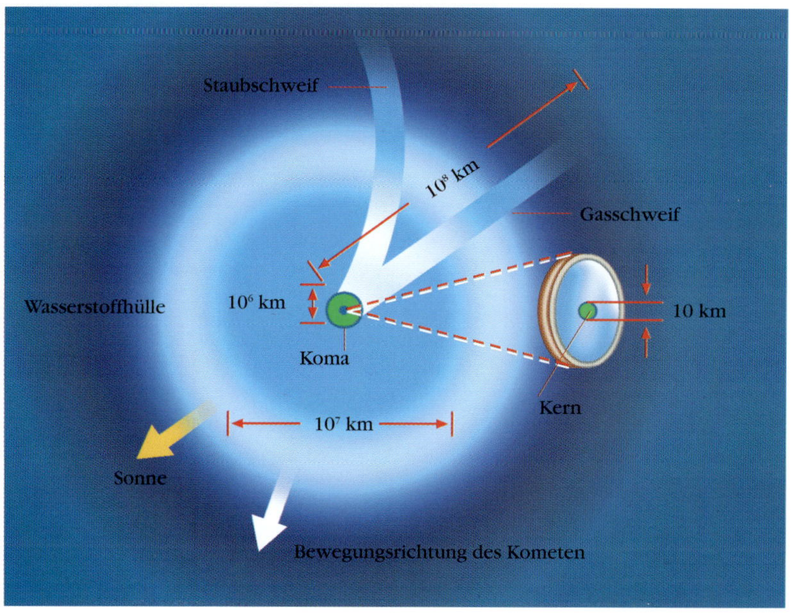

Koma und Schweif
Eine schematische Darstellung des Aufbaus eines Kometen und seiner Komponenten.

viele kleine feste Teilchen mit Durchmessern von weniger als einem Zehntel Mikrometer. Die vom Kern in sehr heftigen Jets ausgesandte Materie kann sich über hunderttausende von Kilometern in den Raum ausbreiten. Die Materie entweicht auf einer Geraden, aber der Druck des Sonnenwinds drängt die Materie von der Sonne weg. Manchmal bildet sich auch ein Staubschweif, in dem sich die Staubkörner nach ihrer Größe sortiert voneinander trennen. Man meint, dass die Temperatur dieses Halo, der den Kern einhüllt im Bereich der Jets bei etwa –70 °C liegt und sich in den weiter entfernten Zonen bis auf –250 °C abkühlt. Nur wenn sich die Teilchen der Koma wegen der geringen Dichte spalten und Energie freisetzen, steigt die Temperatur auf etwa –170 °C.
Der mittlere Durchmesser der Koma eines Kometen beträgt gewaltige 100 000 km, aber die Dichte und die Masse sind sehr gering. Einige Moleküle werden von der ultravioletten Sonnenstrahlung auf dem Weg vom Kern zum Schweif zerlegt und ionisiert; in Sonnennähe zerfallen die Moleküle der Koma durch die Wechselwirkung mit dem Sonnenwind viel rascher.
Die scheinbare Helligkeit eines Kometen hängt davon ab, wie weit er von Sonne und Erde entfernt ist: Die Helligkeit ist proportional zur vierten Potenz der Entfernung von der Sonne, was bedeutet, dass die Kometen Licht nicht nur reflektieren, sondern auch absorbieren und zum Teil wieder emittieren.
Folglich spielt für die Bestimmung der Leuchtkraft der Grad der Sonnenaktivität eine große Rolle. Wenn die Sonnenaktivität plötzlich zunimmt, kann man beobachten, wie ein Komet bei der Annäherung an die Sonne plötzlich und gleichmäßig heller

Begegnung im Raum
Zeichnerische Darstellung der Begegnung der Sonde Giotto mit Halleys Komet. Die Sonde startete am 2. Juli 1985 und erreichte ihr Ziel im März des folgenden Jahres.

Der Komet West
Der spektakuläre Schweif des Kometen West tauchte 1975 auf; nach dem Durchgang durch das Perihel zerbrach sein Kern in vier Teile.

wird. In Kometen mit sehr kurzer Periode nimmt die Leuchtkraft von einem Vorübergang zum anderen leicht ab, weil er bei jeder Annährung an die Sonne Materie verliert.

Der Kern

Der amerikanische Astronom Fred Whipple nannte den Kern eines Kometen einen »schmutzigen Schneeball«, und tatsächlich bestätigten Aufnahmen der NASA-Sonde Giotto, die 1986 zu Halleys Komet flog, dass im steinigen Kern dieses Kometen außer festen organischen Stoffen auch Wassereis, Staub und andere gefrorene Gase vorkommen.

Kometenkerne reflektieren nur sehr wenig Licht: Halleys Komet beispielsweise absorbiert über 97% des einfallenden Lichts. Deshalb sind die Kometen unsichtbar, solange sie weit von der Sonne entfernt sind und die Gase noch gefroren sind. Die Kerne können unterschiedliche Färbungen aufweisen und je nach dem Verhältnis von Staub zum Eis auf der Oberfläche schwarz und grau oder auch rot sein.
Der Kern von Kometen, deren Zusammensetzung dank der Spektralanalyse der von ihnen ausgesandten Gase seit langem bekannt ist, besteht aus gewöhnlichen Silika-

Die Oortsche Wolke
Man vermutet, dass die Oortsche Wolke, Speicher für Kometen mit langer Periode, einen Durchmesser (D) von etwa 100 000 AE hat und kugelförmig um die Sonne zentriert ist.

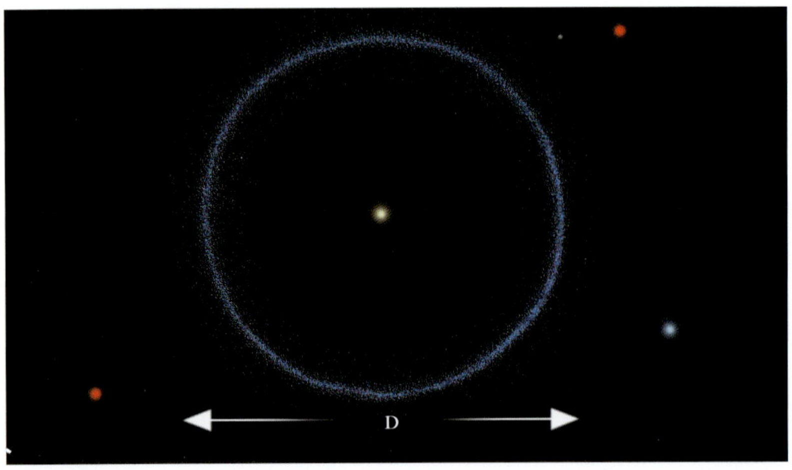

Störungen der Bahn
Die Bahn eines Kometen in der Oortschen Wolke kann beispielsweise durch einen vorübergehenden Stern gestört werden. In diesem Fall kann der Komet ins Innere des Sonnensystems gelenkt werden.

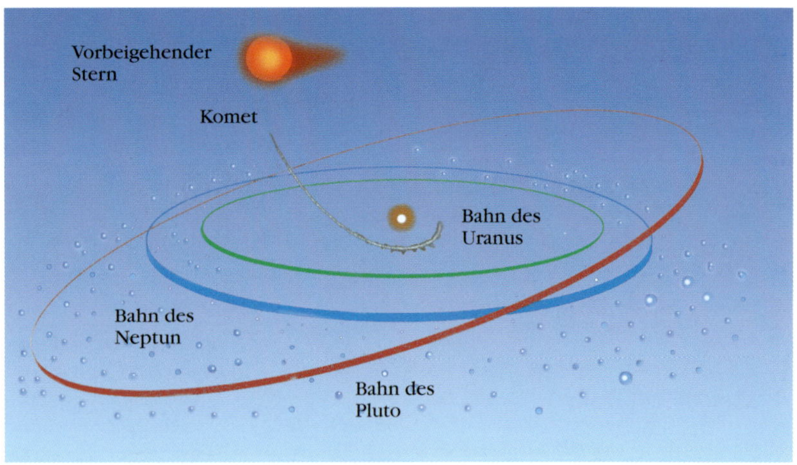

ten, Elementen in atomarer Form, aber auch aus Molekülen von Verbindungen aus Kohlenstoff, Sauerstoff, Wasserstoff und Stickstoff sowie OH-Radikalen. Der Kern hat die Form eines Ellipsoids, dessen Achsenlängen von einem bis zu zwölf Kilometern reichen; der Kern von Halleys Komet beispielsweise misst 8,2 × 8,4 × 16 km. Die Dichte ist im Allgemeinen gering und liegt zwischen dem 0,2- und dem 1,2fachen der Dichte von Wasser. Wie andere Himmelskörper drehen sich auch Kometenkerne um eine Achse; ihre Perioden sind sehr unterschiedlich und reichen von wenigen Stunden bis zu zehn Tagen oder mehr.

Ein vielfacher Schweif

Wenn ein Komet aufleuchtet und sichtbar wird, ist das beobachtbare Hauptmerkmal der Schweif. Der Schweif kann unglaubliche Ausmaße haben, aber ein Kubikmeter Schweif enthält weniger Materie als ein Kubikmillimeter der gewöhnlichen Erdatmosphäre. Der Schweif besteht aus dem Gas der Koma und zeigt immer in die der Sonne abgewandte Richtung. Früher meinte man, die Richtung des Schweifs sei durch den Druck der Sonnenstrahlung bestimmt, aber heute weiß man, dass der Sonnenwind die Hauptursache ist. Der Sonnenwind besteht aus geladenen Teilchen, die von der Sonne ausgesandt werden, und diese üben auf die Gasmoleküle der Koma einen Druck aus, der 100-mal stärker ist als die Schwerkraft der Sonne. Deshalb weht er die Moleküle nach hinten. Der Sonnenwind ist jedoch nicht konstant, und seine Schwankungen verursachen feine Strukturen, die in den Schweifen von Kometen beobachtet werden können; auch Flares und andere Besonderheiten von Sonnenaktivität beeinflussen die Form des Schweifs.
Tatsächlich hat ein Komet im Allgemeinen mindestens zwei Schweife, nämlich einen aus ionisiertem Gas und einen aus Staub. Der Staubschweif ist gelblich und im Allgemeinen bogenförmig und besteht aus einzelnen festen Teilchen, die mit dem Gas aus dem Kern ausgestoßen werden. Dieser Schweif reagiert sowohl auf die Schwerkraft als auch auf den Druck der Sonnenstrahlung, und weil der Strahlungsdruck bei kleinen Teilchen stärker ist als die Schwerkraft, sortiert er die Staubteilchen nach ihrer Größe. Die größeren Teilchen bleiben in der Nähe der Koma, während die mikroskopisch kleinen in die von der Sonne abgewandte Richtung geweht werden.
Die Sichtbarkeit dieses Schweifs hängt von vielen Faktoren ab, so etwa von der Menge der in ihm enthaltenen Staub und Eiskristalle, vom Kontrast gegen den Himmelshintergrund und auch vom Winkel zwischen der Blickrichtung Erde – Komet und seiner Bahnebene.
Der Gasschweif ist aufgrund des in ihm enthaltenen Kohlenmonoxids bläulich gefärbt und besteht aus geladenen Molekülen, Ionen, die vom Kern ausgestoßen wurden. Er kann sehr lang werden (bis zu 100 Millionen km). Anders als der Staubschweif ist ein Gasschweif immer geradlinig. In einem Schweif lassen sich Knoten und Kondensationen erkennen, die sich fortwährend verändern, aber das spektakulärste Phänomen ist zweifellos die Ersetzung des alten Gasschweifs durch einen neuen, wobei sich der alte Schweif ganz plötzlich und völlig unerwartet abtrennt. Der Gasschweif ist sichtbar, weil die Moleküle von der Sonnenstrahlung zum Leuchten angeregt werden und mit der für sie charakteristischen Frequenz strahlen.

Die beiden Schweife von Hale-Bopp
Der Komet Hale-Bopp (das Bild wurde im Februar 1997 gemacht) ist einer der hellsten Kometen des vorigen Jahrhunderts. Das Foto zeigt deutlich die beiden Schweife, den Staubschweif (unten) und den Gasschweif (blau).

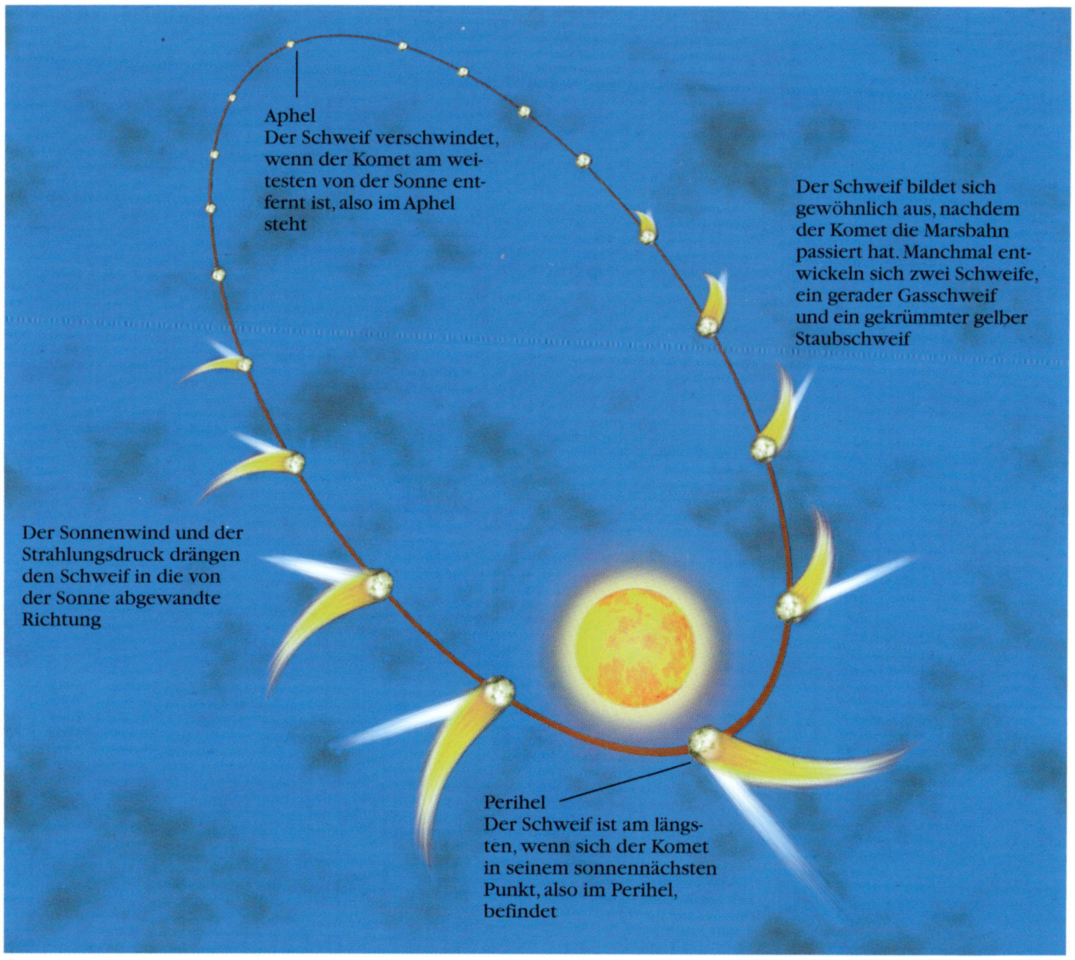

Eine verrückte Bahn im Sonnensystem
Das Schema veranschaulicht die Reise eines Kometen. Anders als man vermutet, begleitet der Schweif als eindrucksvollstes Merkmal den Kometen nur auf einem kleinen Teil seiner Reise.

Meteore und Meteoriten

Wer hat beim Anblick des Sternenhimmels noch nicht gehofft, eine Sternschnuppe zu sehen, die ihm einen Wunsch erfüllt? Sternschnuppen regnen, wenn auch zu manchen Zeiten reichlicher als zu anderen, praktisch jede Nacht vom Himmel und sind das ganze Jahr hindurch zu sehen. Wir sprechen von »Sternschnuppen«, weil diese Objekte, mit dem bloßen Auge gesehen, so punktförmig aussehen wie Sterne. Tatsächlich sind es keine Sterne, sondern kosmische Staubteilchen, die in der Nähe der irdischen Atmosphäre Reibungshitze erzeugen und eine leuchtende Spur hinterlassen. Eine Schnuppe leuchtet auf und verglüht wie ein kleines in der Kerzenflamme aus dem Docht wegfliegendes Rußteilchen.

Himmlische Streifen

Aber wie können winzige Staubkörnchen, manchmal nur Millimeter groß, helle Streifen hinterlassen, die aus vielen Kilometern Entfernung sichtbar sind? Tatsächlich sehen wir gar nicht die heißen Staubteilchen, sondern ihre leuchtende Spur. Von dem Augenblick an, in dem ein Körper in Kontakt mit der Atmosphäre kommt, bewirkt die starke Reibung mit den immer dichteren Gasschichten eine starke Erwärmung, wodurch sich die Bewegungsenergie der Kleinkörper in Wärmeenergie umwandelt, die an die Atmosphäre abgegeben wird. Diese Energie ionisiert die Atome in der Atmosphäre und erzeugt einen langen Streifen von Ionen. Da die Ladung dieser Ionen entgegengesetzt ist zur Ladung der Elektronen, ziehen sich Ionen und Elektronen an und setzen bei ihrer Vereinigung Energie in Form von Licht frei. Ein besonders »dicker« Streifen ist schon in großen Entfernungen sichtbar.

Gelegentlich sind Meteore so hell, dass ihre Leuchtkraft die der Sterne und hellsten Planeten übertrifft: Dann heißen sie Boliden oder Feuerkugeln. Das von einem Boliden erzeugte Licht kann sogar am Tag erkennbar sein. Boliden durchlaufen lange Strecken der Himmelsbahn, gelegentlich zerbrechen sie in Teile und erzeugen nicht selten Polarlichter. Natürlich können solche Phänomene nur von Meteoren größeren Ausmaßes erzeugt werden, deren Bruchstücke so groß sind, dass sie in der Atmospäre nicht restlos verglühen, sondern auf die Erde fallen können.

Wie man Meteore beobachtet

Zunächst einmal sollte man sich einen Ort mit einem möglichst weiten Blickfeld suchen, damit das Auge einen großen Teil des Himmels überschauen kann. Zweitens sollte man sich auf die eigenen Augen verlassen, denn jedes Instrument, auch ein Fernglas mit weitem Winkel, beschränkt den beobachtbaren Himmel auf wenige Grade, während das Auge ein viel größeres Gesichtsfeld hat. Schließlich sollte man die zur Beobachtung von Meteoren günstigste Zeit wählen. Da Meteore, wie gesagt, nichts anderes sind als kosmischer Staub, der auf seiner himmlischen Bahn um die Sonne von der Erde abgefangen wird, ist die Jagd nach Sternschnuppen in den Stunden nach

Der Radiant
Wegen eines perspektivischen Effekts, der von der Erdbewegung herrührt, scheinen Meteore eines Meteorstroms alle von ein und demselben Punkt, dem so genannten Radianten, auf uns zuzuströmen.

Blendendes Licht vom Himmel
Zwischen den Spuren, die die Sterne auf dieser fotografischen Platte hinterlassen, taucht überraschend und geradlinig der Schweif eines Meteors auf.

Krater auf der Erde
Dieser Meteorkrater, einer der größten der Erde entstand vor 50 000 Jahren, als ein Körper mit einem Durchmesser von etwa 10 m in die Wüste von Arizona prallte.

EINIGE WICHTIGE METEORITENSCHAUER

NAME	ZEITRAUM	GRÖSSTE AKTIVITÄT
Quadrantiden*	1. – 6. Januar	3. – 4. Januar
Perseiden	25. Juni – 18. August	12. August
Orioniden	16. – 26. Oktober	21. Oktober
Leoniden	15. – 19. November	17. – 18. November
Geminiden	7. – 15. Dezember	13. – 14. Dezember

*Die Quadrantiden wurden nach dem (nicht mehr gebräuchlichen) Sternbild Quadrant benannt, das heute Teil des Sternbilds Bootes ist.

Mitternacht am aussichtsreichsten. Dann finden wir sie in dem Teil der Erde, der auf der Erdbahn »vorn« ist.

Kometen und »Schnuppen«

Während die Erde ihre Bahn um die Sonne zieht, fegt sie sozusagen den Staub zusammen, der auf ihrem Weg liegt und zieht ihn mit ihrer Schwerkraft zu sich hin. Die Kometen wirken dieser Säuberungsaktion entgegen, indem sie Materie abgeben und den Raum zwischen den Sternen immer wieder neu mit Staubteilchen versorgen. Die so »ausgesäte« Materie verteilt sich auf lange Bahnen, die sehr nahe an den Bahnen der Kometen liegen, von denen sie stammen. Wenn die Erde in der Nähe dieser Bahnen ist, ist die Gelegenheit günstig, Materie anzusaugen, und dann können wir sehr viel Meteore sehen.

So erklärt man sich die Herkunft der so genannten »Meteorschauer«, also der Gruppen von Meteoren, die in gewissen Zeiten des Jahres besonders stark »regnen«. Weil wegen eines perspektivischen Effekts alle Meteorschwärme aus einem einzigen Punkt, dem »Radianten« oder »Radiationspunkt«, hervorzugehen scheinen, werden sie gewöhnlich nach dem Sternbild benannt, in dem dieser Radiant liegt. Der im August beobachtete Meteorstrom heißt Perseiden, weil sein Radiant im Sternbild Perseus liegt. Seine Sternschnuppen nennt man auch »Tränen des Heiligen Laurentius«, da sie genau mit dem Todestag des grausam gemarterten Heiligen Laurentius zusammentreffen. Manche solche Sternschnuppenschwärme können in Ausnahmefällen beachtliche Intensität erreichen: Dann ist der Name Schauer gerechtfertigt.

Ein ungewöhnlicher Regen
Ein Bild vom Leonidenschauer, wie er sich 1966 zeigte. Etwa alle 33 Jahre nimmt die Intensität dieses Schauers sprunghaft zu und erreicht einige Dutzend Meteore pro Minute.

Die Meteoriten

Gelegentlich verglühen Meteore nicht vollständig und fallen schließlich auf die Erde. In diesem Fall wird das Objekt, das die Erde erreicht, Meteorit genannt. Die Meteoriten werden nach ihrer chemischen Zusammensetzung in drei Kategorien eingeordnet: Siderolithe (Metall-Meteoriten, die fast ganz aus Eisen- und Nickelverbindungen bestehen), Aerolite (Stein-Meteoriten, die vor allem aus Silikaten bestehen) und Lithosiderite (die sowohl Silicium- als auch Metallverbindungen enthalten). Besonders häufig sind die Aerolite, die in etwa 63% der bekannten Meteoriten vorkommen; bei 30% handelt es sich um Siderithe und bei den verbleibenden etwa 5% um Lithosiderite.

Steine aus dem Raum
Ein Meteorit. Diese steinigen und metallhaltigen Körper, die aus dem interplanetaren Raum stammen, gehören zu den ältesten des Sonnensystems und enthalten deshalb wichtige Informationen.

Licht von einem Korn
Wir sehen einen Meteor dann, wenn ein Kleinkörper in die Atmosphäre eintritt und Reibungshitze erzeugt. Die Atome der Luft werden ionisiert und finden sich wieder zusammen, wobei sie Licht aussenden.

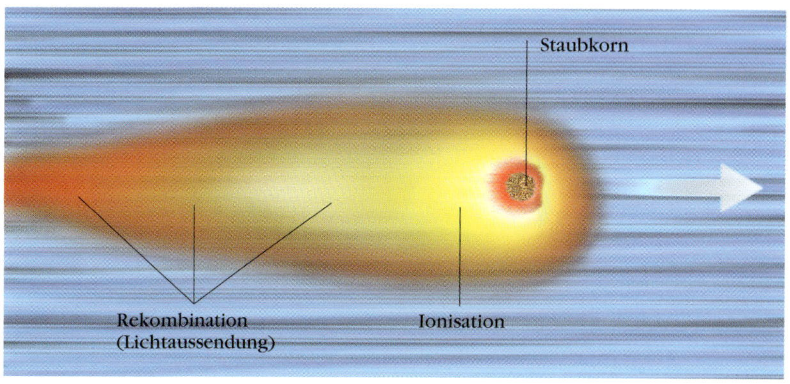

Kosmische Strahlung

In den ersten Jahren des 20. Jahrhunderts gelang es, die Hypothese zu bestätigen, dass es Teilchenstrahlung gibt, deren Quelle außerhalb unseres Planeten liegt. Diese Hypothese beruhte auf Untersuchungen über die elektrische Leitfähigkeit in Gas. Bei Messungen im Labor hatte man bemerkt, dass ein geladenes Elektroskop Ladung nicht beliebig lange speichert. Dieses Phänomen ließ sich nur unter der Annahme erklären, dass nicht alle in der umgebenden Luft vorhandenen Gasteilchen elektrisch neutral sind, sondern einige auch ionisiert sein müssen. Deshalb bemühte man sich zu verstehen, was zur Ionisierung der Luft führt. Zunächst meinte man, die Ionisierung der Luft werde von der radioaktiven Strahlung der Erdkruste bewirkt. Aber diese Hypothese wurde bald verworfen, als die ersten Experimente in großen Höhen durchgeführt wurden und man merkte, dass Elektroskope sich auch dann entladen, wenn sie weit entfernt von möglichen Quellen der Radioaktivität aufgestellt sind.
Im Jahr 1912 begannen die Physiker Viktor F. Hess und Werner Kolhörster mit einer langen Versuchsreihe, bei der sie Instrumente mit Ballonen in Höhen von 5 bis 9 km tragen ließen. Diese Versuche zeigten, dass die Geschwindigkeit der Entladung in Höhen über 1500 m zunimmt, und das ließ sich nur unter der Annahme erklären, dass auch die Anzahl der Ionisationsentladungen der Atmosphäre in dieser Höhe zunimmt. Dies ließ sich nur dann plausibel begründen, wenn es in den hohen Schichten der Atmosphäre eine Form ionisierender Strahlung gibt, deren Ursprung notwendigerweise extraterrestrisch ist. Diese Strahlung wurde zunächst Höhenstrahlung genannt. Wir sprechen heute meistens von kosmischer Strahlung.

Außerhalb der Milchstraße
Ein Bild der Galaxie NGC 4565, die sich, von der Erde aus beobachtet, von der Seite zeigt. Zumindest ein Teil der kosmischen Strahlung ist wahrscheinlich extragalaktischen Ursprungs.

Die Beschaffenheit der kosmischen Strahlung

Zur Zeit ihrer Entdeckung war die kosmische Strahlung die bei weitem durchdringendste aller bekannten Strahlungsarten. Eine erste Hypothese über ihre Natur stammt von dem amerikanischen Physiker Robert A. Millikan, der meinte, diese Höhenstrahlung müsse aus sehr energiereichen Photonen (Gammastrahlen) bestehen, die mit der Atmosphäre wechselwirken, wenn sie von ihr absorbiert werden. Diese Photonen könnten, so meinte Millikan, bei Kernverschmelzungen im interstellaren Gas entstehen. Diese Theorie hatte jedoch nur ein kurzes Leben, denn um 1929 gelang Kolhörster und seinem Kollegen Walter Bothe mit Hilfe eines Geiger-Müller-Zählers der Nachweis, dass die kosmische Strahlung elektrisch geladen ist und deshalb eine Teilchenstrahlung sein muss.
In den dreißiger Jahren bewiesen weitere Experimente des Amerikaners Patrick Blackett und des Italieners Giuseppe

Begegnungen und Verwandlungen
Grafische Darstellung der Wechselwirkung zwischen einem Proton der kosmischen Strahlung und einem Kern der Atmosphäre, wobei mehr oder weniger schwere Sekundärteilchen entstehen.

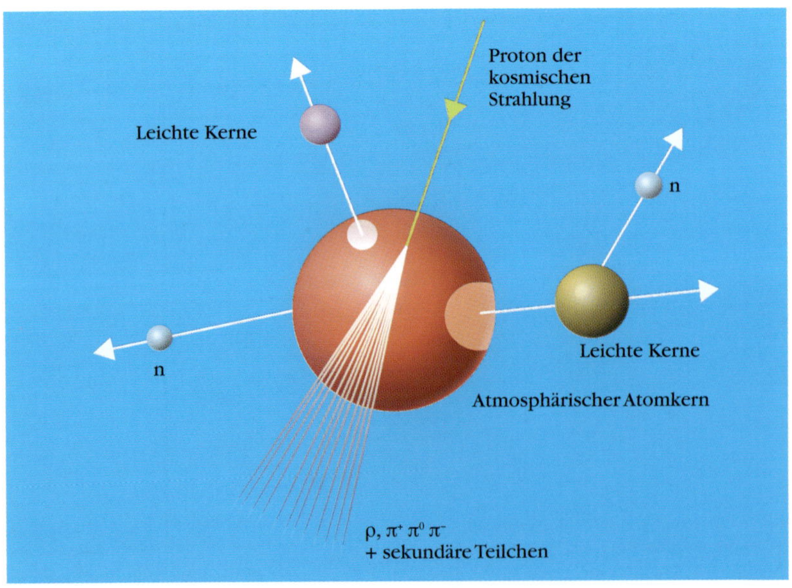

Die Teilchen zeigen sich
Spuren von Elementarteilchen im Inneren einer Nebelkammer, einem Detektor, der sie sichtbar machen kann. Die kosmische Strahlung erzeugt bei der Wechselwirkung mit der Atmosphäre mehrere Arten von Teilchen.

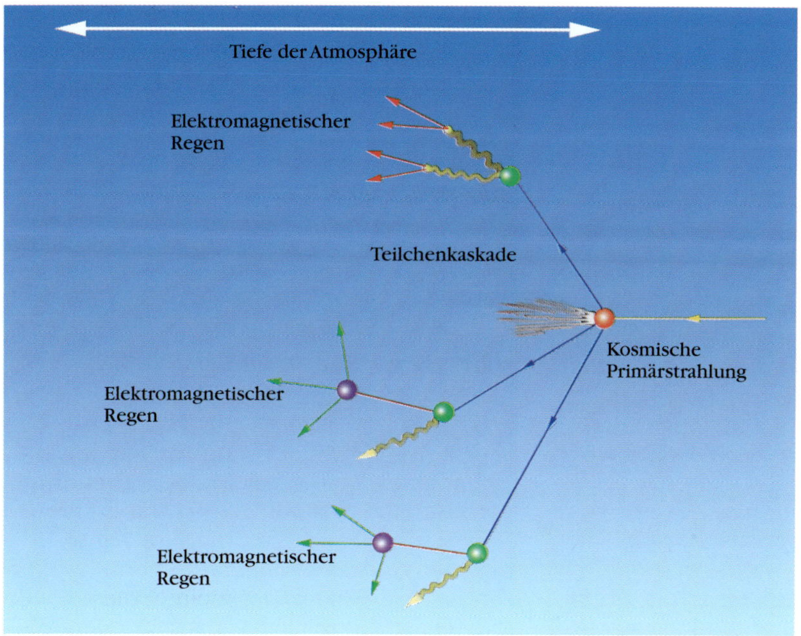

GIUSEPPE OCCHIALINI (1907–1993)

Besonders wichtige Beiträge zur Erforschung der kosmischen Strahlung leistete der italienische Physiker Giuseppe Occhialini. Er studierte in Florenz und ging nach dem Abschluss als 22-Jähriger zunächst an das Cavendish-Labor in Cambridge, wo er viel zur Verbesserung der Verfahren zum Aufspüren von Teilchen beitrug; diese Arbeit beruhte auf den Vorarbeiten des Italieners Bruno Rossi und ermöglichte die Entdeckung des Positrons durch den Amerikaner Carl Anderson, der dafür 1936 zusammen mit Viktor F. Hess den Nobelpreis erhielt. Occhialini erhielt trotz des zweifellos großen Werts seines Werkes nie den Nobelpreis, obwohl er 1948 und 1950 in Betracht gezogen wurde. Als er 1952 Professor für Physik an der Universität Mailand wurde, gründete er eine Gruppe, die sich der Untersuchung der kosmischen Strahlung und der Elementarteilchen widmete. Gemeinsam mit Edoardo Amaldi gab er der damals jungen europäischen Raumforschung beachtliche Impulse; er ist einer der Gründungsväter des europäischen Projekts, das den Satellit COS-B zur Beobachtung der Gammastrahlung startete. Zu seinen Ehren trägt der Röntgensatellit SAX der italienischen Behörde für Weltraumforschung zur Untersuchung der Röntgenstrahlung seinen Namen.

Sekundäre Schauer
Eine schematische Darstellung, die die Erzeugung von Sekundärstrahlung in hohen Schichten der Atmosphäre zeigt. Die erzeugten Teilchen sind Pi-Mesonen und sekundäre Kernteilchen.

Occhialini mit Hilfe der Nebelkammer, einem Instrument, das elektrisch geladene Teilchen aufspürt, dass die kosmischen Teilchen jeweils »Schauer« von Sekundärteilchen erzeugen. Die Spuren der Teilchen spalteten sich in einigen Fällen in mehrere Segmente auf, von denen jedes mit der Bildung eines neuen Teilchens verknüpft war. Aufgrund dieser Untersuchungen vermutete man bald, dass sich die Wechselwirkungen auch in höheren Schichten der Atmosphäre nachweisen lassen, und unterschied zwei Arten kosmischer Strahlung, eine primäre und eine sekundäre.

Die Primärstrahlung

Da die kosmische Strahlung überwiegend aus geladenen Teilchen besteht, reagiert sie auf Magnetfelder und insbesondere auch auf das der Erde. Dadurch bilden sich in der Umgebung unseres Planetens Bereiche aus, in denen die Dichte der geladenen Teilchen höher ist als in anderen. Das gilt beispielsweise für das Innere des Van Allen-Gürtels. Aus Untersuchungen über das Verhalten der kosmischen Strahlung im Inneren des irdischen Magnetfelds lässt sich schließen, dass die kosmische Primärstrahlung vor allem aus positiv geladenen Teilchen besteht. Genauer gesagt sind es Protonen (etwa 87%), Atomkerne (von Helium und schwereren Elementen) und Positronen. Elektronen und Gammastrahlen machen einen geringeren Prozentsatz aus. Diese Beiden sind eine Folge von nuklearen Wechselwirkungen zwischen den anderen kosmischen Teilchen und dem Gas im interstellaren Raum.

Die Sekundärstrahlung

Die Primärkomponente der kosmischen Strahlung wird bei der Wechselwirkung mit Atomkernen absorbiert, und diese Wechselwirkung zwischen den Kernen erzeugt die kosmische Sekundärstrahlung. Auf Meereshöhe beobachtet man nur die sekundäre Komponente, und keinerlei Spur der primären. Wenn ein Kern der Atmosphäre von einem Teilchen der Primärstrahlung, beispielsweise einem Proton, getroffen wird, entstehen andere Kerne, die meistens radioaktiv sind, und andere Teilchen, darunter Myonen und Mesonen, die unter Aussendung von Elektronen, Positronen und Neutrinos rasch zerfallen. Wenn das kosmische Teilchen dagegen ein Kernteilchen ist, führt die Wechselwirkung mit den Atomen der Atmosphäre zu seinem Zerfall und zur Bildung von Teilchen anderer Art.

Die Herkunft der kosmischen Teilchen

Auch heute ist noch nicht klar, ob die gesamte kosmische Strahlung aus der Galaxis stammt oder ob es auch extragalaktische Quellen gibt. Diese Ungewissheit beruht darauf, dass wir nicht bestimmen können, aus welcher Richtung die kosmischen Teilchen kommen und deshalb die Quellen nicht unterscheiden können. Das liegt am Einfluss der Magnetfelder auf die kosmische Strahlung. Nach der am weitesten verbreiteten Hypothese stammt ein hochenergetischer Anteil vermutlich sowohl aus galaktischen als auch aus extragalaktischen Quellen.

Die Häufigkeit der chemischen Elemente
Die relative Häufigkeit der chemischen Elemente im Sonnensystem, der Meteoriten und der kosmischen Strahlung (auf der Abszisse ist die Anzahl der Atome aufgetragen). Alle Elemente, die schwerer sind als Wasserstoff und Helium, kommen in der kosmischen Strahlung relativ häufiger vor als in der Sonne.

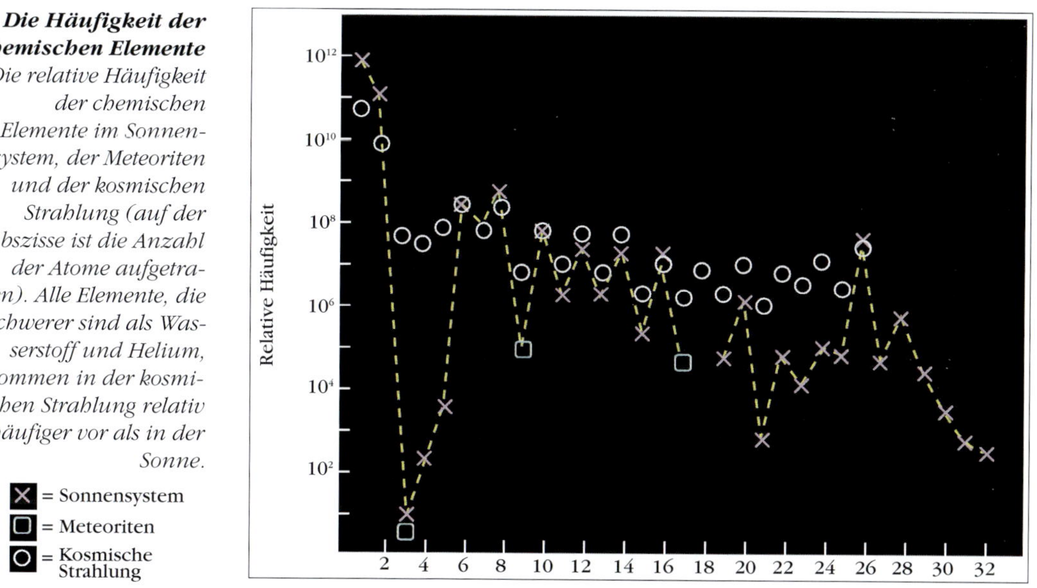

Die Suche nach Leben im Sonnensystem

Die Entwicklung der Weltraumforschung hat es uns ermöglicht, die Grenzen der Biologie von der Erde auf die anderen Planeten, die Kometen, die Meteoriten und den Weltraum überhaupt zu erweitern. Dadurch ist eine neue Wissenschaft, die Exobiologie, entstanden, die sich bemüht, die Grundsätze für das Entstehen von Leben aus unbelebter Materie und für die Entwicklung und Verbreitung des Lebens auf der Erde und im Universum zu erklären.

Einfache und komplexe Moleküle

Seit 1970 verfolgt die NASA neben so klassischen Forschungsrichtungen wie der Weltraumbiologie, der Physiologie des Menschen und der Raumfahrtmedizin auch die Exobiologie; ihr Leitfaden ist dabei die kosmische Evolution, die vom Ursprung der Elemente, die der chemischen und biologischen Evolution zugrunde liegen, bis zur Bildung komplexer Lebensformen und zur möglichen Existenz von Lebensformen außerhalb der Erde reicht. Auch bei der ESA (der europäischen Raumfahrtbehörde) gibt es Forschungsbereiche, die sich mit diesem Umfeld befassen; die Experimente werden zum größten Teil in Labors auf künstlichen Satelliten durchgeführt. Eine Vorbedingung für die Entwicklung des Lebens ist die Existenz einfacher Moleküle aus Verbindungen von Kohlenstoff mit anderen Elementen; sie stellen den ersten Schritt auf dem Weg zu komplexeren Biomolekülen wie den Aminosäuren dar. Diese chemischen Reaktionen können nur ablaufen, wenn es eine Atmosphäre gibt, was einerseits besondere Umweltbedingungen in Bezug auf Druck, Temperatur und Energietransport garantiert (und die Existenz einer Hydrosphäre und einer festen Oberfläche zulässt) und andererseits verhindert, dass die eben gebildeten Moleküle von der Ultraviolettstrahlung oder anderen energiereichen Strahlen gespalten werden. Wenn man als erträglichen zulässigen Temperaturbereich zwischen –100 °C und +100 °C ansetzt, hätte unser Sonnensystem einen »bewohnbaren« Gürtel zwischen 0,85 AE und 1,37 AE; in diesem Bereich liegen Venus, Erde und Mars. Da die Bodentemperatur von Venus auf 464 °C geschätzt wird, können sich auf ihr wohl kaum Lebensformen entwickeln, auch wenn es sehr wahrscheinlich ist, dass in ihrer Atmosphäre Reaktionen ablaufen, die zur Bildung präbiotischer Lebensformen führen.

Mars
Einzelheiten der Oberfläche des Mars. In den letzten Jahren waren mehrere Marsflüge der Suche nach Spuren von Leben gewidmet.

Das Geheimnis des Titan
Der Saturnmond Titan ist einer der wenigen Monde des Sonnensystems mit einer Atmosphäre. Er wird im Jahr 2004 von der Mission Cassini-Huygens genau erforscht werden.

Die Sache mit Mars

Mars hat von Anfang der Weltraumforschung an das Interesse der Exobiologen erregt und war das Ziel vieler Missionen, die Daten gesammelt haben, während sie den Planeten umrundeten oder auf ihm landeten. In der Geschichte der Raumfahrt waren die Sonden Viking 1 und 2 die Ersten, zu deren Hauptaufgabe die Suche nach Hinweisen auf Lebensformen gehörte. Die drei von Viking durchgeführten biologischen Experimente haben auf dem Boden des Mars eine unerwartete und rätselhafte chemische Aktivität gezeigt, konnten jedoch nicht mit Gewissheit die Gegenwart von Mikroorganismen in der Umgebung des Landebereichs nachweisen. Nach Meinung der für die Mission verantwortlichen Biologen sterilisiert Mars sich selbst: Die ultraviolette Sonnenstrahlung, die extreme Trockenheit des Bodens und die oxidierende Wirkung der dort ablaufenden chemischen Prozesse verhindern die Bildung von lebenden Organismen auf dem Marsboden. Trotzdem ist heute sicher, dass es auf dem Mars Wasser gegeben hat, wenn auch möglicherweise vor langer Zeit (vor mehr als vier Milliarden Jahren), und dass in seinem Gestein primordiale Biomoleküle vorkommen. Es bleibt also die Möglichkeit, dass es auf Mars in ferner Vergangenheit Lebensformen (beispielsweise Mikroben) gab, die sich in dieser Umwelt entwickeln konnten; diese Hypothese könnte durch die neuere Entdeckung von Spuren dieser einfachen Lebensformen in einem von Mars stammenden und in der Antarktis gefundenen Meteoriten bestätigt werden.

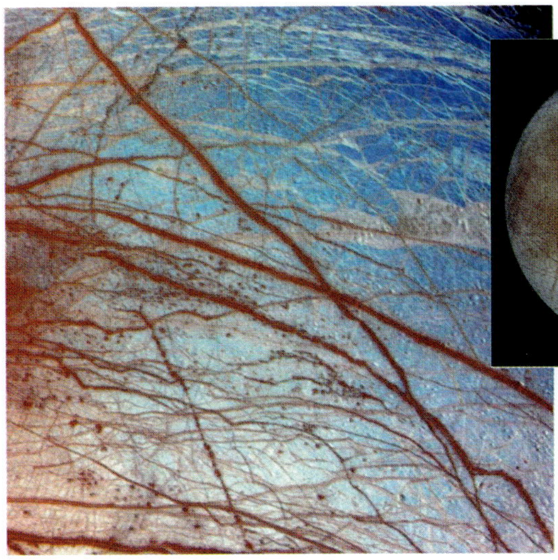

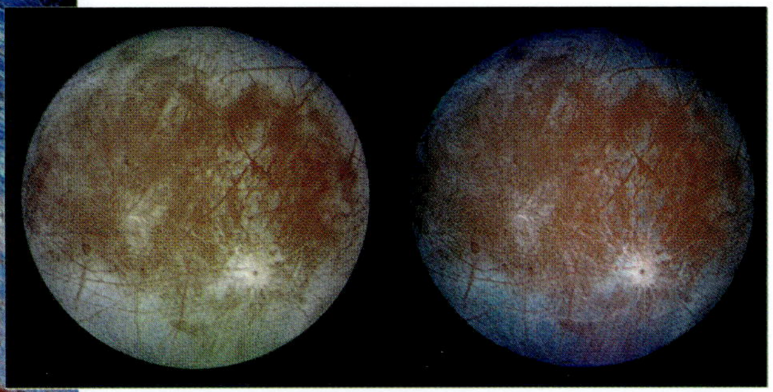

Eisberge in Bewegung
Die Aufnahmen der Galileo-Sonde, die das Jupitersystem erkundete, lassen vermuten, dass die gefrorene Oberfläche von Europa, einem der galileischen Monde, einen flüssigen Ozean verbirgt.

Titan

Es gibt im Sonnensystem zwei weitere für Exobiologen besonders interessante Objekte, nämlich den Saturnmond Titan und den Jupitermond Europa. Titan, der Größte der Saturnmonde, ist etwa so groß wie der Erdmond und hat eine dichte Atmosphäre aus Stickstoff und Methan, die um mehr als 50% dichter ist als die irdische. Die Temperatur beträgt auf seiner Oberfläche 94 K (–180 °C) und der Druck 1,5 bar (Erdatmosphäre 1 bar). Die Atmosphäre von Titan enthält zwar wie die irdische Stickstoff, weist aber keine Spur von Sauerstoff auf, der sich aber möglicherweise in Form von Eis unter der Oberfläche befindet. Wenn dort mehr Sonnenlicht einfiele, könnte seine Atmosphäre jener der jungen Erde sehr ähnlich sein. Das wenige Licht aktiviert jedoch photochemische Prozesse, die einen Teil des Methans in der Atmosphäre in andere organische Moleküle verwandeln wie beispielsweise Äthan. Andere komplexere Kohlenwasserstoffe bilden Nebelteilchen, die gelegentlich auf die Oberfläche fallen und diese mit einer dicken Schicht organischer Materie bedecken. Viele Wissenschaftler stimmen darin überein, dass Titan zu kalt für die Entwicklung von Leben sei. Die Mutigsten aber spekulieren, dass es Organismen gibt, die in Seen aus flüssigem Kohlenwasserstoff leben, die von der Wärme im Inneren des Planeten aufgeheizt werden.

Eine Reise zu Titan

Saturn und Titan sind die Reiseziele der Mission Cassini-Huygens, die 1997 startete und deren Ankunft auf Saturn für 2004 geplant ist. Zu ihren Hauptaufgaben gehört die Untersuchung der Variabilität der Wolken und Nebel des Titan und eine genaue Beschreibung seiner Oberfläche. Dazu bedient sich das Raumfahrzeug Cassini des Landemoduls Huygens mit seinem gut ausgerüsteten automatischen Labor. Huygens soll in die Atmosphäre von Titan eindringen und in den Nebelschichten oberhalb der Wolkendecke messen. Beim Abstieg messen mehrere Instrumente jeweils Temperatur, Druck, Dichte und eine Energiebilanz in der Atmosphäre selbst. Wenn die Sonde die Wolkenschicht durchdrungen hat, wird eine Videokamera Aufnahmen von der Landschaft machen. Viele Wissenschaftler meinen, dass Titan mit Seen und Meeren aus Methan und Äthan bedeckt sein könnte, und deshalb kann die Sonde auch in einer Flüssigkeit Messungen vornehmen. Auch wenn Titan sich, wie vermutet, als unbelebt erweist, können wir erwarten, die Chemie auf der primordialen Erde und die Entstehung des Lebens besser zu verstehen, wenn wir die chemischen Wechselwirkungen auf diesem fernen Mond kennen.

Eisberge auf Europa

Der Jupitermond Europa besteht zu 95% aus Wasser und ist dadurch für Exobiologen besonders interessant. In den mit geringer Auflösung gemachten Aufnahmen von Voyager 1 zeigt Europa sehr viele sich schneidende Linien. Man hielt sie zunächst für tiefe Spalten, die durch Auffaltungen der Kruste oder tektonische Vorgänge bewirkt sein könnten. Das lassen die aus größerer Nähe gewonnenen Aufnahmen von Voyager 2 bezweifeln. Vermutlich hat Europa eine dünne Eiskruste (weniger als 30 km dick), die möglicherweise auf einem 50 km tiefen Meer schwimmt, und auch vulkanische Aktivität. Das wurde vor kurzem durch die wunderschönen Bilder der Sonde Galileo bestätigt, die deutlich zeigen, dass die Oberfläche aus einer endlosen Eisschicht besteht, die von tiefen Rissen durchzogen ist, in denen Eisberge schwimmen könnten und über der sich Krater erheben, die deutlich vulkanischen Ursprungs sind. Auf diesem fernen Jupitermond könnten die Vorbedingungen für die Entstehung von Leben gegeben sein, denn es gibt flüssiges Wasser und vulkanische Aktivität als Energiequelle.

Die Zukunft

Die Ergebnisse, die die Sonde Galileo im Lauf ihrer Erkundungen gesammelt hat, haben zusammen mit der kürzlich von der Sonde Lunar Prospektor gemachten Entdeckung beträchtlicher Wassermengen am Grund einiger Mondkrater neue Impluse für die Erforschung des Sonnensystems mittels unbemannter Sonden gegeben. Man kann wohl prophezeien, dass wir in den nächsten Jahren mit der Verwirklichung des Programms zur Erforschung des Mars einerseits und aufgrund der Ergebnisse der Mission Cassini-Huygens bei der Erforschung der Riesenplaneten andererseits viel darüber erfahren werden, an welchen Orten im Sonnensystem die Bedingungen für das Entstehen und die Entwicklung von Leben günstig waren oder sind.

Kommt das Leben von Kometen?
Nach einigen gewagten Theorien könnten Kometen unseren Planeten in ferner Vergangenheit mit organischer Materie »besamt« haben. Auf dem Foto vom 24. März 1997 sehen wir den Kometen Hale-Bopp in der Nähe der Andromedagalaxie.

Planeten anderer Sterne

Bei besten Beobachtungsbedingungen sehen wir mit bloßem Auge etwa 6000 Sterne, mit einem Fernrohr oder einem kleinen Teleskop sind es schon unzählige. Dabei handelt es sich nur um Sterne unserer Galaxis, dem Milchstraßensystem. Das Universum enthält vermutlich etwa hundert Milliarden Galaxien und zu jeder gehören hundert Milliarden Sterne. Aber obwohl es so ungeheuer viele bekannte und beobachtbare Sterne gibt, hatten wir bis vor wenigen Jahren auch nicht die Spur der Existenz anderer Planeten als der neun des Sonnensystems.

Eine unglaubliche Diskrepanz

Wie lässt sich diese unglaubliche Diskrepanz zwischen der Anzahl der Sterne und der bekannten Planeten erklären? Sie hat im Wesentlichen zwei Gründe. Erstens senden die Planeten kein eigenes Licht aus, sondern leuchten nur mit Licht, das von den Sternen reflektiert wird, die sie umlaufen. Sie sind also sehr schwach leuchtende Objekte. Diese Schwierigkeit lässt sich wahrscheinlich leicht bewältigen, solange die Planeten nicht allzu weit entfernt sind, wenn die stärksten Teleskope der neuen Technologie mit hoch empfindlichen elektronischen Detektoren gepaart werden. Zweitens aber mischt sich das schwache Licht auch relativ naher Planeten mit dem viel stärkeren Licht der Sterne, die sie umlaufen; sie ließen sich deshalb nur schwer von ihnen unterscheiden.
Die Suche nach extrasolaren Planeten erfolgt im Wesentlichen mithilfe einer direkten und einer indirekten Methode. Zur Kategorie der indirekten Methoden gehören alle Verfahren, die zwar nicht erlauben, die Planeten zu »sehen«, aber doch, beispielsweise durch Untersuchung des zugehörigen Sterns, auf ihr Vorhandensein zu schließen. In diesem Fall nehmen die Beobachtungen die nahen Sterne ins Blickfeld, deren Licht nach diversen Verfahren analysiert wird, um eventuelle Unregelmäßigkeiten oder Spuren eines umlaufenden Körpers zu entdecken.
Bei den direkten Verfahren versucht man, den Planeten wirklich und wahrhaftig zu sehen. Die Beobachtungen sind sehr schwierig, weil das Licht des Planeten von dem des Sterns getrennt werden muss. Dabei spielt die Messung der Wellenlängen im Infrarot des elektromagnetischen Spektrums eine große Rolle. Im Unterschied zu den Sternen sind die Planeten sehr kalte Körper, die den größten Teil ihrer Energie im Infrarotbereich abgeben. Folglich vermindert sich bei diesen Wellenlängen der Unterschied der Emission zwischen Stern und Planeten, und das erleichtert die Beobachtung.

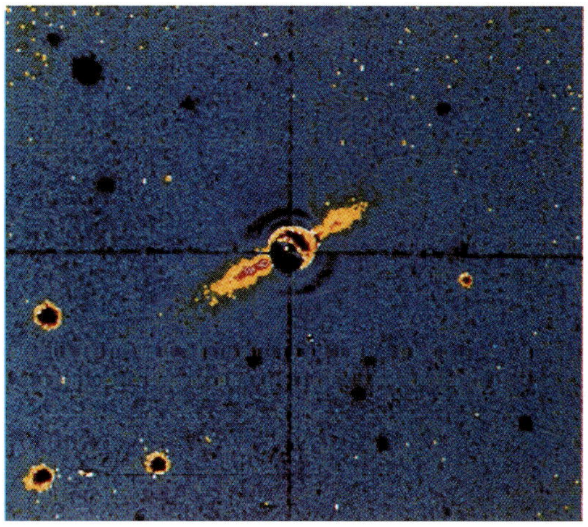

Die erste protoplanetare extrasolare Scheibe
Ein historisches Bild: Die protoplanetare Scheibe des Sterns Beta Pictoris fotografiert von Smith und Terrile 1983. Es handelt sich um den ersten Fall, in dem ein solches Objekt beobachtet wurde.

Andere Verfahren

Es gibt zwei klassische Verfahren, die beide indirekt sind und auf Messungen des Ortes und der Geschwindigkeit des Sterns beruhen. Die Bewegung der Sterne wird bestimmt durch die Schwerkraft anderer Sterne oder einfach durch ihren Umlauf um das Zentrum der Galaxis. Diese Bewegung ist bei relativ nahen Sternen gut zu beobachten, bei fernen jedoch praktisch nicht. Gewöhnlich bewegen sich die Sterne sehr regelmäßig und (jedenfalls in kleinen Zeiträumen) mit konstanter Geschwindigkeit auf mehr oder weniger geradlinigen Bahnen. Dank der Astrometrie, also dem Zweig der Astronomie, der die genaue Messung der Positionen der Sterne ermöglicht, lässt sich die Bewegung eines Sterns über lange Zeiträume hinweg verfolgen. So können eventuelle Unregelmäßigkeiten, die sich auf einen Planeten zurückführen lassen, bald aufgespürt werden. Das Zweite dieser Verfahren ist noch gebräuchlicher und beruht auf der Berechnung der Radialgeschwindigkeit, also der Geschwindigkeit, mit der sich der Stern relativ zu den Komponenten verschiebt, die diese Geschwindigkeit in Richtung Erde-Stern hat. Wenn die Bewegung des Sterns nicht durch die Gegenwart eines oder mehrerer Planeten gestört wird, bewegt er sich gleichförmig. Wenn dagegen ein großer Körper wie beispielsweise ein Planet vom Typ des Jupiter in seiner Nähe ist, sollte die Geschwindigkeit des Sterns periodisch schwanken, und zwar mit der Periode der umlaufenden Planeten, die den Stern einmal zur einen und einmal zur anderen Seite »ziehen« und die Bewegung verändern.
Wir verdanken die Ergebnisse der Suche nach Planeten außerhalb des Sonnensystems dem 1983 gestarteten Satelliten IRAS (Infra-Rot-Astronomischer Satellit). Er maß bei einigen Sternen im Infrarot-Bereich eine viel stärkere Strahlung als nach der Theorie erwartet worden war. Vermutlich liegt das

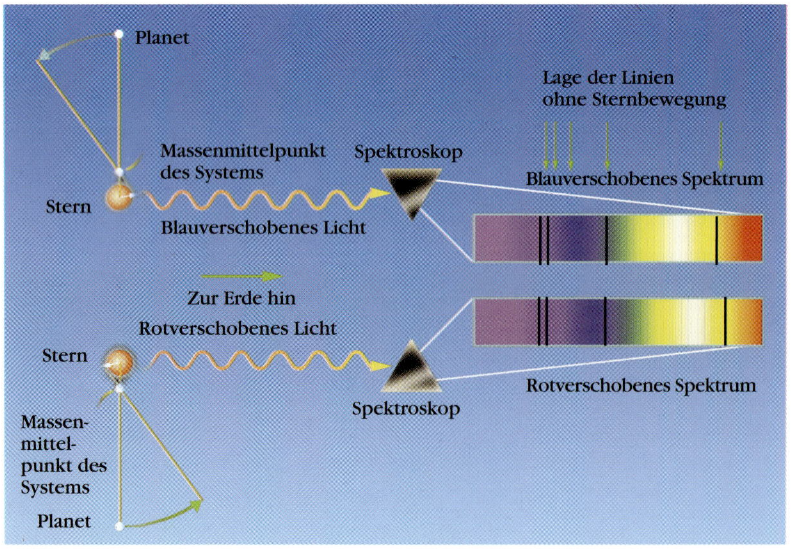

Die Schwankungen der Radialgeschwindigkeit
Wenn ein Stern von einem Planeten umlaufen wird, wird er in Richtung des Planeten beschleunigt. Seine Spektrallinien werden dabei ein wenig einmal zum Rot und einmal zum Blau verschoben, wie in dem Schema gezeigt.

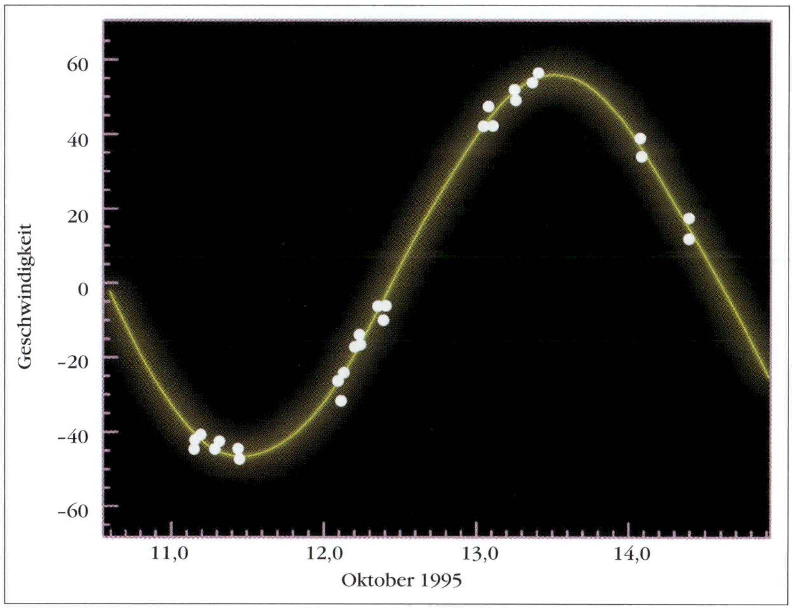

Ein riesiger Planet
Der Stern 51 Pegasus (rechts) ist einer der ersten, bei dem Messungen der Radialgeschwindigkeit erfolgreich waren. Die sich ergebende Kurve (ganz rechts) zeigt einen vollkommen sinusförmigen Verlauf, was darauf schließen lässt, dass er von einem Körper umlaufen wird, dessen Masse fast so groß ist wie die des Jupiter.

an der kalten Materie, also den Staub- und Gaswolken, die eine Art Scheibe oder Hülle um diese Sterne bilden. Etwas später konnten die amerikanischen Astronomen Smith und Terrile mit Hilfe eines Teleskops die Scheibe um den Stern Beta Pictoris nachweisen; sie hatten das Teleskop mit einem Instrument ausgestattet, das das Licht des Zentralgestirns abschirmte. Obwohl auf diese Weise nicht ein einzelner Planet zu sehen ist, zeigt es doch die Sterne mit solchen Staubscheiben, die man für den Ursprung der Planeten unseres Sonnensystems hält. Im Lauf der letzten Jahre wurden mit Hilfe des Hubble-Teleskops im Bereich des Orion-Nebels solche Staubscheiben beobachtet, die kurz »Proplyd« (für protoplanetary disk) genannt werden.

Neue Entdeckungen

In den letzten Jahren kam es gerade auf diesem Gebiet zu einer wahren Flut von Entdeckungen. Ende 1995 kündigten zwei Schweizer Astronomen am Observatorium in Genf die Entdeckung eines Planeten um den Stern 51 Pegasi an. Dieser Stern vom Spektraltyp G2 hat Ähnlichkeit mit der Sonne. Seine Radialgeschwindigkeit schwankt um etwa 50 m/s, was sich einem Planeten von mindestens der Masse des Jupiter zuschreiben lässt, der den Stern mit einer Periode von etwas mehr als 4 Tagen umläuft. Aufgrund dieser Daten ist der Planet nur 7 Millionen km vom Stern entfernt, ihm also achtmal näher als Merkur der Sonne. Es handelt sich damit um eine ganz außergewöhnliche Situation, weil die von Astronomen entwickelten Modelle über die Entstehung von Planetensystemen ausschließen, dass sich Planeten von der Größe des Jupiter in solcher Nähe des Zentralsterns bilden, in der die deutlich kleineren Planeten vom Typ der erdähnlichen entstehen. Wenn diese Messungen zweifelsfrei durch andere Forschungen bestätigt würden, müsste die gesamte Theorie der Bildung der Planetensysteme neu durchdacht werden, und vielleicht auch die der Bildung des Sonnensystems. Aber das ist nur der Anfang. Von 1996 bis März 2000 haben mehrere Arbeitsgruppen mindestens 15 Sterne gefunden, bei denen sie Planeten (insgesamt über 40) nachweisen können. Darunter sind 70 Virginis, 47 Ursa Majoris, Rho Cancri, Tau Bootis, Lalande 21185 u.a.

Die Zukunft

Wir sind nicht mehr weit davon entfernt, Planeten anderer Sterne wirklich zu beobachten, denn in den letzten Jahren wurden Riesenschritte in diese Richtung gemacht. Es ist zu erwarten, dass wir in spätestens zwei Jahrzehnten Genaueres über die Existenz von Planetensystemen ähnlich unserem eigenen wissen werden, und vielleicht gelingt es uns auch, sie mit den enorm leistungsstarken schon im Bau befindlichen Instrumenten wirklich zu sehen. Dann wird die Suche nach erdähnlichen Planeten und vielleicht sogar Leben auf ihnen noch interessanter.

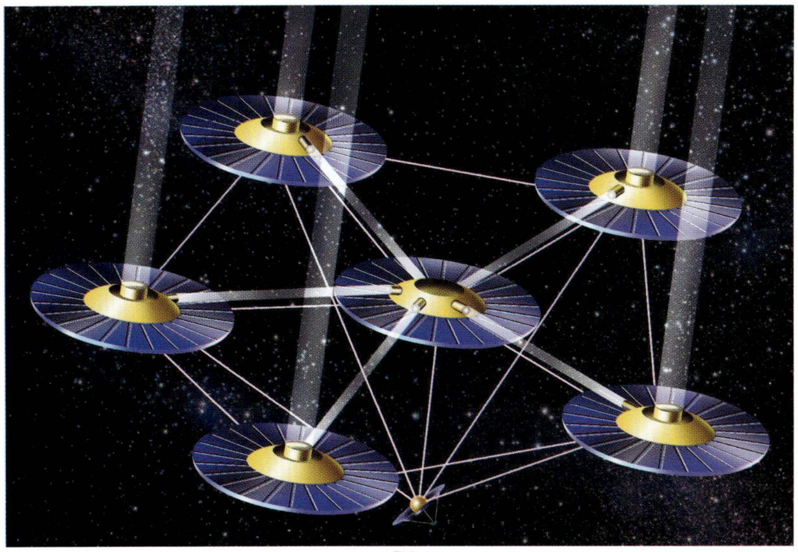

Teleskop der Zukunft
Künstlerische Darstellung der sechs Teleskope des Projekts Darwin, das in eine Entfernung von etwa 5 AE von der Sonne zwischen Mars und Jupiter getragen werden soll.

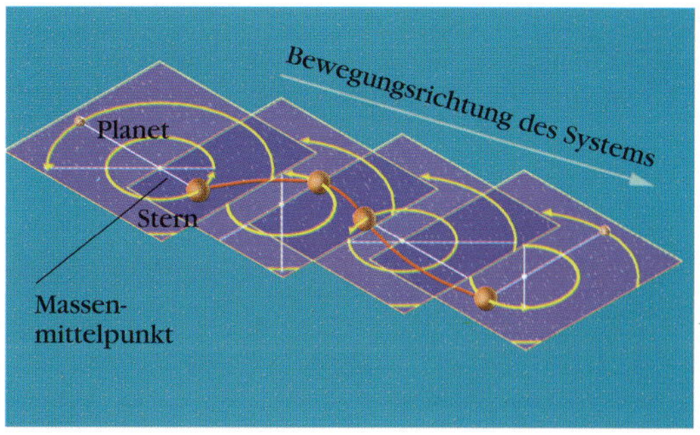

Eine Wellenbewegung
Schema der Bewegung des Massenmittelpunkts eines Systems, in dem ein Planet einen Stern umläuft.

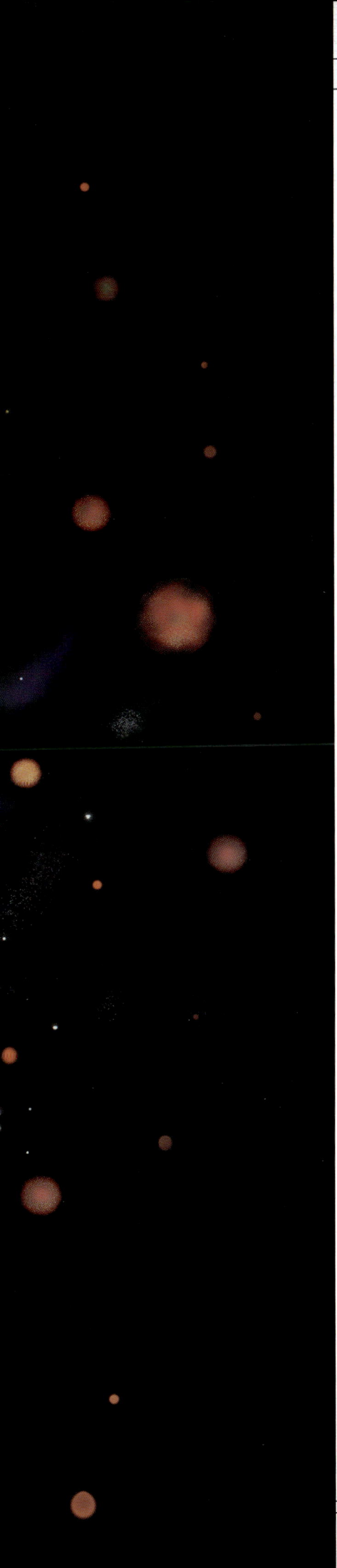

Sterne und Galaxien

Wieder brennen in der Höhe die Märchen.
Werden fallen mit den Blättern im ersten Wind.
Doch ein anderer Hauch
und neues Funkeln kehrt zurück.

Giuseppe Ungaretti, Sterne
(Übers. Michael von Killisch-Horn)

Dieser zweite Abschnitt des Buches befasst sich mit alldem, was sich außerhalb des Sonnensystems befindet. Wir durchqueren dabei zwei große Räume, nämlich erstens unsere Galaxis, das Milchstraßensystem, zu dessen mehr als hundert Milliarden Sternen unsere Sonne mit ihrem Kranz von Planeten zählt. In einer Galaxie gibt es heiße und kalte Sterne, Einzelsterne und Doppelsterne und auch Sternhaufen. Außerdem gehören zu Galaxien diffuse Nebel, planetarische Nebel und Überreste von Supernovae.
Der zweite, fernere Raum ist der des außergalaktischen Universums mit seinen hundert Milliarden Galaxien, von denen einige große Ähnlichkeit mit unserer Galaxis haben und andere sich wiederum stark von ihr unterscheiden. Von den nahen Galaxien der Lokalen Gruppe ausgehend gelangen wir an die Grenzen des bekannten Universums und sehen mithilfe der großen Teleskope Galaxienhaufen und die geheimnisvollen Kerne aktiver Galaxien.

Eine »Welteninsel«
Wenn wir das Milchstraßensystem von außen betrachten könnten, würden wir wahrscheinlich ein ähnliches Panorama sehen, wie es hier dargestellt ist. Es ist ein kleines Universum mit 100 Milliarden Sternen, eine »Welteninsel«, wie man früher gern sagte.

Die Namen der Sterne und der Sternbilder

Menschen haben immer das Bedürfnis gespürt, dem, was unseren Sinnen zugänglich ist, einen Namen zu geben. Davor blieben auch die Himmelskörper nicht bewahrt. Zunächst erhielten die hellsten Sterne Namen, und im Lauf der Zeit auch die weniger gut sichtbaren. Die Astronomie ist aus der Notwendigkeit entstanden, Beginn und Ende der Jahreszeiten genau festzulegen, um die im Altertum weitgehend auf die Landwirtschaft konzentrierte Arbeit planen und die Zeiten für Saat und Ernte vorhersagen zu können. Die regelmäßige Bewegung der Sternbilder am Himmel lieferte eine ausgezeichnete »Jahresuhr«; deshalb überrascht es nicht, dass sich vor allem Bauernvölker wie die Ägypter und die Chaldäer in das Studium des Himmels vertieften. Jemand, der weiß, welche Sterne zu welchen Jahreszeiten beim Auf- und Untergang der Sonne erscheinen, kann Anfang oder Ende der Feldarbeit genau bestimmen. Die Benennung der Sterne lieferte somit ein Bezugssystem für allgemein zugängliche und verständliche Mitteilungen.

Die Sternbilder der Antike
Eine der ältesten Darstellungen des Himmels ist die als Farnesischer Atlas bekannte Statue, die römische Kopie eines griechischen Originals aus dem 2. Jahrhundert n. Chr. Der Halbgott Atlas trägt die Himmelskugel auf seinen Schultern.

Die Namen der Sterne

Viele Serne leiten ihren Namen von der Stellung her, die sie innerhalb des Sternbilds einnehmen. Beispielsweise findet sich der Stern Deneb, das arabische Wort für »Schwanz«, im Sternbild Schwan dort, wo man sich den Schwanz des himmlischen Schwans vorstellt. Andere Namen dagegen beziehen sich auf ihre Eigenschaften. So ist es beim Regulus im Sternbild Löwe; der Stern liegt nahe an der Ekliptik und das verleiht ihm eine gewisse Bedeutung, weshalb er zu Recht »kleiner König« genannt wird. Ein anderes Beispiel liefert der Stern Omikron im Sternbild Walfisch, besser bekannt als Mira, was auf Deutsch »Wunder« heißt; dieser Stern verändert seine Leuchtkraft so stark, dass er für das unbewaffnete Auge immer wieder für längere Zeit unsichtbar ist.

Die allermeisten Sternnamen stammen aus dem Altertum und deswegen aus dem Griechischen, Lateinischen oder, besonders oft, aus dem Arabischen. (Das gilt übrigens nicht für Mira, den Wunderstern, den der ostfriesische Pfarrer David Fabricius 1596 entdeckte und der seinen Namen 60 Jahre später von dem Danziger Astronomen Johannes Hevelius erhielt.)

Verschwundene Sternbilder
Das Schiff Argo wurde im 18. Jahrhundert von dem französischen Pater de Lacaille in die vier kleineren Sternbilder Vela, Puppis, Carina und Pyxis aufgeteilt.

Die Rolle der Araber

Die Araber kannten sich am Himmel gut aus; wir verdanken es ihnen, dass ein großer Teil der klassischen Kultur, insbesondere des alten Griechenlands, das Mittelalter überlebte und in der Renaissance von der westlichen Welt wieder entdeckt werden konnte. Zu den Werken, mit denen sich die Araber beschäftigten, gehört auch der Almagest des Ptolemäus, und deshalb hat die arabische Herkunft vieler Sternnamen eine etwas umständliche Geschichte: Bei der Übersetzung des Werks des großen griechischen Astronomen wurden auch die Namen und Positionen der Sterne sowie die Namen der Sternbilder, zu denen sie gehören, ins Arabische übertragen. Als die Gelehrten des Abendlands den Almagest später zurückübersetzten, ließen sie den Sternen ihre arabischen Namen, und die haben sich in fast allen Fällen erhalten. So heißt beispielsweise heute noch der Stern, der ursprünglich den Fuß oder das Knie des Orion bezeichnete, Rigel, was auf Deutsch Fuß bedeutet.

Hipparch von Nikaia
Hipparch (167–121 v. Chr.) wird hier bei der Betrachtung des Himmels dargestellt. Die Röhre hilft ihm, einzelne Sterne zu isolieren. Sein Werk regte Ptolemäus zu seinem Almagest an.

Der Himmel im 16. Jahrhundert
Ein Stich von Albrecht Dürer aus dem Jahr 1515 stellt die Sternbilder der Nordhalbkugel und des Tierkreises dar. Er zeigt auch die hellsten Sterne.

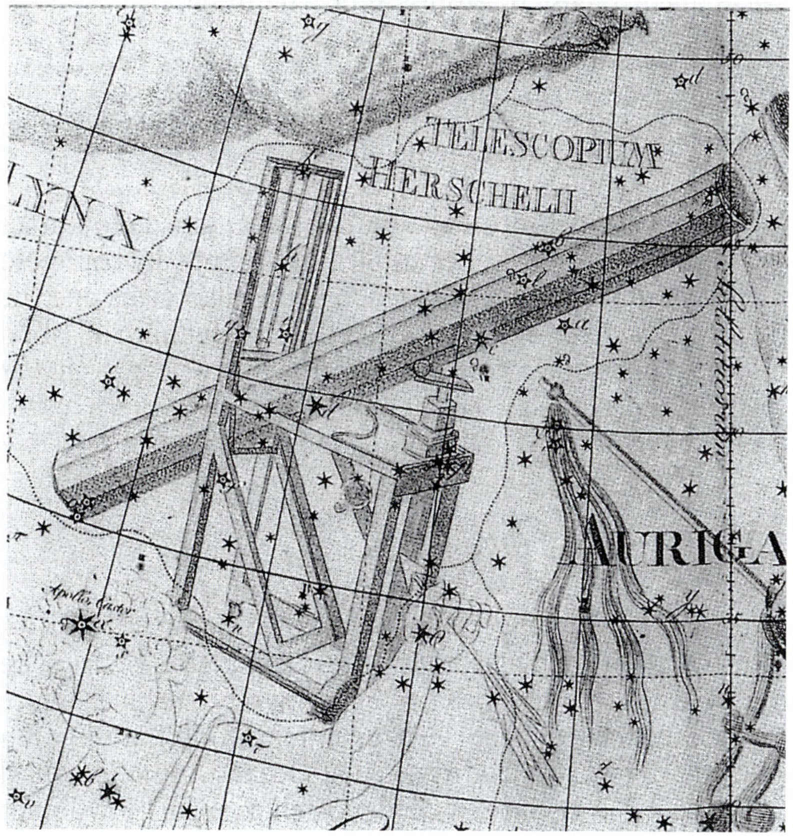

Abgeschaffte Sternbilder
Das Sternbild Herschels Teleskop ist heute nicht mehr gebräuchlich. Dasselbe Schicksal widerfuhr auch anderen Sternbildern, etwa der Eiche des Königs Georg oder dem Schiff Argo, das aufgeteilt wurde.

Das Werk von Bayer und Flamsteed

Das Bedürfnis, alle Sterne, zumindest alle sichtbaren, zu benennen, ist neueren Datums. Zur Lösung dieser wichtigen Aufgabe führte Johann Bayer (1572–1625) ein noch heute verwendetes Verfahren ein, bei dem der hellste Stern jeder Konstellation mit dem ersten Buchstaben des griechischen Alphabets, Alpha, und dem Genitiv des lateinischen Namens des Sternbilds bezeichnet wird; der hellste Stern im Löwen beispielsweise ist Alpha Leonis, oder abgekürzt α Leo. Der zweithellste Stern erhielt entsprechend den zweiten Buchstaben des griechischen Alphabets, also β Beta, und den Genitiv des lateinischen Namens des Sternbilds, und so weiter. Weil die Buchstaben des griechischen Alphabets nicht ausreichen, jedem mit dem bloßen Auge sichtbaren Stern einen Namen zuzuschreiben, ging Bayer, als er das griechische Alphabet ausgeschöpft hatte, zum lateinischen Alphabet über.
John Flamsteed (1626–1719) löste das Problem, indem er jedem Stern außer dem Genitiv des Sternbilds eine Zahl zuschrieb. Dabei erhielt der Stern mit der niedrigsten Rektaszension die Zahl 1, der mit der zweitniedrigsten die Zahl 2 und so weiter, bis alle Sterne erfasst waren. Diese Skala beruht also nicht auf der Leuchtkraft, sondern ist für den Betrachter des Himmels eine Anordnung »von rechts nach links«. Als die Internationale Astronomische Union Mitte des 20. Jahrhunderts die Grenzen der Sternbilder neu festlegte, ordnete sie die Grenzen einiger Sternbilder neu, behielt aber die alten Namen bei:
So gehört der Stern 10 Ursae majoris, der dem Namen nach zum Sternbild des Großen Bären gehörte, jetzt zum Sternbild Luchs.

SELTSAME ÜBEREINSTIMMUNG

Menschen sehen je nach dem Kulturkreis, zu dem sie gehören, oft unterschiedliche Bilder am Himmel.
Es gibt jedoch eine seltsame Übereinstimmung, nämlich beim Sternbild Großer Bär. Dieses Sternbild wurde sowohl von den Griechen als auch von Indianerstämmen Nordamerikas als Bär gesehen. Natürlich können wir daraus nicht schließen, dass diese beiden Völker miteinander Kontakt gehabt hätten. Andererseits heißt der Teil, den wir im deutschen Sprachraum als Wagen sehen, auf Englisch Dipper, Schöpflöffel, wurde also von sprachlich und räumlich benachbarten Völkern unterschiedlich gedeutet.
Die Araber sahen übrigens im Wagenkasten einen Sarg und die Deichsel als drei Klageweiber, die Römer dagegen sieben Dreschochsen, die den Nordpol umwandern.

Die Namen der veränderlichen Sterne

Die Entdeckung von Sternen, deren Leuchtkraft im Lauf der Zeit nicht konstant ist, sondern mehr oder weniger veränderlich, hat eine Nomenklatur wünschenswert gemacht, die es erlaubt, diese sonderbaren Sterne von den »normalen« zu unterscheiden. Man hat deshalb beschlossen, veränderliche Sterne mit großen lateinischen Buchstaben und dem Genitiv des entsprechenden Sternbilds zu bezeichnen. Der erste Stern wird aber nicht mit A, sondern mit R bezeichnet, der zweite mit S und so weiter. Der Buchstabe A kommt erst nach Z. Wenn die Buchstaben des Alphabets ausgeschöpft sind, beginnt man neu mit RR, RS und so weiter. Mit dieser Benennung ist R Leonis der erste veränderliche Stern, der im Sternbild Löwe entdeckt wurde.

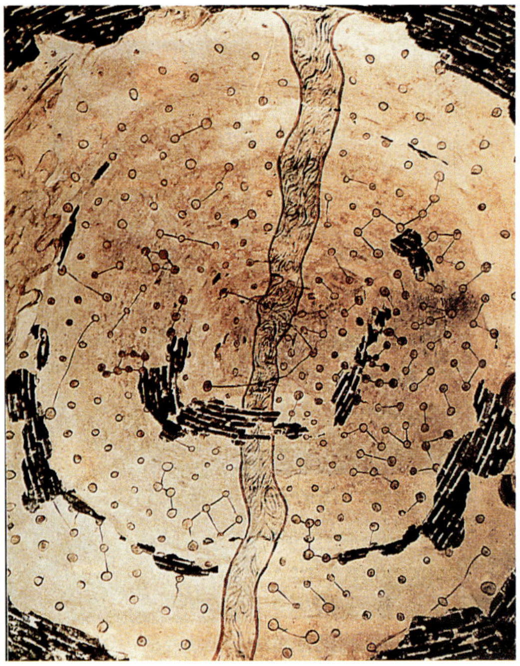

Die Beobachtungen der Chinesen
Eine alte chinesische Himmelskarte mit der Milchstraße in der Mitte. Die Chinesen haben iele Aufzeichnungen ihrer Beobachtungen hinterlassen, die noch immer sehr nützlich sind.

Die modernen Sternkataloge

Die Einführung des Teleskops erforderte, dass alle mit diesen leistungsfähigen Instrumenten beobachtbaren Sterne benannt werden. Deshalb gibt es Kataloge, die alle sichtbaren Sterne bis einer bestimmten Größe erfassen. Zwei gebräuchliche Kataloge werden als HD (für Henry Draper-Catalogue) und SAO (für Smithsonian Astrophysical Observatory) abgekürzt. In ihnen wird jeder Stern mit der Signatur des Katalogs und einer Zahl bezeichnet. Beispielsweise heißt der sichtbare Begleiter von Cynus X-1 auch HD 226868. Zugegebenermaßen sind solche Namen viel weniger faszinierend als Namen wie Antares (Rivale des Mars) oder Fomalhaut (Fischmaul), aber sie genügen den Astronomen zur genauen Bezeichnung des betrachteten Objekts.

Die Sternbilder

Wenn wir den Himmel in einer klaren Nacht fern von aller künstlichen Beleuchtung betrachten, sehen wir sehr viele Sterne mit unterschiedlicher Helligkeit. Fast ohne unser Zutun fassen unsere Augen allmählich die hellsten zu Gruppen zusammen; und so schaffen wir uns unwillkürlich unser eigenes System von Sternbildern, das vermutlich nur teilweise mit den offiziellen zusammenfällt.

Was jeder von uns zum Vergnügen machen kann, entspricht einem Vorgang, der sich vor vielen Jahrhunderten abgespielt hat, als die ersten Astronomen begannen, die Himmelskugeln zu beobachten, um die Regelmäßigkeit der Abläufe zu bestätigen und ihnen Vorzeichen für die Zukunft zu entnehmen.

Sie brauchten dazu ein Bezugssystem, und dazu dienten ihnen die in vielen Fällen schon altbekannten Sternbilder. Ein zweiter Grund für die Schaffung eines Systems von Sternbildern ist wahrscheinlich in dem angeborenen Bedürfnis zu suchen, jede Umgebung zu »vermenschlichen« und vertraut zu machen, indem man sie mit bekannten Dingen und Namen bevölkert. Natürlich betraf dieser Vorgang zu Beginn nicht alle am Himmel sichtbaren Sterne, sondern nur solche, die in den Breiten sichtbar waren, in denen die Beobachter lebten, die die ersten Sternbilder erdachten.

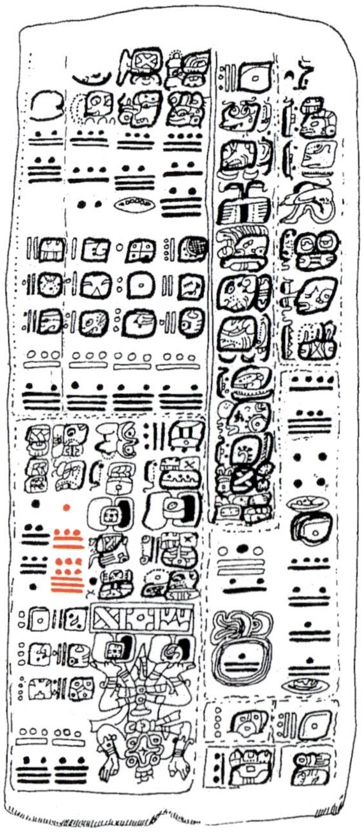

Mittelamerika: Die Maya
Der Maya-Codex ermöglicht zumindest eine teilweise Rekonstruktion der Himmelsbeschreibung dieses Volkes. Die Maya haben jedoch keine Himmelskarten hinterlassen.

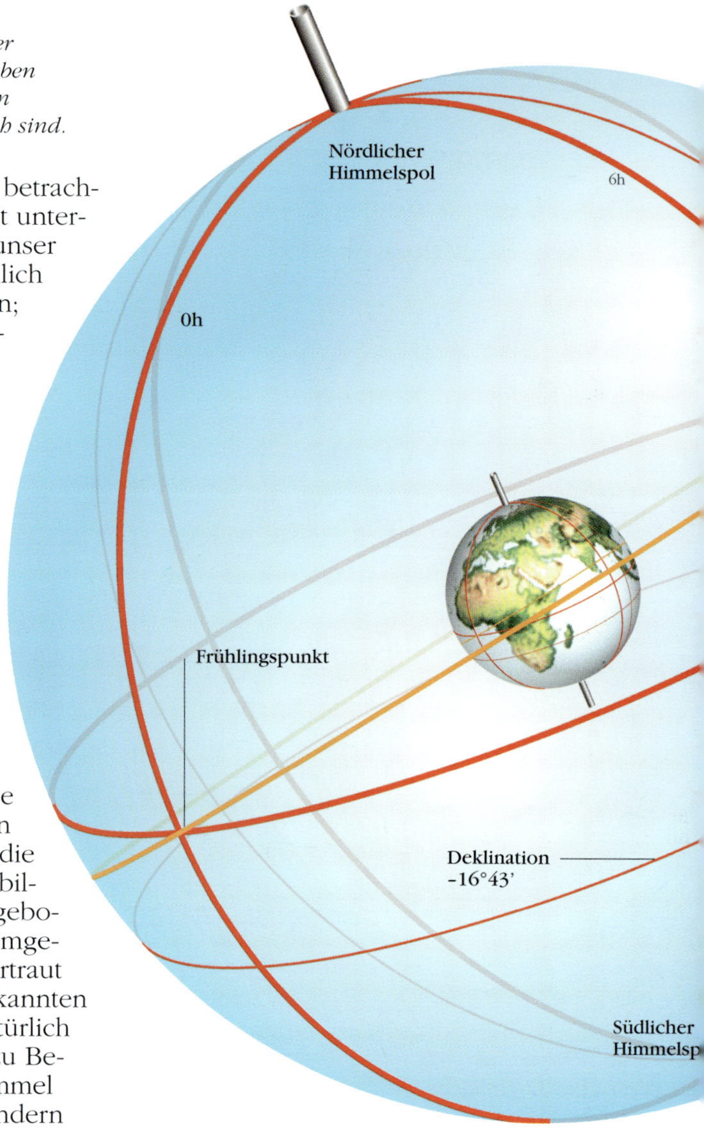

Die Himmelskoordinaten
Eine schematische Darstellung der Himmelskoordinaten (Rektaszension und Deklination), wie sie jetzt zur genauen Bestimmung der Positionen von Himmelskörpern üblich sind.

Die historischen Konstellationen

Die ersten Namen für Sternbilder gehen auf die alten Griechen zurück; von ihnen stammen auch die ältesten Aufzeichnungen von einiger Bedeutung über die Anordnungen von Sternen. Eine erste Kodifizierung der Sternbilder wurde jedoch wohl schon lange vor den Griechen von den Völkern Mesopotamiens vorgenommen.

Der Erste, der von Sternbildern sprach, war der Grieche Aratos, ein Astronom des dritten vorchristlichen Jahrhunderts. Da er Sternbilder beschreibt, die in seinen Breiten gar nicht beobachtbar waren, müssen diese schon viel früher von einem Volk eingeführt worden sein, das bei etwa 35° nördlicher Breite lebte. Die einzige Hochkultur dieser Breiten war die der Akkader, die in Mesopotamien lebten und denen die Einteilung des Himmels zugeschrieben wird, die später zu den bei den Griechen gebräuchlichen Sternbildern führte. Einige Tafeln aus dem Zweistromland mit den von Aratos erwähnten Sternbildern bestätigen diese Theorie.

Die Sternbilder der Akkader bezogen sich auf Gestalten ihrer lokalen Mythologie und wurden später von der im östlichen Mittelmeer beheimateten minoischen Kultur übernommen. Mit dieser Übernahme von einem Volk zu einem anderen ging die

Ersetzung der mit den Sternbildern verbundenen Namen und Personen einher, die dann mit der klassisch-griechischen Mythologie verknüpft wurde.

Einige Sternbilder bilden richtige himmlische Familien. Ein gutes Beispiel dafür sind die Sternbilder Cassiopeia, Cepheus, Andromeda, Pegasus, Perseus und Walfisch, die durch die Sage von der Errettung der Andromeda durch Perseus verknüpft sind. Die Kenntnis der Verwandtschaftsbeziehungen erleichtert es, die Veränderungen der Sternbilder an der Himmelskugel im Lauf des Jahres zu verfolgen, weil ja ein und dieselbe Familie von Sternbildern immer zum selben Bereich des Himmels gehört. Ähnlich ist es mit den Sternbildern Steinbock, Wassermann, Fische und Walfisch, die zwar nicht durch einen gemeinsamen Mythos verknüpft sind, aber doch alle mit Wasser zu tun haben. Natürlich ist es kein Zufall, dass diese Sternbilder alle in dem Bereich des Himmels liegen, in dem die Sonne steht, wenn für die Menschen, die diese Anordnungen erdachten, Regenzeit war.

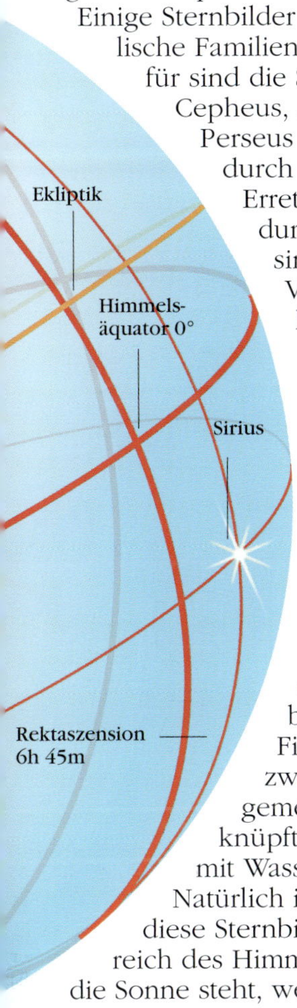

Sternbilder anderer Völker

Wie schon gesagt, ist der Vorgang, der zur Festlegung der Sternbilder führte, nicht eindeutig nachzuvollziehen, und deswegen sahen andere Völker andere Konstellationen.
So enthält beispielsweise der chinesische Himmel etwa 200 Sternbilder mehr als unserer, weil die Chinesen kleinere Sterngruppen von oft nur wenigen Sternen zusammenfassten. Folglich haben sie sehr viele Namen für Sternbilder; sie beziehen sich nicht nur auf Gestalten des himmlischen Reichs, sondern auch auf wirkliche und erdachte Tiere.

Das antike Mesopotamien
Die Völker des Zweistromlands führten lange vor den Völkern des Mittelmeers die noch heute gebräuchlichen Namen für Sternbilder ein.

Die modernen Sternbilder

Die Völker, die die antiken Sternbilder festgelegt hatten, beobachteten aus ihrer geografischen Breite nur einen kleinen Teil des Südhimmels; erst gegen Ende des Mittelalters sahen die Weltumsegler als erste Menschen des Abendlandes den südlichsten Teil des Himmels. Sie führten neue Sternbilder ein. Dabei war der französische Pater und Astronom Nicolas-Louis de Lacaille besonders einflussreich. Er benannte vierzehn neue Sternbilder unter anderem als Chemischer Ofen, Maler, Bildhauer, Luftpumpe, Mikroskop und Teleskop, was wohl die Errungenschaften des menschlichen Geistes feiern sollte.
Auch am Nordhimmel hatten Astronomen schon früher neue Sternbilder eingeführt; beispielsweise beschrieb und benannte Keplers Schwiegersohn Jakob Bartsch im 17. Jahrhundert das Sternbild Einhorn. Es ist schon bei den alten Sternbildern nicht leicht, in ihnen die damit verknüpften Gestalten zu erkennen; bei den modernen Sternbildern ist das praktisch unmöglich, weil sie zumeist aus lichtschwachen Sternen bestehen und im Wesentlichen eingeführt wurden, um die von anderen Sternbildern gelassenen Lücken zu füllen.

Verschwundene Sternbilder

Die Einführung der Sternbilder war nicht so einfach, wie es scheinen könnte. Die heute akzeptierten sind das Ergebnis eines Vorgangs, der sich über Jahrhunderte erstreckte und zur Abschaffung vieler Sternbilder führte, die nicht mehr verwendet oder überflüssig wurden.
Nicht wenige von Astronomen vorgeschlagene Namen wurden niemals wirklich angenommen. Oft sollten sie einen Herrscher ehren und gnädig stimmen, so, als Edmond Halley zu Ehren des Königs Georg II. das Sternbild Georgseiche einführen wollte. Andere Namen dagegen waren zwar schon alt, wurden aber nicht mehr verwendet; der bekannteste Fall ist wohl der des Schiffs Argo, das de Lacaille in vier Sternbilder aufteilte. Vermutlich hatte sich das im Vergleich zu anderen Sternbildern sehr große Sternbild Argo als Bezugssystem als wenig nützlich erwiesen.
Die Welt der Sternbilder hat sich im Lauf der Jahrhunderte oft gewandelt, liegt aber heute ein für allemal fest. Die Internationale Astronomische Union hat 1930 die 88 Sternbilder benannt, die wir heute in unseren Himmelskarten finden.

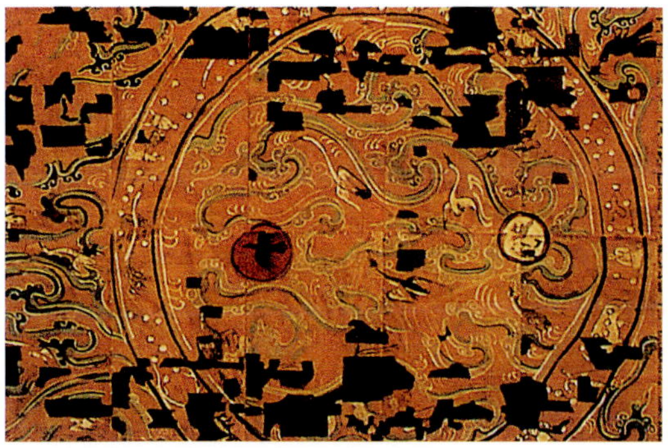

Chinesische Himmelskarten
Die chinesischen Karten gehören zu den ältesten Darstellungen der Himmelssphäre; sie stellen die Sterne dar, ohne ihre unterschiedliche Leuchtkraft anzugeben.

Moderne Sternwarten
Wenn heute Himmelsbeobachtungen durchgeführt werden, müssen die Teleskope an Orten aufgestellt werden, die weit entfernt sind von allem künstlichen Licht und an denen die Wetterbedingungen günstig sind. Deshalb stehen die großen neuen Instrumente in den Anden, auf den Kanarischen Inseln oder auf Hawaii.

Die Eigenschaften der Sterne

Die Beobachtung des Himmels lässt ohne jedes Instrument sofort die auffallendste Eigenschaft der Sterne erkennen: Sie leuchten. Es gibt sehr leuchtkräftige Sterne und auch leuchtschwache. Mit bloßem Auge kann man unter günstigen Bedingungen etwa 6000 Sterne sehen. Ein Fernglas oder Fernrohr eröffnet einen unendlich großen Schauplatz, auf dem Millionen Sterne des Milchstraßensystems und anderer Galaxien funkeln.

Ptolemäus und der Almagest

Der erste Versuch, die Sterne aufgrund ihrer Helligkeit zu klassifizieren, geht ins 2. Jahrhundert v. Chr. und auf den großen hellenistischen Astronomen Hipparch von Nikaia zurück. Zu seinen vielen Werken, die fast vollständig verloren sind, gehört ein Sternkatalog, der etwa 850 Sterne nach ihren Koordinaten und ihrer Helligkeit anführt. Hipparch ist übrigens auch der Entdecker der Präzession der Äquinoktien. Die von ihm gesammelten Daten waren Claudius Ptolemäus bekannt, der im 2. Jahrhundert n. Chr. im ägyptischen Alexandria wirkte und das Werk von Hipparch weiterführte. Seine Hauptschrift *Almagest* stellt in dreizehn Büchern die gesamte antike mathematische Astronomie in neuer Ordnung klar und stimmig zusammen. Dieses monumentale Werk enthält auch einen Sternkatalog, der auf dem vierhundert Jahre älteren von Hipparch aufbaut und um etwa tausend Sterne erweitert ist. Ptolemäus teilt die Sterne in seinem etwa ein Jahrtausend lang allgemein anerkannten Katalog in sechs Klassen ein: Er schreibt den hellsten Sternen die erste Größe (Magnitudo) zu, den etwas schwächeren die zweite Größe, bis die mit bloßem Auge eben noch sichtbaren Sterne der sechsten Größenklasse zugeordnet sind. Die Bezeichnung Größe oder Magnitudo (kurz: mag) wird auch heute noch zur Angabe der Helligkeit benutzt, und zwar nicht nur bei Sternen, sondern auch bei Nebeln, Galaxien usw., hat aber nichts mit den tatsächlichen Ausmaßen der Sterne zu tun.

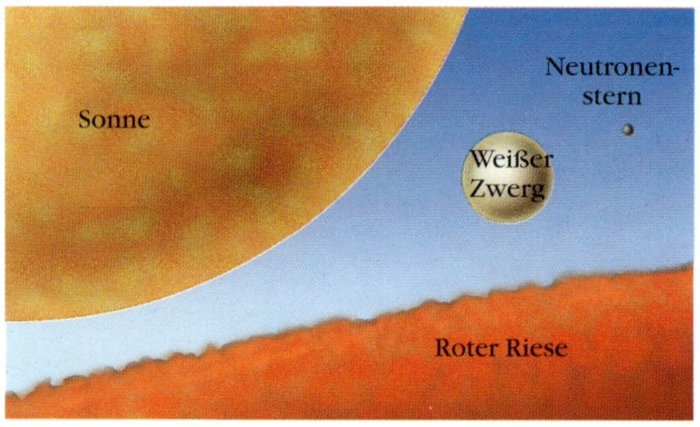

Dimensionen im Vergleich
Ein Roter Riese (Durchmesser 150 Millionen km) im Vergleich mit unserer Sonne. Er kann hundertmal größer sein als sie, ein Weißer Zwerg dagegen hundertmal kleiner.

Die modernen Größenklassen

Um die Mitte des 19. Jahrhunderts vervollkommnete der englische Astronom Norman Pogson das Verfahren der Klassifizierung der Sterne aufgrund ihrer Helligkeit, wie es von Hipparch und Ptolemäus eingeführt worden war, und legte die Abstufung zwischen zwei Größenklassen etwa auf den Faktor zweieinhalb fest (genau 2,512). Ein Stern dritter Größe ist also 2,512-mal so hell wie ein Stern vierter Größe. Auf diese Weise ist der Helligkeitsunterschied zwischen zwei Sternen, die sich um fünf Größenklassen unterscheiden, also Sternen erster und sechster Größe, gerade 100, denn man erhält 100, wenn man 2,512 fünfmal mit sich selbst multipliziert. Auf diese Weise erhält man die Helligkeit eines Sterns der nächst kleineren Größenklasse, indem man den Wert des helleren durch 2,512 dividiert. Man konnte so die antike Skala beibehalten und sie mathematisch exakt machen. Als Bezugsstern wurde ursprünglich der Polarstern gewählt, dem die Größe 2,12 zugeschrieben wurde, um die von Ptolemäus eingeführten Größen möglichst gut zu bewahren. Als sich der Polarstern jedoch als veränderlich erwies, wurden andere Sterne mit stabiler Leuchtkraft gewählt. Mittlerweile können unsere raffinierten Instrumente die Helligkeit außerordentlich genau, bis auf Zehntel und auch Hundertstel messen. (Beispielsweise hat von den hellen Sternen Deneb die Größe 1,25, Aldebaran 0,85 und Wega 0,04; den allerhellsten Sternen aber müssen sogar negative Größen zugeschrieben werden: Sirius –1,47, Canopus –72, Arkturus –0,04.)

Scheinbare und absolute Helligkeit

Die Größe, wie sie von den dafür geeigneten mit dem Teleskop verbundenen Instrumenten (Fotometern) gemessen wird, sagt uns, wie viel Licht, das von einem Stern ausgeht, bei einem Beobachter auf der Erde ankommt. Dieses Licht muss sich mit wachsendem Abstand vom Stern allseits auf

GRÖSSE UND ENTFERNUNG

Zwischen der scheinbaren Helligkeit m, der absoluten Helligkeit M und der Entfernung d eines Sterns besteht eine mathematisch sehr einfache, aber astronomisch außerordentlich wichtige Beziehung. Sie hat die Formel

$$m - M = -5 + 5\log d.$$

Es ist leicht zu sehen, dass sich die absolute Helligkeit, also die Leuchtkraft, berechnen lässt, wenn man die Entfernung eines Sterns und die scheinbare Helligkeit kennt; diese kann mit einem Fotometer gemessen werden. Umgekehrt kann man die Entfernung berechnen, wenn aus theoretischen Überlegungen der Sterntyp und damit die absolute Größe bekannt sind. In den Händen von Astronomen ist diese Beziehung geradezu ein Zaubermittel.

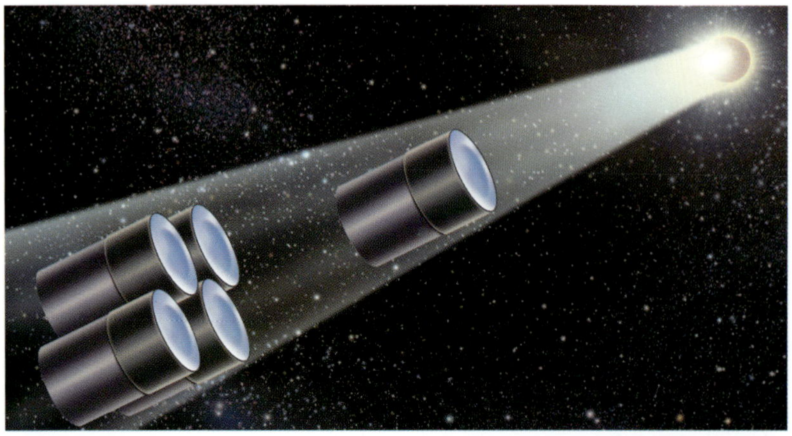

Licht und Entfernung
Die Leuchtkraft eines Sterns nimmt mit dem Quadrat der Entfernung ab. Wenn ein Teleskop von einem Stern in einer bestimmten Entfernung eine bestimmte Lichtmenge empfängt, wären vier gleich große Teleskope nötig, um von einem doppelt so weit entfernten gleichartigen Stern gleich viel Licht einzufangen.

O

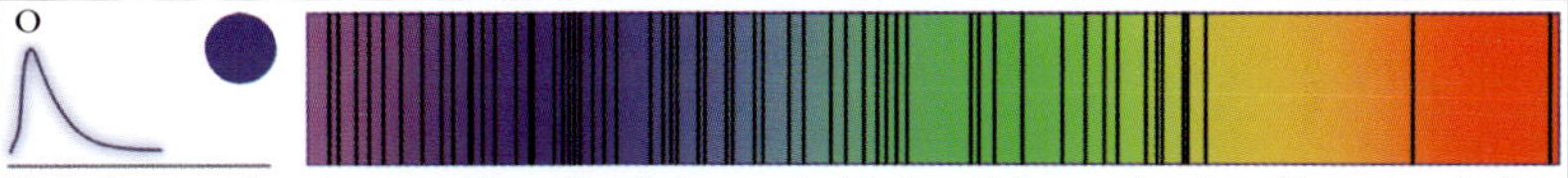

Diese Gruppe erkennt man an Absorptionslinien von ionisiertem Helium und anderer Elemente wie Kohlenstoff, Stickstoff und Sauerstoff (zweifach ionisiert) und Silicium (dreifach ionisiert). Es handelt sich um blaue Sterne mit Oberflächentemperaturen um 22 000 °C. Typische Sterne: Zeta Puppis, 15 Monocerotis.

B

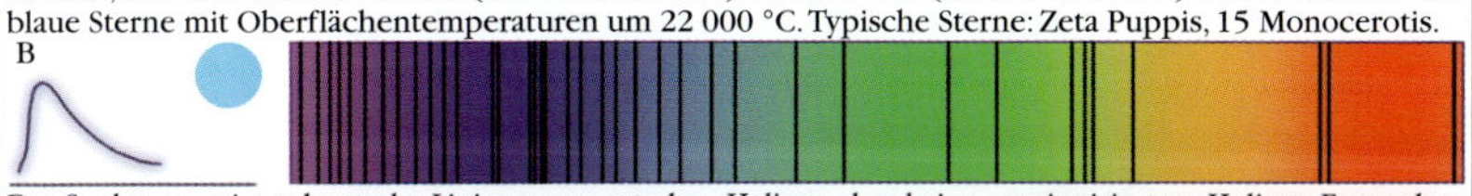

Das Spektrum zeigt sehr starke Linien von neutralem Helium, aber keine von ionisiertem Helium. Es tauchen Wasserstofflinien auf und auch Linien von einfach ionisiertem Kohlenstoff, Sauerstoff und Silicium. Sie gehören zu weißblauen Sternen mit Temperaturen von etwa 14 000 °C. Typische Sterne sind Epsilon Orionis, Rigel, Spica.

A

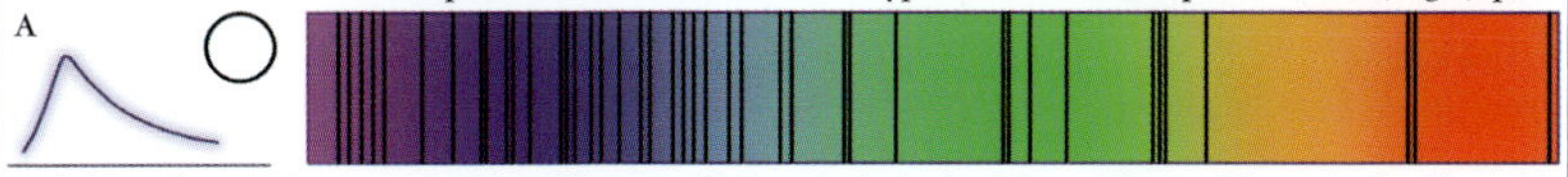

Auch hier gibt es Linien von neutralem Wasserstoff, aber sie sind schwächer und am stärksten in der Klasse A0. Starke Linien von Magnesium und ionisiertem Silicium. Die Kalziumlinien werden mit zunehmender Leuchtkraft stärker. Dies sind weiße Sterne mit Temperaturen um 10 000 °C. Typische Sterne sind Sirius, Wega, Altair.

F

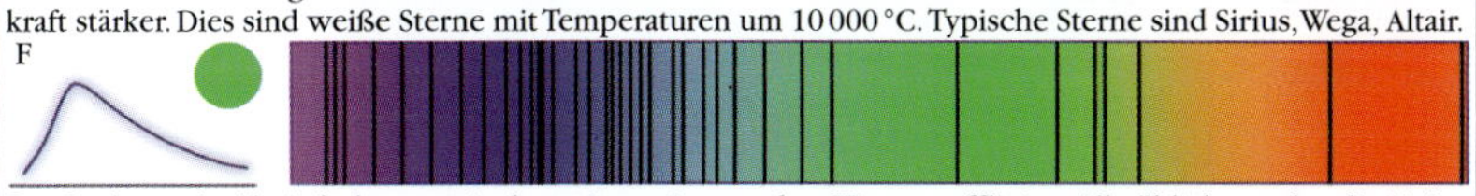

Das Spektrum ist ähnlich dem von A, aber mit weniger starken Wasserstofflinien. Allmählich werden die Linien von ionisiertem Kalzium wichtig, und es tauchen die Linien neutraler Elemente auf. Dies sind gelb-weiße Sterne mit Temperaturen von etwa 6700 °C. Typische Sterne sind Canopus, Prokyon, Alpha Persei.

G

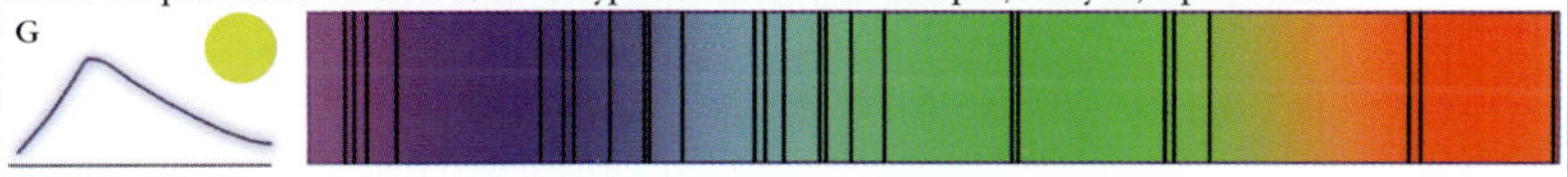

Die Wasserstofflinien sind sehr schwach, die des ionisierten Kalziums sehr stark. Es tauchen die Streifen von molekularem Cyan (CN) und von CH-Ionen auf. Diese Sterne sind gelb; die Temperatur liegt bei etwa 5500 °C. Typische Sterne sind die Sonne (sie hat das Spektrum G2), Capella, Alpha Centauri.

K

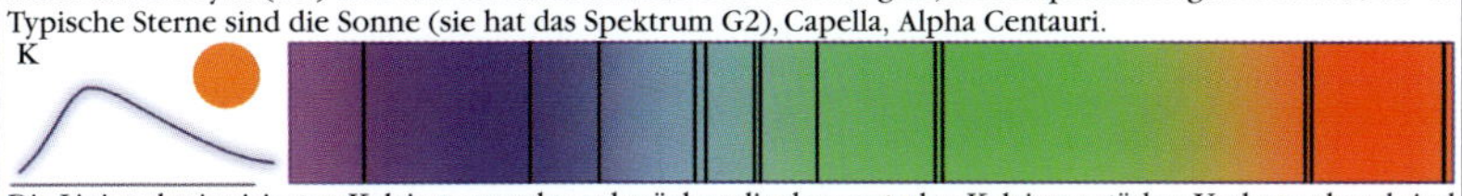

Die Linien des ionisierten Kalziums werden schwächer, die des neutralen Kalziums stärker. Vorherrschend sind die Linien der neutralen Metalle. Es ist das typische Spektrum von Sonnenflecken. Die Sterne sind leuchtend tiefgelb, die Temperaturen liegen bei etwa 3800 °C. Typische Sterne: Arkturus, Pollux, Alpha Ursae Majoris.

M

Molekulare Bänder, insbesondere von Titanoxid (TiO). Zu dieser Klasse gehören die Sterne vom Typ Mira Ceti. Sie sind rötlich und haben Temperaturen um 2800 °C. Typische Sterne: Beteigeuze, Antares.

Die Farben der Sterne
Die Farbe eines Sterns wird von den Wellenlängen bestimmt, die im elektromagnetischen Spektrum am stärksten strahlen. Das wiederum hängt von der Oberflächentemperatur des Sterns ab.

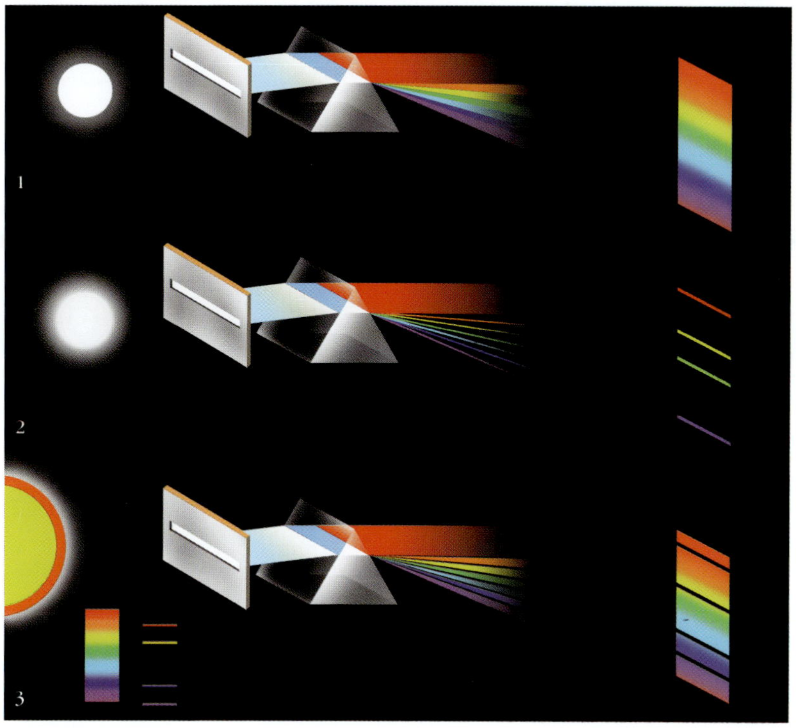

Drei Spektren
1. Kontinuierliches Spektrum (ohne Linien)
2. Emissionsspektrum (helle Linien vor dunklem Grund)
3. Absorptionsspektrum mit dunklen Linien

eine immer größere Kugelfläche verteilen und erscheint uns deshalb umso schwächer, je weiter der Stern von uns entfernt ist. Deshalb sprechen wir von der relativen Größe oder der scheinbaren Helligkeit. Wenn alle Sterne gleich wären, würde die Helligkeit auch ein Maß für ihre Entfernung sein. Um die Leuchtkraft der Sterne unabhängig von ihrer Entfernung angeben zu können, hat man die absolute Größe oder absolute Helligkeit eingeführt. Sie entspricht der Helligkeit, die ein Stern hätte, wenn er in einer festen Entfernung von 10 Parsec (1 Parsec entspricht 3,26 Lichtjahren) entfernt wäre. Da die scheinbare Helligkeit mit der Entfernung abnimmt, müssen wir die Entfernung kennen, wenn wir die absolute Größe oder absolute Helligkeit, also die Leuchtkraft, berechnen wollen.

Farbige Sterne

Ein anderes wesentliches Kennzeichen eines Sterns ist seine Farbe. Auch mit dem bloßen Auge bemerkt der aufmerksame Beobachter, dass es Sterne gibt, die nicht so weiß sind wie die meisten. Ein Stern kann blau, gelb, orange oder rot sein. Die Farbe eines Sterns liefert wichtige Informationen, denn sie hängt mit der Oberflächentemperatur des Sterns zusammen. Die roten Sterne sind mit einer Oberflächentemperatur von etwa 2–3000 Grad die kältesten, die gelben Sterne, wie unsere Sonne, haben mittlere Temperaturen (5–6000 Grad), und die heißesten, die weißen und blauen, werden bis zu 50–60 000 Grad heiß. Natürlich sind die Kerne dieser Sterne viel heißer; dort werden Temperaturen von mehr als zehn Millionen Grad erreicht!

Geheimnisvolle Linien

Wenn das Licht eines Sterns durch ein Prisma gesandt wird, also ein optisches Hilfsmittel, das die Farben trennt, fächert es sich zu einem so genannten Spektrum auf. Dieses zeigt sich im Allgemeinen als ein kontinuierliches, in den Farben des Regenbogens leuchtendes Band, in dem man bei hinreichend guter Auflösung dunkle Linien erkennt. Diese Linien sind ein richtiger »Personalausweis« für den Stern, weil sie die chemische Zusammensetzung seiner Oberfläche verraten. Weil jedes chemische Element in seinem Spektrum bei einer für dieses Element charakteristischen Frequenz Linien zeigt, ergibt der Vergleich des Sternspektrums mit dem im Labor erhaltenen Spektrum der Elemente, welche Elemente im Stern vorliegen. Besonders wichtig sind natürlich die Linien von Wasserstoff und Helium, aber auch viele Linien schwererer Elemente, also von Kalzium, Natrium, Eisen usw. kommen oft vor. Im Sonnenspektrum, das außerordentlich hell ist und deshalb leicht zu untersuchen, lassen sich die Linien praktisch aller chemischen Elemente nachweisen.

DIE SPEKTRALKLASSEN

Die im Spektrum eines Sterns sichtbaren Linien sind eine Art »Fingerabdruck«, der die Einteilung der Sterne in Klassen ähnlicher Objekte erlaubt. Die heute gebräuchliche Spektralklassifizierung umfasst sieben große Klassen, die nach abfallender Temperatur mit den Buchstaben O, B, A, F, G, K, M benannt werden. Die seltsame Reihenfolge der Buchstaben hat historische Gründe; sie geht im Wesentlichen auf das Werk großer Astronominnen zurück, die im 19. Jahrhundert am Harvard College zunächst als Hilfskräfte beschäftigt wurden. Beispiele für Sterne der Spektralklassen sind:

O: Mintaka	G: Capella
B: Rigel	K: Aldebaran
A: Sirius	M: Beteigeuze
F: Prokyon	

Wie ein Stern entsteht

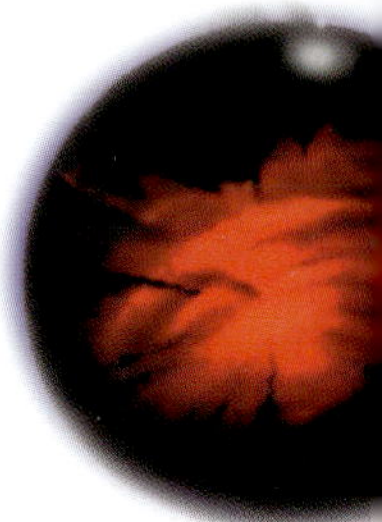

Ein Stern entsteht, wenn eine interstellare Wolke, ein Gebilde aus Gas und Staub, unter der Wirkung der Schwerkraft zusammenfällt. Optische Teleskope lassen diese Bereiche als dunkle Flecken erkennen, die sich vor einem leuchtenden Hintergrund abheben. Man bezeichnet sie auch als »Riesenkomplexe von Molekularwolken«, weil in ihnen Wasserstoff in molekularer Form vorliegt. Diese Systeme, deren Durchmesser gelegentlich 300 Lichtjahre betragen, sind neben den Kugelhaufen die massereichsten Strukturen der Galaxis. Ihre Eigenschaften werden mithilfe der großen Radioteleskope erforscht, denn nur diese Instrumente können die schwache im Millimeterbereich liegende Strahlung der Molekülwolken empfangen. Eine solche dem Sonnensystem relativ nahe Kinderstube im Orionnebel ist mit bloßem Auge zu sehen.

Vermutlich entstanden die ersten Galaxien, weil die Materie im Inneren des sich ausdehnenden Universums nicht gleichmäßig verteilt war; dann bildeten sich in ihrem Inneren allmählich Sterne, als sich die Materie aufgrund ihrer Schwerkraft allmählich zu Wolken verdichtete.

Die jüngeren Sterne, die der so genannten Population I, bildeten sich aus den Resten der Explosionen älterer Sterne, der so genannten Population II. Bei der Explosion eines Sterns entsteht eine Stoßwelle, die einen nahen Nebel dann, wenn sie ihm begegnet, kollabieren lässt.

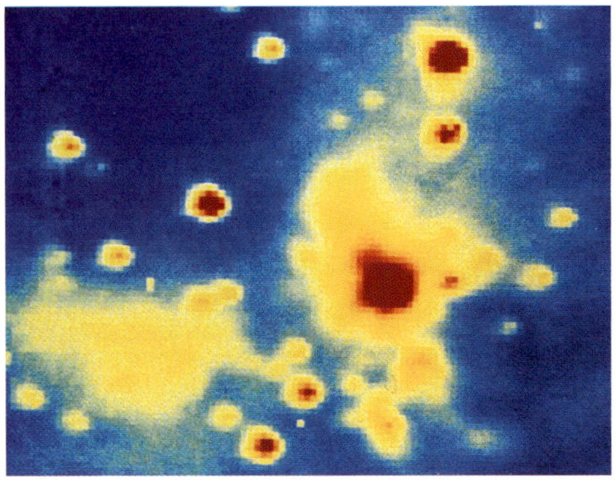

T-Tauri und Staub
Ein Infrarotbild des Haufens Kleinmann-Basso. Die jungen T-Tauri-Sterne (rot) erhitzen den sie umgebenden Staub (gelb), der Infrarotstrahlung aussendet.

Die Bok-Globuli

In den kollabierenden Teilen des Nebels ballt sich die Materie zu dichten und dunklen Gas- und Staubkugeln zusammen, die nach ihrem Entdecker, dem aus Holland stammenden amerikanischen Astronomen Bart Bok (1906–1983) Bok-Globuli genannt werden. Die Masse dieser Kugeln ist etwa 200-mal größer als die unserer Sonne.

Wenn ein Bok-Globul weiter zusammenfällt, nimmt seine Masse zu und zieht aufgrund seiner Schwerkraft immer mehr Materie aus den umgebenden Bereichen an sich. Weil das Innere des Haufens rascher kollabiert als das Äußere, erwärmt es sich und beginnt zu rotieren. Nach einigen hunderttausend Jahren wird er so zu einem Protostern.

Die Entwicklung eines Protosterns

Wenn die Masse des Protosterns immer größer wird, kann die Schwerkraft immer mehr Materie an das Innere des Protosterns fesseln. Die von dem kollabierenden Gas freigesetzte Energie wird in Wärme und Druck umgewandelt, und so wird der Protostern immer dichter und heißer. Schließlich leuchtet er dunkelrot. Weil er aber sehr groß ist und sich die Wärme über die ganze Oberfläche verteilt, bleibt die Oberfläche relativ kühl. Im Inneren jedoch nimmt die Temperatur zu, bis sie einige Millionen Grad erreicht. Gleichzeitig dreht sich die Kugel so rasch, dass sie sich zu einem flachen Ellipsoid verformt. Dieser Vorgang dauert Millionen Jahre.

Protosterne sind sehr schwer zu beobachten, weil sie in eine dunkle Staubwolke eingehüllt sind, der kein sichtbares Licht entkommen kann. Sie können aber mit speziellen Infrarotteleskopen aufgespürt werden, weil die Staubhülle Infrarotstrahlung hindurchlässt.

Der heiße Kern des Protosterns ist von einer rotierenden Materiescheibe umgeben, deren Gravitationsanziehung immer weiter zunimmt. Das Innere wird so heiß, dass es an den beiden Polen, wo der Widerstand am geringsten ist, Materie ausstößt. Diese Materiejets werden vom interstellaren Medium abgebremst und abgelenkt und bilden die als Herbig-Haro-Objekte bekannten Tropfen oder Bögen.

Scheiben im Orion
Ein Bereich des Orion-Nebels mit protoplanetaren Scheiben.

Himmlische Säulen
Der Adlernebel zeigt Säulen aus kaltem Gas, in denen sich Sterne bilden.

Vom Gas zum Stern
Schematische Darstellung der drei Stadien der Sternbildung, die mehrere zehn Millionen Jahre dauert.

Stern oder Planet?

Wenn die Oberfläche des Protosterns einige tausend Grad erreicht hat, hängt das weitere Schicksal des Sterns davon ab, wie massereich er ist: Wenn die Masse klein ist und weniger als 10% der Sonnenmasse hat, reicht die Temperatur des Protosterns nicht aus, um Kernreaktionen auszulösen; dann kann er sich nicht in einen richtigen Stern verwandeln. Die Mindestmasse, die nötig ist, damit der kontrahierende Körper zu einem Stern wird, ist das 0,08fache der Masse unserer Sonne. Eine weniger massereiche Gaswolke fällt unter dem Einfluss der Schwerkraft weiter zusammen, kühlt sich allmählich ab und wird eine Art Zwischending, das weder Stern noch Planet ist, und das wir als Braunen Zwerg bezeichnen.

Der Planet Jupiter ist ein Beispiel für einen Körper, der zu klein ist, um ein Stern zu werden. Hätte er mehr Masse gehabt, wären möglicherweise in seinem Inneren Kernreaktionen ausgelöst worden, und dann hätte er zusammen mit der Sonne einen Doppelstern gebildet.

Die Kernreaktionen

Wenn der Protostern genug Masse hat, fällt er unter der Wirkung der Schwerkraft weiter zusammen. Dadurch steigen Druck und Temperatur im Inneren immer weiter an, und wenn die Temperatur 10 Millionen Grad übersteigt, nimmt der »Kernreaktor« des Protosterns die Arbeit auf und verschmilzt Wasserstoffatome zu Heliumatomen. Der Protostern hat sich in einen richtigen Stern verwandelt, dessen starker Sternenwind schließlich die ihn umgebende Staubhülle wegbläst und das Licht des neu geborenen Sterns sehen lässt. Diese so genannte T-Tauri-Phase dauert bis zu 30 Millionen Jahre. Aus den verbleibenden Gas- und Staubresten wiederum können sich Planeten bilden.

Die Entstehung eines neuen Sterns kann auch Stoßwellen verursachen, die den Nebel durchqueren und die Kondensation neuer Materie veranlassen; der Vorgang der Sternbildung geht dann in der Gas- und Staubwolke weiter.

Kleine Sterne sind lichtschwach und kalt, große dagegen heiß und hell. Ein Stern muss fast sein ganzes Leben lang ein heikles Gleichgewicht wahren. Einerseits droht die Schwerkraft, ihn zu zermalmen und zu erdrücken. Andererseits drängt die bei den Kernreaktionen erzeugte Energie nach außen und will ihn vergrößern. Solange die beiden Kräfte im Gleichgewicht sind, bleibt der Stern stabil und ist ein so genannter Hauptreihenstern, ein Stern im Normalzustand. Unsere Sonne ist seit mindestens 4 Milliarden Jahren in diesem stabilen Dauerzustand und ermöglichte dadurch die Entwicklung des Lebens auf der Erde.

Eine Ansammlung im Infrarot
Die Infrarot-Quelle GGD27 wurde mit einem Teleskop mit 2,1 m Durchmesser aufgenommen; man sieht eine Ansammlung sehr junger Sterne, die in eine Staubhülle eingebettet sind.

Erst einige zehn Millionen Jahre alt
Die Sterne, die zum offenen Haufen der Plejaden gehören, sind relativ jung; sie sind noch von einem Teil der Gashülle umgeben, aus denen sie sich gebildet haben.

Veränderliche Sterne

Nach aristotelischer Auffassung sind Himmelskörper ewig und unveränderlich. Diese Ansicht wurde vor allem dank der ersten Fernrohre im Lauf des 17. Jahrhunderts korrigiert. Die in den Jahrhunderten danach durchgeführten Beobachtungen haben gezeigt, wie weit die Himmelskörper davon entfernt sind, unveränderlich zu sein; sie erscheinen uns nur dann so, wenn geeignete Beobachtungsinstrumente fehlen. In Wirklichkeit steht mittlerweile fest, dass die Veränderlichkeit ein gemeinsames Kennzeichen aller Himmelskörper ist. Die Physik hat sogar bewiesen, dass jeder Stern im Lauf seines Lebens mehrere Entwicklungsstufen durchmacht, in denen sich seine Hauptmerkmale, also Farbe und Leuchtkraft, radikal verändern.
Natürlich spielen sich solche Veränderungen in den für Sterne charakteristischen Zeitspannen von zehn oder hundert Millionen Jahren ab, unglaublich viel längeren also, als Menschen bezeugen könnten. Einige Klassen von Sternen jedoch verändern ihre Leuchtkraft auch in viel kürzeren Zeiträumen deutlich, nämlich im Lauf von Monaten oder sogar Tagen oder Bruchteilen von Tagen. Diese Veränderungen lassen sich schon nachweisen, wenn man den Strahlungsfluss dieser Sterne im Lauf mehrerer aufeinander folgender Nächte verfolgt.

Das Problem der Messung

Diese Aufgabe ist jedoch nicht so einfach, wie sie scheint. Es ist zu bedenken, dass die atmosphärischen Bedingungen während der Beobachtungen nicht immer dieselben sind, sondern sich selbst im Lauf einer Nacht wesentlich verändern können. Deshalb ist es möglich, dass die Werte des Strahlungsflusses bei ein und demselben Stern Unterschiede zeigen, die nicht vernachlässigbar sind. Dann muss unterschieden werden zwischen Schwankungen des Strahlungsflusses, die von Schwankungen der Leuchtkraft des Sterns herrühren, und solchen scheinbaren Schwankungen, die auf atmosphärische Bedingungen zurückgehen. Dazu muss man den Strahlungsfluss des veränderlichen Sterns mit dem anderer Bezugssterne vergleichen, die im Gesichtsfeld des Teleskops liegen. Wenn die Schwankung des Flusses von veränderten atmosphärischen Bedingungen herrührt, beobachtet man bei allen untersuchten Sternen systematisch denselben Effekt.
Wenn man einmal zuverlässige Messungen erhalten hat, lassen sich eventuelle Schwankungen der Leuchtkraft eines Sterns sehr gut mithilfe einer »Lichtkurve« veranschaulichen, also einem Diagramm, das den Verlauf der scheinbaren Helligkeit in Abhängigkeit von der Zeit zeigt.

Die Veränderlichkeit von Haufen
In Kugelhaufen (das nebenstehende Bild zeigt NGC 5897) finden sich oft veränderliche Sterne mit besonderen Eigenschaften, die, wie RR Lyrae und W Virginis, »Haufenveränderliche« heißen.

Intrinsisch veränderlich oder nicht?

Man bezeichnet alle Sterne, deren Helligkeit nicht konstant ist, als veränderliche Sterne. In einigen von ihnen ist die Veränderlichkeit nicht wirklich, sondern nur scheinbar. Solche Sterne gehören zumeist zu einem Doppelsternsystem, denn wenn die Bahnebene des Systems einigermaßen gut mit der Sehlinie des Beobachters übereinstimmt, kann es passieren, dass einer der beiden Sterne durch seinen Partner teilweise oder vollständig verdeckt wird und dadurch weniger hell erscheint. In diesen Fällen ist das Phänomen der Veränderlichkeit periodisch und wiederholt sich in Abständen, die der Umlaufperiode des Dop-

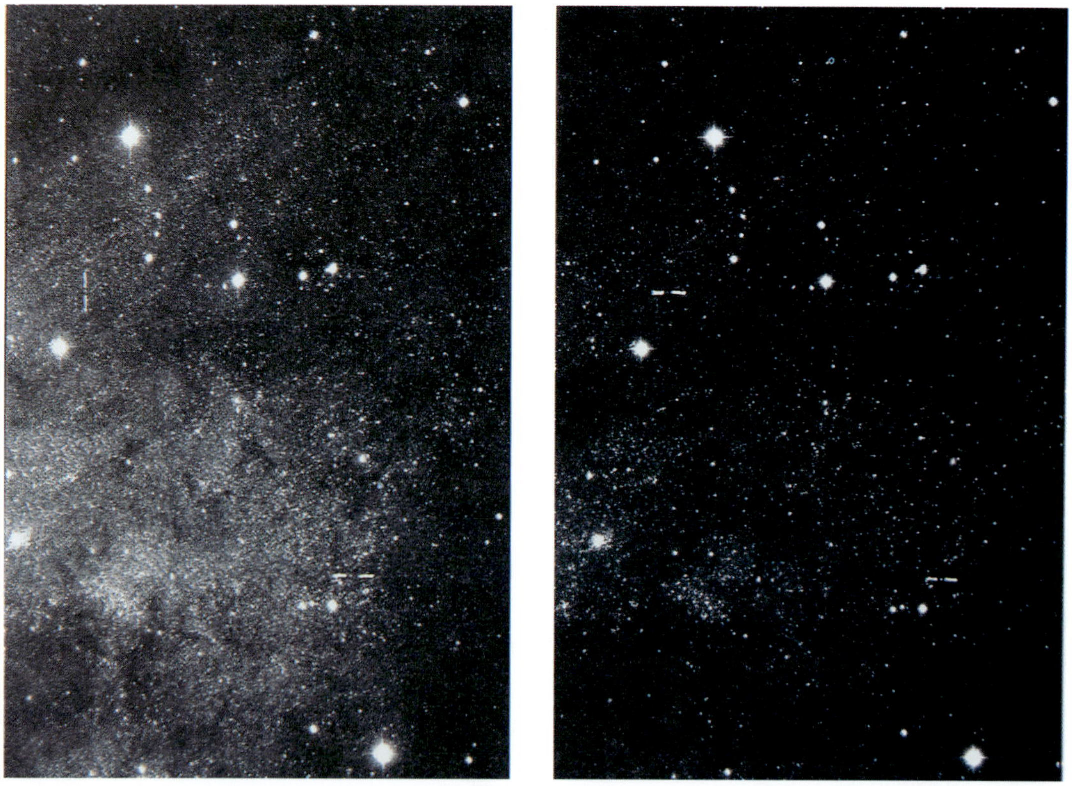

Cepheiden in der Andromeda-Galaxie
Zwei zu verschiedenen Zeiten aufgenommene Bilder von Cepheiden in der Andromeda-Galaxie (durch kleine Striche angedeutet) zeigen Unterschiede der Leuchtkraft der betreffenden Sterne.

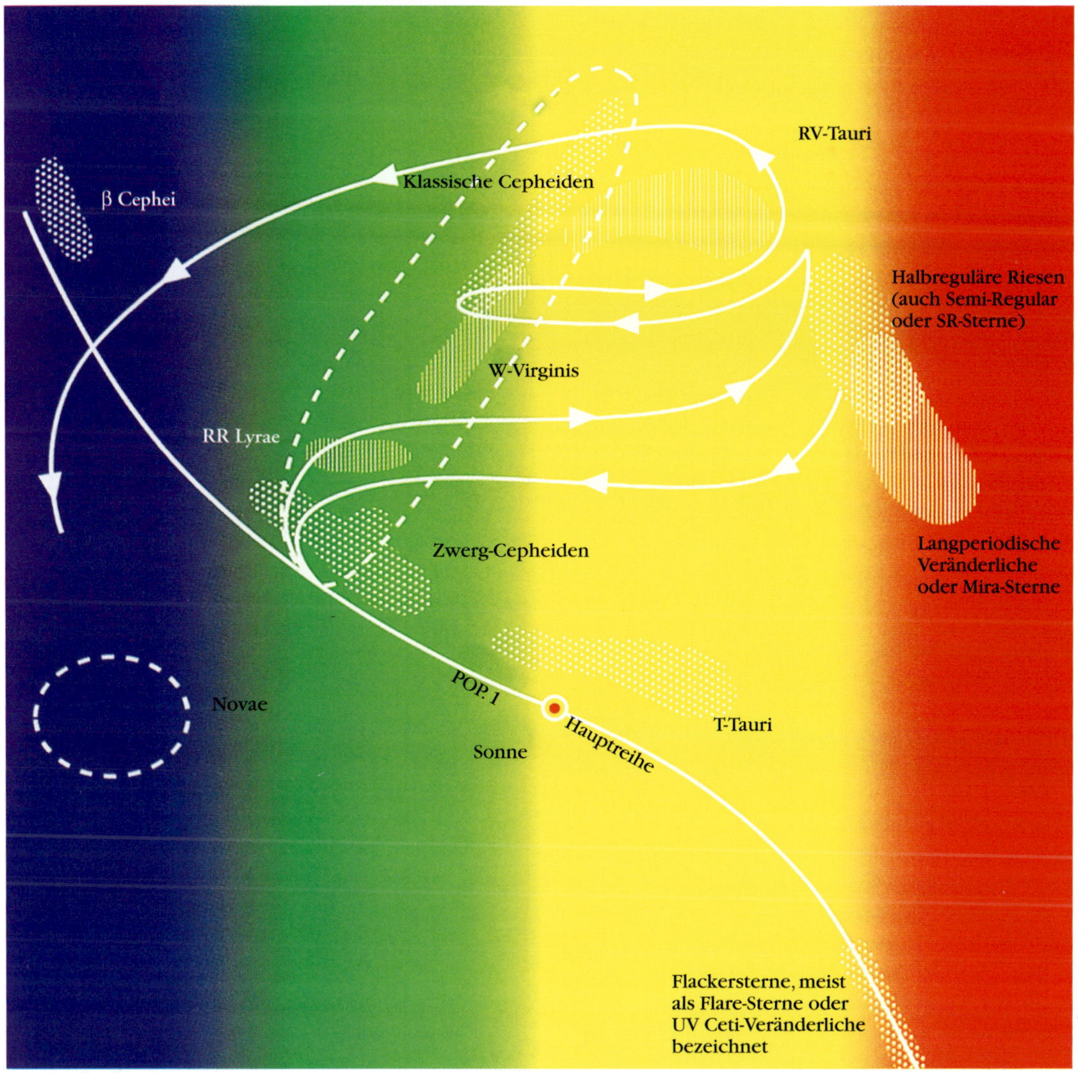

Veränderlichkeit im H-R-Diagramm
Die unterschiedlichen Klassen von Veränderlichen sammeln sich in unterschiedlichen Bereichen des Hertzsprung-Russell-Diagramms, liegen aber im Allgemeinen nicht auf der Hauptreihe.

pelsternsystems entsprechen. Diese Sterne heißen Bedeckungsveränderliche. Außer ihnen gibt es so genannte »intrinsisch veränderliche« Sterne, also solche, bei denen die Veränderung der Leuchtkraft auf die Veränderung der physikalischen Parameter wie beispielsweise Radius oder Temperatur zurückgeht.
Im Lauf der Jahre haben die Astronomen sehr viele veränderliche Sterne beobachtet; allein in unserer Galaxis sind etwa 30 000 katalogisiert. Ein erstes Kriterium der Klassifizierung ist die Einteilung nach der Art der Veränderlichkeit, die zu einer Einteilung in zwei wesentlich verschiedene Gruppen führt. An einigen Sternen beobachtet man gelegentliche Veränderungen der Helligkeit, die sich in unregelmäßigen Abständen wiederholen. Solche Sterne gehören zur Klasse der eruptiven oder kataklysmischen Veränderlichen, zu denen beispielsweise die Novae und die Supernovae zählen. Bei den eruptiven Veränderlichen sind die Schwankungen der Leuchtkraft mit heftigen Explosionen verbunden, die durch plötzliche Veränderungen im Stern bewirkt werden, die je nachdem, ob sie sich in den Oberflächenschichten oder im Inneren abspielen, zur teilweisen Zerstörung (Novae) oder zur totalen Zerstörung (Supernovae) führen. Diese Explosionen können sich bei den Novae im Lauf der Zeit wiederholen: Man spricht dann von wiederkehrenden Novae. Es gibt auch andere Sterne, deren Helligkeit mit großer Regelmäßigkeit schwankt. In diesen Fällen zeigt natürlich auch die Lichtkurve einen periodischen Verlauf und ist durch einen Wechsel von Maxima und Minima gekennzeichnet. Der Unterschied der gemessenen Helligkeit zwischen einem Maximum und dem folgenden Minimum bestimmt die Breite der Lichtkurve, während das Zeitintervall zwischen benachbarten Maxima der Periode der Veränderlichkeit des Sterns entspricht. Die Sterne dieses Typs werden als »pulsierende Sterne« bezeichnet.
Der Vergleich der Kennzeichen der Lichtkurve (Form und Breite) dieser Veränderlichen und der Länge ihrer Periode liefert außerdem ein Kriterium für eine weitere Klassifizierung. Danach werden die veränderlichen Sterne in Klassen eingeteilt, die Ähnlichkeit zu dem Prototyp haben, nach dem jede Klasse benannt ist. Man nennt einen Stern einen Cepheiden, wenn man sagen will, dass er zu der Klasse veränderlicher Sterne gehört, die ähnliche Kennzeichen haben wie der Stern Delta Cephei. Dieses Kriterium mag recht beliebig erscheinen, ist jedoch einfach zu handhaben. Die anscheinend logischere Einteilung der veränderlichen Sterne nach ihrem Spektraltyp ist schon deshalb nicht anwendbar, weil bei einigen Sternen das Spektrum nicht bekannt ist. Im Allgemeinen jedoch sammeln sie sich im HR-Diagramm im Bereich der Riesen und Überriesen. Die Unterschiede zwischen den verschiedenen Arten veränderlicher Sterne sind in Wirklichkeit noch komplizierter, weil jede Klasse ihrerseits in zahlreiche Unterklassen eingeteilt werden kann.

Variationen und Pulsationen
Die Lichtkurve und die Kurve der Radialgeschwindigkeit von Delta Cepheiden. Das Maximum der Leuchtkraft entspricht einem Minimum der Geschwindigkeit in Richtung der Erde, also der größten Expansion.

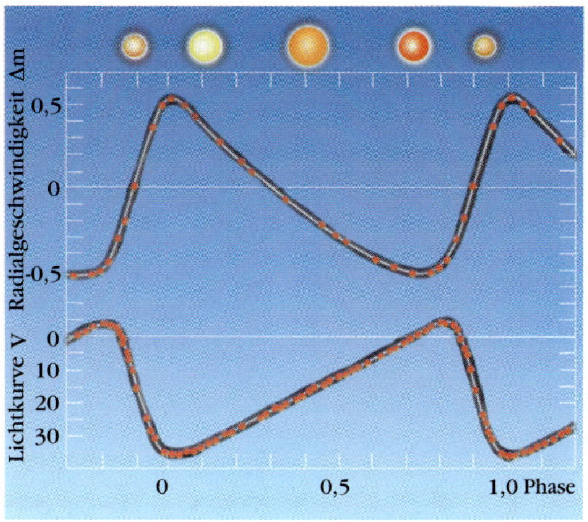

DAS JULIANISCHE DATUM, J.D.

In der Astronomie werden Daten in Julianischen Tagen angegeben. In diesem gegen Ende des 16. Jahrhunderts eingeführten System werden die Tage gezählt, die seit dem Mittag des 1.1.4713 v. Chr. vergangen sind. Anders als der Sonnentag beginnt der Julianische Tag mittags und nicht um Mitternacht. Beispielsweise entspricht JD 2451545,0 dem 1. Januar 2000, 13 Uhr MEZ.

Doppelsterne

Am Himmel sind die Sterne nicht nur einzeln zu sehen, sondern auch in mehr oder weniger dicht bevölkerten Gruppen oder Haufen. Gelegentlich scheint die Verbindung zwischen ihnen sogar noch enger zu sein. In den meisten Fällen sind die Sterne gepaart, gehören also zu einem Doppel- oder Binärsystem, in dem ein Stern den anderen gravitativ beeinflusst.

Die Entdeckung

Doppelsterne, wie sie später genannt wurden, gehören zu den ersten Entdeckungen, die mit dem Fernrohr gemacht wurden. Einer der ersten so identifizierten Doppelsterne war der von dem italienischen Astronomen Riccioli gefundene Stern Mizar im Sternbild Großer Bär. Angesichts der ungeheuren Anzahl von Sternen kam natürlich sofort der Verdacht auf, dass Mizar kein Einzelfall sein konnte, und tatsächlich wurde diese Vermutung bald bestätigt. Der große Astronom Wilhelm Herschel konnte als Frucht seiner Beobachtungen, die sich über 24 Jahre erstreckten, 1804 einen Katalog veröffentlichen, der etwa 700 Doppelsterne anführte. Trotzdem war zunächst nicht klar, ob die beobachteten Doppelsterne physikalisch aneinander gebunden waren oder ob ihre Zusammengehörigkeit auf einem perspektivischen Effekt beruhte, zumal die Sterne eines Paares in vielen Fällen unterschiedliche Helligkeit haben, was auf unterschiedliche Entfernungen schließen lässt. Zur Beantwortung der Frage musste die Entfernung jedenfalls einiger Sterne mithilfe der klassischen Methode der Parallaxe bestimmt werden. Herschel stellte dazu viele Beobachtungen an und fand zu seiner Überraschung, dass ihm keine parallaktische Entfernungsbestimmung gelang. Die Periode schwankte nämlich nicht regelmäßig alle sechs Monate, vielmehr beschrieb jeder Stern eine kompliziertere elliptische Bahn. Nach den Gesetzen der Himmelsmechanik müssen zwei auf elliptischen Bahnen laufende Körper durch die Schwerkraft aneinander gebunden sein, und deshalb führten Herschels Beobachtungen zu dem Schluss, dass es echte physische Doppelsterne gibt.

Ein stellarer »Vampir«
Ein besonderes Doppelsternsystem ist eines, bei dem zwei Novae Materie austauschen. Der kompaktere »saugt« von dem anderen, einem Riesenstern, Gas ab.

Die Klassifizierung der Doppelsterne

Bei Doppelsternen werden die drei wichtigen Klassen der visuellen, fotometrischen und spektroskopischen Doppelsterne unterschieden. Diese Klassifizierung bezieht sich nicht auf deutliche Unterschiede zwischen den Sterntypen, sondern darauf, mit welcher Methode der Stern als doppelt erkannt wurde.

Doppelsterne werden visuell genannt, wenn sie, mit optischen Geräten erkennbar, zusammen mit ihrem Begleiter einen gemeinsamen Schwerpunkt umlaufen. Zurzeit sind etwa 70 000 visuelle Doppelsterne bekannt, aber bei nur 1,1% von ihnen konnte die Bahn einigermaßen genau bestimmt werden. Es sollte nicht wundern, dass es nur wenig Daten gibt, denn die Umlaufperioden können in Größenordnungen von einigen Jahrzehnten und auch Jahrhunderten liegen. Ihre Bahnen lassen sich also nur durch den Vergleich der Positionsmessungen rekonstruieren, die im Zeitraum einiger Jahrzehnte an verschiedenen Observatorien gemacht wurden. In vielen Fällen erhält man leider nur eine teilweise »Deckung« der Bahnen, und dann muss der fehlende Teil aus den vorhandenen Daten abgeleitet werden. Es ist auch zu bedenken, dass die Bahnebene des Systems zur Sehlinie geneigt sein kann, die so rekonstruierte Bahn also nur eine scheinbare Bahn ist, die von der wirklichen Bahn stark abweicht. Falls die Messung der Bahn jedoch einigermaßen genau zu sein scheint, lässt sich daraus mithilfe der beiden ersten Keplerschen Gesetze die wirkliche Bahn des Binärsystems berechnen.

Wenn die Bahn einmal bestimmt und die Periode und der Winkelabstand der beiden Sterne bekannt sind, kann man mithilfe des dritten Keplerschen Gesetzes die Gesamtmasse der beiden Sterne berechnen, falls die Entfernung bekannt ist.

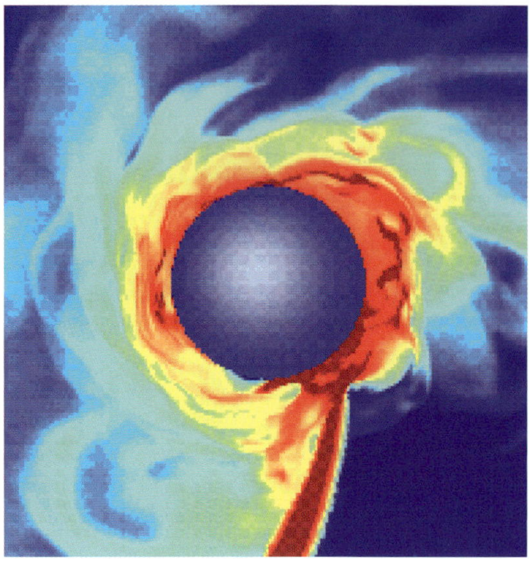

Doppelt und veränderlich
Algol (auf diesem Computerbild) ist der bekannteste Bedeckungsveränderliche, bei dem also die Veränderlichkeit auf der Orientierung der Bahnebene beruht.

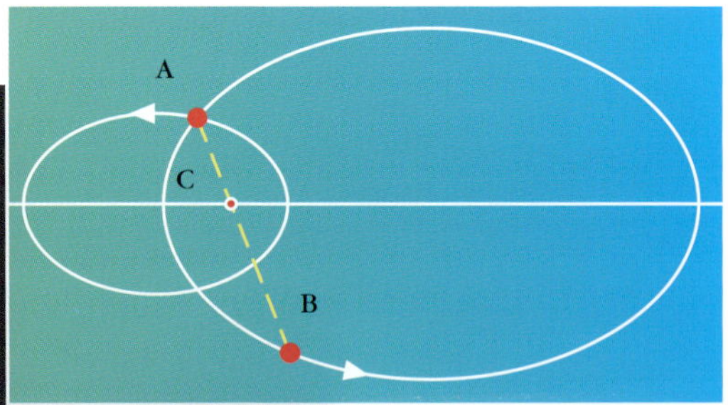

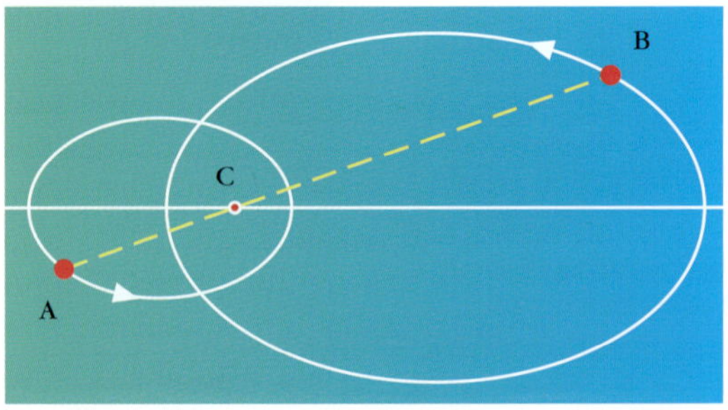

Der Massenmittelpunkt
Die beiden Sterne A und B und der Schwerpunkt C des Systems liegen auf einer Linie. Das Verhältnis der Abstände der Sterne von C ist umgekehrt proportional zum Verhältnis der Massen.

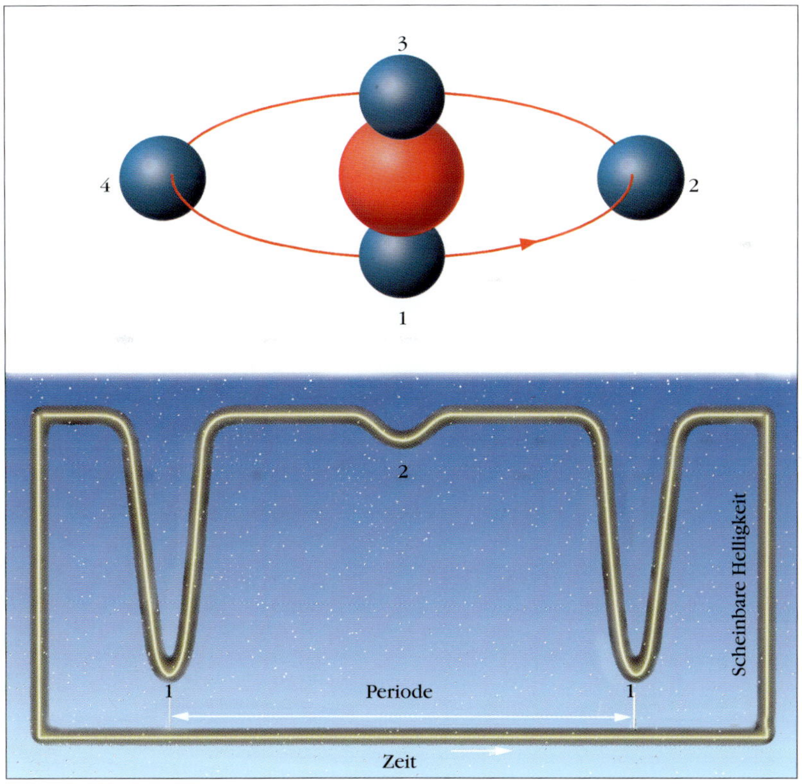

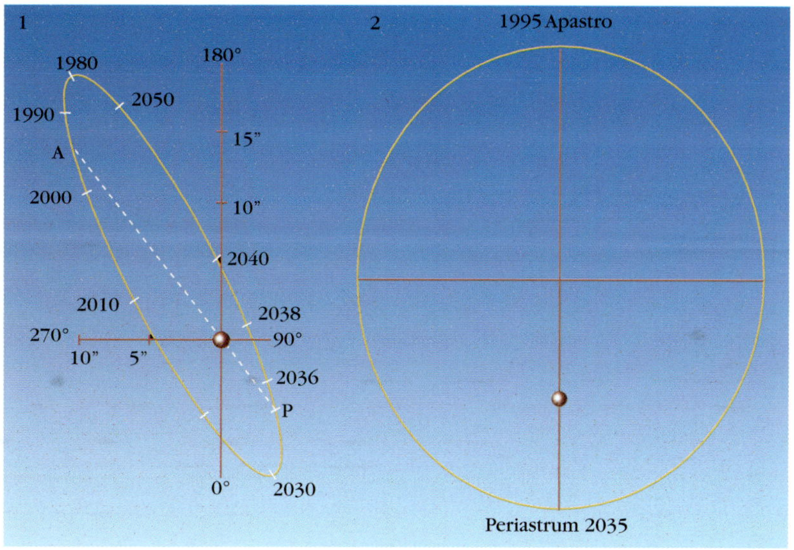

Das Doppelsternsystem Alpha Centauri
Die scheinbare Bahn dieses Systems scheint viel stärker geneigt als in Wirklichkeit, weil die Bahnebene einen Winkel von 11° mit der Sehlinie bildet (oben).

Zwei unterschiedliche Minima der Leuchtkraft
Die charakteristische Lichtkurve eines Bedeckungsveränderlichen mit ausgeprägtem primären (1) und schwächerem sekundären Minimum (2) (links).

Fotometrische Doppelsterne

Die fotometrischen Doppelsterne sind Sterne, die als solche erkannt werden, weil sich die Leuchtkraft periodisch verändert, wenn sich die Sterne wechselseitig verdecken. Deshalb heißen diese Sterne auch Bedeckungsveränderliche. Natürlich müssen wir die beiden Bahnen von der Seite sehen, damit wir die Bedeckung eines Sterns durch seinen Partner beobachten können. Je genauer die Bahnebene in der Sehlinie des Beobachters liegt, umso besser ist die Bedeckung und umso deutlicher sind die Schwankungen der Leuchtkraft. So können wir also aus der Lichtkurve eines fotometrischen Doppelsterns die Neigung der Bahnebene ablesen. Die Lichtkurve gibt auch Aufschluss über die Bahnperiode des Systems. Weil sich die Sterne bei jedem vollständigen Umlauf zweimal bedecken, weist die Lichtkurve zwei Intensitätsminima auf. Das Zeitintervall zwischen zwei aufeinander folgenden Minima der Lichtkurve stimmt also mit der Bahnperiode überein. Die Perioden der fotometrischen Doppelsterne sind deutlich kürzer als die der visuellen Doppelsterne und dauern von einigen Stunden bis zu wenigen Tagen.

Ein gestückelter Stern
Diese mit interferometrischen Methoden gewonnene Aufnahme von 12 Persei lässt erkennen, dass er ein Doppelstern ist.

Spektroskopische Doppelsterne

Unter Ausnutzung des Dopplereffekts lässt sich mit spektroskopischen Mitteln herausfinden, ob zwei nahe Sterne ein System bilden oder ob ihre Nähe nur ein perspektivischer Effekt ist. Außerdem lassen sich mit diesem Verfahren Doppelsterne erkennen, die zu nahe sind, als dass sie als visuelle Doppelsterne erkannt werden könnten. Doppelsterne mit Linienverschiebung in ihrem Spektrum durch den Dopplereffekt werden spektroskopische Doppelsterne genannt. Natürlich sind nicht alle Doppelsterne spektroskopische Doppelsterne, denn damit die Dopplerverschiebung der Spektrallinien nachgewiesen werden kann, müssen sich die beiden Sterne entweder radial auf uns zu oder von uns weg bewegen, die Bahnebene muss also in ganz bestimmter Weise ausgerichtet sein. Wenn die Bahnebene mit der Sehlinie einen Winkel

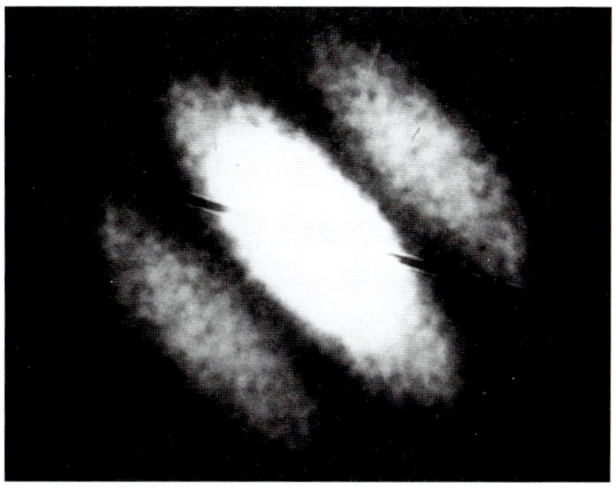

von 90° bildet, sieht man das System »von oben«, und die beiden Sterne laufen auf Bahnen, die vom Beobachter aus gesehen immer gleich weit entfernt sind, so dass kein Dopplereffekt auftreten kann.

Wie viele Doppelsterne gibt es?

Die Beobachtungen zeigen, dass es in der Galaxis sehr viele Doppelsterne gibt. Trotzdem ist es schwierig, den genauen Prozentsatz der Doppelsterne und Einzelsterne zu bestimmen. Wenn man eine einfache Beziehung zwischen den bekannten Doppelsternen und dem Rest der Sternpopulation aufstellt, scheinen die Doppelsterne in der Minderheit zu sein. Aber es gibt in der Astronomie einen »Selektionseffekt«, der damit zu tun hat, dass Doppelsterne nur dann als solche erkannt werden, wenn ihre Merkmale gut ausgeprägt sind. Aus Sicht der Beobachtung bedeutet das eine starke Einschränkung. Bei den visuellen Doppelsternen etwa darf ihr Winkelabstand nicht geringer sein als die Auflösung des Teleskops; sie müssen also relativ nah sein. Entsprechend müssen die fotometrischen und spektroskopischen Doppelsterne hell genug sein, damit Schwankungen der Flussdichte bemerkt und die Wellenlänge der Spektralinien genau gemessen werden können. Das alles schränkt das Feld der so beobachtbaren Sterne extrem ein. Aufgrund theoretischer Modelle lässt sich jedoch behaupten, dass die Doppelsterne etwa zwischen 30 und 70% der Sternpopulation ausmachen.

Novae

Doppelsterne, die aus einem Weißen Zwerg und einem Hauptreihenstern wie der Sonne oder einem Stern des Riesenasts bestehen, heißen kataklysmische oder eruptive Veränderliche. Die beiden Sterne laufen auf sehr engen Bahnen, deren Perioden gewöhnlich nur wenige Stunden betragen. Ihr Bahnabstand ist also klein, und diese Wechselwirkung führt zu spektakulären Phänomenen.

Ultraviolett und Röntgenstrahlung

Bei eruptiven Veränderlichen ist der Weiße Zwerg in gravitativer Wechselwirkung mit seinem Partner, dessen Oberflächenschichten er Gas entzieht. Dieses Gas erhitzt sich dabei auf Temperaturen von der Größenordnung von 100 Millionen Kelvin, und die frei werdende Gravitationsenergie wird als Strahlung abgegeben.
Die eruptiven Veränderlichen strahlen überwiegend im energiearmen Ultraviolett- und Röntgenbereich. Einige der ersten vom Röntgensatelliten UHURU entdeckten Quellen erwiesen sich als eruptive Veränderliche. Die Untersuchung der Röntgenstrahlung eruptiver Veränderlicher ist wichtig, weil sich daraus die physikalischen Bedingungen herleiten lassen, unter denen die

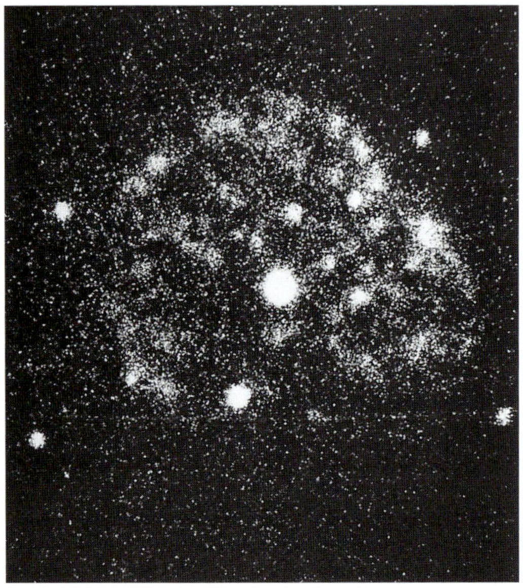

80 Jahre später
Ein Bild der Wolke, die sich um die Nova Persei 1901 bildete. Das Foto wurde 80 Jahre nach der Explosion mit dem 1,8-Meter-Teleskop des Observatoriums von Asiago aufgenommen.

Akkretion der Masse beim Weißen Zwerg abläuft. Im optischen Bereich erkannte man die eruptiven Veränderlichen bis in die Mitte des 19. Jahrhunderts an den gelegentlichen heftigen Helligkeitsschwankungen, die sich als Spitzen in der Lichtkurve zeigten. Sie werden nach ihren Merkmalen in der Lichtkurve während der Phase der Veränderlichkeit in Gruppen eingeteilt.

Die klassischen Novae

Eine klassische Nova unterscheidet sich von anderen eruptiven Veränderlichen durch die Tatsache, dass sich ihre optischen Blitze wiederholen. Die Lichtkurve ist jedoch viel breiter, und der Anstieg zum Maximum geschieht viel rascher als bei anderen Systemen. Normalerweise wird das Maximum der Leuchtkraft in wenigen Stunden erreicht; die Nova nimmt dabei im Mittel um etwa 12 Größenordnungen zu, was einer 60 000-mal größeren Flussdichte entspricht. Je langsamer das Maximum erreicht wird, umso geringer ist die Schwankung der Helligkeit. Das Maximum kann wenige Tage oder auch einige Monate anhalten, bis dann die Leuchtkraft wieder abnimmt und zuerst rascher und später immer langsamer auf das Prä-Nova-Niveau zurückkehrt. Die Dauer dieser Phase liegt im Zeitraum von einigen Jahren. Bei den klassischen Novae sind diese Phänomene mit unkontrollierten Fusionsreaktionen verknüpft, die sich in den oberen Schichten der Weißen Zwerge abspielen, die viel von dem Wasserstoff enthalten, der dem Begleiter »geraubt« wurde. Während die Masse des Begleiters auf den Weißen Zwerg übergeht, wird die Wasserstoffschicht zusammengepresst und erhitzt, und es beginnt das so genannte Heliumbrennen. Diese sehr heftigen Kernprozesse führen zu den Explosionen, die wir als Lichtblitze wahrnehmen.
Die Vergrößerung der strahlenden Oberfläche des Sterns bewirkt eine Zunahme der Leuchtkraft. Das Maximum wird erreicht, wenn der Stern seine maximale Ausdehnung erreicht hat. In der explosiven Phase sind die Novae außerordentlich leuchtkräftig. Die absolute Helligkeit ist im Maximum von der Größenklasse –6 bis –9. Deshalb können wir auch in anderen Galaxien Novae beobachten. Weil wir nur die scheinbare Helligkeit messen, wissen wir

Abfall nach dem Maximum
Einige Novae machen in der Phase des Abfalls ein instabiles Zwischenstadium durch, in denen die Leuchtkraft periodisch schwankt, aber insgesamt abnimmt. Das war beispielsweise bei Nova Persei 1901 der Fall, deren Lichtkurve unten abgebildet ist.

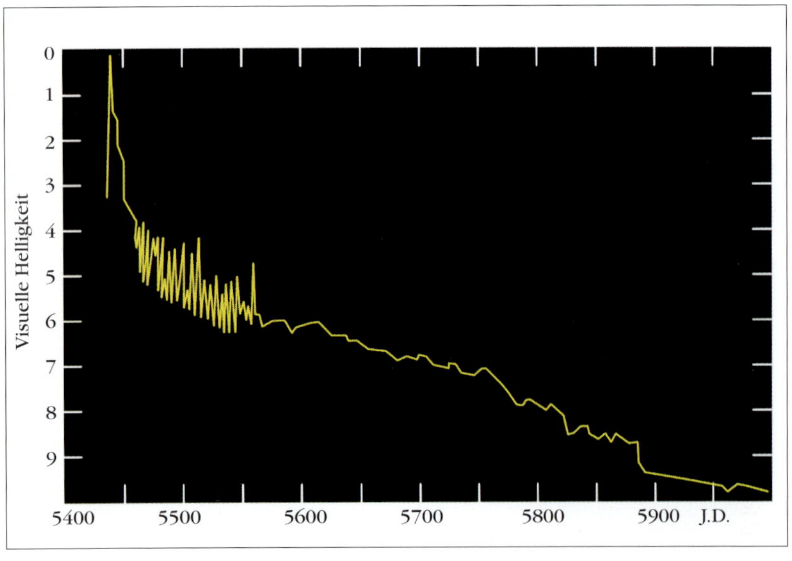

Ein Ring aus ausgestoßener Materie
Ein Bild der sich ausdehnenden Hülle der Nova Cygni 1992. Diese Nova ist eine der hellsten, die in den letzten Jahren beobachtet wurde. Die Aufnahme wurde 1994 mit dem Hubble-Weltraumteleskop gemacht.

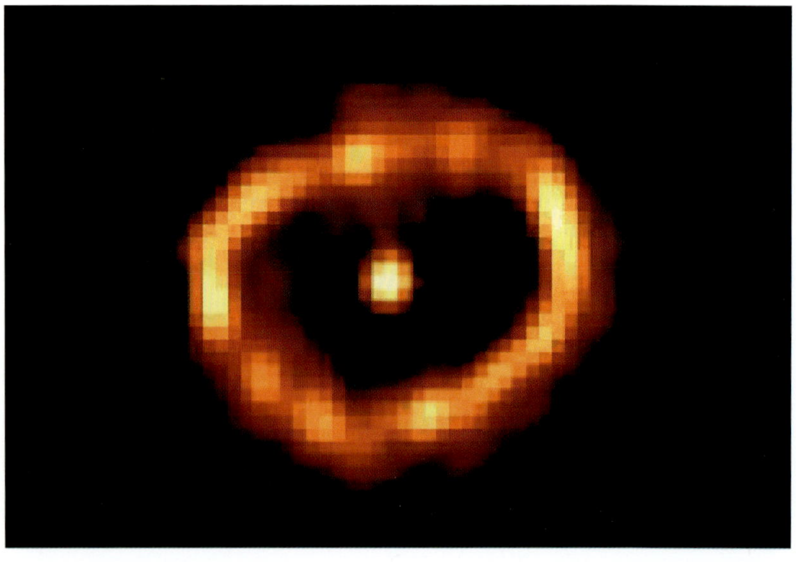

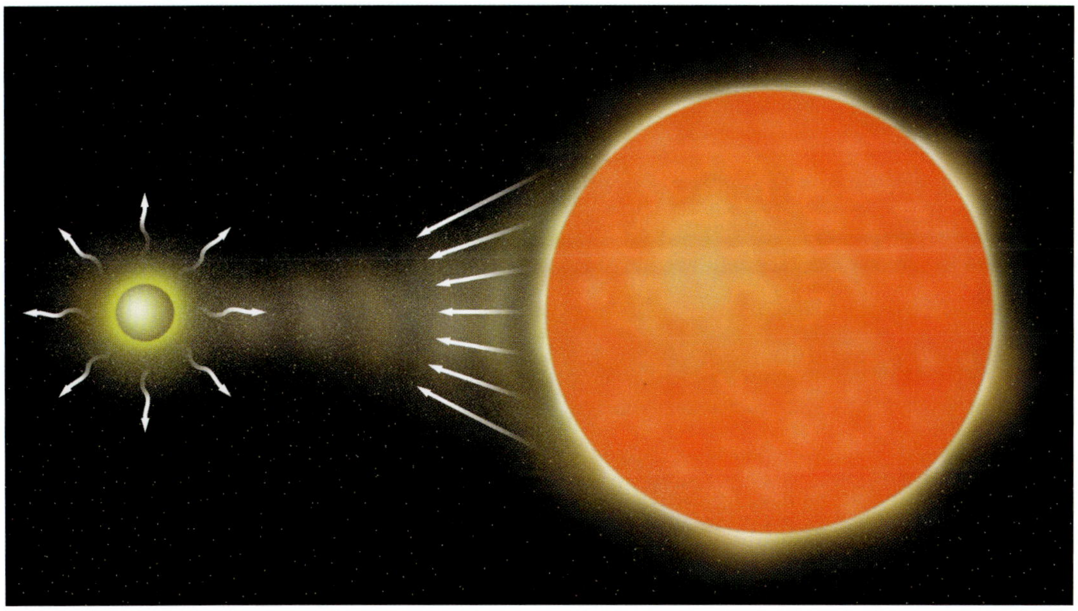

Novae und Entfernungsbestimmung
Schematische Darstellung des physikalischen Phänomens des Austauschs von Materie, die eine Nova erzeugt. Die Novae dienen bei der Entfernungsbestimmung oft als Vergleichslichtquellen, so genannte »Standardkerzen«.

im Allgemeinen nichts über die frühere Leuchtkraft der Nova, solange ihre Entfernung unbekannt ist. Trotzdem ist es möglich, die absolute Helligkeit einer Nova im Maximum mit einiger Gewissheit anzugeben, wenn wir sie mit Novae vergleichen, deren Entfernung bekannt ist und die vernünftige Annahme machen, dass sie sich ähnlich entwickeln. In diesem Fall ist die absolute Größe im Maximum (M) durch die einfache Beziehung $M = -10{,}9 + 2{,}3 \log t$ gegeben, wobei t die Zeit (in Tagen) angibt, die es braucht, bis die Lichtkurve der Nova um drei Größenklassen gefallen ist.

DIE NOVAE ALS KOSMISCHER »DÜNGER«

Die Ausbrüche von Novae bewirken eine Ausdehnung der Oberflächenschichten und der Atmosphäre der Weißen Zwerge. Wie die Supernovae (die jedoch zehnmal so viel Materie in den Raum schleudern) bereichern auch die Novae die chemische Zusammensetzung der interstellaren Gase. Ein Teil der chemisch schweren Elemente, die in den Spektren junger Sterne beobachtet werden, stammen aus Explosionen von Novae. Sie haben diese Elemente, die dann von Protosternen eingefangen wurden, in ferner Vergangenheit freigesetzt.

Zwergnovae und wiederkehrende Novae

Eine Untergruppe der Novae sind die Zwergnovae, deren Prototyp U Geminorum darstellt. Ihre optischen Blitze ähneln denen anderer Novae, aber ihre Lichtkurve ist weniger breit (etwa 5 Größenklassen), und sie kehren in mehr oder weniger regelmäßigen Zeitabständen wieder. Im Mittel beträgt diese Periode 120 Tage, aber in einigen Fällen sind es sogar Jahre. Die Lichtblitze werden im Lauf von wenigen Tagen oder Stunden erzeugt, danach fällt die Leuchtkraft in wenigen Wochen auf das ursprüngliche Niveau ab. Man erklärt dieses andersartige Verhalten durch andere Ursachen für den optischen Blitz. Bei den U Geminorum-Sternen sind es plötzliche Schwankungen der Rate der Materieakkretion durch den Weißen Zwerg, die viel Energie freisetzt. Beobachtungen bei anderen Zwergnovae in der Phase der Bedeckung, wenn also der Weiße Zwerg und die ihn umgebende Scheibe von dem Begleiter verdeckt werden, zeigen deutlich, dass die vorherrschende Lichtquelle nicht der Begleiter ist, sondern mit der Scheibe und deshalb irgendwie mit der Akkretion der Materie zu tun hat.

Die wiederkehrenden Novae stellen eine Art Mittelform zwischen den klassischen Novae und den Zwergnovae dar. Wie der Name sagt, wiederholen sich die Lichtausbrüche und dadurch haben sie Ähnlichkeit mit den Zwergnovae, aber das Zeitintervall zwischen einem Ereignis und dem nächsten ist von der Ordnung eines Jahrzehnts. Die Zunahme an Helligkeit während eines Ausbruchs ist jedoch deutlicher (etwa 8 Größenklassen) und dadurch haben sie mehr Ähnlichkeit mit den klassischen Novae.

Geschichte einer Nova
Die vier nebenstehenden Bilder zeigen das Auftauchen einer der hellsten bekannten Novae, nämlich der Nova Cygni 1975. Die Aufnahmen wurden mit dem Teleskop des Observatoriums von Teramo (20 cm Öffnung) gemacht und zeigen:
1) das Sternenfeld vor dem Auftauchen der Nova
2) die Nova im Maximum der Helligkeit
3) die Nova als Stern 5. Größe
4) die Nova einen Monat nach dem Ausbruch, nachdem sie von einer anfänglichen Helligkeit von 1,7 auf die 8. Größe zurückgegangen war.

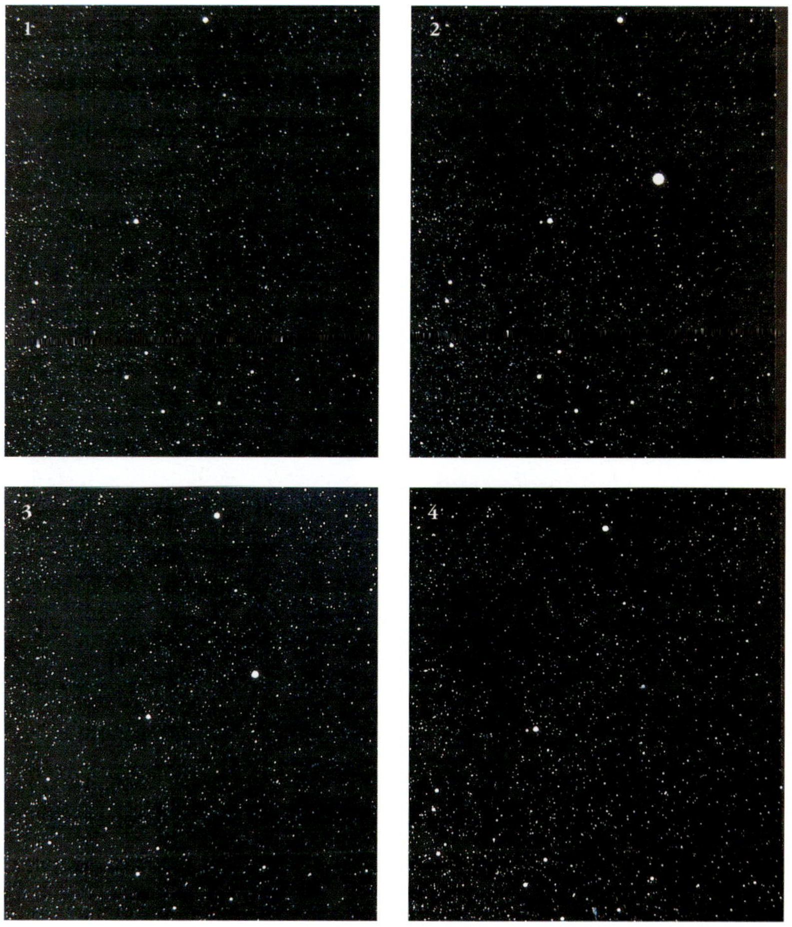

Offene Sternhaufen

Die am einfachsten zu erkennenden Sternsysteme sind die offenen oder galaktischen Haufen; sie können einige Dutzend bis einige tausend Sterne enthalten. Wir sehen mit bloßem Auge etwa zehn solcher Systeme, in denen die Sterne dichter zu liegen scheinen als im Mittel. Gelegentlich ist diese Verdichtung sehr augenfällig, einige Haufen aber heben sich nur schlecht von den Hintergrundsternen ab. Um herauszufinden, ob bestimmte Sterne zu ein und demselben Haufen gehören, es sich also um räumlich einigermaßen benachbarte Sterne handelt, die nicht nur aus Gründen der Perspektive zusammenzuliegen scheinen, ist es nötig, ihre Bewegung zu verfolgen und die Entfernung von uns zu bestimmen. Sterne, die zu demselben Haufen gehören, haben gewöhnlich dieselbe Bewegungsrichtung; und außerdem ist die Annahme plausibel, dass offensichtlich benachbarte Sterne, die dieselbe mittlere Entfernung vom Sonnensystem haben, von der Schwerkraft zu einem offenen Haufen gebunden sind.

Klassifizierungen der Haufen

Die Ausmaße dieser Systeme sind sehr unterschiedlich und liegen gewöhnlich zwischen 6 und mehr als 30 Lichtjahren; die mittlere Größe liegt bei etwa einem Dutzend Lichtjahren. In ihrem Inneren sind die Sterne sehr unregelmäßig verteilt, ohne dass sich eine bestimmte Form erkennen lässt. Zur Klassifizierung müssen die Winkelgrößen (die von den wirklichen Ausmaßen der Haufen und auch von ihrer Entfernung abhängen), die Gesamtzahl und die Konzentration der zugehörigen Sterne und die Unterschiede ihrer Leuchtkraft betrachtet werden.
Eine auf diesen Parametern beruhende Klassifizierung wurde 1930 von dem amerikanischen Astronom Robert Trumpler vorgeschlagen. Er teilte die Haufen nach ihrer Konzentration in vier Klassen, die er mit römischen Ziffern von I bis IV bezeichnete (I ist die Klasse der Haufen, in denen die Sterne besonders stark konzentriert sind), und jede der vier Klassen je nach der Homogenität des Lichts ihrer Sterne wieder in drei Unterklassen (die 1, 2 und 3 genannt wurden). Zur ersten Klasse zählen Haufen, deren Sterne mehr oder weniger dieselbe Leuchtkraft aufweisen, und zur dritten jene mit den größten Unterschieden der Leuchtkraft. Außerdem definierte er aufgrund der Gesamtanzahl der Sterne des Systems drei weitere Kategorien. Zur ersten dieser Kategorien gehören die (mit p, einer Abkürzung für das englische Wort poor = »arm« bezeichneten) Haufen mit weniger als 50 Sternen, zur zweiten (mit m für moderate = »mäßig« bezeichnet) die mit 50 bis 100 Sternen, und zur dritten (gekennzeichnet durch den Buchstaben r für rich = »reich«) Haufen mit mehr als 100 Sternen. Nach dieser Klassifizierung ist ein als I3p klassifizierter Sternhaufen ein Objekt, das aus weniger als 50 stark konzentrierten Sternen sehr unterschiedlicher Leuchtkraft besteht.

Ein vor 2000 Jahren beobachteter Haufen
Der als »Schmetterling« bekannte offene Haufen M6 im Sternbild Skorpion erstreckt sich über einen weiten Bereich, der fast so groß ist wie der Vollmond; er wird schon im Almagest *erwähnt.*

In der Nähe von Zeta Orionis
Der Nebel NGC 2024 im Orion wird mit einem Sternhaufen in Zusammenhang gebracht. In diesem sehr vielfältigen Komplex findet sich auch der berühmte Pferdekopf-Nebel.

Homogene Sternfamilien

Alle Sterne, die zu ein und demselben offenen Haufen gehören, haben die wichtige Eigenschaft der »Homogenität«. Sie alle stammen aus derselben protostellaren Gaswolke und haben deshalb dieselbe chemische Zusammensetzung. Außerdem sind sie vermutlich gleichzeitig entstanden, also gleich alt. Die Unterschiede untereinander müssen deshalb ihrer unterschiedlichen Entwicklung zugeschrieben werden, die wesentlich davon abhängt, wie viel Masse der Stern im Augenblick seiner Entstehung hatte. Es ist bekannt, dass massereiche Sterne kürzer leben als Sterne mit kleiner Masse, weil sie sich rascher entwickeln. In der Regel bestehen die offenen Haufen aus relativ jungen Sternen und befinden sich zum größten Teil in den Spiralarmen der Milchstraße. In diesen Bereichen hat sich in jüngerer Vergangenheit eine (heute noch nicht abgeschlossene) starke Sternbildung vollzogen. Das gilt beispielsweise für NGC 2244, NGC 2264 und NGC 6530, deren Alter auf wenige zehn Millionen Jahre berechnet wird, was für Sterne wirklich wenig ist.

Alter und chemische Zusammensetzung

Die Sterne der offenen Haufen werden von der Schwerkraft zusammengehalten. Diese Bindung ist nicht sehr stark, deshalb besteht für offene Haufen die Gefahr der Auflösung, wenn auch nur im Lauf hinreichend langer Zeiten (mindestens hundert Millionen Jahren). Früher oder später füh-

Edelsteine im Raum
Falschfarbenbilder des offenen Haufens NGC 4755, der wegen der Schönheit der Sterne, aus denen er besteht, als »Schatzkästchen« bezeichnet wird.

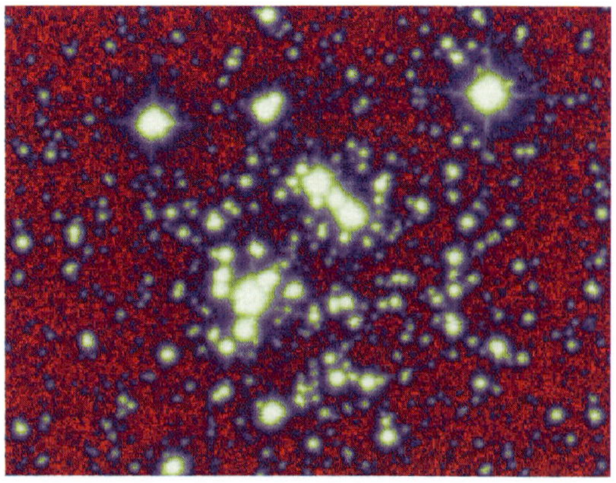

Ein Sternhaufen im Schild
Der hier abgebildete offene Haufen M 11 liegt im Sternbild Schild. Er hat eine Entfernung von etwa 5000 Lichtjahren von der Erde und eine scheinbare Helligkeit von etwa 5 mag.

DIE »OBEREN ZEHN« DER OFFENEN HAUFEN

NAME	STERNBILD	BESCHREIBUNG
M 45 (Plejaden)	Stier	Mehr als 100 Sterne in etwa 2°. Darunter sechs B-Sterne der Größe 5 mag oder heller
M 44 (Praesepe)	Krebs	Etwa 50 Sterne in 70'. Darunter etwa zehn Sterne der Größe 7 mag oder heller
M 7	Skorpion	Etwa 80 Sterne der Größe 7 mag oder schwächer in etwa 80' Durchmesser
Hyaden	Stier	Mehr als 100 Sterne in einem Durchmesser von mehr als 5°. Viele Sterne mit 3 und 4 mag
M 6	Skorpion	Etwa 80 Sterne der Größe 7 mag oder schwächer in etwa 20' Durchmesser
M 47	Puppis	30 Sterne der Größe 5 mag oder schwächer in 25' Durchmesser
M 35	Zwillinge	Etwa 200 Sterne der Größe 8 mag oder schwächer in 25' Durchmesser
h Persei	Perseus	Mehr als 200 Sterne in 18' Durchmesser
chi Persei	Perseus	Etwa 150 Sterne in 18'. Er bildet zusammen mit dem vorhergehenden den »Perseus-Doppelhaufen«
M 67	Krebs	Mehr als 200 Sterne der Größe 9 mag oder schwächer in etwa 25' Durchmesser.

ren die Zufallsbewegungen einzelner Sterne, die von der Schwerkraft der benachbarten Sterne angezogen werden, zur Auflösung des Haufens. Deshalb sind alte Sterne in offenen Haufen selten. Ausnahmen gibt es vor allem bei den massereichen Haufen, in denen die Sterne natürlich stärker gebunden sind und deshalb ein höheres Alter erreichen können. Zu diesen gehört NGC 6791, der etwa 10000 Sterne enthält und ein Alter von etwa zehn Milliarden Jahren hat. Die massereichen Haufen laufen auf Bahnen, die sie die meiste Zeit weit von der galaktischen Ebene wegführen. Dadurch haben sie seltener Gelegenheit, den großen Molekülwolken zu begegnen, die sie bei einem Zusammenstoß zerstören könnten. Die Sterne der offenen Haufen, die sich in der Scheibe des Milchstraßensystems in Sonnennähe befinden, sind chemisch ähnlich zusammengesetzt wie die Sonne. Die Zusammensetzung unterscheidet sich jedoch je nach Entfernung vom Zentrum der Galaxis, denn ein Haufen enthält umso weniger schwerere Elemente, je weiter er vom Zentrum entfernt ist. Wie bei Einzelsternen hängt die chemische Zusammensetzung auch mit dem Alter des Haufens zusammen.

Sternassoziationen

Ein besonderer Typ von Haufen wird als »Sternassoziationen« bezeichnet. Es handelt sich um Systeme, die vor allem Sterne der frühen Spektralklassen O und B enthalten. Von ihnen hat man über hundert katalogisiert; sie haben bis zu etwa 600 Lichtjahren Durchmesser. Auch diese Systeme neigen dazu, sich im Lauf von etwa zehn Millionen Jahren zu zerstreuen.
Zwei weitere Arten von Sternassoziationen werden als Typ R und Typ T bezeichnet. Die vom Typ R sind mit Reflexionsnebeln verknüpft (daher der Name), großen Gas- und Staubwolken, die von jungen Sternen in ihrem Inneren beleuchtet werden. Beim Typ T handelt es sich um Sterne vom Typ T Tauri, sonnenähnliche Sterne mit starken Wasserstofflinien, die noch nicht auf der Hauptreihe sind.
Vermutlich machen die bekannten offenen Haufen nur einen kleinen Teil der existierenden Sternhaufen aus. In einem Radius von etwa 7000–8000 Lichtjahren von der Erde sind die allermeisten wohl schon katalogisiert (es handelt sich um einige tausend), aber man rechnet in der gesamten Galaxis mit 50000 bis 100000 Haufen.

Der doppelte Haufen im Perseus
Ein wunderschönes Bild des berühmten Doppelhaufens im Perseus, der aus den Teilhaufen h und chi besteht. Dieser schöne offene Haufen ist am Winterhimmel gut zu beobachten.

Kugelhaufen

Die Kugelhaufen, Systeme von Abertausenden und sogar Millionen Sternen, sind außerordentliche Gebilde. Sie sind nahezu kugelförmig und wimmeln von Sternen, die so dicht gepackt sind, dass sie, besonders im Zentralbereich, auch mit den besten Teleskopen nicht in einzelne Sterne aufgelöst werden können.
Für die Astrophysik hat sich die Erforschung von Objekten nur selten so gelohnt wie bei den Kugelhaufen. Sie haben sich für viele Bereiche als außerordentlich wichtig erwiesen und wesentlich zum Verständnis der Sternentwicklung, der Galaxienbildung, der Form unserer Galaxis und zur Altersbestimmung des Universums beigetragen.

Die Form des Milchstraßensystems

Es ist mittlerweile unbestritten, dass die Kugelhaufen zugleich mit dem Milchstraßensystem entstanden sind. Die protogalaktische Gaswolke hatte Kugelform. Als die Gravitation sie zur galaktischen Scheibe stauchte, blieben Gas- und Staubteilchen übrig, die sich zu Kugelhaufen zusammenzogen. Sie sind älter als die Scheibe, blieben an ihrem Entstehungsort und behielten die Form des Halos, der das einhüllt, was zur galaktischen Scheibe wurde. Deshalb sind die Kugelhaufen kugelsymmetrisch um die Milchstraße verteilt.
Die Bestimmung der Orte und Entfernungen von Kugelhaufen von der Sonne hat es ermöglicht, ihre jeweiligen Entfernungen vom galaktischen Zentrum und damit auch unsere Entfernung von der Mitte zu berechnen; sie wird auf etwa 30 000 Lichtjahre geschätzt. Die Kugelhaufen sind auch die ältesten Sternsysteme. Sie sind zwischen 10 und 20 Milliarden Jahre alt und damit wesentlich für jede Theorie, die den Ursprung des Universums erklärt. Weil das Alter der Kugelhaufen gleich dem Alter unserer Galaxis ist und weil sich die Galaxien mehr oder weniger gemeinsam bildeten, können wir das Alter des Universums berechnen, wenn wir zum Alter der Kugelhaufen die Zeit hinzuzählen, die vom Ursprung der Welt bis zur Bildung der Galaxien vergangen ist. Diese Zeit ist im Verhältnis zum Alter eines Kugelhaufens sehr kurz und deshalb vernachlässigbar. In diesem Sinn bestimmt das Alter dieser Haufen auch das Alter des Universums. Das Verfahren ist jedoch sehr kompliziert und voller Unsicherheiten, weil es schwierig ist, das Alter der Kugelhaufen zu bestimmen.

Kugelhaufen in anderen Galaxien
Dieser Kugelhaufen gehört zur Andromedagalaxie. Er heißt G I oder Mayall II und enthält mindestens 300 000 ältere Sterne; seine Entfernung vom Zentrum der Galaxie beträgt mind. 130 000 Lichtjahre.

Im Inneren der Haufen

Die Zentralbereiche dieser Systeme sind außerordentlich dicht, etwa tausendmal dichter als die Bereiche in der Nähe der Sonne. Erst im letzten Jahrzehnt wurde es möglich, die Kerne aufzulösen, also einzelne Objekte in der Mitte zu sehen. Damit ließ sich die Bewegung der Sterne im Inneren von Kugelhaufen verfolgen; diese Bewegungen können allgemeine Informationen über gravitativ gebundene Systeme wie Sternhaufen liefern, und sie ermöglichen es auch, die Wechselwirkungen zwischen den zugehörigen Sternen zu untersuchen. Dazu dienen sowohl Beobachtungen am Teleskop als auch Computersimulationen.
Aufgrund der großen Dichte und Sternenfülle kommt es in Kugelhaufen zu richtigen Zusammenstößen von Sternen und damit zur Bildung neuer Sterne (etwa der so genannten blauen Nachzügler). Durch solche Zusammenstöße können auch Doppelsternsysteme entstehen, falls die Begegnung zweier Sterne nicht zu ihrer Zerstörung führt, sondern zum gegenseitigen Gravitationseinfang. Wenn einer der beiden Partner des Doppelsterns ein Neutronenstern ist und dem Begleiter einen Teil seiner Materie entzieht, wird das System zu einer Röntgenquelle.

Satelliten der Galaxien
Die Verteilung der Kugelhaufen im Inneren einer Galaxie wie dem Milchstraßensystem. Sie bilden einen kugelförmigen Halo und umlaufen das Zentrum der Galaxis wie Trabanten.

10 Millionen Sterne
Ein Foto von Omega Centauri, dem größten und hellsten Kugelhaufen unserer Milchstraße. Dieser riesige Haufen umfasst etwa 10 Millionen Sterne. Genauere Positionsmessungen an einigen Sternen machten es möglich, die Bahn des Haufens um die Mitte der Galaxis zu bestimmen.

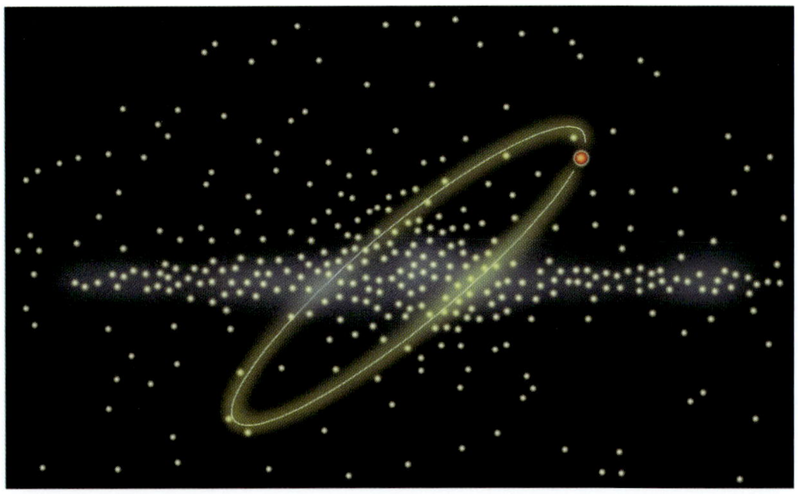

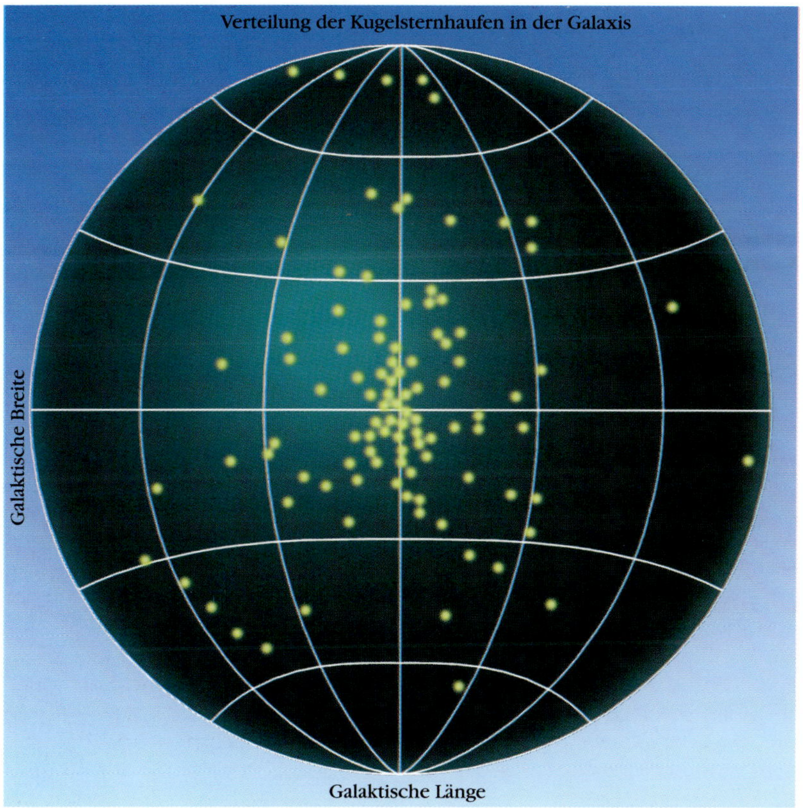

Die echten Daten
Eine Veranschaulichung der Verteilung der Kugelhaufen in unserer Galaxis aufgrund von Entfernungsbestimmungen. Hier sind 132 (der etwa 400 tatsächlich bekannten) Haufen dargestellt. Der galaktische Kern ist im Mittelpunkt der Zeichnung.

»EINGEFANGENE« KUGELHAUFEN

In den letzten Jahren konnten wir ein immer deutlicheres Bild von der Dynamik der Kugelhaufen in unserer Galaxis gewinnen. Die Untersuchung der unterschiedlichen Gruppen von Haufen hat zu der Hypothese geführt, dass einige von ihnen, die heute den galaktischen Halo besetzen, nicht zusammen mit den anderen Kugelhaufen entstanden sind, sondern vom Schwerefeld des Milchstraßensystems eingefangen wurden. Das gilt insbesondere für die Äußersten, etwa die Haufen Pal 12, Terzan 7, Ruprecht 106, Arp 2 und IC 4499.

Familien von Kugelhaufen

In Bezug auf ihre räumliche Verteilung in der Galaxis bilden die Kugelhaufen keine homogene Gruppe. Man kann vielmehr nach ihrer Entfernung vom galaktischen Zentrum und der chemischen Zusammensetzung vier Klassen unterscheiden. So gibt es Kugelhaufen sowohl mit hohem als auch niedrigem Metallgehalt, also mehr oder weniger Anteilen anderer Elemente als Wasserstoff und Helium. (Astrophysiker nennen gern alle schwereren Elemente Metalle). Der jeweilige Metallgehalt gibt Aufschluss über die chemische Zusammensetzung der interstellaren Materie, aus der der Haufen gebildet wurde. Die metallärmsten Haufen befinden sich im Halo der Galaxis und sind die Ältesten. Die mit höherem Metallgehalt sind etwas jünger, weil sie sich aus Materie gebildet haben, die schon mit den von Supernova-Explosionen herrührenden Elementen des interstellaren Mediums angereichert worden war. Zu diesen Haufen gehören die »Scheibenhaufen« in der galaktischen Scheibe. Außerdem unterscheiden die Astronomen im Halo »innere Haufen«, die nicht weiter vom galaktischen Zentrum entfernt sind als die Sonne und »äußere Haufen«, die weiter entfernt sind als die Sonne, aber weniger als 200 000 Lichtjahre, sowie »äußerste Haufen«, die mehr als 200 000 Lichtjahre vom galaktischen Zentrum entfernt sind.

M5 im Sternbild Schlange
Der Kugelhaufen M 5 im Sternbild Schlange enthält etwa 100 000 Sterne. Er ist 26 000 Lichtjahre von uns entfernt und an der Grenze der Sichtbarkeit mit dem bloßen Auge. Mit einem Fernglas zeigt er sich in seiner vollen Pracht.

Umwelteinflüsse

Die Untersuchung der Eigenschaften der Haufen und ihre Unterteilung in Familien ist nicht bloß eine Übung im Klassifizieren, sondern lässt erkennen, welchen Einfluss die Umwelt auf die Entwicklung eines Haufens hat. Die Umwelt ist in diesem Fall die ganze Galaxis. Insbesondere spielt im Leben eines Haufens anscheinend das Schwerefeld der Scheibe unserer Galaxis eine wichtige Rolle. Die Kugelhaufen umlaufen das galaktische Zentrum auf stark elliptischen Bahnen, die sie periodisch in die Nähe der Scheibe der Galaxis bringen. Das passiert etwa alle 100 Millionen Jahre. Die enormen Massen der galaktischen Ebene, denen die Haufen auf ihrer Bahn begegnen, üben so starke Gravitationsfelder und Gezeitenkräfte aus, dass sie auf lange Sicht zerstörerisch wirken und zur Auflösung von Kugelhaufen führen können. Vermutlich hat ein Teil der alten Sterne, die sich heute in der Galaxis befinden, ursprünglich zu Kugelhaufen gehört, die später zerfielen. Weil die Gravitationsfelder in jeweils einer Milliarde Jahre schätzungsweise fünf Kugelhaufen zerstören, spricht man von einem Einfluss der galaktischen Umwelt auf die dynamische Evolution eines Kugelhaufens.
Die von der galaktischen Scheibe ausgehende Schwerkraft beschränkt auch die Größe der Haufen: Sterne, die sich in so großen Entfernungen vom Zentrum des Haufens befinden, dass sie die Schwerkraft der galaktischen Scheibe mehr spüren als die ihres eigenen Haufens, werden »weggerissen«. Dieses Phänomen wird als »Verdampfung« der Sterne eines Haufens bezeichnet.

Fast mit bloßem Auge
Ein Bild des Kugelhaufens M 15, einer der leuchtkräftigsten unserer Galaxis. Er liegt im Sternbild Perseus und hat die Leuchtkraft eines Sterns der Größe 6,5. Seine Entfernung beträgt näherungsweise 30 000 Lichtjahre.

Die Nebel

Zu den »Bestandteilen« des Universums gehören außer Sternen, Planeten und Galaxien auch diffuse Nebel aus Gas und Staub, die für die Geschichte des Kosmos eine wichtige Rolle spielen, weil sich in ihnen neue Sterne bilden. Das Gas dieser Nebel ist zum Teil noch primordial, stammt also aus dem Beginn der Geschichte des Universums, der Zeit, als Wasserstoff und Helium und die allerersten Sterne entstanden. Die schwereren Elemente jedoch sind jünger; sie entstanden im Inneren von Sternen, die sie später bei einer Explosion in den interstellaren Raum schleuderten. Der Staub in den Nebeln besteht aus einer Mischung von Kohlenstoff in verschiedenen Aggregatzuständen, Silikaten und Spuren organischer Metalle. Das Gas dagegen ist im Wesentlichen Wasserstoff. Die Nebel sind also Bereiche, in denen sich das interstellare Medium aufgrund seiner Schwerkraft zu Wolken verdichtete, die, als sie schwerer und größer wurden, immer mehr Materie aus ihrer Umgebung anzogen. Wir können diese Wolken dann sehen, wenn die in ihnen neu gebildeten Sterne die Atome anregen und zum Leuchten bringen.

Die Beobachtung der Nebel

Die vielen am Himmel sichtbaren Nebel werden im Wesentlichen nach den Phänomenen, die wir bei ihnen beobachten, als Emissionsnebel, Reflexionsnebel oder Dunkelnebel klassifiziert.
Emissionsnebel bestehen aus selbstleuchtenden Gasen, deren Atome von der ultravioletten Strahlung junger und heller Nachbarsterne angeregt werden. Reflexionsnebel dagegen senden keine eigene Strahlung aus, sondern reflektieren das Licht der Sterne ihrer Umgebung, deren Farbe sie auch annehmen; ein klassisches Beispiel ist der dünne blaue Nebel, der den offenen Haufen in den Plejaden umgibt. Dunkelnebel schließlich sind dichte Staubkonzentrationen, die sehr viel Licht absorbieren und nur dann sichtbar werden, wenn sie sich von einer hinter ihnen liegenden Lichtquelle abheben. Gewöhnlich versperren sie die Sicht auf das, was hinter ihnen liegt, und führen so zu scheinbaren Sternleeren. Viele Nebel sind gut zu beobachten, einige sogar mit dem bloßen Auge, bei anderen genügt ein Feldstecher oder ein kleines Amateurinstrument. Das gilt insbesondere für die Nebel des berühmten Messier-Katalogs, der in der zweiten Hälfte des 18. Jahrhunderts von dem berühmten französischen Astronomen Messier zusammengestellt wurde.
Der hellste Nebel der Nordhalbkugel ist der Orionnebel M 42. Er ist vermutlich das erste Objekt, auf das Liebhaberastronomen ihre Instrumente in langen Winternächten einstellen. Aber es gibt noch viele andere sehr schöne Nebel, wie die folgenden Beispiele belegen.

Nebel im Schützen

Der Lagunen-Nebel M 8 liegt im Sternbild Schütze, einem Bereich, in dem diese Art von Objekten besonders zahlreich ist. In dieser Richtung liegt auch die sternreichste Region der Milchstraße (sie weist zur Mitte der Galaxis hin), deren Staubwolken praktisch immer in der galaktischen Ebene liegen. M 8 umgibt einen offenen Haufen,

Das himmlische Amerika
Der »Nordamerika«-Nebel heißt so, weil seine Form der des nordamerikanischen Kontinents ähnelt. Er liegt etwa 4° östlich von Deneb im Schwan. In ihm liegt der Haufen NGC 6996.

wie es in diesen Fällen oft vorkommt, da ja in den Nebeln Sterne entstehen und sie oft mit Haufen junger und heller Sterne einhergehen. Schon ein kleines Fernrohr zeigt Einzelheiten von M 8, aber erst ein leistungsfähigeres lässt Einzelheiten erkennen, so etwa den dunklen Streifen, der sich durch die Wolke hindurchzieht. In dem offenen Haufen NGC 6530 sind etwa vierzig Sterne mit scheinbaren Helligkeiten zwischen 8 und 13 zu sehen, deren Strahlung die Atome des Nebels anregt und dadurch sichtbar macht.
In M 8 finden sich auch mehrere Bok-Globuli, dunkle Bereiche mit einem Durchmesser von einigen zehntausend AE. Die Entfernung von M 8 wird auf 3000-4000 Lichtjahre geschätzt. Ebenfalls im Sternbild Schütze findet man M 20, einen typischen Emissionsnebel. Es handelt sich um den Trifid-Nebel, der so heißt, weil er drei »Speichen« zeigt. Er wurde um 1750 von Le Gentil entdeckt, aber zuerst 1764 von Messier katalogisiert; Wilhelm Herschel beschrieb die dunklen Linien, die ihn in drei Tortenstücke unterteilen. Schon mit einem Fernglas ist das hellste Drittel als ein rund-<licher Fleck mit etwa 10' Durchmesser gut zu erkennen. Die dunklen unterteilenden Bahnen bestehen aus kalten Gas- und Staubteilchen. Der Nebel M 20 ist etwa 3200 Lichtjahre entfernt. Ebenfalls im Stern-

Eine Wolke mit einem Sternhaufen
M 27, der Hantelnebel, ist ein Beispiel für einen planetarischen Nebel; er liegt im Sternbild Einhorn und misst 80' x 60'. In seinem Inneren liegt der Haufen NGC 2244, an den Grenzen der Sichtbarkeit mit dem bloßen Auge.

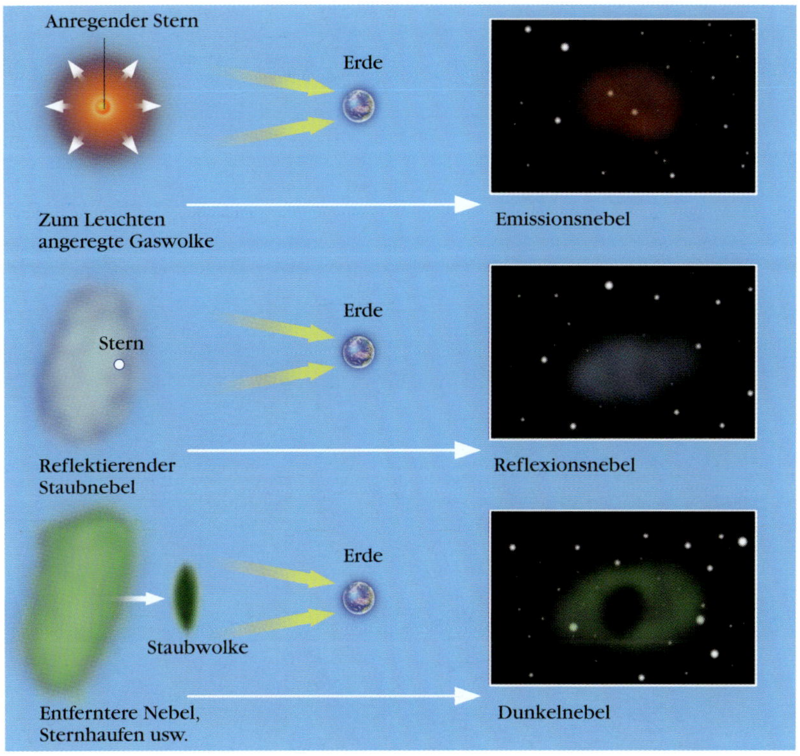

Die diffusen Nebel
Die diffusen Nebel werden in drei Klassen eingeteilt: Die Emissionsnebel, die Reflexionsnebel und die Dunkelnebel. Die drei Arten werden hier schematisch dargestellt.

Einer der spektakulärsten Nebel
Einer der schönsten Nebel ist der Lagunen-Nebel M 8 im Sternbild Schütze. Er hat eine Gesamthelligkeit von 5,9 und enthält den offenen Haufen NGC 6530, der aus heißen weißblauen Sternen besteht.

bild Schütze, in der Mitte des Milchstraßensystems, findet sich M 24. Auch er ist mit bloßem Auge sichtbar und wurde vermutlich schon früher entdeckt, aber erst offiziell von Messier verzeichnet, der seinen Durchmesser mit etwa 1,5° angibt.

Der Adler-Nebel in der Schlange

Der Adler-Nebel M 16 wurde 1746 von De Chéseaux und unabhängig davon 20 Jahre später von Messier entdeckt. Er liegt am Rand des Sternbilds Schild nahe der Grenze zum Sternbild Schlange. Ein dunkler Bereich in seinem Inneren erstreckt sich vom nördlichen Teil zur Mitte der Wolke hin. Der zugehörige Haufen enthält viele Dutzend Sterne, von denen einige sehr schwach und rötlich sind. Die hellsten Sterne haben Größen zwischen 8 und 11 mit den Spektren O und B, sind also typische heiße und junge Sterne. M 16 ist ein Emissionsnebel, hat aber auch eine reflektierende Komponente. Seine Entfernung wird auf 5000 bis 11 000 Lichtjahre geschätzt und liegt vermutlich bei etwa 7500.

Die planetarischen Nebel

Außer den diffusen Nebeln gibt es eine andere Klasse von Nebeln, die als »planetarische« Nebel bekannt sind. Ihr Name leitet sich von der Tatsache her, dass die ersten Beobachter sie wegen ihrer Scheibenform für Planetensysteme hielten. Tatsächlich sind es alte Sterne, die ihre Gashülle abgestoßen haben.
Der berühmteste planetarische Nebel ist wohl M 57 im Sternbild Leier, der jedoch aufgrund seiner geringen Oberflächenhelligkeit nicht leicht zu erkennen ist. Ein anderer ist M 27, der Hantelnebel im Sternbild Füchschen. Er wurde 1764 von Messier entdeckt, der ihm bei der Beobachtung durch sein Fernrohr mit etwa hundertfacher Vergrößerung eine ovale Form zuschrieb. Kleine Amateurinstrumente zeigen die typische Form einer Eieruhr. M 27 ist von der Erde etwa 500 bis 1000 Lichtjahre weit entfernt und hat einen Durchmesser von etwa 2,5 Lichtjahren.
Es gibt mehrere relativ helle (heller als 8,5 mag) planetarische Nebel, die Messier nicht in seinen Katalog aufgenommen hat. Sie liegen in den Sternbildern Walfisch, Zwillinge, Luftpumpe, Centaurus, Wassermann, Cepheus und Cassiopeia.

DIE WICHTIGSTEN DIFFUSEN NEBEL

NAME	REKTAZENSION	DEKLINATION	AUSMASSE (Bogenminuten)
M 42 (Orion)	5h 35',5	–5° 28'	90 × 60
M 78	5h 46',7	+0° 03'	8 × 6
Rosetta	6h 33',7	+4° 58'	80 × 60
M 20 (Trifid)	18h 02',0	–22° 60'	20 × 20
M 8 (Lagune)	18h 04',1	–24° 20'	45 × 30
M 16 (Adler)	18h 18',8	–13° 49'	120 × 25
M 17 (Omega)	18h 20',9	–15° 59'	40 × 30

Tortenstücke eines Nebels
Ein wunderschöner Nebel ist der Trifid-Nebel M 20, den dunkle Staubbänder in drei Stücke zu teilen scheinen. Auch er liegt im Sternbild Schütze und hat die Größe 7,5.

Das Hertzsprung-Russell-Diagramm

Für die Beschreibung eines Sterns kommt zwei Parametern besondere Bedeutung zu, nämlich der Temperatur und der Leuchtkraft, die wir auch absolute Helligkeit oder absolute Größe nennen. Die Temperatur ergibt sich aus der Farbe des Sterne, die Leuchtkraft aus dem Spektraltyp, also den Linien, die sich bei der Zerlegung des Sternenlichts in einem Prisma zeigen. Die gebräuchliche Klassifizierung teilt die Sterne nach ihrem Spektrum in sieben große Gruppen ein. Sie werden nach absteigender Temperatur mit den Buchstaben des Alphabets bezeichnet, die aber aus historischen Gründen nicht mehr alphabetisch angeordnet sind, sondern in der Reihenfolge O, B, A, F, G, K, M. (Der unvergessliche Merkvers lautet: Oh, be a fine girl, kiss me.) Die Temperatur nimmt vom Typ O aus (den absolut heißesten Sternen) bis auf 2000–3000 Grad bei M-Sternen ab.
Die absolute Helligkeit, also die Leuchtkraft, zeigt an, wie viel Energie der Stern aussendet und lässt sich theoretisch oder aus der bekannten Entfernung des Sterns berechnen.

Alte Sterne
Das Hertzsprung-Russell-Diagramm eines Kugelhaufens, der viele alte und weit entwickelte Sterne enthält. Dies ist das Diagramm des Kugelhaufens M 5; die auf der waagerechten Achse aufgetragene Einheit (B-V) ist der so genannte Farbindex, ein Maß für die Temperatur eines Sterns.

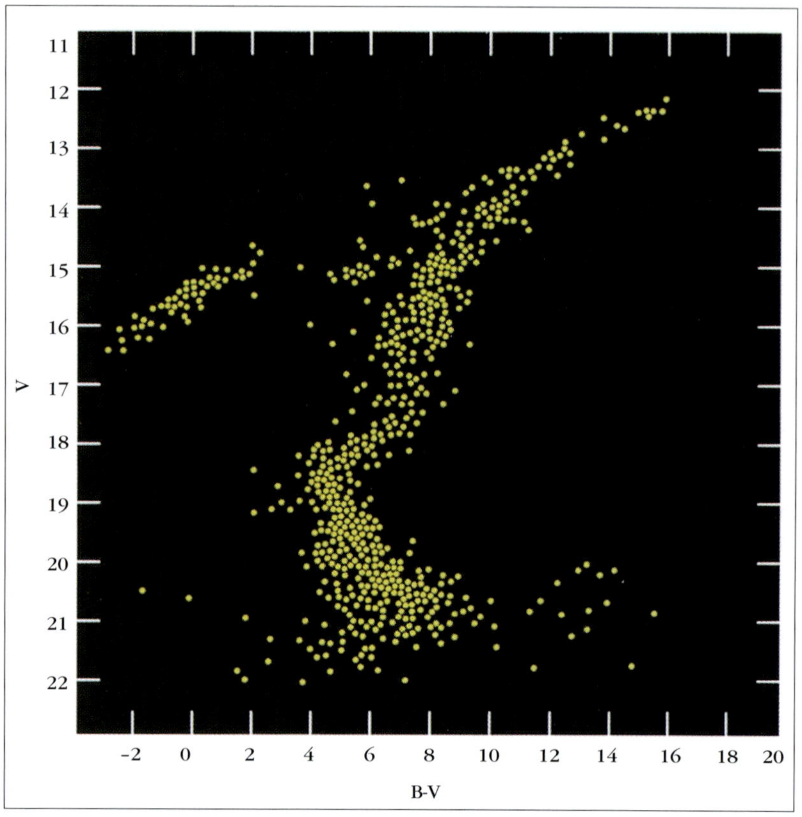

M 5 im Sternbild Schlange
Der Kugelhaufen M 5 (NGC 5904) im Sternbild Schlange ist etwa 27 000 Lichtjahre von uns entfernt und hat die scheinbare Helligkeit 6,2 mag.

Eine großartige Idee

Im Jahr 1913 hatten der dänische Astronom Ejnar Hertzsprung und der Amerikaner Henry Norris Russell unabhängig voneinander beide den Gedanken, die Parameter Temperatur und Leuchtkraft in Beziehung zu setzen. Sie zeichneten ein Diagramm, in dem sie auf einer Achse die Temperatur und auf der anderen die Leuchtkraft eintrugen. Dieses erhielt den Namen der beiden Astronomen, die weder zusammen arbeiteten, noch, wie so oft in der Welt der Wissenschaft, im Wettbewerb miteinander waren, und heißt heute Hertzsprung-Russell-Diagramm oder einfach H-R-Diagramm.

Eine Stichprobe von Sternen

Betrachten wir, wie ein H-R-Diagramm entsteht. Zunächst muss eine Stichprobe von Sternen gewählt werden. Wir können dafür beispielsweise Sterne wählen, deren Entfernung einigermaßen gut bekannt ist, also die, deren Leuchtkraft wir berechnen

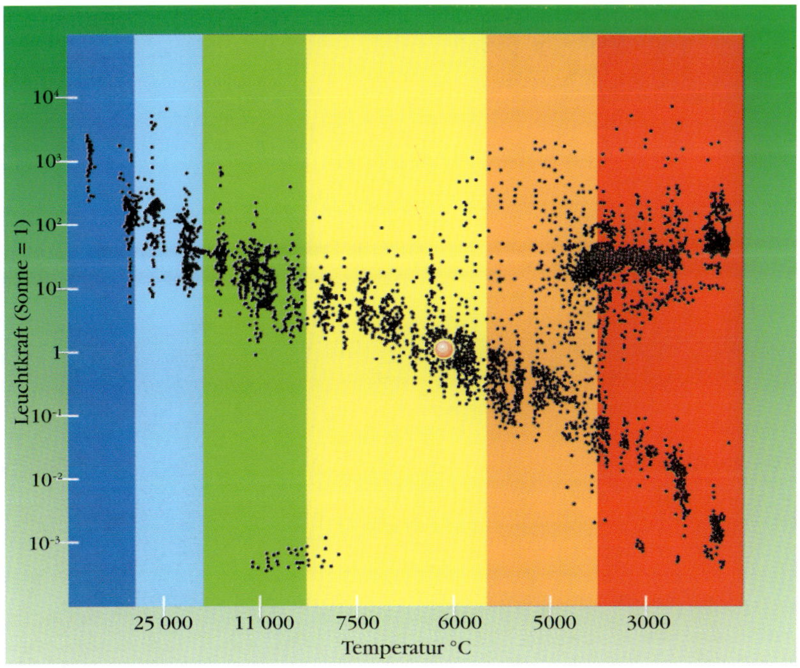

Das Diagramm
Ein klassisches Hertzsprung-Russell-Diagramm, das die Beziehung zwischen Leuchtkraft und Temperatur (oder Farbe) der Sterne zeigt. In diesem Diagramm liegen die Sterne vor allem in drei getrennten Bereichen: der Hauptreihe, dem Roten-Riesen-Ast und dem Bereich der Weißen Zwerge.

können. Dazu benutzt man eine einfache Beziehung, die darauf beruht, dass die Leuchtkraft einer beliebigen Lichtquelle, ob Kerze, Lampe oder Stern, nach einem mathematischen Gesetz von der Entfernung abhängt: Die Intensität der leuchtenden Strahlung ist in einer Entfernung d von der Quelle umgekehrt proportional zu d^2. Die Leuchtkraft nimmt also auf ein Viertel ab, wenn die Entfernung verdoppelt wird, und auf ein Neuntel ab, wenn sich die Entfernung verdreifacht, und so weiter.
Bei den ausgewählten Sternen muss man auch die Temperatur kennen. Dazu bestimmt man ihren Spektraltyp, denn daraus lässt sich ihre Farbe und damit auch ihre Temperatur berechnen. Tatsächlich verwendet man häufig statt des Spektraltyps einen anderen äquivalenten Parameter, der als Farbindex bezeichnet wird und sich bestimmen lässt, wenn man die scheinbare Helligkeit des Sterns bei zwei verschiedenen Wellenlängen bestimmt (beispielsweise mithilfe von zwei Filtern, von denen einer nur blaues, der andere nur gelbes Licht hindurchlässt) und die Differenz dieser Werte berechnet. Wenn man diese beiden Parameter in ein kartesisches Koordinatensystem einträgt, und zwar so, dass die Temperatur auf der Abszisse von links nach rechts abnimmt und die Leuchtkraft auf der Ordinate von unten nach oben ansteigt, bemerkt man, dass die Sterne sich in ganz bestimmten Bereichen häufen.

Der rote Arktur
Arktur im Sternbild Bootes war der erste Stern, dessen Oberflächentemperatur (3900 °C) bestimmt werden konnte.

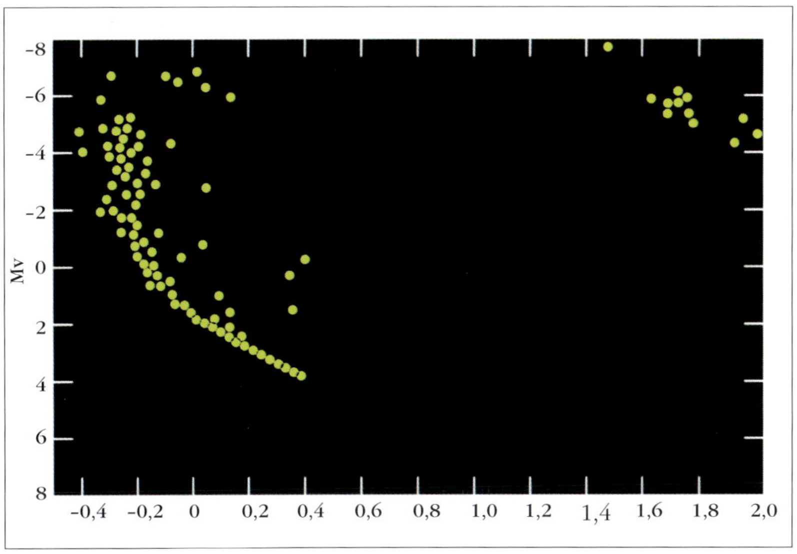

Junge Sterne
Dieses Hertzsprung-Russell-Diagramm der offenen Doppelhaufen h und chi Persei ist typisch für die jungen Sterne eines offenen Haufens.

H-R-DIAGRAMM UND STERNENTWICKLUNG

Die Bereiche, aus denen das Hertzsprung-Russell-Diagramm besteht (Hauptreihe, Riesenast, Weiße Zwerge) entsprechen nicht so sehr Klassen von Sternen mit unterschiedlichen physikalischen Eigenschaften als vielmehr solche mit unterschiedlichem Alter. Wenn man die Entwicklung eines einzelnen Sterns verfolgen könnte, sähe man ihn das Diagramm durchlaufen. Die Geschwindigkeit dieser Bewegung ist nicht immer gleich: Sie wird beispielsweise auf dem Weg von der Hauptreihe höher als im Stadium der Roten Riesen.

Die Hauptreihe

Im Hertzsprung-Russell-Diagramm ordnen sich gewöhnliche Sterne in einem diagonalen Streifen an, der sich von links oben nach rechts unten erstreckt. Dieser Streifen wird als Hauptreihe bezeichnet, und die zugehörigen Sterne als Hauptreihensterne. Auch die Sonne gehört als gelber Stern mit einer Oberflächentemperatur von etwa 5600 °C zu dieser Gruppe. Die Sterne der Hauptreihe sind solche, die die »ruhige« Phase ihres Lebens durchmachen und in ihrem Inneren Wasserstoffatomkerne zu Heliumatomkernen verschmelzen. Weil diese Phase etwa 90% der Lebenszeit eines Sterns einnimmt, liegen die meisten Sterne auf der Hauptreihe. Von 100 nach dem Zufallsprinzip ausgewählten Sternen sind 90 in dieser Phase, auch wenn sie sich nach Temperatur und Leuchtkraft unterscheiden.
Die Hauptreihe liefert noch eine sehr wichtige Information, denn dass sie so »schmal« ist, zeigt, welch empfindliches Kräftegleichgewicht im Sterninneren besteht. Die Schwerkraft, die den Stern nach innen drückt, entspricht genau dem Druck, mit dem die von den Kernreaktionen bewirkte Kraft nach außen drängt. Wie das Hertzsprung-Russell-Diagramm zeigt, muss ein Stern wie die Sonne mit 5600 °C Oberflächentemperatur eine Leuchtkraft von etwa +4,7 haben, wenn die beiden Kräfte im Gleichgewicht sind.

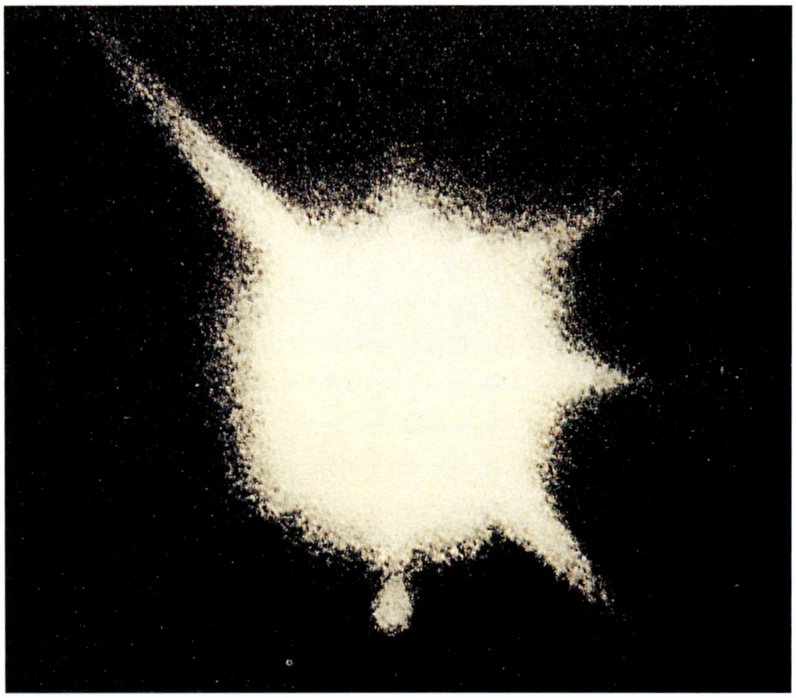

Ein Weißer Zwerg
Ein Bild des Sirius, das auch seinen Begleiter Sirius B, einen Weißen Zwerg, zeigt: Er zeigt sich als runde Verdickung in dem Strahl, der im Bild nach unten weist.

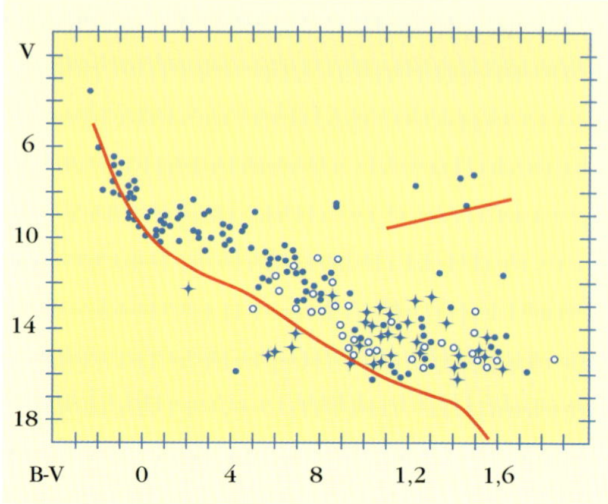

Sterne auf dem Weg zur Hauptreihe
Im Hertzsprung-Russell-Diagramm von Gruppen sehr junger Sterne gibt es weder Weiße Zwerge noch Rote Riesen. Massereiche Sterne stehen schon auf der Hauptreihe, massenärmere sind noch rechts von ihr.

Rote Riesen und Weiße Zwerge

In dem Bereich rechts oben außerhalb der Hauptreihe ist der Bereich der Roten Riesen. Diese Sterne haben sehr niedrige Temperaturen (um 3000 Kelvin), sind aber viel leuchtkräftiger als Sterne mit gleicher Temperatur auf der Hauptreihe.

An diesem Punkt stellt sich unvermeidlich die folgende Frage: Wie ist es möglich, dass Sterne mit identischer Temperatur so unterschiedliche Leuchtkraft haben können, wenn doch die Temperatur durch die von einem Stern ausgesandte Energie bestimmt ist? Die Antwort ergibt sich daraus, dass die leuchtkräftigsten Sterne auch die größten sind und deshalb eine viel größere strahlende Oberfläche haben. Sie heißen nicht zufällig »Riesen«, denn ihr Durchmesser kann 200-mal größer sein als der der Sonne, was bedeutet, dass sie eine Entfernung von 300 Millionen km überdecken, das Doppelte der Entfernung Sonne–Erde! Dieselbe Überlegung kann auch die Existenz einer kleinen Gruppe von Sternen erklären, die unten links auf dem Diagramm liegen. Es handelt sich um außerordentlich heiße, aber wenig leuchtkräftige Sterne. Ein Vergleich ihrer Temperatur mit der Temperatur der großen und heißen weißblauen Sterne der Hauptreihe zeigt, dass diese kleiner sind. Sie sind Weiße Zwerge, extrem dichte und kompakte Sterne, 100-mal kleiner als die Sonne, mit Durchmessern, wie sie Planeten wie die Erde haben. Sie sind so unglaublich dicht, dass ein Quadratzentimeter der Materie, aus der sie bestehen, auf der Erde etwa eine Tonne wiegen würde.

Eine wertvolle Informationsquelle
Beispiel eines Sternspektrums. Aus den vorhandenen Linien lässt sich unter anderem die Oberflächentemperatur des Sterns ablesen.

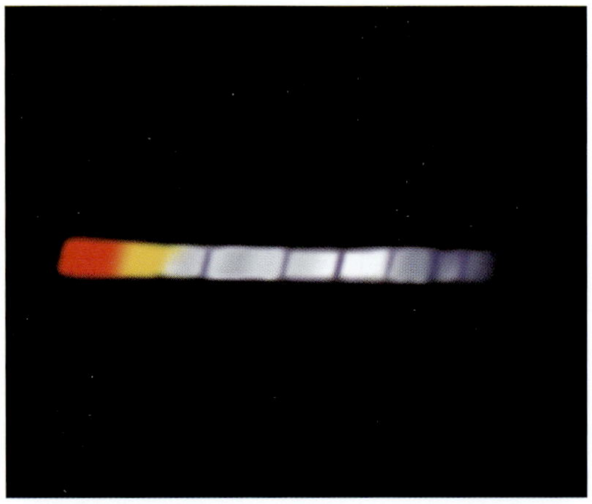

DAS KARTESISCHE KOORDINATENSYSTEM

Man nennt die Ebene mit zwei Geraden oder Achsen, die im Allgemeinen zueinander senkrecht stehen, auf denen Skalen angegeben sind und eine Einheit festgelegt ist, ein kartesisches Koordinatensystem und ehrt damit René Descartes, den großen Philosophen und Mathematiker des 17. Jahrhunderts, dessen Name latinisiert Cartesius lautet. Die horizontale Achse wird gewöhnlich als x-Achse oder Abszisse bezeichnet, und die vertikale als y-Achse oder Ordinate.
Jedem Punkt der kartesischen Ebene können so eindeutig zwei Zahlen, seine kartesischen Koordinaten, zugeordnet werden.
Die beiden Achsen können ein Maß jeder beliebigen physikalischen Größe darstellen: Länge, Zeit, Temperatur usw. Diese grafischen Darstellungen sind sehr nützlich, weil sie mit einem Blick sehen lassen, wie eine Größe von einer anderen abhängt. Das Hertzsprung-Russell-Diagramm beispielsweise veranschaulicht die Abhängigkeit der Leuchtkraft der Sterne von ihrer Temperatur.

Das Hertzsprung-Russell-Diagramm und Sternhaufen

Für Sterne im Inneren eines Sternhaufens lassen sich mithilfe des Hertzsprung-Russell-Diagramm sehr interessante Ergebnisse herleiten.

Unter der Annahme, dass diese Sterne alle etwa gleich weit von uns entfernt sind, sind die Unterschiede der Leuchtkraft zwischen den Sternen eines Haufens »intrinsisch«, hängen also nicht von Entfernung der Sterne ab. In diesem Fall kann man also im Hertzsprung-Russell-Diagramm des Haufens die absolute Helligkeit durch die leicht messbare scheinbare Helligkeit ersetzen.

Die Verteilung der Sterne der unterschiedlichen Haufentypen im Hertzsprung-Russell-Diagramm wird von extrem verschiedenen Gegebenheiten bestimmt, und deshalb haben junge offene Haufen wie M 8 oder NGC 2264 andere Diagramme als die »Standard«-Diagramme. Bei ihnen ist die Hauptreihe gut zu erkennen, zeigt aber vor allem in den unteren Bereichen relativ wenige Sterne. Das liegt daran, dass diese Haufen recht junge Sterne enthalten, die erst zwischen 10 und 100 Millionen Jahre alt sind. In einer so kurzen Zeit können sich die weniger massereichen und weniger leuchtkräftigen Sterne noch gar nicht »stabilisiert« haben.

Die jungen Sterne sind noch in einer Phase, die im Hertzsprung-Russell-Diagramm rechts von der Hauptreihe liegt,

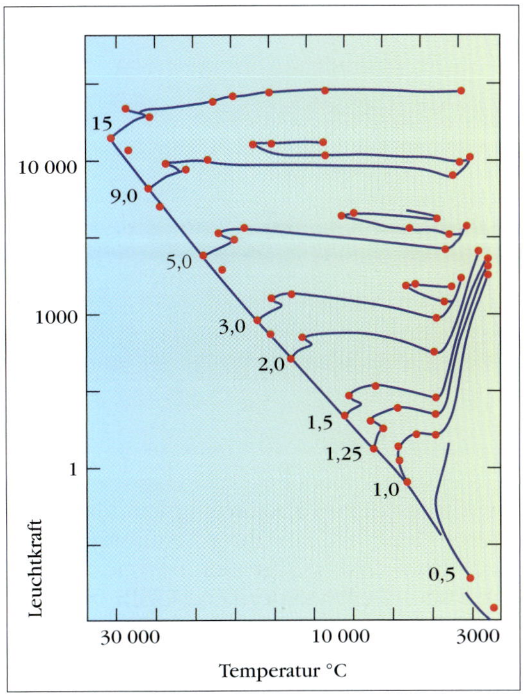

Sternentwicklung im Hertzsprung-Russell-Diagramm
Die Spuren der Sternentwicklung nach dem Verlassen der Hauptreihe. Ein Stern mit Sonnenmasse nimmt die Position 1,0 ein. Je größer die Masse, desto größer ist auch die Leuchtkraft; der Stern steht deshalb im Diagramm immer höher.

zu der sie sich hin bewegen, wenn sie allmählich ein Gleichgewicht erreichen.

Die Kugelhaufen

Im Hertzsprung-Russell-Diagramm der Kugelhaufen, die von sehr alten Sternen bevölkert sind, ist die Hauptreihe nur schwer zu erkennen und nur in dem unteren Bereich zu finden, wo die kälteren Sterne sind. Das liegt daran, dass die heißeren und leuchtkräftigeren Sterne die stabile Phase ihrer Existenz schon hinter sich haben und nach rechts gewandert sind, in den Riesenast hinein oder sogar, wenn sie das Stadium schon überwunden haben, in den Bereich der Weißen Zwerge. Wenn wir die Entwicklung eines Sterns in einem Zeitraum verfolgen könnten, der einige 100 Millionen oder sogar Milliarden Jahre umfasst, würden wir sehen, wie er langsam das Hertzsprung-Russell-Diagramm durchwandert und allmählich seine Eigenschaften verändert.
Wenn beispielsweise ein Stern den gesamten Wasserstoff in seinem Kern verbrannt hat, wird seine äußere Hülle kälter und größer; dann verlässt der Stern die Hauptreihe und gelangt in den rechten Teil des Diagramms. Das geschieht, wie gesagt, zuerst bei den massereicheren Sternen, die ja auch die größere Leuchtkraft haben (und sich rascher entwickeln), und erst später bei den Sternen mit kleinerer Masse.
Die Hauptreihe »neigt« sich also nach rechts, wenn die Sterne sie im Lauf der Zeit verlassen. Wenn man weiß, wo dieser Knick liegt, kann man das Alter des Sternhaufens einigermaßen genau berechnen. Je höher der Knick liegt, desto jünger ist der Haufen, je tiefer der Knick, desto älter.

Der Sternkindergarten
Der Orion-Nebel mit dem Pferdekopf-Nebel ist ein Bereich der Sternbildung.

Ein ausgezeichnetes Hilfsmittel

Das Hertzsprung-Russell-Diagramm ist also ein ausgezeichnetes Hilfsmittel zur Untersuchung der Sterne im Lauf ihrer Existenz, während der sie Veränderungen und Umwandlungen durchmachen, die gelegentlich sehr tief greifend sind. Tatsächlich unterscheiden sich die Sterne, die wir am Himmel beobachten, gar nicht so sehr grundsätzlich, sondern darin, welche Phase sie gerade durchmachen.
Mithilfe dieses Diagramms lässt sich auch die Entfernung der Sterne bestimmen. Wenn das Diagramm einmal geeicht ist, kann man einen Hauptreihenstern, dessen Oberflächentemperatur bekannt ist (dieser Parameter ist im Allgemeinen leicht zu messen), als Bezugspunkt nehmen und im Diagramm aufsuchen. Wenn man dann die dieser Temperatur entsprechende absolute Helligkeit abliest, kann man aus der scheinbaren und der absoluten Helligkeit die Entfernung berechnen.
Das Hertzsprung-Russell-Diagramm ermöglicht auch die Bestimmung des Alters von Kugelhaufen, und das spielt für die Kosmologie eine wichtige Rolle, weil diese Werte eine Untergrenze für das Weltalter angeben. Das Weltalter ist natürlich eine besonders interessante Größe, das aber erst genau bekannt sein wird, wenn die Hubble-Konstante bestimmt ist.

Neu geborene Sterne
Ein Foto des Dunkelnebels im Inneren des Bereichs, der von dem diffusen Nebel NGC 2264 eingenommen wird. In ihm gibt es bereits sehr helle und leuchtkräftige Sterne.

Sicherlich ist das Hertzsprung-Russell-Diagramm eines der mächtigsten und vielseitigsten Instrumente der modernen Astrophysik.

DER FARBINDEX

Einer der grundlegenden Parameter der modernen Astrophysik ist der Farbindex. Er ist im Wesentlichen die Differenz der scheinbaren Helligkeiten eines Sterns, gemessen bei zwei unterschiedlichen Wellenlängen.
Es gibt je nach der Wellenlänge, in der die Messungen vorgenommen werden, unendlich viele Farbindizes, wenn man die Wellenlängen im sichtbaren Bereich misst (gelb, blau, rot etc.) und auch außerhalb des optischen Fensters, beispielsweise im Infrarot, und dann alle möglichen Differenzen bildet. Dieser Parameter ist wichtig, weil er erlaubt, die Energiemengen, die ein Stern bei unterschiedlichen Wellenlängen emittiert, zu vergleichen, und dies hängt direkt mit der Oberflächentemperatur des Sterns zusammen. Der wichtigste Farbindex ist der so genannte B-V-Index (man liest B minus V), der den Unterschied zwischen der Helligkeit im blauen und der im (Gelb entsprechenden) visuellen Bereich angibt.

Die Sternentwicklung

Das gesamte Leben eines Sterns wird durch zwei Kräfte geregelt, nämlich der Schwerkraft, die ihn unter seinem eigenen Gewicht zusammenfallen lassen würde, und der Kraft, die von den in seinem Inneren ablaufenden Kernreaktionen erzeugt wird und nach außen drückt. Bei seiner Entstehung ist ein Stern dicht und komprimiert und wird von der Schwerkraft auf sehr hohe Temperaturen von etwa 10 bis 20 Millionen Grad erhitzt. Bei diesen Temperaturen werden die Reaktionen ausgelöst, die Wasserstoff zu Helium verschmelzen. Dann sind die beiden Kräfte lange Zeit im Gleichgewicht, und der Stern bleibt stabil. Wenn der nukleare Brennstoff schließlich erschöpft ist, kommt der Stern in eine Phase großer Instabilität und macht Perioden durch, in denen die Schwerkraft den Druck der Expansion überwiegt oder umgekehrt. In dieser kritischen Zeit spielen mehrere Faktoren eine Rolle, so etwa die Temperatur, die Dichte und die chemische Zusammensetzung, aber entscheidend ist die Masse, denn vor allem sie bestimmt, ob der Stern schließlich als Supernova explodieren und ob er ein Weißer Zwerg, ein Neutronenstern oder ein Schwarzes Loch wird.

Wenn der Wasserstoff erschöpft ist

Unter den Himmelskörpern gibt es massereiche Körper (mit mehr als etwa dem 80fachen der Masse des Jupiter), die Sterne werden können, während massearme (bis etwa zum 17fachen der Masse des Jupiter) Planeten werden müssen. Es gibt auch Körper mit mittlerer Masse, die zu groß sind für einen Planeten und zu klein und kalt, als dass in ihrem Inneren die für Sterne typischen Kernreaktionen ablaufen könnten. Diese dunklen, wenig leuchtkräftigen und sehr schwer zu beobachtenden Körper werden als braune Zwerge bezeichnet.
Wenn sich einmal aus der Wolke interstellaren Gases ein Stern gebildet hat, bleibt er, wie gesagt, lange im Gleichgewicht der in ihm wirkenden Kräfte. Danach wird er instabil, und das Schicksal, das ihn erwartet, kann unterschiedlichen Verlauf nehmen. Nehmen wir an, wir betrachten einen kleinen Stern, dessen Masse zwischen 0,1 und 4 Sonnenmassen liegt. Ein Kennzeichen der Sterne mit so kleiner Masse ist, dass sich in ihrem Inneren keine Konvektionsströme ausbilden, die Materie, aus der sie bestehen, sich also nicht wie bei massereichen Sternen vermischt. Das wiederum bedeutet, dass ihr Inneres dann, wenn der Wasserstoff dort erschöpft ist, nicht weiter mit Brennstoff versorgt wird. Der Wasserstoff verbrennt vielmehr in immer weiter außen liegenden Schalen, bis der Kern des Sterns fast vollständig in Helium verwandelt ist. Dieser Heliumkern zieht sich allmählich zusammen und erwärmt sich, bis sich auch die weiter außen liegenden Schichten stabilisieren. Währenddessen verlässt der Stern auf dem Hertzsprung-Russell-Diagramm langsam die Hauptreihe. In dieser Phase nimmt die Materiedichte im Zentrum des Sterns zu, und die Materie des Kerns »entartet« zu einem Zustand, der sich von der der normalen Materie unterscheidet.

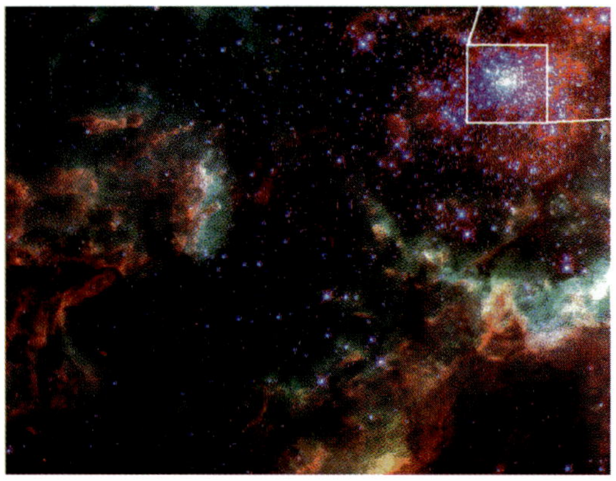

Gruppenbildung
Im Inneren von Haufen oder Sternassoziationen finden sich Sterne oft zu Gruppen zusammen. Ein Beispiel ist diese Gruppe von Riesensternen im Haufen 30 Doradus.

»Entartete« Materie

In entarteter Materie hängt der Druck nur von der Gasdichte ab und nicht, wie gewöhnlich, von der Temperatur.
Im Hertzsprung-Russell-Diagramm wandert der entartete Stern zuerst nach rechts und dann nach oben zum Riesenast; er wird enorm groß, und die Temperatur der äußeren Schichten nimmt entsprechend ab.
Ein Roter Riese kann einen Durchmesser von einigen hundert Millionen Kilometern haben. Wenn unsere Sonne diese Phase durchmacht, wird sie Merkur und Venus und vielleicht auch die Erde verschlingen; jedenfalls wird sie die Erde so stark erhitzen, dass Leben auf ihr unmöglich sein wird.
Die Temperatur im Kern des entstandenen Sterns nimmt zu, weil sich ein Stern, in dem keine Kernreaktionen mehr ablaufen, zusammenzieht, bis er eine Temperatur erreicht, die ausreicht, um das Helium »bren-

Zwiebelschalen
Der Aufbau eines massereichen Sterns, in dem keine Kernreaktionen mehr ablaufen. Der Kern enthält das schwerste Element, Eisen; nach außen hin werden die Elemente immer leichter.

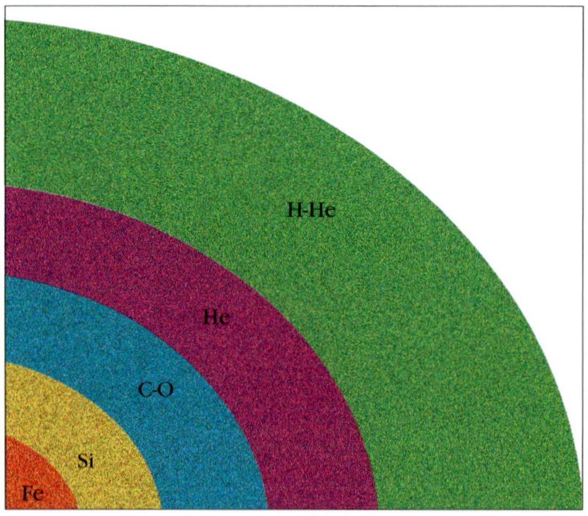

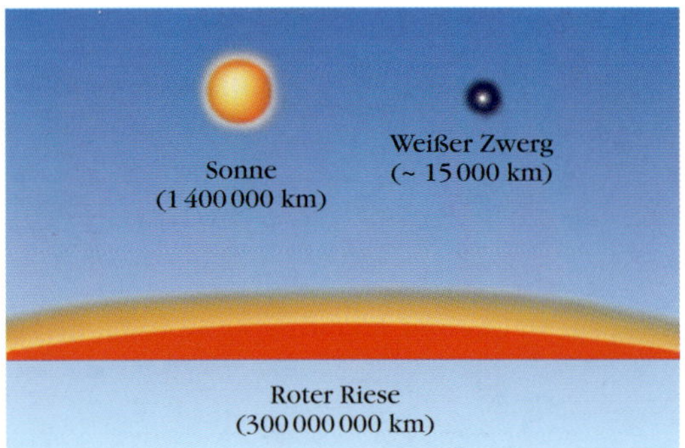

Von Superriesen zu Weißen Zwergen
Sterne im Größenvergleich. Die Zeichnung links zeigt die Sonne (ein Hauptreihenstern), einen Weißen Zwerg und einen Roten Riesen.
Rechts der Vergleich eines Neutronensterns, eines Schwarzen Lochs und eines Weißen Zwerges.

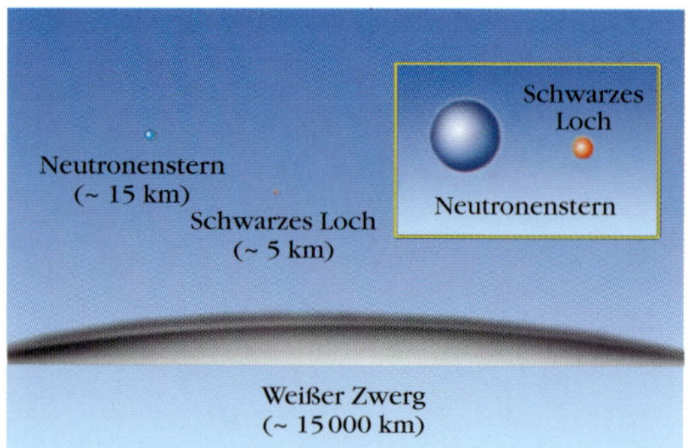

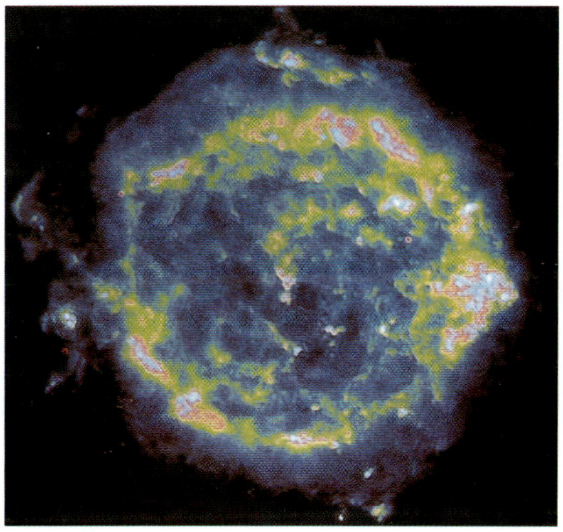

Ein heftiges Ende
Ein Stern mit großer Masse muss sein Leben mit einem Supernova-Ausbruch beenden. Das, was bleibt, ist ein »Supernova-Überrest«, wie Cassiopeia A auf dem Bild.

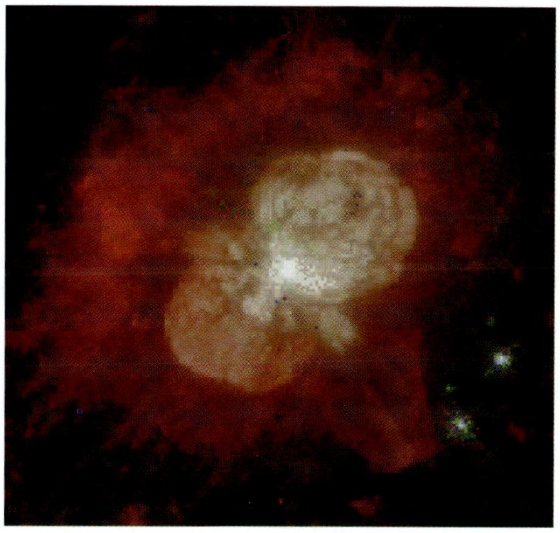

Das »Monster« Eta Carinae
Einer der massereichsten Sterne der Galaxis ist der hier abgebildete Eta Carinae. Er hat 100 Sonnenmassen und ist 100 Millionen Mal so leuchtkräftig wie die Sonne.

nen«, also die Kerne verschmelzen zu lassen. Wenn das geschieht, führt der plötzliche Anstieg der Temperatur des Sterninneren zu einer Explosion, dem so genannten Heliumblitz, und der Stern wandert im Hertzsprung-Russell-Diagramm rasch nach links. Dann verschmilzt in der Sternmitte das Helium des Kerns zu Kohlenstoff und gleichzeitig in einer äußeren Schale Wasserstoff zu Helium, und der Stern wandert auf dem Hertzsprung-Russell-Diagramm horizontal wieder nach rechts.

Die letzten Phasen der Entwicklung

Wenn das gesamte Helium im Kern in Kohlenstoff umgewandelt ist, entartet der immer heißere Stern weiter, bis der beim Heliumbrennen erzeugte Kohlenstoff in einer zweiten blitzartigen Explosion zu brennen beginnt, falls der Stern genug Masse hat. Unabhängig davon, ob das passiert oder nicht, verliert der Stern in seinen letzten Entwicklungsstadien an seiner Oberfläche sehr viel Masse. Dieser Massenverlust kann sich in Etappen abspielen, die äußeren Schichten des Sterns können aber auch in einem einmaligen Ereignis wie eine große Blase abplatzen. In diesem Fall bildet sich ein planetarischer Nebel, also eine kugelförmige Hülle von Materie, die sich mit Geschwindigkeiten von 10 bis 100 km/s im Raum ausbreitet.
Wieder einmal hängt das Schicksal des Sterns von der Restmasse ab, die er am Ende aller oben beschriebenen Wechselfälle seines Lebens hat. Wenn der Stern bei all den Kontraktionen und Ausdehnungen so viel Materie weggeschleudert hat, dass ihm weniger als 1,44 Sonnenmasse bleibt, wird er ein Weißer Zwerg. Diese Grenze wird zu Ehren des großen Astrophysikers Subrahmanyan Chandrasekhar als Chandrasekhar-Grenze bezeichnet. Sie gibt die von der Theorie berechnete maximale Masse an, bei der ein Stern den eigenen Kollaps aufhalten kann, weil er vom Druck der im Kern ganz eng zusammengepackten Elektronen gestützt wird.

Der Rest des Sterns, der nach dem Abstoßen der äußeren Schichten bleibt, hat eine sehr hohe Oberflächentemperatur (um 100 000 K); er wandert zum linken äußeren Teil des Hertzsprung-Russell-Diagramms und nach unten, wobei die Leuchtkraft abnimmt, wenn er kleiner wird. Er gelangt also allmählich in den Bereich der Weißen Zwerge, Sterne mit kleinem Durchmesser (von der Größe der Planeten wie der Erde), aber extrem hoher Dichte. Sie sind anderthalb Millionen Mal dichter als Wasser, deshalb würde ein Kubikzentimeter der Materie des Weißen Zwergs auf der Erde etwa eine Tonne wiegen! Ein Weißer Zwerg beendet sein Leben ohne jede Explosion, indem er einfach allmählich verlöscht.
Diese Abkühlung läuft vermutlich so langsam ab, dass in der Geschichte des Universums noch kein Weißer Zwerg den Wärmetod gestorben ist. Wenn der Stern dagegen eine Masse von mehr als 1,44 Sonnenmassen hat, muss er als Supernova explodieren. Diese Explosion kann den Stern vollkommen oder auch nur teilweise zerstören. Im ersten Fall bleibt nur ein »Supernova-Überrest«, also eine aus den Überbleibseln des Sterns gebildete Gaswolke. Im zweiten Fall bleibt außer einer Gaswolke ein extrem dichter Körper übrig: ein Neutronenstern oder ein Schwarzes Loch.

Geburt von Sternen im Raumteleskop
Eine Einzelheit des planetarischen Nebels Helix (BGC 7293) im Sternbild Wassermann. Die »Klumpen« sind Ergebnisse der Wechselwirkung zwischen dem Gas der Wolke und dem dichten interstellaren Medium.

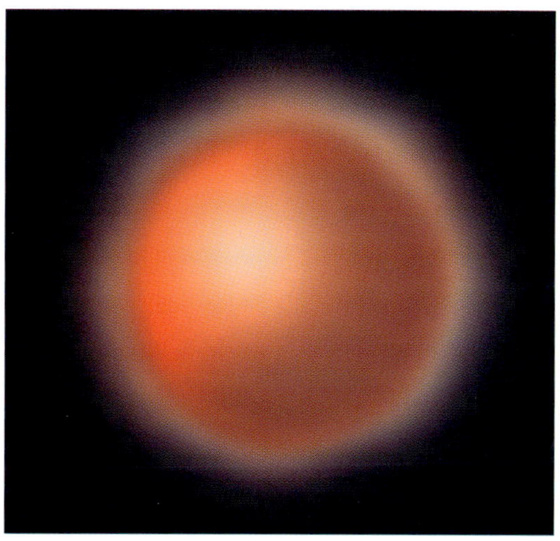

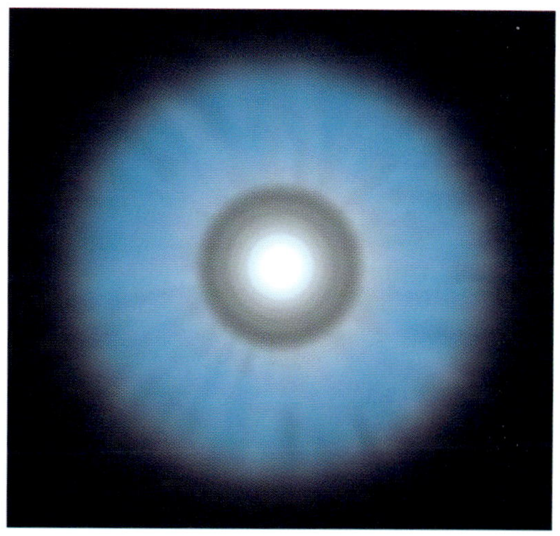

Zuerst kalt und dann warm
Zwei Zeichnungen der beiden Entwicklungsstadien eines Sterns mit kleiner Masse. In der Ersten sieht man das Rote-Riesen-Stadium, in der Zweiten den Kern des Sterns, der ein Weißer Zwerg werden wird.

Die Entfernung der Sterne

Dem bloßem Auge zeigen sich auch die hellsten Sterne des Nachthimmels nur als leuchtende Punkte, die alle gleich weit entfernt zu sein scheinen. Das Himmelsgewölbe spannt sich wie eine Art Tapete über unseren Köpfen. Nicht zufällig genügen uns zur Positionsbestimmung der Sterne zwei Koordinaten (Rektaszension und Deklination) wie auf einer Fläche; wir brauchen nicht drei, wie in einem dreidimensionalen Raum. Auch Fernrohre helfen uns nicht bei der Entfernungsbestimmung. Selbst in den Aufnahmen des Hubble-Weltraumteleskops lassen die Sterne überhaupt nicht erkennen, ob sie nah sind oder fern.

Die »Tiefe« des Raums

Die Vorstellung, dass das Universum eine dritte Dimension, also Tiefe, hat, ist relativ neu und wurde erst zu Beginn des 18. Jahrhunderts wichtig, als neue Instrumente eine einigermaßen genaue Entfernungsbestimmung einiger Sterne ermöglichten. Der erste so vermessene Stern war 61 Cygni, dessen Entfernung der Astronom Friedrich Wilhelm Bessel als etwa 10 Lichtjahre bestimmte. Auch heute noch liegt das von Bessel benutzte Verfahren der »jährlichen Parallaxe« der Entfernungsmessung bei allen Sterne zugrunde. Es handelt sich um ein rein geometrisches Verfahren, das ohne irgendwelche Hypothesen über die Objekte auskommt, deren Entfernung gemessen werden soll; es genügt, einen Winkel zu messen, um das gesuchte Ergebnis zu erhalten.
Der Einfachheit des Verfahrens entspricht leider nicht die Einfachheit der tatsächlichen Messung. Vielmehr sind die zu messenden Winkel aufgrund der enormen Entfernungen der Sterne von uns außerordentlich klein und an der Grenze der Möglichkeiten der Teleskope. Man bedenke beispielsweise, dass die Parallaxe des nächsten Sterns, Proxima Centauri, im Dreifachsystem Alpha Centauri weniger als eine Bogensekunde (genau 0,76") beträgt. Das ist der Winkel, unter dem man ein Markstück aus einer Entfernung von etwa 10 Kilometern sehen würde. Natürlich ist dieser Winkel umso kleiner, je weiter man in die Ferne schaut.

Unvermeidliche Fehler

Der Fehler bei der Bestimmung der Parallaxe wird natürlich umso größer, je größer die Entfernung ist. Obwohl die heutigen Teleskope Winkel von einigen tausendstel Bogensekunden messen können, liegt der Messfehler bei 30 Lichtjahren bei 7%, bei 150 Lichtjahren bei 35% und bei 350 Lichtjahren bei 70%. Wenn der Fehler zu groß ist, wird die Messung unbrauchbar. Mit annehmbarer Genauigkeit lassen sich die Entfernungen einiger tausend Sterne bis zu etwa 100 Lichtjahren messen. Aber allein in der Galaxis gibt es über 100 000 Sterne in einem Bereich mit 100 000 Lichtjahren Durchmesser!
Eine Variante des Verfahrens der jährlichen Parallaxe ist die »säkulare« Parallaxe. Dieses Verfahren nutzt die Bewegung der Sonne und damit des gesamten Sonnensystems, das sich mit einer Geschwindigkeit von etwa 20 km/s in Richtung des Sternbilds Herkules bewegt. Diese Bewegung im Raum ermöglicht die Messung der Parallaxe mit einer sehr großen Grundlinie, die umso länger ist, je mehr Zeit zwischen zwei Messungen vergeht. Nach zehn Jahren

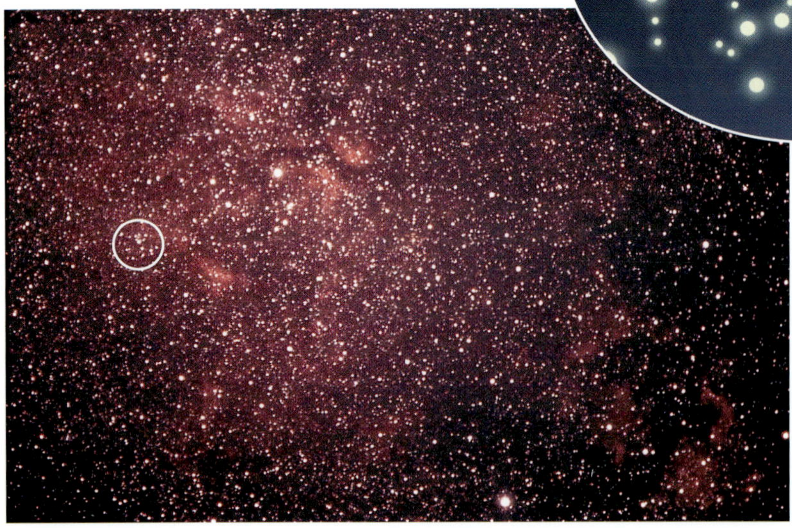

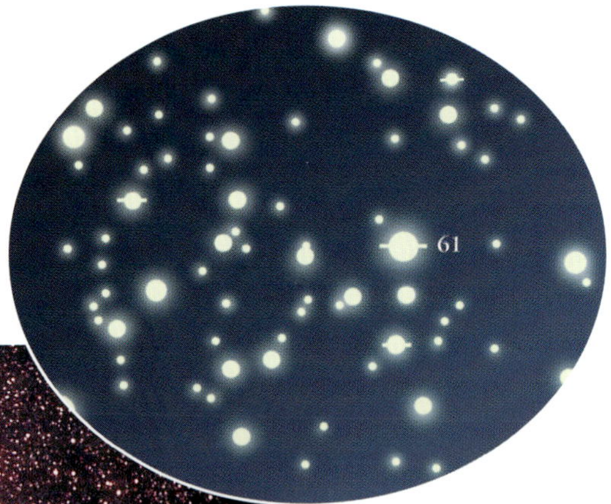

Die erste Parallaxe
Die erste Parallaxenmessung gelang Bessel 1838 am Stern 61 im Sternbild Schwan (links). Bessel maß 0,31" (Der heute akzeptierte Wert ist 0,29", was dem Stern eine Entfernung von 11,2 Lichtjahren zuschreibt.

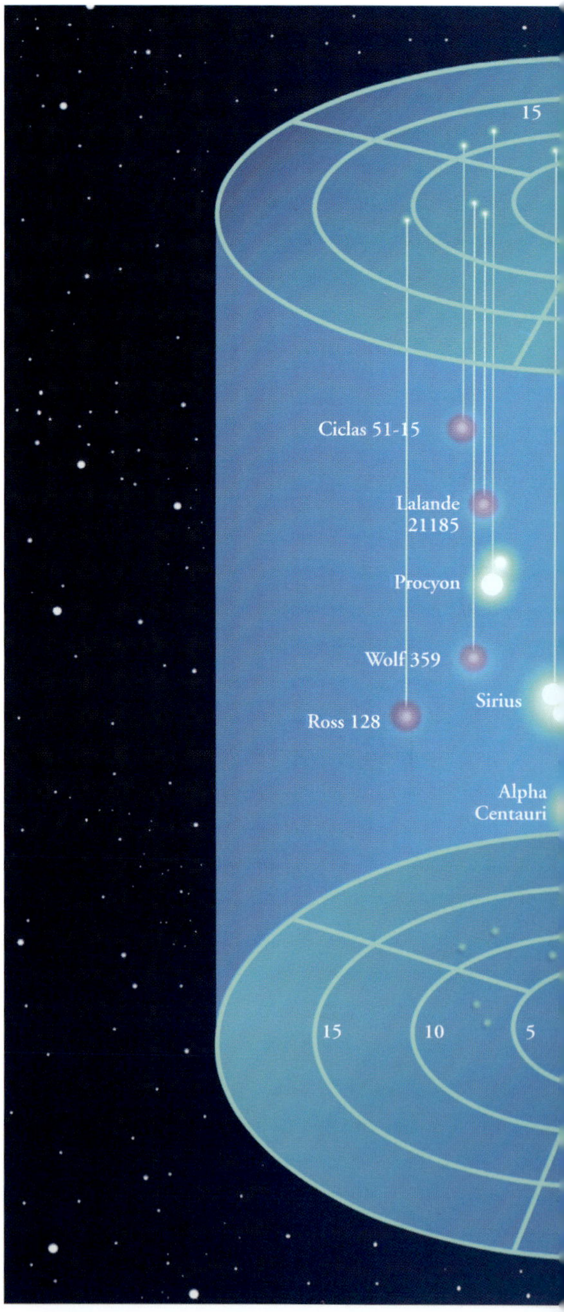

ist die Grundlinie etwa 40-mal so groß wie der Durchmesser der Bahn der Erde um die Sonne. Die Entfernung des Sterns lässt sich aus den Messungen mit den vertrauten trigeometrischen Methoden berechnen.

Die Entfernung der Sternhaufen

Die Sternhaufen, vor allem die offenen Haufen, sind für die Entfernungsmessung sehr wichtig, weil die Sterne eines Haufens relativ eng benachbart sind und deshalb ihre Entfernungen voneinander gegenüber der Entfernung des Haufens von der Erde vernachlässigt werden können. Wir können also annehmen, dass alle Sterne eines Haufens im Mittel gleich weit von uns entfernt sind, wir also die Entfernung aller kennen, wenn wir wissen, wie weit ein Stern des Haufens entfernt ist. Da zudem zu einem Haufen sehr viele Sterne gehören, lassen sich statistische Methoden anwenden, die es erlauben, Fehler zu verringern. Ein bei der Entfernungsmessung von Haufen beliebtes Verfahren wird als das der »konvergierenden Punkte« bezeichnet. Es beruht auf der Tatsache, dass sich die Stene eines offenen Haufens über längere Zeit hin (wegen eines perspektivischen Effekts) alle zu einem gemeinsamen Punkt, den so genannten Konvergenzpunkt, hin bewegen. Deshalb lässt sich aufgrund genauer Messungen von Winkeln und der Radialgeschwindigkeiten (also der Geschwindigkeit, mit der sich die Sterne zur Erde hin oder von ihr weg bewegen) die Entfernung des Haufens bestimmen. Dieses Verfahren ist bei 1500 Lichtjahren mit einem Messfehler von etwa 15% behaftet und wird erst bei Entfernungen von mehr als 15 000 Lichtjahren unbrauchbar, das ist jedenfalls im Inneren der Galaxis eine ganz beträchtliche Entfernung.

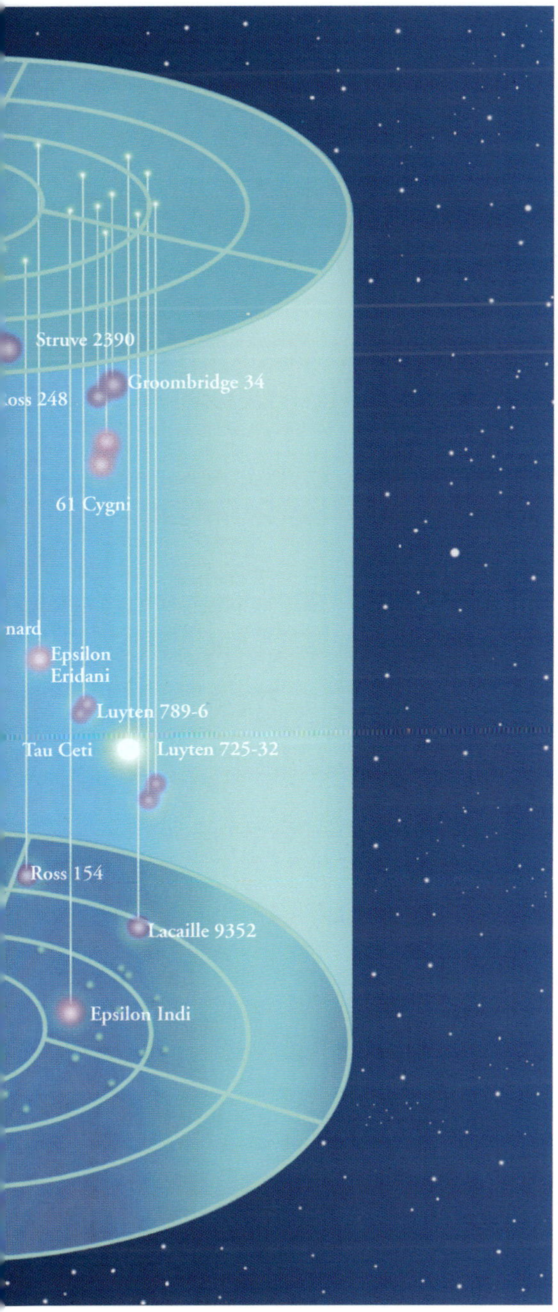

Die Umgebung der Sonne
Durch Messung der Entfernung der sonnennächsten Sterne gewinnen wir ein dreidimensionales Bild der Umgebung unseres Sterns. Diese Zeichnung zeigt die Sterne bis zu einer Entfernung von etwa 20 Lichtjahren.

Hauptreihenanpassung

Für die Entfernungsbestimmung sehr ferner Haufen hat man ein spezielles Verfahren entwickelt, das wesentlich auf dem Hertzsprung-Russell-Diagramm beruht. Dazu konstruiert man ein H-R-Diagramm des Haufens, etwa der Plejaden, bei dem man auf der senkrechten Achse die scheinbare Helligkeit (nicht die absolute, denn die ist noch unbekannt) aufträgt und auf der waagerechten die Temperatur. Dann vergleicht man das erhaltene Hertzsprung-Russell-Diagramm mit dem der Hyaden, das eine ähnliche Form hat, insbesondere bei den Hauptreihen. Wenn man die beiden Diagramme möglichst gut zur Deckung bringt, kann man auf der vertikalen Achse die Hauptreihe des Haufens, dessen Entfernung gemessen werden soll, »positionieren«; auf diese Weise kann man die absolute Größe der Sterne des Haufens aus dem Diagramm ablesen und nach der bekannten Beziehung $m–M = 5 \log d–5$ seine Entfernung berechnen, wobei m die scheinbare Helligkeit, M die absolute Helligkeit und d die Entfernung bezeichnen. Dieses Verfahren, die so genannte Hauptreihenanpassung, lässt sich auf viele offene Haufen wie NGC 2362, Alpha Persei, III Cephei anwenden. Man hat auch versucht, die Entfernung des berühmten Perseus-Doppelhaufens (h und chi Persei) zu berechnen, der viele sehr leuchtstarke Überriesen und auch Cepheiden enthält, die, wie wir sehen werden, ebenfalls für die Entfernungsbestimmung nützlich sind. Aber leider stimmen die Ergebnisse nicht überein.

Mit dem Verfahren der Hauptreihenanpassung können Entfernungen bis zu etwa 20–25000 Lichtjahre gemessen werden, es erfasst also nur ein Fünftel des Durchmessers der Galaxis.

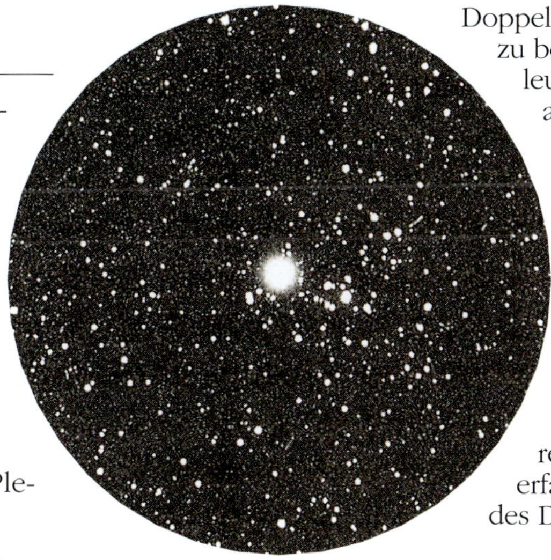

Die Hyaden: ein Meilenstein
Eine Aufnahme des offenen Haufens der Hyaden im Sternbild Stier. Dieser Haufen ist etwa 140 Lichtjahre von der Erde entfernt und spielte bei der Definition der »Entfernungsskala« eine sehr wichtige Rolle.

DIE ZEHN ERDNÄCHSTEN STERNE

NAME	PARALLAXE	ENTFERNUNG IN LICHTJAHREN
Sonne	150 Millionen km	8 Lichtminuten
α Centauri	0",760	4,3
Bernards Pfeilstern	0",552	5,9
Wolf 359	0",431	7,6
BD +36° 2147	0",402	8,1
Sirius	0",377	8,6
Luyten 726-8	0",365	8,9
Ross 154	0",345	9,4
Ross 248	0",317	10,3
ε Eridani	0",305	10,7

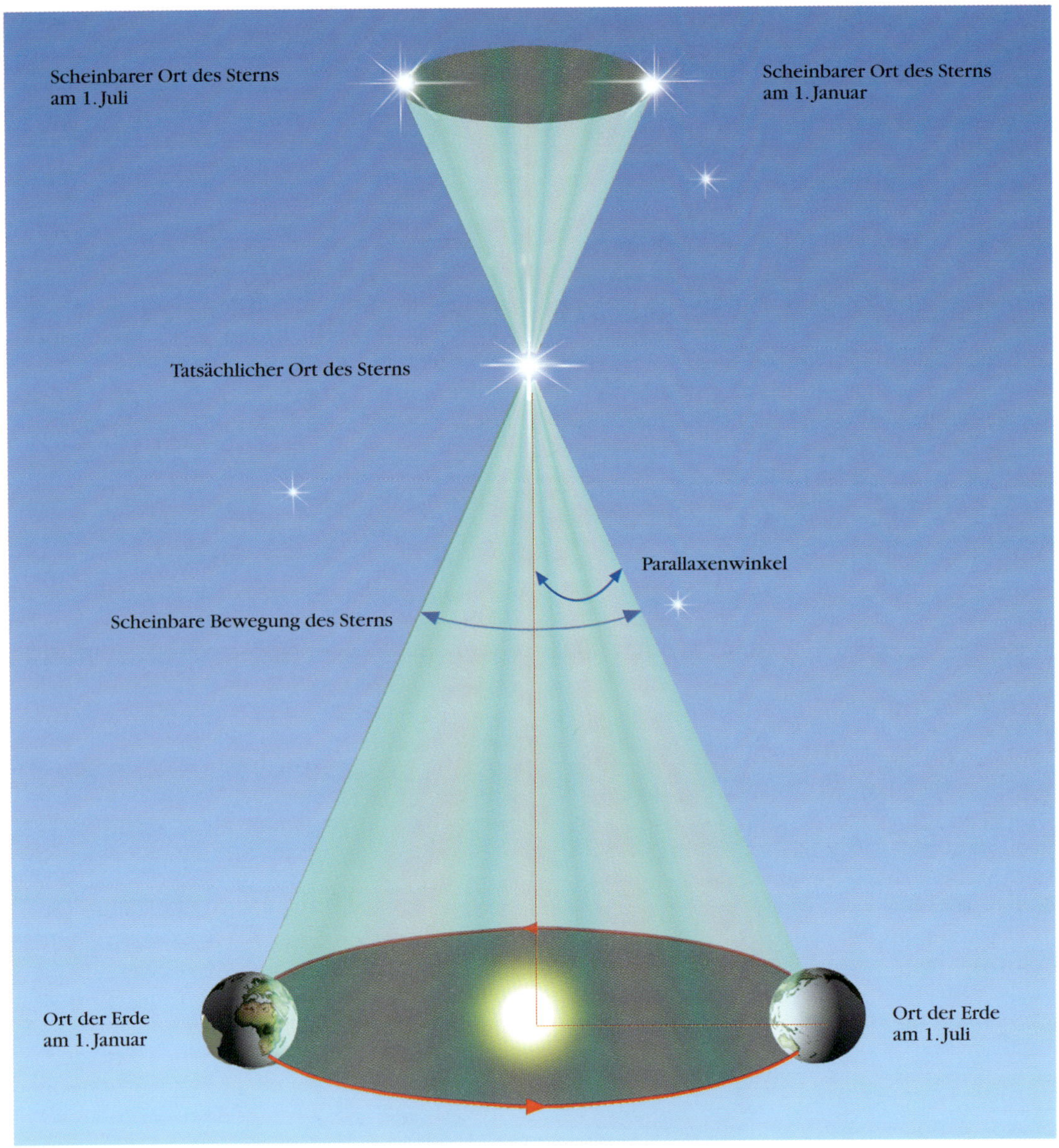

Die Sternparallaxe
Mit den Methoden der Parallaxenbestimmung lässt sich die Entfernung naher Sterne berechnen. Dazu wird der Stern zweimal in einem Abstand von sechs Monaten vermessen. In der Zwischenzeit scheint sich der Stern zu bewegen, weil die Erde an einen anderen Punkt ihrer Bahn gelangt ist. Die Hälfte dieser scheinbaren Verschiebung wird Parallaxe genannt. Je größer sie ist, umso näher ist der Stern.

Cepheiden und veränderliche pulsierende Sterne

Wie schon in dem Kapitel über die veränderlichen Sterne gezeigt, sind die Cepheiden pulsierende Sterne, die ihre Leuchtkraft aufgrund ihrer periodischen Expansion und Kontraktionen verändern; die Periode dauert gewöhnlich zwischen einem Tag und 50 Tagen. Die Cepheiden sind für Astronomen so außerordentlich interessant, weil die Periode der Pulsation von der Leuchtkraft abhängt: je länger die Periode, umso heller strahlt der Stern.

Wenn es gelingt, einen Cepheiden zu finden und seine Periode zu bestimmen, kann man also aufgrund dieser Beziehung seine Entfernung berechnen. Wegen ihrer großen Leuchtkraft können Cepheiden sowohl im Milchstraßensystem als auch in den näheren Galaxien (M 31, M 33, Magellansche Wolke) beobachtet werden, und

FRIEDRICH WILHELM BESSEL (1784–1846)

Friedrich Wilhelm Bessel, Direktor der Sternwarte Königsberg, veröffentlichte die Parallaxe von 61 Cygni 1838. Schon im Vorjahr hatte Friedrich Struve in St. Petersburg die Parallaxe von Wega gemessen, aber nicht veröffentlicht, weil er seinen Daten nicht traute.

deshalb kennen wir deren Entfernung. Das Hubble-Teleskop hat Cepheiden auch in entfernteren Galaxien aufgefunden, außerhalb der Lokalen Gruppe, zu der das Milchstraßensystem gehört, und so unser Wissen über die Entfernungsskala des Universums wesentlich bereichert.

Lichtintensität und Entfernung

Das von einem Himmelskörper ausgehende Licht erscheint umso schwächer, je weiter er entfernt ist. Das physikalische Gesetz, das diese Schwächung beschreibt, ist eines der bekanntesten Gesetze der Optik und besagt, dass die Lichtintensität I umgekehrt proportional ist zum Quadrat der Entfernung d: $I \sim 1/d^2$. Wenn beispielsweise eine 10 Millionen Lichtjahre entfernte Galaxie eine bestimmte Intensität I hat, strahlt eine Galaxie, die doppelt so weit entfernt, aber sonst identisch ist, nur ein Viertel so stark. Das mathematische Gesetz stellt zwischen den beiden Größen I und d eine genaue und messbare Beziehung her. Auf die Astronomie übertragen entspricht die Intensität der absoluten Helligkeit M des Himmelskörpers, dessen Entfernung gemessen werden soll.

Kugelhaufen und offene Haufen
Eine Aufnahme des Kugelhaufens M 4 im Skorpion, dem mit 7000 Lichtjahren nächsten des Sonnensystems. Die Haufen eignen sich besonders gut zur Entfernungsmessung.

DIE PERIODEN-LEUCHTKRAFT-BEZIEHUNG

Die Cepheiden sind außerordentlich wichtige Entfernungsanzeiger, weil die Perioden ihrer Pulsationen mit ihrer absoluten Größe verknüpft sind. Für sie gilt deshalb eine Beziehung der Art:

$$A = A - B \log P,$$

wobei A und B Konstanten sind, P die Periode in Tagen und M die Leuchtkraft.

Die Bestimmung der beiden Konstanten ist sehr schwierig; über ihren Wert besteht keine Einigkeit. Die wahrscheinlichsten Werte führen zu der Beziehung

$$M = -2{,}46 - 3{,}42 \log P + C,$$

die 1984 von den berühmten Astronomen Sandage und Tamman aufgestellt wurde. C berücksichtigt die interstellare Absorption, also die Schwächung, die das Licht auf seiner langen Reise zur Erde erleidet.

Das Siebengestirn
Der ebenfalls für die Entfernungsskala wichtige offene Haufen der Plejaden (M 45 oder NGC 1432) im Sternbild Stier.

Mithilfe der oben gegebenen Beziehung $m-M = 5 \log d-5$, einer direkten Folge des Gesetzes von der Abschwächung der Lichtintensität, kann man d berechnen, da man m (die scheinbare Helligkeit) immer mit einem Fotometer messen kann, sobald man M kennt. Wenn man also bei einer Klasse von Himmelskörpern die absolute Helligkeit (die Leuchtkraft) kennt, kann man die Entfernung berechnen.

Standardkerzen

Himmelskörper mit bekannter Leuchtkraft werden »Standardkerzen« genannt. Diesem Begriff liegt die sehr wichtige Annahme zugrunde, dass alle Objekte des zu diesem Zweck verwendeten Typs dieselbe Leuchtkraft haben. Außer den Cepheiden dienen auch viele andere Sterne als Standardkerzen, so die Veränderlichen vom Typ W Virginis und RR Lyrae, die wie die Cepheiden pulsieren, wobei die RR Lyrae vor allem zu Kugelhaufen gehören, die roten und blauen sehr leuchtkräftigen Überriesen, die Novae, Doppelsterne, die die Leuchtkraft plötzlich auf nicht regelmäßige Art verändern, und Supernovae, Sterne mit großer Masse, die am Ende ihrer Existenz auf spektakuläre und zerstörerische Art explodieren. Supernovae sind auch in sehr fernen Galaxien sichtbar, denn ihr Lichtausbruch überstrahlt kurzzeitig die gesamte Galaxie, zu der sie gehören. Alle genannten Objekte gehören zu den »Primären Entfernungsanzeigern«, weil sich mit ihrer Hilfe die Verfahren eichen lassen, die dazu dienen, noch tiefer in das Universum einzudringen.

Interstellare Absorption

Eines der größten Probleme aller beschriebenen Verfahren der Entfernungsbestimmung ist das der interstellaren Absorption. Das Licht eines fernen Objekts muss auf seiner Reise zur Erde gewaltige Entfernungen zurücklegen und gelegentlich auf diesem langen Weg Bereiche des interstellaren Raums durchqueren, die viel Staub und Gas enthalten. Sie absorbieren einen Teil des Lichts, das dann, wenn es ein irdisches Teleskop erreicht, stark geschwächt ist. Astronomen sprechen von der »Auslöschung« des Lichts. Wenn man also Entfernungen durch Vergleich mit Standardkerzen messen will, muss man den Grad der Auslöschung kennen. Da sich das Problem auf die Messung der Helligkeit reduziert, ist es wichtig, dass diese Messungen zuverlässig sind und nicht von der Richtung abhängen, in der beobachtet wird. Wenn man ein Objekt in unserer Galaxie untersucht, lässt sich die Auslöschung leicht berücksichtigen, weil dabei nur die Staub- und Gasmengen eine Rolle spielen, die zum Milchstraßensystem gehören, und die sind einigermaßen gut bekannt. Wenn das beobachtete Objekt dagegen in einer anderen Galaxis ist, muss man nicht nur die mögliche Auslöschung berücksichtigen, die das Licht beim Durchqueren der Milchstraße erleidet, sondern auch die Möglichkeit bedenken, dass ein Teil schon im Lauf der Reise von der Ausgangsgalaxie zu unserer Galaxis verschluckt wurde, und die ist sehr viel schwieriger abzuschätzen.

Es gibt noch sehr viele andere Verfahren der Entfernungsbestimmung, die auf ganz anderen Prinzipien beruhen als den genannten. Die unterschiedlichen Methoden bauen jedoch wie Stufen einer hohen Wendeltreppe eine auf der anderen auf. Die Grundstufe dieser Treppe ist die Messung der jährlichen und säkularen Parallaxen, die zur Eichung der immer entfernteren Standardkerzen dienen. Sie erlauben es, auch die Entfernungen von Galaxien und Quasaren zu bestimmen, die Millionen Lichtjahre entfernt sind.

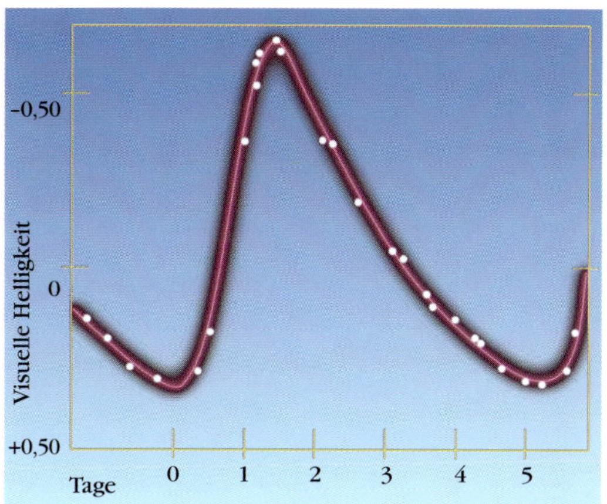

Die ersten Cepheiden
Die Lichtkurve von Delta Cephei. Bei den Cepheiden hängt die Periode der Veränderung von der absoluten Helligkeit des Sterns ab. Deshalb können sie als Entfernungsindikatoren dienen.

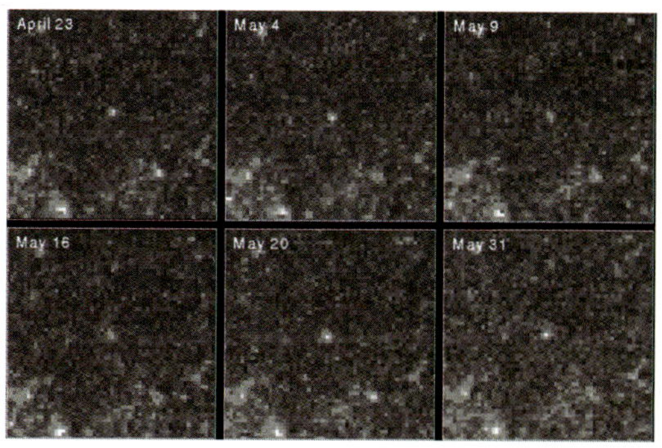

Cepheiden in M 100
Aufnahmen eines Cepheiden in der Galaxie M 100. Die Fotografien wurden vom Hubble-Raumteleskop in einem Abstand von einigen Tagen gemacht und zeigen die Schwankungen der Leuchtkraft, aus denen sich die Entfernung berechnen lässt.

Supernovae

Auch Sterne entstehen, wachsen und vergehen. Ihr Ende kann langsam und allmählich sein oder plötzlich und dramatisch. So ist es beispielsweise bei einem massereichen Stern, der seine Existenz mit einer spektakulären Explosion beendet, einer Supernova.

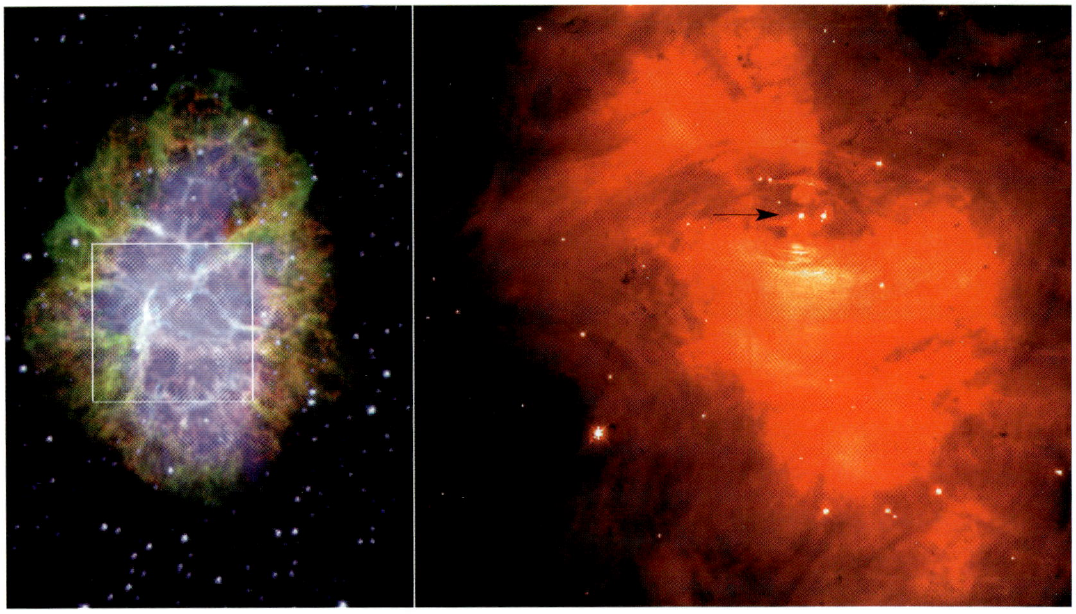

Der Krebsnebel
Der Krebsnebel (M 1) in einer Aufnahme eines irdischen Teleskops; rechts ein vom Hubble-Raumteleskop fotografierter Ausschnitt. Der Pfeil verweist auf den zugehörigen Pulsar.

Die Entdeckung der Supernovae

Supernovae gehören zu den himmlischen Ereignissen, die schon in sehr ferner Vergangenheit beobachtet wurden. Man wusste viele Jahrhunderte lang nichts anderes von einer Supernova, als dass sie plötzlich als heller Stern auftauchte und allmählich wieder verschwand. Einige Supernovae waren so hell, dass sie mit dem bloßen Auge und in einigen Fällen sogar am helllichten Tag sichtbar waren. Die ersten Beobachtungen, von denen wir in alten Chroniken Aufzeichnungen finden, stammen aus dem Jahr 185 n. Chr. In den Jahrhunderten danach wurden immer wieder einmal Ereignisse dieser Art beobachtet und ihr Eintreten jedes Mal verzeichnet. Besonders gewissenhafte Aufzeichnungen verdanken wir den Astronomen am Hof des Kaisers von China, die viele ihrer Beobachtungen von Supernovae festhielten. Besondere Beachtung verdient eine Supernova, die sich 1054 n. Chr. im Sternbild Taurus ereignete. Wir sehen ihren Überrest heute in dem Nebel, der wegen seiner Form als Krebs- oder Krabbennebel bezeichnet wird. Die systematischen Beobachtungen von Supernovae durch die Astronomen des Abendlands begannen viel später.
Die ersten Beobachtungen von Supernovae durch europäische Astronomen stammen aus den Jahren 1572 und 1604 und sind Tycho Brahe und Johannes Kepler zu verdanken. Der 1604 von Kepler beschriebene »Neue Stern« war die letzte mit bloßem Auge sichtbare Supernova der Galaxis. Im Jahr 1885 entdeckte Baronin Berta von Podmanicky in der Andromeda-Galaxie die erste extragalaktische Supernova.
Seit den Astronomen geeignete fotografische Hilfsmittel zur Verfügung stehen, also seit etwa 1920, finden sie immer häufiger Supernovae. Zurzeit kennt man etwa tausend. Die Suche nach Supernovae, also einem plötzlich hell leuchtenden Ereignis, das sich unerwartet verhält, erfordert Geduld und die fortwährende Überwachung des Himmels. Die Gruppe der Supernova-Jäger ist ziemlich klein. Die Anzahl derer, die mehr als 20 Supernovae entdeckt haben, lässt sich fast an zwei Händen abzählen. Der erste Preis dieser seltsamen Klasse gebührt mit weitem Abstand dem Astronomen Fritz Zwicky, der seit 1936 schon 123 Ereignisse beobachtet hat.

Dünne Gasschleier
Der Rest einer Supernova im Sternbild Segel. Er stammt von einer Sternexplosion, die sich vor etwa 10 000 Jahren in etwa 1500 Lichtjahren Entfernung abspielte, und beherbergt einen Pulsar.

Was sind die Supernovae?

Supernovae sind katastrophale Ereignisse, der Schlussakt der Entwicklung eines

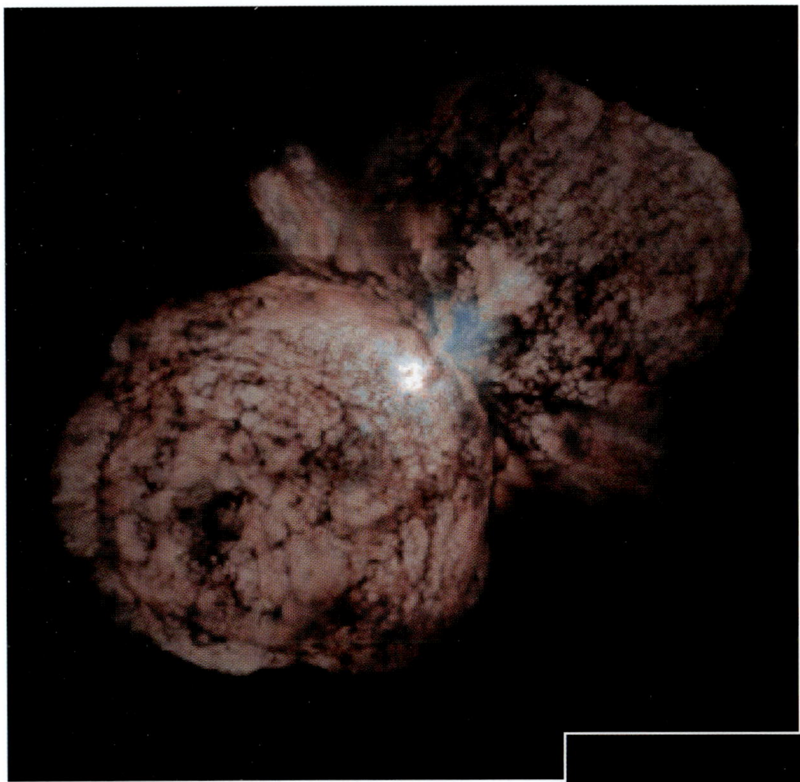

Ein geheimnisvolles Objekt
Eta Carinae ist einer der geheimnisvollsten Sterne des Himmels. Vor etwa 150 Jahren nahm der Stern plötzlich an Leuchtkraft zu und wurde dann wieder lichtschwächer. Vermutlich handelt es sich um einen Stern, der kurz davor ist, als Supernova zu explodieren.

Die nächste Supernova
Der zweifache Ring von Materie, der 1987 in der Großen Magellanschen Wolke beobachteten Supernova SN1987A. Dies war die seit 450 Jahren nächste Supernova.

massereichen Sterns. Bei diesen heftigen Explosionen wird in wenigen Sekunden eine Energiemenge von der Größenordnung von 10^{44} J, das sind rund 10^{38} kWh, freigesetzt, so viel Energie, wie sie ein Stern sonst im Lauf seines gesamten Lebens abgibt. Die Mechanismen, die diese Explosionen bewirken, unterscheiden sich danach, ob der sterbende Stern zu einem Doppelstern gehört oder ein Einzelstern ist. Im ersten Fall kommt es nur dann zu einem Supernova-Ausbruch, wenn der Begleiter ein Weißer Zwerg ist. Weiße Zwerge sind Sterne von Sonnenmasse, die sich am Ende ihres Lebens immer weiter zusammenziehen, bis sie die Größe eines Planeten haben. Unter gewissen kritischen Bedingungen entreißen die Weißen Zwerge aufgrund ihrer Schwerkraft den Oberflächenschichten ihres Partners Materie, die sich dann, wenn sie auf den Weißen Zwerg fällt, erhitzt und die Kernreaktionen auslöst, die zu seiner Zerstörung führen.
Im zweiten Fall dagegen explodiert der Stern, nachdem sein Inneres alle möglichen Zyklen der Kernfusion durchlaufen hat. In diesem Stadium gewinnt die Schwerkraft das Übergewicht, und der Stern kollabiert. Die daraus folgende plötzliche Erwärmung des Sterns löst unkontrollierte Kernreaktionen aus, die explosionsartig Energie freisetzen und den Stern zerstören. Die Explosion hinterlässt eine sich ausdehnende Gaswolke, den so genannten »Supernova-Überrest«, also das, was nach der Explosion von der Hülle übrig ist. Die Form und Zusammensetzung des Rests ist außerordentlich vielfältig und hängt von den Bedingungen ab, unter denen sich die Explosion des Sterns abspielt und auch von seinen Eigenschaften. Außerdem dehnt sich die Wolke wegen der Wechselwirkung mit dem interstellaren Gas, das die Form in Zeiträumen von tausend Jahren beträchtlich verändern kann, nicht in allen Richtungen gleich aus.

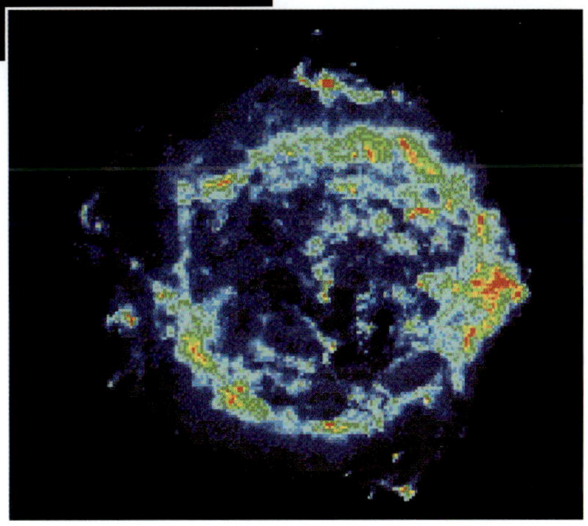

Es gibt sie ... aber man hat sie nicht gesehen!
Man vermutet, dass der als Cassiopeia A bezeichnete Supernova-Rest zwischen 1650 und 1700 explodiert ist. Es gibt jedoch keinerlei historische Quellen zu diesem Ereignis. Die etwa 4 Parsec große Cassiopeia A ist nicht nur eine der stärksten Radioquellen des Nordhimmels, sondern auch ein Röntgenquelle.

Kennzeichen der Supernovae

Supernovae sind Beispiele für eruptive veränderliche Sterne. Wie alle veränderlichen Sterne sind daher auch die Supernovae durch eine charakteristische Lichtkurve gekennzeichnet. Zunächst nimmt die Leuchtkraft einige Tage lang sehr rasch zu, bis sie ein Maximum erreicht, das etwa zehn Tage anhält, bis die Leuchtkraft dann wieder zunächst unstetig, dann fast regelmäßig abnimmt. Aus der so gedeuteten Lichtkurve lässt sich auf die Dynamik der Explosion und ihre Entwicklung schließen. Der Teil der Kurve, der vom ersten Anstieg bis zum Maximum führt, entspricht der Explosion des Sterns, während die darauf folgende Abnahme der Expansion und der Abkühlung der Gashülle entspricht.
Die Beobachtung der räumlich relativ nahen Supernova, die 1987 in der Großen Magellanschen Wolke explodierte, ermöglichte es den Astronomen, ihre theoretischen Überlegungen über den Verlauf der Explosion durch die Beobachtung zu überprüfen.

STERNFREUNDE UND SUPERNOVAE

Weil Supernovae außerordentlich hell sind und sich auch mit kleineren Fernrohren gut beobachten lassen, sind sie bei Sternfreunden in aller Welt außerordentlich beliebt. Die Jagd nach Supernovae erfordert unablässige Hingabe und viel Geduld, und davon haben Liebhaberastronomen mehr als Berufsastronomen. Jedenfalls haben sich die Beiträge der Amateurastronomen als absolut fundamental erwiesen. Seit 1990 haben Liebhaberastronomen in jedem Jahr mindestens fünfzig Supernovae entdeckt. Das ist ein eklatantes Beispiel dafür, dass große Wissenschaft nicht nur denen vorbehalten bleibt, die sie von Berufs wegen betreiben.

Weiße Zwerge

Im »Sternenzoo« gibt es unzählige Arten von Sternen aller Größe, Farbe und Leuchtkraft. Unter all diesen sind die Faszinierendsten wohl die toten Sterne (tot in dem Sinn, dass in ihnen keine Kernreaktionen mehr ablaufen), was vermutlich an ihrer besonderen Zusammensetzung und ihrer für »normale« Sterne völlig ungewöhnlichen Dichte liegt. Diese Sterne sind in der Reihenfolge zunehmender Masse die Weißen Zwerge, die Neutronensterne und die Schwarzen Löcher. Wegen ihrer Kompaktheit gehören sie alle zur Kategorie der »kollabierten Sterne«.

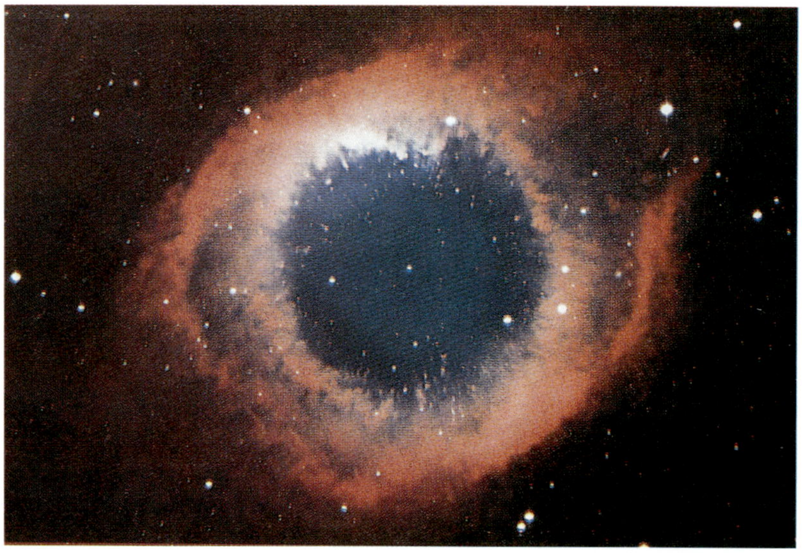

Helixnebel
Ein großartiges Bild des Helixnebels NGC 7293 im Sternbild Wassermann. Der Stern in der Mitte ist der Weiße Zwerg, der diesen planetarischen Nebel erzeugt hat.

Die Entdeckung

Die Weißen Zwerge waren zunächst sehr rätselhafte Gebilde, von denen man nur wusste, dass es sich um Sterne handelt, die viel kompakter sind als gewöhnliche Sterne. Der erste als Weißer Zwerg erkannte und untersuchte Stern war Sirius B, der Begleiter des Sirius, des hellsten Sterns des Himmels. Mithilfe des dritten Keplerschen Gesetzes berechnete man seine Masse als 0,75 bis 0,95 Sonnenmassen. Da seine Leuchtkraft sehr viel geringer ist als die der Sonne, muss dieser Stern sehr klein sein, denn die Leuchtkraft eines Sterns hängt (außer von der Temperatur) vom Quadrat seines Radius ab. Als es 1914 gelang, ein Spektrum von Sirius B zu erhalten und daraus einen ersten Wert für seine Temperatur (etwa 8000 °C) herzuleiten, berechnete man daraus und aus der Leuchtkraft einen Radius von nur 18800 km (in Wirklichkeit ist der Wert sogar dreimal kleiner).

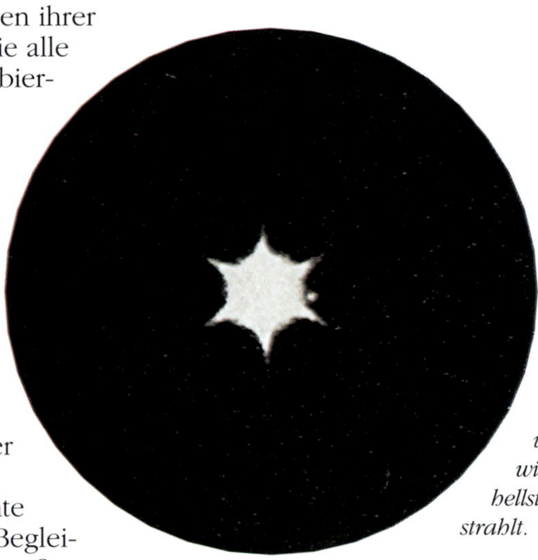

Der erste Weiße Zwerg
Sirius B, der Begleiter des Sirius, war der erste Weiße Zwerg, der Anfang des 20. Jahrhunderts entdeckt wurde. Sein schwaches Licht wird von dem des Sirius, dem hellsten Stern des Himmels, überstrahlt.

Die ersten Forschungsergebnisse

Damit hatte man also eine neue Klasse von Sternen entdeckt. Die Astrophysiker Kohlschütter und Adams hatten um 1925 die Wellenlänge einiger Emissionslinien im Spektrum von Sirius B gemessen und gefunden, dass sie viel größer waren als erwartet. Die Rotverschiebung des Lichtes eines Himmelskörpers wird von der Radialbewegung und von der Schwerkraft bewirkt (gravitative Rotverschiebung) und war im Rahmen der wenige Jahre zuvor von Einstein aufgestellten Allgemeinen Relativitätstheorie vorhergesagt worden. Unter Anwendung dieser Theorie konnte Adams den Radius dieses Sterns auf andere Weise berechnen. Die Schätzung war zwar noch unsicher, stimmte aber mit der einige Jahre älteren überein. Nach der Entdeckung von zwei weiteren Sternen mit ähnlichen Eigenschaften wie Sirius B, ebenfalls in unmittelbarer Nähe der Sonne, schloss Arthur Eddington, dass diese Sterne im Universum sehr häufig sein müssen.
So war die Existenz von Zwergsternen gesichert, aber sie blieben rätselhaft. Insbesondere konnten die Astronomen nicht verstehen, wie eine so große Masse wie die der Sonne auf ein so kleines Volumen konzentriert sein könnte. Eddington hielt es für wahrscheinlich, dass das Gesetz der vollkommenen Gase bei dieser hohen Dichte seine Gültigkeit verliert, die Weißen Zwerge also aus Gas bestehen, das nicht in seinem gewöhnlichen Zustand ist.

Was sind Weiße Zwerge?

Im August 1926 formulierten Enrico Fermi und Paul Dirac eine Theorie (die Fermi-Dirac-Statistik), die es erlaubte, ein extrem dichtes Gas zu beschreiben, und mithilfe dieser Theorie konnte der amerikanische Physiker Fowler noch im selben Jahr erklären, wie ein Weißer Stern stabil sein kann. Er erkannte nämlich, dass der Entartungsdruck der Elektronen es dem Stern erlaubt, sich gegen den Druck seines eigenen Gewichts zu behaupten und nicht vollständig zusammenzufallen. Die ersten vollständigen Modelle für den Aufbau der Weißen Zwerge, die auch relativistische Effekte berücksichtigten, stammen jedoch erst von Chandrasekhar. Er beschrieb insbesondere in einer 1931 veröffentlichten Arbeit die wichtige Entdeckung, dass die Masse der Weißen Zwerge einen von ihrer chemischen Zusammensetzung bestimmten festen Wert nicht übersteigen kann. Er beträgt etwa 1,44 Sonnenmassen und ist als Chandrasekhar-Grenze bekannt ist.

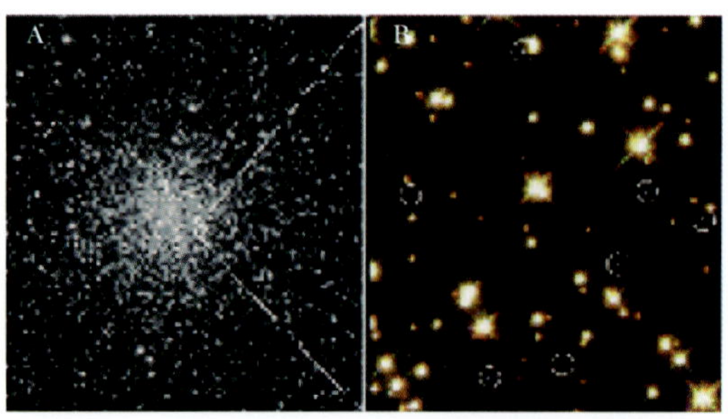

Weiße Zwerge in M 4
Im Inneren des Kugelhaufens M 4 im Sternbild Skorpion hat das Hubble-Raumteleskop etwa siebzig Weiße Zwerge entdeckt, von denen einige durch Kreise angedeutet sind.

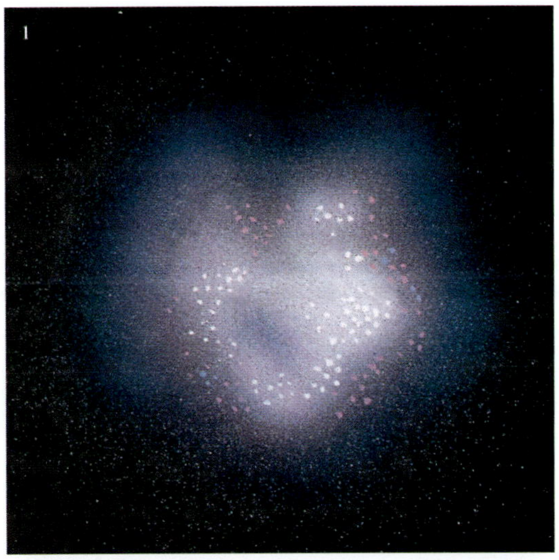

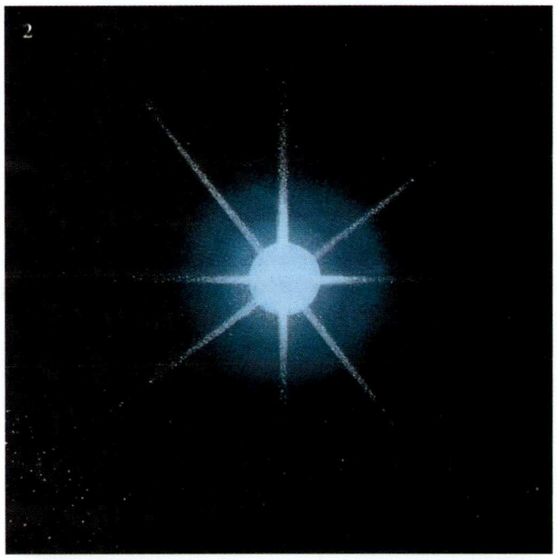

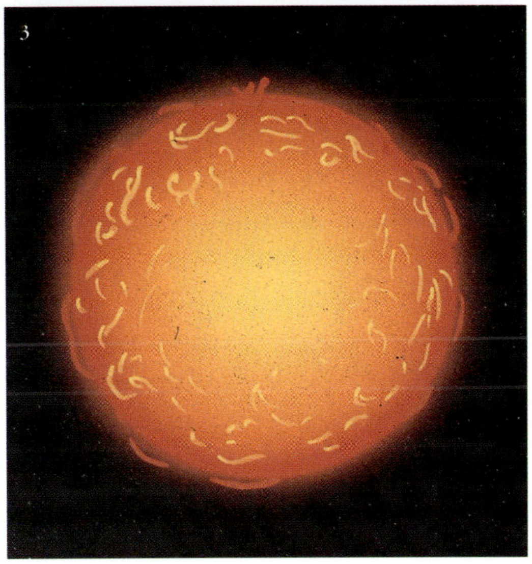

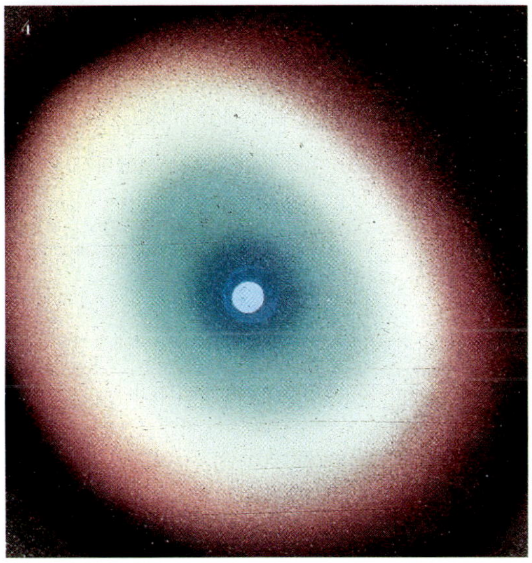

Vom Gas zum Weißen Zwerg
Aus einer Staubwolke (1) bildet sich der Stern (2), der lange stabil bleibt (3) und dann einen planetarischen Nebel (4) bildet. Am Ende bleibt ein Weißer Zwerg (5) übrig.

Eine Tonne pro Kubikzentimeter!

Wie der Name sagt, sind die Weißen Zwerge kleine Sterne. Auch wenn ihre Masse von der Größenordnung der Sonnenmasse ist, sind sie doch nur so groß wie erdähnliche Planeten. Ihr Radius beträgt nur etwa 6000 km, etwa ein Hundertstel des Sonnenradius. Diese Sterne sind also so extrem dicht, dass ein Kubikzentimeter Materie eines Weißen Zwergs etwa eine Tonne wiegt. Dadurch ist natürlich auch das Schwerefeld des Sterns sehr stark; es ist etwa 100-mal stärker als das der Sonne. Wie in den anderen kollabierten Sternen laufen in den Weißen Zwergen keine Kernreaktionen mehr ab; sie sind also nicht mehr aktiv. Das ist ganz allgemein das Ergebnis, wenn weniger als etwa 4 Sonnenmassen alle möglichen Kernverschmelzungsreaktionen durchgemacht haben. In einem letzten Aufbäumen wurde der Stern zu einem Roten Riesen, dem Stadium, in dem das Helium des Kerns »verbrannt« wird. Nachdem das Helium erschöpft ist, durchläuft der Stern mehrere Phasen der Instabilität und beginnt zu kollabieren. In dieser Phase befreit er sich von überschüssiger Materie, die wahrscheinlich von Sternwinden in den Raum geschleudert wird. Diese enormen Gasmassen bilden dann die so genannten planetarischen Nebel.

Eigenschaften

Obwohl im Inneren der Weißen Zwerge keine Kernreaktionen mehr ablaufen, sind die Temperaturen im Inneren noch sehr hoch. Wenn diese Wärme an die Oberfläche des Sterns gelangt, wird sie in den Weltraum abgestrahlt. Dabei kühlt sich der Stern allmählich ab, bis er schließlich unsichtbar wird.
Junge Weiße Zwerge haben Oberflächentemperaturen in der Größenordnung von

20–30 000 Grad und deshalb sind sie nicht nur klein, sondern auch weiß, während ein Stern wie die Sonne (etwa 6000 Grad) gelb erscheint. Trotz der hohen Oberflächentemperaturen ist die Leuchtkraft eher bescheiden, weil die Oberfläche so klein ist, und deshalb sind diese Sterne lichtschwach. Mit einer absoluten Helligkeit zwischen 12 bis 16 sind sie 10 Millionen bis 100 Milliarden mal schwächer als die Sonne. Weil die Weißen Zwerge nur sehr langsam abkühlen, sind sehr viele zu beobachten. Das wiederum ermöglicht es, ihre Eigenschaften mit statistischen Mitteln zu untersuchen und in das Hertzsprung-Russell-Diagramm einzutragen, wo sie einen engen Bereich weit unter der Hauptreihe besetzen.
Chandrasekhars Entdeckung, dass Weiße Zwerge höchstens die Masse von 1,44 Sonnen haben können, wonach massereiche Sterne immer weiter kollabieren mussten, wurde zunächst von Eddington, dem damaligen Papst der Astrophysik, nicht akzeptiert; erst nach mehreren Jahren wurde Chandrasekhar die verdiente Anerkennung zuteil.

SUBRAHMANYAN CHANDRASEKHAR (1910–1995)

Subrahmanyan Chandrasekhar war zweifellos einer der bedeutendsten Astrophysiker. Er stammt aus dem damals noch zum englischen Commonwealth gehörenden Lahore, studierte zunächst in Indien und promovierte 1933 an der Universität Cambridge. Sein Name ist verbunden mit der theoretischen Untersuchung Weißer Zwerge, auf die er erfolgreich die neuen Grundsätze der Quantenmechanik anzuwenden wusste. Seit 1937 forschte und lehrte er an der Universität von Chicago, wo er 60 Jahre am Yerkes-Observatorium arbeitete. Außer seinen wissenschaftlichen Erkenntnissen sind Chandrasekhars wichtige Beiträge zur Didaktik der Astronomie berühmt. Viele der von ihm geschriebenen Bücher dienen auch heute noch in aller Welt als Lehrbücher für Studenten. Chandrasekhar erhielt 1983 gemeinsam mit W.A. Fowler den Nobelpreis für Physik.

Neutronensterne und Pulsare

Der Name Pulsar war ursprünglich eine Abkürzung für »pulsierender Stern«. Schon bald nach ihrer Entdeckung wies der Astrophysiker Thomas Gold nach, dass sie mitsamt ihrer Strahlungsquelle nicht pulsieren, sondern wie die Scheinwerfer eines Leuchtturms rotieren. Deshalb also erhalten wir ihre Strahlung nicht kontinuierlich, sondern in Form von regelmäßigen Stößen.

Die Stöße folgen zudem außerordentlich rasch aufeinander. Ein einzelner Impuls (die so genannte Periode) dauert von einigen Millisekunden bis zu höchstens 10 oder 100 Sekunden. Auch wenn sich Form und Periode eines Impulses von einem Puls zum nächsten unterscheiden, bleiben sie doch mehr oder weniger gleich, und Schwankungen machen sich nur in größeren Zeitspannen bemerkbar. Wegen der Regelmäßigkeit ihrer Pulse gelten Pulsare als die eigentlichen kosmischen Zeitmesser. Ihre Perioden nehmen im Lauf der Zeit sehr langsam in der Größenordnung von 10^{14} s/s ab. Das heißt, dass sie sich in jeweils 10^{14} Sekunden, also etwa drei Millionen Jahren, um eine Sekunde ändern!

Ein regelmäßiges Signal

Die Geschichte der Entdeckung der Pulsare ist recht bemerkenswert. Der Erste, PSR 1919+21 wurde 1967 von Jocelyn Bell bemerkt, die damals als junge Diplomandin bei Anthony Hewish an der Universität Cambridge radioastronomische Untersuchungen durchführte, bei denen sich ein mäßig intensives Radiosignal zeigte, das aus der Nähe der galaktischen Ebene kam. Seltsamerweise wurde das Signal immer wieder unterbrochen; es tauchte in regelmäßigen Intervallen von 1,377 s auf und verschwand wieder.

Man erzählt, Bell sei aufgeregt zu Professor Hewish gelaufen, um ihm die Entdeckung mitzuteilen, der aber habe sie für eine wenig interessante Interferenz aufgrund einer Störung durch ein irdisches Radiosignal gehalten. Das Signal erwies sich jedoch als unabhängig von Vorgängen auf der Erde, was zeigte, dass es einen außerirdischen Ursprung haben und aus einer nicht identifizierten Quelle stammen musste. Sofort nach Bekanntgabe der Entdeckung kam der Verdacht auf, die Signale könnten von einer außerirdischen Zivilisation stammen. Aber die Herkunft der Pulsare lässt sich auch ohne Bezug auf Außerirdische erklären.

Die Strahlungsproduktion der Pulsare

Der Entdeckung des ersten Pulsars folgte die anderer, und mittlerweile sind die Astronomen davon überzeugt, dass es viele geben muss. Weil nun die im Universum weitaus häufigsten Körper Sterne sind, nahm man natürlich an, dass auch Pulsare Sterne sind. Die einleuchtendste Erklärung besagt, dass die Pulse eine Folge der raschen Rotation des Sterns um seine Achse sind. Dann verrät die Länge der Pulsperiode etwas über diese Objekte, denn wenn sich ein Körper schneller als mit einer gewissen Höchstgeschwindigkeit dreht, wird er von der Zentrifugalkraft zer-

Dreißig Umdrehungen in der Sekunde!
Die Supernova-Überreste des Krebsnebels im Sternbild Stier enthalten den gleichnamigen Pulsar; dieser berühmte Pulsar hat eine Rotationsperiode von 33 Millisekunden.

1 Kern
2 Neutronenfluss
3 Feste Kruste
4 Rotationsachse
5 Neutrale Teilchen
6 Magnetische Feldlinien
7 Emissionspulsar

Das Magnetfeld
Pulsare haben ein sehr starkes Magnetfeld, das den ganzen umgebenden Raum durchdringt. Die Kraftlinien dieses Feldes gehen von zwei gegenüberliegenden Punkten aus, den Magnetpolen.

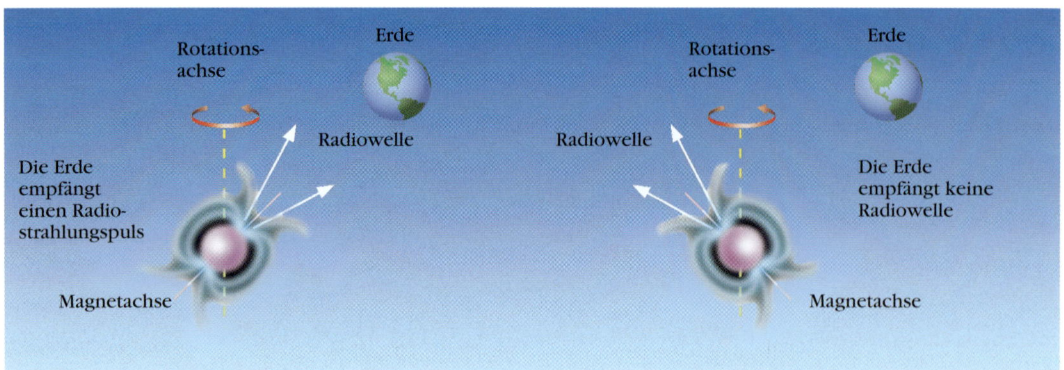

Wie das Licht eines Leuchtturms
Ein Veranschaulichung der für einen Pulsar typischen Pulse. Wie in der Abbildung gezeigt, entsteht er dadurch, dass die Rotationsachse nicht mit der magnetischen Achse übereinstimmt.

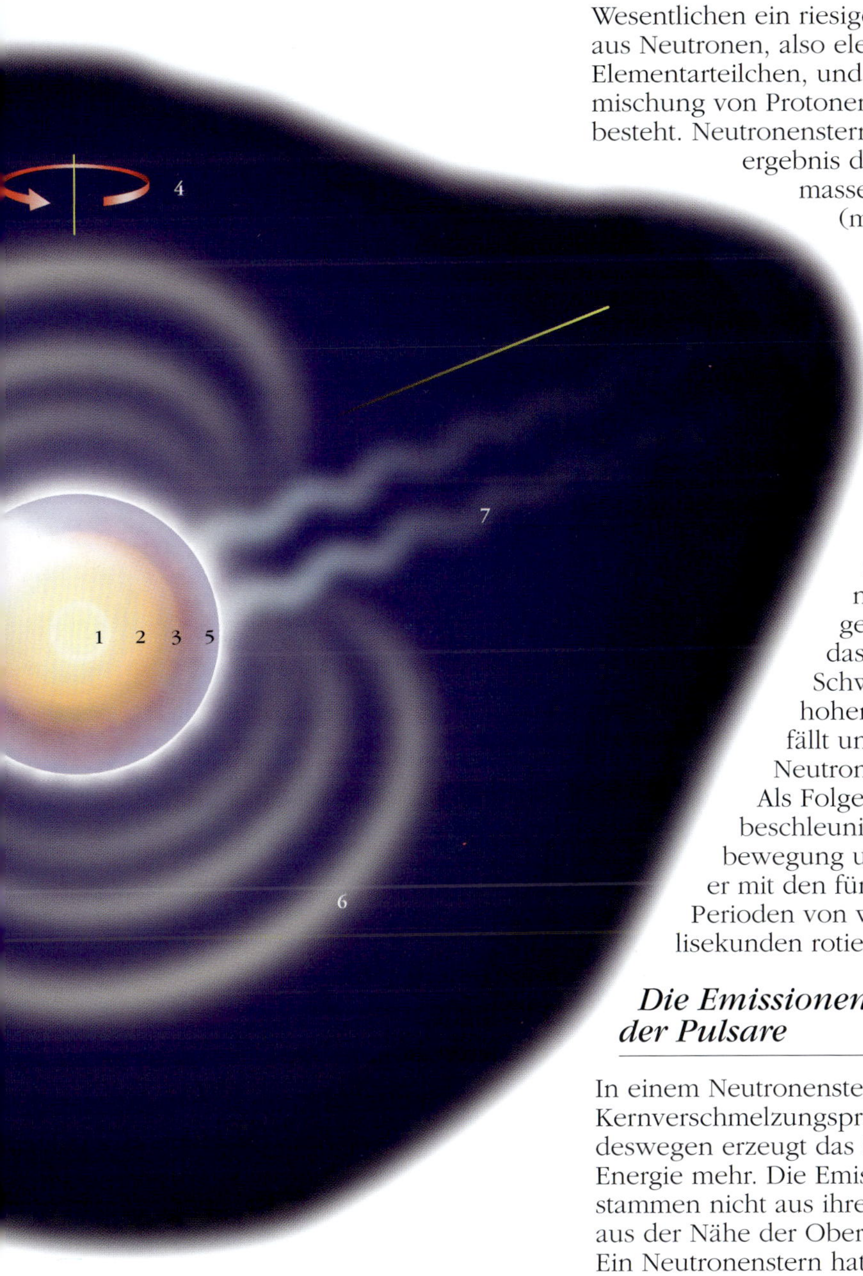

rissen. Deshalb muss es einen Mindestwert für die Rotationsperiode geben. Ein Stern, der sich mit einer Periode von wenigen Millisekunden dreht, wie sie bei einigen Pulsaren beobachtet wird, muss nach den Rechnungen eine Dichte von etwa 10^{14} g/cm^3 haben, also dieselbe wie ein Atomkern. Zum Vergleich: Diese Dichte ergäbe sich, wenn die Masse des Mount Everest in einen Zuckerwürfel zusammengepresst würde.

Neutronensterne

Diese Eigenschaften entsprechen einem Sterntyp, dessen Existenz schon um 1930 vermutet wurde. Neutronensterne sind Objekte, in denen etwa 1,5 Sonnenmassen in einem Radius von nur 10 km zusammengedrängt sind. Ein Neutronenstern ist im Wesentlichen ein riesiger Atomkern, der aus Neutronen, also elektrisch neutralen Elementarteilchen, und einer kleinen Beimischung von Protonen und Elektronen besteht. Neutronensterne sind das Endergebnis der Entwicklung von massereichen Sternen (mit mehr als zehn Sonnenmassen).

Wenn ein Neutronenstern am Ende alle möglichen Zyklen der Kernverbrennung durchgemacht hat, explodiert er als Supernova. Dabei werden die äußeren Hüllen der Sterne in den Raum geschleudert, während das Innere unter der Schwerkraft zu sehr hoher Dichte zusammenfällt und sich in einen Neutronenstern verwandelt. Als Folge dieses Kollapses beschleunigt er seine Drehbewegung unglaublich stark, bis er mit den für Pulsare typischen Perioden von wenigen Zehntel Millisekunden rotiert.

Die Emissionen der Pulsare

In einem Neutronenstern laufen keine Kernverschmelzungsprozesse mehr ab, und deswegen erzeugt das Sterninnere keine Energie mehr. Die Emissionen der Pulsare stammen nicht aus ihrem Inneren, sondern aus der Nähe der Oberfläche.

Ein Neutronenstern hat ein starkes Magnetfeld, Millionen Mal stärker als das der Sonne. Es durchdringt den umgebenden Raum und bildet zusammen mit dem Plasma die so genannte Magnetosphäre. Die in die

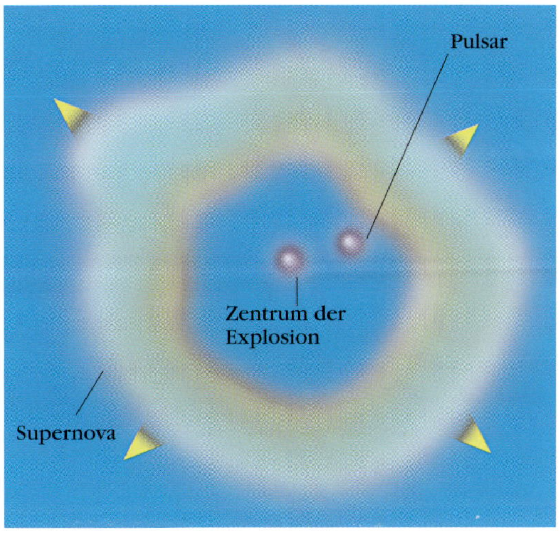

Im Raum verstreut

Weil der Rückstoß der Explosion der Supernova den Pulsar in den Raum schleudert, entfernt er sich mit einer Geschwindigkeit von einigen hundert Kilometer pro Sekunde vom Ort seiner Entstehung.

Magnetosphäre eingebetteten Neutronensterne senden Schwärme von Elektronen und Positronen aus, die durch die Rotation auf nahezu Lichtgeschwindigkeit beschleunigt werden. Das Magnetfeld beeinflusst die Bewegung dieser Teilchen und lässt sie gewöhnlich entlang der Kraftlinien auf Spiralbahnen laufen. Auf diese Weise senden die Teilchen einen Teil ihrer kinetischen Energie in Form elektromagnetischer Strahlung aus. Diese Strahlung geht auf Kosten der Drehenergie, die abnimmt und die Rotationsperiode verkürzt. Deshalb sind die ältesten Pulsare solche mit einer längeren Pulsationsperiode.

Die Periode ist jedoch nicht in allen Fällen regelmäßig, sondern nimmt gelegentlich auch plötzlich ab. Diese so genannten *glitches* sind richtige »Sternbeben«, Erschütterungen in den äußeren Schichten des Neutronensterns, die eine Neuordnung der Rotationsbewegung des Sterns und damit seiner Periode bewirken.

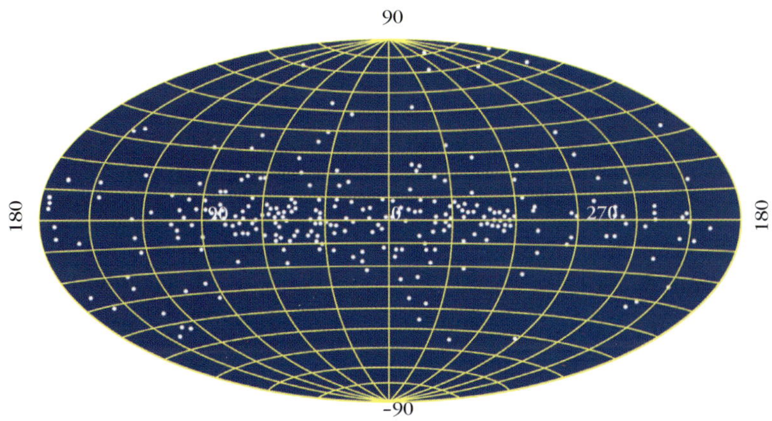

Die Pulsare am Himmel

Die Verteilung der Pulsare im Inneren des Milchstraßensystems. Die Positionen der unterschiedlichen Objekte sind in galaktischen Koordinaten angegeben. Wie man sieht, liegen die meisten dieser Objekte in der galaktischen Ebene.

Schwarze Löcher

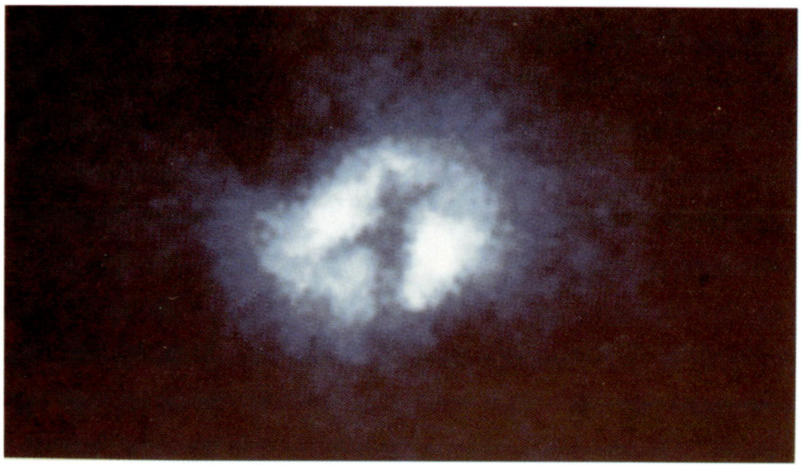

Ein riesiges Schwarzes Loch
Das Hubble-Teleskop zeigt im Kern der Galaxie M 51 einen x-förmigen Bereich, der von einem Schwarzen Loch erzeugt wird; es hat etwa 10 Millionen Sonnenmassen.

Astronomische Bilder faszinieren durch die Vielfalt ihrer Formen und Farben. In ihnen finden wir die unendliche Vielfalt der Himmelskörper wieder, die das Universum bevölkern, also Sterne aller Farben und Größen, Galaxien mit den typischen Spiralen und auch Nebel in merkwürdigen Formen und Farben. In diesem ungeheuren kosmischen Zoo machen uns einige Spezialfälle ganz besonders neugierig. Diese geheimnisvollsten und besonders schwierig zu beobachtenden Himmelskörper, über die wir noch gar nicht viel wissen und die unsere Fantasie sicherlich am meisten anregen, sind die Schwarzen Löcher.

Die Fluchtgeschwindigkeit

Mit einem »Schwarzen Loch« meinen wir in der Alltagssprache eine Art Fass ohne Boden, in dem alles spurlos verschwindet. Was aber sind Schwarze Löcher wirklich? Auf der Suche nach einer Antwort gehen wir bis ins 18. Jahrhundert zurück. Damals beschäftigte sich der französische Mathematiker Simon de Laplace mit der Gravitationstheorie und behauptete als einer der Ersten die Existenz dieser Objekte. Jeder Körper hat ja aufgrund seiner Masse ein Gravitationsfeld, das auf benachbarte Körper eine Anziehungskraft ausübt. Ein in die Höhe geworfener Ball fällt auf die Erde zurück, weil die Erde ihn anzieht. Wenn der Ball jedoch mit hinreichend großer Geschwindigkeit geworfen wird, entkommt er der Anziehungskraft der Erde und entweicht in den Raum. Die dazu nötige Mindestgeschwindigkeit ist die so genannte Fluchtgeschwindigkeit, die bei der Erde etwa 11 km/s beträgt. Die Fluchtgeschwindigkeit eines Körpers hängt davon ab, welche Dichte der Himmelskörper hat, der das Gravitationsfeld erzeugt. Insbesondere gilt: Je dichter ein Körper ist, desto größer ist die Geschwindigkeit, die ein Körper erreichen muss, um ihm zu entkommen. Wie Laplace vor zwei Jahrhunderten kann man die Hypothese aufstellen, dass es im Universum Körper gibt, deren Fluchtgeschwindigkeit aufgrund ihrer übergroßen Dichte größer ist als die Lichtgeschwindigkeit, die 300 000 km/s beträgt. In diesem Fall kann selbst das Licht der Schwerkraft eines solchen Körpers nicht entkommen, sondern bleibt für immer in seinem Schwerefeld eingefangen. Ein Körper aber, der kein Licht aussenden kann, ist vollständig unsichtbar und nur als ein großes Loch vorstellbar, also schwarz. Natürlich ist die von Laplace aufgestellte Theorie ein Kind seiner Zeit und extrem einfach. Außerdem gab es zu Zeiten von Laplace noch keine Quantentheorie. In den ersten Jahren des 20. Jahrhunderts zeigte jedoch die neu entwickelte Quantenmechanik, dass sich das Licht, das man sich bis dahin als elektromagnetische Welle vorgestellt hatte, unter gewissen Umständen auch wie eine Gesamtheit materieller Körper verhält. Dieser Gedanke wurde im Rahmen der 1915 von Albert Einstein veröffentlichten Allgemeinen Relativitätstheorie weiterentwickelt und 1916 von dem deutschen Physiker Karl Schwarzschild aufgenommen, der sich mit den mathematischen Grundlagen der Theorie der Schwarzen Löcher beschäftigte.

Der Kern von M 87
Links: Das Hubble-Teleskop fand im Kern der aktiven Galaxie M 87 eine Scheibe mit heißem Gas, die sich um einen unsichtbaren Körper dreht, der vielleicht ein Schwarzes Loch mit etwa 3 Milliarden Sonnenmassen ist.

Materiediebstahl
Der größte Teil der stellaren Schwarzen Löcher könnte zu Doppelsternsystemen gehören. In diesen Fällen verraten sie sich durch den »Kannibalismus«, mit dem sie ihre Begleiter verschlingen.

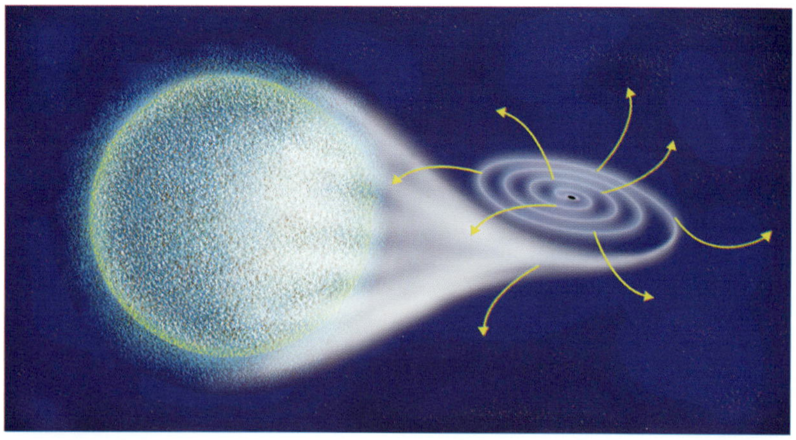

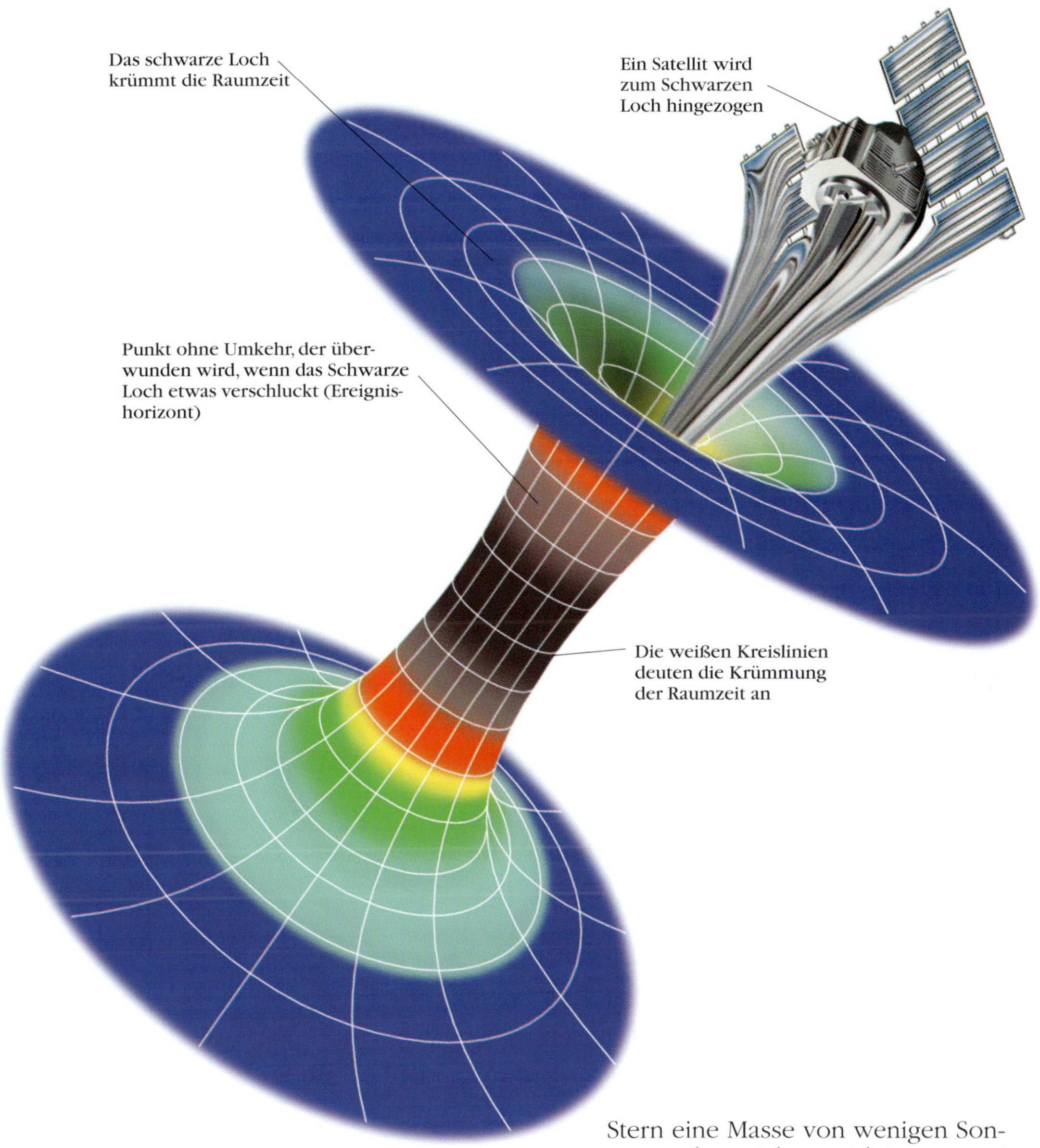

Danach unterliegt auch das Licht der Schwerkraft. Laplace hatte also fast zwei Jahrhunderte früher eine der wichtigsten Eingebungen in der Geschichte der Physik gehabt, wenn auch wohl ohne es zu wissen.

Wie entstehen die Schwarzen Löcher?

Schwarze Löcher erhielten ihren Namen 1967 von dem amerikanischen Astrophysiker John Wheeler. Sie sind nichts anderes als das Endergebnis der Entwicklung von Sternen mit mehr als fünf Sonnenmassen. Wenn der Stern seinen gesamten Kernbrennstoff verbraucht hat und sich in ihm keine Reaktionen mehr abspielen können, steht ihm ein letztes und endgültiges Stadium bevor, das praktisch auf den Tod des Sterns hinausläuft. An diesem Punkt wird das Schicksal des Sterns einzig und allein durch seine Masse bestimmt. Wenn der Stern eine Masse von wenigen Sonnenmassen hat, zieht er sich immer weiter zusammen, bis er langsam erlöscht. Wenn er umgekehrt sehr viel Masse hat, beendet er seine Existenz mit einem gewaltigen Supernova-Ausbruch, hinterlässt jedoch eine sehr schwache Spur, denn nach der Explosion macht sein Kern einen so genannten Gravitationskollaps durch, bei dem sich die gesamte verbleibende Masse zu einer außerordentlich kompakten Kugel zusammenballt, deren Dichte etwa 10 000-mal so groß ist wie die des Atomkerns.

Relativistische Effekte

Schwarze Löcher stellen ein großartiges natürliches Labor dar, in dem die Wissenschaftler die gewagtesten und neuesten Hypothesen der theoretischen Physik bestätigen können. Nach der von Einstein aufgestellten Allgemeinen Relativitätstheorie sind die Gesetze des Schwerefeldes Bedingungen für alle anderen Naturgesetze. Insbesondere verläuft die Zeit in einem sehr starken Schwerefeld anders als sonst; sie verstreicht beispielsweise in einem Schwarzen Loch viel langsamer als in der Nähe der Sonne.

Nicht nur beeinflusst ein Schwarzes Loch den Lauf der Zeit, es verändert auch die Struktur des Raums. Nach der Allgemeinen Relativitätstheorie verzerrt ein von einem extrem massereichen Körper erzeugtes starkes Schwerefeld den umgebenden Raum und verändert die ganze Geometrie. Die kürzeste Verbindung zwischen zwei Raumpunkten ist in einem solchen Raum keine Gerade, sondern eine gekrümmte Linie, deren Form durch die Gesamtheit der räumlichen Verzerrung bestimmt ist und damit durch die Masse des Schwarzen Lochs.

Das spielt sich außen ab, aber was geschieht im Inneren eines Schwarzen Lochs? Diese Frage wird noch lange offen bleiben und möglicherweise nie genau beantwortet werden. Die physikalischen Bedingungen im Inneren eines Schwarzen Lochs sind so ganz anders als alles, was in Experimenten reproduzierbar ist, dass jede Vorhersage vermessen ist. Deshalb gibt es viele Theorien, die schwierig zu widerlegen oder zu bestätigen sind. Eine der kühnsten Hypothesen besagt, dass Schwarze Löcher, gerade weil sie Raum und Zeit so stark verzer-

Panorma eines Schwarzen Lochs
Eine anschauliche Darstellung eines Schwarzen Lochs, wie es einem (unwahrscheinlichen) Beobachter erscheinen würde, der sich auf einem dieses Loch umlaufenden Planeten befindet.

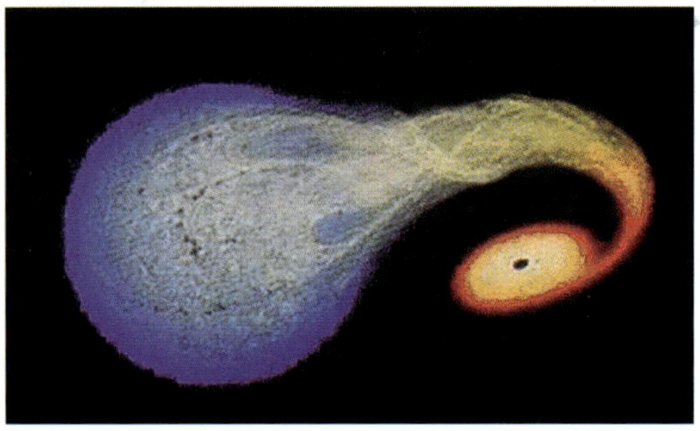

Das erste stellare Schwarze Loch
Eine zeichnerische Darstellung des Doppelsystems Cygnus X-1. Das erste stellare Schwarze Loch wurde 1971 in diesem System im Sternbild Schwan gefunden.

ren, eine Art »Tor« zwischen unterschiedlichen Dimensionen darstellen. Insbesondere könnte jemand, der in ein Schwarzes Loch hineingerät, durch ein anderes und möglicherweise in einem anderen Raum- und auch Zeitpunkt herauskommen. Schwarze Löcher könnten also die Möglichkeit bieten, augenblicklich von einem Ort zu einem anderen zu gelangen oder auch eine Zeitreise zu unternehmen. In diesen Fällen lässt sich jedoch nicht leicht eine genaue Grenze zwischen rein theoretischen Überlegungen und fantasievollen Spekulationen ziehen. Aufgrund der uns bekannten Physik ist es außerordentlich wahrscheinlich, dass jedes Objekt, und damit auch ein möglicher Astronaut, in einem Schwarzen Loch sofort von dessen ungeheurem Schwerefeld zerfetzt wird.

Unterschiedliche Arten Schwarzer Löcher

Wie viele Schwarze Löcher gibt es im Universum? Nach den Theorien der Sternentwicklung haben die allermeisten Sterne sehr viel Masse, und dann sollte es in unserer Galaxis sehr viele Schwarze Löcher geben. Da Sterne gewöhnlich paarweise entstehen und ein Doppelsystem bilden, sind auch die Schwarzen Löcher keine Einzelsysteme, sondern haben meistens einen Stern als Begleiter. Außer stellaren Schwarzen Löchern, die entstehen, weil die große Sternmasse unter dem Einfluss der Schwerkraft kollabiert, gibt es auch so etwas wie ihre »großen Brüder«. Diese Schwarzen Löcher bilden sich im Inneren einer Galaxie, wenn die Materie kollabiert, die sich im Lauf von Jahrmilliarden im galaktischen Zentrum angesammelt hat. Ein solches gigantisches Schwarzes Loch hat eine Masse, die einigen hundert Millionen Sonnenmassen entspricht und etwa 1% der Gesamtmasse der Wirtsgalaxie ausmacht. Aus diesem Grund werden sie auch »supermassive Schwarze Löcher« genannt. Nach neueren Theorien bergen alle Galaxien, auch das Milchstraßensystem, in ihrem Inneren ein riesiges Schwarzes Loch, und der größte Teil der leuchtenden Materie konzentriert sich gerade wegen dessen Schwerkraft in der Mitte der Galaxien. Dann wären Schwarze Löcher, die Physiker lange für eine theoretische Abstraktion oder sogar für ein Fantasieprodukt hielten, sehr gewöhnliche Gebilde, von denen es in unserem Universum sehr viele gibt.

EINIGE KANDIDATEN FÜR SCHWARZE LÖCHER

NAME	ENTFERNUNG (Lichtjahre)	MASSE (in Sonnenmassen)	GRÖSSE	BEGLEITSTERN
Cygnus X-1	8000	10 – 15	9	Überriese O
LMC X-3	175000	4 – 11	17	Nana B
LMC X-1	175000	4 – 10	14	Riese O
A0620-200	3000	3,3 – 4,2	18	Zwerg K
V404 Cygni	11000	8 – 15	18	Zwerg K
Nova Nuscae 1991	10000	4 – 6	20	Zwerg K
Nova Ophiuchi 1977	10000	> 4,1	21	K
J0422+32	8000	4,5	22	Zwerg M
J1655-40	10000	4 – 5,2	17	F-G
GS2000+25	8000	5,3 – 8,2	22	Zwerg K

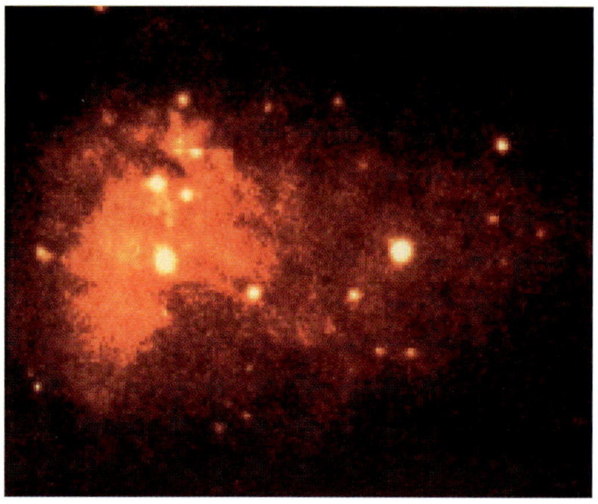

Ein Kandidat in der Magellanschen Wolke
Möglicherweise ist einer der Partner des Doppelsterns LMC X-1 in der großen Magellanschen Wolke, die etwa 170 000 Lichtjahre von der Erde entfernt ist, ein Schwarzes Loch.

Die Suche nach Schwarzen Löchern

Ein Schwarzes Loch lässt sich nicht beobachten, denn es ist prinzipiell unsichtbar. Deshalb neigten bis vor einigen Jahrzehnten viele Astrophysiker dazu, ihre Existenz nur als theoretische Möglichkeit zu erwägen. Aber in der Astrophysik lassen sich mehrere Wege verfolgen. Ein einleuchtendes Beispiel ist das der dunklen Materie, die so unsichtbar ist wie ein Schwarzes Loch, sich aber an der Wirkung erkennen lässt, die ihre Schwerkraft auf die Rotation der Spiralgalaxien ausübt.
Auch Schwarze Löcher lassen sich indirekt aufgrund ihrer Wechselwirkung mit ihrer Umgebung aufspüren. Betrachten wir beispielsweise den Fall, in dem ein Schwarzes Loch zu einem Doppelsystem gehört. Es hat also einen Begleiter, und beide umlaufen einen gemeinsamen Punkt, den so genannten Massenmittelpunkt des Systems. Während der Begleiter ein gewöhnlicher Stern und deshalb gut sichtbar ist, bleibt

Eine Scheibe mit zwei Jets
Die Materie, die ein stellares Schwarzes Loch in einem Doppelstern seinem Begleiter abzieht, gerät in eine Bahn um den Stern und bildet die so genannte Akkretionsscheibe, die Röntgenstrahlen aussendet.

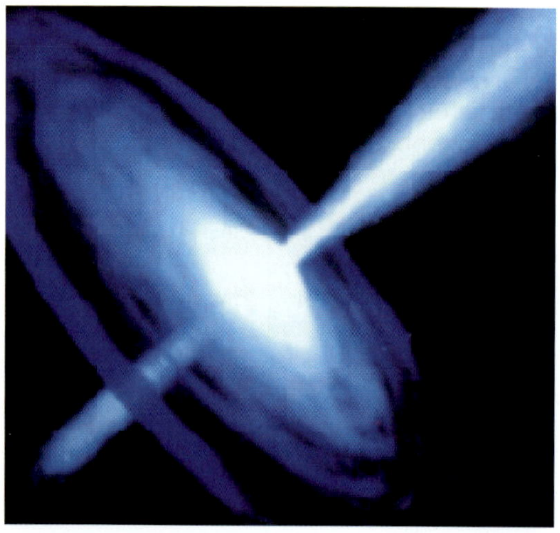

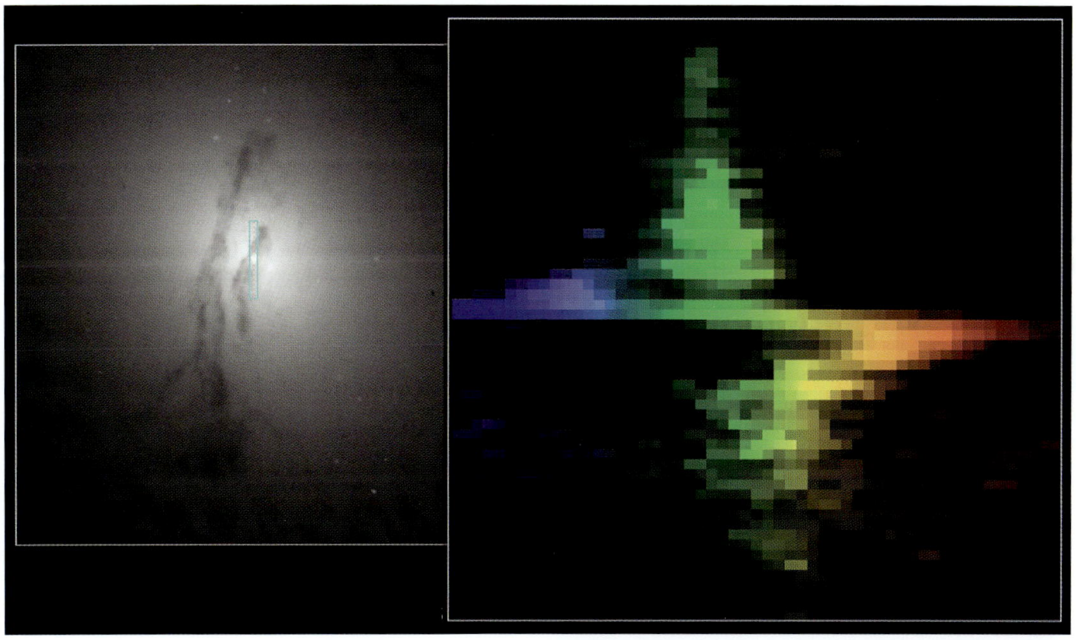

Eine schwierige Jagd
Der Kern der Galaxie M 84 (ganz links) birgt womöglich ein Schwarzes Loch; jedenfalls deutet die Bewegung der Gase in diesem Bereich darauf hin (links).

Eine verschluckte Galaxie
Das rechte Bild, eine Aufnahme des Hubble-Teleskops, zeigt den Kern der Galaxie NGC 4261, die anscheinend ein riesiges Schwarzes Loch enthält. Die sichtbare Scheibe ist der Überrest der kleinen Galaxie, die vom Schwarzen Loch verschlungen wurde, als sie an ihm vorbeizog.

das Schwarzes Loch verborgen und seine Existenz unbekannt. Aber auch wenn es keine Strahlung aussendet, verrät das Schwarze Loch in solchen Fällen unter Umständen seine Existenz durch sein sehr starkes Schwerefeld. Wenn in dem Binärsystem gewisse entscheidende Bedingungen erfüllt sind, die den Bahnabstand der beiden Sterne und den Radius des Begleiters betreffen, ist das Schwarze Loch mit dem Stern gravitativ in Wechselwirkung und saugt seiner Oberfläche Gas ab. Das Gas läuft dann zunächst spiralförmig und später auf immer engeren Bahnen in eine so genannte Akkretionsscheibe hinein, in der es spurlos verschwindet. Beim Fallen wird Gravitationsenergie frei und das Gas erhitzt sich durch dynamische Reibung auf Temperaturen von einigen Millionen Grad. Bei so hohen Temperaturen sendet es sehr energiereiche elektromagnetische Strahlung im Röntgenbereich aus. Ein isoliertes Schwarzes Loch kann nur dann als Röntgenquelle identifiziert werden, wenn es Materie aus dem interstellaren Medium absorbiert. Damit der Strahlungsfluss stark genug ist und überhaupt entdeckt werden kann, muss das Schwarze Loch in so dichte Gaswolken eingebettet sein, wie es die riesigen Molekülwolken sind. Ein Binärsystem, das ein Schwarzes Loch enthält, ist also durch eine Röntgenquelle gekennzeichnet. Damit verfügen diejenigen, die nach Schwarzen Löchern jagen, über ein Kriterium, das es ihnen ermöglicht, im Inneren von Binärsystemen ein Schwarzes Loch zu entdecken. Somit ging die Suche nach Schwarzen Löchern mit der Entwicklung der Röntgensatelliten einher. Spektakuläre Ergebnisse brachte ROSAT, der am Max-Planck-Institut für Extraterrestrische Physik entwickelte deutsche Röntgensatellit.

Die Kandidaten für Schwarze Löcher

Wie einige andere Kriterien erlaubt auch dieses Kriterium nur, die möglicherweise interessanten Röntgensysteme aufzuzeigen. Ein Röntgensystem muss nicht unbedingt ein Schwarzes Loch sein, und deshalb sprechen vorsichtige Astronomen von diesen Objekten lieber als von »Kandidaten für Schwarze Löcher«. Das zuverlässigste Verfahren zur Lösung des Problems besteht darin, die Masse der beiden Sterne des Binärsystems zu »wiegen«. Wenn die Masse des kollabierten Objekts bekannt ist, sollte sich leicht zeigen lassen, ob sie mit der für einen Neutronenstern oder ein Schwarzes Loch berechneten Masse vereinbar ist. Insbesondere wird jedes sehr massereiche Objekt unmittelbar mit einem Schwarzen Loch in Zusammenhang gebracht, wenn die Masse eines Neutronensterns zwischen dem 1,5fachen der Sonnenmasse und einem Höchstwert von drei Sonnenmassen liegt. Im Falle der Röntgendoppelsterne mit Schwarzem Loch lässt sich die Masse jedoch nicht genau bestimmen, und deshalb muss man sich in den allermeisten Fällen mit einer unteren Grenze zufrieden geben. Immerhin ließ sich mit diesen Methoden bei einigen binären Röntgenquellen mit einer gewissen Sicherheit ein Schwarzes Loch nachweisen. Das Erste wurde Anfang 1960 in der Röntgenquelle Cygnus X-1 vermutet. Die Beobachtungen der letzten Jahre mit Röntgensatelliten und optischen Teleskopen haben die Liste der Kandidaten für Schwarze Löcher wesentlich erweitert. Stellare Schwarze Löcher sind jetzt schon fast definitiv bestätigte astrophysikalische Wirklichkeit.

UNTERSCHIEDLICHE ARTEN STELLARER SCHWARZER LÖCHER

Die idealen, schon 1916 von Karl Schwarzschild erahnten und 1939 von Robert Oppenheimer untersuchten Schwarzen Löcher werden vom Gravitationskollaps eines nicht rotierenden kugelsymmetrischen Sterns verursacht. Weil aber die Rotation im Universum ein sehr allgemeines Phänomen ist, interessieren natürlich auch Schwarze Löcher rotierender Systeme. Wir kennen keinen einzigen nicht rotierenden Stern, also rotieren sicher auch die massereichen Sterne, die Schwarze Löcher erzeugen. Außerdem sind die allermeisten uns bekannten Himmelskörper nicht kugelsymmetrisch, sondern irgendwie unregelmäßig und haben ein Magnetfeld.
Aufgrund dieser Überlegungen unterscheidet man zurzeit vier Arten von Schwarzen Löchern:
1) Schwarze Löcher nach Schwarzschild, die nicht rotieren und nur durch ihre Masse gekennzeichnet sind.
2) Schwarze Löcher nach Reissner-Nordstrom, die Masse und elektrische Ladung haben, aber nicht rotieren.
3) Schwarze Löcher nach Kerr, die Masse haben und rotieren, aber elektrisch ungeladen sind.
4) Schwarze Löcher nach Kerr-Newman, die Masse haben, rotieren und elektrisch geladen sind.

Die Milchstraße

Beim Betrachten des Nachthimmels fällt unweigerlich ein verschwommener heller Streifen auf, der sich über das Firmament zieht. Wir nennen ihn Milchstraße. Das Band ist von überall auf der Erde zu sehen und bildet einen Ring, der für uns jedoch nicht geschlossen ist. Was unseren Augen unscharf und schwach leuchtet, sind in Wirklichkeit Milliarden Sterne, die das menschliche Auge gar nicht unterscheiden kann.

Als Erster hat sich Galileo Galilei systematisch mit der Milchstraße beschäftigt, als er sie mit einem selbstgebauten Fernrohr untersuchte. Das leuchtende Sternenband ist die Scheibe der Galaxie, zu der unsere Erde gehört, wie wir sie von der Erde aus sehen.

Die Scheibe der Galaxie

Das Milchstraßensystem ist eine Spiralgalaxie, deren Sterne ganz überwiegend in einer flachen Scheibe mit einem Durchmesser von 100 000 Lichtjahren liegen. Die Scheibe ist nicht kompakt, sondern lässt in ihrem Inneren gekrümmte Gebilde erkennen, die vom Kern ausgehend bis an den Rand reichen. In diesen so genannten Spiralarmen, Bereichen höherer Materiedichte, bilden sich aus Wolken von interstellarem Gas und Staub neue Sterne. Im Inneren dieser flachen Scheibe liegt ein dicker Zentralbereich mit dem galaktischen Kern.

Um die Scheibe herum befindet sich der Halo, eine kugelrunde Hülle mit älteren Sternen und Kugelhaufen, den ältesten Sternsystemen der Galaxis. Die Kugelhaufen sind gekennzeichnet durch ihre Kugelform und sehr hohe Sterndichte; sie gehören zu den großartigsten Objekten, die sich im Teleskop beobachten lassen.

Die Sonne liegt in der Scheibe der Galaxis in einer Entfernung von etwa 28 000 Lichtjahren vom Zentrum. Sie liegt damit eher am Rand, etwa zwei Drittel des galaktischen Radius von der Mitte entfernt. Da wir buchstäblich in der Galaxie stecken und sie von innen beobachten, sehen wir die Scheibe als ein auf das Himmelsgewölbe projiziertes Sternenband (die Milchstraße). Deshalb können wir die dreidimensionale Struktur der Milchstraße nur schwer erkennen, und obwohl Menschen den Himmel schon seit Jahrtausenden beobachten, gelang es erst im vergangenen Jahrhundert, eine klare Vorstellung von der Form und der Größe der Milchstraßensystems zu gewinnen.

Herschel und die Durchmusterung des Himmels

Der erste Astronom, der die Verteilung der Sterne am Himmel wissenschaftlich untersuchte, war der in Hannover aufgewachsene Wilhelm Herschel, der sich das Ziel setzte herauszufinden, welche Stellung die Sonne in Bezug auf die anderen Sterne hat. Er verfolgte von 1780 an den Plan, alle sichtbaren Sterne systematisch zu erfassen. Dazu unterteilte er den Himmel in Planquadrate und bestimmte die Anzahl der Sterne in jedem dieser Quadrate. Diese Anzahl wurde im Allgemeinen umso größer, je näher die katalogisierten Bereiche an der Milchstraße lagen.

Ausgehend von der zweidimensionalen Abbildung des Himmels konnte er so die dreidimensionale Struktur des Milchstraßensystems erschließen und nachweisen, dass der größte Teil der Sterne zu einem flachen Gebilde gehört, in dessen Inneren gemeinsam mit anderen Sternen auch die Sonne liegt. Immanuel Kant hatte schon 1755 behauptet, dass die Milchstraße eine solche Form habe, Herschel jedoch war der Erste, der eine Hypothese über ihren Aufbau auf Beobachtungsdaten stützen konnte.

Die Erforschung des Milchstraßensystems erhielt großen Antrieb, als die Fotografie zu einem Hilfsmittel der Astronomie wurde. Als Erster durchmusterte der holländische Astronom Jacob Kapteyn in den ersten Jahren des 20. Jahrhunderts Fotoplatten mit dem Ziel, aus der Verteilung der Sterne am Himmel die Struktur des Universums zu erschließen. Diese Durchmusterung wurde in den zwanziger Jahren abgeschlossen und führte zu dem Schluss, dass unsere Galaxis als ein abgeplattetes System gesehen werden muss, bei dem die Sonne, deren Entfernung vom galaktischen Zentrum er auf nur 2100 Lichtjahre schätzte, fast in der Mitte steht.

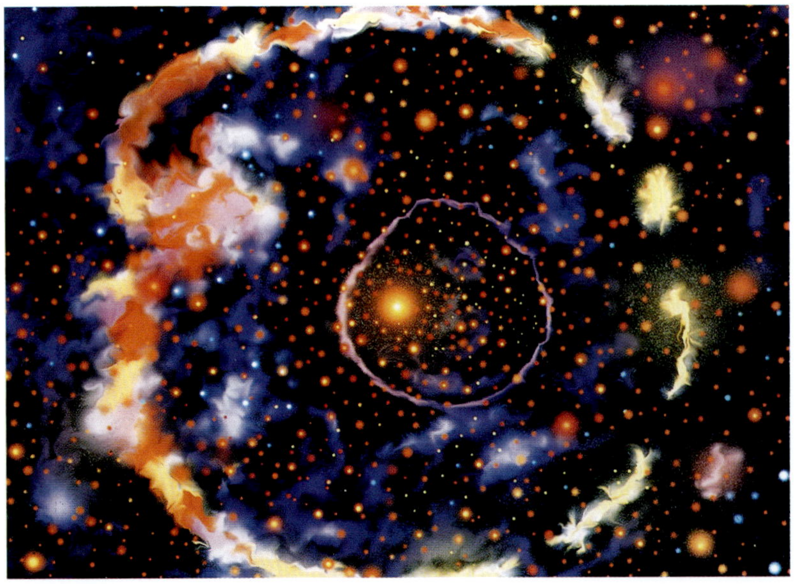

Das Zentrum der Galaxis
Ein Falschfarbenbild des Zentrums des Milchstraßensystems. Die leuchtende Quelle in der Mitte ist Sagittarius A, ein aktiver Bereich der Sternbildung in der Nähe des galaktischen Kerns. Das Zentrum ist umgeben von einem Gasring (dem roten Kreis). Der äußere Ring zeigt Molekularwolken (rötlich) und ionisierten Wasserstoff (rosa).

Shapley und die Größe des Universums

Die Frage nach der Größe unserer Galaxis war wichtig, weil sie unmittelbar mit der Frage nach der Größe des Universums verknüpft ist. Stellt unser Milchstraßensystem das Ganze dar oder nur einen Teil?

Im Zentrum der heftigen Debatten über die Größe des Universums stand Anfang des

Ein Wirbel von Sternen
Eine künstlerische Darstellung eines von außen gesehenen Milchstraßensystems, einer klassischen Spiralgalaxie mit etwa 100 000 Lichtjahren Durchmesser und einem großen Kern.

20. Jahrhunderts der Amerikaner Harlow Shapley. Er hatte 1914 begonnen, mithilfe von Cepheiden die Entfernungen der Kugelsternhaufen zu bestimmen. Cepheiden pulsieren mit einer Periode, die unmittelbar mit ihrer Leuchtkraft verknüpft ist. Aus der Messung der Helligkeitsänderungen lässt sich also auf ihre absolute Leuchtkraft und damit auf ihre Entfernung schließen; wenn also im Inneren eines Sternsystems Cepheiden gefunden werden, kann man aus ihrer Entfernung auch die Entfernung des Haufens berechnen. Mithilfe dieses Verfahrens gelang Shapley der Nachweis, dass Kugelhaufen um die Mitte der Galaxis zentriert sind. Er bestimmte auch die Entfernung zum Zentrum unserer Galaxis, das er etwa 33 000 Lichtjahre von uns in Richtung des Sternbilds Schütze vermutete. Die Galaxis war danach viel ausgedehnter, als man bis dahin gedacht hatte, und die Sonne war nach seinen Messungen nicht im galaktischen Zentrum, sondern relativ weit davon entfernt.

Spätere Forschungen haben die Vermutungen bestätigt, die Shapley aufgrund der Verteilung der Kugelhaufen anstellte: Heute wissen wir, dass die Sonne in einer Entfernung von etwa 28 000 Lichtjahren vom Zentrum in der Scheibe der Galaxis liegt; sie umläuft das Zentrum mit einer Geschwindigkeit von etwa 250 km/s, braucht also für einen vollständigen Umlauf mehr als 200 Millionen Jahre.

Ein weiterer Fortschritt gelang Edwin Hubble, als er 1923 die Entfernung der Andromedagalaxie von der Erde mit etwa einer Million Lichtjahre bestimmen konnte, was deutlich zeigt, dass sie nicht zum Milchstraßensystem gehört.

Die Spiralstruktur

Schon 1903 hatte der amerikanische Astronom Easton aufgrund einer von ihm gewonnenen Karte des Milchstraßensystems vermutet, es könne die Form einer Spirale haben. Diese Hypothese konnte Walter Baade am 5-m-Spiegel des Observatoriums auf dem kalifornischen Mount Wilson 1950 aufgrund von Untersuchungen der Sternpopulationen und des Alters der Sterne bestätigen, als er in den Spiralarmen viele sehr leuchtkräftige und junge Objekte fand. Später wies der amerikanische Astronom Morgan die Existenz von Spiralarmen in der Nähe der Sonne nach. In neuerer Zeit wurde die Spiralform unserer Galaxis an der Verteilung von neutralem Wasserstoff in der galaktischen Ebene nachgewiesen, wie sie sich aus der von diesem Gas ausgesandten 21-cm-Linie ergibt. Diese Forschungsergebnisse ermöglichen die Kartierung der Wasserstoffverteilung in unserem Milchstraßensystem, die zeigt, dass es wirklich die typische Form einer Spiralgalaxie hat.

Eine Straße am Himmel
Zwei Aufnahmen des leuchtenden Bandes der Milchstraße, wie sie nur mit extremen Weitwinkelobjektiven und nur bei besonders großer Dunkelheit gemacht werden können.

Im Licht verschiedener Wellenlängen
Zwei aus mehreren Einzelbildern zusammengesetzte Bilder der Milchstraße im Infrarot- (links) und Radiobereich (rechts). Jede lässt andere Eigenschaften unserer Galaxis erkennen.

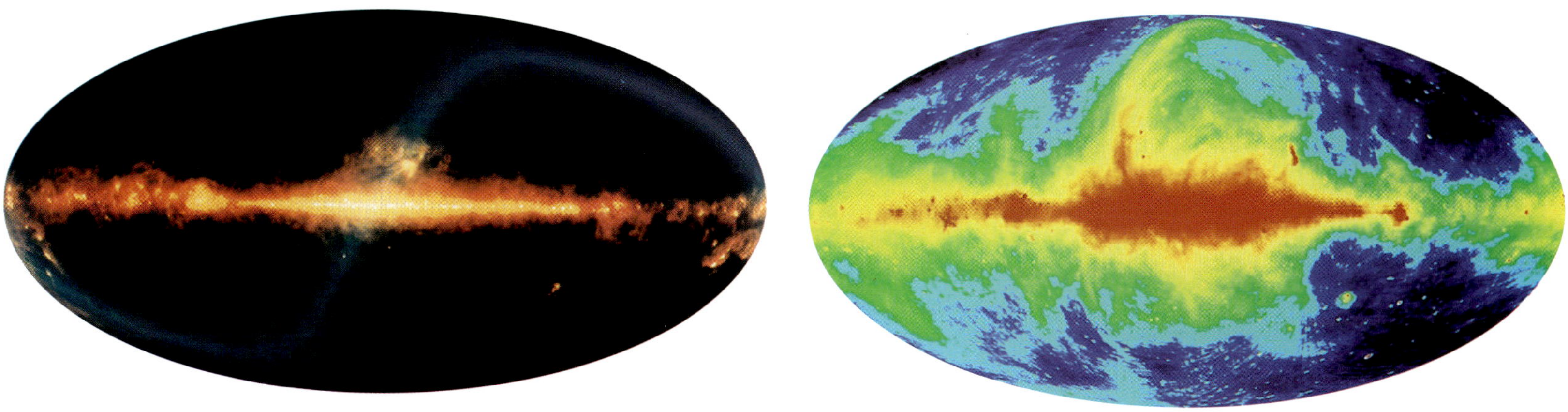

Bewegungen in der Milchstraße

Wir Menschen können uns insbesondere dann, wenn wir am Schreibtisch oder in einem bequemen Sessel sitzen, einfach nicht vorstellen, dass wir unablässig durch den Raum rasen und Anteil haben nicht nur an all den Eigenbewegungen unseres Planeten, sondern auch an jenen, die das Sonnensystem im Milchstraßensystem vollführt, und schließlich sogar die Ausdehnung des Universums mitmachen. Wir sausen in jedem Augenblick wie verrückt mit hunderten von Kilometern in der Sekunde durch den Raum und bemerken nichts davon, weil diese Bewegungen so regelmäßig und die Geschwindigkeiten in erster Näherung immer konstant sind.

Haufen und Nebel
Der Zentralbereich des Milchstraßensystems in Richtung des Sternbilds Schütze von der Insel Mauritius aus fotografiert. Dieses Gebiet ist besonders reich an Sternhaufen und Nebeln.

Eine große Girlande

Unsere Galaxis, das Milchstraßensystem, gleicht, wie auch viele andere Galaxien, einer typischen Spirale. Wenn wir sie »von oben« betrachten könnten (also vom galaktischen Nordpol aus) würden wir sehen, dass sie einen extrem dichten und leuchtstarken Kern hat, in dessen Umgebung die Sterne relativ eng benachbart sind, und von dem aus Arme nach außen reichen, in denen die Sterne weit auseinander liegen. Heute befasst sich eine eigene Forschungsrichtung mit den Bewegungen der Sterne in der Milchstraße und stellt mit den Mitteln der Spektroskopie sehr genaue Beobachtungen an.
Die Spektroskopie erforscht Himmelskörper, indem sie das auf der Erde ankommende Licht in seine Grundfarben zerlegt und das so genannte Spektrum untersucht. Im Spektrum zeigen charakteristische dunkle Linien das Vorhandensein bestimmter chemischer Elemente an, und die Lage dieser Linien lässt auf die Bewegung der Körper schließen. Aufgrund des Dopplereffekts sind die Linien zum blauen Ende des Spektrums verschoben, wenn sie von einem Objekt ausgehen, das sich uns nähert, und zum roten, wenn es sich entfernt. Man kann deshalb die so genannte »Rotationskurve« zeichnen, ein Diagramm, das die unterschiedlichen Geschwindigkeiten anzeigt, mit der sich die Sterne in unterschiedlicher Entfernung vom Zentrum bewegen.

Die Rotation des Milchstraßensystems

Mit diesem Verfahren erkennt man, dass sich die Galaxis in etwa 240 Millionen Jahren einmal um sich selbst dreht, und dass sich die Sonne dabei mit einer Geschwindigkeit von etwa 220 km/s, also etwa 800 000 km/h, mitbewegt. Aufgrund dieser Bewegung kann man sich gut vorstellen, dass der Sternenhimmel, der die Nacht zu der Zeit erhellte, als die Dinosaurier auf der Erde lebten, ganz anders aussah als heute, denn inzwischen hat die Sonne schon fast ein Drittel ihres Umlaufs um die Galaxis zurückgelegt. Damals gab es die Sternbilder, die wir heute kennen, ebenso wenig, wie es sie in ferner Zukunft geben wird.

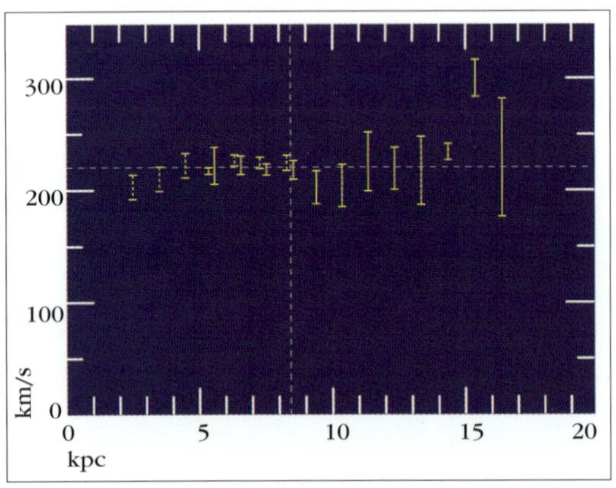

Unablässig ...
Das Diagramm zeigt die Rotationskurve des Milchstraßensystems. Die Länge der vertikalen Strecken gibt quantitativ die Messungenauigkeit an.

STELLARE KINEMATIK UND STERNFAMILIEN

Die Erforschung der Kinematik der Sterne in der Milchstraße wird erleichtert, wenn die Sterne in Gruppen von Objekten ähnlichen Alters, gleicher physikalischer Eigenschaften und gleicher Lage im Inneren der Galaxie eingeteilt werden. Die jüngsten Sterne, jene in den Armen der Milchstraße, haben Geschwindigkeiten von wenigen Kilometern pro Sekunde; sie hatten noch nicht genug Zeit, mit anderen Sternen in nahe Wechselwirkung zu kommen, die sie »anziehen« und ihre Geschwindigkeit vergrößern könnten.
Die Sterne mittleren Alters, die die Scheibe der Galaxis bis zu einer Entfernung von etwa 50 000 Lichtjahren vom Zentrum bevölkern, haben höhere Geschwindigkeiten.
Die älteren Sterne im kugelförmigen Halo, der die Galaxis bis in eine Entfernung von etwa 100 000 Lichtjahren vom Zentrum umgibt, haben Geschwindigkeiten von mehr als 100 km/s (sind also ähnlich schnell wie die Kugelhaufen).

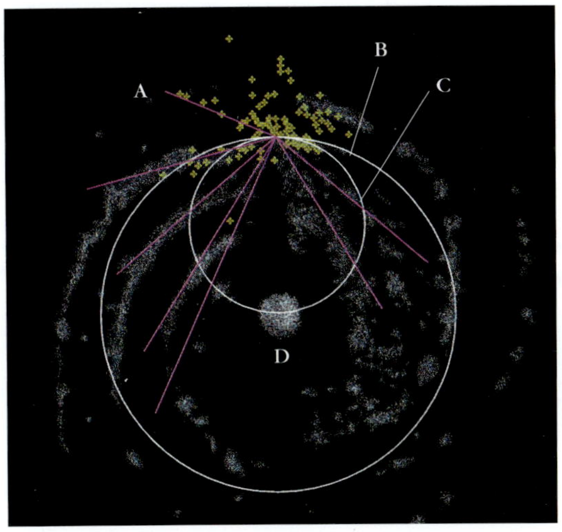

Die Galaxis als Teller
Eine Darstellung der Ebene unserer Galaxis, wie sie sich von außen bietet: das Sonnensystem (A) mit demselben Radius wie das System (B), Ort mit Tangentialgeschwindigkeit (C), Kern (D). Man beachte die Spiralarme in der Nachbarschaft des Sonnensystems.

Die Bewegung der Milchstraße, aber auch die aller anderen Spiralgalaxien, ist nicht an allen Orten gleich, denn die Sterne und Objekte in der Nähe des Zentrums haben eine kürzere Umlaufzeit als die ferneren. Noch mehr Information liefert die Untersuchung der Rotationskurven von Galaxien. Man kann sich theoretisch die Rotation einer Galaxie so vorstellen: In den inneren Bereichen, wo die Sterne dicht gepackt sind, verhält sich eine Galaxie praktisch wie ein starrer Körper. Dort ist die Geschwindigkeit der Sterne um das Zentrum direkt proportional zu ihrer Entfernung von diesem Zentrum, und die Rotationskurve gerade. In großer Entfernung von der Mitte verhält sich die Galaxis jedoch vermutlich nicht mehr wie ein starrer Körper, weil sie dort nicht dicht genug ist. Dort sollte die Rotationskurve deshalb »keplersch« werden, also der ähneln, die für die Umlaufgeschwindigkeit der Planeten um die Sonne gilt, und nach außen hin abnehmen. Man erwartet also in großer Entfernung vom galaktischen Zentrum eine deutliche Abnahme der Umlaufgeschwindigkeit der Sterne.

Dunkle Materie

Die Forschungsergebnisse zeigen, dass die Rotationskurve flach bleibt und in manchen Fällen sogar ansteigt. Man sieht darin einen Beweis für die Existenz von sehr viel unsichtbarer Masse, die der Galaxis eine viel höhere Dichte verleiht, als die Beobachtung mithilfe der gewöhnlichen Teleskope vermuten lässt. Diese für uns im elektromagnetischen Wellenbereich nicht nachweisbare Masse, die so genannte dunkle Materie, »zieht« alles, was sich in ihrer Nähe befindet, zu sich hin und zwingt den Objekten höhere Geschwindigkeiten auf, als die Theorie vorhersagt.

Das Milchstraßensystem vollführt jedoch auch viele andere Bewegungen. Beispielsweise hat die Sonne eine Eigenbewegung, die sich ihrem Umlauf um das galaktische Zentrum überlagert. Sie verschiebt sich in Richtung des Sterns My des Sternbilds Herkules mit einer Geschwindigkeit von etwa 17 km/s, also etwa 60 000 km/h. Zur Erklärung dieser Bewegung beobachten Astronomen viele Sterne an gegenüberliegenden Teilen des Himmels. Wenn sich die Sterne auf einer Seite alle von uns zu entfernen scheinen, während uns die Sterne auf der anderen Seite näher kommen, bedeutet das, dass sich die Sonne im Raum bewegt. Es ist wie bei einer Fahrt auf einer geraden und langen baumbestandenen Straße. Während uns die Bäume vorn scheinbar entgegenkommen, scheinen sie sich hinter uns gleichmäßig von uns zu entfernen. Auch andere Sterne haben Eigenbewegungen, die im Allgemeinen von der lokalen Anziehung naher Sterne bestimmt wird, die sie in zufälligen Richtungen durch die Galaxis treiben lassen.

Die Bewegung anderer Himmelskörper

Offensichtlich sind nicht nur die Sterne in Bewegung, sondern auch alle anderen Objekte, die das Milchstraßensystem bevölkern, also offene Haufen und Kugelhaufen, Nebel usw. Besonders interessant ist die Bewegung der Kugelhaufen; hunderte dieser dichten Gebilde mit hunderttausenden alter Sterne bilden eine kugelförmige Hülle um Kern und Scheibe der Galaxis. Die Kugelhaufen verhalten sich wie Monde und umlaufen das Zentrum der Galaxis auf sehr lang gezogenen elliptischen Bahnen, die zur Scheibe hin geneigt sind. Ihre Geschwindigkeit liegt gewöhnlich in der Größenordnung von 200 km/s, und sie durchqueren die Scheibe regelmäßig alle paar Millionen Jahre. Wegen ihrer großen Dichte sind die Haufen sehr stabil und lassen sich selbst von der Wechselwirkung mit der Ebene der Milchstraße nicht aus der Bahn bringen. Anders ist das bei den offenen Haufen, die nur wenige hundert oder tausend Sterne enthalten und im Wesentlichen in den Spiralarmen gefunden werden. Hier sind die Sterne nicht so dicht gepackt wie jene in den ältesten Kugelhaufen und laufen deshalb auseinander, wenn auch nur in Zeiträumen von mindestens 100 Millionen Jahren. Wir kennen Kugelhaufen, die schon mehr als 10 Milliarden Jahre alt sind, aber offene Haufen sind im Mittel viel jünger: wenige Millionen bis maximal 3 Milliarden Jahre.

Auf Wanderschaft durch die Galaxis
Die Sonne bewegt sich mit dem ganzen Sonnensystem im Inneren der Milchstraße in Richtung des Sterns My im Sternbild Herkules, der durch den Kreis hervorgehoben ist.

Die Entstehung der Galaxien

Als Edwin Hubble 1923 erkannte, dass die Andromedagalaxie außerhalb unserer Milchstraße liegt, konnte die Katalogisierung der Galaxien beginnen. Der Erfolg der Urknalltheorie lief auf die gesicherte Vorstellung hinaus, dass das Universum früher anders beschaffen war und einen zeitlichen Anfang hat. Dann beobachteten Penzias und Wilson 1965 die kosmische Hintergrundstrahlung, die zeigte, dass das Universum unmittelbar nach dem Urknall vollständig gleichförmig gewesen sein muss, ohne Sterne, ohne Galaxien und irgendwelche Struktur. Das lenkte die Aufmerksamkeit der Astronomen von der Beobachtung auf die Theorie. Wie konnte ein so flaches und homogenes Universum zu einem Schauplatz voller Formen und Farben werden, mit Galaxien in Bewegung und mit Sternen, die sich zu Haufen, Galaxien und in Galaxienhaufen zusammenfinden?

Inhomogenität und Schwerkraft

Ein Meer erscheint aus großer Entfernung aalglatt, so glatt wie das Universum gleich nach dem Urknall. Aus aus der Nähe betrachtet aber ist das Meer überhaupt nicht glatt, und ebenso wenig ist der Kosmos glatt. Die anfängliche Dichte des Universums wies kleine Störungen auf, die von der unablässigen Bewegung der Teilchen und der Strahlung herrühren; ein Gas ist immerzu in Bewegung, wie Meereswellen, die sich heben und senken. Wasser wird von seinem eigenen Gewicht nach unten gedrückt, die Bewegung des Wassers wird also von der Schwerkraft geglättet. Störungen der Dichte aber werden von der Schwerkraft verstärkt: In hinreichend großen Bereichen half die von den Verdichtungen erzeugte Schwerkraft, noch mehr Materie zusammenzuziehen und so das Universum zu schaffen, dessen Inhomogenitäten bis heute Bestand haben.

Weit entfernt in Raum und Zeit
Das berühmte »Hubble-Deep Field«, das Bild, das tiefer in den Kosmos hineinschaut als jedes frühere. Praktisch alle Objekte sind Galaxien, einige sind sogar noch im Entstehen begriffen.

Wechselwirkungen und Zusammenstöße
Ein Beispiel für wechselwirkende Galaxien, hier von NGC 2207 und IC 2163. Die Wechselwirkungen zwischen den Galaxien haben große Bedeutung für die Bestimmung der Form und des Schicksals dieser Objekte.

Zwei mögliche Szenarien

In den letzten Jahrzehnten wurden im Wesentlichen zwei Theorien der Galaxienbildung erwogen.
Nach der so genannten hierarchischen Theorie haben sich als Erstes Strukturen mit einigen Millionen Sonnenmassen gebildet. Daraus sind durch Ansammlung kleinerer Strukturen Gebilde von der Größe einer Galaxie entstanden. Im nächsten Schritt vereinigen sich Galaxien zu Gruppen und Galaxienhaufen, die zehn, hundert oder auch tausende von Galaxien zusammenhalten, bis sich schließlich die imposantesten Strukturen des Universums bildeten, Superhaufen von Galaxien, in denen sich dutzende Galaxienhaufen zusammenfinden und hunderte und tausende kleinerer Gruppen und einzelner Galaxien alle durch ihre Schwerkraft zusammengehalten werden.
Die andere Theorie ist die der Fragmentierung und behauptet, dass sich kleinere Gebilde aus den Bruchstücken größerer gebildet haben. Die Schule, die diese Theorie entwickelte, wird von dem Russen Zel'dovich angeführt, dessen Theorie von

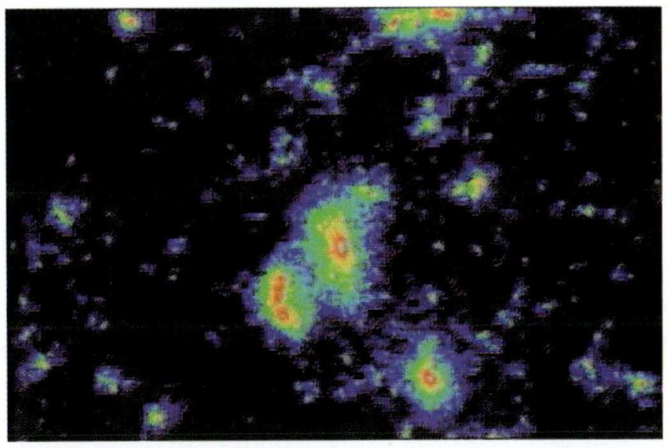

Galaxienbaumeister
Die computersimulierte Bildung einer Galaxie. Der junge Kosmologe Edmund Bertschinger und seine Mitarbeiter konnten durch Verschmelzen kleinerer Galaxien elliptische Galaxien schaffen.

Primordiale Inhomogenität
Zwei Bilder, die aus Daten von Satelliten rekonstruiert wurden. In der Mitte sehen wir die von der Bewegung der Erde gestörten Daten. Unten ist dieser Effekt behoben. Dort zeigt sich die Inhomogenität der Hintergrundstrahlung, aus denen vermutlich die Galaxien hervorgegangen sind.

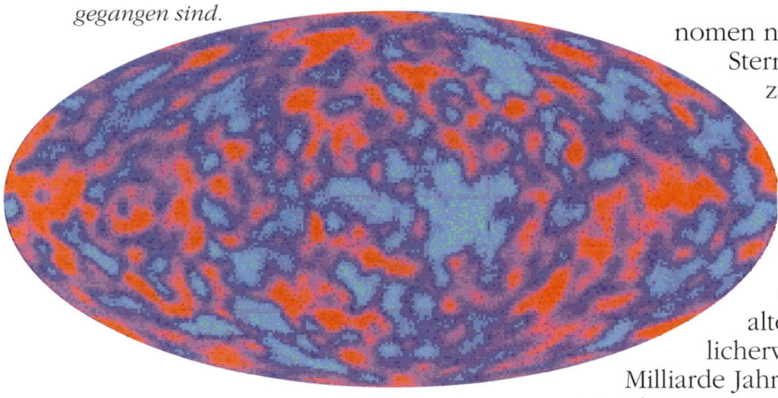

der Entstehung des Universums behauptet, dass sich zuerst Supermassen mit dem Millionen- und Milliardenfachen der Sonnenmasse gebildet haben, die die ungeheuren Weiten des Raums füllten und an der vom Urknall ausgelösten Ausdehnung des Raums teilhatten. Die Ausdehnung zwang die großen Gebilde, sich in einer Richtung abzuplatten und eine »Schicht« dichter Materie zu bilden. Dann wurde die neu geschaffene Schicht von Materie gezwungen, sich in einer anderen Richtung zusammenzuziehen; so bildete sie im Lauf von Millionen Lichtjahren lange Filamente, die im Lauf der Zeit in kleinere Einheiten zerbrachen und zu Galaxienhaufen wurden. Am Schluss bildeten sich in den Gaswolken einzelne Galaxien.

Theorien auf dem Prüfstand

Erst in den letzten zwanzig Jahren wurde es möglich, aufgrund der Beobachtung junger Galaxien eine Entscheidung zugunsten einer der beiden Theorien herbeizuführen. Der amerikanische Astronom Alan Dressler bemerkte 1980, dass es eine Beziehung zwischen dem Galaxientyp (elliptisch oder spiralig) und dem Ort gibt, wo sie gefunden wurden. Nach dieser so genannten Morphologie-Dichte-Beziehung gibt es im Inneren von Galaxienhaufen mehr elliptische Galaxien als außerhalb, während sonst Spiralgalaxien und irreguläre Galaxien überwiegen. Im Bild der Fragmentisierung entsteht eine Galaxie später als der Galaxienhaufen, und dann hat die Umgebung Einfluss darauf, welche Art Galaxie sich bildet. Tatsächlich zeigen auf der Grundlage von Beobachtungen erstellte Galaxienkarten die von dieser Theorie vorhergesagten Filamente.
Diese Punkte sprechen zugunsten der Theorie von Zel'dovic. Sie wurden jedoch durch eine einfache Beobachtung entkräftet, die das Hubble-Raumteleskop machte, als es elliptische Galaxien fotografierte, die denen in unserer Nachbarschaft sehr ähnlich sind, aber schon zwei Milliarden Jahre nach dem Urknall entstanden sind. Weil mindestens eine Milliarde Jahre nach der Geburt einer Galaxie vergangen sein müssen, bevor wir die fertige Galaxie sehen können, müssen die vom Raumteleskop beobachteten Galaxien sich schon eine Milliarde Jahre nach dem Urknall gebildet haben. Deshalb musste die Theorie der Fragmentisierung verworfen werden. Die Vielfalt der Arten der Galaxien hat also nicht nur mit ihrem äußeren Erscheinungsbild zu tun. Die Astronomen nennen Gruppen von Sternen, die sich gleichzeitig gebildet haben, gewöhnlich Sternpopulationen. Sie unterscheiden die Population I der jüngeren und sich noch bildenden Sterne von der Population II der alten Sterne, die möglicherweise schon eine Milliarde Jahre nach dem Urknall entstanden.
In der Galaxis gibt es also Sterne mit einem Alter von fast 14 Milliarden Jahren und junge eben geborene. Sie unterscheiden sich durch die Farbe (die alten Sterne sind im Durchschnitt häufiger rot als die jungen Sterne) und durch ihre chemische Zusammensetzung.
Sterne, die kurz nach dem Urknall entstanden sind, müssen zwangsläufig aus Materie bestehen, die im Urknall entstand, als es noch keine schweren Elemente gab. Aber große Sterne verändern sich schnell. Einige explodieren in der Endphase ihres Lebens und schleudern ihre schweren Elemente in den Raum, wo sie sich Jahrmilliarden später mit anderer Materie zu Sternen verdichten.

Morphologie und Evolution
Die wechselwirkenden Galaxien NGC 4038 und NGC 4039. Nach Meinung einiger Astronomen sind die elliptischen Galaxien bei Zusammenstößen von Spiralgalaxien entstanden.

Junge und alte Galaxien

Die Beobachtungen haben gezeigt, dass elliptische Galaxien aus Sternen der Population II bestehen, alten und roten Sternen, während die Scheibe der Spiralgalaxien blau ist und junge Sterne der Population I enthält. Wir nehmen also an, dass die Hauptbausteine der elliptischen Galaxien die ältesten Strukturen sind und etwa eine Million Sterne der Population II enthalten. Im Lauf der Zeit verbanden sich kleine Teile zu Galaxien. In einigen Fällen jedoch rotiert das Gas, das den neuen Stern bildet, um eine Achse, und diese Rotation behindert die rasche Kontraktion der Materie. Dann bleibt das Gas vorläufig ungebunden und kann Sterne bilden, solange die Galaxie existiert, von ihrer Geburt bis heute.

Die Lokale Gruppe

Die einzigen Galaxien außerhalb unseres Milchstraßensystems, die sich mit bloßem Auge erkennen lassen, sind die beiden Magellanschen Wolken am Südhimmel. Sie gehören wie die Galaxis zu dem großen, von der Schwerkraft zusammengehaltenen System der »Lokalen Gruppe« von etwa 30 oder 40 Galaxien, die alle 40 bis 60 Millionen Lichtjahre von dem großen Galaxienhaufen im Sternbild Jungfrau entfernt sind, der sie eines Tages verschlingen wird.

Eine große Familie

Die Galaxien der Lokalen Gruppe sind dank ihrer großen Nähe zum Milchstraßensystem ein einzigartiges Beobachtungslabor. Wir beobachten dort dieselbe Vielfalt an Objekten wie unsere leistungsfähigsten Instrumente in den fernsten Winkeln des Kosmos aufspüren, aber in der Lokalen Gruppe können wir sogar die Zusammensetzung der Sterne bestimmen.
Ob eine bestimmte Galaxie zur Lokalen Gruppe gehört, hängt von dem Kriterium ab. Wenn man alle Galaxien zur Lokalen Gruppe zählt, die sich in einer geringeren Entfernung als einer vorgegebenen (etwa 4 Millionen Lichtjahre) befinden, gehören etwa 30 Galaxien dazu. Wenn man jedoch die Geschwindigkeit betrachtet, mit der sich die Galaxien dem Milchstraßensystem nähern oder von ihm entfernen, ist die Gruppe etwas größer und schließt auch einige fernere Objekte ein. Außerdem ist es trotz der räumlichen Nähe und gelegentlich auch gerade wegen der Nähe manchmal schwierig, die schwächsten Galaxien zu sehen, und auch heute noch werden mit neuen Beobachtungsmitteln junge Zwerggalaxien entdeckt, die zur Lokalen Gruppe gehören.

Ein Neuankömmling?
Die beiden kürzlich entdeckten schwachen Galaxien Dwingeloo 1 und 2. Die Erste könnte zur Lokalen Gruppe gehören, obwohl ihre Entfernung etwa 10 Millionen Lichtjahre beträgt.

Spiralgalaxien und elliptische Galaxien

Die ausgedehntesten und leuchtstärksten Objekte der Lokalen Gruppe sind das Milchstraßensystem und die beiden Galaxien M 31 und M 33. Unsere Galaxis hat einen Durchmesser von 130 000 Lichtjahren, ist also etwas kleiner als Andromeda (M 31) mit etwa 200 000 Lichtjahren. In beiden Fällen handelt es sich um Spiralgalaxien, auch wenn das Milchstraßensystem weniger deutlich ausgeprägte Arme hat. Auch M 33 im Sternbild Dreieck ist anscheinend eine Spiralgalaxie, hat aber nur 45 000 Lichtjahre Durchmesser.
Die beiden wichtigsten Galaxien, das Milchstraßensystem und M 31, sind umgeben von unzähligen kleineren irregulären und elliptischen Zwerggalaxien, die ihrerseits Untergruppen bilden. In der Nähe des Milchstraßensystems befinden sich in einer Entfernung von etwa 200 000 Lichtjahren die beiden Magellanschen Wolken, die als kleine, SMC (Small Magellanic Cloud), und große, LMC (Large Magellanic Cloud), bezeichnet werden. Die Zwerggalaxien in den Sternbildern Schütze, Sextant und Chemischer Ofen, die beiden Zwerggalaxien im Löwen, die kleinen Kugelgalaxien in den Sternbildern Bildhauer, Drache und Kleiner Bär sind wie die Magellanschen Wolken Trabanten unserer Galaxis.
Zur Andromedagruppe gehören M 32 und M 110, zwei elliptische Galaxien, die die Andromedagalaxie wie Monde umlaufen, NGC 147 und NGC 185 und die Systeme Andromeda I bis VII. Vermutlich ist auch M 33 an diese Gruppe gebunden und hat selbst einen Begleiter, LGS 3.
Mit Ausnahme der großen Spiralgalaxien wie dem Milchstraßensystem, M 31 und M 33 sind alle Mitglieder der Lokalen Gruppe unregelmäßig oder elliptische Zwerge. Die Verteilung dieser Galaxien ist analog zu der in anderen Galaxiengruppen.

Ein Haufen in M 31
Diese Aufnahme zeigt den Kugelhaufen G 1, der anscheinend zur Andromedagalaxie gehört. Er besteht aus etwa 300 000 Sternen.

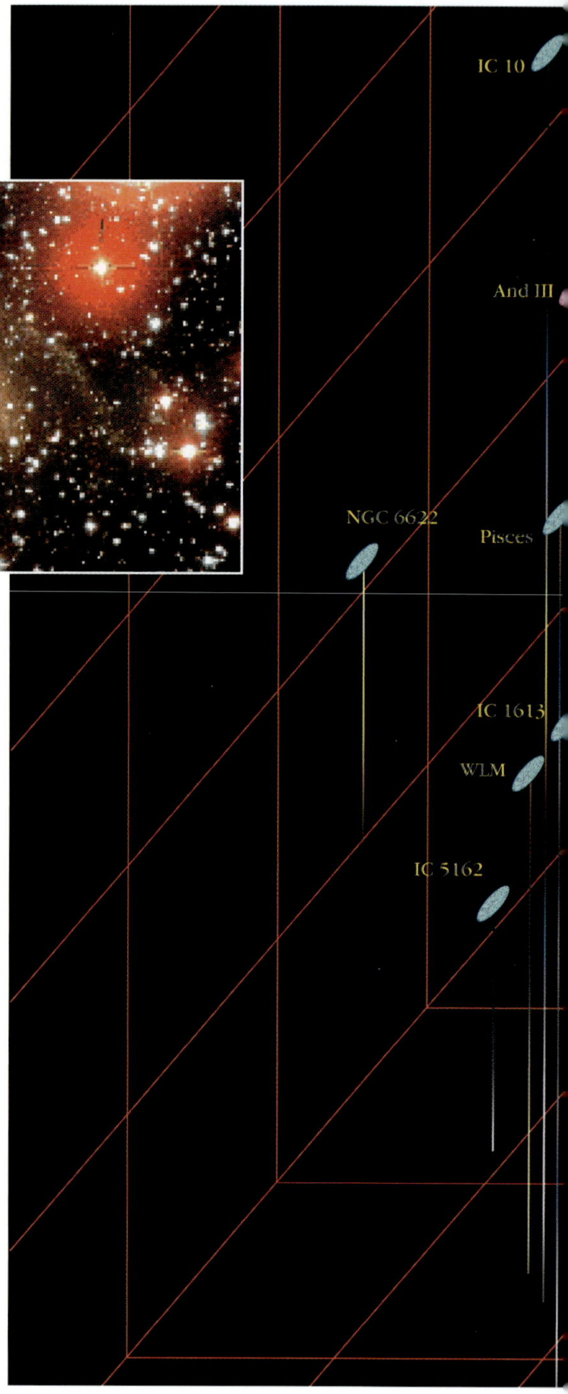

Die nächsten und die fernsten Galaxien

Lange Zeit schienen die 200 000 Lichtjahre entfernten Magellanschen Wolken die uns nächsten Galaxien zu sein. Heute jedoch hat die elliptische Zwerggalaxie Sag DEF

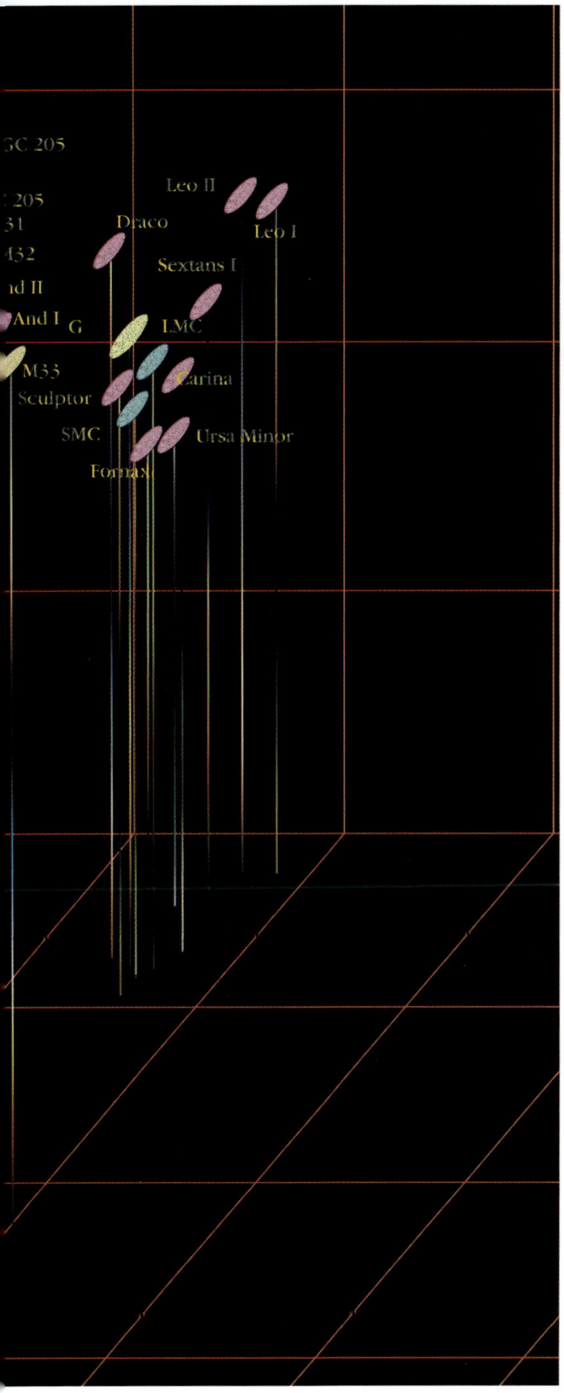

Die Familie des Milchstraßensystems
Ein dreidimensionales Schema, das die räumliche Verteilung der Galaxien der Lokalen Gruppe zeigt. Das Milchstraßensystem hat das Symbol G (Galaxis)

im Sternbild Schütze die Ehre, mit 80 000 Lichtjahren die uns nächste Galaxie zu sein. Diese Galaxie wurde wegen ihrer geringen Leuchtkraft erst 1994 entdeckt.
Die entfernteste bekannte Galaxie in der Untergruppe des Milchstraßensystems ist Leo I, eine sphärische Zwerggalaxie. Mit einer Entfernung von 600 000 Lichtjahren ist sie wahrscheinlich der fernste Satellit unserer Galaxis.

Ein unsichtbarer Halo

Auch für die Kosmologie stellt die Lokale Gruppe ein großartiges Labor dar, denn die Rotationskurven der Galaxien haben als Erste auf das Vorhandensein von »dunkler Materie« schließen lassen, also Materie, die keine Strahlung aussendet, wohl aber dieselbe Gravitationswirkung ausübt wie die Materie der gewöhnlichen Sterne. Es gibt danach in den fernen Außenbereichen der Galaxien einen Halo aus unsichtbarer Materie. Die dunkle Materie ist sehr verbreitet und auch in anscheinend leeren Bereichen zwischen Galaxien und auch im Inneren der Galaxienhaufen nachweisbar. Vermutlich besteht das Universum zu mehr als 90 % aus Materie, über die die Physik bis heute nichts anderes weiß, als dass sie eine Gravitationswirkung ausübt.

LISTE DER GALAXIEN, DIE ZUR LOKALEN GRUPPE GEHÖREN

Name	Rektazension h und min.	Deklination ° und min.	Typ	Relative Grösse	Entfernung Millionen Lj	Durchmesser Milliarden Lj
Milchstraßensystem	–	–	Sb-Sbc	(M = –20,5)	–	130
WLM	0 02,0	–15 28	Irr	11,3	2,0	7
IC 10	0 20,3	+59 19	Irr	11,7	4,0	6
NGC 147	0 33,1	+48 31	E5	10,4	2,2	10
Andromeda III	0 35,3	+36 31	E5	–	2,2	3
NGC 185	0 38,9	+48 20	E3	10,1	2,2	6
NGC 205	0 40,3	+41 41	E5	8,6	2,2	10
M 32	0 42,7	+40 52	E2	9,0	2,2	5
M 31	0 42,7	+41 16	Sb	4,4	2,2	200
Andromeda I	0 45,7	+38 00	E3	14,4	2,2	2
SMC	0 52,7	–72 54	Irr	2,8	0,3	0,5
Sculptor	0 59,9	–33 42	E3	9,1	0,2	1
Pisces	1 03,7	+22 03	Irr	10,0	2,5	12
IC 1613	1 04,9	+2 07	Irr	15,5	3,0	0,5
Andromeda II	1 16,3	+33 25	E2	–	2,2	2
M 33	1 33,9	+30 39	Sc	6,3	2,5	45
Fornax	2 39,6	–34 31	E3	8,5	0,5	3
LMC	5 23,9	–69 47	Irr	0,6	0,2	20
Carina	6 41,7	–50 58	E3	11,8	0,6	0,5
Leo A	9 59,4	+30 45	Irr	12,7	5,0	7
Leo I	10 08,5	+12 18	E3	11,8	0,6	1
Sextans I	10 12,8	–1 41	E	–	0,3	3
Leo II	11 13,5	+22 10	E0	12,3	0,6	0,5
GR 8	12 59,2	+14 09	Irr	14,6	4,0	0,2
Ursa Minor	15 08,8	+67 07	E5	–	0,3	1
Draco	17 20,2	+57 55	E3	–	0,3	0,5
Milchstraßensystem	17 45,7	–29 00	Sbc	–	0,03	130
Sag DIG	19 30,0	–17 41	Irr	15,6	4,0	5
NGC 6822	19 44,9	–14 46	Irr	9,3	1,7	8
DDO 210	20 47,0	–12 51	Irr	15,3	5,0	4
IC 5152	22 02,9	–51 17	Irr	11,7	2,0	5
Tucana	22 41,9	–64 25	–	–	–	–
Pegasus	23 28,6	+14 46	Irr	12,4	5,0	8
Sag DEG	18 55	–30 30	–	–	0,08	–

- Die fehlenden Daten sind nicht genau bekannt.

Die Entfernungen der Galaxien

Die Entfernungen der Galaxien von uns sind gewaltig, und deshalb lassen sich Verfahren wie die der Parallaxenmessung, die bei Sternen hilfreich sind, nicht anwenden. Die verwendeten Methoden sind weniger sicher und beruhen oft auf theoretischen Annahmen, die nicht immer vollkommen zuverlässig sind.

Im Grunde beruhen diese Messungen auf der Existenz einer »Standardkerze«. Es handelt sich also darum, in unserer Galaxis Himmelskörper zu finden, deren Entfernung man bestimmen kann, und aus ihrer Entfernung auf ihre Leuchtkraft (die absolute Helligkeit) zu schließen. Man sucht also in der Galaxie nach Objekten, die ähnlich sind zu denen, deren Entfernung bestimmt werden soll, und berechnet dann aus dem Vergleich der scheinbaren und der absoluten Helligkeit die Entfernung zu dem Objekt und damit zu der Galaxie, in der es sich befindet.

Standardkerzen

Als Standard- oder Einheitskerze lassen sich mehrere Arten von Objekten verwenden. Die Gebräuchlichsten sind die Cepheiden, die Supernovae und die Novae. Andere,

Ein Primärindikator
Die Große Magellansche Wolke. Die Beobachtung der zu ihr gehörenden Objekte ist wichtig für die Definition der kosmologischen Entfernungsskala.

weniger sichere, sind Sterne vom Typ W Virginis, die Roten Riesen, die blauen Überriesen, die Veränderlichen vom Typ Mira usw. All diese Sterne dienen als »Primärindikatoren«, deren Entfernung durch Vergleich mit Beobachtungen in unserer Galaxis oder aufgrund theoretischer Überlegungen »geeicht« werden. Bei den Cepheiden ist die Periode der Veränderlichkeit mit der absoluten Helligkeit verknüpft, und deshalb ist es möglich, durch Messung der Periode die Leuchtkraft zu berechnen. Die Cepheiden spielen dadurch eine Hauptrolle bei der Erstellung der so genannten »kosmologischen Entfernungsskala«. Mit irdischen Teleskopen lassen sich Cepheiden bis in Entfernungen von etwa 15 Millionen Lichtjahren beobachten, und in diesem Radius gibt es mehrere Galaxiengruppen (außer der Lokalen Gruppe gibt es beispielsweise die um die Galaxien M 81, IC 342 und NGC 5128 im Bildhauer zentrierte Gruppe).

Mit dem Hubble-Raumteleskop lassen sich Cepheiden sogar bis in Entfernungen von über 60 Millionen Lichtjahren beobachten, und so gelangen wir bis zum Sternhaufen im Sternbild Jungfrau, an dessen Rand unsere Lokale Gruppe liegt.

Supernovae sind Sterne im Endstadium ihres Lebens. Sie sind nicht mehr stabil und explodieren in einem höchst spektakulären Energieausbruch, dem Höhepunkt ihrer Leuchtkraft, bei dem sie die Helligkeit einer ganzen Galaxie entwickeln. Deshalb sind Supernovae ausgezeichnete primäre Indikatoren, weil sie auch aus enormen Entfernungen sichtbar sind. Wenn man annimmt, dass die maximale Leuchtkraft aller Supernovae mehr oder weniger gleich ist, lassen sich diese bis in Entfernungen von 3 Milliarden Lichtjahren als Standardkerzen verwenden.

Novae dagegen gehören zu Doppelsystemen und verändern plötzlich die Leuchtkraft, weil die beiden Partner Materie austauschen. Da ihre Beschaffenheit sehr unterschiedlich sein kann, sind sie keine

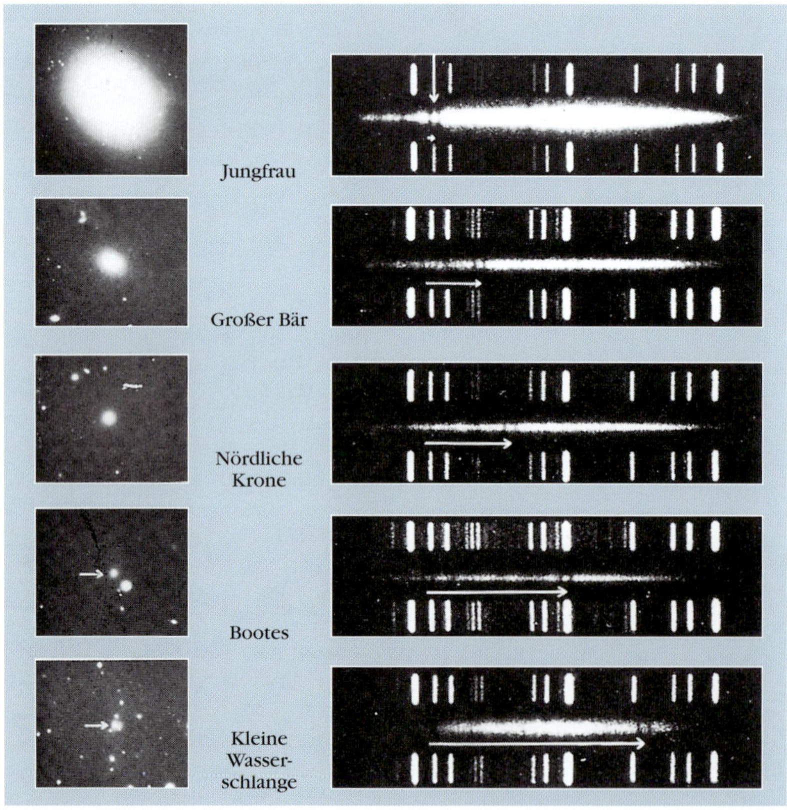

Die Rotverschiebung
Spektren von immer entfernteren Galaxien. Die Spektrallinien sind immer weiter zum Rot hin verschoben: Das ist die so genannte Rotverschiebung.

Nicht sehr weit weg
Eine Amateuraufnahme der Galaxie M 83 im Sternbild Wasserschlange. Es handelt sich um eine Übergangsform zwischen einer normalen Spiralgalaxie und einer Balkengalaxie.

Die Gaswolken
Ein Teil der Milchstraße im Schwan, in dem mehrere Gasnebel beobachtbar sind, die in den fernen Galaxien nützliche Entfernungsanzeiger darstellen.

guten Entfernungsmesser, auch wenn die Theorie der Novae in den letzten Jahren große Fortschritte gemacht hat und man die Vorgänge in ihnen viel besser versteht. Die Novae können möglicherweise bis zum Haufen im Sternbild Jungfrau (40–60 Millionen Lichtjahre) nützlich sein, werden aber tatsächlich nur zur Bestätigung der Entfernungen in den Magellanschen Wolken und in der Andromedagalaxie verwendet.

Die sekundären Indikatoren

Wenn einmal die Entfernung der nahen Galaxien mithilfe von Primärindikatoren bestimmt ist, können wir diese dazu benutzen, die sekundären (weniger gesicherten) Indikatoren zu eichen, die zur Bestimmung der Entfernung entfernterer Galaxien verwendet werden. Das Prinzip ist immer dasselbe, aber die Himmelskörper sind andere.
Zu den sekundären Indikatoren zählen wir beispielsweise die H-II-Bereiche, Kugelhaufen und helle rote und blaue Sterne des Haufens. Es ist klar, dass es nötig ist, immer leuchtkräftigere Objekte zu betrachten, wenn man in immer größere Fernen vordringen will. Also benutzt man statt einzelner Sterne große Wolken aus ionisiertem Gas (die H-II-Regionen) oder Kugelhaufen. Kugelhaufen sind besser geeignet als offene Sternhaufen, weil sie einander ähnlicher und viel leuchtkräftiger sind. Mithilfe der Kugelhaufen lassen sich Entfernungen bis zu etwa 50 Millionen Lichtjahren messen.

Die Spektrallinien

Auf der Suche nach immer neuen und zuverlässigeren Methoden der Entfernungsbestimmung ferner Galaxien haben die Astronomen auch Spektren zu Hilfe genommen. Es gibt, wie die Astronomen Brent Tully und Richard Fisher 1977 bemerkten, eine Verbindung zwischen der Breite der Emissionslinien des Spektrums im 21-cm-Bereich, dem Kennzeichen des neutralen Wasserstoffs, und der absoluten Helligkeit der Galaxie, die diese Linie aussendet. Diese Linie ist mithilfe von Radioteleskopen vor allem in den Spektren von Spiralgalaxien leicht nachzuweisen, und deshalb kann man aus diesen Beobachtungen mittels der Leuchtkraft auf die Entfernung der Galaxien schließen.
Wenn man den Himmel in sehr großen Entfernungen beobachtet, muss man als Standardkerzen ganze Galaxien nehmen, und zwar solche, die zu diesem Zweck geeignet klassifiziert werden. Nach ihrer Leuchtkraft angeordnet, unter der Annahme, dass man damit ihre absolute Helligkeit kennt, geben sie Entfernungen bis etwa 500 Millionen Lichtjahre an.
Ein anderes Verfahren bezieht sich auf die Ausmaße der Galaxien. Unter der Annahme, dass alle Spiralgalaxien einer bestimmen Art gleich groß sind, lässt sich aus ihren im Teleskop gemessenen Ausmaßen auf ihre Entfernung schließen.

DIE WICHTIGSTEN SUPERNOVAE DES TYPS II IN FERNEN GALAXIEN

Name SN	Galaxie (NGC)	M*
1923a	5236	12,4
1926a	4303	12,5
1936a	4273	15,0
1937a	4157	15,55
1937f	3184	13,75
1940a	5907	14,7
1941a	4559	13,4
1948b	6946	14,4
1957a	2841	14,4
1959d	7331	13,8
1961u	3938	14,3
1965l	3631	14,65
1966b	4688	14,9
1966e	4189	14,7
1968l	5236	11,75
1969l	1058	13,15
1970g	5457 (M 101)	11,75
1972q	4254	15,6
1973r	3627	15,0
1975t	3756	15,6
1979c	4321 (M 100)	12,0
1980k	6946	11,6

* M bezeichnet die bolometrische Größe (die durch Addition der Strahlung aller Wellenlängen erhalten wird) im Maximum der Leuchtkraft.

Die Gruppe M 81
Überlagerung von Bildern der Galaxie M 81 im Sternbild Großer Bär. Der rote Teil ist mit sichtbarem Licht aufgenommen, der blaue mit Röntgenlicht.

Das Hubble-Gesetz

Ein letztes Verfahren der Entfernungsmessung von Galaxien, auf das wir hinweisen wollen, macht sich das nach Hubble benannte Gesetz zunutze. Danach ist die Geschwindigkeit, mit der sich eine bestimmte Galaxie von uns entfernt, proportional zu ihrer Entfernung. Wenn wir die Geschwindigkeit mit spektroskopischen Mitteln messen, lässt sich die Entfernung berechnen. Dieses Gesetz hängt jedoch von der als H_0 bezeichneten Hubble-Konstanten ab, um deren Wert es unter Wissenschaftlern bittere Auseinandersetzungen gegeben hat und der immer noch umstritten ist. Die Hoffnung, diese Beziehung mithilfe der Galaxien des Jungfrau-Haufens zu eichen, der »nur« 40–60 Millionen Lichtjahre von uns entfernt ist und dessen Entfernung unabhängig davon auch mit anderen Methoden messbar ist, ist wahrscheinlich vergeblich. Wenn wir den genauen Wert der Hubble-Konstanten kennen würden, wüssten wir nicht nur wie groß die Welt ist, in der wir leben, sondern auch wie alt sie ist.

Galaxienhaufen

Die größten im Universum beobachtbaren Gebilde sind Galaxienhaufen. Sie bestehen aus hunderten und gelegentlich tausenden von Galaxien, die einen mehr oder weniger kugelförmigen Raum ausfüllen, der gewöhnlich einen Durchmesser von 10^{25} m hat, was gerade 1 Megaparsec (Mpc) oder 1 Millionen Parsec (1 parsec = 3,26 Millionen Lichtjahre) entspricht. Das Milchstraßensystem gehört nicht zu einem Galaxienhaufen, sondern zu der kleineren so genannten Lokalen Gruppe von etwa 10 bis 20 Galaxien. Die unserem Milchstraßensystem nächste größere Galaxie ist die 2 Millionen Lichtjahre entfernte Andromedagalaxie.

Der Virgohaufen

Die Lokale Gruppe liegt am äußersten Rand des etwa 15 Mpc von uns entfernten Virgohaufens, einer großen Konzentration von Galaxien in Richtung des Sternbilds Jungfrau. Er wurde von Charles Messier gefunden, als er seinen berühmten Katalog zusammenstellte; aber das Problem der Verteilung der Sterne und Galaxien im Universum stellte sich erst um 1930. Die Kennzeichnung der Haufen wurde 1958 mit der Veröffentlichung des Galaxienkatalogs des Amerikaners Abell ernsthaft in Angriff genommen. In der sechziger Jahren stellten Fritz Zwicky und seine Mitarbeiter einen Katalog der Positionen und Helligkeiten von Galaxien und Galaxienhaufen zusammen, aber immer noch ist auch der nach objektiveren Kriterien zusammengestellte Katalog von Abell in Gebrauch.

Die Galaxienhaufen sind so gewaltige Gebilde, dass nicht alle ihre Entwicklung zu einer stabilen Konfiguration abgeschlossen haben. Mit anderen Worten: Viele Objekte dieser Art haben kein dynamisches Gleichgewicht erreicht und müssen ihre Form in Zeiträumen, die nach Milliarden Jahren gemessen wird, verändern. Aus der Unterschiedlichkeit der scheinbaren Gestalt haben die Astronomen eine Klassifizierung der Haufen hergeleitet, die ausgehend von den irregulären (und vermutlich jüngsten)

Ein weit entfernter Haufen
Die Galaxienhaufen sind die bei weitem spektakulärsten Riesengebilde des Universums. Sie enthalten tausende von Galaxien, überwiegend elliptische. Der hier abgebildete Haufen Abell 1689 hat eine Rotverschiebung von 0,1847; er ist fast 3 Milliarden Lichtjahre von uns entfernt und ein sehr dichter Haufen, was auf ein hohes Alter schließen lässt.

Ein Haufen im Sternbild Pfau
Ein Falschfarbenbild des Galaxienhaufens Pavo 5. Im Inneren der Haufen finden sich oft große Mengen von interstellarem Gas.

Galaxien zu den regulären führt, die eine sehr hohen mittlere Dichte haben und kugelförmig sind (sie sind wohl auch die ältesten, die sich nicht mehr verändern, falls sie nicht anderen Haufen begegnen).

Die Vielfalt der Haufen

Galaxienhaufen haben sehr unterschiedliche Größen. Die Größe eines Haufens richtet sich in der Astronomie nach der Anzahl der Galaxien, die in einer Kugel mit dem Radius 1,5 Mpc um die Mitte gezählt werden. Die reichsten Haufen sind auch die seltensten, während die Anzahl der beobachtbarer Haufen umso größer wird, je weniger reich sie sind. Mithilfe dieser

Der große Virgohaufen
Eine Bild des Virgohaufens im Zentrum des Lokalen Superhaufens. Er ist relativ reich an irregulären Spiralgalaxien.

Klassifizierung wurde zwischen zwei beliebigen, auch armen Haufen, eine mittlere Entfernung von 42 Mpc gemessen, während man von einem überreichen Haufen zum einem ähnlichen eine Entfernung von mehr als 188 Mpc zurücklegen muss.

Der Reichtum eines Haufens beeinflusst auch die Art der zugehörigen Galaxien. Man hat beobachtet, dass die Haufen umso mehr elliptische Galaxien enthalten, je reicher sie sind. Das hat damit zu tun, dass in einem reicheren Haufen die Galaxiendichte in den inneren Bereichen größer ist. Folglich sind die reichsten Haufen gewöhnlich auch die regulärsten. Falls die regelmäßigen Haufen auch die ältesten sind, haben sich die Galaxien irgendwie von Spiralgalaxien zu den elliptischen oder linsenförmigen entwickelt. Dem entspricht, dass die fernsten Haufen sehr viel blaue Galaxien, also Spiralgalaxien, enthalten.

Im Zentrum der Haufen
Ein Ausschnitt des Superhaufens MSO 302.

Eine kosmische Fata morgana
Der Haufen Cl 0024 wirkt aufgrund seiner Gravitation wie eine Linse und zeigt uns verzerrte Bilder von Galaxien, die viel entfernter sind als der lichtablenkende Haufen. Das etwa fünffach verstärkte Licht wird senkrecht zur radialen Richtung verzerrt und erzeugt so den Eindruck eines Rings.

Neue Aufnahmen des Hubble-Teleskops zeigen in Haufen, die Milliarden Lichtjahre entfernt (und deshalb noch jung) sind, Spiralgalaxien und selbst irreguläre Galaxien, die wir heute (also in unserer Nähe) nicht mehr sehen. Ihr Verschwinden könnte zwei Ursachen haben, nämlich das Verschmelzen von zwei oder mehr Galaxien, und das Ende der Bildung neuer Sterne im Inneren der Galaxien. Wenn Galaxien verschmelzen, verändert sich unvermeidlich die Form der betroffenen Objekte aufgrund der gravitativen Wechselwirkung. Wie Computersimulationen gezeigt haben, ist das Ergebnis einer Verschmelzung immer eine elliptische Galaxie. Die Sternentstehung kann aufhören, wenn das gesamte im Inneren der Galaxie verbliebene Gas verbraucht ist. Die starken Gravitationswechselwirkungen, wie sie bei nahen Begegnungen auftreten können, entziehen einer Spiralgalaxie das Gas der Scheibe und verwandeln es unmittelbar in eine linsenförmige Galaxie oder in eine Scheibengalaxie, in der jedoch keine Sterne mehr entstehen und die die Farben einer elliptischen Galaxie hat.

Röntgenstrahlung

In den letzten Jahrzehnten wurde das intergalaktische Gas in den Haufen mithilfe künstlicher Satelliten untersucht, deren Teleskope dort Röntgenstrahlung entdecken konnten.
Das intergalaktische Gas gibt enorme Energiemengen in Form von Röntgenstrahlung ab, weil die Elektronen des ionisierten Wasserstoffs Röntgenphotonen aussenden,

ANTEILE DER GALAXIENARTEN IN STERNHAUFEN

Typ des Haufens	Elliptisch E	Linsenförmig S0	Spiralig Sp	Verhältnis (E+S0)/Sp
Regulär	35%	45%	20%	4,0
Mittel (arm an Spiralgalaxien)	20%	50%	30%	2,3
Mittel (reich an Spiralgalaxien)	15%	35%	50%	1,0
Gebiete außerhalb von Haufen	10%	20%	70%	0,5

wenn sie durch Stöße abgebremst werden. Diese so genannte Bremsstrahlung entsteht bei Temperaturen von 10 bis 100 Millionen Grad, was einer thermischen Geschwindigkeit von tausenden km/s entspricht, derselben Geschwindigkeit, mit der die Galaxie auf ihrer chaotischen Bahn um den Schwerpunkt des Haufens rast.
Dieser Zusammenhang zwischen Gas und Galaxie zeigt sich auch in dem Gleichgewicht, das sich in den Röntgenkarten der Haufen zeigt, die den Karten der Galaxien-

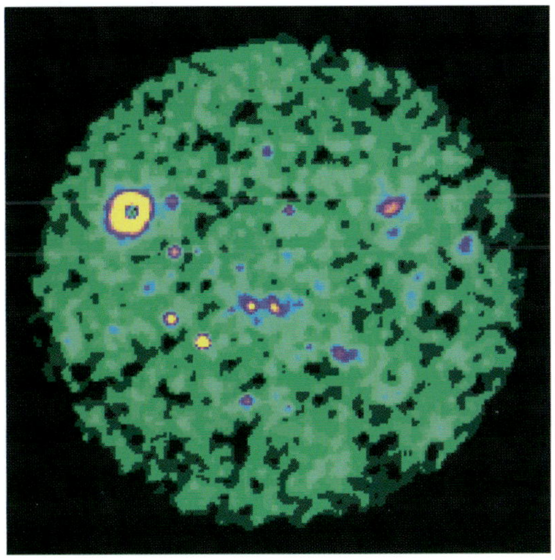

Haufen im Röntgenlicht
Röntgenaufnahmen des deutschen ROSAT(ROentgen-SATellit) vom Superhaufen Bildhauer in Richtung des gleichnamigen Sternbilds. Man bemerkt die große Leuchtkraft des Haufens Abell 2211 und die geringere der anderen zu diesem Superhaufen gehörenden Sternhaufen.

dichte sehr ähnlich sind: Man könnte sagen, dass dort, wo mehr Gas ist, auch mehr Galaxien sind.
Vermutlich hat die Schwerkraft den umliegenden Bereichen dieses Gas entzogen, und deshalb sollte es sehr ähnlich sein zu dem Gas, das das Universum erfüllte, bevor Galaxien und Sterne entstanden. Allerdings haben die Beobachtungen gezeigt, dass das Gas sehr viel Eisen enthält, und Eisen wird nur bei Supernova-Ausbrüchen freigesetzt. Deshalb sind Zweifel an unserem Wissen von der Entwicklung der Galaxien durchaus berechtigt.

Die Superhaufen

Die Tendenz zur Zusammenballung hört nicht auf der für Galaxienhaufen typischen Skala von 1 Mpc auf. Unsere Lokale Gruppe bildet gemeinsam mit vielen anderen Gruppen einen Superhaufen, der näherungsweise um den Virgohaufen zentriert ist. Seine Form gleicht einer weiten Ebene mit einer kleinen Verdickung im Inneren und wird Lokaler Superhaufen genannt. Dieser Superhaufen ist einer von mehr als zehn Superhaufen, die bei der dreidimensionalen Kartierung der Galaxien im beobachtbaren Universum gefunden wurden.

Das homogene kosmische Substrat

Man könnte vermuten, dass die hierarchische Struktur aus Sternen, Galaxien, Galaxienhaufen, Superhaufen weitergeht. Es scheint aber, dass es keine Super-Superhaufen gibt, sondern dass bei Mittelung über Bereiche der Größe 200 Mpc die Materieverteilung homogen wird als ein kosmisches Substrat, das eine bestimmte mittlere Dichte hat.

Ein »virialisierter« Haufen
Der 120 Mpc von uns entfernte Haufen im Haar der Berenice ist der Prototyp eines regulären Haufens, der sich in dynamischem Gleichgewicht befindet und reich ist an elliptischen Galaxien. Solche Haufen werden »virialisierte Haufen« genannt. Die kinetische Energie der ganzen Galaxie ist genau gleich der mittleren potenziellen Gravitationsenergie, die die Galaxien auf immer im Inneren des Haufens hält. Das Bild wurde mit Wellenlängen des sichtbaren Bereichs aufgenommen.

Aktive Galaxienkerne

Lange hielt man Galaxien für relativ ruhige Gebilde, in denen außer Supernova-Ausbrüchen keinerlei heftige Vorgänge abliefen. Der amerikanische Astronom Seyfert lenkte jedoch 1943 die Aufmerksamkeit auf seltsame Phänomene in den Kernen mancher Spiralgalaxien. Seitdem haben Astronomen vielfach die Aktivität der Kerne von Spiralgalaxien nachgewiesen und die Galaxien danach als Radiogalaxien, Markarian-Galaxie, Seyfert-Galaxie, BL Lacertae-Objekte, Quasare bezeichnet. Heute jedoch meint man, dass es sich in Wirklichkeit um Manifestationen einer einzigen Gruppe handelt, nämlich der der aktiven Galaxienkerne, kurz AGN (für Active Galactic Nuclei).

Radiogalaxien

Etwa eine unter einer Million Galaxien ist eine Radiogalaxie, sendet also sehr viel mehr Radiostrahlung aus als eine normale Galaxie. Die stärksten Radioquellen (sie strahlen tausend- und Millionen Mal mehr als das Milchstraßensystem) finden sich in riesigen elliptischen Galaxien. Die Radiostrahlung von Spiralgalaxien ist viel schwächer.
Die Radiostrahlung der elliptischen Galaxien entsteht gewöhnlich nicht im interstellaren Raum der Galaxie, sondern in äußeren Bereichen, in denen optische Teleskope nur leeren Raum »sehen«. Im Allgemeinen beobachtet man ein Paar von »Lappen« oder Plasmawolken, die stark im Radiobereich strahlen und sich gelegentlich über viele Millionen Lichtjahre erstrecken. Die Strahlung wird vor allem vom Kern der Radiogalaxie gespeist und mit Jetströmen schneller Elektronen zu den Radiowolken geleitet.

Der doppelte Kern
Eine Aufnahme des Weltraumteleskops vom doppelten Kern der Seyfert-Markarian-Galaxie 315. Der hellste Teil ist das 6000 Lichtjahre vom anderen Kern entfernte Energiezentrum der Galaxie.

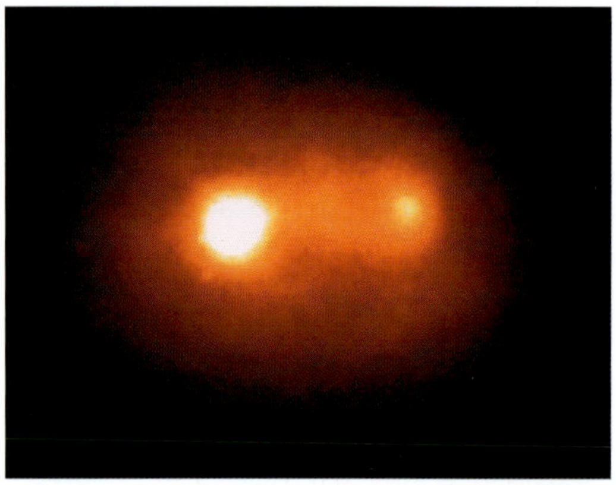

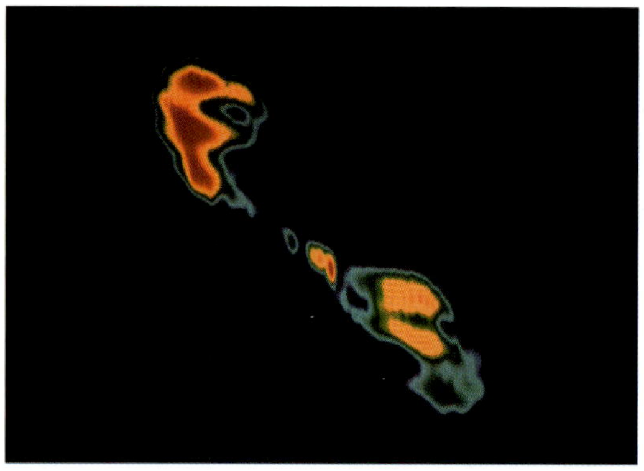

Zwei Materiejets im Raum
Ein Radiobild von Centaurus A. Der Radiojet ist etwa vier Bogenminuten lang und besteht aus einer Reihe von Haufen, deren berühmtester mit dem des Röntgenjets zusammenfällt, den der Satellit Einstein gefunden hat. Der Kern der Galaxie ist der hellste Bereich in der Mitte dieses Bildes. Der Kern erstreckt sich über etwa 1 Parsec in Richtung des Jets.

Markarian- und Seyfert-Galaxien

Um 1960 herum bemerkte der armenische Astronom B.E. Markarian, dass einige der sehr leuchtkräftigen Galaxien in ihrer Mitte vor allem blaues Licht ausstrahlen, während gewöhnliche Galaxien im Zentralbereich ähnlich gelb strahlen wie die Sonne. Genauere Beobachtungen zeigten, dass die ausgesandte Energie nicht von Sternen herrührt, sondern von anderen und unbekannten Vorgängen. Das Spektrum dieser Galaxien hat Ähnlichkeit mit dem von Quasaren und weist fast immer Emissionslinien von Wasserstoff auf. Die Kerne dieser Galaxien enthalten eine beträchtliche Menge an Gas, das von hochfrequenter Strahlung angeregt wird.
Seyfert-Galaxien haben einen viel kleineren und helleren Kern. Sie sind Spiralen und nach Größe und Form dem Milchstraßensystem vergleichbar, haben aber in ihrer Mitte einen Bereich von 1000 Lichtjahren Durchmesser, der bis zu 40% des gesamten sichtbaren Lichts der Galaxie aussendet. Die Kerne sind auch Ausgangsort von Radiostrahlung, die aber überhaupt nicht mit der der großen Radiogalaxien vergleichbar ist.

Die BL Lacerta-Objekte

Der Urtyp dieser Klasse von Objekten ist BL Lac (Lac ist die Abkürzung für Lacerta, Eidechse). Er wurde 1929 entdeckt und für einen veränderlichen Stern gehalten, dessen Leuchtkraft unregelmäßig über etwa drei Größenklassen schwankt. Fast vierzig Jahre später, 1968, entdeckte man, dass die Radioquelle VRO42.22.01 ein seltsames Spektrum hat, das mit dem von BL Lac übereinstimmt und in einem Zeitraum von einem Monat periodisch schwankt. Die Polarisation dieser Strahlung schwankt ebenfalls, aber mit einer Periode von einer Woche, während die Schwankungen im optischen Bereich noch schneller sind und im Bereich von einem Tag liegen. Oke und Gunn erhielten 1973 das Spektrum der elliptischen Galaxie, die den leuchtenden Kern von BL Lac einhüllt, und schätzten die Entfernung auf 420 Mpc.

Quasare

Die Bezeichnung Quasar wurde 1963 als ein Kürzel für Quasi Stellar Radiosource geprägt. Es handelt sich um sternähnlich aussehende Objekte mit sehr starker Rotverschiebung, die im Mittel zwischen 0,5 und 4 liegt. Wenn diese Verschiebung wirklich auf der Ausdehnung des Universums beruht, sind die Quasare enorm weit entfernt und die leuchtkräftigsten uns bekannten Objekte. Ihre Leuchtkraft übertrifft die von Galaxien mindestens um das Hundertfache. Besonders bedeutungsvoll ist die Entdeckung, dass ihre Leuchtkraft in weniger als einem Jahr auffällig stark schwankt. Diese Veränderlichkeit lässt annehmen,

Ein historischer Quasar
Ein Bild des Quasars 3C273, der als einer der Ersten entdeckt wurde.

Sie gehören zur selben Familie
Die vereinheitlichten Modelle der aktiven Galaxienkerne: Weglaufender Jet (A), Zentralmotor (B), Näherkommender Jet (C), dichte Scheibe (D), Wirtsgalaxie (H), Radiolappen (K).
Nach diesen Hypothesen sind Blasare, Quasare und Radiogalaxien dasselbe Objekt aus unterschiedlichen Richtungen gesehen: Der Beobachter sieht eine Radiogalaxie (L), einen Quasar (M) oder einen Blasar (N).

Extragalaktische Gastfreundlichkeit
Der Quasar PG 0052-251 ist etwa 1,4 Milliarden Lichtjahre von uns entfernt und liegt im Kern einer gewöhnlichen Spiralgalaxie.

dass die gewaltige von dem Quasar ausgestrahlte Energie aus einem sehr viel kleineren Bereich stammt als dem Kern einer normalen Galaxie. Bei Untersuchungen im optischen Bereich bemerkt man, dass nur ein auffällig kleiner Teil des Quasars im Radiobereich strahlt. Heute spricht man lieber von einem Quasi Stellaren Objekt (QSO).

Vereinheitlichte Modelle

Die Hypothese, dass die Leuchtkraft der AGN aus Kernen stammt, in denen sich enorm viele Sterne ansammeln, wurde aufgegeben, weil das Volumen des Kerns viel zu klein ist, um alle dazu nötigen Sterne zu enthalten. Ein wirksames Verfahren zur Freisetzung von Strahlungsenergie besteht in der Zusammenballung von Materie, wie es in Schwarzen Löchern passiert. Heute nimmt man allgemein an, dass der »Motor« der AGN ein Schwarzes Loch ist mit einer für einen galaktischen Kern typischen Masse (zwischen 100 Millionen und 1 Milliarde Sonnenmassen).

Die Untersuchung sehr vieler Seyfert-Galaxien und QSO lässt vermuten, dass beide in Wirklichkeit zu derselben Klasse gehören: Sie wären dann Bilder derselben Population, die zu unterschiedlichen Zeiten ihres Lebens aufgenommen wurden. Die QSO sind jünger, die Seyfert-Galaxien weiter entwickelt. Sie verlieren ihre Leuchtkraft, weil sie Materie abstrahlen, bevor sie in das Schwarze Loch fallen. Eine von Peter D. Barthel aufgestellte Theorie, die in gewisser Weise alle AGN vereinheitlicht, legt nahe, dass diese Objekte alle zu derselben Klasse gehören, und dass ihre unterschiedlichen Merkmale nicht wirklich existieren, sondern nur daher rühren, dass die Beobachter die Quelle aus unterschiedlichen Richtungen sehen.

Falschfarbenbild
Eine Aufnahme des NTT-Teleskops der ESO zeigt die Wirtsgalaxie des Objekts BL Lacertae PKS 0521-36.

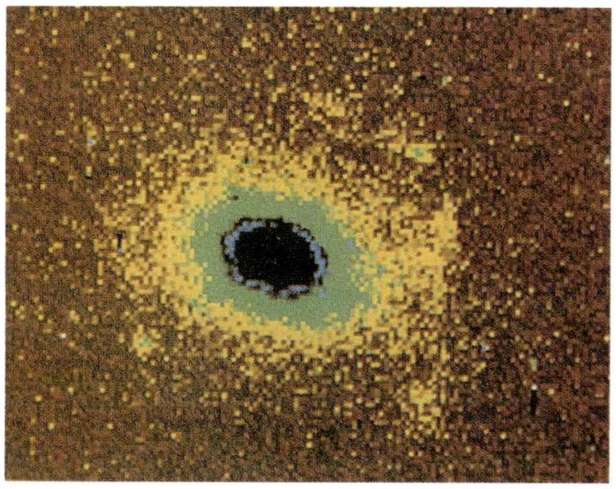

Die scheinbaren Unterschiede lassen sich erklären, wenn man annimmt, dass sich eine Galaxie mit einem aktiven Kern aus einem »Zentralmotor« zusammensetzt, der von einer Reihe undurchsichtiger Staubringe umgeben ist. Die vom Strahlungsdruck aus den inneren Schichten ausgestoßenen angeregten Teilchen werden von diesem Ring gezwungen, senkrecht zu ihm durch das zentrale Loch hindurchzufliegen. So bilden sich im Magnetfeld der Galaxie zwei Teilchenströme. Wenn die Galaxie so orientiert ist, dass die Jets einen Winkel von etwas weniger als 45° mit der Sehlinie bilden, sehen wir einen hellen Kern und einen auf uns gerichteten starken Jet, während der andere Jet so schwach ist, dass wir ihn kaum beobachten können; dann also sehen wir einen Quasar. Wenn wir den Ring dagegen von der Seite sehen, sehen wir zwei Jets, deren Staub das Licht der Galaxie verdunkelt. Die Radiowellen aber gehen ungehindert durch den Ring hindurch und zeigen deshalb eine Radiogalaxie.

Die Struktur des Universums im Großen

Einer der Angelpunkte der modernen Kosmologie ist die Hypothese, dass das Universum homogen ist, und dass Erde und Milchstraßensystem in ihr keine Sonderstellung haben. Die systematische Beobachtung der Verteilung der Galaxien am Himmel jedoch hat zur Entdeckung von Sterngruppen und Galaxienhaufen geführt, und das erscheint unvereinbar mit der Vorstellung von der Homogenität.

Das fraktale Universum

Seit 1960 werden die Fluchtgeschwindigkeiten der Galaxien (mittels der Rotverschiebung) systematisch gemessen und daraus mithilfe des Hubble-Gesetzes ihre Entfernung zu uns berechnet. Das führte zu einer ersten, noch groben dreidimensionalen Kartierung des Universums, die die überraschende Inhomogenität der Verteilung der Strukturen zeigte. Jedes Mal, wenn ein größerer Teil des Universums der Forschung zugänglich wurde, kamen immer größere Strukturen ans Licht, deren Ausmaße den Volumina des beobachteten Raums entsprachen.
Insbesondere ähnelten die untersuchten Gebilde vielen natürlichen Strukturen, wie sie in verschiedensten Forschungsgebieten gefunden wurden, von Gebirgsketten bis zu Lungenbläschen, nämlich den Fraktalen. Das fraktale Universum hat eine hierarchische Struktur, in der die Galaxien Haufen bilden, die ihrerseits zu Superhaufen gehören und so weiter in praktisch unendlicher Folge. Der Gedanke war nicht neu, denn schon 1908 hatte Charlier den Kosmos ähnlich beschrieben. Aber der Erfolg der Urknalltheorie und des kosmologischen Prinzips, wonach das Universum für jeden Beobachter überall gleich aussieht, erforderte eine genauere Untersuchung. Und dazu musste die großräumige Verteilung der Gebilde im Universum selbst erforscht werden.

Superhaufen

Im großen Maßstab wird das Universum von Superhaufen (auch Supercluster, CL) beherrscht. Die Lokale Gruppe beispielsweise liegt am Rand eines Superhaufens, in dessen Mitte der etwa 15 Mpc (1 Mpc = 1 000 000 pc, 1 pc = 3 260 000 Lichtjahren) von uns entfernte Virgo-Galaxienhaufen liegt. Dahinter liegt, sechsmal weiter entfernt, der Coma-Haufen, der zusammen mit dem Haufen Abell 1367 den noch größeren Coma-Superhaufen bildet.
Diese beiden Superhaufen, der Lokale und der Coma-Superhaufen, sind durch zarte Filamente aus zahlreichen Galaxien miteinander verbunden. Das hier skizzierte Bild wiederholt sich ähnlich in allen Himmelsrichtungen. Zwischen 100 Mpc bilden die Hydra-Centaurus-Superhaufen einerseits und der Bildhauer- und Perseus-Fische-Superhaufen andererseits ein Gewebe von Filamenten und Galaxienwänden, mit gewaltigen Ansammlungen von Galaxienhaufen. Die Galaxienhaufen wiederum werden von der Schwerkraft zusammengehalten, während die anderen Formationen sich frei im Raum herumschlängeln und nicht durch die Schwerkraft an eine große Masse gebunden sind.
In Entfernungen von mehr als 100 Mpc werden zahlreiche andere Strukturen beobachtet: Beispielsweise besteht der Superhaufen im Sternbild Pendeluhr aus zwei sehr großen Gebilden mit Dimensionen in der Ordnung von 150 Mpc.

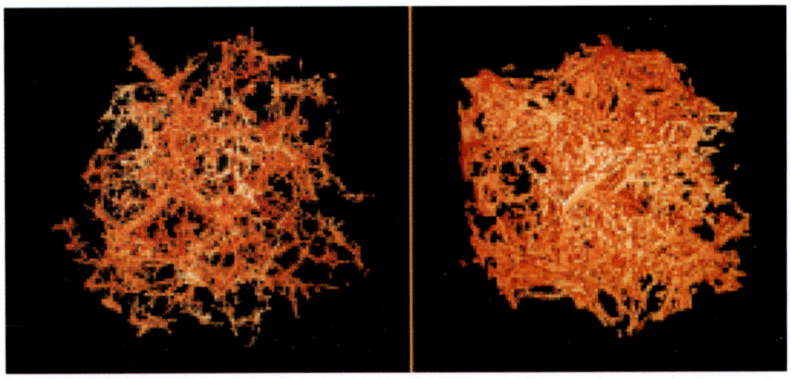

Galaxie oder… Schwamm?
Zwei Computersimulationen unterschiedlicher Modelle der CDM (Cold Dark Matter, kalte dunkle Materie), die dreidimensional dargestellt sind. Die Galaxien sind entlang der Filamente verteilt und lassen dazwischen viele Bereiche leer.

Bizarre Figuren
Die fraktale Natur des Universums ist jedenfalls in Bereichen unter 200 Mpc eine durch Messung wohlbestätigte Eigenschaft. Ein Fraktal ist eine Gestalt, die invariant ist gegenüber dem Maßstab, in der also ein kleiner Ausschnitt dem Gesamtbild ähnelt. Diese für die Natur typische Rekursivität lässt sich leicht mit einem Computer nachvollziehen. Die Abbildung zeigt ein mathematisches Fraktal, das sowohl einen gestirnten Himmel als auch beispielsweise eine kristalline Struktur darstellen könnte.

Ein »kosmischer Schwamm«

Ganz allgemein kann man die Verteilung der Galaxien im Universum als einen Schwamm von Filamenten beschreiben, in Knotenpunkten (den Haufen) verbunden und im Inneren viele Bereiche freilassend. Die Kosmologen wollen verstehen, ob die Galaxien einen Bereich voller Blasen bilden oder ob sie den Raum so besetzen, dass große Bereiche leer bleiben, in denen sich nur wenige Galaxien bilden und aus denen die Materie eher entweicht. Die fraktalen Eigenschaften des Universums gehen dabei nicht verloren: Wenn man kleine Teile des »Schwamms« betrachtet, findet man wieder kleinere Leeren; aber nur, wenn wir einen großen Schwamm betrachten, können wir auch eine sehr große Blase finden. Die klassisch-kosmologische Auffassung, dass das Universum homogen ist, übersetzt sich somit, wenn man immer größere Schwämme betrachtet, in die Vorstellung, dass die Leeren und die Knoten ab einer gewissen Größe nicht mehr anwachsen dürfen, und von den fraktalen Dimensionen zu einer Dreidimensionalität (Länge, Breite und Höhe) übergehen, wie alle uns bekannten Festkörper. Der Prüfstein ist die Vermessung von immer mehr und immer weiter entfernten Galaxien, und das Gesetz, von dem man ausgeht, ist sehr einfach.
In einem gewöhnlichen Festkörper (beispielsweise einer Kugel) ist die Menge der Materie N proportional zur dritten Potenz des Radius R, $N \sim R^3$. Bei einem fraktalen Objekt, das immer größere Leeren enthält, nimmt die Materie (im Fall des Universums

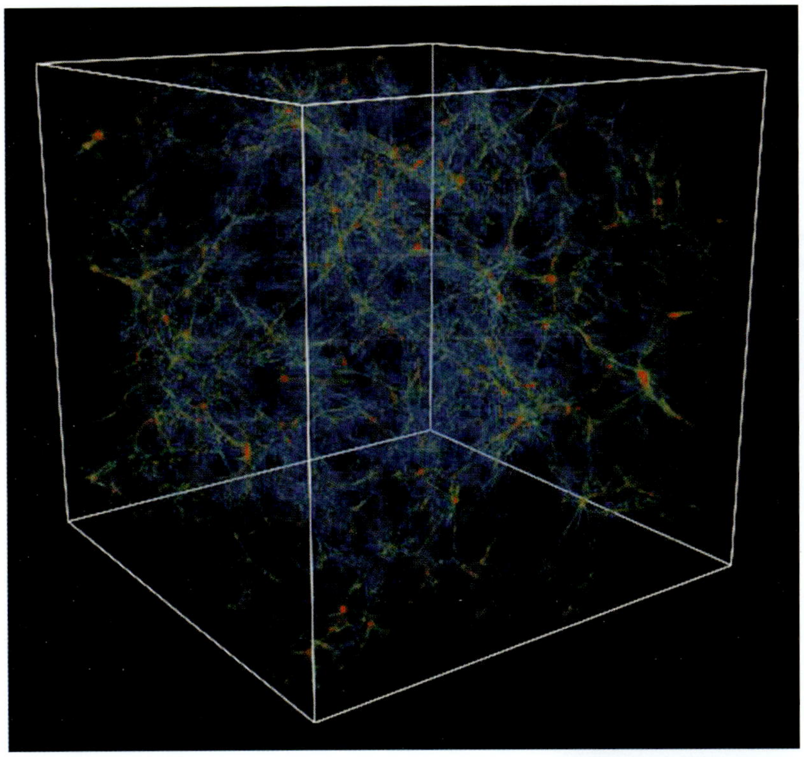

Der uns umgebende Raum
Ein Schema der Dichte der Galaxien, wie sie in der Nähe des Milchstraßensystems tatsächlich beobachtet wird. Die Zone ohne Galaxien ist der dem Blick verborgene Teil der Ebene unserer Milchstraße.

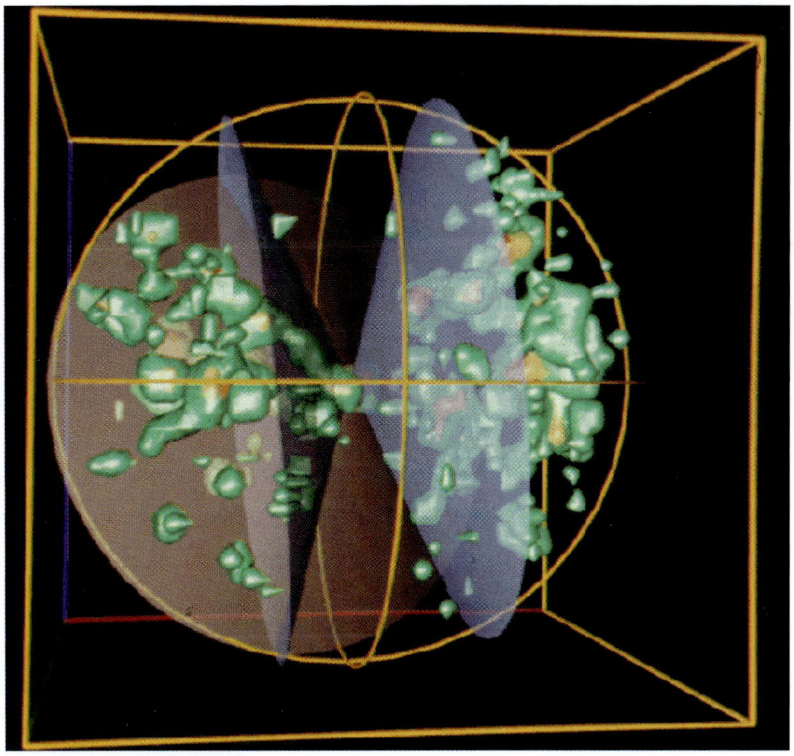

Ein »Würfel« des Universums
Die tatsächlich beobachtete Galaxiendichte in der Nähe des Milchstraßensystems. Die Sphäre erstreckt sich über den gesamten lokalen Superhaufen, dessen Zentrum im Virgohaufen von uns etwa 15 Mpc Abstand hat. Die Galaxienleere einiger Bereiche ist ein Effekt, der sich dort zeigt, wo das Milchstraßensystem uns den Blick auf äußere Galaxien versperrt.

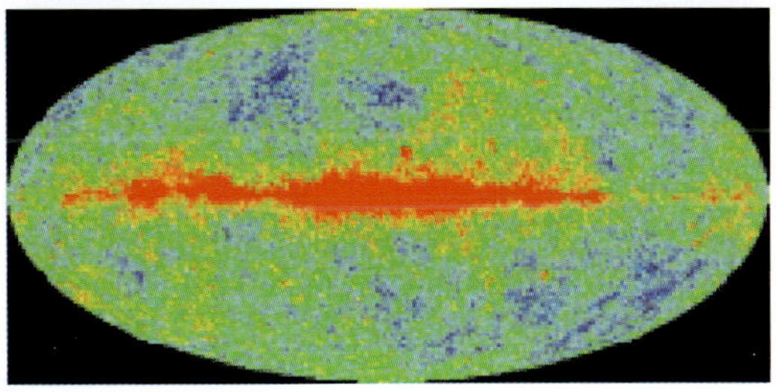

Besser als COBE
Eine Simulation von MAP, einem der nächsten von NASA vorgeschlagenen Experimente, soll es erlauben, Schwankungen der Hintergrundstrahlung in Winkelbereichen zu messen, die noch kleiner sind als die von COBE erfassten. Ein Vergleich der beiden Ergebnisse könnte entscheiden helfen, welche Theorie über die Bildung der Galaxien die richtige ist. In der Abbildung ist eine Simulation der Daten gezeigt.

die Anzahl der Galaxien) mit wachsendem R weniger rasch zu, und dann ist der Exponent D kleiner als 3 und $N \sim R^D$. D ist die gesuchte fraktale Dimension. Es genügt zu zählen, wie viele Galaxien in einem bestimmten Radius liegen, und dann zu berechnen, ob das Gesetz mit einem Exponenten 3 gilt (was dem homogenen Universum entspricht) oder ob die Dimension wirklich fraktal ist (D ist kleiner als 3).
Es besteht kein Zweifel an der fraktalen Natur kleiner Teile des Universums, bei denen die Dimension D etwa 1,2 beträgt; sie beträgt etwas mehr als 2, wenn wir Größenordnungen von einigen zehn Mpc betrachten. Neueste Beobachtungen scheinen den Gedanken zu bestätigen, dass das Universum jenseits von 300 Mpc immer noch homogen mit Galaxien gefüllt ist, womit das kosmologische Prinzip gerettet ist. Die sehr schwierige Analyse der Daten lässt jedoch auch den Kosmologen Raum, die stärker zu der fraktalen Auffassung neigen, und einige haben sogar das fernste Bild des Kosmos, die kosmische Hintergrundstrahlung, eine fraktale Dimension berechnet.

Das Überbleibsel der großen Explosion

Noch ist das Alter des Universums nicht sicher bekannt, aber wir wissen, dass seit dem Urknall mehr als 10 Milliarden Jahre vergangen sein müssen. Wenn wir mit unseren Beobachtungen immer weiter in den Raum dringen, gelangen wir wegen der Endlichkeit der Lichtgeschwindigkeit in immer fernere Zeiten. Unseren Beobachtungsmöglichkeiten sind jedoch Grenzen gesetzt. Die Photonen, aus denen das Licht, von den Radiowellen bis zu den Röntgenstrahlen, besteht, sind in Wechselwirkung mit den leichten geladenen Teilchen, denen sie begegnen, und ändern gelegentlich ihre Richtung. In den ersten Momenten seiner Existenz war das Universum so heiß, dass die gesamte Materie ionisiert war und im Wesentlichen aus geladenen freien Protonen und Elektronen bestand. Für das Licht ist eine solche Umgebung wie ein dichter Nebel, in dem ein Bild schon nach wenigen Metern in einem unbestimmten Weiß verschwindet.
Erst 300 000 Jahre nach dem Urknall war die Temperatur im Universum so weit gesunken, dass sich Elektronen und Protonen zu neutralen Wasserstoffatomen zusammenfinden konnten. Gleichzeitig lichtete sich der Nebel und das Weltall wurde durchsichtig. Im Moment der letzten Wechselwirkung zwischen Photonen und Elektronen entstand die Hintergrundstrahlung, die wir heute als Radiowellen beobachten können. Der kosmische Mikrowellenhintergrund ist praktisch die erste verfügbare Fotografie des Universums. Es ist, um ehrlich zu sein, eine Aufnahme Grau in Grau und so enorm gleichmäßig, dass erst der Satellit COBE Schwankungen der Hintergrundstrahlung in der Größenordnung von 1 zu 100 000 messen konnte. Kosmologen versuchen, die Diskrepanz zwischen diesem extrem homogenen Bild und den unregelmäßigen Anhäufungen der Galaxien zu erklären, um zu verstehen, wie das Universum sich in den ersten Augenblicken seiner Existenz verhielt, in denen die Gravitation die sich bildenden Galaxien aufsammelte.

Die Ausdehnung des Universums

Es gibt in der Astronomie ein sehr bekanntes Gesetz, das Hubble-Gesetz, das eine empirische Beziehung zwischen der Fluchtgeschwindigkeit der extragalaktischen Objekte und ihrer Entfernung herstellt, die auf der Ausdehnung des Universums beruht. Dieses formal einfache Gesetz ist eine Folge der Anwendung der Allgemeinen Relativitätstheorie auf Modelle, die ein Anfangsereignis voraussetzen, einen Urknall, in dem das ganze Universum aus einem einzigen Punkt entstand. Dieses Gesetz, das Edwin Hubble 1929 fand, wird immer als ein Beweis für das Urknallmodell gesehen.

Das Gesetz hat die Form $v = H_0 d$, wobei v die Fluchtgeschwindigkeit der beobachteten Galaxien ist, die sich mit spektroskopischen Mitteln messen lässt, und d ihre Entfernung. Die so genannte Hubble-Konstante H_0 hat die Dimension Geschwindigkeit geteilt durch Entfernung, ist also invers zur Zeit. Astronomen messen die Geschwindigkeit gewöhnlich in Kilometern pro Sekunde und die Entfernung in Megaparsec (1 Megaparsec = 1 Mpc = 1 000 000 Parsec = 3 260 000 Lichtjahre), und deshalb hat H_0 gewöhnlich die Dimension km/s/Mpc.

Dieses Gesetz lässt sich leicht deuten: Alle Galaxien entfernen sich mit einer Geschwindigkeit von uns, die proportional ist zu ihrer Entfernung von uns. Je weiter eine Galaxie entfernt ist, umso rascher entfernt sie sich. Der Wert von H_0 jedoch ist einer der umstrittensten der Astronomie. Wäre er bekannt, könnten wir Alter und Größe des Universums berechnen.

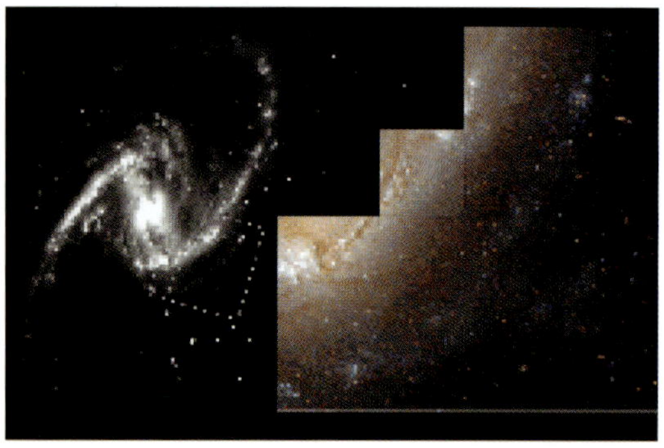

Auf der Jagd nach Cepheiden
Vergrößerung eines Ausschnitts der kleinen Balkengalaxie NGC 1365 im Sternbild Ofen, die einige der für die Entfernungsbestimmung so wichtigen Cepheiden-Veränderlichen zeigt.

Die erste Messung

Als Edwin Hubble 1924 die Entfernungen der Andromedagalaxie und von M 33 bestimmt hatte, erkannte er, dass diese Spiralgalaxien Ähnlichkeit mit unserer Galaxis haben und in gewaltigen Fernen liegen. Er bemerkte auch, dass die Geschwindigkeit der Galaxien nicht zufällig war und dass sich die allermeisten von uns entfernen. In einem 1929 erschienenen Aufsatz zeigt er, dass die Fluchtgeschwindigkeit der Galaxien direkt proportional ist zu ihrer Entfernung und gab auch einen ersten Messwert der Proportionalitätskonstanten an: Für das Dutzend Galaxien seiner Liste hatte H_0 den Wert 540 km/s/Mpc. Das ist ein sehr hoher Wert, fünf bis zehnmal höher als der heute für wahrscheinlich gehaltene Wert.

Hubble gab keine Erklärung für diesen hohen Wert, obwohl er die Bedeutung des Problems erkannte. In einem sich ausdehnenden Universum sieht jeder Beobachter genau wie wir, dass alle Galaxien nach dem Hubble-Gesetz mit demselben Wert von H_0 voneinander wegrasen. Und es ist sofort klar, dass die Galaxien umso näher beieinander gewesen sein müssen, je weiter wir in der Zeit zurückgehen. Je höher der Wert von H_0 ist, umso rascher dehnt sich das Universum aus und umso näher sind wir heute dem Augenblick des Anfangs, also dem Urknall. Der von Hubble gefundene hohe Wert von H_0 führte zu einem Weltalter von nur 2 Milliarden Jahren, während das Alter mancher irdischer Gesteinsproben auf mindestens 4 Milliarden Jahre geschätzt wird. Dieser Widerspruch blieb ein ganzes Jahrzehnt lang ungelöst. Erst nach dem Zweiten Weltkrieg führten die Beobachtungen, die Walter Baade an Cepheiden-Veränderlichen durchführte, zu einem halb so großen Wert von H_0, was die Größe des Universums verdoppelte und den Urknall in eine Zeit von vor 4 bis 5 Milliarden Jahren zurückverlegte.

Ein Duell der Meinungen

Zu den modernen Messungen von H_0 gibt es zwei Meinungen: Die texanische Gruppe, deren Wortführer der Astronom Gerard de Vaucouleurs war, befürwortet einen hohen Wert in der Nähe von 100 km/s/Mpc, während die kalifornische Gruppe unter Leitung von Allan Sandage zu einem Wert von 50 km/s/Mpc neigt.

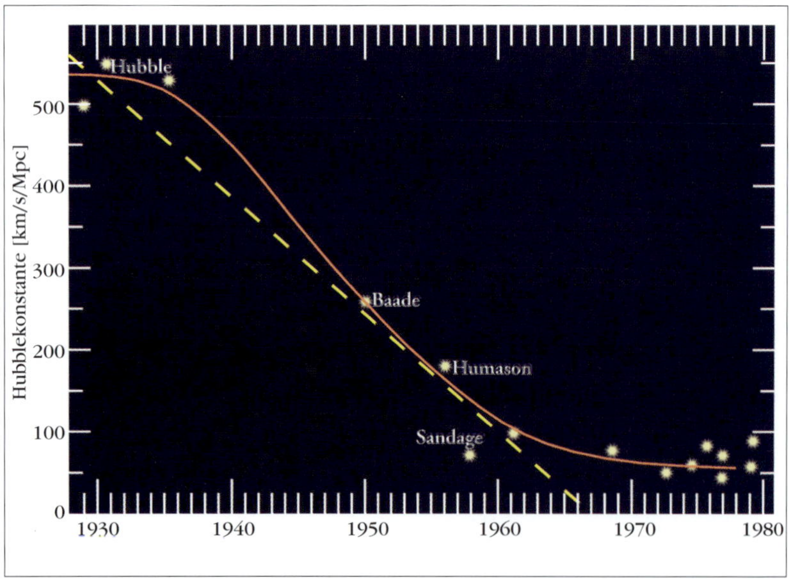

Die Konstante fällt
Das Diagramm zeigt die Schätzungen der Hubblekonstanten von 1930 bis 1980, und auch, wie sie im Lauf von 50 Jahren immer niedriger wurde. Der Wert von H_0 ist heute um fünf- bis zehnmal kleiner als die erste, sehr hohe Schätzung von Hubble.

Edwin Hubble
Ein Bild des Pioniers der Kosmologie.

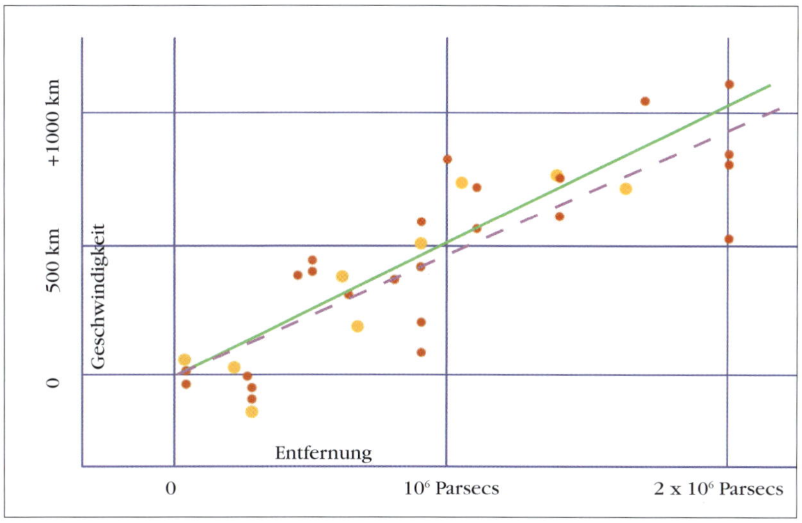

Ein historisches Diagramm
Die Beziehung zwischen Geschwindigkeit und Entfernung der Galaxien in der ursprünglichen Dastellung von Hubble (aus seinem 1936 erschienenen Buch »Das Reich der Nebel«)

Eine Spiralgalaxie
Eine Aufnahme des Weltraumteleskops; sie zeigt die Galaxie NGC 4639, deren Entfernung mithilfe der Cepheiden bestimmt wurde.

Die Kontroverse entzündet sich an der Messung der Entfernung vom Virgohaufen, der Ansammlung von tausenden von Galaxien im Zentrum des lokalen Superhaufens, an dessen Rand unsere Lokale Gruppe von Galaxien liegt.
Die Entfernung der Galaxien im Virgohaufen wurde sowohl mit unterschiedlichen Verfahren bestimmt als auch mit denselben, aber anders geeichten Verfahren. Das ist der Grund für die Unstimmigkeiten der erhaltenen Werte, aber bei dieser wissenschaftlichen Auseinandersetzung haben auch psychologische und soziologische Aspekte mitgespielt. Die texanische Gruppe mit der niedrigen Entfernungsskala schreibt dem Virgohaufen eine Entfernung von etwa 12 bis 14 Mpc zu und erhält für H_0 etwa 80 bis 100 km/s/Mpc. Diese Werte wurden auf der Grundlage von Methoden gewonnen, bei denen die Leuchtkraft der Kugelhaufen und der planetarischen Nebel als Standardkerzen dienen, und auch mithilfe der Tully-Fisher-Beziehung, die die absolute Helligkeit einer Spiralgalaxie mit der Breite der Emissionslinie koppelt, die im 21-cm-Bereich von neutralem Wasserstoff ausgestrahlt wird.
Ein so hoher Wert von H_0 hat vor allem die Wirkung, dass er zu einem Alter für das Universum führt, das geringer ist als das nach der Theorie der Sternentwicklung berechnete Alter der Sterne der Kugelhaufen. Deshalb halten die meisten theoretischen Astronomen den texanischen Wert für zu hoch, während der von Sandage und seinen Mitarbeitern gemessene Wert bei 40 bis 50 km/s/Mpc liegt und nicht zu Problemen mit den Kugelhaufen führt. Er ist jetzt der international bevorzugte Wert.

Ein offenes Problem

Das letzte Wort in dieser Kontroverse über die Entfernungsmessung wird das Weltraumteleskop sprechen, das so passend auf den Namen Hubble getauft wurde, wenn es die Ergebnisse der Messungen für die Cepheid-Veränderlichen im Virgohaufen liefert. Einige Ergebnisse sind schon bekannt: Die erste untersuchte Galaxie war NGC 4321, die für H_0 einen Wert von etwa 80 km/s/Mpc lieferte. Die Texaner feierten ihren Sieg, bis die Gruppe um Sandage 1996 durch Messung der Entfernung der Galaxie NGC 4369 ein H_0 von 47 km/s/Mpc errechnete.
Anscheinend findet wieder einmal jede Gruppe den ihren Erwartungen entsprechenden Wert. Die neuesten Daten erlauben eine neue Eichung der Tully-Fisher-Beziehung mithilfe von Beobachtungen an Spiralnebeln, die das Raumteleskop durchführte, und sprechen für einen Wert der Hubblekonstanten in der Nähe von 55 km/s/Mpc.
Aber die richtige Antwort muss auf Messungen an sehr vielen Galaxien beruhen.

Das Innere von M 31
Ein Foto des Kerns der Andromeda-Galaxie (M 31 oder NGC 224). Dieser Kern hat sich in zwei Komponenten geteilt, einen helleren in der Mitte und einen schwächeren daneben.

DIE ROTVERSCHIEBUNG

Die Geschwindigkeit, mit der sich die Galaxien von uns entfernen, wird spektroskopisch gemessen. Man analysiert dazu das Spektrum des von der Galaxie ausgesandten Lichts und sucht in ihm nach Merkmalen (Emissions- oder Absorptionslinien), die von bekannten chemischen Elementen herrühren und deren Wellenlänge λ deshalb aus irdischen Untersuchungen bekannt ist. Der Dopplereffekt kommt jedoch dann ins Spiel, wenn ein Objekt, das Licht aussendet, eine feste Wellenlänge λ_0 hat und sich mit einer Geschwindigkeit v relativ zum Beobachter bewegt. In diesem Fall ist die beobachtete Wellenlänge λ größer (also zum roten Ende des Spektrums hin verschoben), wenn die Quelle sich entfernt, und kleiner (blauverschoben), wenn sie sich nähert. Die mathematische Beziehung wird geschrieben als

$$\lambda / \lambda_0 = 1 + v/c,$$

wobei c die Lichtgeschwindigkeit ist, etwa 300 000 km/s. Die Größe v/c wird Rotverschiebung genannt und mit dem Buchstaben z bezeichnet.

Der Ursprung des Universums

Das Licht ferner Galaxien sagt uns, dass sie sich von uns mit einer Geschwindigkeit entfernen, die umso größer ist, je weiter sie sich vom Milchstraßensystem entfernen. Dieses Phänomen lässt sich durch die Annahme erklären, dass sich unser Universum gleichförmig ausdehnt. Dann aber müsste es früher kleiner gewesen sein als heute, und es müsste einmal einen Augenblick gegeben haben, in dem es auf einen Punkt reduziert war. Dann hat unsere Welt einen Anfang gehabt. Aber wie ist sie zu dem geworden, was wir heute sehen?

Der erste Augenblick

Die Theorie, die einen Anfang des Universums annimmt, also die Urknalltheorie, spricht von einer »Singularität« und meint damit, dass der Augenblick, in dem Raum und Zeit begannen, einem dimensionslosen Punkt entspricht. Nach der Quantentheorie gibt es jedoch eine kleinste Länge, in dem Sinn, dass der Begriff Länge für noch kleinere Abstände sinnlos wäre. Eine der Grundlagen dieser seit etwa 1930 erarbeiteten Theorie ist das von dem Nobelpreisträger Werner Heisenberg aufgestellte so genannte Unbestimmtheitsprinzip, wonach es unmöglich ist, Ort und Geschwindigkeit eines Teilchens oder eines anderen Körpers gleichzeitig mit beliebiger Genauigkeit zu messen. Die kleinste Länge, die Untergrenze der Dimensionen des entstehenden Universums, entspricht 10^{-35} m und »Planck-Länge« genannt. Der Nullpunkt der Zeitrechnung wird durch das Entstehen des kleinen Universums festgelegt.

Kleine Samen der Unregelmäßigkeit
Die kleinen Inhomogenitäten in der kosmischen Hintergrundstrahlung, wie sie der Satellit COBE gezeigt hat. Sie könnten zu so großen Strukturen des Universums wie den Galaxienhaufen geführt haben.

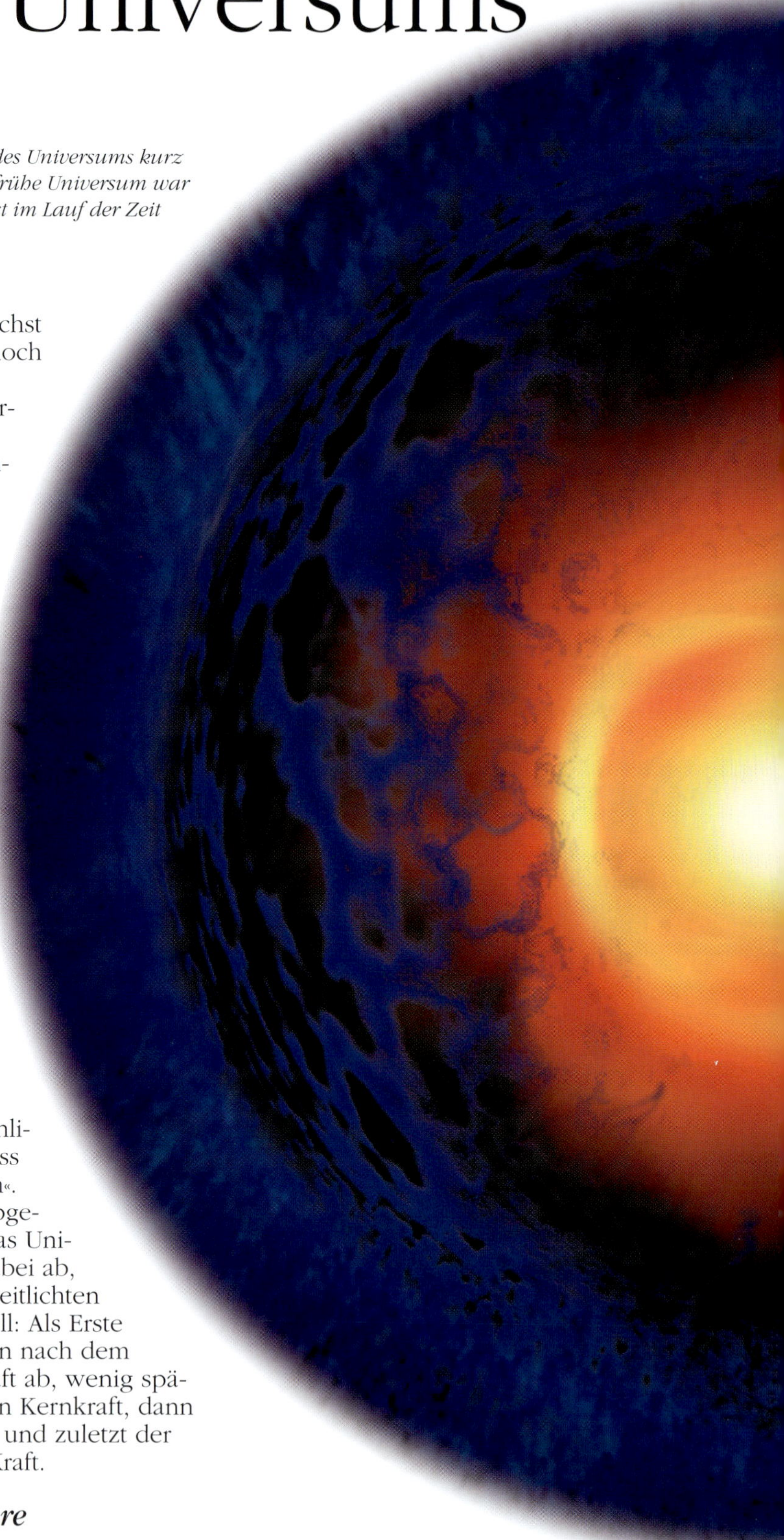

Und es ward Licht
Eine künstlerische Darstellug des Universums kurz nach dem Urknall. Das ganz frühe Universum war undurchsichtig und wurde erst im Lauf der Zeit lichtdurchlässig.

Das Universum war zunächst sehr heiß, so heiß, dass noch keine Materie existieren konnte und die vier Naturkräfte vereinheitlicht waren. Malen wir uns einmal aus, was passiert, wenn Materie allmählich erhitzt wird: Mit dem Anstieg der Temperatur wird den Molekülen Energie zugeführt, bis sie sich in ihre Bestandteile, die Atome, zerlegen. Danach spalten sich die Atome in ihre Komponenten, die Kerne und die Elektronen, und dann zerbrechen die Kerne in Protonen und Neutronen. Während die Teilchen so immer weiter zerlegt werden, vereinigen sich die Kräfte, und die Materie geht in eine Art Strahlung über. In einem sehr heißen Universum gibt es also keine gewöhnliche Materie, denn sie muss zu Strahlung »verdampfen«. Wenn aber die Energie abgestrahlt wird, dehnt sich das Universum aus, kühlt sich dabei ab, und die zunächst vereinheitlichten Kräfte trennen sich schnell: Als Erste spaltet sich 10^{-43} Sekunden nach dem Punkt Null die Schwerkraft ab, wenig später gefolgt von der starken Kernkraft, dann der schwachen Kernkraft und zuletzt der elektromagnetischen Kraft.

Die inflationäre Ausdehnung

Beobachtungen im Radiobereich haben die Existenz von Strahlung gezeigt, die in jeder Richtung nahezu gleichförmig ist und sich als kosmisches Echo der Explosion erklären lässt, mit der das Universum begann. Diese Radiowellen sind deshalb so seltsam, weil die Zeit, die das Licht braucht, um das Universum von einer Seite zur anderen zu durchqueren und Information zu vermitteln, länger ist als das Alter des Universums; Strah-

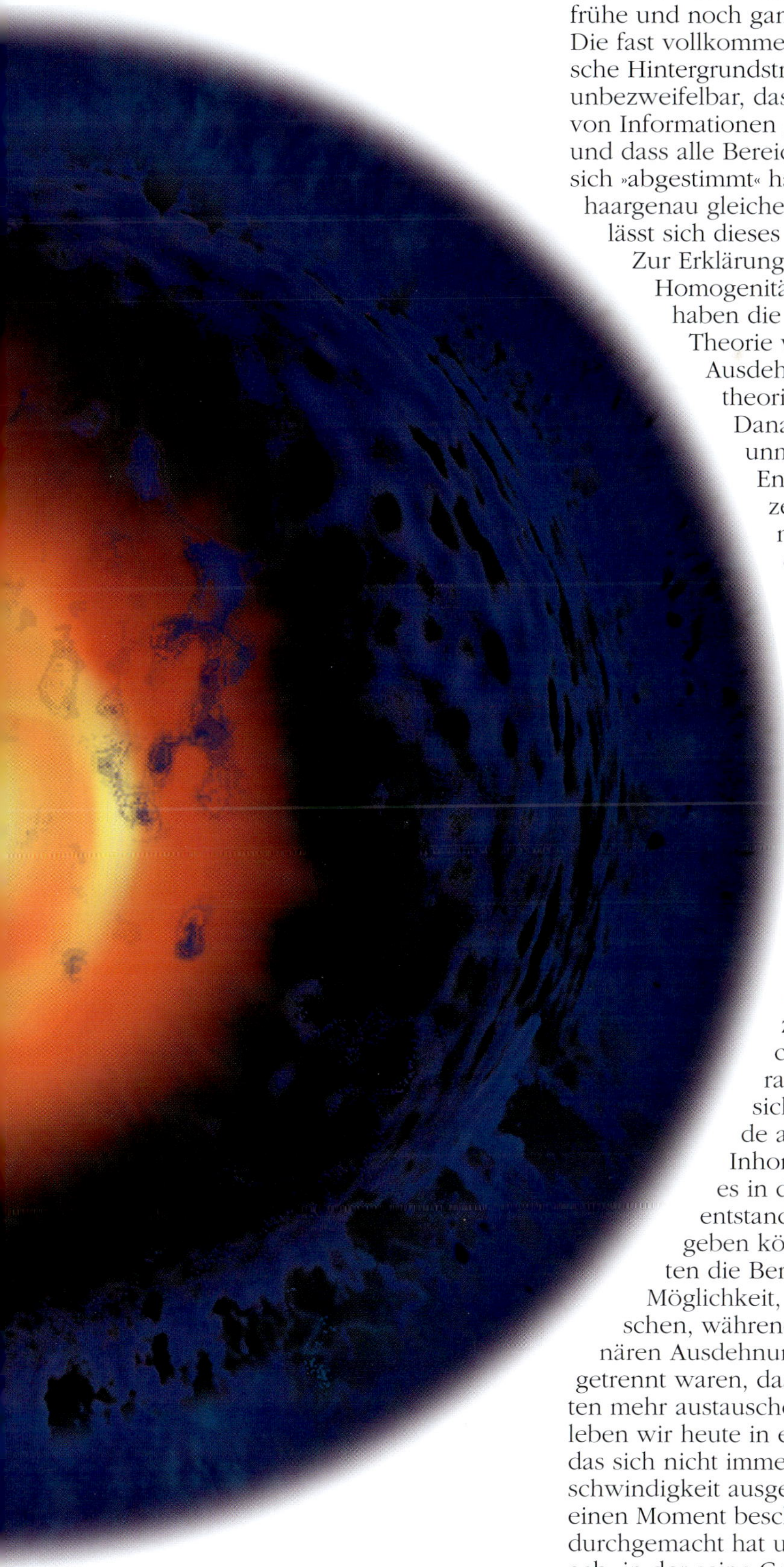

lung, die aus unterschiedlichen Richtungen aus den Tiefen des Kosmos zu uns kommt, könnte also durchaus unterschiedliche Eigenschaften haben, weil die Bereiche des Raums noch gar keine Information austauschen konnten. Das gilt auch für das sehr frühe und noch ganz kleine Universum. Die fast vollkommen gleichförmige kosmische Hintergrundstrahlung aber bezeugt unbezweifelbar, dass es einen Austausch von Informationen gegeben haben muss, und dass alle Bereiche des Universums sich »abgestimmt« haben müssen, um ein haargenau gleiches Signal zu senden. Wie lässt sich dieses Problem lösen?

Zur Erklärung der fast vollkommenen Homogenität der Reststrahlung haben die Astrophysiker zu der Theorie von der »inflationären Ausdehnung«, kurz Inflationstheorie, Zuflucht genommen. Danach hat das Universum unmittelbar nach seiner Entstehung eine sehr kurze Periode durchgemacht, in der die Ausdehnung nicht nach dem heute gültigen Gesetz verlief, sondern sehr viel rascher und in der die Ausmaße des Universums exponentiell angewachsen sind. Ein exponentielles Anwachsen bedeutet eine Verdopplung der Ausmaße in gleichen Zeiteinheiten: Nach einer bestimmten Zeitspanne haben sich die Ausmaße verdoppelt und potenzieren sich entsprechend weiter. Die sehr rasche Ausdehnung, die sich in der Inflationsperiode abspielte, konnte alle Inhomogenitäten glätten, die es in der Struktur des eben entstandenen Universums hätte geben können; außerdem hatten die Bereiche des Raums die Möglichkeit, Photonen auszutauschen, während sie nach der inflationären Ausdehnung sehr rasch so weit getrennt waren, dass sie keine Botschaften mehr austauschen konnten. Demnach leben wir heute in einem Universum, das sich nicht immer mit derselben Geschwindigkeit ausgedehnt hat, sondern einen Moment beschleunigter Ausdehnung durchgemacht hat und in dem es eine Zeit gab, in der seine Größe noch nicht beschleunigt zugenommen hatte und die Photonen von einer Seite zur anderen laufen und es homogen machen konnten. Deshalb also ist die kosmische Hintergrundstrahlung heute so außerordentlich gleichförmig.

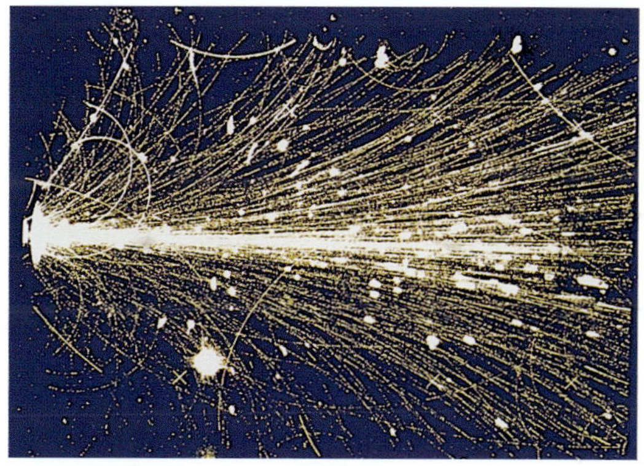

Die beiden Skalen der Natur
Spuren von Elementarteilchen in einem Detektor. Wenn es darum geht, den Ursprung des Universums zu verstehen, kommen sowohl das unendlich Große als auch das unendlich Kleine ins Spiel.

Der Prozess der Inflation begann bei etwa 10^{-34} Sekunden und dauerte bis 10^{-32} Sekunden nach dem Urknall, wobei sich die Dimensionen des Universums nach jeweils 10^{-34} Sekunden verdoppeln. In dieser sehr kurzen Zeitspanne werden die Dimensionen mit dem Faktor 2^{1000} multipliziert, also mit etwa 10^{30}. Die genauen Messungen der Hintergrundstrahlung, die wir dem Satelliten COBE verdanken, haben kleine Schwankungen in der Strahlungstemperatur aufgedeckt. Auch dieses Phänomen lässt sich mithilfe der Quantentheorie erklären, die wie in vielen anderen Vorgängen auch in der Hintergrundstrahlung kleine Schwankungen vorhersagt.

Das Problem der Dichte

Es gibt ein weiteres Problem, das die Inflationstheorie lösen kann, und das betrifft die Materiedichte. Nach der Allgemeinen Relativitätstheorie hängt das Schicksal des Universums von der Dichte der in ihr enthaltenen Materie ab. Wenn die Dichte nämlich kleiner ist als ein kritischer Wert, ist das Universum dazu bestimmt, sich immer weiter auszudehnen, nur gebremst durch die Schwerkraft, die wegen der wechselseitigen Anziehung der massereichen Objekte die unaufhaltsame Vergrößerung verlangsamt. Wenn dagegen die Dichte diesen kritischen Wert übersteigt, überwiegt die Schwerkraft, das Universum beendet seine Ausdehnung und zieht sich zusammen, bis es den Zustand erreicht, der gelegentlich als Endknall bezeichnet wird und in dem das Universum endgültig kollabiert.
Die Beobachtungsdaten zeigen, dass die Dichte des Universums sogar nah am kritischen Wert liegt, während theoretische Überlegungen zeigen, dass sich auch eine ganz geringe Änderung des Anfangswertes deutlich verstärkt haben müsste und heute

leicht beobachtbar sein sollte. Um die beobachteten Daten mit der Theorie in Einklang zu bringen, genügt es anzunehmen, dass die Dichte sich anfangs um 1 zu 10^{60} , also praktisch gar nicht, von der kritischen Dichte unterschieden hat. Glücklicherweise liegt die Dichte nach der Inflationstheorie hinreichend nahe an diesem kritischen Wert.

Die Entstehung der Materie

Wenn die Ausdehnung weitergeht, kühlt sich das Universum ab, und es können sich die ersten Teilchen bilden, aus denen Materie besteht. Dabei entsteht für jedes Teilchen auch ein Antiteilchen, also eines mit Eigenschaften, die bis auf die elektrische Ladung genau gleich sind. Da zwei entgegengesetzte Ladungen einander anziehen, vernichten sich Teilchen und Antiteilchen bei ihrer Begegnung und erzeugen Photonen. Als erste Teilchen haben sich Quarks und Antiquarks gebildet, die Teilchen, aus denen Protonen und Neutronen bestehen.

Wir wissen noch nicht, welche Vorgänge die perfekte Symmetrie zwischen Materie und Antimaterie gestört haben, aber es gab eine Störung zugunsten der Materie, die seitdem das Universum beherrscht. Weil Teilchen und Antiteilchen immer paarweise erzeugt werden, sollte es eigentlich nicht mehr Teilchen geben als Antiteilchen.

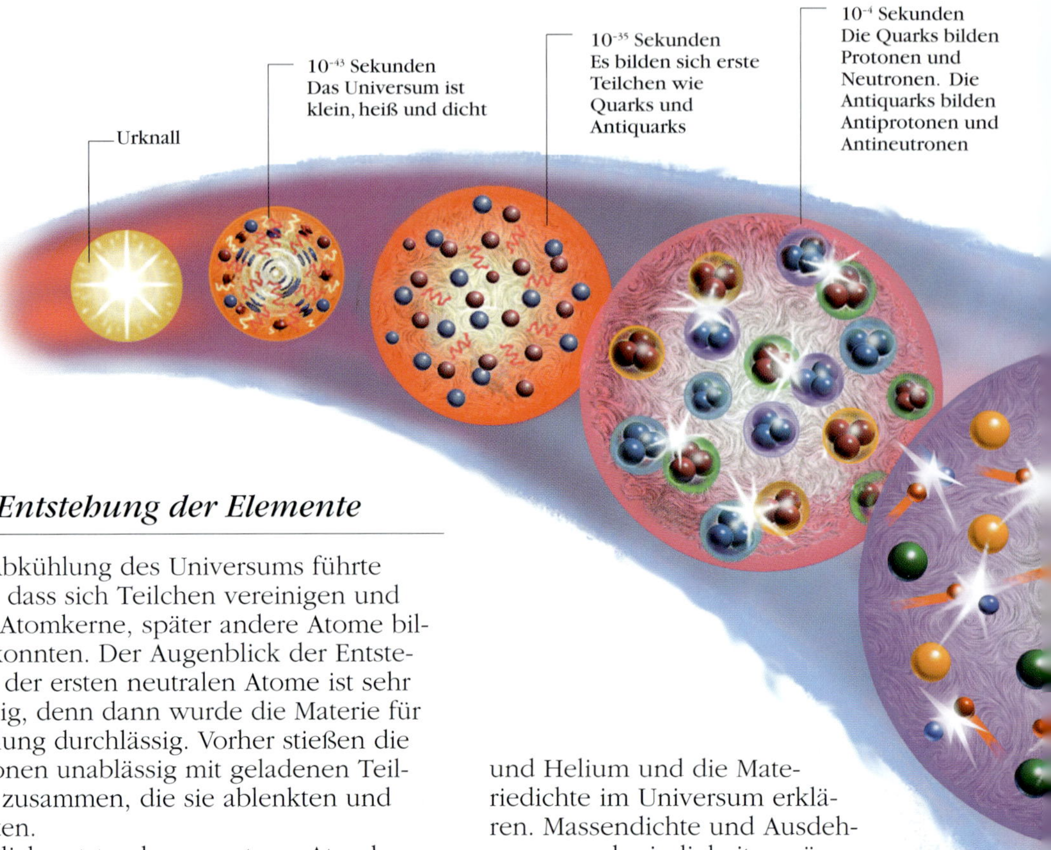

Die Entstehung der Elemente

Die Abkühlung des Universums führte dazu, dass sich Teilchen vereinigen und erste Atomkerne, später andere Atome bilden konnten. Der Augenblick der Entstehung der ersten neutralen Atome ist sehr wichtig, denn dann wurde die Materie für Strahlung durchlässig. Vorher stießen die Photonen unablässig mit geladenen Teilchen zusammen, die sie ablenkten und streuten.

Natürlich entstanden zuerst nur Atomkerne für die einfachste Atomart, Wasserstoff, und erst durch nachfolgende Kernreaktionen Helium. Nach den modernen Theorien bestand das primordiale Universum fast ausschließlich aus Wasserstoff und Helium (mit vielleicht etwas Lithium), wobei auf ein Heliumatom etwa acht Wasserstoffatome kamen. Die Zusammensetzung des heutigen Universums bestätigt diese Elementverteilung, die natürlich jetzt eine andere ist, weil im Sterninneren fortwährend aus Wasserstoff Helium und schwerere Elemente erzeugt werden.

Nach der Entstehung der ersten Elemente gab es einige Zeit nichts Neues im Universum. Es dehnte sich weiter aus und kühlte sich weiter ab, bis sich die Materie allmählich zu Sternen und den komplexeren Strukturen zusammenfand, die wir heute beobachten.

Vor dem Urknall

Urknalltheorie und Inflationstheorie zusammen können solche Beobachtungsdaten wie die kosmische Hintergrundstrahlung und ihre Homogenität und die relative Häufigkeit von Wasserstoff und Helium und die Materiedichte im Universum erklären. Massendichte und Ausdehnungsgeschwindigkeit genügen ihrerseits den Gleichungen einer der effizientesten Theorien, die der menschliche Geist je ersonnen hat, nämlich der Allgemeinen Relativitätstheorie Einsteins. Letztlich bedingt diese Theorie, dass alles einen Anfang gehabt hat, aber damit stellt sich auch die Frage: Gab es etwas »vor dem Anfang«? Und falls ja: Was war es? Diese Fragen lassen sich nicht beantworten. Wenn wirklich das Universum mit dem Urknall begann, ist es physikalisch sinnlos, von einem Vorher zu sprechen, es kann nur ein Nachher geben. Trotzdem erwägen neuere Theorien die Möglichkeit, dass unser Universum im Inneren eines anderen Universums entstanden sein könnte, und schaffen so eine Art Hierarchie der Welten, von denen eine in der anderen steckt und zwischen denen keine Übergänge möglich sind. Gerade in dieser Unzugänglichkeit steckt die Unmöglichkeit, diese vielleicht einleuchtende Hypothese zu bestätigen: Auch in unserem Universum könnten sich andere Universen bilden, von deren Existenz wir nichts wissen, weil sie mit unserem nicht verbunden sind und mit unseren Instrumenten nicht beobachtet werden können. Ungeachtet dessen kann man versuchen, wenigstens im Ansatz die Frage zu beantworten, woraus das Universum entstanden sein könnte. Wir haben gesagt, dass die Quantentheorie auf dem Unbestimmtheitsprinzip beruht. Eine entsprechende Formulierung dieses Prinzips besagt, dass es nicht möglich ist,

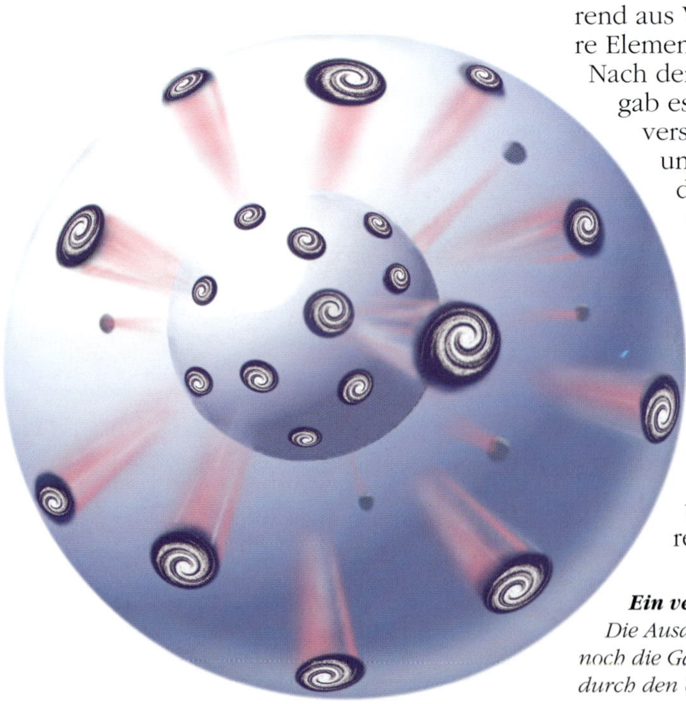

Ein verrücktes Rennen
Die Ausdehnung des Universums, die auch heute noch die Galaxien auseinander laufen lässt, wurde durch den Urknall ausgelöst.

die Energie eines Systems genau anzugeben, sei es nur für ein einzelnes Teilchen oder für das ganze Universum. Die Unbestimmtheit der Energie des Systems ist an die Dauer des Systems gebunden: Je kürzer die Dauer eines Vorgangs ist, desto ungenauer ist die Energie der daran beteiligten Teilchen festgelegt. Dieses Prinzip ermöglicht nicht nur die kontinuierliche Schöpfung so vergänglicher Systeme wie Paaren von Teilchen und Antiteilchen, die ein sehr kurzes Leben haben, sondern eine mögliche Interpretation der Quantentheorie besagt auch, dass unser Universum nichts anderes ist als das Ergebnis einer solchen Energiefluktuation, die sehr lange, möglicherweise sogar unendlich lange dauert. Das Universum könnte ein ewiges Leben haben, weil seine globale Energie genau Null ist. So seltsam diese Überlegungen auch erscheinen mögen, sind sie doch nicht unbegründet, falls die Schwerkraft eine Energiequelle mit negativem Vorzeichen darstellt. Das Universum könnte aus dem Nichts entstanden sein.

Trotz all der großartigen Entwicklungen sowohl im Bereich der Theorienbildung als auch der Beobachtungen bleibt die Grundfrage »Woher kommen wir?« unbeantwortet und wird es vielleicht auch immer bleiben.

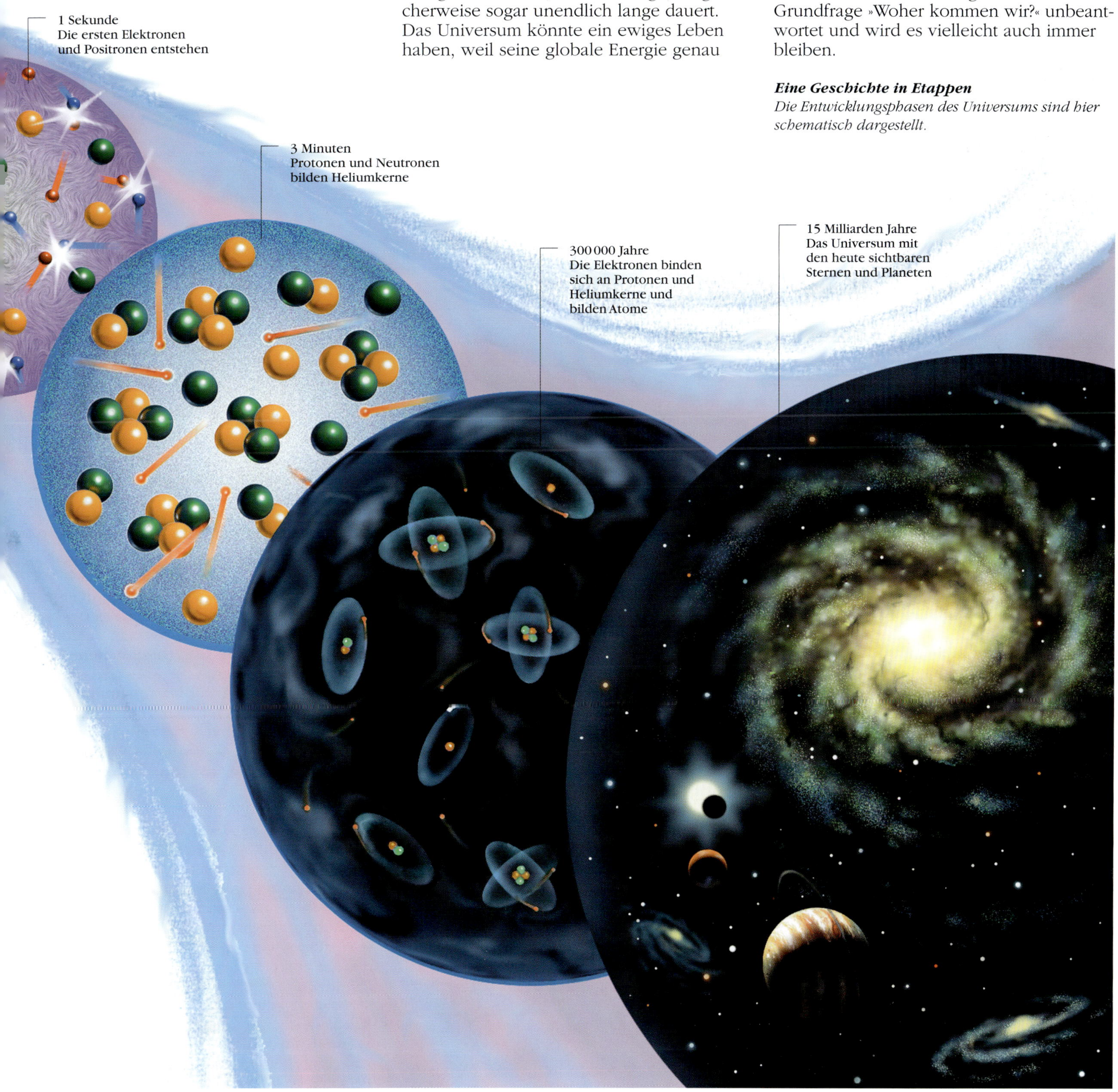

Eine Geschichte in Etappen
Die Entwicklungsphasen des Universums sind hier schematisch dargestellt.

Die Suche nach Leben im Universum

Leben könnte sich nach Meinung vieler Astronomen an mehreren Orten des Universums oder auch im Inneren unserer Galaxis entwickelt haben. Leider haben wir bis heute noch keine konkreten Beweise, dass diese Annahme zutrifft; und wenn es so wäre, würden wir wohl kaum über die technischen Mittel verfügen, die zum Besuch sehr ferner bewohnter außerirdischer Orte nötig ist. Nichts aber hindert uns, Botschaften in den Raum zu senden, die von fremden Zivilisationen aufgefangen werden könnten, also dem ungeheuren Ozean des Universums eine Art technologischer Flaschenpost anzuvertrauen oder auch, umgekehrt, zu versuchen, hier auf der Erde Botschaften aufzufangen, die möglicherweise aus dem Kosmos kommen.

Ein riesiges Radio
Die gewaltige Antenne des Radioteleskops von Arecibo, dem größten der Welt, von dem eine Botschaft an M 13 gesandt wurde. Das hängende Gerät ist der Empfangsteil im Brennpunkt des Instruments.

Die Botschaft von Arecibo

Eine solche interstellare Botschaft hat das Radioteleskop in Arecibo (Puerto Rico, Antillen) anlässlich der Einweihung dieses neuen und leistungsstarken Instruments am 16. September 1974 in den Raum gestrahlt. Die Botschaft ist für den etwa 25 000 Lichtjahre von uns entfernten Kugelhaufen M 13 im Sternbild Herkules bestimmt und wurde mit Wellen der Länge 12,6 cm ausgesandt, was einer Frequenz von 2381 MHz entspricht. Das Signal hatte eine Dauer von 169 Sekunden, und das bedeutet eine beachtliche Leistung. Das Signal bestand aus 1679 binären Pulsen, deren Übermittlung drei Minuten dauerte. Die Zahl 1679 wurde gewählt, weil sie das Produkt der Primzahlen 23 und 73 ist; das Muster, das sich ergibt, wenn die Pulse in 73 Reihen mit je 23 Pulsen angeordnet werden, gibt unter anderem Informationen über die Atomzahlen wichtiger Elemente, die RNA und DNA und die Größe eines Menschen und der Weltbevölkerung. Falls einer der etwa 300 000 Sterne von M 13 von einem bewohnten Planeten umlaufen wird, und wenn es auf diesem Planeten eine technologisch entwickelte Zivilisation gibt, die in der Lage ist, die Botschaft zu entschlüssen und die Quelle zu erkennen, würden wir das frühestens in 50 000 Jahren erfahren (das Licht braucht 25 000 Jahre für die Hinreise und ebenso lange für die Rückreise). Keine besonders einfache Form, eine Unterhaltung zu führen …

Auf dem Weg zu M13
Der Kugelhaufen M13, dem das Radioteleskop auf Arecibo am 16. September 1974 eine Botschaft gesandt hat. M13 ist etwa 25 000 Lichtjahre von uns entfernt und liegt im Sternbild Herkules.

Pioneer und Voyager als Botschafter

Am 3. März 1972 begannen die Sonden Pioneer 10 und 11 ihre Reise ins äußere Sonnensystem, und am 6. April des nächsten Jahres folgte ihnen Pioneer 12. Pioneer 10 und 11 sollten Jupiter besuchen, Pioneer 12 gar bis zum Saturn reisen. Die Bahnen waren so gewählt, dass die Sonden nach Abschluss ihrer – höchst erfolgreichen – Missionen früher oder später das Sonnensystem verlassen würden.
Pioneer 10 wird nach einer Reisezeit von etwa 3200 Jahren dem ersten Stern begegnen, und falls dort jemand wissen möchte, welches Geschenk ihm der Weltraum beschert und er sich die Mühe macht, es einzufangen, findet er eine goldeloxierte Aluminiumplatte an Bord, in die eine Botschaft geätzt ist. Diese Zeichnung stellt einen Mann und eine Frau dar (Gestalten, die einem Außerirdischen vermutlich überhaupt nichts sagen). Während der Mann aktiv einen Arm zum Gruß erhoben hat, lässt die Frau die Arme passiv hängen. Daneben ist schematisch eine Sternexplosion mit 14 geraden Linien angedeutet, die jede einen Pulsar darstellen sollen und deren Länge der Entfernung von der Sonne entspricht. Darunter ist in einer schematischen Darstellung des Sonnensystems die Erde hervorgehoben und darüber ein Wasserstoffatom, dessen als Binärzahl geschriebene Wellenlänge von 21 cm als »universale Maßeinheit« dienen soll. Man hofft, dass eine intelligente Zivilisation die Pulsare so gut kennt wie wir Erdenbürger und die Botschaft entschlüsseln kann.
Nach Meinung ihres Schöpfers, des Astronomen Carl Sagan, ist die Plakette widerstandsfähig genug, um hunderte von Millionen Jahren im Raum überleben zu können.

VERSCHLÜSSELTE BOTSCHAFTEN

Die von Arecibo ausgesandte Botschaft enthält 1679 Bits Information. Diese Zahl 1679 ist das Produkt von 23 und 73, was durch das Rechteck mit 23 Zeichen und 73 Reihen nahe gelegt wird. Die Botschaft wurde von Frank Drake erdacht, dem Pionier von SETI. Die Nachricht begann mit der Aufzählung der Zahlen eins bis zehn im Binärsystem und zählt dann die Atomzahlen der Elemente auf, die für das Leben auf der Erde besonders wichtig sind: Wasserstoff, Kohlenstoff, Stickstoff, Sauerstoff und Phosphor. Ebenfalls in chemischen Formeln beschreibt Drake dann die Bestandteile der DNA, deren Doppelhelix er auch grafisch darstellt. Innerhalb der Doppelhelix stellt ein weißer länglicher Block die Zahl 3 Milliarden dar, die Anzahl der Nukleotide in den Genen eines Menschen, der als rote Figur abgebildet ist. Die Zahl links gibt die Größe des Menschen (in Einheiten der Wellenlänge der Übermittlung, also 12,6 cm) an, die Zahl rechts (4 Milliarden) die der (damaligen) Gesamtbevölkerung. Diese Information ist außerirdischen Wissenschaftlern vermutlich weniger leicht zugänglich.
Darunter ist das Sonnensystem mit seinen neun Planeten gelb dargestellt, wobei der dritte in der Reihe nach der Entfernung von der Sonne (die Erde) hervorgehoben ist und genau zwischen den Füßen des Menschen liegt. Unten schließlich ist das Radioteleskop gezeichnet, das die Botschaft übermittelt. Seine Maße (etwa 305 m) stehen in der letzten weißen Zeile.

Die Botschafter
Pioneer (oben) und Voyager (ganz oben) haben Tafeln mit Botschaften für außerirdische intelligente Wesen an Bord. Ihre Reise wird Jahrtausende dauern.

Heute ist die Sonde Voyager 2 das am weitesten von seinem Heimatplaneten entfernte Objekt. Ähnlich wie die Pioneer-Sonde sollen sich auch die Sonden Voyager 1 und 2 im interstellaren Raum verlieren, wenn sie den äußeren Planeten des Sonnensystems einen Besuch abgestattet haben, und gegebenenfalls eine Botschaft übermitteln. Es handelt sich in diesem Fall um eine Diskette mit audiovisueller Information. Sie enthält Bilder (20 in Farbe und 96 in Schwarz–Weiß) und Töne (60 gesprochene Grüße und Geräusche und 90 Minuten Musik aus allen Teilen der Welt), und auch Information über die Chemie und die Biologie der Spezies Mensch. Diese Art »Weltraum-Enzyklopädie« soll Zeugnis vom Menschen und vom Leben in einem fernen Winkel des Milchstraßensystems ablegen. Die Scheibe wurde aus Kupfer gepresst und mit Aluminium ummantelt. Auf die Hülle sind die »Gebrauchsanweisungen« gezeichnet, ähnlich wie auf die Tafel an Bord der Pioneer-Sonde. Auch in diesem Fall ist der Schlüssel zur Entzifferung die

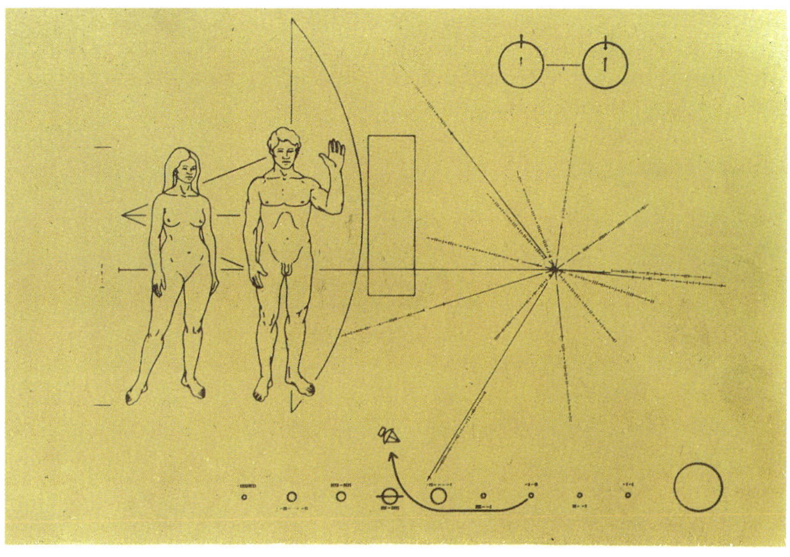

An Bord von Pioneer…
Eine Reproduktion der Nachricht, die mit der Pioneer-Sonde reist und für intelligente Wesen im Weltraum bestimmt ist, falls es dort welche gibt.

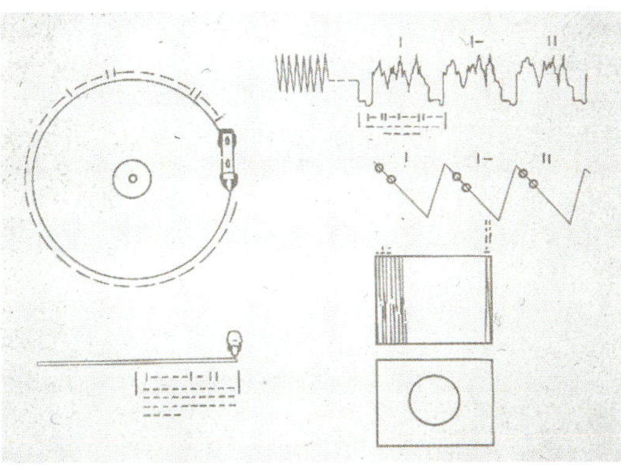

… und von Voyager
Ein Teil der als Gebrauchsanweisung gemeinten Information auf der Hülle der Diskette.

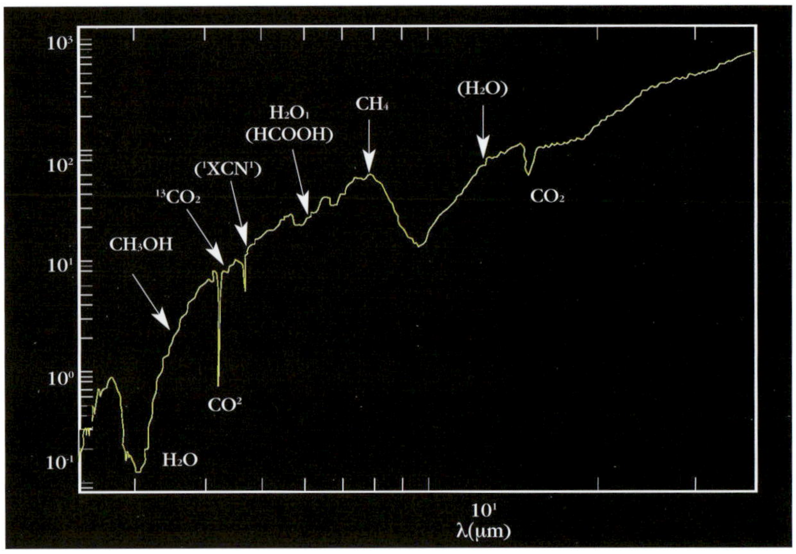

Moleküle im Raum
Das Spektrum des Nebels NGC 7538. Man erkennt deutlich die Absorptionslinien einiger interstellarer Moleküle, die sich als Spitzen der Grundlinie zeigen. Stoffe, bei denen die Zuschreibung nicht klar ist, sind eingeklammert.

Hell und dunkel
Eine dunkle Staubwolke im Sternbild Skorpion

Frequenz von 1420 MHz des atomaren Übergangs von Wasserstoff.

Das SETI-Projekt

Botschaften wie die beschriebenen bleiben im Wesentlichen im Bereich wissenschaftlicher Kuriosa; viel wichtiger ist die Suche nach möglichen intelligenten Radiosignalen, die aus dem Raum zur Erde gelangen. In dieser Richtung arbeitet SETI (ein Kürzel für Search for Extra Terrestrial Intelligences, also »Suche nach außerirdischer Intelligenz«).
Sie begann 1959, als Guiseppe Cocconi und Philip Morrison von der Cornell Universität in der Zeitschrift »Nature« einen Artikel veröffentlichten, in dem sie auf die Möglichkeit der interstellaren Kommunikation im Mikrowellenbereich hinwiesen. Etwa gleichzeitig hatte sich der junge Radioastronom Frank Drake mit dieser Möglichkeit beschäftigt und 1960 mit der Suche nach Radiosignalen aus anderen Sonnensystemen begonnen, indem er eine 25-Meter-Antenne auf zwei relativ nahe, sonnenähnliche Sterne richtete und im »magischen« Frequenzbereich von 21 cm (1420 Mhz) nach möglichen extraterrestrischen Signalen lauschte.
Einerseits wurde Drake nicht das Glück zuteil, etwas zu finden, andererseits regte sein OZMA-Projekt andere Astronomen, insbesondere sowjetische an, seinem Beispiel zu folgen. So kam es, dass SETI um 1960 herum von der sowjetischen Forschung beherrscht war, die allerdings nicht sehr systematisch betrieben wurde. Die Sowjets konzentrierten sich weniger auf nahe Sterne, sondern suchten mit ihren richtungsunabhängigen Antennen große Bereiche des Himmels ab. Sie setzten darauf, dass es im Raum möglicherweise zwar nur wenige technologisch hoch entwickelte Zivilisationen gibt, diese aber über sehr leistungsfähige Systeme zur Übersendung von Radiobotschaften verfügen. Dann nahm sich 1960 die NASA der Sache an und sorgte für die Bereitstellung der nötigen Technologie. Bald kümmerte sich im Rahmen des »Zyklopen-Projekts« eine Arbeitsgruppe unter Leitung von Bernard Oliver um die Technologie, die notwendig ist, wenn man ernsthaft und dauerhaft mögliche Signale außerirdischer Intelligenz auffangen will.
Einige der Vorhaben, die daraus hervorgingen, sind immer noch im Gang oder wurden vor kurzem beendet. Ihre technischen Hilfsmittel sind sehr raffiniert. Erwähnenswert sind das Projekt META der Planetarischen Gesellschaft, das SERENDIP der Universität von Kalifornien und ein langes Beobachtungsprogramm der Ohio State University.
Gegen Ende der sechziger Jahre beschlossen das Ames-Forschungszentrum der NASA und das Jet Propulsion Laboratory in Pasadena, sich an der Suche nach außerirdischen Signalen zu beteiligen. Sie schlugen zwei Verfahren vor: Ames sollte ganz gezielt 1000 sonnenähnliche Sterne untersuchen, während JPL alle Himmelsrichtungen durchmustern wollte. Nachdem die Verantwortlichen der NASA etwa zehn Jahre lang erwogen hatten, welche Strategie die bessere sei, entschieden sie sich für die Durchmusterung. Vier Jahre später, anlässlich des 500. Jahrestages der Entdeckung Amerikas durch Christoph Columbus, begannen die ersten Beobachtungen. Der amerikanische Kongress beschloss jedoch kaum ein Jahr nach Beginn der Suche, die Gelder für das Vorhaben zu streichen.
So gaben viele Wissenschaftler die Suche auf, und nur wenige bemühten sich darum, privat Gelder aufzutreiben. Das »Projekt Phönix« hat die Bemühungen auf den Teil des Projekts SETI der NASA konzentriert, das als Target Search, »Zielsuche«, bekannt wurde und 1000 sonnenähnliche Sterne in unserer Nähe untersuchen wollte. Dazu wurden die größten irdischen Antennen verwendet, die vorher für SETI gearbeitet hatten.

Serendip

Ein anderes Projekt, das mehrere Jahre lang erwogen wurde, ist Serendip. Der Name sagt etwas über die dahinter steckende Philosophie, denn als »Glücksfall«, englisch Serendipity, bezeichnet man in der Wissenschaft solche Entdeckungen, die zufällig dann zustande kommen, wenn eigentlich etwas anderes erforscht werden soll. Der richtige »Serendip« ist ein Empfänger, der gleichzeitig sehr viele Radiokanäle analysieren kann, da man nicht vorher wissen kann, mit welcher Frequenz fremde Zivilisationen Botschaften senden, und man deshalb so viele wie möglich untersucht.

Fremde Welten
Hypothetische bewohnbare Planeten, hier der Fantasie eines Künstlers entsprungen. Es ist nicht ausgeschlossen, dass es außer der Erde im Universum noch andere bewohnte Planeten gibt, aber noch gibt es keinen Beweis.

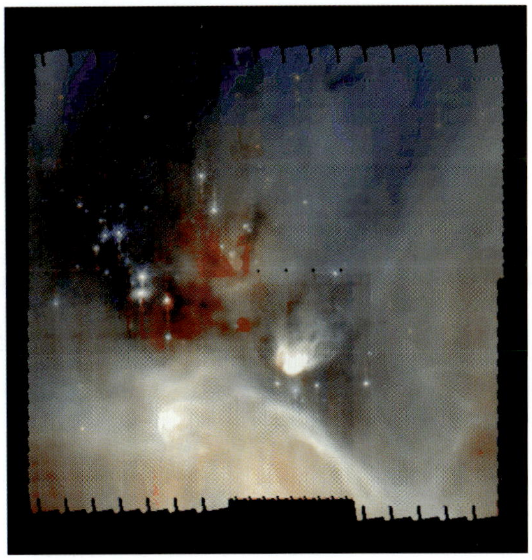

Interstellare Wolken
Ein eindrucksvolles Infrarotbild der interstellaren Wolke im Bereich des Sterns Rho Ophiuchi. Das hellste Objekt ist ein sehr junger massereicher Stern.

Serendip I begann 1979 am Hat Creek-Observatorium der Universität Berkeley mit der Beobachtung; er konnte gleichzeitig 100 Kanäle untersuchen. Der Serendip II, der von 1986 bis 1988 arbeitete, wurde in dem 75-Meter-Teleskop von Green Bank installiert, und konnte 65 000 Kanäle pro Sekunde durchmustern. Serendip III arbeitete vom 15. April 1992 etwa vier Jahre lang am Radioteleskop von Aricibo (dem größten der Welt) und erfasste in insgesamt 10 000 Beobachtungsstunden etwa 94% des sichtbaren Himmels mindestens fünfmal. Die Daten werden noch analysiert, haben aber bis heute keine Signale gezeigt, die so interessant waren, dass sie eine erneute Suche rechtfertigen. Der Letzte, Serendip IV, wurde im Juni 1997 im Radioteleskop Arecibo in Betrieb genommen; er kann in je 1,7 Sekunden in einer Bandbreite von 100 MHz zentriert um die Frequenz 1,42 GHz 168 Millionen Kanäle analysieren; die Ergebnisse sollten in den nächsten Jahren veröffentlicht werden. Diese Instrumente sind sozusagen »Gäste« der professionell genutzten Radiotelekope, an denen die Astronomen ihre Forschungen an den für sie interessanten Objekten durchführen. Serendip sammelt die Radiosignale in den genannten Frequenzen in den beobachteten Bereichen des Himmels und übermittelt sie per Internet an die Universität Berkeley, wo sie mithilfe einer Reihe von Algorithmen analysiert werden, die Störungen ausschalten und Signale, die mit einer gewissen Wahrscheinlichkeit von intelligenten außerirdischen Wesen stammen, aussondern.

Bei welcher Frequenz horchen sie?

Eines der größten Probleme ist bei der Untersuchung außerirdischer Signale die Wahl der richtigen Frequenz, die sich natürlich nicht mit dem »Hintergrundrauschen« des Universums vermischen darf. Das schließt die Suche nach Lichtbotschaften aus, weil Sterne im sichtbaren Bereich so viel Energie aussenden, dass die Botschaft vom Licht des eigenen Sterns verschluckt würde. Im Bereich der Radiowellen dagegen könnte eine künstliche Botschaft leicht mehr Energie haben als die natürliche Radiostrahlung eines Sterns. Aber auch wenn man nur den verfügbaren Radiowellenbereich in Betracht zieht, lässt der Frequenzbereich noch ein oder zwei Milliarden Möglichkeiten offen. Deshalb können wir jedenfalls zurzeit keine Instrumente bauen, die alle möglichen Frequenzen einzufangen vermögen, und müssen uns notwendigerweise auf jene beschränken, die eine extraterrestrische Zivilisation mit größerer Wahrscheinlichkeit für die Übermittlung eines Signals wählen würde.
Schon 1959 schlugen Cocconi und Morrison dafür die Frequenz 1420 MHz vor, die einer Wellenlänge von 21 cm entspricht. Diese Welle wird spontan von den Atomen des neutralen Wasserstoffs ausgesandt, wenn das Elektron seinen Spin gegenüber dem des Protons verändert. Wasserstoff ist im Universum überall reichlich vorhanden und deshalb leicht bemerkbar. Falls eine außerirdische Zivilisation mindestens so entwickelt ist wie unsere, kennt sie diese Emissionslinie und kann deshalb diese Freqenz geeignet verstärken und modulieren, wenn sie eine Botschaft senden will. Auch die charakteristische Frequenz von 1721 MHz des im Raum ebenfalls sehr häufigen Hydroxyl-Radikals OH wäre für Außerirdische eine mögliche Wahl. Das Frequenzintervall von 1420 und 1721 MHz, also zwischen der Wasserstofflinie und der Linie von OH, wird als Wasserloch bezeichnet, weil man sich vorstellt, dass die Zivilisationen, die Ähnlichkeit mit der unseren haben, sich wie Wüstentiere um eine Quelle um diese Frequenzen sammeln. Wenn Wasser ausschlaggebend ist für die Entwicklung des Lebens, könnten sich diese Frequenzen wirklich besonders gut für eine Unterhaltung auf galaktischem Niveau eignen.

DRAKES FORMEL

Die Suche nach intelligentem Leben im Universum geht von der Annahme aus, dass es statistisch gesehen möglich sein müsste, einen Kontakt herzustellen. Aber können wir wissen, wie viel technologisch fortgeschrittene Zivilisationen es in unserer Galaxis gibt, mit denen man hoffen kann, in Kontakt zu kommen? Frank Drake hat eine Formel hergeleitet, die diese Frage beantwortet. Danach ist die Anzahl N der existierenden technologisch hoch entwickelten Zivilisationen, die sowohl daran interessiert als auch fähig sind, über interstellare Entfernungen zu kommunizieren, folgendermaßen zu berechnen:

$$N = R^* \cdot f_p \cdot n_a \cdot f_l \cdot f_i \cdot f_c \cdot D$$

Dabei ist R^* die Anzahl der Sterne in der Galaxis, f_p der Bruchteil der Sterne, die Planetensysteme haben, n_a die mittlere Anzahl bewohnbarer Planeten in einem Sonnensystem, f_l der Bruchteil der Planeten, auf denen sich Leben entwickelt, f_i der Anteil der bewohnbaren Planeten, auf denen sich intelligentes Leben entwickelt hat, f_c der Anteil der von intelligenten Wesen bewohnten Planeten, die zu interstellarer Kommunikation fähig sind, und D die Lebensdauer einer solchen technologischen Gesellschaft.
Aus diesen auf sehr komplizierte Weise erhaltenen statistischen Daten haben Drake und andere Forscher die folgenden Schlüsse gezogen:

- Die Anzahl der Zivilisationen, die uns aus technologischer Sicht weit voraus sind und heute in der Galaxis existieren, könnte zwischen 50 000 und 1 000 000 liegen;
- Die mittlere Entfernung zwischen den technologisch hoch entwickelten Zivilisationen liegt zwischen einigen hundert und etwa 1000 Lichtjahren.
- Das mittlere Alter einer technologisch hoch entwickelten Zivilisation, die sich auf interstellare Kommunikation einlässt, sollte mehr als 10 000 Jahre betragen.

Frank Drake, ein SETI-Pionier

Die Sternbilder

Zwei Dinge erfüllen das Gemüt mit immer neuer und zunehmender Bewunderung und Ehrfurcht, je öfter und anhaltender sich das Nachdenken damit beschäftigt: der bestirnte Himmel über mir und das moralische Gesetz in mir.

IMMANUEL KANT, *Kritik der praktischen Vernunft*

Der letzte Abschnitt dieses Buches ist den Sternbildern gewidmet. Er beschreibt die 88 von der Internationalen Astronomischen Union definierten Sternbilder in alphabetischer Reihenfolge und zeigt sie auf einer Himmelskarte. Weniger wichtige Sternbilder wurden gelegentlich paarweise zusammengefasst (beispielsweise Antlia und Pyxis). Einer kurzen Einführung in die Geschichte oder Mythologie des Sternbilds folgen Hinweise darauf, wie es am Himmel zu finden ist. Weiter werden die wichtigsten Sterne und leicht beobachtbaren Objekte beschrieben (Doppelsterne, Nebel, Haufen, Galaxien usw.), die auf der daneben stehenden Sternkarte mit Symbolen gekennzeichnet sind. Außerdem gibt der Begleittext Informationen über

die zur Beobachtung des Sternbilds günstigste Jahreszeit

Hinweise zum Auffinden

den Teil des Himmels, wo das Sternbild beobachtbar ist

die Koordinaten der Grenzen

Sternfreunde bei der Arbeit
Die Leidenschaft für die Beobachtung des Himmels führt die Sternfreunde oft in die Ferne, weit weg von ihrem Wohnort. In unserer Zeit können wir dem Streulicht bewohnter Zentren nur im Gebirge oder in sehr isolierten Gegenden entkommen.

Ein Instrument für die Himmelsbeobachtung

Es ist viel einfacher, ein Sternfreund, also ein Liebhaberastronom zu werden, als man meint. Sogar ohne irgendwelche Hilfsmittel kann man sich mit den Sternbildern und den Positionen der mit bloßem Auge sichtbaren Planeten vertraut machen. Wer sich ernsthaft mit dem Himmel beschäftigen will, braucht jedoch ein Fernrohr oder einen guten Feldstecher und eine Sternkarte, auf der die Planeten und Himmelskörper eingetragen sind.

Der erste Schritt: das Fernglas

Viele, die sich auf die Himmelsbeobachtung einlassen, beobachten zunächst mit einem Operngias oder einem Feldstecher, um die möglicherweise unnötig hohen Kosten für ein Fernrohr zu vermeiden. Mit dem Fernglas lassen sich sehr viele Einzelheiten beobachten, und es ist zudem auch für Beobachtungen auf der Erde nützlich, falls sich die Begeisterung für die Astronomie als nur vorübergehend erweist.
Es sind viele Ferngläser sehr unterschiedlicher Größe im Handel, und sie bieten eine üppige Auswahl an Leistungen. Die beiden durch ein x verknüpften Zahlen, die diese Instrumente beschreiben, geben die Vergrößerung und die Größe der Objektivlinsen in Millimeter an. Für astronomische Beobachtungen eignen sich Ferngläser mit den Angaben 8 x 40, 7 x 50 und 10 x 50; größere Ferngläser brauchen ein Stativ. Ein Stativ ist sowieso nützlich, denn es ist wirklich schwierig, ein Fernglas längere Zeit mit der Hand ruhig zu halten. Mit einem Fernglas lassen sich beispielsweise die Mondkrater und die Bewegungen der vier galileischen Monde des Jupiter beobachten; mithilfe einer Himmelskarte kann man sogar Uranus erkennen.

Welches Teleskop?

Es gibt zwei Hauptarten von Teleskopen: Refraktoren sammeln das Licht mit einer Linse, die als Objektiv dient und am vorderen Teil der Röhre (dem so genannten Tubus) angebracht ist, während Reflektoren das Licht auf einen gekrümmten Spiegel am hinteren Ende des Tubus werfen. Die Teleskope werden immer unter Angabe der Größe ihres Objektivs oder Spiegels beschrieben. Ein Reflektor mit 300 mm beispielsweise hat einen Hauptspiegel mit diesem Durchmesser. In beiden Arten von Teleskopen lässt sich das Okular vom Tubus abtrennen, ist also austauschbar. Mit dem entsprechenden Zubehör lassen sich also Vergrößerung und Reichweite des Gesichtsfelds nach unseren Bedürfnissen verändern.
Reflektoren haben einen Zweitspiegel, der das Licht ins Okular lenkt. Dieser kleinere Spiegel verdeckt einen Teil des Hauptspiegels, und weil dessen Oberfläche dort kein Licht sammeln kann, muss ein Reflektor größer sein als ein gleich leistungsfähiger Refraktor. Weil aber Linsenteleskope guter Qualität im Allgemeinen teurer sind als Spiegelteleskope, arbeiten die meisten Amateurastronomen mit Reflektoren.
Die kleinsten Refraktoren, die sich für die ernsthafte Beobachtung des Himmels eignen, haben einen Durchmesser von 50 bis 75 mm, die kleinsten Reflektoren, die ernsthaft in Betracht kommen, dagegen einen Durchmesser von 110 bis 150 mm. Mit einem derartigen Teleskop können wir nicht nur die typischen Einzelheiten auf der Oberfläche des Mondes beobachten, sondern auch die Phasen der Venus und die Polkappen des Mars, den Großen Roten Fleck des Jupiter und die Ringe, die den Saturn umgeben.

Zum Beginn ...
Ein Fernglas ist ein ausgezeichnetes Hilfsmittel für jeden beginnenden Sterngucker. Im Gegensatz zum Teleskop liefert es ein Bild, das nicht auf dem Kopf steht.

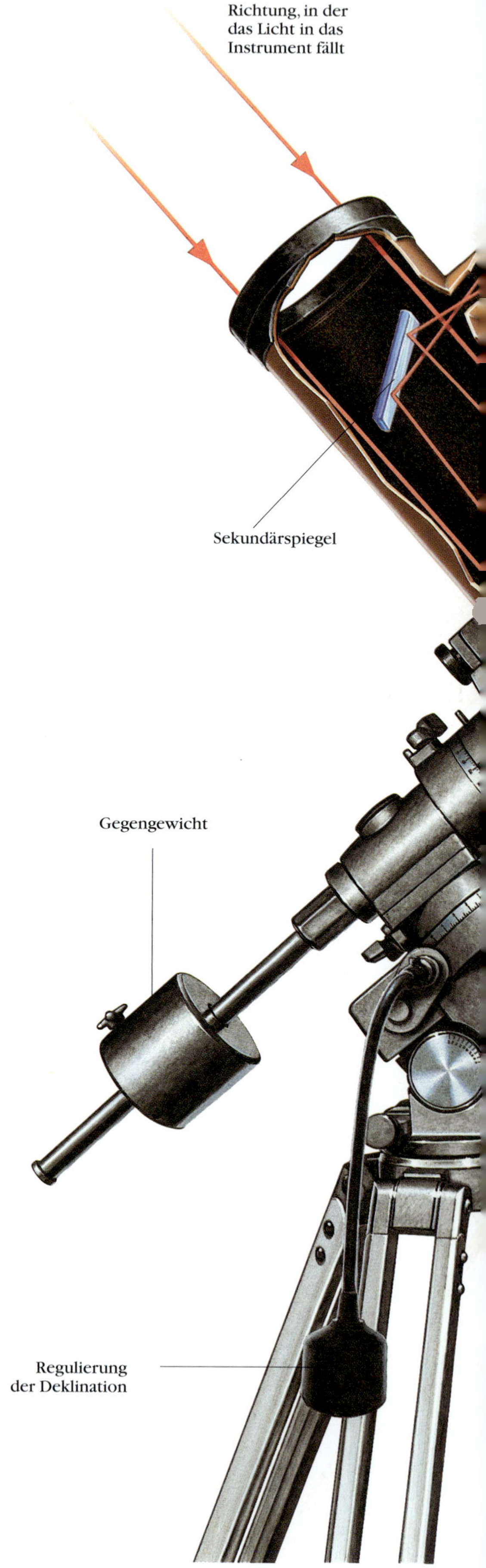

Das erste Teleskop der Sternfreunde
Der klassische Reflektor mit 114 mm Durchmesser ist eines der bei den Liebhaberastronomen in aller Welt verbreitetesten Instrumente.

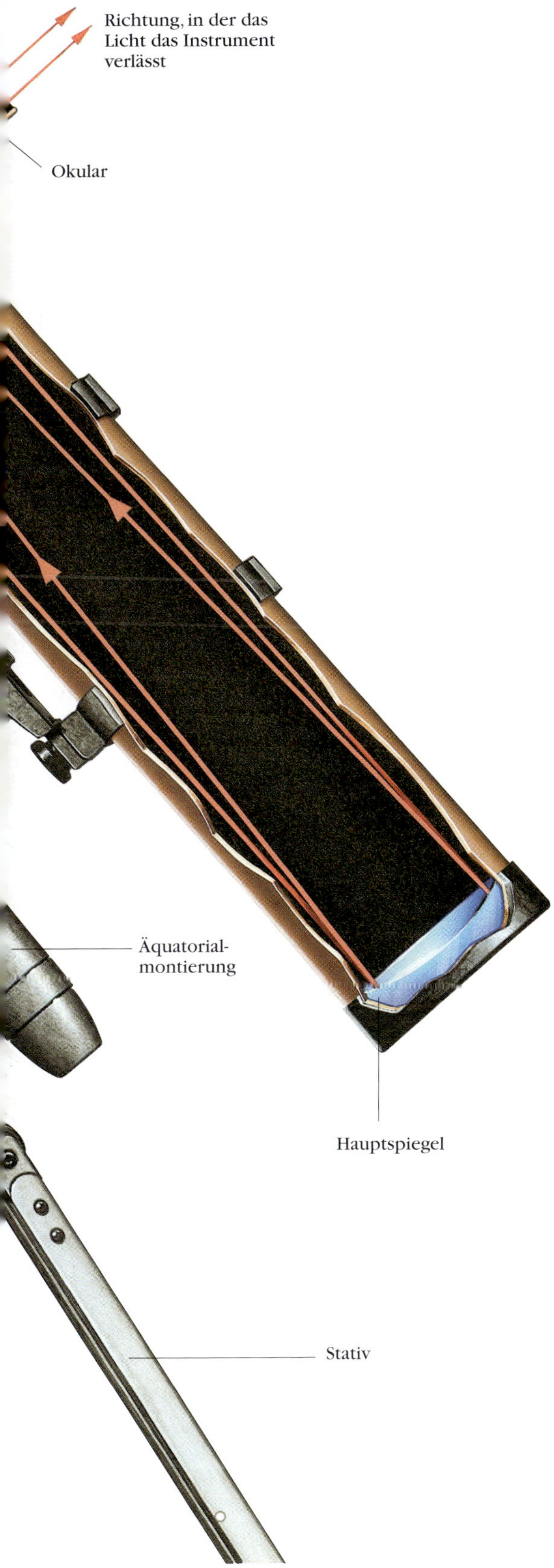

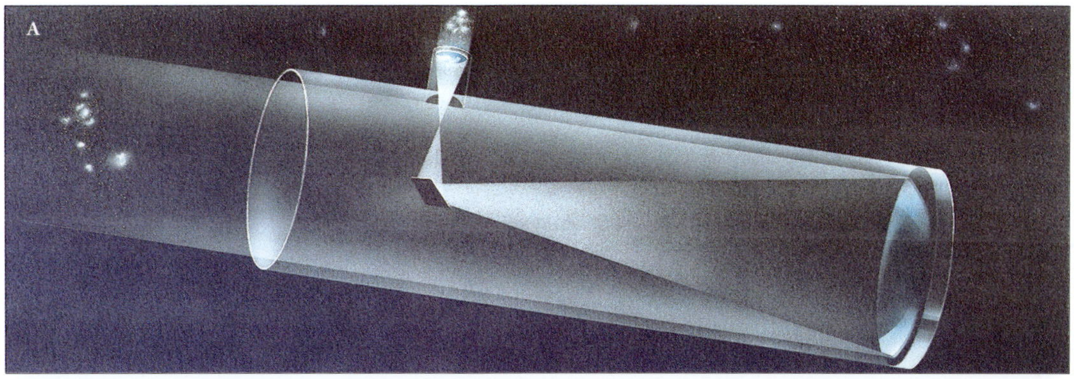

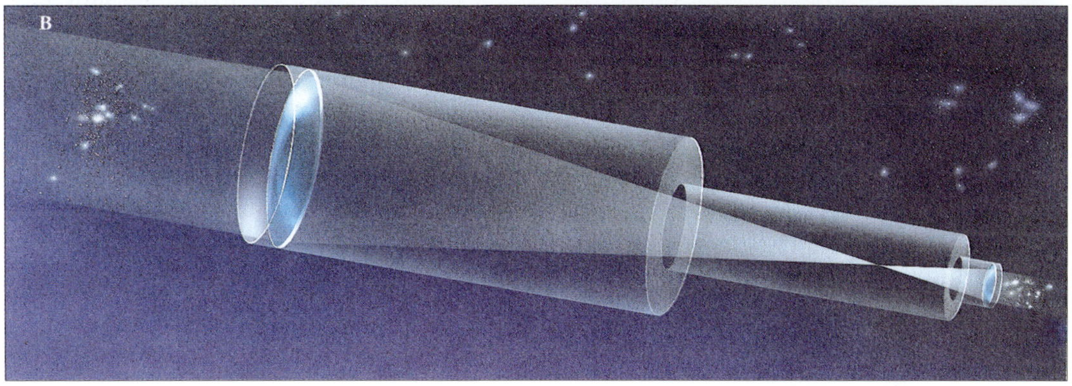

Spiegel oder Linse?
Vereinfachte Darstellung der zwei Hauptarten von Teleskopen: der Reflektor (A) und der Refraktor (B).

Die Gewöhnung an die Dunkelheit

Wenn man beginnt, einen Planeten durch ein Fernglas zu betrachten, kann es besonders schwierig sein, Einzelheiten zu erkennen, solange sich die Augen noch nicht an die Dunkelheit gewöhnt haben. Die vollkommene Adaptation erfordert mindestens 15 bis 20 Minuten.
Die Klarheit des Bildes hängt davon ab, wie ruhig die Luft ist; also von dem so genannten *seeing*. Wenn die Luftunruhe groß ist, zittern und wackeln die Bilder und lassen keine Einzelheiten erkennen. Aber auch an einem Abend mit großer Luftunruhe kann es kurze Momente mit ausgezeichneter Sicht geben. Es ist ratsam, das Teleskop nicht auf den Bereich auszurichten, in dem starke Luftströmungen wahrscheinlich sind, wie beispielsweise über warmen Hausdächern, weil diese Luftunruhe verursachen. Auch die verschwommene Helligkeit der Lichter bewohnter Zentren kann die gute Sichtbarkeit der Objekte behindern, die tief am Horizont stehen.

Das Beobachtungsbuch

Jedem Sternfreund sei geraten, ein Beobachtungsbuch zu führen, das die beobachteten Objekte, die Stunde, das Datum, das benutzte Instrument und alle Parameter aufführt, damit die Beobachtungen mehrerer Nächte und die verschiedener Beobachter miteinander verglichen werden können.
Außerdem kann es nützlich sein, sich an jemanden zu wenden, der schon Erfahrungen mit der Beobachtung des Himmels hat. In fast allen größeren Städten gibt es Vereinigungen von Sternfreunden, bei denen man sich Rat holen kann. Oft veranstalten Planetarien, Volkssternwarten, Astronomische Vereinigungen und Volkshochschulen Beobachtungsabende und Vorträge zu interessanten astronomischen Themen, die in den Lokalzeitungen angezeigt werden. Die Adressen solcher Vereine finden sich im Anhang des vom KOSMOS-Verlag herausgegebenen *Himmelsjahr.*

Modernes Zubehör
Heutzutage werden die Bilder oft mithilfe elektronischer Geräte wie dieser CCD-Kamera aufgezeichnet.

Der Nordhimmel

Die Karte auf dieser und der folgenden Seite zeigt den Nordhimmel. Die große Karte in der Mitte umfasst die gesamte nördliche Halbkugel, zentriert um den nördlichen Himmelspol, der fast genau mit dem Polarstern, Alpha Ursae Minoris, zusammenfällt. Weil die Projektion der Himmelskugel auf eine Ebene eine Verzerrung bedingt, ist diese Karte in der Nähe des Randes weniger wirklichkeitsgetreu als in der Mitte. Die acht kleinen Karten zeigen den Himmel an bestimmten Tagen des Jahres zu unterschiedlichen Nachtstunden sowohl am nördlichen als auch am südlichen Horizont.

Die Karten des Nordhimmels
Eine Karte des gesamten Nordhimmels mit dem nördlichen Himmelspol in der Mitte (rechts). Die anderen Karten (unten links und unten rechts) beziehen sich auf den Himmel, wie er von einer Sternwarte auf der Nordhalbkugel an den angegebenen Daten und Zeiten erscheint.

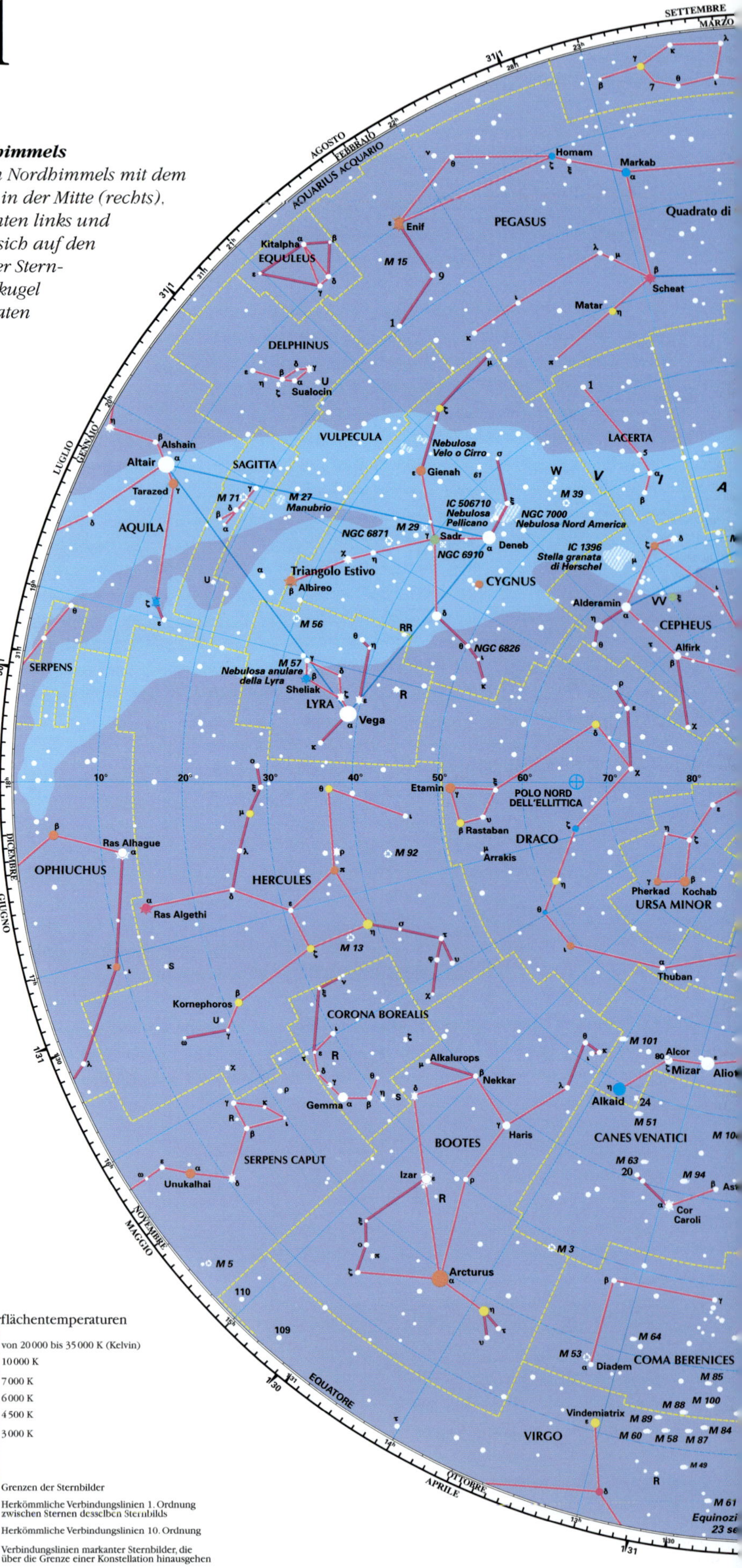

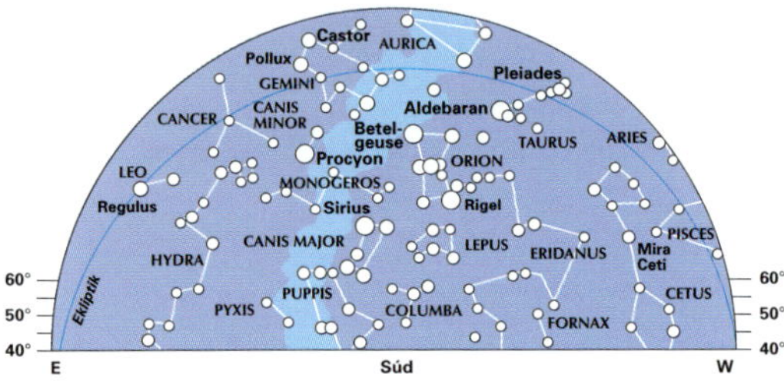

30.11. um 1.30 Uhr - 15.12. um 0.30 Uhr - 1.1. um 23.30 Uhr
15.1. um 22.30 Uhr - 30.1. um 21.30 Uhr

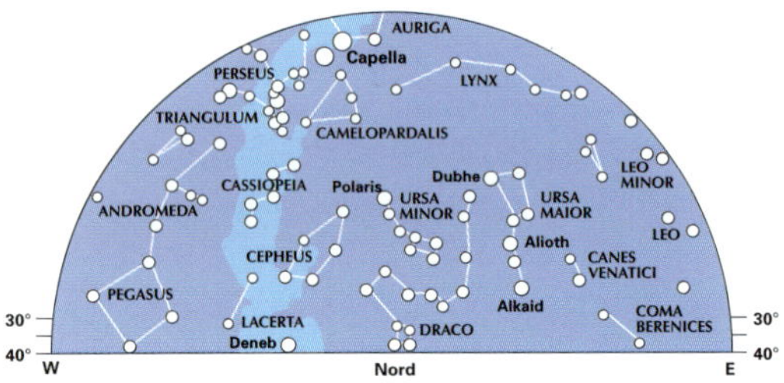

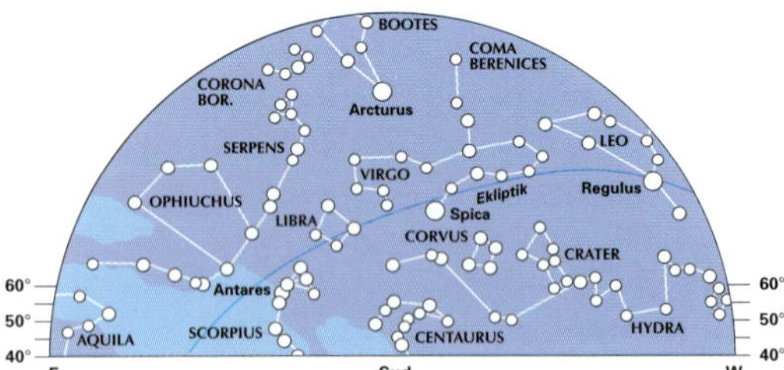

1.4. um 1.30 Uhr - 15.4. um 0.30 Uhr - 1.5. um 23.30 Uhr
15.5. um 22.30 Uhr - 30.5. um 21.30 Uhr

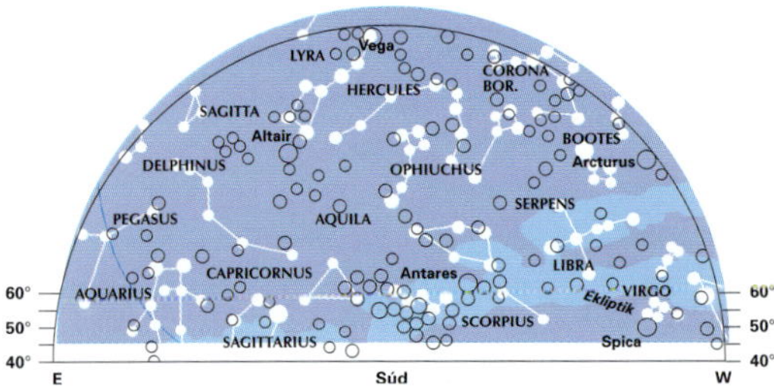

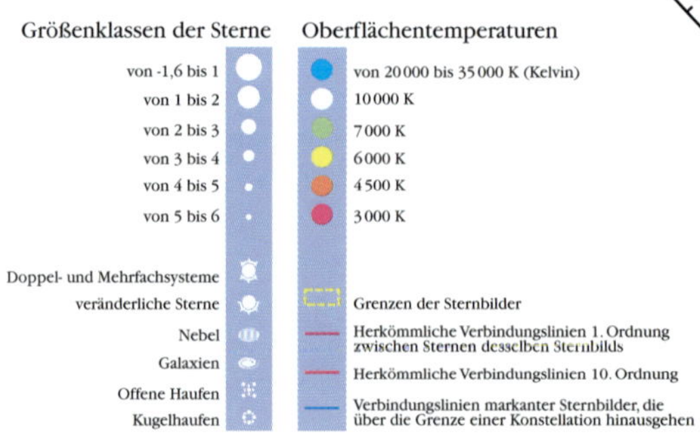

♈	Widder	Tierkreiszeichen
♉	Stier	
♊	Zwilling	
♋	Krebs	
♌	Löwe	
♍	Jungfrau	
♎	Waage	
♏	Skorpion	
♐	Schütze	
♑	Steinbock	
♒	Wassermann	
♓	Fische	

Beim Gebrauch dieser Karten ist zu bedenken, dass sich die Himmelskörper von Osten nach Westen zu bewegen scheinen, weil sich die Erde von Westen nach Osten dreht. Deshalb verändern sich Teile des Himmels in ein und derselben Nacht: Im Osten tauchen im Lauf der Nacht Sterne auf, die vorher unsichtbar waren, während im Westen andere verschwinden. Ein Himmelskörper »kulminiert« (erreicht seine größte Höhe über dem Horizont) über dem Südpunkt.
Zudem überlagert sich der Erddrehung die Umlaufbewegung der Erde um die Sonne. Dadurch verschiebt sich die Sonne im Lauf des Jahres scheinbar nach Osten, was ihre Stellung relativ zu den Fixsternen verändert. Aus diesem Grund gelten dieselben Karten zu anderen Jahreszeiten für andere Nachtstunden, wie in den kleinen Karten angedeutet.

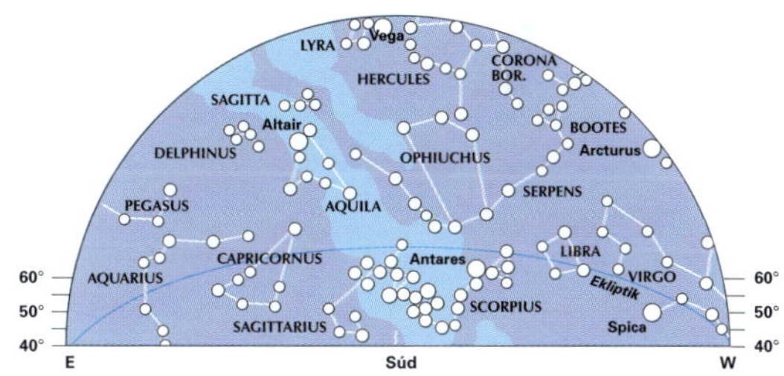

1.6. um 1.30 Uhr - 15.6. um 0.30 Uhr - 1.7. um 23.30 Uhr
15.7. um 22.30 Uhr - 30.7. um 21.30 Uhr

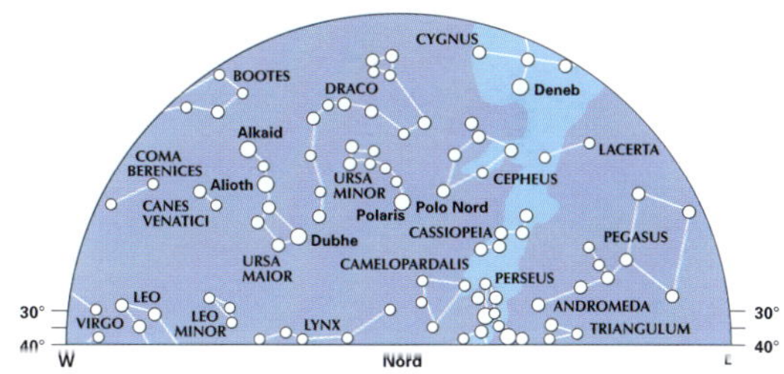

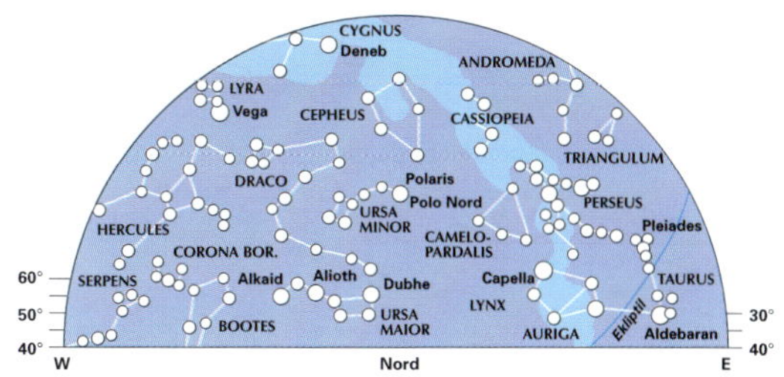

1.9. um 23.30 Uhr - 15.9. um 22.30 Uhr - 1.10. um 21.30 Uhr
15.10. um 20.30 Uhr - 1.11. um 19.30 Uhr

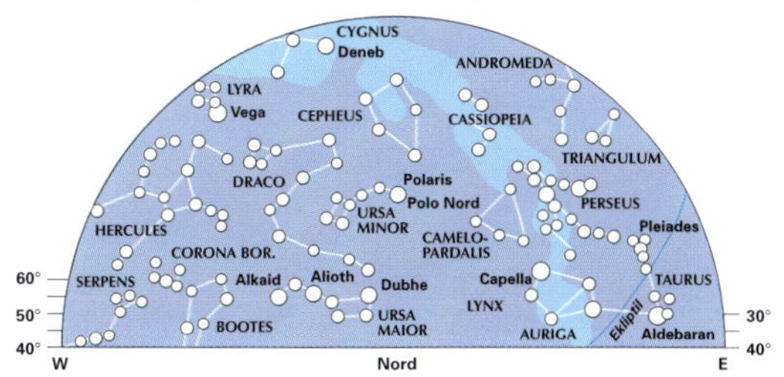

Das griechische Alphabet

alpha	α	ν	ny
beta	β	ξ	xi
gamma	γ	ο	omikron
delta	δ	π	pi
epsilon	ε	ρ	rho
zeta	ζ	σ	sigma
eta	η	τ	tau
theta	θ	υ	ypsilon
jota	ι	φ	phi
kappa	κ	χ	chi
lambda	λ	ψ	psi
my	μ	ω	omega

Der Südhimmel

Diese und die folgende Seite zeigen Karten des Südhimmels. Analog zur Karte vom Nordhimmel zeigt die große Karte den gesamten Südhimmel, mit dem südlichen Himmelspol in der Mitte, in dessen Nähe jedoch, anders als beim Nordpol, kein besonders heller Stern steht. Die acht kleinen Karten zeigen Ansichten des Südhimmels an unterschiedlichen Tagen des Jahres und Stunden am nördlichen oder am südlichen Horizont.
Die Bewegung des Südhimmels in 24 Stunden unterscheidet sich vor allem dadurch von der Bewegung des Nordhimmels, dass die Himmelskörper über dem Nordpunkt am Horizont kulminieren. Der für die Be-

Die Karten des Südhimmels
Eine Karte des gesamten Südhimmels mit dem südlichen Himmelspol in der Mitte (links). Die acht kleinen Karten (unten links und unten rechts) zeigen den Himmel, wie er einem Beobachter an bestimmten Tagen des Jahres und zu bestimmten Stunden am nördlichen oder am südlichen Horizont erscheint.

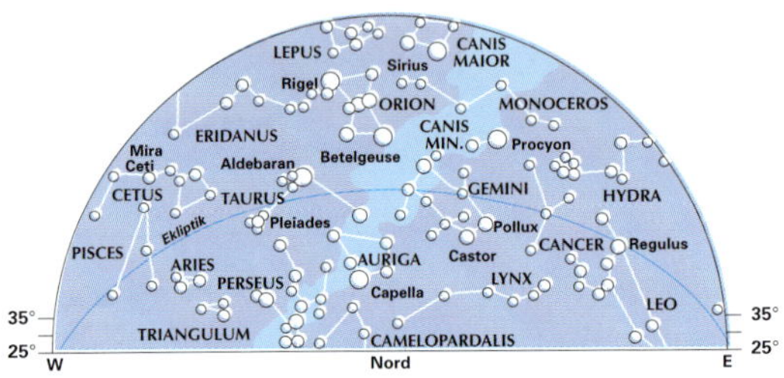

15.12. um 0.30 Uhr - 1.1. um 23.30 Uhr - 15.1. um 22.30 Uhr
30.1. um 21.30 Uhr - 15.2. um 20.30 Uhr

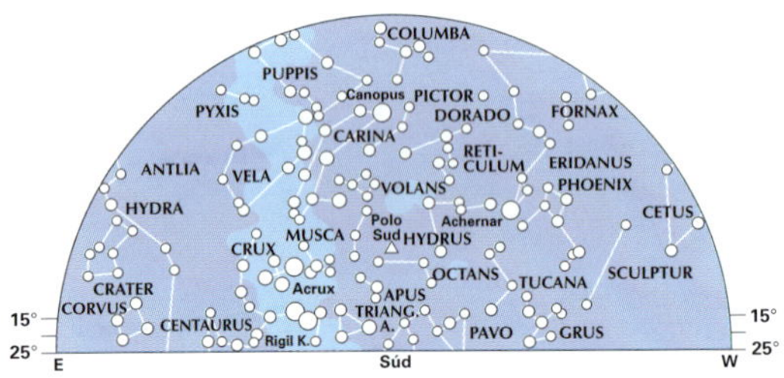

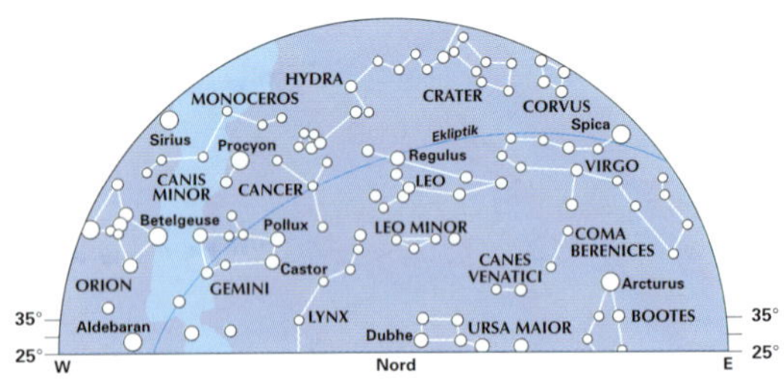

30.1. um 1.30 Uhr - 15.2. um 0.30 Uhr - 1.3. um 23.30 Uhr
15.3. um 22.30 Uhr - 30.3. um 21.30 Uhr

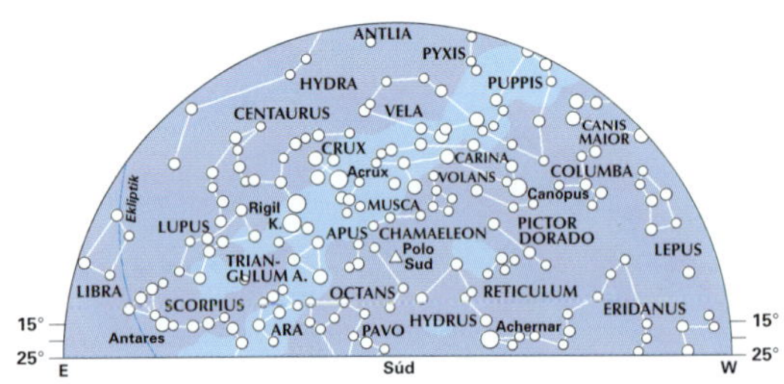

Größenklassen der Sterne
- von -1,6 bis 1
- von 1 bis 2
- von 2 bis 3
- von 3 bis 4
- von 4 bis 5
- von 5 bis 6
- Doppel- und Mehrfachsysteme
- veränderliche Sterne
- Nebel
- Galaxien
- Offene Haufen
- Kugelhaufen

Oberflächentemperaturen
- von 20 000 bis 35 000 K (Kelvin)
- 10 000 K
- 7 000 K
- 6 000 K
- 4 500 K
- 3 000 K
- Grenzen der Sternbilder
- Herkömmliche Verbindungslinien 1. Ordnung zwischen Sternen desselben Sternbilds
- Herkömmliche Verbindungslinien 10. Ordnung
- Verbindungslinien markanter Sternbilder, die über die Grenze einer Konstellation hinausgehen

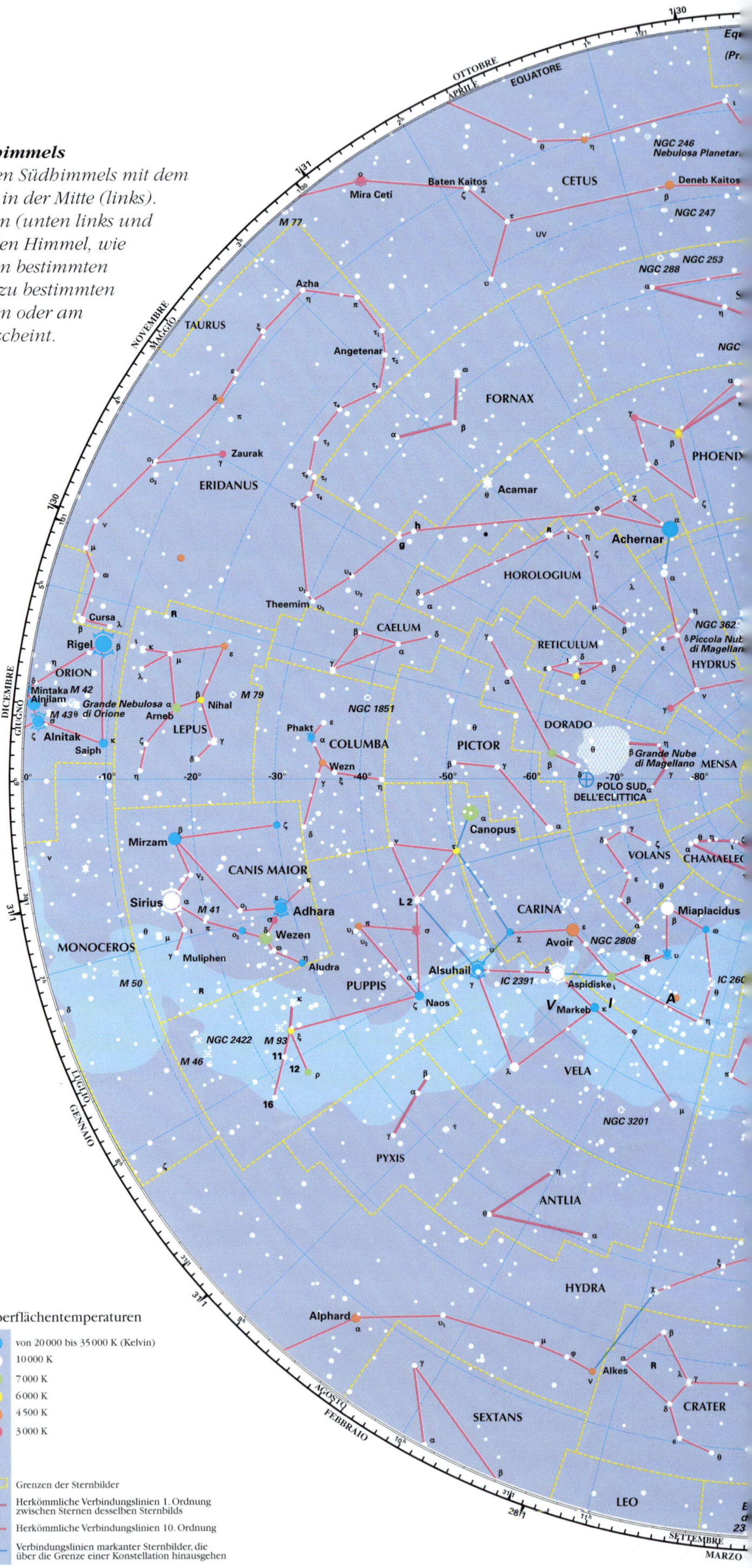

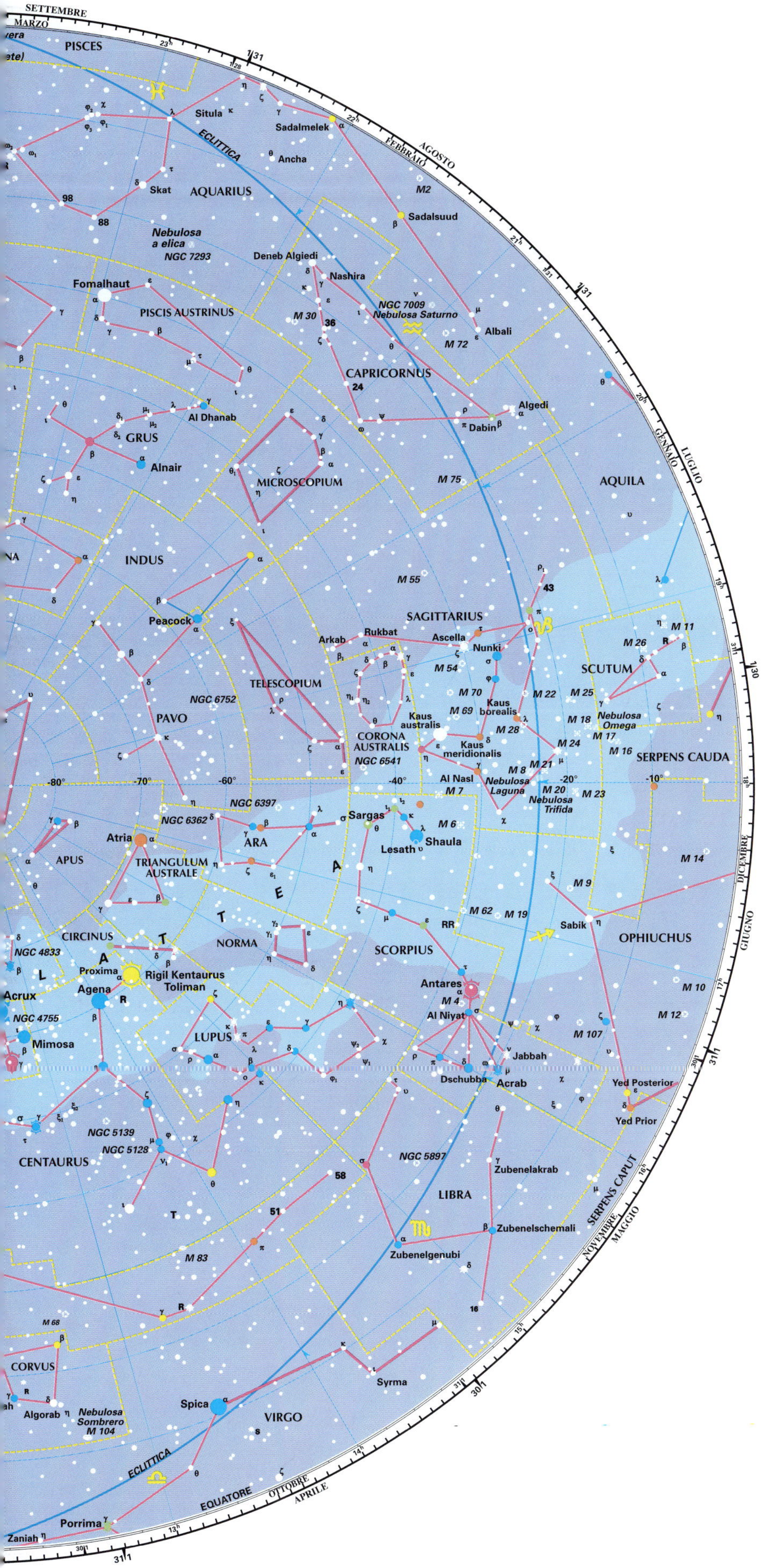

Tierkreiszeichen

- Widder
- Stier
- Zwilling
- Krebs
- Löwe
- Jungfrau
- Waage
- Skorpion
- Schütze
- Steinbock
- Wassermann
- Fische

obachtung interessanteste Teil des Himmels ist also dort der nördliche.

Auch in europäischen Breiten ist übrigens immer ein Teil des Südhimmels sichtbar. Um zu berechnen, bis zu welcher Deklination man ihn von einem Ort der Breite b sehen kann, braucht man nur die einfache Formel D = b – 90° anzuwenden, wo D die kleinste gerade noch sichtbare Deklination angibt. Von einem Ort wie Starnberg, der auf dem 48. Grad nördlicher Breite liegt, kann man bis zu 42° südlicher Breite (48°–90° = –42°) sehen. Alle weiter südlich gelegenen Sterne bleiben jedoch unbeobachtbar.

Schließlich sollte man bedenken, dass Beobachter genau auf dem Erdäquator (also dem 0. Breitengrad) im Lauf einer einzigen Nacht, also zwischen Sonnenuntergang und Sonnenaufgang, die gesamte Himmelssphäre von einem Pol zum anderen zu Gesicht bekommen; in dieser Hinsicht sind sie besonders privilegiert.

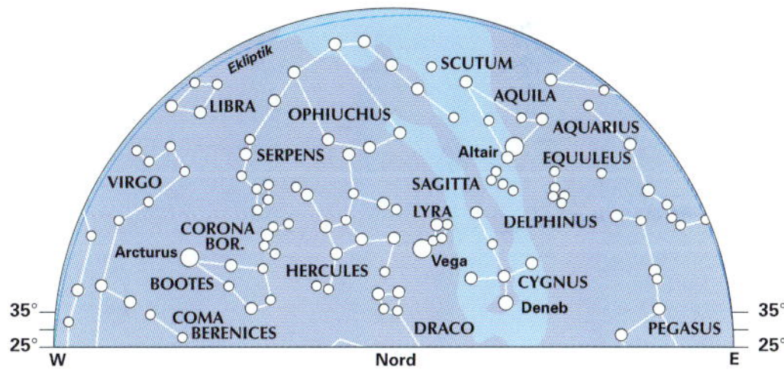

1.6. um 1.30 Uhr - 15.6. um 0.30 Uhr - 1.7. um 23.30 Uhr
15.7. um 22.30 - 30.7. um 21.30 Uhr

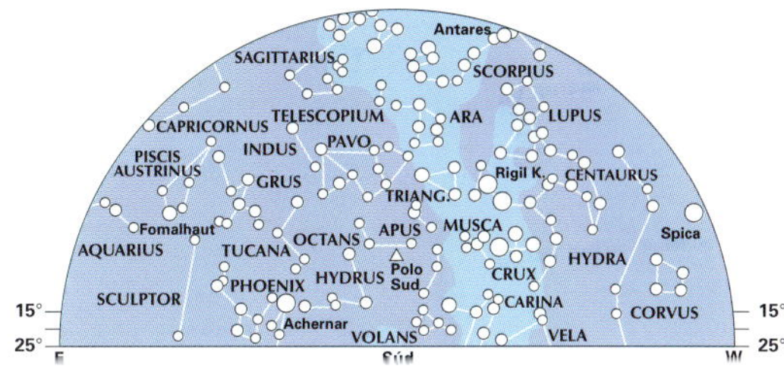

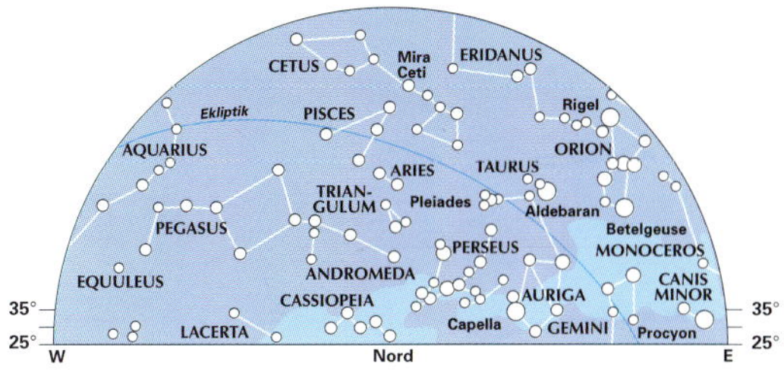

1.10. um 1.30 Uhr - 15.10. um 0.30 Uhr - 1.11. um 23.30 Uhr
15.11. um 22.30 Uhr - 1.12. um 21.30 Uhr

Das griechische Alphabet

alpha	α	ν	ny
beta	β	ξ	xi
gamma	γ	ο	omikron
delta	δ	π	pi
epsilon	ε	ρ	rho
zeta	ζ	σ	sigma
eta	η	τ	tau
theta	θ	υ	ypsilon
jota	ι	φ	phi
kappa	κ	χ	chi
lambda	λ	ψ	psi
my	μ	ω	omega

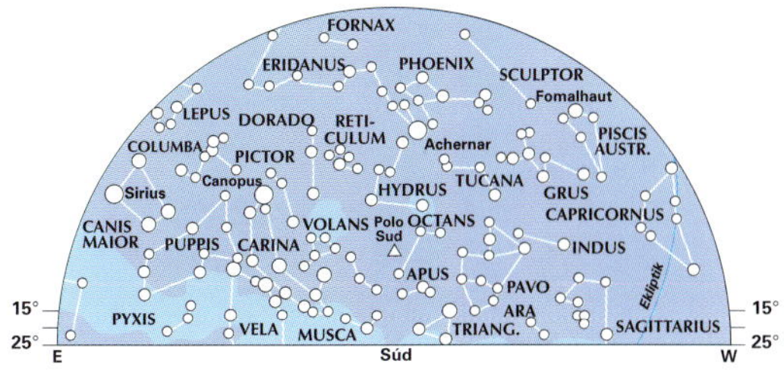

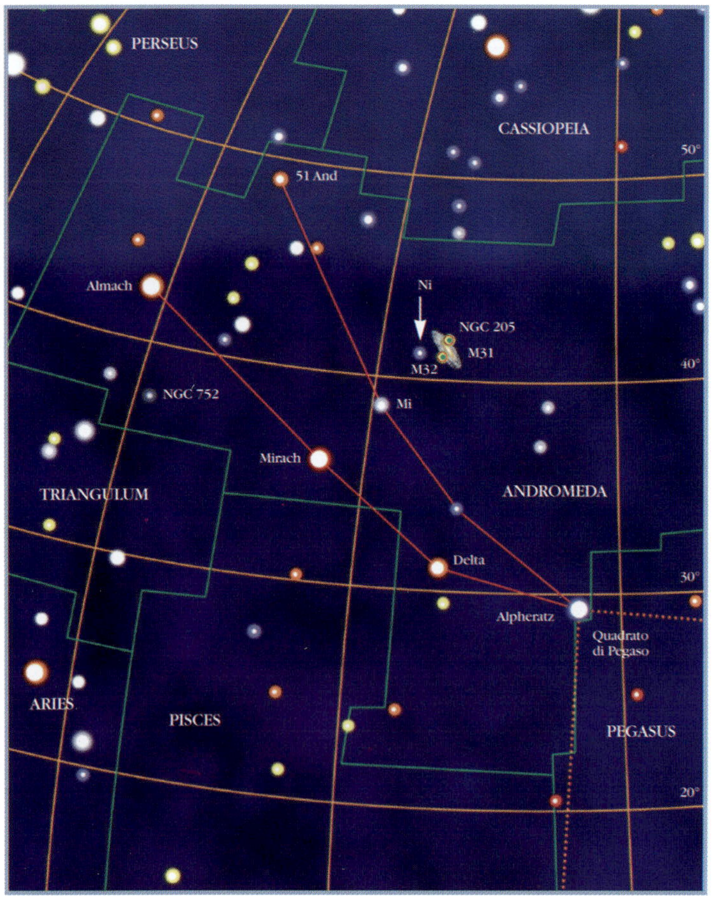

Andromeda, And *(Andromeda)*

Dieses Sternbild gehört zu den 48 schon von Ptolemäus beschriebenen Sternbildern und ist wohl eines der ältesten. Andromeda, die Tochter des äthiopischen Königs Kepheus und der Königin Kassiopeia, war einem Meerungeheuer zum Opfer bestimmt, wurde aber von Perseus mithilfe seines geflügelten Pferdes Pegasus gerettet.

Wie finden wir das Sternbild?

Andromeda ist in unseren Breiten den größten Teil des Jahres im Norden sichtbar. Man findet sie leicht nordöstlich vom Quadrat des Pegasus in Richtung Perseus.

Hauptsterne und Objekte

Alpha (Alpheratz oder Sirrah) ist ein blau-weißer Stern, Beta (Mirach) ein Roter Riese; beide haben 2 mag. Auch Gamma (Alamak oder Sadachbia) ist ein Dreiersystem, dessen hellster Stern ebenfalls Größe 2 hat. Ein auffälliges Fernrohrobjekt ist die berühmte Spiralgalaxie M 31. Es handelt sich dabei um ein Sternsystem außerhalb unseres Milchstraßensystems, das etwa 300 Milliarden Sterne enthält und über 2 Millionen Lichtjahre von uns entfernt ist. Dieser Andromedanebel ist mit bloßem Auge als schwach leuchtender Fleck wahrnehmbar.

Herbst - Winter | Links oben vom Pegasus | Nord | Norden: +53°, Süden: +21° Westen: 22h 55', Osten: 2h 35'

Größe der Sterne 0 1 2 3 4 5 | Offene Haufen | Planetarische Nebel | Kugelhaufen | Nebel | Radiogalaxie | Galaxie | Grenze des Sternbilds | Breiten- und Längengrade

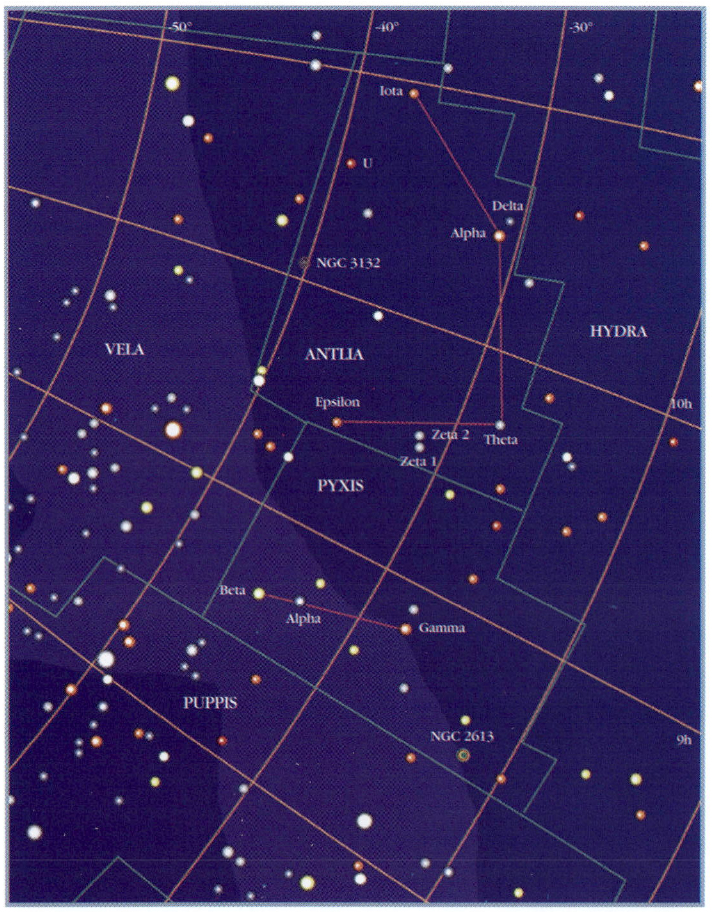

Antlia, Ant *(Luftpumpe)* und Pyxis, Pyx, *(Kompass)*

Diese beiden Sternbilder wurden im 18. Jahrhundert von dem Abbé Nicolas-Louis de Lacaille eingeführt. Das Erste soll an eine Vakuumpumpe erinnern, das Zweite geht auf das alte Sternbild Argo zurück.

Wie finden wir die Sternbilder?

Die hellsten Sterne im Kompass liegen in der Verlängerung des Gürtels des Orions in südöstlicher Richtung jenseits des Großen Hundes und des Achterschiffs. Sie sind in Mitteleuropa nur im Spätwinter und Vorfrühling am südlichen Horizont beobachtbar.

Hauptsterne und Objekte

Alpha Pyx (3,7 mag) ist ein weißblauer Stern in etwa 1300 Lichtjahre Entfernung. Beta (4 mag) ist gelb und etwa 180 Lichtjahre entfernt. Auch der gelbrote Gamma ist ein Stern vierter Größe, aber nur einhundert Lichtjahre entfernt. Alpha Ant (4,3 mag) ist rötlich. Nicht weit entfernt ist Delta, ein Doppelstern (6 mag und 9,5 mag) mit einer Distanz von 11".
In Antlia ist der planetarische Nebel NGC 3132 ein Lichtfleck der Größe 8. Zu Pyxis gehört NGC 2613, eine Galaxie der Größe 11.

Frühling | Südöstlich von Orion | Süden | Norden: -17°, Süden: -40° Westen: 11h 05', Osten: 8h 30'

Größe der Sterne 0 1 2 3 4 5 | Offene Haufen | Planetarische Nebel | Kugelhaufen | Nebel | Radiogalaxie | Galaxie | Grenze des Sternbilds | Breiten- und Längengrade

Apus, Aps *(Paradiesvogel)* und Musca, Mus *(Fliege)*

Diese Sternbilder tauchen erstmals in der von Bayer 1603 zusammengestellten Uranometria auf; sie und zehn andere südliche Sternbilder erhielten ihre Namen 1596 von den holländischen Seefahrern Frederick de Houtman und Piet Keyser.

Wie finden wir die Sternbilder?

Südlich von Acrux, dem Hauptstern des Kreuz des Südens, stellt eine kleine Gruppe von Sternen der Größe 3 die himmlische Fliege dar. Der Paradiesvogel ist näher am südlichen Himmelspol, aber seine Sterne sind weniger hell.

Hauptsterne und Objekte

Der hellste Stern des Sternbilds Fliege, Alpha, ist ein veränderlicher blauer Stern in 330 Lichtjahren Entfernung. Beta ist ein Doppelstern mit 3,7 mag und 4 mag und etwa 1" Distanz. Gamma hat 3,9 mag, Delta 3,6 mag. Der hellste Stern von Apus ist der gelbrote Alpha (3,8 mag, Entfernung 220 Lichtjahre). Delta ist ein Doppelstern (4,8 und 5,3 mag). In Musca gibt es zwei Kugelhaufen: NGC 4372 (7,8 mag), die etwa 17 000 Lichtjahre von uns entfernt sind, und NGC 4833 (7,4 mag), 1° nördlich von Delta Mus.

Herbst - Winter | Nähe Südpol | Süden | Norden: -65°, Süden: -83° Westen: 18h 10', Osten: 11h 20'

Größe der Sterne: 0 1 2 3 4 5 | Offene Haufen | Planetarische Nebel | Kugelhaufen | Nebel | Radiogalaxie | Galaxie | Grenze des Sternbilds | Breiten- und Längengrade

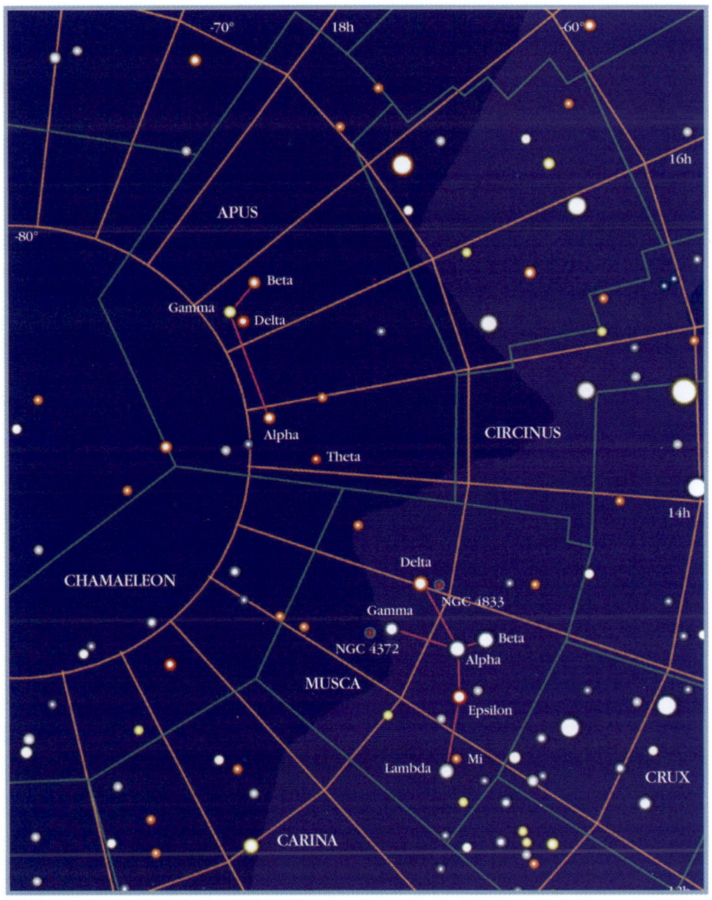

Aquarius, Aqr *(Wassermann)*

Dieses sehr alte Sternbild wird gewöhnlich mit der Gestalt des Ganymed in Verbindung gebracht, dem Sohn des Königs von Kreta, in den Zeus sich verliebt hatte. Er ließ ihn von einem Adler auf den Olymp bringen.

Wie finden wir das Sternbild?

Die Verlängerung der Linie von Beta und Delta Cap führt zu einem der hellsten Sterne, Delta, von dem aus sich das Sternbild rekonstruieren lässt.

Hauptsterne und Objekte

Der hellste Stern ist nicht Alpha (3,0 mag), sondern Beta (2,9 mag), deren Aufgang den Beginn der Regenzeit ankündigte. Beide sind große gelbe Sterne und 610 bzw. 760 Lichtjahre von uns entfernt. Zeta ist ein Doppelstern mit zwei weißen Sternen (4,3 mag und 4,5 mag) in einer Distanz von etwa 2". Der Helix-Nebel CNGC 7293) ist einer der hellsten und nächsten planetarischen Nebel; seine Entfernung wird auf 150 bis 450 Lichtjahre geschätzt. Der Saturnnebel (NGC 7009) (8 mag) ist mit 40" x 25" relativ klein. In seiner Nähe liegen M 2 und M 72, zwei Kugelhaufen des Messier-Katalogs. M 2 (6,5 mag) ist 50 000 Lichtjahre entfernt, M 72 (9,3 mag) 55 000 Lichtjahre.

Sommer - Herbst | Im Tierkreis | Süden | Norden: +3°, Süden: -25° Westen: 23h 55', Osten: 20h 40'

Größe der Sterne: 0 1 2 3 4 5 | Offene Haufen | Planetarische Nebel | Kugelhaufen | Nebel | Radiogalaxie | Galaxie | Grenze des Sternbilds | Breiten- und Längengrade

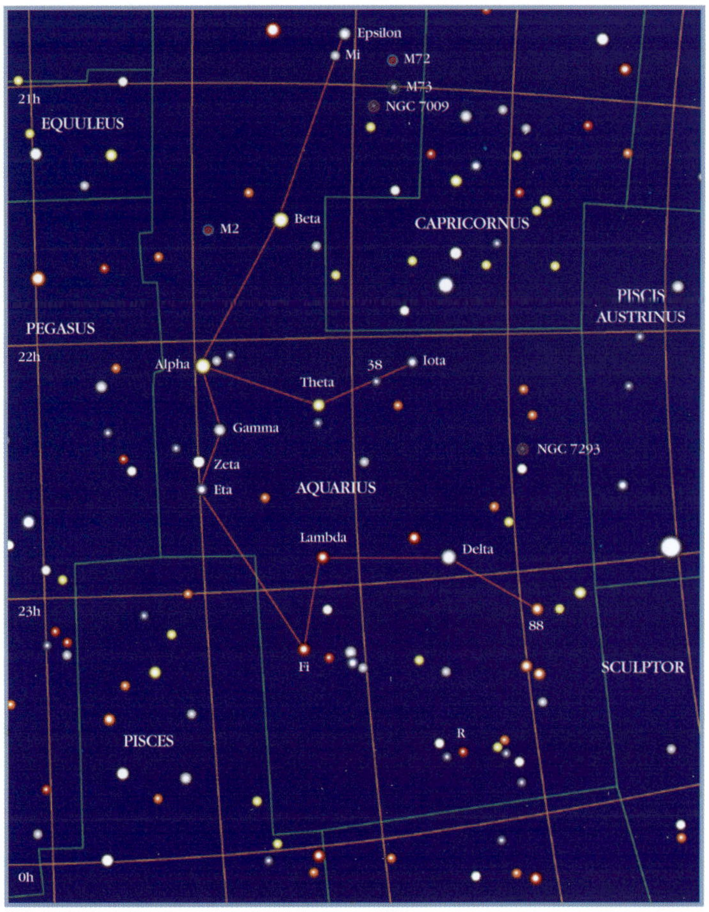

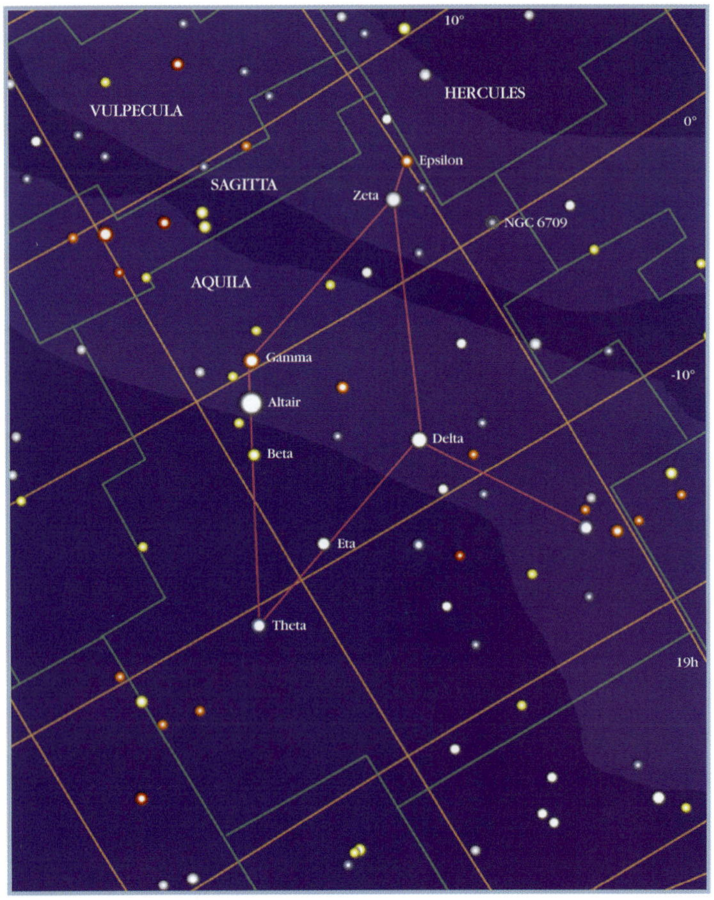

Aquila, Aql *(Adler)*

Das schon im Altertum eingeführte Sternbild Adler musste viele Jahrhunderte lang mit dem Sternbild Antinous konkurrieren, das in derselben Gegend liegt und erst im 19. Jahrhundert abgeschafft wurde. Der Adler der griechischen Mythologie brachte dem Göttervater Zeus die Blitze auf den Olymp, die dieser gegen seine Feinde schleudern wollte.

Wie finden wir das Sternbild

Wir finden das Sternbild Adler, indem wir dem lang gestreckten Hals des Sternbild Schwan folgen, bis wir östlich vom Delphin zu einem sehr hellen Stern unter dem Sternbild Pfeil kommen.

Die hellsten Sterne und Objekte

Altair (Alpha) ist einer der nächsten (16,8 Lichtjahre) und hellsten (0,8 mag) Sterne und bildet zusammen mit Wega und Deneb einen der Eckpunkte des »Sommerdreiecks«. Nahe Altair liegen Beta (3,7 mag) oder Alshain, und Gamma (2,7 mag) oder Tarazed. Beta hat einen Begleiter mit 11,6 mag mit 13" Distanz. Eta ist ein Cepheiden-Veränderlicher, dessen Größe in etwa 7,2 Tagen zwischen 3,5 und 4,4 schwankt; er ist 1600 Lichtjahre von uns entfernt.
Der offene Haufen NGC 6709 besteht aus etwa 40 Einzelsternen in 2500 Lichtjahren Entfernung.

Sommer – Herbst | Nahe beim Schwan | Am Himmelsäquator | Norden: +19°, Süden: -12° Westen: 20h 40', Osten: 18h 40'

Größe der Sterne 0 1 2 3 4 5 | Offene Haufen | Planetarische Nebel | Kugelhaufen | Nebel | Radiogalaxie | Galaxie | Grenze des Sternbilds | Breiten- und Längengrade

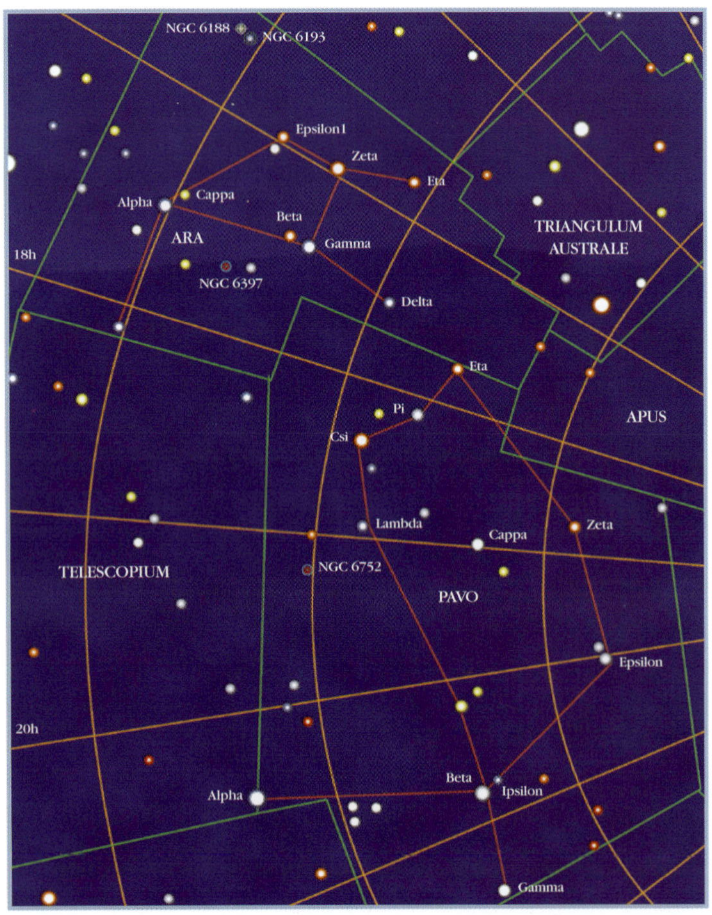

Ara, Ara *(Altar)* und Pavo, Pav *(Pfau)*

Während das Sternbild Pfau von den Holländern Keyser und de Houtman eingeführt wurde, wird das Sternbild Ara schon im klassischen Altertum erwähnt. Es stellt den Altar dar, auf dem der Centaur den Wolf opferte.
Der Pfau könnte an das Tier erinnern, dessen Rad die hundert Augen der Argus-Schlange trug.

Wie finden wir die Sternbilder?

Die Sterne des Altars liegen im Himmel südlich vom Schwanz des Skorpions. Alpha Pav liegt auf der Verlängerung der Verbindung der Sterne Zeta und Gamma dieses Sternbilds.

Die hellsten Sterne und Objekte

Der hellste Stern im Altar ist Beta (2,9 mag), ein rotgelber Stern in etwa 600 Lichtjahren Entfernung. Beta überstrahlt Alpha nur um 0,1 mag. Alpha ist jedoch viel heißer und leuchtet blau.
Alpha Pav (1,9 mag) ist ein bläulicher Stern in 183 Lichtjahren Entfernung. Im Altar liegen der helle Kugelhaufen NGC 6297 (7 mag), der offene Haufen NGC 6193 und der Gasnebel NGC 6188. Zum Pfau gehört der helle Kugelhaufen NGC 6752.

nur südlich des 40. Breitengrads | Südlich vom Skorpion | Süden | Norden: -43,5°, Süden: -74° Westen: 21h 30', Osten: 16h 35'

Größe der Sterne 0 1 2 3 4 5 | Offene Haufen | Planetarische Nebel | Kugelhaufen | Nebel | Radiogalaxie | Galaxie | Grenze des Sternbilds | Breiten- und Längengrade

Aries, Ari *(Widder)*

Nach der Überlieferung handelt es sich um den geflügelten Widder mit dem goldenen Fell, den die von ihrem Mann verlassene Wolkengöttin Nephele auf die Erde sandte, um ihre Kinder Phrixos und Helle zu retten, die ihr Vater auf Wunsch seiner Geliebten Ino opfern wollte. Bei der Flucht stürzte Helle in den Hellespont, aber Phrixos wurde gerettet. Der Widder wurde Zeus geweiht; Jason und die Argonauten eroberten später sein Goldenes Vlies.

Wie finden wir das Sternbild?

Der Widder liegt südlich vom Sternbild Dreieck. Sein hellster Stern liegt etwa 20 Grad südlich von Gamma And.

Die hellsten Sterne und Objekte

Alpha (2 mag) ist ein gelber Stern in 66 Lichtjahren Entfernung. Gamma ist ein Doppelstern aus zwei gleich hellen Sternen (4,8 mag). Auch Lambda ist ein Doppelstern und kann mit einem kleinen Instrument in zwei weiße Sterne der Größe 4,9 und 7,7 aufgelöst werden. Der Widder hat keine gut zu beobachtenden Objekte, denn seine hellste Galaxie hat nur Größe 11. Erwähnenswert ist die Hellste, NGC 772, ein Spiralnebel nahe Gamma mit scheinbarem Durchmesser 7'x5'.

Herbst | Südlich von Andromeda und Dreieck | Norden | Norden: +31°, Süden: +10° Westen: 3h 30', Osten: 1h 45'

Größe der Sterne 0 1 2 3 4 5 | Offene Haufen | Planetarische Nebel | Kugelhaufen | Nebel | Radiogalaxie | Galaxie | Grenze des Sternbilds | Breiten- und Längengrade

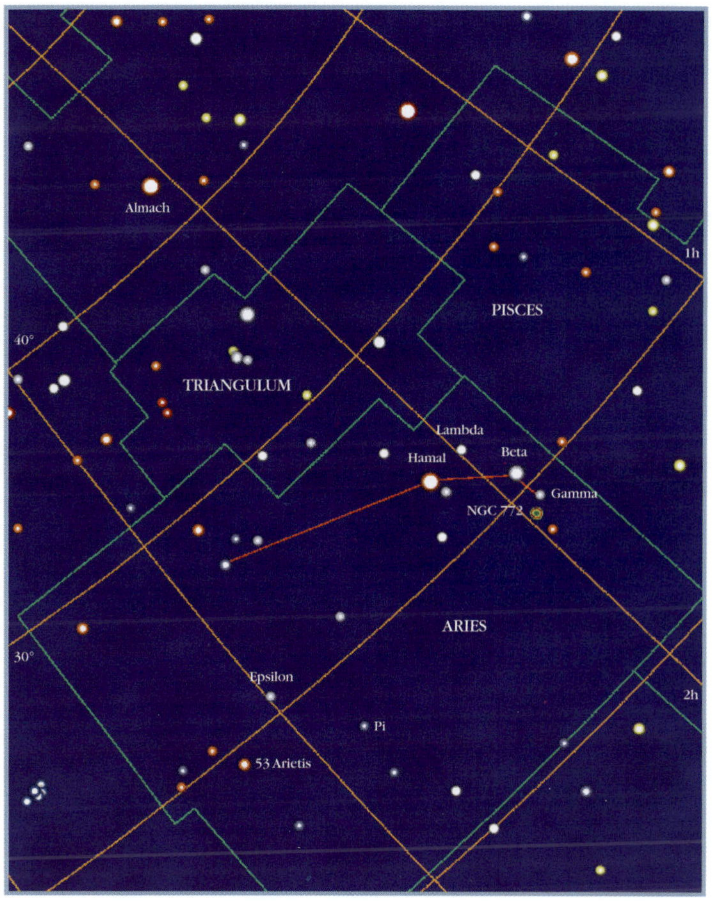

Auriga, Aur *(Fuhrmann)*

Der in diesem seit dem Altertum bekannten Sternbild dargestellte Fuhrmann soll der Erfinder des Wagens gewesen sein. Der hellste Stern, Capella, war die Ziege Amalthea, die Nährmutter des Zeus, deren Horn das Glück bringende Füllhorn ist.

Wie finden wir das Sternbild?

Der Fuhrmann ist leicht oberhalb des Stiers zu finden. In dem Fünfeck der dort leuchtenden Sterne ist Capella der Hellste.

Die hellsten Sterne und Objekte

Capella (0,1 mag, Entfernung 42 Lichtjahre) ist ein spektroskopischer Doppelstern mit zwei gelben Riesensternen und einer Bahnperiode von 104 Tagen. Beta (1,9 mag) oder Menkalinan ist ein veränderlicher Doppelstern, dessen Helligkeit in etwa vier Tagen um etwa ein Zehntel schwankt, und Epsilon ist ein Bedeckungsveränderlicher mit einer langen Periode von 27 Jahren, der zwischen 2,9 mag und 3,8 mag schwankt.
Der Fuhrmann ist reich an offenen Haufen. Der Hellste ist M 36, der schon mit einem kleinen Instrument etwa zehn helle Sterne zeigt. M 37 ist größer und heller und besteht aus 150 Sternen der Größe 6. M 38 besteht aus etwa 100 Sternen in einem Bereich von etwa 20'.

Winter | Oberhalb von Stier | Norden | Norden: +56°, Süden: +28° Westen: 7h 30', Osten: 4h 35'

Größe der Sterne 0 1 2 3 4 5 | Offene Haufen | Planetarische Nebel | Kugelhaufen | Nebel | Radiogalaxie | Galaxie | Grenze des Sternbilds | Breiten- und Längengrade

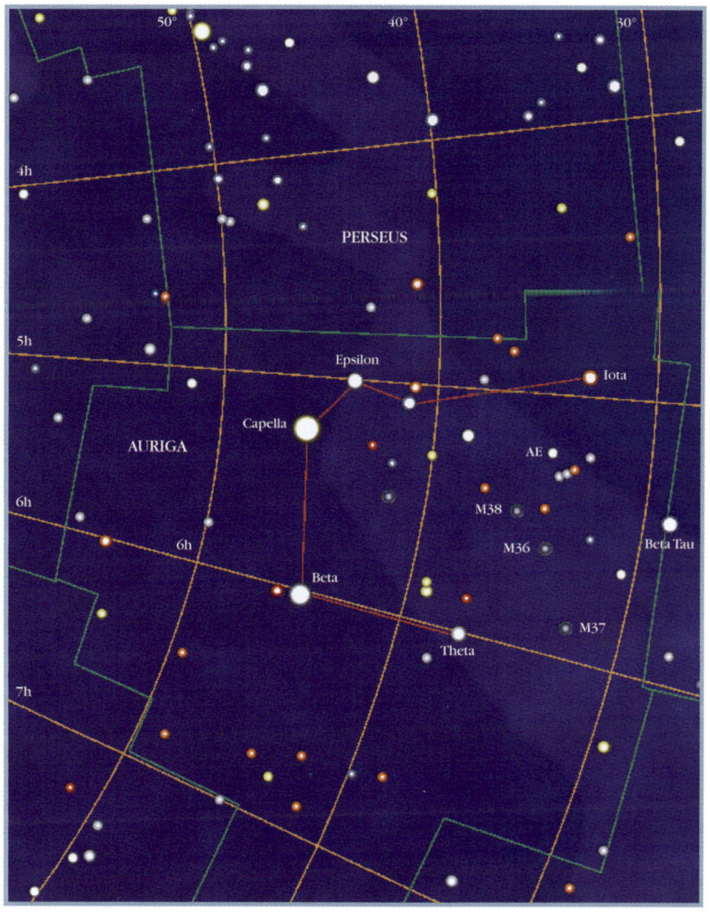

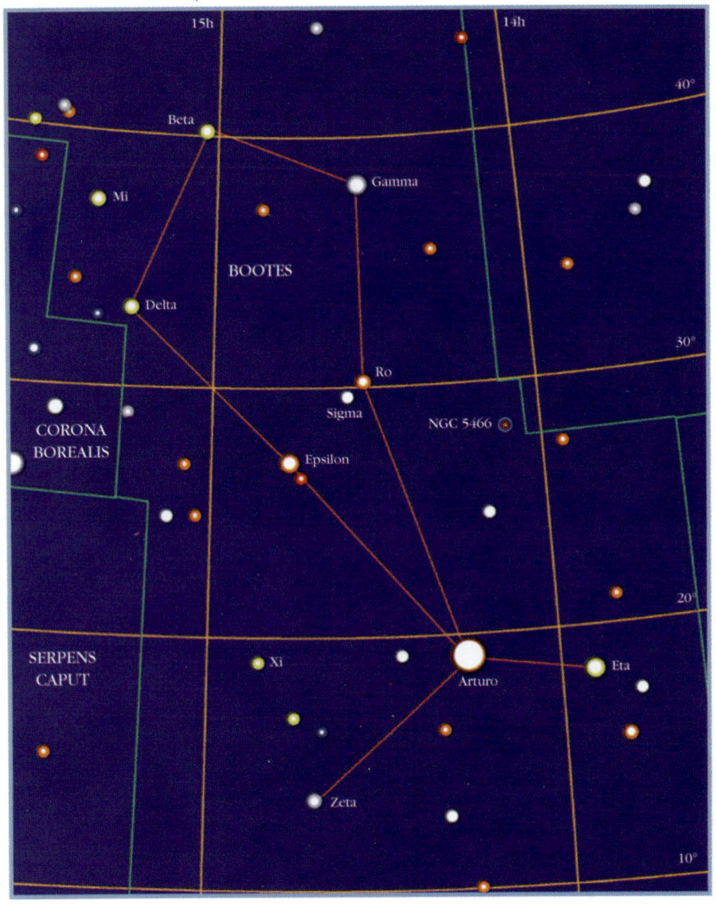

Bootes, Boo *(Bootes)*

Dieses alte Sternbild, auch Ochsentreiber oder Bärenhüter genannt, grenzt an den Großen Bären. Auch Arktur, der hellste Stern des Sternbilds, bedeutet Bärenhüter. Gelegentlich wird Bootes mit dem sterblichen Ikarios gleichgesetzt, für dessen Gastfreundschaft sich Dionysos mit der Gabe des Weins bedankte. Er wurde aber von den Hirten und Bauern getötet, weil sie den Wein für Gift hielten.

Wie finden wir das Sternbild?

Man findet Arktur, den hellsten Stern des Nordhimmels, wenn man den drei Deichselsternen des Großen Wagens folgt. Der Rest des Sternbilds liegt nördlich von Arktur.

Die hellsten Sterne und Objekte

Alpha, Arktur, ist ein roter Riesenstern der Größe –0,05, der vierthellste Stern des Himmels. Epsilon, auch Pulcherrima, also »Allerschönste«, ist ein Doppelstern mit einem gelbroten Hauptstern (2,5 mag) und einem weißblauen Begleiter (4,9 mag). Chi ist ein Doppelstern mit einer Umlaufzeit von etwa 150 Jahren und 7" Distanz; die Komponenten haben die Größe 4,7 und 7. Das Sternbild ist reich an Doppelsternen, aber arm an Nebeln und Galaxien.

Sommer	Hinter dem Schwanz des Großen Bären	Norden	Norden: +55°; Süden: +7° Westen: 15h 45', Osten: 13h 35'

Größe der Sterne: 0 1 2 3 4 5
Offene Haufen · Planetarische Nebel · Kugelhaufen
Nebel · Radiogalaxie · Galaxie
Grenze des Sternbilds · Breiten- und Längengrade

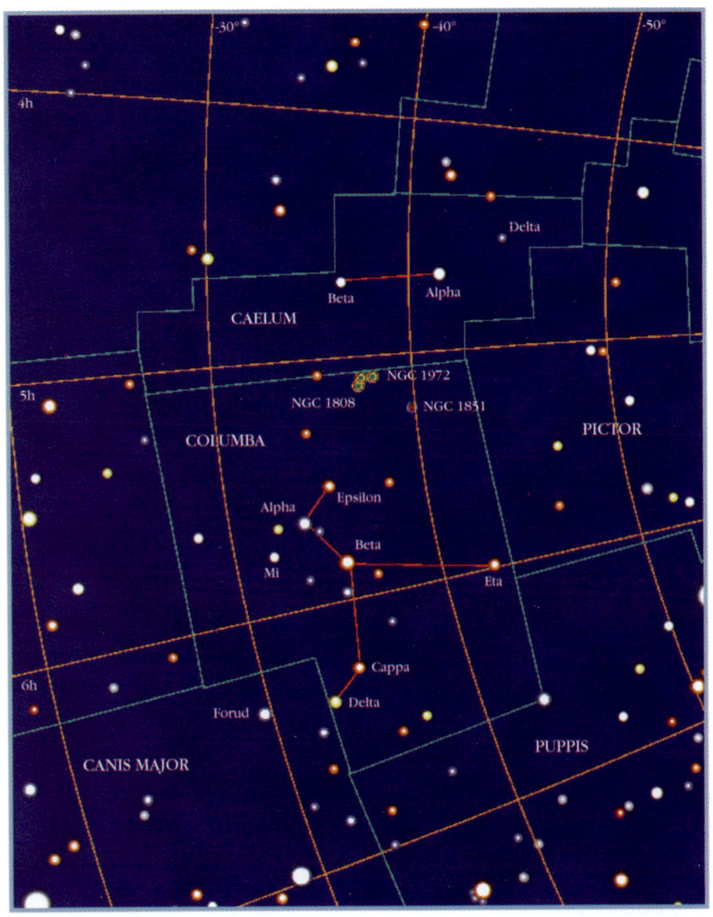

Caelum, Cae, *(Grabstichel)* und Columba, Col *(Taube)*

Das Sternbild Grabstichel wurde 1752 von de Lacaille eingeführt; die Taube (es soll die Taube des Noah sein) wurde 1592 von dem holländischen Theologen und Astronomen Petrus Plancius erfunden und erstmals 1603 im Sternatlas von Bayer dargestellt.

Wie finden wir die Sternbilder?

Taube und Grabstichel sind benachbart, aber die Taube ist leichter zu finden, da sie relativ leuchtkräftige Sterne enthält. Von Sirius ausgehend kommt man vom Großen Hund etwa 20° nach Südwesten in die Nähe von Alpha Col, dem leuchtkräftigsten Stern der beiden Sternbilder.

Die hellsten Sterne und Objekte

Alpha Col (2,6 mag) ist ein blauer Stern in 258 Lichtjahren Entfernung. Beta Col (3,1 mag) ist gelblich. Die hellsten Sterne der Grabstichel haben 4 mag, und der hellste, Alpha, (4,4 mag) ist weiß.
Der Haufen NGC 1851 in Taube ist ein Kugelhaufen der Größe 8; in Amateurinstrumenten ist er ein leuchtender, verschwommener Fleck mit einem Durchmesser von 11'.

Winter	Nahe bei Sirius	Süden	Norden: -27°, Süden: -49° Westen: 6h 40', Osten: 4h 20'

Größe der Sterne: 0 1 2 3 4 5
Offene Haufen · Planetarische Nebel · Kugelhaufen
Nebel · Radiogalaxie · Galaxie
Grenze des Sternbilds · Breiten- und Längengrade

Camelopardalis, Cam *(Giraffa)*

Dieses zirkumpolare Sternbild wurde Petrus Plancius erdacht und 1624 von Keplers Schwiegersohn Jakob Bartsch eingeführt. Die Giraffe soll an die Hochzeit von Isaak und Rebekka in Kanaan erinnern, zu der die Braut auf einer Giraffe geritten sein soll.

Wie finden wir das Sternbild?

Das Sternbild liegt zwischen den Sternen Alpha und Beta des Großen Bären und dem charakteristischen Himmels-W der Cassiopeia. Die Giraffe umfasst den größten Teil des Himmels zwischen diesen beiden Sternbildern.

Die hellsten Sterne und Objekte

Alpha ist ein blauer Überriese der Größe 4,3. Beta (4,0 mag) ist ein Doppelstern mit einem Begleiter der Größe 7,4 in 81" Distanz. Auch Sigma 1694 ist ein Doppelsternsystem. Es besteht aus zwei weißen Sternen (5,3 mag und 5,8 mag) in einigen hundert Lichtjahren Entfernung.
Mit dem Teleskop lassen sich in diesem Sternbild mindestens die beiden Galaxien NGC 2403 und IC 342 der Lokalen Gruppe finden.

ganzjährig	Zwischen Großem Bär und Cassiopeia	Norden	Norden: +86°, Süden: +53° Westen: 14h 30', Osten: 3h 15'

Größe der Sterne 0 1 2 3 4 5 | Offene Haufen | Planetarische Nebel | Kugelhaufen | Nebel | Radiogalaxie | Galaxie | Grenze des Sternbilds | Breiten- und Längengrade

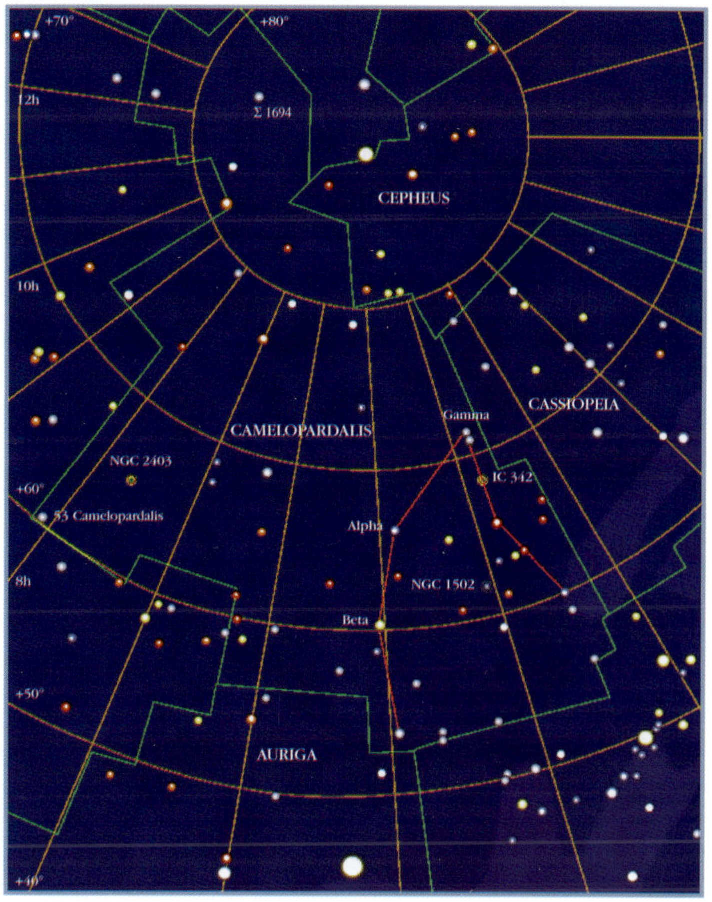

Cancer, Cnc *(Krebs)*

Das Sternbild bezieht sich auf den Krebs, der Herkules biss, als er bei Lerna gegen die schreckliche Hydra kämpfte. Der Held tötete den Krebs, den Hera dann an den Himmel versetzte.

Wie finden wir das Sternbild?

Der himmlische Krebs sitzt zwischen Löwe und Zwilling. Man findet ihn zwischen Kastor und Pollux, den hellsten Sternen des Sternbilds Zwilling, Prokyon im Kleinen Hund und Regulus im Löwen.

Die hellsten Sterne und Objekte

Der hellste Stern ist der orangerote Beta (3,5 mag), in 190 Lichtjahren Entfernung, der zweithellste der ebenfalls orangerote Delta (3,9 mag). Gamma (4,7 mag) ist ein weißer Stern in 160 Lichtjahren Entfernung. Auch Alpha oder Acubens (4,3 mag) ist weiß.
Das schönste Fernrohrobjekt ist der offene Haufen M 44, auch Krippe genannt. Die Winkelgröße dieses Haufens beträgt etwa das Dreifache des Durchmessers des Vollmonds, seine Helligkeit aber nur wenig mehr als ein Viertel. Seine Entfernung von uns beträgt nur 577 Lichtjahre. Ein anderer großer Haufen ist M 67, der mit bloßem Auge kaum zu sehen ist. Er hat 7 mag und einen Durchmesser von 0,5°.

Winter	Zwischen Löwe und Zwilling	Norden	Norden: +33°, Süden: +6° Westen: 9h 20', Osten: 7h 55'

Größe der Sterne 0 1 2 3 4 5 | Offene Haufen | Planetarische Nebel | Kugelhaufen | Nebel | Radiogalaxie | Galaxie | Grenze des Sternbilds | Breiten- und Längengrade

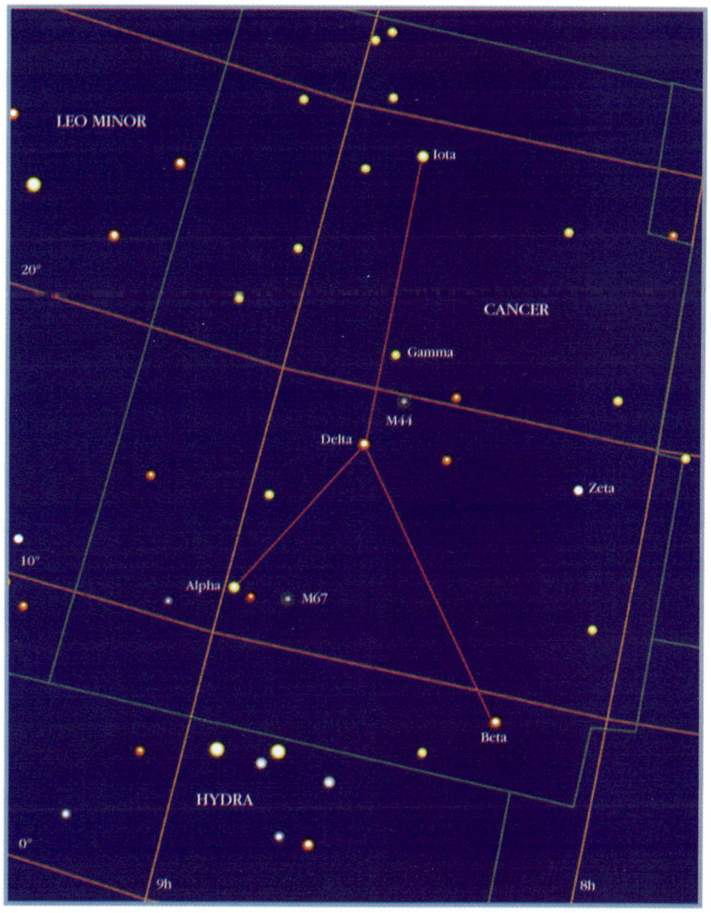

Canes Venatici, CVn, *(Jagdhunde)*

Dieses Sternbild wurde 1687 von dem Danziger Astronom Johannes Hevelius eingeführt. Seine beiden hellsten Sterne tragen seit dem Altertum die Namen der beiden legendären Jagdhunde des Orion; Chara und Asterion, was dem Sternbild vermutlich den Namen gab.

Wie finden wir das Sternbild?

Die Jagdhunde befinden sich zwischen den Sternbildern Großer Bär und Bootes. Der auffallendste Stern, Alpha, liegt mitten zwischen Arktur in Bootes und Beta UMa.

Die hellsten Sterne und Objekte

Alpha ist ein Doppelstern, der aus zwei Sternen (3,9 mag und 5,6 mag) in einer Distanz von 20" besteht. Beta oder Astrion hat 4,3 mag und ist etwa 30 Lichtjahre entfernt.
Zu den Jagdhunden gehören außer der wunderschönen Spiralgalaxie M 51 (8 mag) auch M 63 (10 mag) und M 94 (8 mag), zwei weitere Spiralgalaxien des Messierkatalogs. Am südlichen Rand des Sternbilds liegt einer der schönsten Kugelhaufen des Himmels, M 3, 6 mag, in etwa 34 000 Lichtjahren Entfernung.

Frühling | Zwischen Jagdhunde und Bootes | Norden | Norden: +52°, Süden: +28° Westen: 14h 10', Osten: 12h 05'

Größe der Sterne: 0 1 2 3 4 5 — Offene Haufen — Planetarische Nebel — Kugelhaufen — Nebel — Radiogalaxie — Galaxie — Grenze des Sternbilds — Breiten- und Längengrade

Canis Major, CMa *(Großer Hund)*

Dieses Sternbild ist schon sehr alt. Es stellt einen der beiden Jagdhunde des Orion dar.

Wie finden wir das Sternbild?

Der Große Hund lässt sich vom Orion aus finden: Die drei Gürtelsterne des Himmelsjägers zeigen in Richtung Südosten direkt zum Sirius.

Die hellsten Sterne und Objekte

Der wichtigste Stern Alpha ist zugleich der hellste des ganzen Himmels, Sirius (–1,4 mag), der begleitet wird von einem Weißen Zwerg mit 8,7 mag. Sirius ist auch mit nur 8,6 Lichtjahren Entfernung einer der uns nächsten Sterne. Beta CMa (2 mag) oder Mirzam ist ein sehr kalter blauer Stern in einer Entfernung von 750 Lichtjahren, dessen Leuchtkraft fast unmerklich schwankt.
Bemerkenswert sind die offenen Haufen M 41 und NGC 2362. Der Erste ist sehr leuchtkräftig und hat etwa 100 Sterne, die mehr als 2000 Lichtjahre von uns entfernt sind. NGC 2362 liegt in der Nähe des Sterns Tau CMa. Er hat nur etwa 40 Sterne, die etwa 4000 Lichtjahre von uns entfernt sind.

Winter | Südöstlich von Orion | Süden | Norden: -11°, Süden: -33° Westen: 7h 30', Osten: 6h 10'

Größe der Sterne: 0 1 2 3 4 5 — Offene Haufen — Planetarische Nebel — Kugelhaufen — Nebel — Radiogalaxie — Galaxie — Grenze des Sternbilds — Breiten- und Längengrade

Canis Minor, CMi *(Kleiner Hund)*

Der Kleine Hund könnte einer der Jagdhunde des Orion sein, aber auch Maira, der Hund des Ikaros, des Mannes, den Dionysios die Kunst der Weinbereitung lehrte.

Wie finden wir das Sternbild?

Dieses kleine Sternbild liegt südlich des Sternbilds Zwillinge und 30° östlich von Beteigeuze im Orion.

Die hellsten Sterne und Objekte

Der hellste Stern ist Alpha, Prokyon (4 mag), was im Griechischen »der vor dem Hund« bedeutet. Tatsächlich geht dieses Sternbild vor dem Großen Hund auf. Wie Sirius hat auch Prokyon einen Weißen Zwerg (10,8 mag) als Begleiter. Beta (Gomeisa) ist ein weißblauer Veränderlicher von 2,8 bis 2,9 mag. Auch S Cmi ist ein Veränderlicher, der in 333 Tagen zwischen 6,6 mag und 13,2 mag schwankt und für das bloße Auge immer unsichtbar bleibt.
Im Kleinen Hund gibt es keine interessanten Fernrohrobjekte.

Winter | Östlich von Orion | Norden | Norden: +13°, Süden: 0° Westen: 8h 10', Osten: 7h 05'

Größe der Sterne 0 1 2 3 4 5 | Offene Haufen | Planetarische Nebel | Kugelhaufen | Nebel | Radiogalaxie | Galaxie | Grenze des Sternbilds | Breiten- und Längengrade

Capricornus, Cap *(Steinbock)*

Die Griechen sahen im Tierkreiszeichen Steinbock den griechischen Waldgott Pan, der den Körper eines Menschen und die Hörner und Beine eines Steinbocks hatte. Nach der Sage warnte Pan die Götter mit einem lauten Schrei vor dem Monster Typhon, das Gaia gegen sie ausgeschickt hatte, woraufhin sie sich in Tiere verwandelten. Der erschreckte Pan aber sprang erst im letzten Augenblick in den Nil und wurde, weil er nicht ganz untertauchte, halb Ziege, halb Fisch.

Wie finden wir das Sternbild?

Ca. 30° südlich von Adler und Delphin zwischen Schütze und Wassermann.

Die hellsten Sterne und Objekte

Alpha ist ein Mehrfachsystem: Die beiden Hauptsterne Alpha 1 (4,2 mag) und Alpha 2 (3,6 mag) sind ihrerseits Doppelsterne. Der Begleiter von Alpha 1 hat 9,2 mag, der von Alpha 2 dagegen 11 mag. Auch der gelbe Stern Beta (3,1 mag) oder Dabih ist ein Doppelstern mit einer blauen Komponente (6 mag). Der hellste Stern des Steinbocks schwankt in etwas mehr als einem Tag zwischen 2,8 und 3,1 mag. M 30 (8 mag) ist ein 40 000 Lichtjahre entfernter Kugelhaufen.

Sommer – Herbst | Süd-Östlich vom Adler | Süden | Norden: -9°, Süden: -28° Westen: 22h 00', Osten: 20h 05'

Größe der Sterne 0 1 2 3 4 5 | Offene Haufen | Planetarische Nebel | Kugelhaufen | Nebel | Radiogalaxie | Galaxie | Grenze des Sternbilds | Breiten- und Längengrade

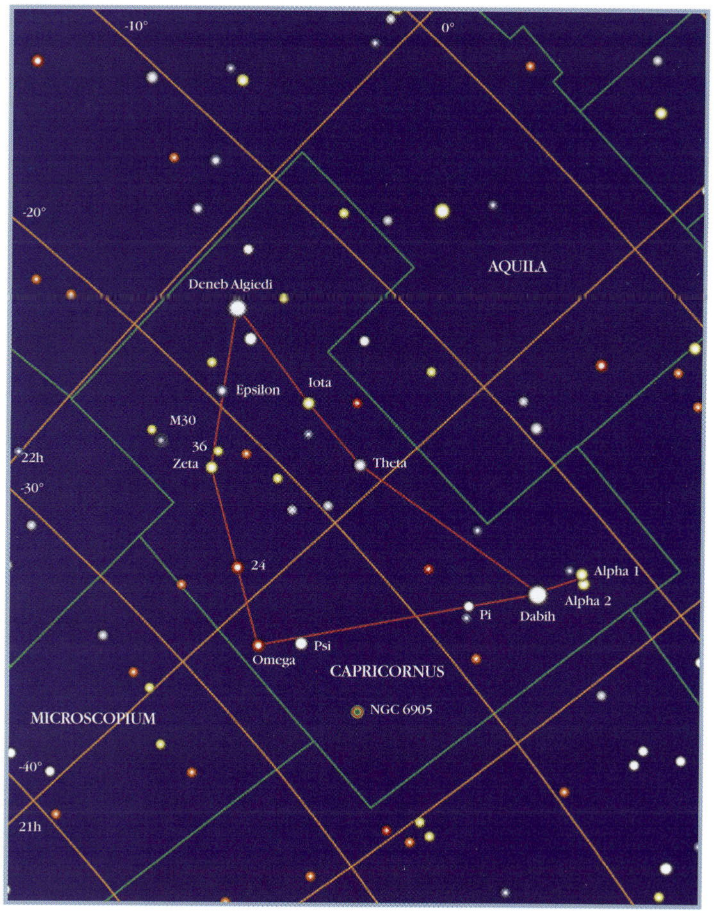

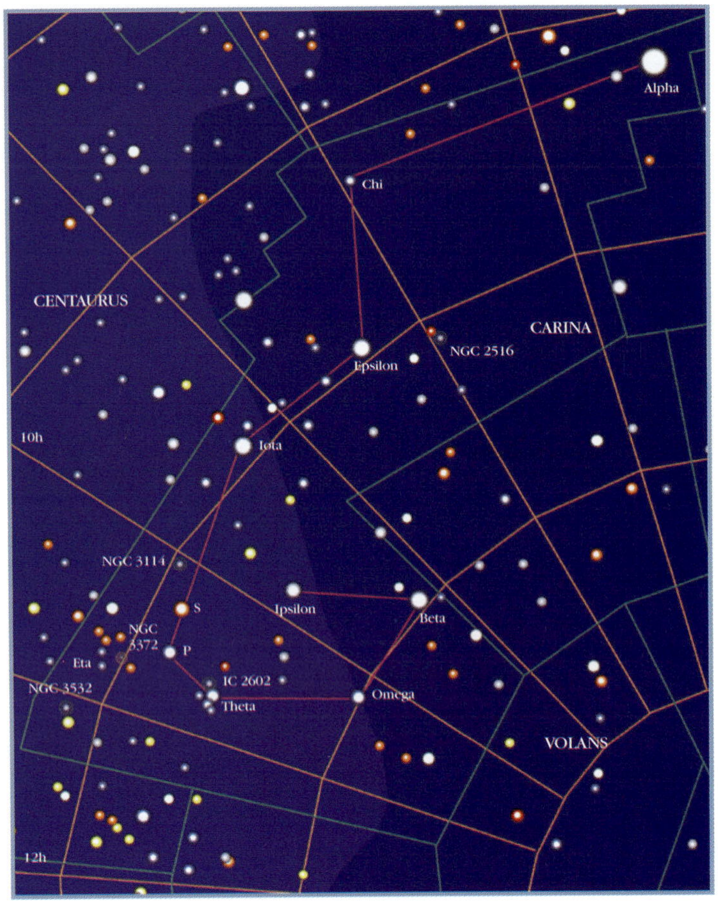

Carina, Car *(Schiffskiel)*

Der Schiffskiel ist ein Teil des antiken Sternbildes Argo, dem Schiff, mit dem die Argonauten auszogen, um unter Führung von Jason das Goldene Vlies zu erobern. Der hellste Stern, Canopus, erinnert an den gleichnamigen Steuermann der Flotte des Menelaos.

Wie finden wir das Sternbild?

Wir finden den Schiffskiel ausgehend von den anderen Teilen des Schiffs; Carina liegt zwischen Vela und Puppis.

Die hellsten Sterne und Objekte

Alpha Car, Canopus (–0,62 mag), ist der zweithellste Stern des Himmels und etwa 310 Lichtjahre entfernt. Beta (1,7 mag) ist Miaplacidus, der Schiffskiel selbst.
Besonders interessant ist Eta, der zwischen 5,9 mag und 7,9 mag schwankt; früher war er deutlich heller (1843 hatte er –0,8 mag).
In der Umgebung von Eta fällt eine Wolke aus ionisiertem Wasserstoff auf. Außer diesem Carina-Nebel gibt es einige reiche und helle Haufen wie IG 2602 (2 mag) und NGC 3532 (3 mag). Mit bloßem Auge sind auch die offenen Haufen NGC 2516 und NGC 3114 sichtbar.

nur südlich des 35. Breitengrades	Südlich von Vela und Puppis	Süden	Norden: -51°, Süden: -76° Westen: 11h 20', Osten: 6h 05'

Größe der Sterne 0 1 2 3 4 5 · Offene Haufen · Planetarische Nebel · Kugelhaufen · Nebel · Radiogalaxie · Galaxie · Grenze des Sternbilds · Breiten- und Längengrade

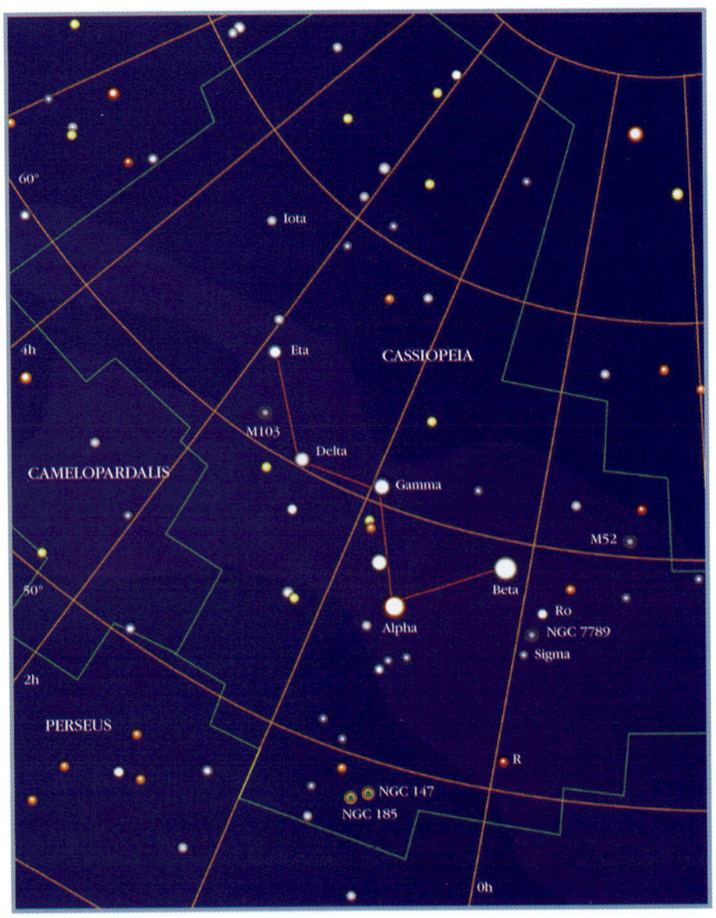

Cassiopeia, Cas *(Kassiopeia)*

Als Kassiopeia, die Frau des Königs Kepheus von Äthiopien die Nereiden mit ihrer übergroßen Eitelkeit ärgerte, baten die Meeresnymphen Poseidon, den Meeresgott, er möge sie strafen. Der sandte das Meeresungeheuer Ketus aus, der die Küste des Königreichs verwüstete und sich nur durch das Opfer der Königstochter Andromeda besänftigen lassen wollte, die Perseus jedoch errettete.

Wie finden wir das Sternbild?

Vom Großen Wagen ausgehend zum himmlischen Nordpol und darüber hinaus weiter in dieselbe Richtung gehend, finden wir die fünf hellen Sterne, die ein W oder M beschreiben.

Die hellsten Sterne und Objekte

Alpha (2,2 mag) oder Schedir, Brust, ist ein orangeroter Stern mit einem bläulichen Begleiter (9 mag). Beta (2,3 mag) oder Caph ist ein weißer Zwergstern in etwa 50 Lichtjahren Entfernung.
Cassiopeia ist reich an offenen Kugelhaufen; M 52 ist mit einem Feldstecher zu sehen. M 103 enthält weniger als etwa 100 Sterne in einem 10' breiten Teil des Himmels, NGC 7789 erstreckt sich über ein halbes Grad und ist ungewöhnlich sternreich.

ganzjährig	Nahe am nördlichen Himmelspol	Norden	Norden: +78°, Süden: +46° Westen: 3h 40', Osten: 22h 55'

Größe der Sterne 0 1 2 3 4 5 · Offene Haufen · Planetarische Nebel · Kugelhaufen · Nebel · Radiogalaxie · Galaxie · Grenze des Sternbilds · Breiten- und Längengrade

Centaurus, Cen *(Kentaur)*

Die Kentauren waren mythische Gestalten, halb Mensch, halb Tier. Einer, Chiron, war weise und gelehrt und unterrichtete Achilles und andere griechische Helden.

Wie finden wir das Sternbild?

Centaur liegt auf der Verlängerung der Geraden durch Arktur in Bootes und Spica in der Jungfrau nach Süden.

Die hellsten Sterne und Objekte

Alpha (0,3 mag) oder Rigil, Fuß, ist ein Dreifachsystem. Der hellste Stern ist etwa so groß und heiß wie die Sonne. Sein Begleiter (1,3 mag) umläuft ihn in etwa 80 Tagen. Der dritte Stern des Systems ist ein roter Zwerg der Größe 11, der deshalb wichtig ist, weil er der dem Sonnensystem nächste Stern ist; deshalb heißt dieser 4,249 Lichtjahre entfernte Stern auch Proxima Centauri. Er braucht für seine Bahn um Alpha Cen einige Millionen Jahre. Beta (0,6 mag) heißt auch Agena und ist ein heißer Stern mit einem sehr schwachen Begleiter.
Das Sternbild enthält den besonders hellen Kugelhaufen Omega Cen (3 mag), einen der wenigen mit bloßem Auge sichtbaren.

nur südlich des 35. Breitengrades | Südlich von Virgo | Süden | Norden: -30°, Süden: -65° Westen: 15h 05', Osten: 11h 05'

Größe der Sterne: 0 1 2 3 4 5 | Offene Haufen | Planetarische Nebel | Kugelhaufen | Nebel | Radiogalaxie | Galaxie | Grenze des Sternbilds | Breiten- und Längengrade

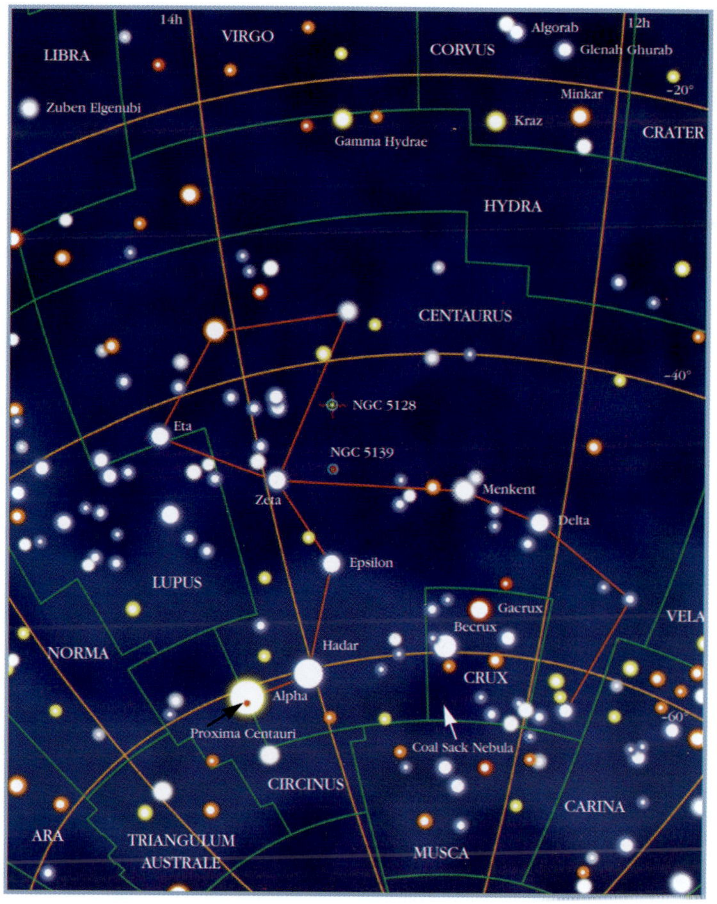

Cepheus, Cep *(Kepheus)*

Nach der Legende war Kepheus äthiopischer König. Er war bereit, seine Tochter Andromeda zu opfern, um sein Land zu retten.

Wie finden wir das Sternbild?

Cepheus liegt zwischen Cassiopeia, dem Stern Deneb im Schwan und dem Polarstern.

Die hellsten Sterne und Objekte

Alpha (2,4 mag) oder Alderamin ist ein weißer Stern in 31 Lichtjahren Entfernung. Weniger leuchtkräftig ist Beta oder Alfirk, dessen Helligkeit in 4 Stunden und 34 Minuten zwischen 3,2 mag und 3,3 mag schwankt. Delta ist der klassische Prototyp der Cepheiden-Veränderlichen. Die Leuchtkraft dieser pulsierenden Sterne schwankt regelmäßig mit einer Periode, die von ihrer absoluten Helligkeit abhängt, Delta schwankt in 5,4 Tagen zwischen 3,5 mag und 4,4 mag. Er hat zwei Begleiter, einen der Größe 13 in einer Distanz von 20", der andere (7,5 mag) in einer Distanz von 41" vom Hauptstern.
In Cepheus finden wir viele offene Haufen und einige Galaxien.
NGC 188 ist ein sehr alter offener Haufen in etwa 5000 Lichtjahren Entfernung, NGC 6946 ist eine etwa 10 Millionen Lichtjahre entfernte Spiralgalaxie der Größe 11.

ganzjährig | Nahe am Polarstern | Norden | Norden: +88°, Süden: +53° Westen: 8h 05', Osten: 20h 00'

Größe der Sterne: 0 1 2 3 4 5 | Offene Haufen | Planetarische Nebel | Kugelhaufen | Nebel | Radiogalaxie | Galaxie | Grenze des Sternbilds | Breiten- und Längengrade

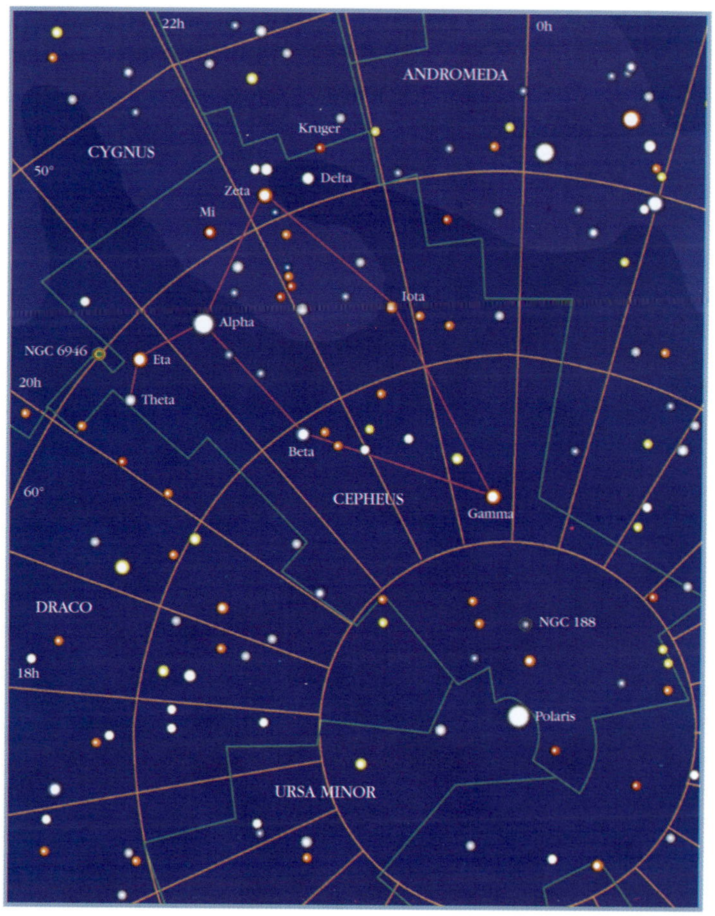

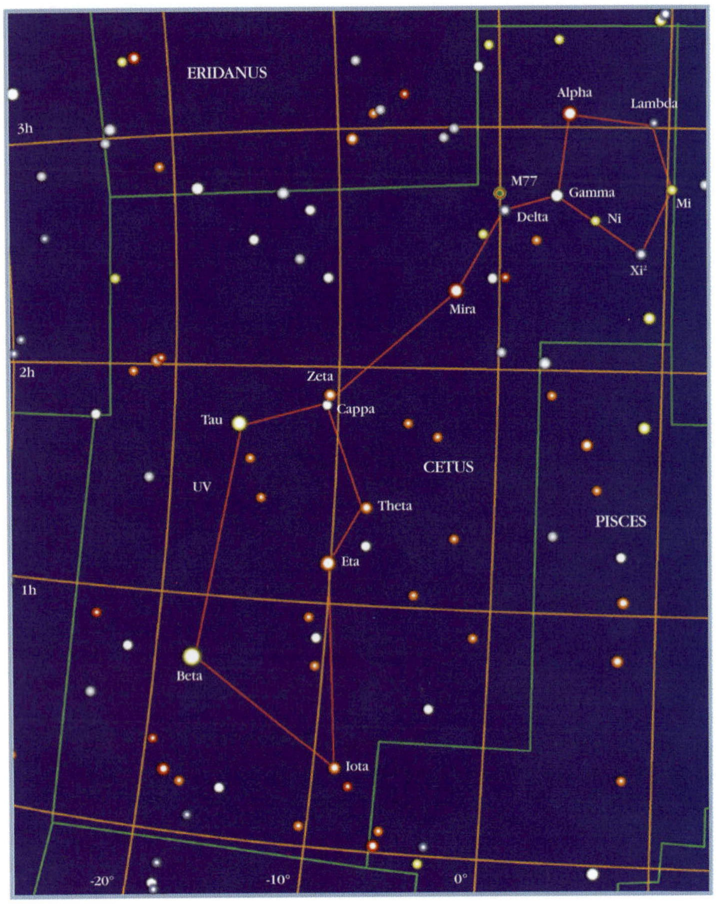

Cetus, Cet *(Walfisch)*

Der Walfisch ist das mythische Meeresungeheuer, das Poseidon, der Meeresgott, aussandte, um Andromeda, die schöne Tochter von Kassiopeia und Kepheus zu verschlingen.

Wie finden wir das Sternbild?

Die Verbindungslinie von Beta And und Alpha Ari führt uns in südwestlicher Richtung zu Alpha Ceti, einem der hellsten Sterne im Walfisch.

Die hellsten Sterne und Objekte

Alpha (2,5 mag) oder Menkar, die Nase des Ungeheuers, ist ein Doppelstern mit einem Begleiter mit 5,6 mag. Der hellste Stern ist Beta oder Deneb Kaitos (2 mag). Auch Gamma ist ein schöner Doppelstern mit einem gelben Hauptstern (5,5 mag) und einem blauen Begleiter (6,2 mag). Besonders interessant ist Omikron oder Mira, der 1596 von Fabricius entdeckte lange rätselhafte Wunderstern. Hohrarda fand im 17. Jahrhundert, dass seine Größe in etwa 331 Tagen zwischen 2 und 10 mag schwankt; er ist der Prototyp der Mira-Veränderlichen. M 77, eine Seyfert-Galaxie mit 10 mag liegt in der Nähe von Delta Ceti und hat einen aktiven Kern.

Herbst | Südlich von Widder und Fischen | am Himmelsäquator | Norden: +10°, Süden: -25° Westen: 3h 25', Osten: 23h 55'

Größe der Sterne 0 1 2 3 4 5 | Offene Haufen | Planetarische Nebel | Kugelhaufen | Nebel | Radiogalaxie | Galaxie | Grenze des Sternbilds | Breiten- und Längengrade

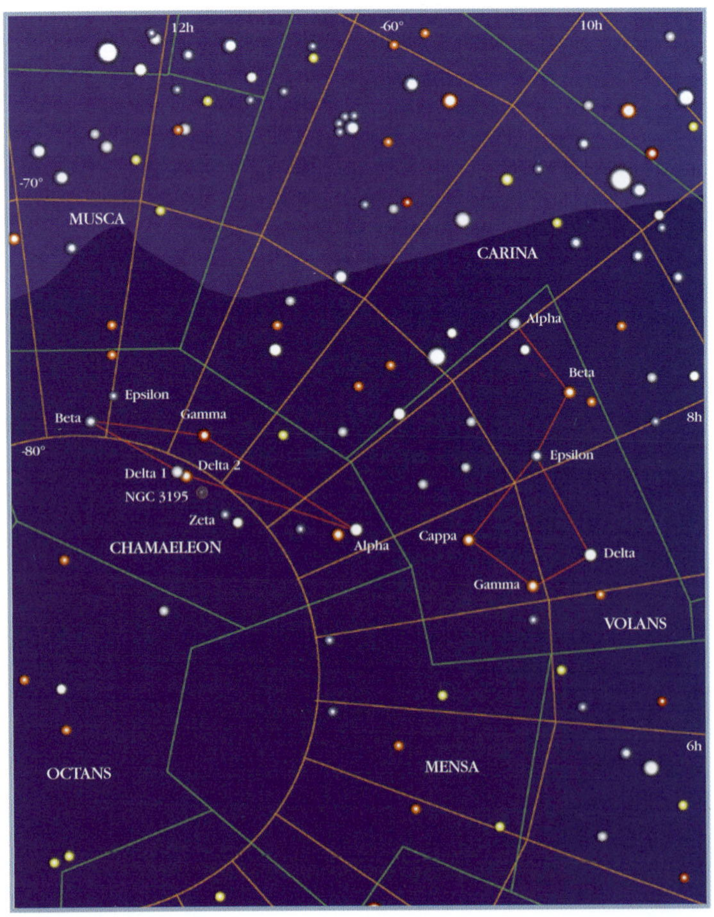

Chamäleon Cha *(Chamäleon)* und Volans, Vol *(Fliegender Fisch)*

Diese Sternbilder wurden Ende des 16. Jahrhunderts von den Holländern Houtman und Keyser eingeführt und sind mit keinen Sagen verknüpft.

Wie finden wir die Sternbilder?

Vom Kreuz des Südens ausgehend folge man der Geraden durch die Sterne Alpha und Gamma, von wo man in Richtung des südlichen Himmelspols in die Nähe von Beta Cha gelangt. Der Fliegende Fisch liegt nordöstlich davon.

Die hellsten Sterne und Objekte

Der hellste Stern ist der orangerote Beta Vol (3,8 mag) in 112 Lichtjahren Entfernung. Alpha Vol (4,0 mag) ist ein weißer Stern. Gamma Vol besteht aus einem Doppelstern mit 3,9 mag und 5,8 mag in etwa 13" Distanz. Der weiße Alpha ist der hellste Stern im Chamäleon (4,1 mag). Fast genauso hell ist der orangerote Gamma in 410 Lichtjahren Entfernung.
Das einzige erwähnenswerte Fernrohrobjekt ist der planetarische Nebel NGC 3195 zwischen Delta und Zeta Cha.

nur südlich des 20. Breitengrades | Nahe dem Südpol | Süden | Norden: -64°, Süden: -76° Westen: 13h 50', Osten: 6h 35'

Größe der Sterne 0 1 2 3 4 5 | Offene Haufen | Planetarische Nebel | Kugelhaufen | Nebel | Radiogalaxie | Galaxie | Grenze des Sternbilds | Breiten- und Längengrade

Circinus Cir *(Zirkel)* und Triangulum Australe TrA *(Südliches Dreieck)*

Die Konstellation Zirkel wurde von de Lacaille eingeführt, das Südliche Dreieck von den holländischen Seefahrern Keyser und Houtman.

Wie finden wir die Sternbilder?

Der Zirkel findet sich leicht neben Alpha Centauri, und das Südliche Dreieck liegt östlich davon.

Die hellsten Sterne und Objekte

Der hellste Stern beider Sternbilder ist Alpha TrA, einer der Eckpunkte des südlichen Dreiecks. Er ist ein rötlich leuchtender Riese der Größe 1,9. Die anderen beiden Eckpunkte sind Beta (2,9 mag) weiß, und Gamma (2,9 mag) weißblau. Im Zirkel dominiert Alpha, ein Veränderlicher vom Typ Alpha Ven, dessen Helligkeit um nur 0,03 Größenklassen schwankt. Er hat einen Begleiter (8,6 mag) in etwa 15" Distanz. Auch Gamma ist ein Doppelstern (4,5 mag) mit einem Begleiter 5. Größe.

Das beste Fernrohrobjekt ist der offene Haufen NGC 6025, der etwa 30 Sterne hat.

nur südlich des 30. Breitengrades | Nahe Alpha Centauri | Süden | Norden: -55°, Süden: -70° Westen: 17h 15', Osten: 13h 40'

Größe der Sterne 0 1 2 3 4 5 | Offene Haufen | Planetarische Nebel | Kugelhaufen | Nebel | Radiogalaxie | Galaxie | Grenze des Sternbilds | Breiten- und Längengrade

Coma Berenices, Com *(Haar der Berenike)*

Die Legende erzählt, dass die ägyptische Königin Berenike gelobte, ihr goldenes Haar zu opfern, wenn ihr Gemahl siegreich vom Feldzug zurückkehre.

Wie finden wir das Sternbild?

Das Haar der Berenike liegt zwischen Löwe und Bootes. Dort bilden etwas nördlich von Arktur und Denebola (dem Schwanz des Löwen) schwache Sterne ein »V«.

Die hellsten Sterne und Objekte

Beta (4,5 mag) ist ein gelber Stern in etwa 30 Lichtjahren Entfernung. Alpha, fast ebenso hell, ist ein Doppelstern. Die meisten Sterne dieses Sternbilds gehört zu dem Haufen Melotte 111.

Coma ist reich an Galaxien und anderen Objekten. Die Messier-Objekte M 85, M 88, M 99 und M 100 haben 9 mag und 10 mag, liegen etwa 65 Millionen Kilometer weit entfernt und gehören zum Virgohaufen. In einer Entfernung von 25 bis 50 Millionen Lichtjahren liegt die Galaxie M 64 (8 mag). M 53 ist ein Kugelhaufen 8. Größe.

Frühling | Zwischen Löwe und Bootes | Norden | Norden: +33°, Süden: +13° Westen: 13h 35', Osten: 12h 00'

Größe der Sterne 0 1 2 3 4 5 | Offene Haufen | Planetarische Nebel | Kugelhaufen | Nebel | Radiogalaxie | Galaxie | Grenze des Sternbilds | Breiten- und Längengrade

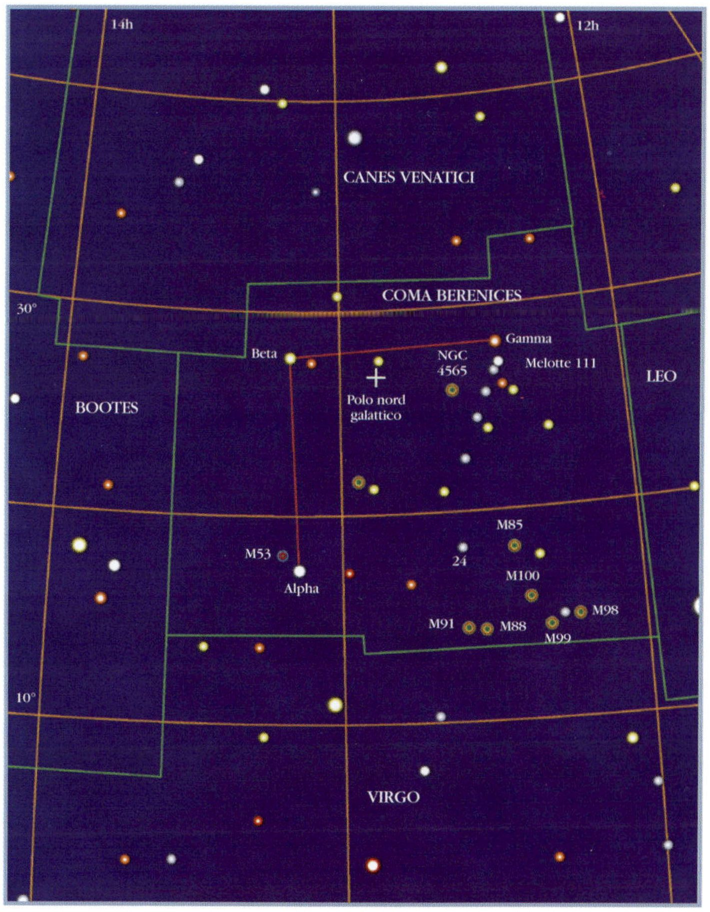

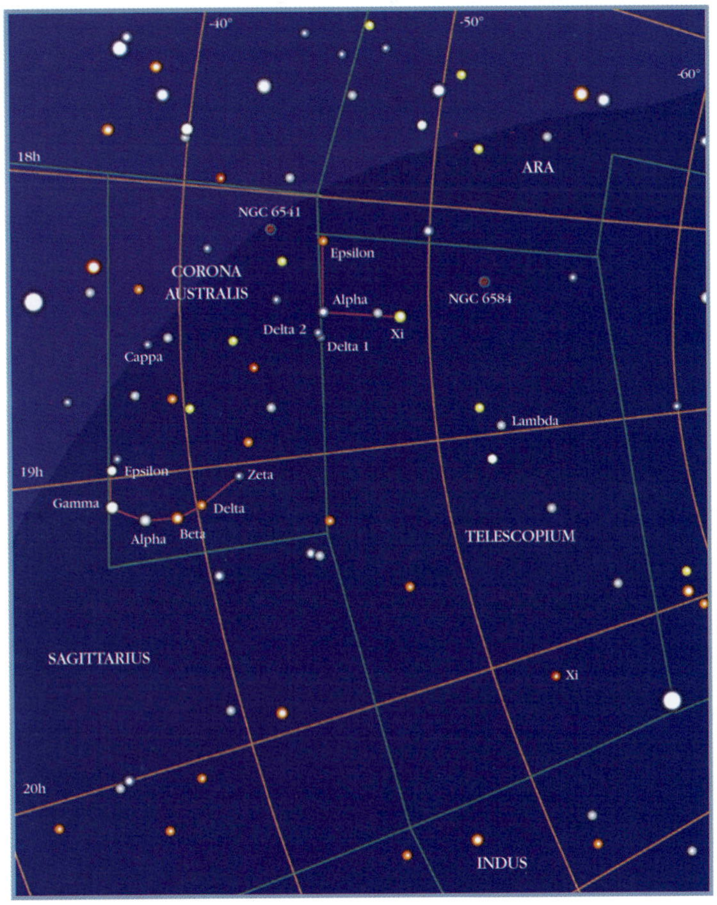

Corona Australis CrA *(Südliche Krone)* und Telescopium Tel *(Fernrohr)*

Die Südliche Krone wird zwar (als Kranz) von zahlreichen antiken Autoren erwähnt, ist aber nicht mit einem Mythos verknüpft. Das Fernrohr wurde von de Lacaille als Tubus Astronomicus eingeführt und ehrt so die Linsenteleskope des 18. Jahrhunderts.

Wie finden wir die Sternbilder?

Die beiden Sternbilder liegen südlich vom Schützen unter dessen Bogen. Die Sterne der Südlichen Krone bilden einen Halbkreis von Sternen 4. und 5. Größe. Genau südlich davon liegt das Fernrohr.

Die hellsten Sterne und Objekte

Der weißblaue Alpha Tel (3,5 mag) ist der hellste Stern dieses Sternbilds. Delta Tel ist ein Doppelstern mit zwei weißblauen Sternen der Größe 5 und 5,1. Der hellste Stern der Südlichen Krone ist der weiße Alpha (4,1mag). Beta, ebenfalls 4,1 mag, ist gelborange. Gamma CrA ist ein Doppelsternsystem aus zwei Sternen 5. Größe.
Wichtig sind die beiden Kugelhaufen NGC 6541 in der Krone (6 mag) und NGC 6584 im Teleskop.

nur südlich des 45. Breitengrades | Südlich vom Schützen | Süden | Norden: -33°, Süden: -57° Westen: 20h 30', Osten: 18h 00'

Größe der Sterne: 0 1 2 3 4 5 | Offene Haufen | Planetarische Nebel | Kugelhaufen | Nebel | Radiogalaxie | Galaxie | Grenze des Sternbilds | Breiten- und Längengrade

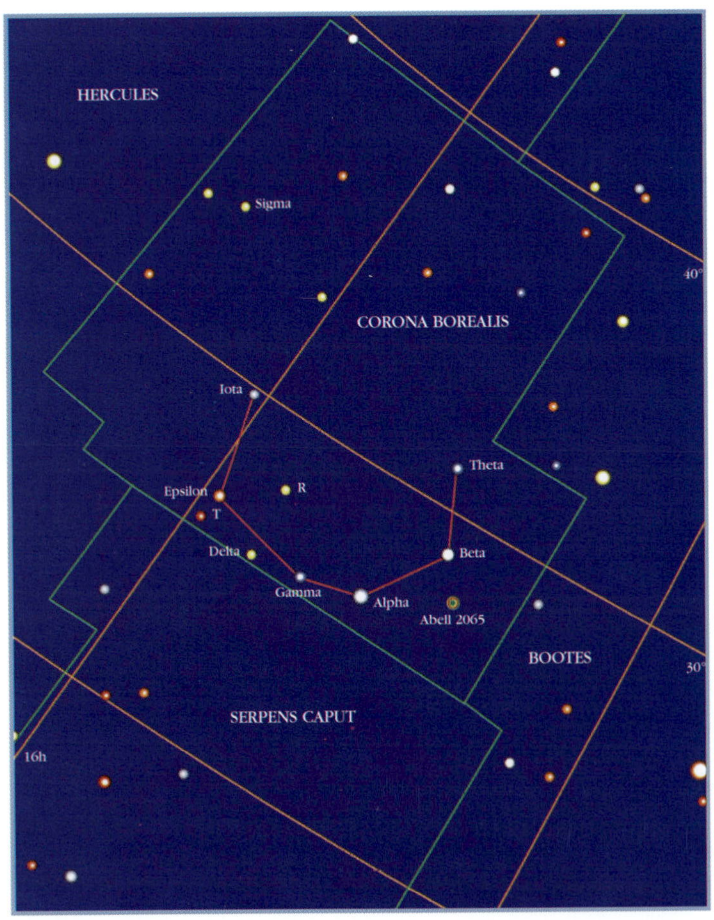

Corona Borealis, CrB *(Nördliche Krone)*

Hephaistos selbst, der Gott des Feuers, schmiedete diese goldene Krone, die Ariadne bei der Hochzeit mit Dionysos trug. Sie war mit Juwelen aus Indien besetzt, die sich, als Dionysos die Krone fröhlich in die Luft warf, in Sterne verwandelten.

Wie finden wir das Sternbild?

Die Sterne der Nördlichen Krone finden sich etwa 20° nordöstlich von Arktur (Alpha Boo).

Die hellsten Sterne und Objekte

Der hellste Stern ist Alpha (2,2 mag) oder Gamma, Edelstein, ein Bedeckungsveränderlicher, dessen Helligkeitsschwankungen sich nicht mit dem bloßen Auge beobachten lassen. R ist der Prototyp einer Klasse von Veränderlichen mit fast bizarren Kennzeichen, denn er kann von seiner normalen Größe 7 plötzlich auf die Größe 14,8 abnehmen. Besonders spektakulär verhält sich T CrB, der gewöhnlich 10. Größe hat, aber plötzlich explodiert und dann 2. Größe hat.
Dieses Sternbild enthält keine besonderen Fernrohrobjekte.

Sommer | Zwischen Bootes und Herkules | Norden | Norden: +40°, Süden: +26° Westen: 16h 25', Osten: 15h 15'

Größe der Sterne: 0 1 2 3 4 5 | Offene Haufen | Planetarische Nebel | Kugelhaufen | Nebel | Radiogalaxie | Galaxie | Grenze des Sternbilds | Breiten- und Längengrade

Corvus, Crv *(Rabe)*, Crater Cra *(Becher)* und Sextant, Sex *(Sextant)*

Der Rabe spielt in mehreren griechischen Sagen eine Rolle. So soll er von Apollo ausgeschickt worden sein, ihm einen Becher Wasser zu holen, was er aber vergaß.
Der Sextant wurde von Hevelius eingeführt, der damit an sein bei einem Brand verlorenes Instrument erinnern wollte.

Wie finden wir die Sternbilder?

Oberhalb der drei Sternbilder liegen Löwe mit Regulus und Jungfrau mit Spica, unterhalb die Wasserschlange. Von Osten nach Westen finden wir Rabe, Becher und Sextant.

Die hellsten Sterne und Objekte

Am hellsten sind der blaue Gamma Crv (2,6 mag) und Beta Crv (2,7 mag). Delta und Epsilon Crv haben beide 3 mag, Alpha nur 4 mag. Delta Cra hat 3,6 mag. Die anderen Sterne des Bechers haben alle 4 mag oder mehr, und im Sextant hat der hellste Stern, Alpha nur 4,5 mag. Delta Crv ist ein Doppelstern, der aus einem weißen Stern mit 3 mag und einem roten Begleiter mit 9,2 mag besteht.
Das auffälligste Fernrohrobjekt ist hier NGC 3115, eine elliptische Galaxie 9. Größe im Sextanten.

Frühling – Sommer	Südlich von Löwe und Jungfrau	Nord-Süd	Norden: +6,5°, Süden: -25° Westen: 12h 55', Osten: 9h 40'
Größe der Sterne 0 1 2 3 4 5	Offene Haufen / Planetarische Nebel / Kugelhaufen	Nebel / Radiogalaxie / Galaxie	Grenze des Sternbilds / Breiten- und Längengrade

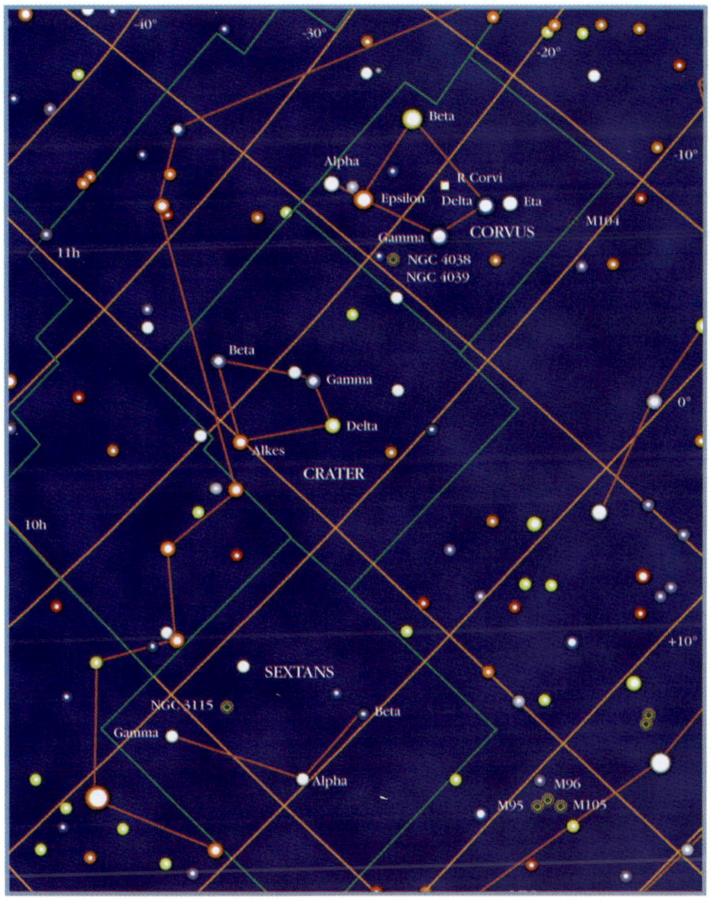

Crux, Cru *(Kreuz des Südens)*

Dieses schon im Altertum bekannte Sternbild war früher Teil des nahen Centaurus. Es hatte große Bedeutung für die Seefahrt und gilt als »Markenzeichen« Ozeaniens, Australiens und Neuseelands.

Wie finden wir das Sternbild?

Das Kreuz des Südens liegt in der Nähe des Sternbilds Centaurus. Die Verlängerung der Verbindungslinien von Alpha zu Beta Cen weist direkt zum Kreuz.

Die hellsten Sterne und Objekte

Der hellste Stern ist Alpha oder Acrux (0,9 mag). Mit bloßem Auge sieht man einen Begleiter der Größe 4,9, aber ein Fernrohr zeigt, dass die leuchtkräftigste Komponente aus zwei weißblauen Sternen der Größe 1,4 und 1,9 besteht. Gamma ist ebenfalls ein Doppelstern mit Komponenten der Größe 1,6 und 1,7.
In einer sehr dunklen Nacht kann man in der Nähe des Kreuz des Südens den so genannten Kohlensack erkennen, eine riesige Dunkelwolke zwischen uns und den Sternen der Milchstraße. Ein anderes Fernrohrobjekt ist der offene Haufen NGC 4755, das Schatzkästchen, der mit dem bloßen Auge als Stern 5. Größe zu sehen ist, und von einem kleinen Fernrohr in zehn Sterne aufgelöst werden kann.

nur südlich des 30. Breitengrades	Nahe am Centaur	Süden	Norden: -56°, Süden: -65° Westen: 12h 55', Osten: 11h 55'
Größe der Sterne 0 1 2 3 4 5	Offene Haufen / Planetarische Nebel / Kugelhaufen	Nebel / Radiogalaxie / Galaxie	Grenze des Sternbilds / Breiten- und Längengrade

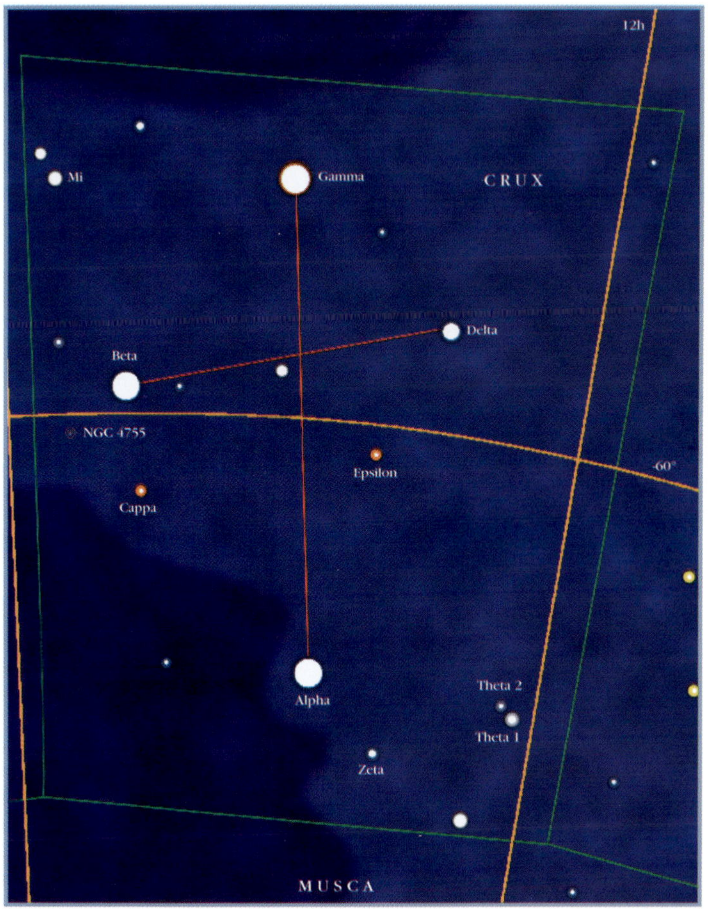

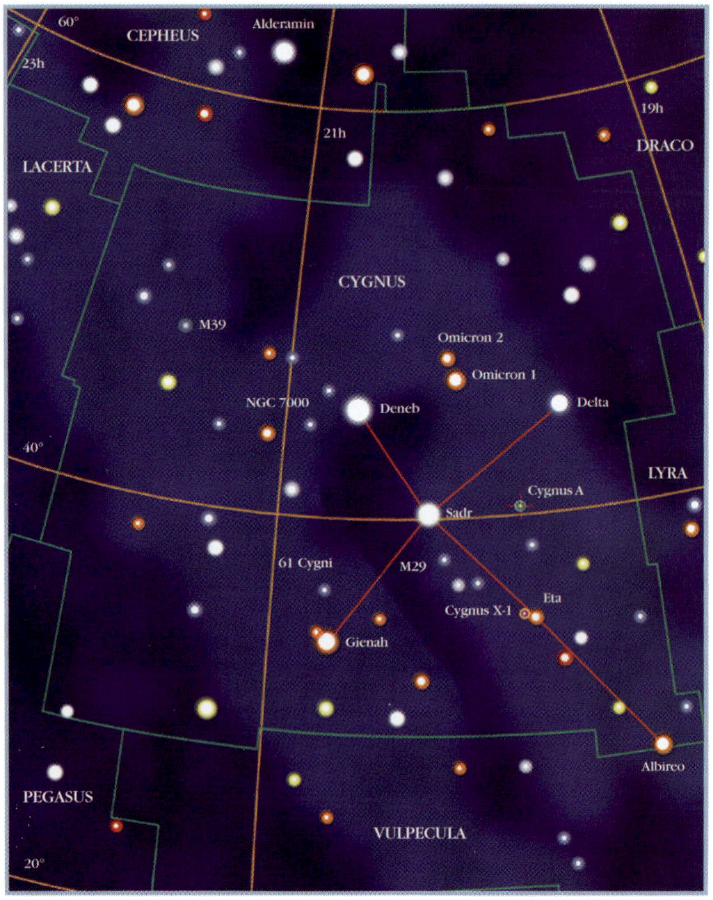

Cygnus, Cyg *(Schwan)*

Der Schwan gehört zum Sagenkreis um Zeus, der sich in Leda, die schöne Frau des Königs Tindareos von Sparta, verliebt hatte und deren Widerstand gegen seine Annäherungsversuche überwand, indem er sich in einen Schwan verwandelte.

Wie finden wir das Sternbild?

Deneb, der hellste Stern im Schwan, liegt westlich von Cassiopeia auf der Verlängerung der Verbindungslinie von Beta zu Gamma Cas.

Die hellsten Sterne und Objekte

Der weiße Alpha (1,2 mag) oder Deneb, Schwanz, ist der hellste Stern. Beta (3,1 mag) oder Albireo, ist ein besonders schöner Doppelstern, mit einem gelben Hauptstern und einem bläulichen Begleiter (5,1 mag). Auch 61 Cygni ist ein Doppelstern (5,2 mag und 6,1 mag); er ist wichtig, weil er der erste Fixstern ist, bei dem eine Entfernungsmessung gelang (Bessel, 1838); er ist 14,8 Lichtjahre entfernt. M 29 und M 39 sind zwei offene Haufen, der erste in der Nähe von Gamma, der zweite 10° östlich von Deneb. Das bekannteste Objekt ist wohl NGC 7000, der Nordamerika-Nebel, eine sehr ausgedehnte, aber dünne und wenig leuchtkräftige Wolke aus ionisiertem Wasserstoff.

Sommer – Herbst	Östlich von Pegasus im Sommerdreieck	Norden	Norden: +61°, Süden: +28° Westen: 22h 05', Osten: 19h 10'

Größe der Sterne: 0 1 2 3 4 5 — Offene Haufen — Planetarische Nebel — Kugelhaufen — Nebel — Radiogalaxie — Galaxie — Grenze des Sternbilds — Breiten- und Längengrade

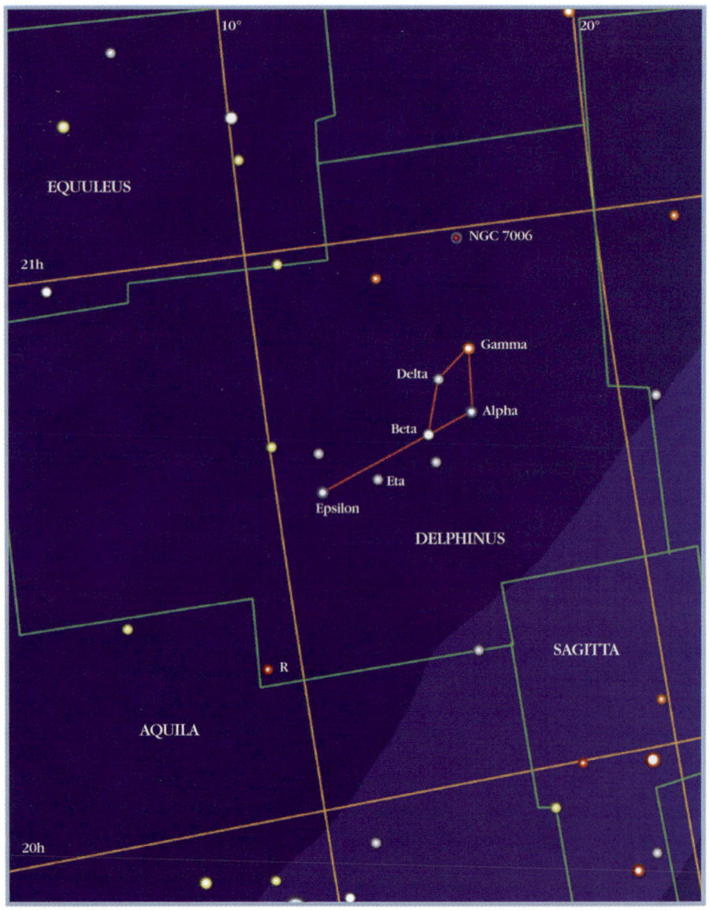

Delphin, Del *(Delfin)*

Nach der Sage war der Delphin der Liebesbote, mit dessen Hilfe Poseidon, der Gott der Meere, die Nereide Amphitrite für sich gewann.

Wie finden wir das Sternbild?

Die kleine Sterngruppe liegt östlich des Sternbilds Pegasus, in Verlängerung der südlichen Seite des charakteristischen Quadrats.

Die hellsten Sterne und Objekte

Die zwei hellsten Sterne sind Beta (3,6 mag) und Alpha (3,8 mag). Beta ist ein nur schwer auflösbarer Doppelstern, da der Winkel zwischen den beiden Komponenten (4,8 mag und 4,9 mag) zwischen 0,2" und 0,7" schwankt. Die Umlaufperiode beträgt etwa 26,5 Jahre. Auch Gamma ist ein Doppelstern mit Komponenten der Größe 4,5 und 5,5 und fast 10" Distanz. R Del ist ein Mira-Veränderlicher; seine Größe schwankt in 285 Tagen zwischen 7,6 mag und 13,8 mag.
Das einzige erwähnenswerte Fernrohrobjekt ist der Kugelhaufen NGC 7006 (12 mag) in mehr als 180 000 Lichtjahren Entfernung. Er lässt sich nur mit einem Teleskop mit mindestens 15 cm Öffnung sehen.

Sommer – Herbst	Östlich von Pegasus	Norden	Norden: +21°, Süden: +2° Westen: 21h 10', Osten: 20h 20'

Größe der Sterne: 0 1 2 3 4 5 — Offene Haufen — Planetarische Nebel — Kugelhaufen — Nebel — Radiogalaxie — Galaxie — Grenze des Sternbilds — Breiten- und Längengrade

Dorado, Dor *(Schwertfisch)* und Mensa, Men *(Tafelberg)*

Das Sternbild Schwertfisch wurde von Keyser und Houtman eingeführt und von Petrus Plancius 1598 als Goldfisch dargestellt. Der Tafelberg wurde von de Lacaille nach dem berühmten Tafelberg bei Kapstadt benannt, von wo er den Südhimmel beobachtete.

Wie finden wir die Sternbilder?

Diese Sternbilder sind nicht leicht zu finden: Am besten sucht man zuerst den hellen Kanopus im Sternbild Carina. Zwischen ihm und dem südlichen Himmelspol liegen zuerst Dorado und dann Mensa.

Die hellsten Sterne und Objekte

Alpha Dor hat Größe 3,3 und ist weißblau. Beta Dor ist ein Cepheiden-Veränderlicher, der in etwa 10 Tagen zwischen der Größe 3,5 und der Größe 4,1 schwankt. Der hellste Stern im Sternbild Tafelberg ist der gelbe Alpha (5,1 mag). Auch Beta (5,5 mag) ist gelb, und Gamma (5,2 mag) ist orange.
Zwischen Dorado und Mensa liegt die 1519 entdeckte Große Magellansche Wolke (LMC für Large Magellanic Cloud), eine irreguläre Satellitengalaxie unseres Milchstraßensystems etwa 180 000 Lichtjahre entfernt.

nur südlich des 25. Breitengrades | Zwischen Canopus und Südpol | Süden | Norden: -49°, Süden: -85° Westen: 7h 40', Osten: 3h 30'

Größe der Sterne 0 1 2 3 4 5 | Offene Haufen | Planetarische Nebel | Kugelhaufen | Nebel | Radiogalaxie | Galaxie | Grenze des Sternbilds | Breiten- und Längengrade

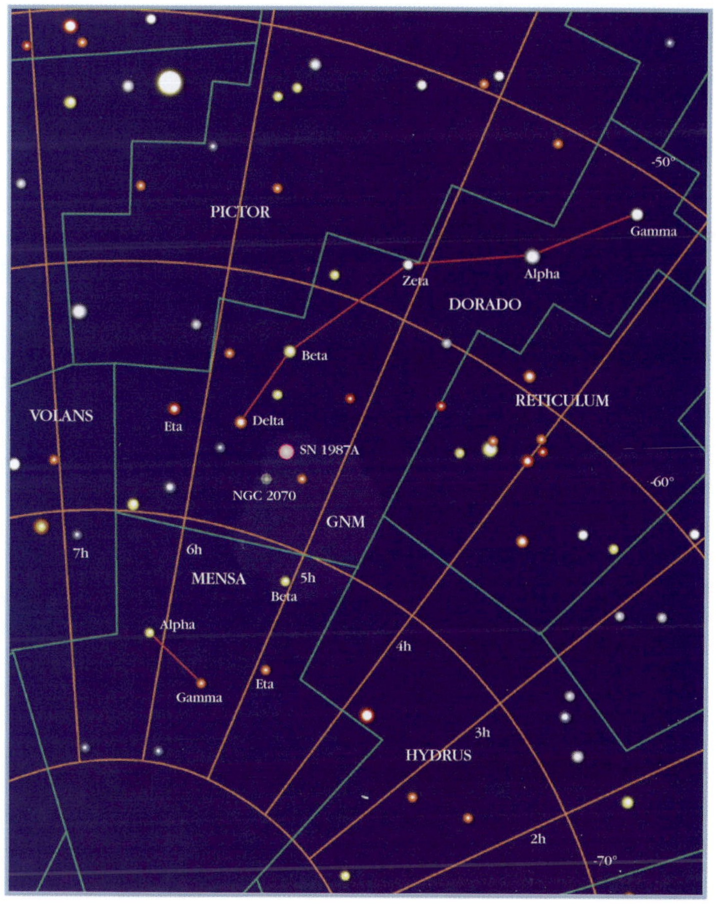

Draco, Dra *(Drache)*

Der Drache ist das sagenhafte Tier, das die goldenen Äpfel im Garten der Hesperiden bewachte und von Herkules erschlagen wurde.

Wie finden wir das Sternbild?

Draco ist zwar groß, enthält aber nicht viele helle Sterne; der Kopf ist ein Sternviereck zwischen Herkules und Kleinem Bären. Der übrige Körper schlängelt sich zwischen den beiden Bären durch.

Die hellsten Sterne und Objekte

Alpha (3,7 mag) oder Thuban war etwa 2700 v. Chr. der Polstern. Danach hat die Präzession der Äquinoktien den Pol verschoben, bis er heute bei Alpha UMi liegt. In etwa 21 000 Jahren wird Thuban wieder Polstern sein. Der hellste Stern im Drachen ist Gamma (2,2 mag), auch Eltanin oder Etamin, Kopf des Drachen. Bei Beobachtungen dieses Sterns entdeckte Bradley 1795 das Gesetz der Lichtablenkung. Ny ist ein Doppelstern und besteht aus einem weißen Sternpaar ähnlicher Leuchtkraft (4,9 mag) in einer Distanz von 62". Das Feldstecher zeigt, dass auch 30 Dra ein Doppelstern ist, mit einem gelben Stern (5 mag) und einem blauen (7 mag).
Der Drache enthält nur ein interessantes Fernrohrobjekt, den planetarischen Nebel NGC 6543.

ganzjährig | Zwischen Großem und Kleinem Bären | Norden | Norden: +86°, Süden: +48° Westen: 20h 40', Osten: 9h 20'

Größe der Sterne 0 1 2 3 4 5 | Offene Haufen | Planetarische Nebel | Kugelhaufen | Nebel | Radiogalaxie | Galaxie | Grenze des Sternbilds | Breiten- und Längengrade

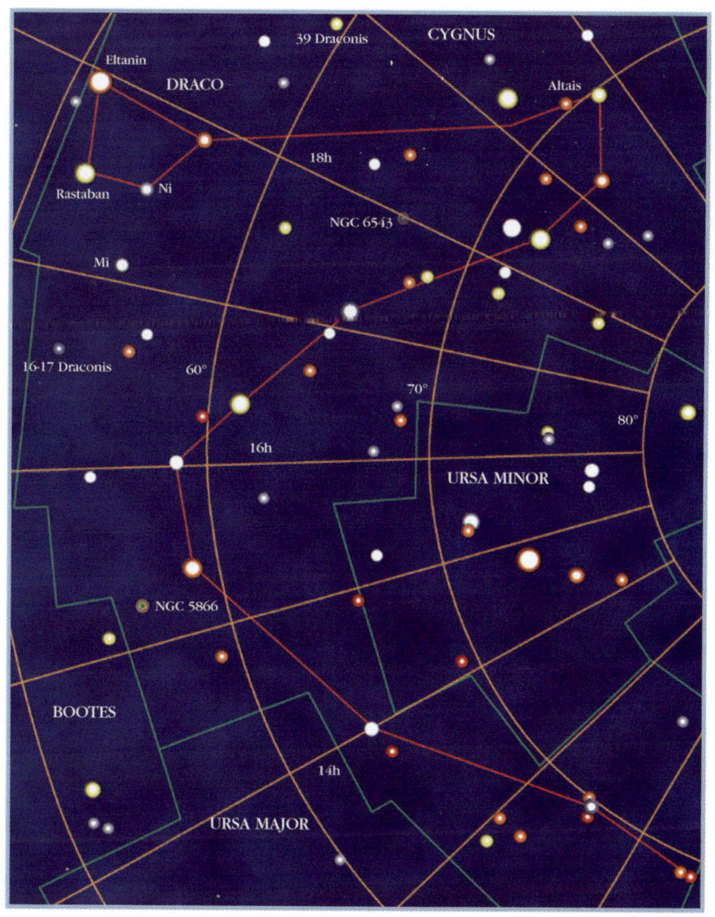

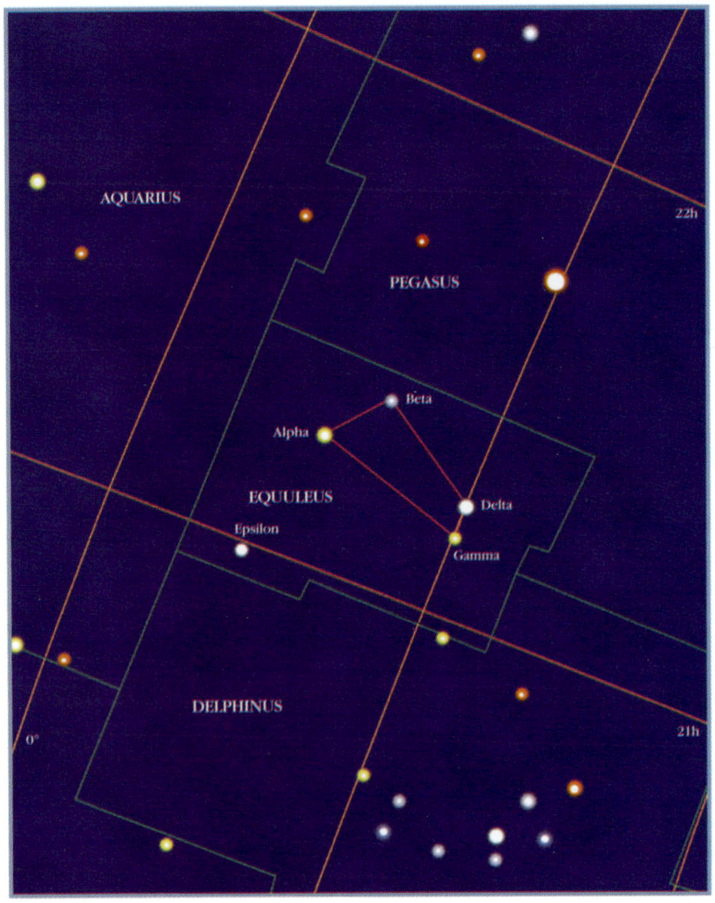

Equuleus, Equ *(Füllen)*

Der Ursprung dieses Sternbilds ist nicht ganz klar. Die erste sichere Spur findet sich im Werk von Ptolemäus.

Wie finden wir das Sternbild?

Das Füllen liegt östlich von dem kleinen Sternbild Delphin. Das unregelmäßige Viereck wird von Sternen 4. Größe oder schwächer gebildet.

Die hellsten Sterne und Objekte

Der hellste Stern ist Alpha (3,9 mag), auch Kitel Phard, Vorderteil des Pferdes. Es ist ein 150 000 Lichtjahre entfernter spektroskopischer Doppelstern. Gamma ist ein veränderlicher Stern, dessen Helligkeit zwischen 4,6 und 4,8 mag schwankt. Delta ist ein Dreifachsystem in 59 Lichtjahren Entfernung. Zwei Komponenten haben 5,2 und 5,3 mag und eine Bahnperiode von 5,7 Jahren mit einer Distanz zwischen 0,37" und 0,1". Er ist der visuelle Doppelstern mit der kürzesten bekannten Periode. In etwa 48" Distanz von dem hellsten der beiden Sterne gibt es einen dritten Stern der Größe 9,4. Auch Epsilon ist dreifach: Zwei Sterne (6 mag und 6,3 mag) umlaufen einander in 101 Jahren, und ihre Distanz schwankt zwischen 0,1" und 1"; der Dritte hat eine Distanz von etwa 11".

Sommer - Herbst	Östlich von Delphin	Norden	Norden: +13°, Süden: +2,5° Westen: 21h 25', Osten: 20h 55'
Größe der Sterne 0 1 2 3 4 5	Offene Haufen Planetarische Nebel Kugelhaufen	Nebel Radiogalaxie Galaxie	Grenze des Sternbilds Breiten- und Längengrade

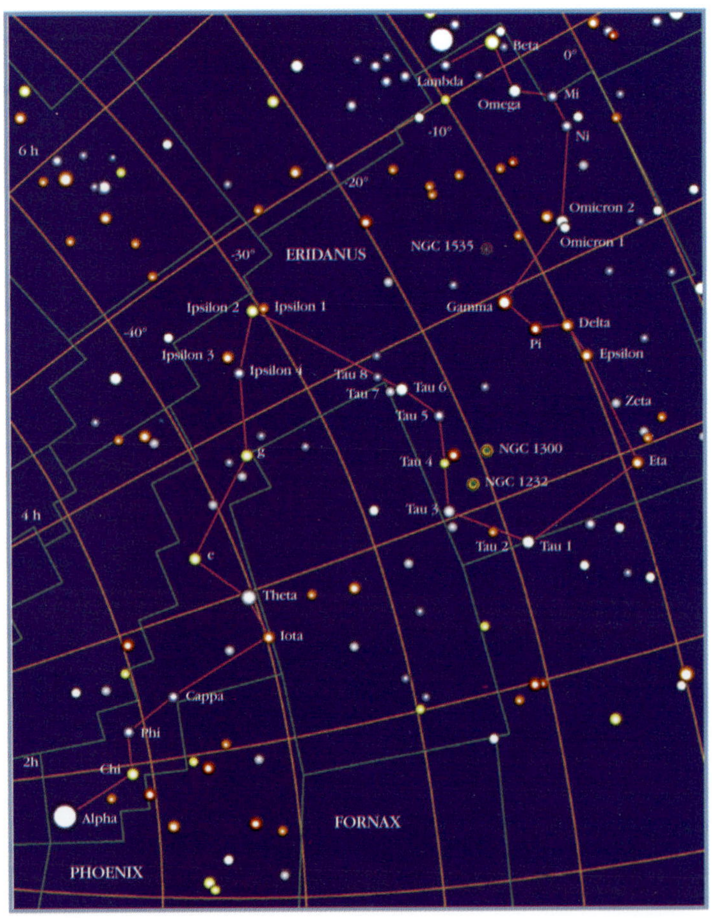

Eridanus, Eri *(Eridanus)*

Eridanus ist ein sagenhafter Fluss, möglicherweise auch der Nil oder der Po. In den Eridanus fiel Phaethon, der Sohn des Apollo, als er den Sonnenwagen lenkte und Zeus ihn mit seinem Blitz tötete, um größeres Unheil zu verhüten.

Wie finden wir das Sternbild?

Eridanus ist vom Orion ausgehend leicht zu finden, denn einer der hellsten Sterne von Eridanus liegt etwas nordwestlich von Rigel. Von dort aus findet sich das Sternbild in westlicher Richtung und erstreckt sich nach Süden. Der hellste Stern, Achernar, liegt an der Südgrenze bei Hydrus.

Die hellsten Sterne und Objekte

Alpha (0,5 mag) oder Achernar ist ein weißblauer Stern. Beta (3,8 mag) oder Cursa liegt nahe bei Rigel und bezeichnet die Flußquelle. Epsilon (3,7 mag) ist einer der Sterne, bei denen man wahrscheinlich einen Planeten gefunden hat. Theta, auch Acamar, wird schon in einem kleinen Teleskop in zwei Komponenten der Größe 3,2 und 4,4 aufgelöst.
Eridanus enthält einen planetarischen Nebel und zwei Galaxien. Der Erste, NGC 1535, hat 9. Größe und einen Durchmeser von 20". NGC 1232 und NGC 1300 sind beide Spiralgalaxien 20. Größe.

Herbst - Winter	Südwestlich von Orion	Süden	Norden: 0°, Süden: -58° Westen: 5h 10', Osten: 1h 25'
Größe der Sterne 0 1 2 3 4 5	Offene Haufen Planetarische Nebel Kugelhaufen	Nebel Radiogalaxie Galaxie	Grenze des Sternbilds Breiten- und Längengrade

Fornax, For *(Chemischer Ofen)*

Dieses Sternbild, das auch kurz Ofen genannt wird, wurde von de Lacaille eingeführt.

Wie finden wir das Sternbild?

Die schwachen Sterne in Fornax findet man auf der Verlängerung der Verbindungslinie von Beteigeuze im Orion über Rigel hinaus in südwestlicher Richtung jenseits der Eridanuskette.

Die hellsten Sterne und Objekte

Der hellste Stern ist Alpha (3,8 mag), ein gelber Stern mit einem Begleiter (6,5 mag) in einer Distanz von 4" und einer Bahnperiode von mehr als 300 Jahren. Auch Omega ist ein Doppelstern und besteht aus Sternen der Größe 5 und 7,7. Fornax ist zwar sternarm, zeigt aber viele Galaxien in einem etwa 200 Millionen Lichtjahre fernen Haufen. Die leuchtkräftigste Galaxie ist NGC 1316 (10 mag). Seine Größe liegt bei 3,5' und 2,5'. Auch die beiden Galaxien NGC 1365 und NGC 1399 sind relativ hell (10 mag und 11 mag). Die Erste ist eine Balkenspirale und die Zweite eine elliptische. Es gibt auch den planetarischen Nebel NGC 1360, mit einem Durchmesser von 5' mit einem Sternchen von Größe 9 in seiner Mitte.

Winter | Südwestlich von Orion | Süden | Norden: -24°, Süden: -39,5° Westen: 3h 50', Osten: 1h 45'

Größe der Sterne: 0 1 2 3 4 5 | Offene Haufen | Planetarische Nebel | Kugelhaufen | Nebel | Radiogalaxie | Galaxie | Grenze des Sternbilds | Breiten- und Längengrade

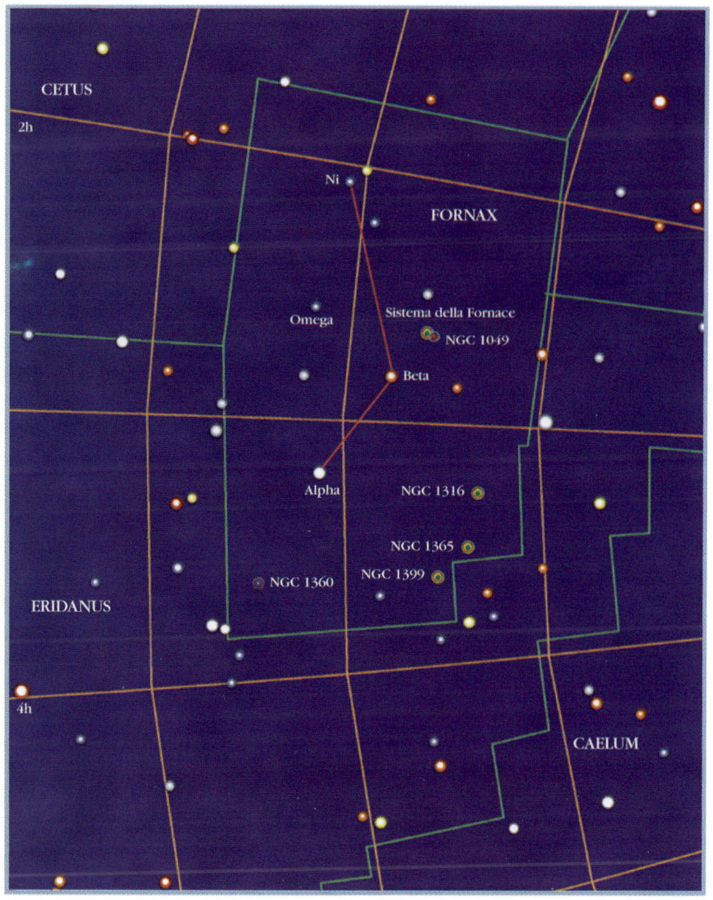

Gemini, Gem *(Zwillinge)*

Die himmlischen Zwillinge Kastor und Pollux waren so untrennlich, dass der unsterbliche Pollux Zeus nach dem Tode seines geliebten Bruders Kastor anflehte, ihm in die Unterwelt folgen zu dürfen. Der Göttervater versetzte beide an den Himmel.

Wie finden wir das Sternbild?

Die Zwillinge liegen etwa 30° nördlich vom Orion.

Die hellsten Sterne und Objekte

Die beiden hellsten Sterne sind Alpha (1,6 mag) und Beta (1,2 mag), die auch Kastor und Pollux heißen. Kastor ist ein Doppelstern mit zwei Komponenten der Größe 1,9 und 2,9. Die Helligkeit von Zeta oder Mekbuda schwankt in einem Zeitraum von 10 Tagen zwischen 3,7 und 4,2 mag.
Zu dem Sternbild gehört der offene Haufen M 35, dessen scheinbare Größe die des Vollmonds übertrifft, und der etwa 120 Sterne enthält. Er ist zwar schon mit dem bloßen Auge als schwacher Lichtfleck wahrzunehmen, aber besser mit dem Fernrohr zu betrachten. Seine Entfernung von uns liegt bei 2800 Lichtjahren. NGC 2392 dagegen ist ein planetarischer Nebel 8. Größe. Sein Ursprungsstern hat 10. Größe.

Herbst - Winter | Nordöstlich von Orion | Norden | Norden: +35°, Süden: +10° Westen: 8h 10', Osten: 6h 00'

Größe der Sterne: 0 1 2 3 4 5 | Offene Haufen | Planetarische Nebel | Kugelhaufen | Nebel | Radiogalaxie | Galaxie | Grenze des Sternbilds | Breiten- und Längengrade

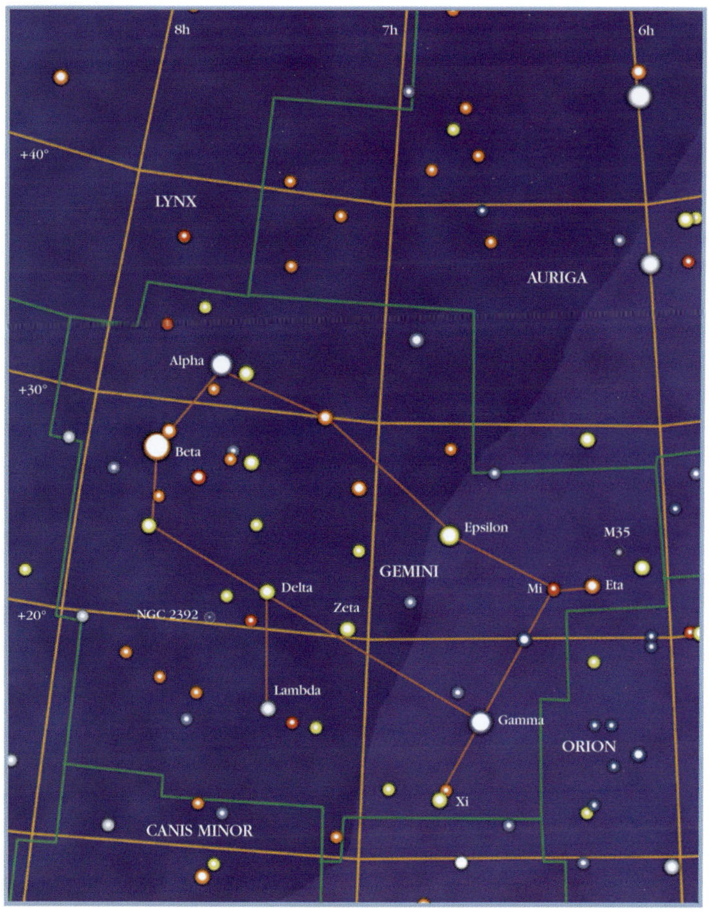

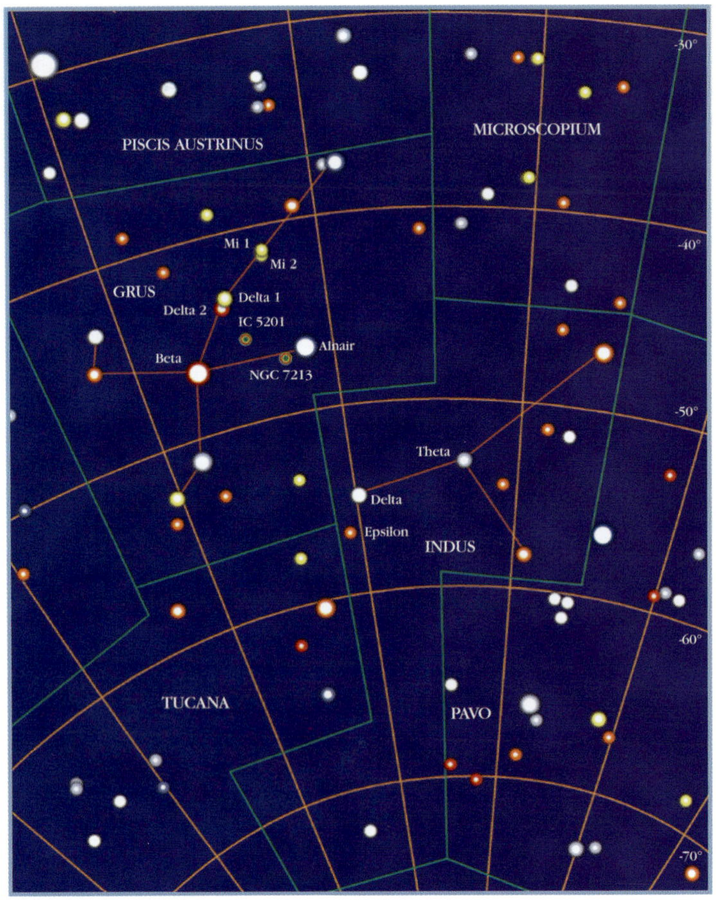

Grus, Gru *(Kranich)* und Indus Ind *(Indianer)*

Diese Sternbilder wurden von Keyser und Houtman eingeführt.

Wie finden wir die Sternbilder?

Diese beiden Sternbilder bestehen nicht nur aus relativ schwachen Sternen, sondern sind auch schwer zu finden. Man geht am besten von dem hellen Stern Fomalhaut im Sternbild Südliche Fische aus. Südlich davon liegt Kranich, und noch weiter darunter der Indianer.

Die hellsten Sterne und Objekte

Beta Gru (2,1 mag) ist ein roter Stern. Alpha Gru oder Alnair (1,7 mag) ist etwa 101 Lichtjahre entfernt. Das aus Delta 1 (4 mag) und Delta 2 (4,1 mag) bestehende Paar ist nur scheinbar ein Doppelstern. Im Indianer finden wir zwei echte Doppelsterne: Delta besteht aus zwei Sternen mit 5,3 mag, Theta aus zweien mit 4,5 und 7 mag. Der Stern Epsilon (4,7 mag) ist mit einer Entfernung von 11 Lichtjahren relativ nah.
Indus enthält keine besonderes interessanten Objekte. Zu Kranich gehören die Galaxien NGC 7213, eine Spiralgalaxie 10. Größe, und die etwas kleinere Balkenspirale IC 5201 (11 mag).

nur südlich des 40. Breitengrades	Südlich vom Südlichen Fisch	Süden	Norden: -36°, Süden: -74° Westen: 23h 25', Osten: 20h 30'

Größe der Sterne 0 1 2 3 4 5 · Offene Haufen · Planetarische Nebel · Kugelhaufen · Nebel · Radiogalaxie · Galaxie · Grenze des Sternbilds · Breiten- und Längengrade

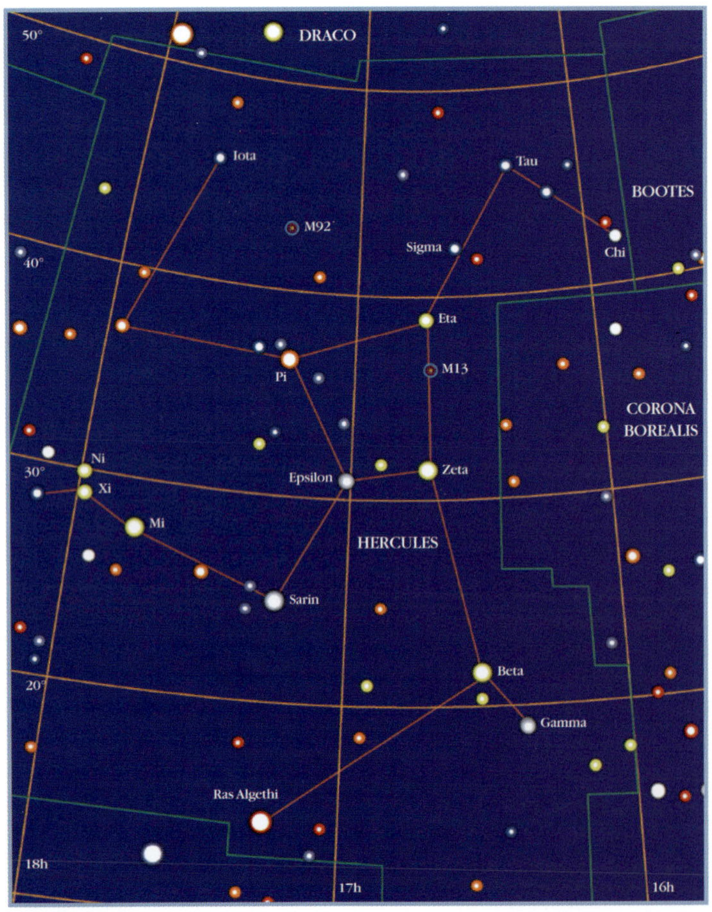

Hercules, Her *(Herkules)*

Nach der Sage war Herkules einer der Söhne des Zeus, der nach seinem tragischen Tod, den seine junge Frau Deianeira herbeigeführt hatte, vom Vater an den Himmel versetzt wurde.

Wie finden wir das Sternbild?

Der Hauptteil des Herkules liegt zwischen Arktur im Bootes und Wega in der Leier. Es liegt aber auch auf der Verlängerung der Sterne Delta, Epsilon und Zeta UMa.

Die hellsten Sterne und Objekte

Alpha oder Ras Algethi ist sowohl doppelt als auch veränderlich. Der Hauptstern ist ein roter Überriese, der unregelmäßig zwischen 3,0 und 4,0 mag schwankt. Der Begleiter ist ein blaugrüner Stern. Zeta ist ein Doppelstern mit einem kleinen Stern mit 5,5 mag, der seinen Hauptstern (2,8 mag) in 34 Jahren umläuft.
Die Hauptattraktion des Sternbilds ist M 13, der schon mit bloßem Auge beobachtbare hellste Kugelhaufen der nördlichen Hemisphäre. M 13 liegt zwischen den Sternen Eta und Zeta und enthält einige hunderttausend Sterne. Ein zweiter Kugelhaufen ist M 92, der ähnliche Eigenschaften hat wie der bekanntere M 13, im Fernrohr aber etwas kompakter erscheint.

Sommer – Herbst	Zwischen Bootes und Leier	Norden	Norden: +51°, Süden: +4° Westen: 19h 00', Osten: 15h 50'

Größe der Sterne 0 1 2 3 4 5 · Offene Haufen · Planetarische Nebel · Kugelhaufen · Nebel · Radiogalaxie · Galaxie · Grenze des Sternbilds · Breiten- und Längengrade

Horologium, Hor *(Pendeluhr)* und Reticulum, Ret *(Netz)*

Diese südlichen Sternbilder gehören zu den schwachen stellaren Gruppierungen, mit denen der Abbé de Lacaille 1752 die Lücken am Südhimmel füllte.

Wie finden wir die Sternbilder?

Pendeluhr und Netz liegen am Südhimmel in der Nähe von Carina, östlich von Canopus, Alpha Car.

Die hellsten Sterne und Objekte

Der hellste Stern dieser beiden Sternbilder ist der gelbe Alpha Ret (3,4 mag) in 163 Lichtjahren Entfernung. Gamma ist ein roter veränderlicher Stern, der in 25 Tagen zwischen 4,4 mag und 4,6 mag schwankt. Zeta ist ein leicht in zwei Sterne der Größe 5,2 und 5,5 auflösbarer Doppelstern mit einer Distanz von 310". Der hellste Stern der Pendeluhr ist Alpha (3,9 mag) in einer Entfernung von 117 Lichtjahren. R Hor ist ein Veränderlicher vom Typ Mira Ceti; er pulsiert in 407,5 Tagen zwischen 5,0 und 14,0 mag. Das einzig erwähnenswerte Fernrohrobjekt ist die Balkenspirale NGC 1512 im Sternbild Pendeluhr, durch deren Kern sich ein leuchtender Streifen zieht.

nur südlich des 40. Breitengrades | Südlich von Eridanus | Süden | Norden: -40°, Süden: -67° Westen: 4h 20', Osten: 2h 15'

Größe der Sterne 0 1 2 3 4 5 | Offene Haufen | Planetarische Nebel | Kugelhaufen | Nebel | Radiogalaxie | Galaxie | Grenze des Sternbilds | Breiten- und Längengrade

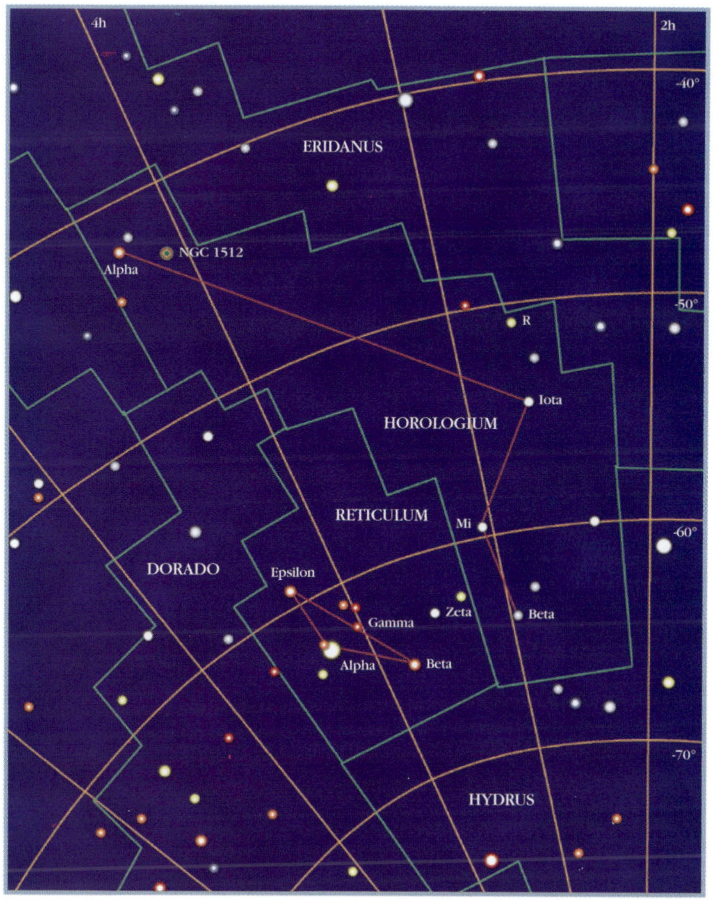

Hydra, Hya *(Wasserschlange)*

Dies ist die mythologische Lernäische Schlange mit den vielen Köpfen, die Herkules mit einer seiner zwölf Heldentaten besiegte.

Wie finden wir das Sternbild?

Am einfachsten findet man den Kopf der Schlange, der aus einer Gruppe von sechs kleinen Sternen etwa 20° südwestlich von Regulus im Sternbild Löwe besteht.

Die hellsten Sterne und Objekte

Der Hauptstern ist Alpha (2,0 mag) oder Alphard, ein orangeroter Stern in 177 Lichtjahren Entfernung. Epsilon ist ein schöner Doppelstern mit einem gelben und einem weißblauen Partner. Die beiden Komponenten haben 3,8 und 5,3 mag und eine Distanz von nur 0,2".
M 48 ist ein offener Haufen der Größe 5,5 in etwa 2000 Lichtjahren Entfernung. M 68 (8 mag) ist ein Kugelhaufen. M 83 ist eine sehr schöne Spiralgalaxie derselben Größenklasse, die wir fast genau von oben sehen, und die etwa 12 Millionen Lichtjahre entfernt ist.
Der planetarische Nebel NGC 3242 ist ein leuchtendes grünliches Scheibchen 9. Größe mit einem Durchmesser von etwa 40". NGC 5694 ist ein Kugelhaufen 11. Größe in etwa 120 000 Lichtjahren Entfernung.

Winter und Frühling | Südlich vom Löwen | am Himmelsäquator | Norden: +6°, Süden: -36° Westen: 15h 00', Osten: 8h 10'

Größe der Sterne 0 1 2 3 4 5 | Offene Haufen | Planetarische Nebel | Kugelhaufen | Nebel | Radiogalaxie | Galaxie | Grenze des Sternbilds | Breiten- und Längengrade

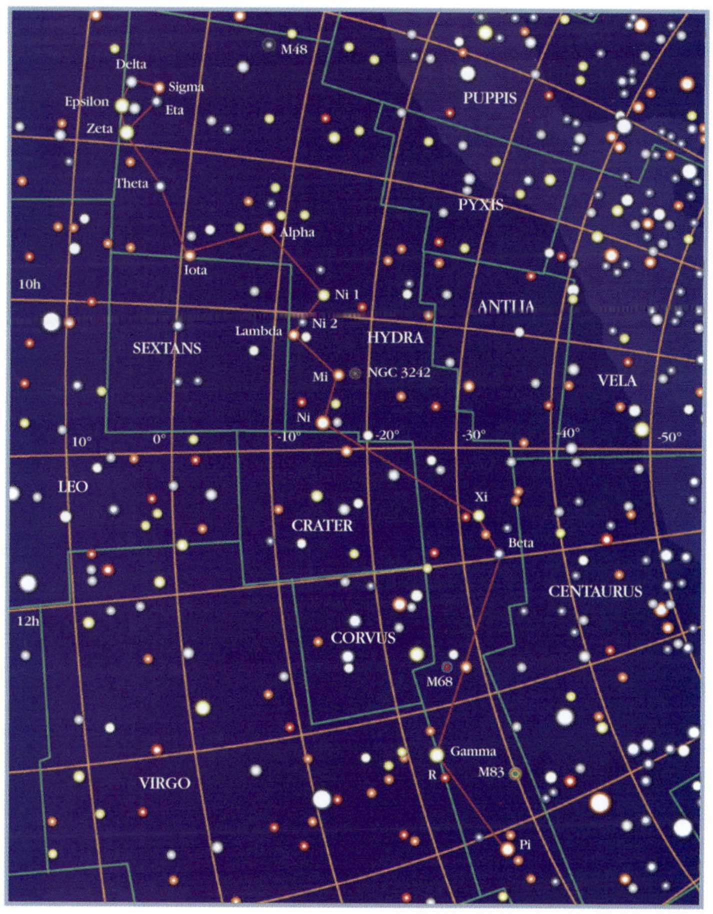

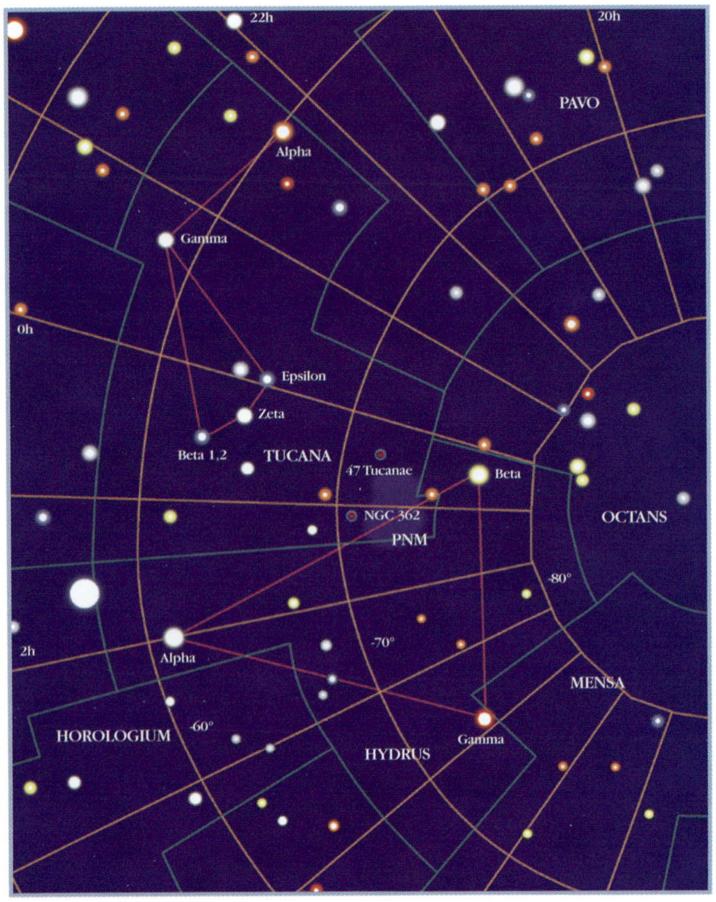

Hydrus-Tucana, Hyi-Tuc

(Kleine Wasserschlange-Tukan)

Die Sternbilder Hydrus und Tukan wurden beide von Keyser und Houtman erdacht.

Wie finden wir das Sternbild?

Die drei hellsten Sterne der Kleinen Wasserschlange bilden westlich vom Tafelberg ein Dreieck. Der Tukan wiederum ist westlich von Hydrus.

Die hellsten Sterne und Objekte

Der gelbe, nur 24 Lichtjahre von uns entfernte Beta Hydri (2,8 mag) ist scheinbar heller als Alpha (2,9 mag), einem weißen Stern in 71 Lichtjahren Entfernung. Gamma hat 3,2 mag. Der hellste Stern im Tukan ist der orangerote, 130 Lichtjahre entfernte Alpha (2,9 mag). Im Tukan finden sich zwei Wunder der Himmelskugel, nämlich die Kleine Magellansche Wolke und ein mit bloßem Auge sichtbarer Kugelhaufen, 47 Tuc. Die Kleine Magellansche Wolke ist eine Satellitengalaxie unserer Galaxis in einer Entfernung von weniger als 200 000 Lichtjahren. 47 Tuc dagegen ist nur 15-20 000 Lichtjahre von uns entfernt und sieht aus wie ein verschwommener Stern 4. Größe.

nur südlich des 20. Breitengrades	Westlich von Mensa (=Tafelberg)	Süden	Norden: -56°, Süden: -82° Westen: 4h 35', Osten: 22h 10'

Größe der Sterne: 0 1 2 3 4 5 — Offene Haufen — Planetarische Nebel — Kugelhaufen — Nebel — Radiogalaxie — Galaxie — Grenze des Sternbilds — Breiten- und Längengrade

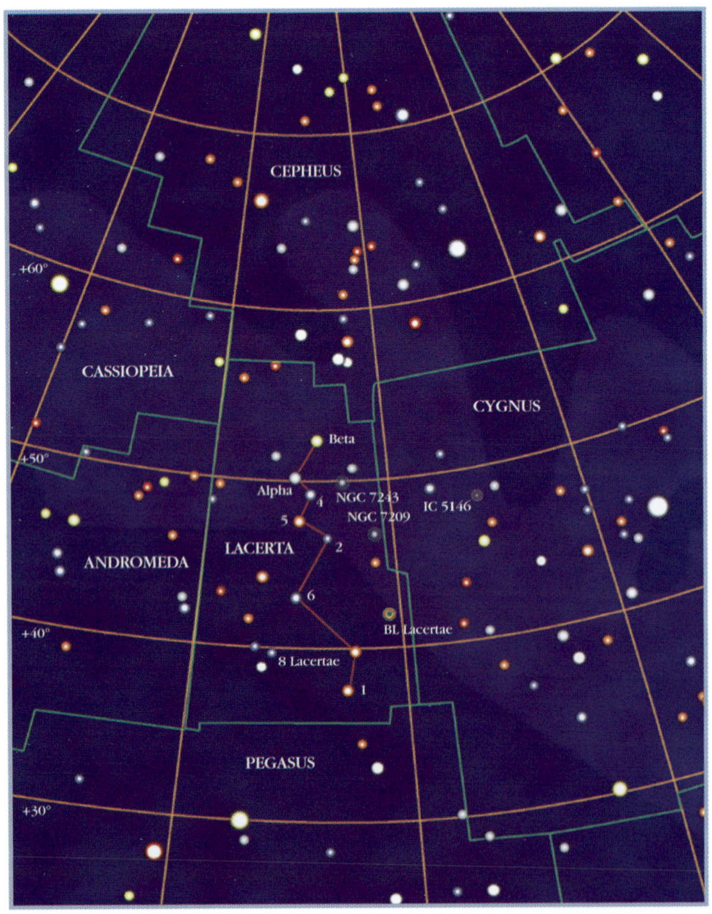

Lacerta, Lac *(Eidechse)*

Dieses Sternbild wird erstmals 1690 im Atlas von Hevelius erwähnt und hat keinen mythologischen Hintergrund.

Wie finden wir das Sternbild?

Das Sternbild liegt etwa 20° östlich von Deneb, dem Schwanz des Schwans. Der Körper der Eidechse zeigt von Norden nach Süden.

Die hellsten Sterne und Objekte

Alpha (3,8 mag) ist ein weißer Stern in 102 Lichtjahren Entfernung. Beta (4,4 mag) ist gelblich und etwa doppelt so weit entfernt wie Alpha. Wir können den Körper der Eidechse vervollständigen, wenn wir außer Beta und Alpha die Sterne mit den Flamsteed-Nummern 4, 5, 2, 6 und 1 suchen.
Erwähnenswert sind die beiden offenen Haufen NGC 7209 und NGC 7243. Der Erste (9 mag) erstreckt sich wie der Zweite (6 mag) über etwa 20'. Am interessantesten ist jedoch BL Lacertae, ein Objekt, das nicht, wie der Name vermuten lässt, ein veränderlicher Stern ist, sondern eine elliptische Galaxie 13. Größe in einer Entfernung von einer Milliarde Lichtjahren. Sie ist der Prototyp einer Klasse von Galaxien, die sehr viel Energie abgeben.

Sommer - Herbst	Östlich vom Schwan	Norden	Norden: +57°, Süden: +36° Westen: 22h 55', Osten: 21h 55'

Größe der Sterne: 0 1 2 3 4 5 — Offene Haufen — Planetarische Nebel — Kugelhaufen — Nebel — Radiogalaxie — Galaxie — Grenze des Sternbilds — Breiten- und Längengrade

Leo, Leo *(Löwe)*

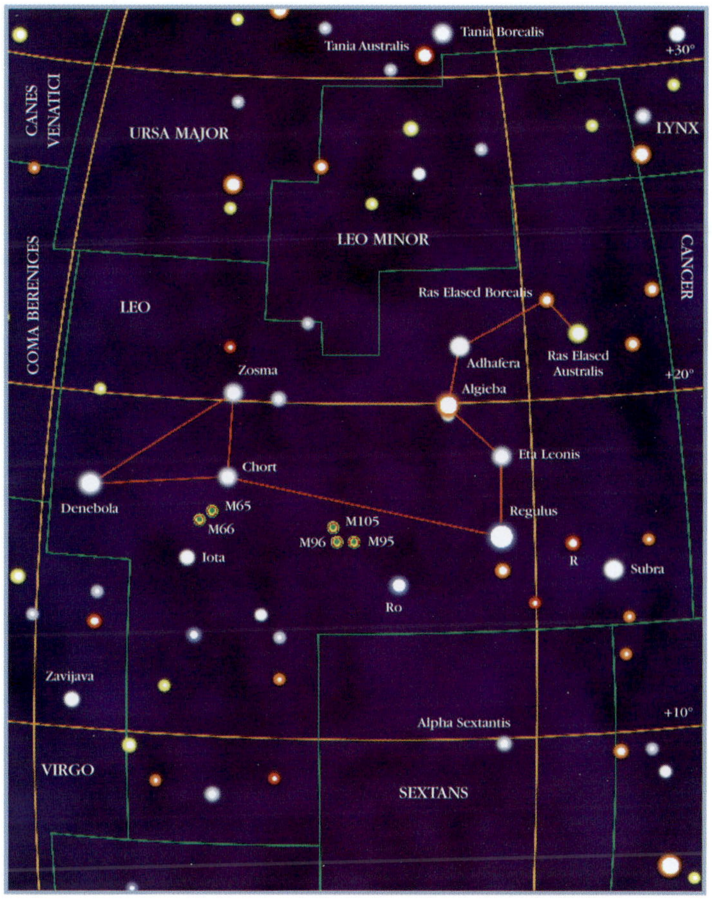

Das Sternbild soll den fürchterlichen und unverwundbaren nemeischen Löwen darstellen, den Herkules listenreich erlegte.

Wie finden wir das Sternbild?

Der Löwe ist eines der Tierkreiszeichen und liegt zwischen Krebs und Jungfrau.

Die hellsten Sterne und Objekte

Der blaue Stern Alpha Leonis (1,4 mag) ist Regulus, deutsch »Kleiner König«. Er hat einen roten Begleiter 8. Größe, der mit dem Feldstecher sichtbar ist. Der zweithellste Stern ist Beta oder Denebola (2,1 mag), der den Schwanz darstellt. Gamma oder Algieba ist ein Doppelstern mit zwei gelben Komponenten 2,4 und 3,6 mag in etwa 5' Distanz, die sich in 600 Jahren umkreisen. R Leo, östlich von Regulus, ist ein pulsierender Stern, dessen Helligkeit in einem Jahr zwischen 4,4 und 11,3 mag schwankt.
Im Löwen liegen viele Galaxien. Die Wichtigsten bilden die Paare M 65 - M 66 und M 95 - M 96. Am hellsten ist M 66 (8 mag); M 65 und M 96 haben 9 mag, und M 95 hat 10 mag. Sie alle sind von uns etwa 40 Millionen Lichtjahre entfernt. M 105 ist eine Galaxie 9. Größe in der Nähe von M 95 - M 96.

Frühling	Zwischen Krebs und Jungfrau	Norden-Süden	Norden: +33°, Süden: -6,5° Westen: 12h 00', Osten: 9h 20'
Größe der Sterne 0 1 2 3 4 5	Offene Haufen	Nebel	Grenze des Sternbilds
	Planetarische Nebel	Radiogalaxie	Breiten- und Längengrade
	Kugelhaufen	Galaxie	

Leo Minor, LMi *(Kleiner Löwe)*

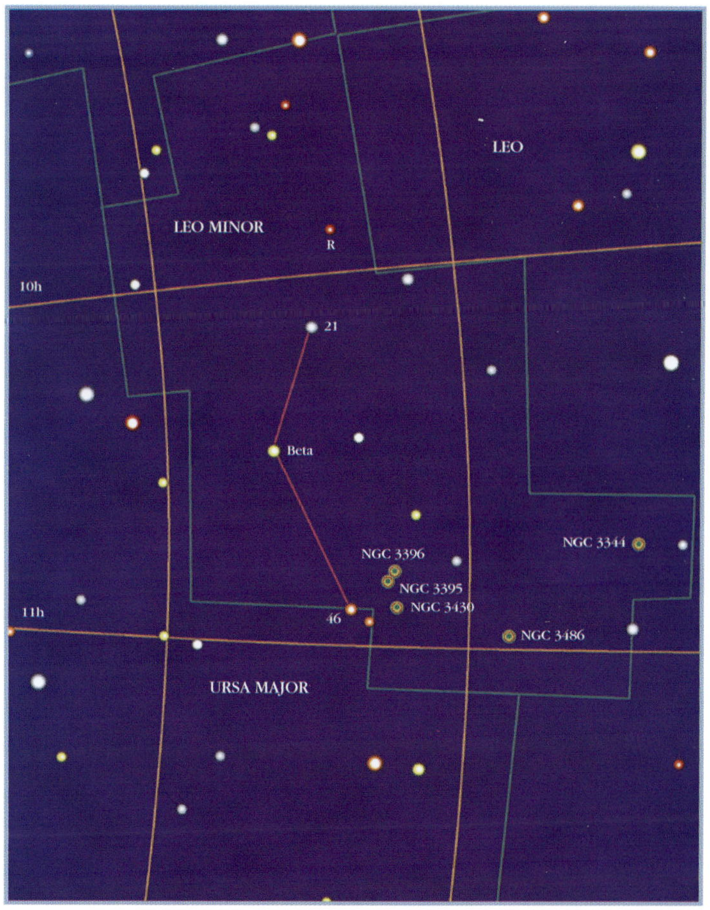

Das Sternbild wurde 1687 von Hevelius eingeführt und hat keinen mythologischen Hintergrund.

Wie finden wir das Sternbild?

Die schwachen Sterne des Kleinen Löwen liegen zwischen dem Löwen und den Hinterfüßen des Großen Bären

Die hellsten Sterne und Objekte

Der hellste Stern hat die Flamsteed-Nummer 46 und Größe 3,8; seine Entfernung ist 140 Lichtjahre. Der zweithellste Stern ist der gelbe Beta (4,2 mag) in einer Entfernung von 146 Lichtjahren. Im Sternbild des Kleinen Löwen liegt auch der Mira-Veränderliche R Lmi, der seine Leuchtkraft in 372 Tagen von einem Maximum mit 6,3 mag bis zu einem Minimum mit 13,2 mag verändert.
Das Sternbild enthält nur wenige und nur schwache Sterne, aber einige Galaxien des NGC-Katalogs, nämlich 3344, 3430 und 3486. Auch diese Objekte sind wenig hell und haben 10., 12. bzw. 11. Größe.

Frühling	Zwischen Löwe und Großem Bären	Norden	Norden: +41,5°, Süden: +23° Westen: 11h 05', Osten: 9h 20'
Größe der Sterne 0 1 2 3 4 5	Offene Haufen	Nebulose	Grenze des Sternbilds
	Planetarische Nebel	Radiogalaxie	Breiten- und Längengrade
	Kugelhaufen	Galaxie	

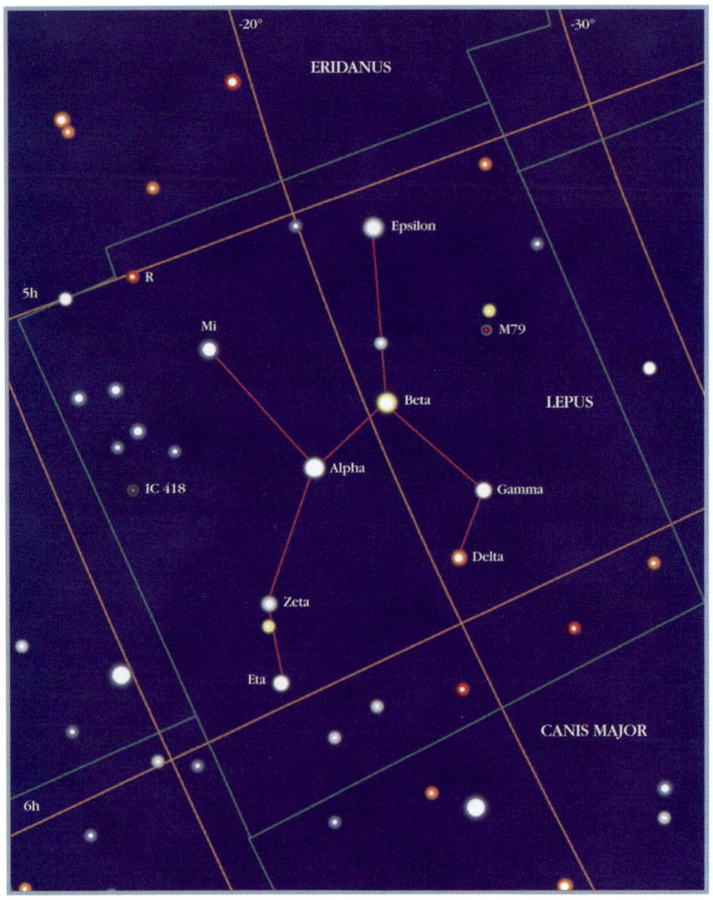

Lepus, Lep *(Hase)*

Nach einer Sage brachte einmal ein Mann eine trächtige Häsin auf die Insel Leros, wo es bis dahin keine Hasen gab, um die Tiere dort zu züchten, die als Nahrung dienen sollten. Bald schon wimmelte es von Hasen, die eine Hungersnot herbeiführten, weil sie die Ernte vernichteten. Sie konnten mit großer Mühe ausgerottet werden, aber zur Ermahnung wurde das Bild des Hasen an den Himmel versetzt.

Wie finden wir das Sternbild?

Unter Rigel und Saiph, dem Knie des Himmelsjägers Orion, lässt sich mit etwas Fantasie der Umriss eines Hasen erkennen.

Die hellsten Sterne und Objekte

Alpha (2,6 mag) ist ein weißer, mehr als 1000 Lichtjahre entfernter Stern. Gamma ist ein leicht auflösbarer Doppelstern mit einer gelben (3,6 mag) und einer orangeroten (6,2 mag) Komponente.
Einige interessante Fernrohrobjekte sind im Messier-Katalog angeführt, so der Kugelhaufen M 79 (8 mag) in einer Entfernung von wenig mehr als 40 000 Lichtjahren mit einem scheinbaren Durchmesser von einem Zehntel der Mondscheibe. Es gibt dort auch den kleinen planetarischen Nebel IC 418 von 9. Größe.

Winter | Südlich von Orion | Süden | Norden: -11°, Süden: -27° Westen: 6h 10', Osten: 4h 55'

Größe der Sterne 0 1 2 3 4 5 | Offene Haufen | Planetarische Nebel | Kugelhaufen | Nebel | Radiogalaxie | Galaxie | Grenze des Sternbilds | Breiten- und Längengrade

Libra, Lib *(Waage)*

Die Waage ist ein Sinnbild der Gerechtigkeit und wird oft im Zusammenhang mit dem nahen Skorpion gesehen. Dieses einzige »unbelebte« Tierkreiszeichen war schon den Römern vertraut.

Wie finden wir das Sternbild?

Die Waage ist recht einfach zu finden, wenn man Spica in der Jungfrau und Antares im Skorpion kennt, denn Alpha Lib liegt halbwegs zwischen diesen beiden Sternen.

Die hellsten Sterne und Objekte

Alpha ist ein Doppelstern mit Komponenten 5,2 und 2,8 mag in einer Distanz von 4'. Sie sind 57 Lichtjahre von uns entfernt und sind wahrscheinlich gravitativ gebunden.
Heller als Alpha ist Beta oder Zubeneschemali, die Nördliche Schere des Skorpions (2,6 mag).
Delta ist ein Bedeckungsveränderlicher und schwankt in etwa 2,3 Tagen zwischen 4,9 mag und 5,9 mag.
In der Waage finden wir das Objekt NGC 5897, ein nicht sehr reicher offener Sternhaufen 10. Größe mit 7' Durchmesser.

Frühling | Zwischen Waage und Skorpion | Süden | Norden: -0,5°, Süden: -30° Westen: 16h 00', Osten: 14h 20'

Größe der Sterne 0 1 2 3 4 5 | Offene Haufen | Planetarische Nebel | Kugelhaufen | Nebel | Radiogalaxie | Galaxie | Grenze des Sternbilds | Breiten- und Längengrade

Lupus, Lup *(Wolf)* und Norma, Nor *(Winkelmaß)*

Der Wolf stammt aus giechischer Zeit, das Winkelmaß wurde von de Lacaille eingeführt.

Wie finden wir die Sternbilder?

Der Wolf liegt zwischen der Schere des Skorpions und den Sternen Alpha und Beta Centauri und erstreckt sich von Nordost nach Südwesten. Das Winkelmaß liegt etwa 20° östlich von Alpha Lup.

Die hellsten Sterne und Objekte

Der blaue Stern Alpha (2,3 mag) ist der hellste im Wolf. Epsilon (3,4 mag) ist ein Mehrfachsystem mit zwei Sternen (4 und 9,1 mag) und einem Begleiter (5,5 mag) des helleren Sterns in einer Distanz von 0,6". Der hellste Stern im Winkelmaß ist Gamma 2 (4 mag). Nahe dabei steht Gamma 1 (5 mag), aber die beiden bilden kein Doppelsystem. NGC 5822 ist ein offener Sternhaufen von etwa 120 Sternen. Ebenfalls im Wolf liegt der Kugelhaufen NGC 5986 von 9. Größe. Im Winkelmaß gibt es zwei planetarische Nebel; NGC 6164-6165 ist asymmetrisch und hat zwei entgegengesetzte Jets, der andere, Shapley 1, ist fast kreisförmig.

nur südlich des 50. Breitengrades	Zwischen Skorpion und Centaur	Süden	Norden: -30°, Süden: -60° Westen: 16h 35', Osten: 14h 20'

Größe der Sterne: 0 1 2 3 4 5 — Offene Haufen — Planetarische Nebel — Kugelhaufen — Nebel — Radiogalaxie — Galaxie — Grenze des Sternbilds — Breiten- und Längengrade

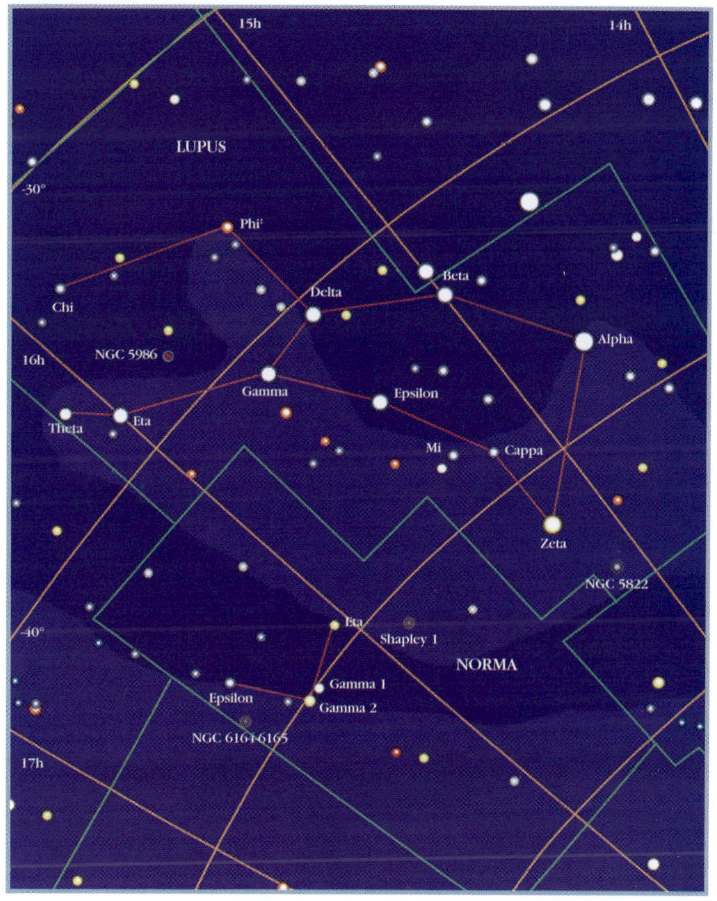

Lynx, Lyn *(Luchs)*

Dieses Sternbild wurde 1690 von Hevelius eingeführt. Wegen der geringen Leuchtkraft seiner Sterne brauchte man die Augen eines Luchses, um es zu entdecken.

Wie finden wir das Sternbild?

Das Sternbild ist einfach zu finden: Es liegt zwischen den beiden hellen Sternbildern Großer Bär und Fuhrmann.

Die hellsten Sterne und Objekte

Der hellste Stern ist Alpha (3,1 mag), ein orangeroter Stern in 170 Lichtjahren Entfernung. 12 Lyn ist ein Dreifachsystem: Der Hauptstern hat 5,4 mag und wird von einem Begleiter 6. Größe in 699 Jahren umrundet. In einer Distanz von etwa 9" ist ein Stern der Größe 7,3. Auch 15 Lyn bildet ein Dreigestirn, von denen der hellste Stern (5,6 mag) etwa 15" von einer schwächeren Komponente (6,5 mag) und etwa gleich weit von dem dritten Stern (8,9 mag) entfernt ist. RR Lyn ist ein Bedeckungsveränderlicher, dessen Leuchtkraft in etwa 10 Tagen zwischen 5,5 und 6 mag schwankt.
Das interessanteste Objekt ist NGC 2419, ein Kugelhaufen der Größe 10,4, der 182 000 Lichtjahre von uns entfernt ist.

Herbst - Winter	Zwischen Großem Bären und Fuhrmann	Norden	Norden: +62°, Süden: +33° Westen: 9h 45', Osten: 6h 15'

Größe der Sterne: 0 1 2 3 4 5 — Offene Haufen — Planetarische Nebel — Kugelhaufen — Nebel — Radiogalaxie — Galaxie — Grenze des Sternbilds — Breiten- und Längengrade

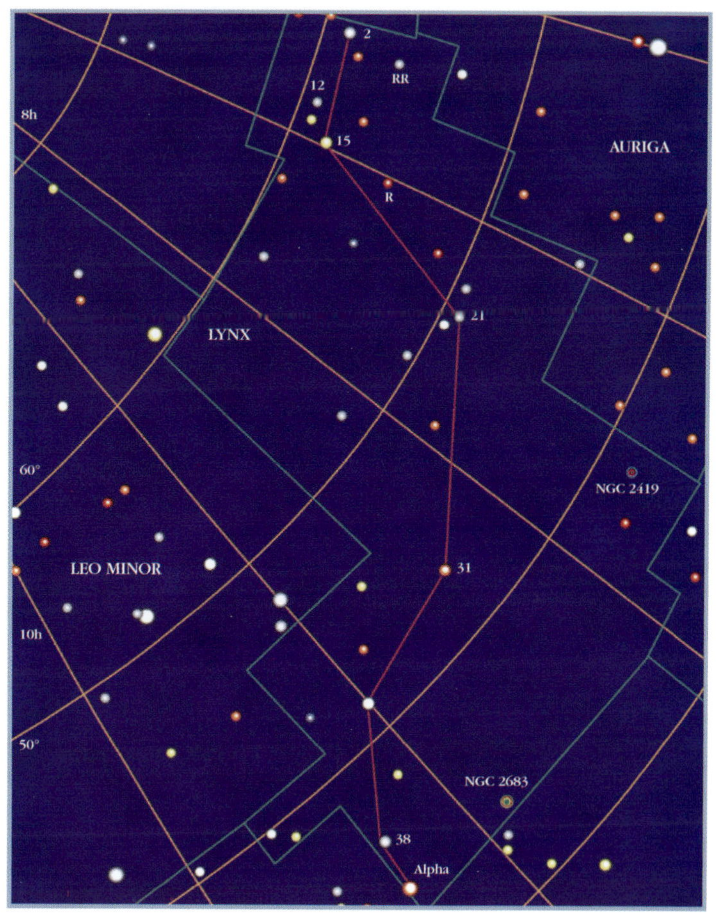

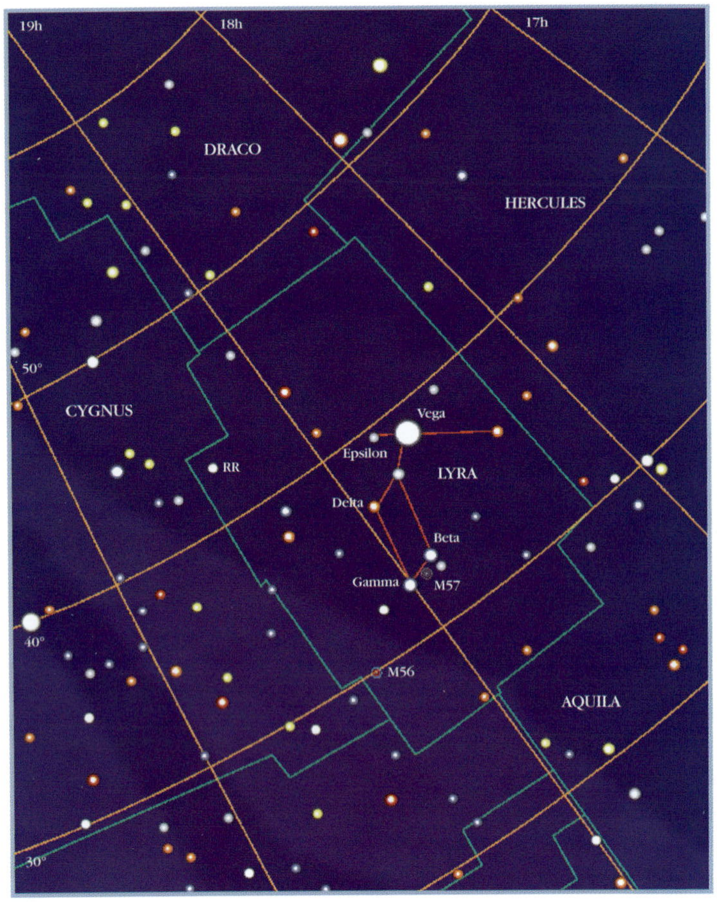

Lyra, Lyr *(Leier)*

Das Sternbild Leier symbolisiert das Musikinstrument, mit dem Orpheus seinen Gesang begleitete.

Wie finden wir das Sternbild?

Alpha Lyr oder Wega liegt etwa 20° südwestlich von Deneb, dem Schwanz des Schwans.

Die hellsten Sterne und Objekte

Alpha oder Wega (0,0 mag) ist ein heller weißblauer Stern. Beta oder Sheliak (3,5 mag) ist ein Mehrfachsystem mit zwei verschiedenfarbigen Komponenten mit 5,6 und 8,6 mag und einer Hauptkomponente, einem Bedeckungsveränderlichen, der regelmäßig zwischen mit 3,3 und 4,3 mag schwankt. Epsilon (5 mag) ist ein berühmter doppelter Doppelstern. Schon mit einem Feldstecher lassen sich die beiden Hauptkomponenten unterscheiden, die beide ihrerseits Doppelsterne sind. RR Lyr ist der Prototyp einer Klasse pulsierender Veränderlicher mit einer typischen Periode von einem Tag.
M 57, der Ringnebel in der Leier, ist ein hell leuchtender planetarischer Nebel, halbwegs zwischen Beta und Gamma. Aus der Ausdehnungsgeschwindigkeit seiner Gase berechnet sich sein Alter auf etwa 20 000 Jahre. M 56 ist ein Kugelhaufen 8. Größe.

Sommer - Herbst | Südwestlich vom Schwan | Norden | Norden: +47,5°, Süden: +26° Westen: 19h 30', Osten: 18h 15'

Größe der Sterne 0 1 2 3 4 5 | Offene Haufen | Planetarische Nebel | Kugelhaufen | Nebel | Radiogalaxie | Galaxie | Grenze des Sternbilds | Breiten- und Längengrade

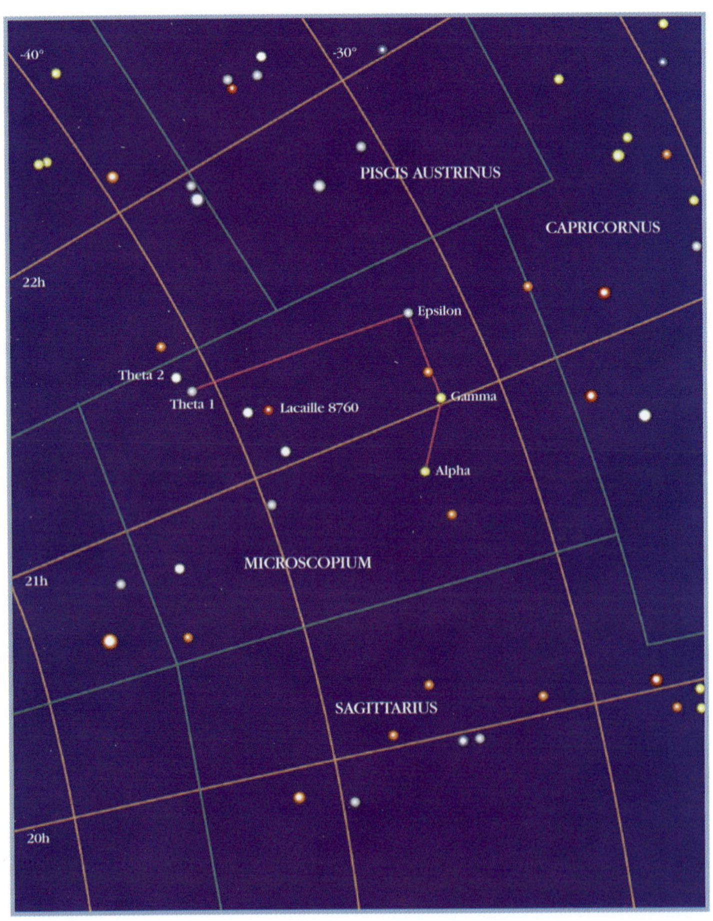

Microscopium, Mic *(Mikroskop)*

Das Sternbild wurde 1752 von de Lacaille eingeführt, der es vom Schwanz des Südlichen Fischs abschnitt.

Wie finden wir das Sternbild?

Diese schwache Konstellation lässt sich unmittelbar südlich vom Steinbock, östlich vom Schützen finden.

Die hellsten Sterne und Objekte

Der hellste Stern dieses Sternbilds ist Gamma, ein gelber Stern mit 4,7 mag in einer Entfernung von 220 Lichtjahren. Nur wenig lichtschwächer ist der weißblaue Epsilon (4,7 mag) in 165 Lichtjahren Entfernung. Der gelbe Stern Alpha (4,9 mag) ist 380 Lichtjahre entfernt und erst der dritthellste Stern dieses Sternbildes liegt gefährlich nah an dem weißblauen Theta 1, einem veränderlichen Stern, dessen Helligkeit in wenig mehr als zwei Tagen zwischen 4,8 mag und 4,9 mag schwankt. Auch Alpha ist ein Doppelstern mit Komponenten der Größe 5,0 und 10,0 in einer Distanz von 20,5". Das Mikroskop enthält einen der uns nächsten Sterne, Lacaille 8769 (6,7 mag) in nur 13 Lichtjahren Entfernung.
Das Sternbild hat keine bemerkenswerten Fernrohrobjekte.

Herbst | Südlich vom Steinbock | Süden | Norden: -28°, Süden: -45° Westen: 21h 30', Osten: 20h 30'

Größe der Sterne 0 1 2 3 4 5 | Offene Haufen | Planetarische Nebel | Kugelhaufen | Nebel | Radiogalaxie | Galaxie | Grenze des Sternbilds | Breiten- und Längengrade

Monoceros, Mon *(Einhorn)*

Nach einigen Quellen wird dieses Sternbild erstmals 1613 auf einem Globus des holländischen Astronomen Petrus Plancius erwähnt.

Wie finden wir das Sternbild?

Das Einhorn ist leicht zu finden, denn es ist neben dem Orion unmittelbar nördlich vom Großen Hund.

Die hellsten Sterne und Objekte

Der hellste Stern ist der orangerote Alpha (3,8 mag). Beta ist ein Mehrfachsystem aus drei Sternen der Größe 4,7, 5,2 und 6,1. Epsilon (4,3 mag) ist ein Doppelstern mit einer gelben Komponenten (4,5 mag) und einer blauen (6,5 mag) und bietet einen bemerkenswerten Farbkontrast. M 50 ist ein leicht beobachtbarer offener Haufen 6. Größe.
Das schönste Fernrohrobjekt ist NGC 2237-9, der wegen seiner Form auch Rosetten-Nebel heißt. Es handelt sich um eine Wolke aus ionisiertem Wasserstoff, in deren Innerem sich der offene Kugelhaufen NGC 2244 befindet; seine jungen Sterne lassen die Wolke auch im ultravioletten Bereich strahlen. Andere Nebel sind NGC 2261 und NGC 2264, die als Hubble-Nebel und Conus-Nebel bekannt sind.

Winter | Nördlich vom Großen Hund | Norden-Süden | Norden: +12°, Süden: -11° Westen: 8h 10', Osten: 5h 55'

Größe der Sterne 0 1 2 3 4 5 | Offene Haufen | Planetarische Nebel | Kugelhaufen | Nebel | Radiogalaxie | Galaxie | Grenze des Sternbilds | Breiten- und Längengrade

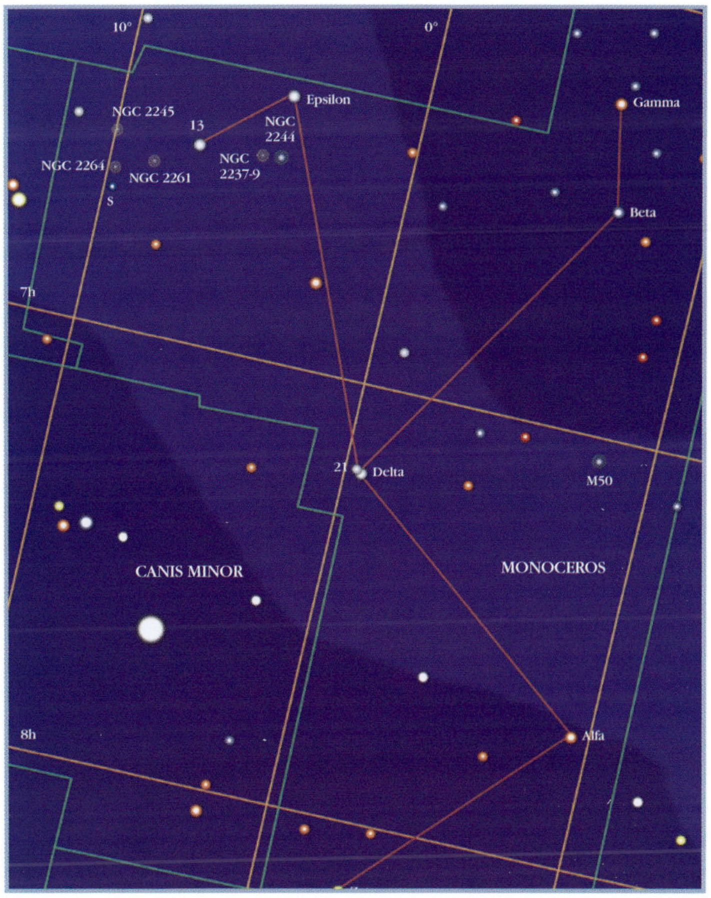

Oktans, Oct *(Oktant)*

Auch der Oktant gehört zu den Sternbildern, die de Lacaille erfand, um die Lücken am Südhimmel zu füllen. Der Oktant war ein Navigationsgerät, das durch den Sextanten ersetzt wurde. Im Oktant liegt der südliche Himmelspol.

Wie finden wir das Sternbild?

Der Oktant liegt auf halber Strecke zwischen Pfau und Tafelberg.

Die hellsten Sterne und Objekte

Seltsamerweise ist der hellste Stern Ny (3,8 mag), ein orangefarbener Stern in 64 Lichtjahren Entfernung. Alpha dagegen hat nur 5,2 mag und ist 250 Lichtjahre von uns entfernt. Der wichtigste Stern ist Sigma, der für die Südhalbkugel die Rolle des Polarsterns spielt. Tatsächlich ist dieser Stern dem südlichen Himmelspol nicht besonders nahe (etwa 1°) und hat nur die Größe 5,5 mag. Lambda ist ein Doppelstern (5,4 mag), mit einer orangeroten Komponente (5,5 mag) und einer weißen (7,8 mag) in einer Distanz von 3". Epsilon ist ein veränderlicher Stern, der mehr oder weniger regelmäßig in etwa 55 Tagen zwischen 4,6 und 5,3 mag schwankt.
Der Oktant enthält keine bemerkenswerten Fernrohrobjekte.

nur südlich des 10. Breitengrades | Zwischen Pfau und Tafelberg | Süden | Norden: -75°, Süden: -90° Westen: zirkumpolar, Osten: zirkumpolar

Größe der Sterne 0 1 2 3 4 5 | Offene Haufen | Planetarische Nebel | Kugelhaufen | Nebel | Radiogalaxie | Galaxie | Grenze des Sternbilds | Breiten- und Längengrade

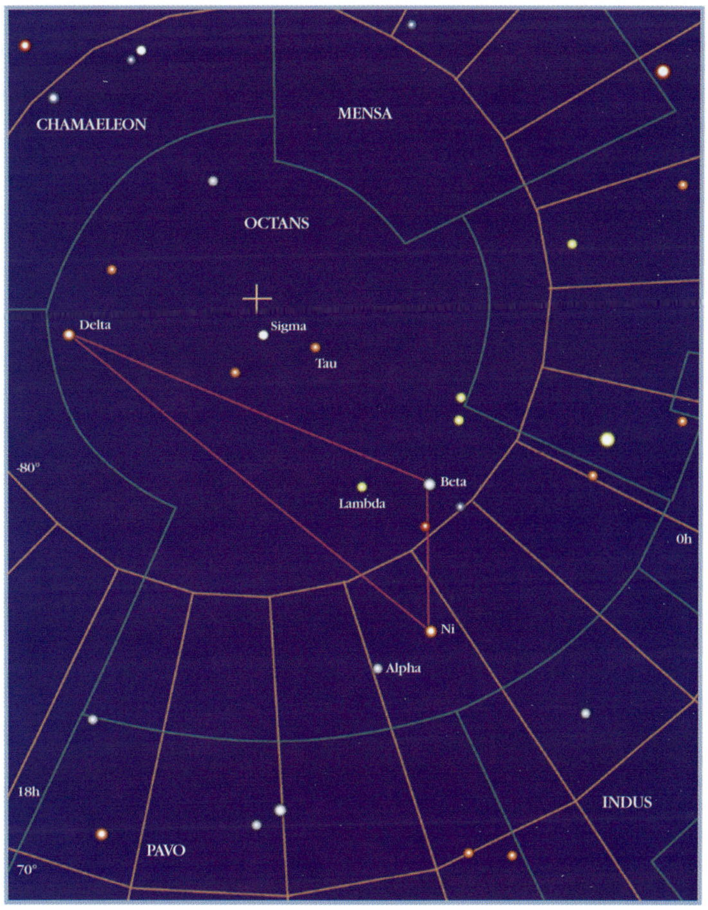

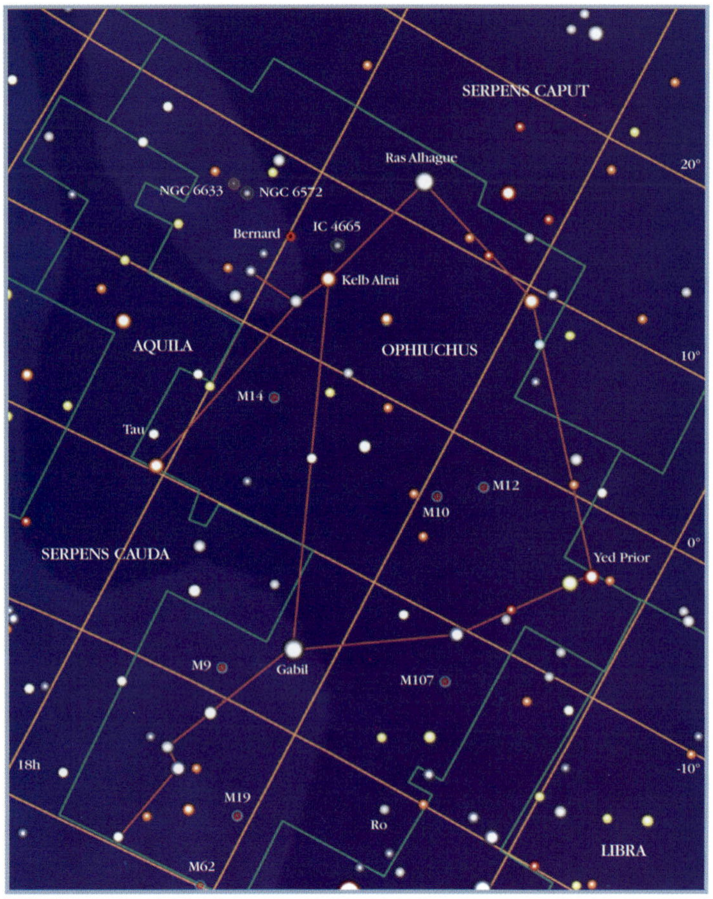

Ophiuchus, Oph *(Schlangenträger)*

Obwohl die Ekliptik durch dieses Sternbild hindurchgeht, gehört es nicht zu den Tierkreiszeichen. Es stellt Äskulap dar, der Sage nach ein Sohn von Apoll, der vom Zentauren Chiron die medizinische Kunst erlernte.

Wie finden wir das Sternbild?

Die Sterne des Schlangenträgers zeichnen am Himmel eine große kreisähnliche Kurve, die zwischen Herkules und Skorpion liegt.

Die hellsten Sterne und Objekte

Alpha (2,1 mag) heißt auch Ras Alhague. Beta (2,8 mag) oder Kelb Alrai ist rötlich. Rho besteht aus vier Sternen. Der Hauptstern hat 5,3 mag und in 4" Entfernung einen Begleiter (6 mag). Barnards Pfeilstern, ein roter Zwerg mit 9,5 mag, heißt nach dem amerikanischen Astronomen, der dessen bemerkenswert große Eigenbewegung untersuchte. Dieser 5,9 Lichtjahre von der Sonne entfernte und damit zweitnächste Stern legt im Jahr 10,29" zurück.
Ophiuchus ist reich an Kugelhaufen. Zu ihm gehören M 9, M 10, M 14, M 19, M 62, M 107. Am hellsten sind M 10 und M 12 (7 mag). Bemerkenswert sind auch die offenen Haufen NGC 6633 und IC 4665 und der planetarische Nebel 6572 (10 mag).

Sommer - Herbst	Zwischen Herkules und Skorpion	am Himmelsäquator	Norden: +14°, Süden: -30° Westen: 18h 45', Osten: 16h 00'

Größe der Sterne: 0 1 2 3 4 5 · Offene Haufen · Planetarische Nebel · Kugelhaufen · Nebel · Radiogalaxie · Galaxie · Grenze des Sternbilds · Breiten- und Längengrade

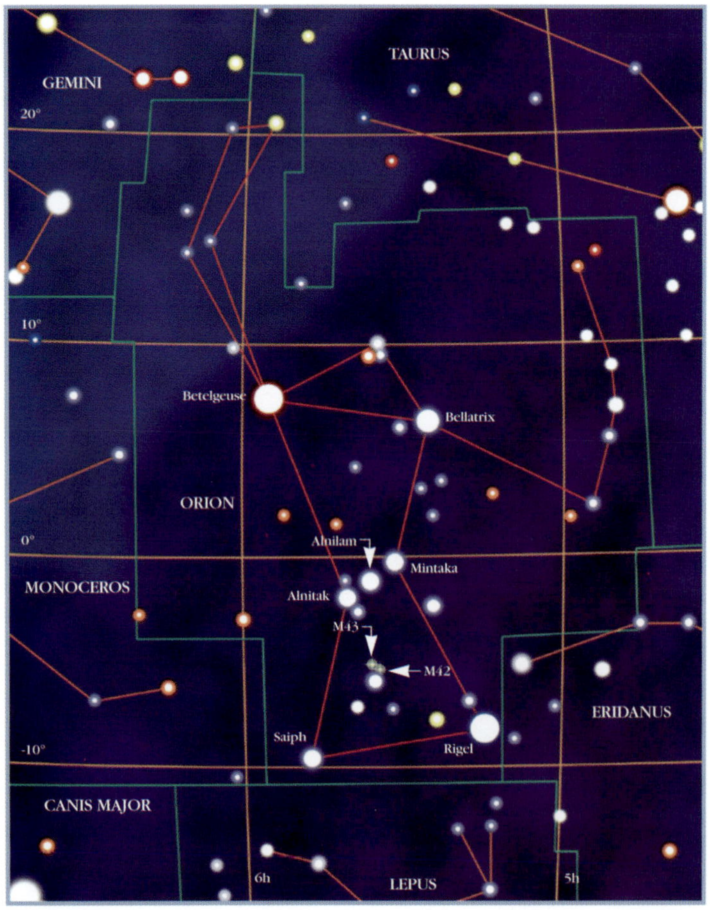

Orion, Ori *(Orion)*

Dieses prächtige Sternbild stellt den sagenhaft schönen Orion dar. Der tapfere Sohn des Meergotts Poseidon musste auf Geheiß der Göttin Diana am Biss eines Skorpions sterben. Die Götter versetzten Jäger und Skorpion an gegenüberliegende Teile des Himmels: Wenn der Skorpion aufsteigt, flieht Orion unter den Horizont.

Wie finden wir das Sternbild?

Das Sternbild findet sich leicht im Südosten des Stiers.

Die hellsten Sterne und Objekte

Alpha oder Beteigeuze, der Schulterstern des Himmelsjägers, ist ein roter Riese, der in etwas mehr als fünf Jahren zwischen 0,3 und 0,6 mag schwankt. Er ist weniger leuchtkräftig als der weißblaue Beta oder Rigel (0,1 mag), dem westlichen Knie. Die drei jungen und sehr heißen Gürtelsterne sind von Osten nach Westen: Zeta oder Alnitak (1,8 mag), Epsilon oder Alnilam (1,7 mag) und Delta oder Mintaka (2,2 mag). Das wichtigste Objekt ist der Große Orionnebel. Er ist ein System von zwei Wolken ionisierten Wasserstoffs, M 42 und M 43, und auch mit bloßem Auge sichtbar. Sein wirklicher Durchmesser beträgt etwa 30 Lichtjahre. Orion enthält auch den Nebel M 78.

Herbst - Winter	Südöstlich vom Stier	am Himmelsäquator	Norden: +23°, Süden: -11° Westen: 6h 25', Osten: 4h 45'

Größe der Sterne: 0 1 2 3 4 5 · Offene Haufen · Planetarische Nebel · Kugelhaufen · Nebel · Radiogalaxie · Galaxie · Grenze des Sternbilds · Breiten- und Längengrade

Pegasus, Peg *(Pegasus)*

Pegasus ist das geflügelte Pferd aus der Sage von Perseus und Andromeda, das aus dem Blut hervorsprang, das aus dem Haupt seiner Mutter Medusa sprudelte, als sie von Perseus enthauptet wurde.

Wie finden wir das Sternbild?

Pegasus lässt sich leicht finden, weil er in der Nähe von Perseus, Andromeda und Cassiopeia ist. Am besten geht man von Andromeda aus.

Die hellsten Sterne und Objekte

Mehrere Sterne sind gleich hell, so Alpha (2,5 mag) oder Arkab, Sattel, und Beta oder Scheab, Schulter, deren Helligkeit zwischen 2,3 mag und 2,7 mag schwankt. Die Helligkeit von Gamma schwankt in etwa 3 Stunden zwischen 2,8 mag und 2,9 mag. Auch Epsilon oder Enif ist veränderlich und schwankt zwischen 0,7 mag und 3,5 mag.
M 15 ist ein Kugelhaufen (6,4 mag). Schwerer zu sehen ist die Galaxie NGC 7331, eine Spiralgalaxie 10. Größe in einer Entfernung von etwa 50 Millionen Lichtjahren. Außerhalb der Reichweite von Amateurinstrumenten findet sich das sehr weit entfernte »Stephans Quintett«, dessen fünf Sterne höchstens 14. Größe haben.

Herbst | westlich von Andromeda | Norden | Norden: +37°, Süden: +2° Westen: 0h 15', Osten: 21h 10'

Größe der Sterne 0 1 2 3 4 5 | Offene Haufen | Planetarische Nebel | Kugelhaufen | Nebel | Radiogalaxie | Galaxie | Grenze des Sternbilds | Breiten- und Längengrade

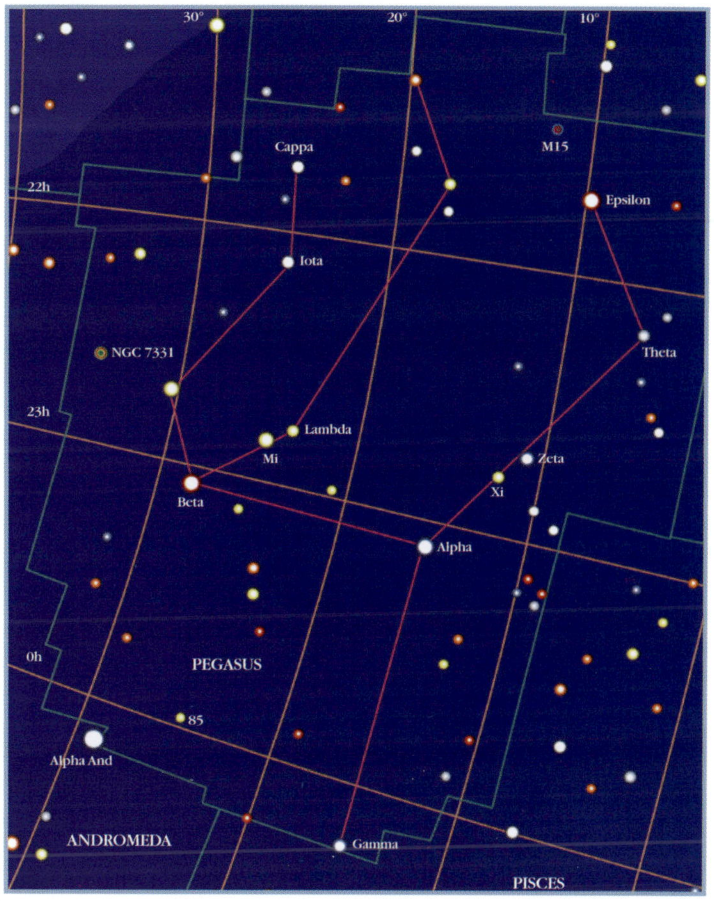

Perseus, Per *(Perseus)*

Perseus ist eine sagenumrankte Gestalt. Seine berühmteste Tat ist neben dem Sieg über Medusa die Befreiung der Andromeda.

Wie finden wir das Sternbild?

In der Verlängerung der Sterne Alpha, Beta und Gamma And gelangt man zu Alpha Persei, dem hellsten Stern im Perseus.

Die hellsten Sterne und Objekte

Alpha, auch Mirfak oder Algenib (1,8 mag), ist ein Riesenstern in etwa 600 Lichtjahren Entfernung. Beta oder Algol, »Teufel«, war der erste Stern, der als Bedeckungsveränderlicher erkannt wurde; seine Größe schwankt in weniger als drei Tagen zwischen 2,1 mag und 3,4 mag.
Eine der großen Attraktionen des Perseus ist der Doppelhaufen, der aus den beiden offenen Haufen h und chi Persei besteht. Schon ein Feldstecher zeigt zwei Gruppen mit sehr vielen Sternen. Es sind junge blaue Sterne in einer Entfernung von etwa 7400 Lichtjahren. Auch M 34 ist ein offener Haufen, während M 76 ein sehr schwacher planetarischer Nebel der Größe 12,5 ist. In der Nähe von Xi Persei liegt der California-Nebel NGC 1499, der wegen seiner Form so heißt.

Herbst - Winter | Östlich von Andromeda | Norden | Norden: +59°, Süden: +31° Westen: 4h 50', Osten: 1h 30'

Größe der Sterne 0 1 2 3 4 5 | Offene Haufen | Planetarische Nebel | Kugelhaufen | Nebel | Radiogalaxie | Galaxie | Grenze des Sternbilds | Breiten- und Längengrade

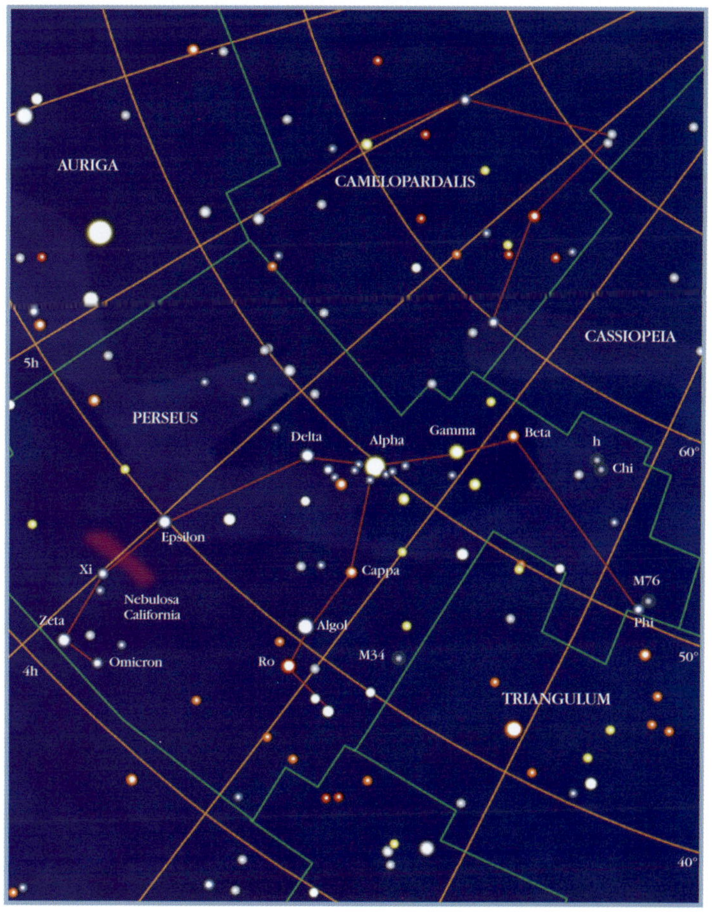

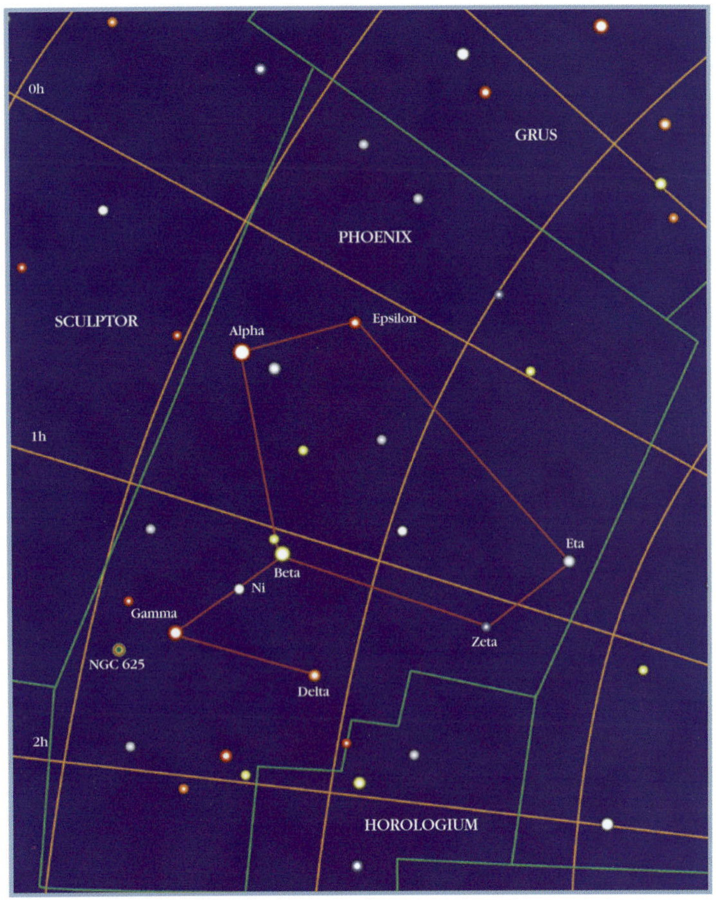

Phoenix, Phe *(Phönix)*

Der Phönix wurde von Keyser und Houtman erfunden und 1603 von Bayer beschrieben, beruht aber auf einer antiken Sage von einem Feuervogel, der immer neu aus seiner Asche aufersteht.

Wie finden wir das Sternbild?

Etwa 25° südlich von Deneb Kaitos, dem hellsten Stern im Walfisch, und etwas nach Westen verschoben liegt Alpha, der hellste Stern des Phönix.

Die hellsten Sterne und Objekte

Alpha, der hellste Stern, ist orangerot und 77 Lichtjahre von der Erde entfernt. Beta (3,5 mag) ist gelb und 198 Lichtjahre entfernt. Er ist ein Doppelstern mit Partnern der Größe 4,0 und 4,2. Zeta ist vielleicht der interessanteste Stern, denn er ist ein Mehrfachsystem, bei dem schon ein kleines Teleskop einen blauen Stern 4. Größe mit einem sehr nahen Begleiter der Größe 7,2 und etwa 6 oder 7° entfernt einen dritten 8. Größe zeigt. Der Hauptstern ist ein Bedeckungsveränderlicher. Insgesamt besteht Zeta aus vier Sternen, von denen drei im Fernrohr aufgelöst werden können.
NGC 625 ist eine Balkengalaxie 12. Größe.

nur südlich des 40. Breitengrades | Südlich vom Walfisch | Süden | Norden: -39°, Süden: -58° Westen: 2h 25', Osten: 23h 25'

Größe der Sterne 0 1 2 3 4 5 | Offene Haufen | Planetarische Nebel | Kugelhaufen | Nebel | Radiogalaxie | Galaxie | Grenze des Sternbilds | Breiten- und Längengrade

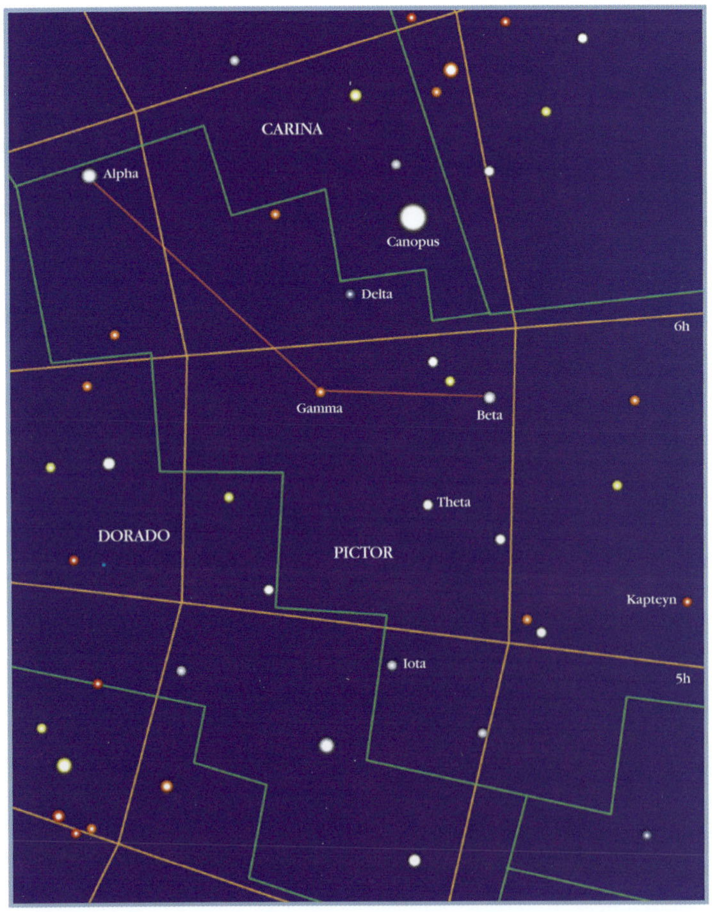

Pictor, Pic *(Maler)*

Wie viele der erst in der Renaissance eingeführten südlichen Sternbilder ist auch der Maler keine mythologische Gestalt. Das Sternbild wurde von de Lacaille eingeführt und zeigt auf Sternkarten oft auch eine Staffelei und eine Palette.

Wie finden wir das Sternbild?

Das Sternbild liegt nördlich vom Tafelberg und östlich vom Schwertfisch. Dort findet man es leicht neben dem hellen Stern Canopus im Schiffskiel.

Die hellsten Sterne und Objekte

Alpha (3,3 mag) ist weiß und 99 Lichtjahre von der Sonne entfernt. Beta (3,9 mag) ist ein rein weißer Stern in einer Entfernung von 63 Lichtjahren, bei dem ein Planetensystem vermutet wird. Im Maler gibt es auch einen Doppelstern, Iota (5,6 mag und 6,4 mag), mit einer Distanz von 12" und ein Dreifachsystem Theta mit zwei Komponenten (6,8 mag und 6,9 mag) in einer Distanz von 40". Der dritte Stern der Gruppe (7,2 mag) ist 0,9" vom Stern der Größe 6,9 mag entfernt. Kapteyns Stern (8,8 mag) ist mit 12,8 Lichtjahren einer der uns nächsten Sterne.
Im Maler gibt es keine bemerkenswerten Fernrohrobjekte, sondern nur sehr schwache Galaxien.

nur südlich des 30. Breitengrades | Östlich vom Schiffskiel | Süden | Norden: -43°, Süden: -66° Westen: 6h 50', Osten: 4h 35'

Größe der Sterne 0 1 2 3 4 5 | Offene Haufen | Planetarische Nebel | Kugelhaufen | Nebel | Radiogalaxie | Galaxie | Grenze des Sternbilds | Breiten- und Längengrade

Pisces, Psc *(Fische)*

Nach Hesiod retteten diese Fische Aphrodite und ihren Sohn Eros, als Gaia Typhon, das schrecklichste Ungeheuer, das die Erde je gesehen hat, zum Krieg gegen die Götter anstachelte.

Wie finden wir das Sternbild?

Das Sternbild liegt zwischen den Sternbildern Andromeda, Dreieck, Widder, Walfisch, Wassermann und Pegasus.

Die hellsten Sterne und Objekte

Der hellste Stern ist der gelbe Stern Eta (3,6 mag). Alpha, auch Al Rischa, »Schwanz«, ist ein schöner Doppelstern aus zwei Sternen 4,3 und 5,2 mag, die weniger als 2" Abstand haben. In historischen Atlanten liegt Alpha oft an der Stelle, wo das Band, das die Schwänze der beiden himmlischen Fische verbindet, verknotet ist. Zeta, der aus einem Sternpaar mit 5,6 und 6,5 mag in einer Distanz 23" besteht, ist leichter aufzulösen.
In den Fischen finden wir M 74, eine Galaxie aus dem Messier-Katalog, eine schöne Spiralgalaxie mit 9,5 mag, die fast von oben gesehen wird und ihre breiten Spiralarme zeigt. In einem kleinen Fernrohr zeigt sie sich als lichtschwacher Fleck, der sich kaum vom Hintergrund abhebt.

Herbst | Südöstlich von Pegasus | am Himmelsäquator | Norden: +34°, Süden: -6° Westen: 2h 05', Osten: 22h 50'

Größe der Sterne: 0 1 2 3 4 5 | Offene Haufen | Planetarische Nebel | Kugelhaufen | Nebel | Radiogalaxie | Galaxie | Grenze des Sternbilds | Breiten- und Längengrade

Piscis Austrinus, PsA

(Südlicher Fisch)

Die mit diesem Sternbild verknüpften Sagen sprechen von der Errettung der ägyptischen Göttin Isis durch einen Fisch oder der Errettung einer Göttin vor dem Ertrinken.

Wie finden wir das Sternbild?

Der Südliche Fisch liegt in der Verlängerung der westlichen Seite des Quadrats des Pegaus um etwa 45° nach Süden.

Die hellsten Sterne und Objekte

Der hellste Stern, Alpha, ist der weiße Fomalhaut, »Maul des Fisches« (1,2 mag) in einer Entfernung von 25 Lichtjahren. Der zweithellste ist der weißblaue Epsilon (4,2 mag). Eta ist ein Doppelstern mit Partnern der Größe 5,8 und 6,8 mag und einer Distanz von 1,7". Der Stern Lacaille 9352 hat 7,4 mag und ist ein weißer Zwerg mit einer Eigenbewegung von 7" pro Jahr; das ist der viertgrößte aller uns bekannten Fixsterne.
Es gibt hier keine hellen Objekte.

Sommer - Herbst | Südlich von Pegasus | Süden | Norden: -25°k, Süden: -36° Westen: 23h 05', Osten: 21h 30'

Größe der Sterne: 0 1 2 3 4 5 | Offene Haufen | Planetarische Nebel | Kugelhaufen | Nebel | Radiogalaxie | Galaxie | Grenze des Sternbilds | Breiten- und Längengrade

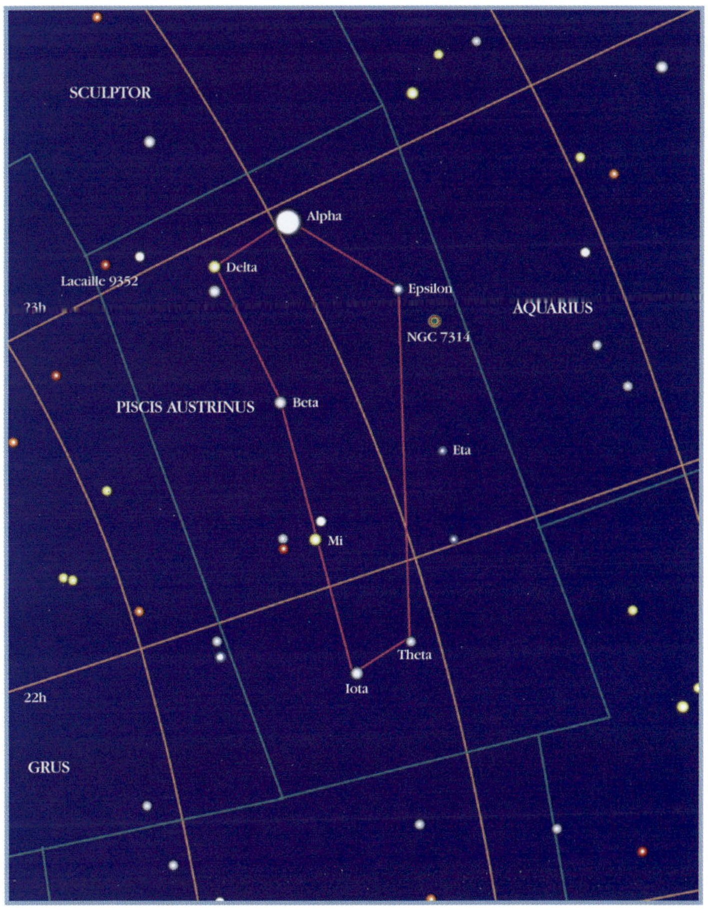

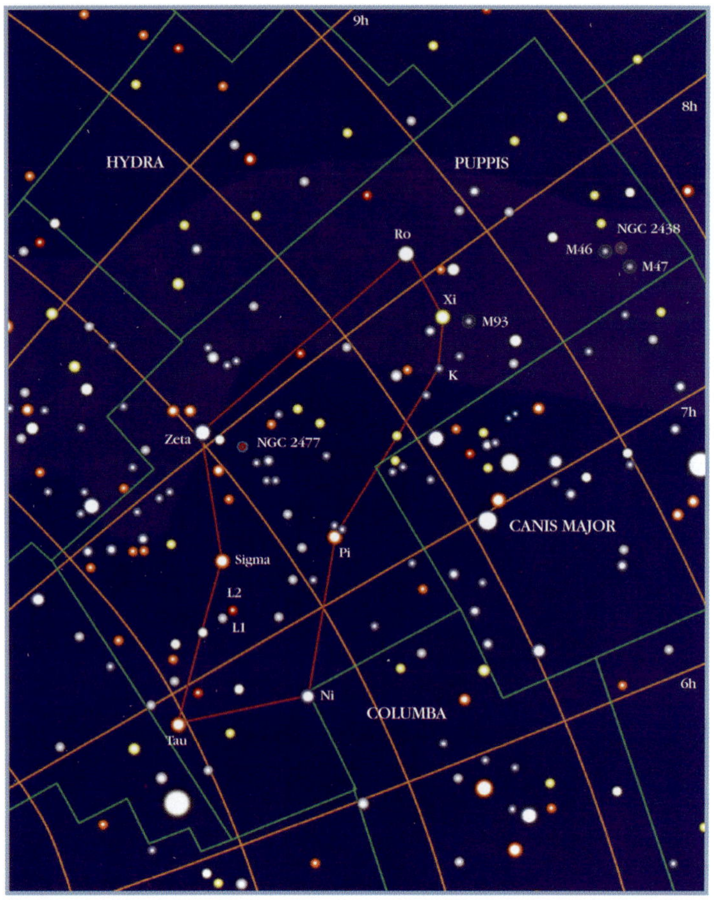

Puppis, Pup *(Achterdeck)*

Puppis gehörte früher zum Sternbild Argo, das de Lacaille aufteilte, und stellt den hinteren Teil des sagenhaften Schiffs dar, mit dem die Argonauten unter Leitung von Jason das Goldene Vlies eroberten.

Wie finden wir das Sternbild?

Die gedachte Gerade, die Sirius und Delta CMa verbindet, führt in südöstlicher Richtung zu Zeta Puppis, dem hellsten Stern des Sternbilds.

Die hellsten Sterne und Objekte

Der hellste Stern von Puppis ist Zeta (2,3 mag), mit 30 000 K ein besonders heißer Stern. Rho ist ein Veränderlicher vom Typ Delta Scuti: Seine Größe schwankt in nur 3 Stunden und 23 Minuten zwischen 2,7 und 2,9 mag.
Im Sternbild finden sich drei Objekte aus dem Messier-Katalog, M 16, M 47 und M 93, alles offene Haufen. Der Erste (8 mag) besteht aus einigen hundert Sternen. Nördlich von diesem Haufen ist der planetarische Nebel NGC 2438 mit 11. Größe. In der Nähe von M 46 ist M 47, der zwar heller ist, aber weniger reich, da er nur aus etwa 50 Sternen besteht. M 93 (7 mag) lässt sich mit einem Feldstecher etwa 10° südlich von M 47 finden. Von den anderen Haufen sei NGC 2477 erwähnt, der 7. Größe hat.

Winter	Südöstlich vom Großen Hund	Süden	Norden: -11°, Süden: -51° Westen: 8h 25', Osten: 6h 05'

Größe der Sterne			
0 1 2 3 4 5	Offene Haufen	Nebel	Grenze des Sternbilds
	Planetarische Nebel	Radiogalaxie	Breiten- und Längengrade
	Kugelhaufen	Galaxie	

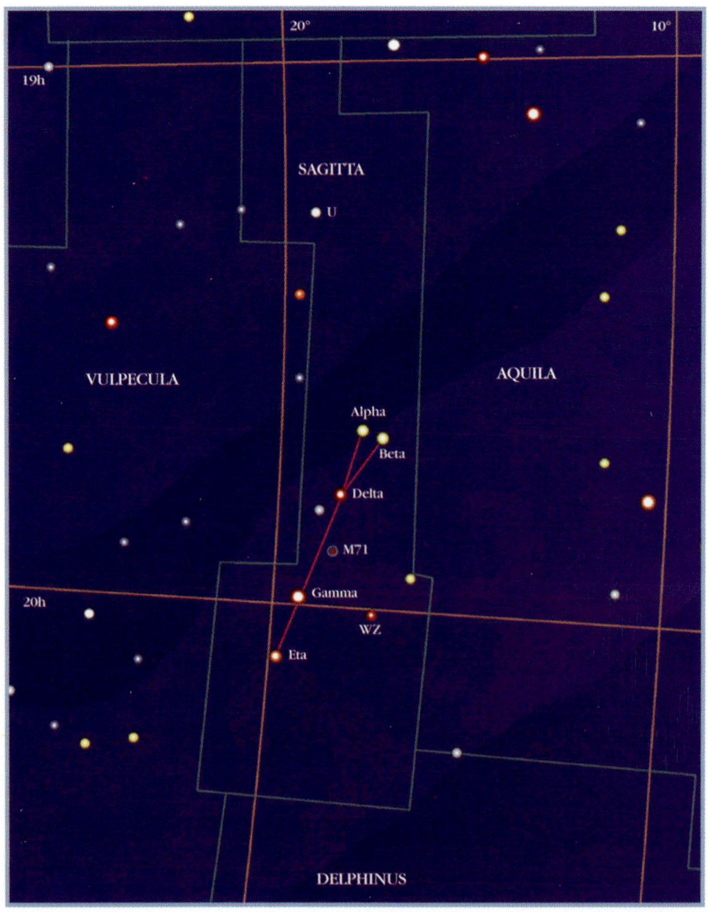

Sagitta, Sge *(Pfeil)*

Mit diesem altbekannten kleinen Sternbild sind viele Sagen verknüpft. So soll Herkules mit diesem Pfeil den Adler getroffen haben, der tagtäglich an der Leber des Prometheus nagte.

Wie finden wir das Sternbild?

Dieses Sternbild liegt zwischen dem Sommerdreieck, das die drei sehr hellen Sterne Deneb im Schwan, Wega in der Leier und Altair im Adler bilden.

Die hellsten Sterne und Objekte

Sowohl Alpha oder Sham als auch Beta haben die Größe 4,4 mag und dieselbe Entfernung (zwischen 600 und 700 Lichtjahren). Am hellsten ist der orangerote Gamma (3,5 mag) in 275 Lichtjahren Entfernung. Delta (3,8 mag) ist ein roter Riese, der seine Leuchtkraft ein wenig verändert. Besonders interessant ist der Bedeckungsveränderliche U Sge, dessen scheinbare Helligkeit in wenig mehr als drei Tagen und neun Stunden zwischen 6,5 mag und 9,3 mag schwankt.
Zu diesem Sternbild gehört auch das Messier-Objekt M 71, ein 14 500 Lichtjahre entfernter Kugelhaufen. Er sieht aus wie ein verschwommener leuchtender Fleck 8. Größe mit etwa einem Fünftel des Durchmessers des Vollmonds.

Sommer - Herbst	Im Sommerdreieck	Norden	Norden: +21,5°, Süden: +16° Westen: 20h 20', Osten: 18h 55'

Größe der Sterne			
0 1 2 3 4 5	Offene Haufen	Nebel	Grenze des Sternbilds
	Planetarische Nebel	Radiogalaxie	Breiten- und Längengrade
	Kugelhaufen	Galaxie	

Sagittarius, Sgr *(Schütze)*

Der Schütze dieses sehr alten Sternbilds wird als halb Mensch, halb Pferd dargestellt.

Wie finden wir das Sternbild?

Wir finden den Schützen zwischen den beiden Tierkreiszeichen Steinbock und Skorpion.

Die hellsten Sterne und Objekte

Alpha (4 mag) oder Al Rami ist der Bogenschütze. Beta hat zwei Komponenten der Größe 4 und 4,3 mag mit 15' Distanz. Auch Gamma ist ein scheinbarer Doppelstern mit den Komponenten Gamma 1 und Gamma 2; die Erste verändert ihre Helligkeit in wenig mehr als 7,5 Tagen von 4,3 mag auf 5,1 mag, die Zweite hat 3. Größe. Der als Kaus Australis oder südlicher Teil des Bogens bekannte weißblaue Epsilon (1,9 mag) ist der hellste Stern. Das Sternbild ist sehr reich an Fernrohrobjekten; es enthält allein 15 Messier-Objekte, nämlich die Gasnebel M 8, M 17, und M 20, die offenen Haufen M 18, M 21, M 23, M 24 und M 25 und die Kugelhaufen M 22, M 28, M 54, M 55, M 69, M 70 und M 75. Die Berühmtesten dieser Nebel sind unter dem Namen Lagunennebel, Orionnebel und Trifidnebel bekannt. M 22 liegt in der Nähe der Ekliptik und hat die 6. Größe.

Sommer | Zwischen Steinbock und Skorpion | Süden | Norden: -12°, Süden: -45° Westen: 20h 30', Osten: 17h 45'

Größe der Sterne 0 1 2 3 4 5 | Offene Haufen | Planetarische Nebel | Kugelhaufen | Nebel | Radiogalaxie | Galaxie | Grenze des Sternbilds | Breiten- und Längengrade

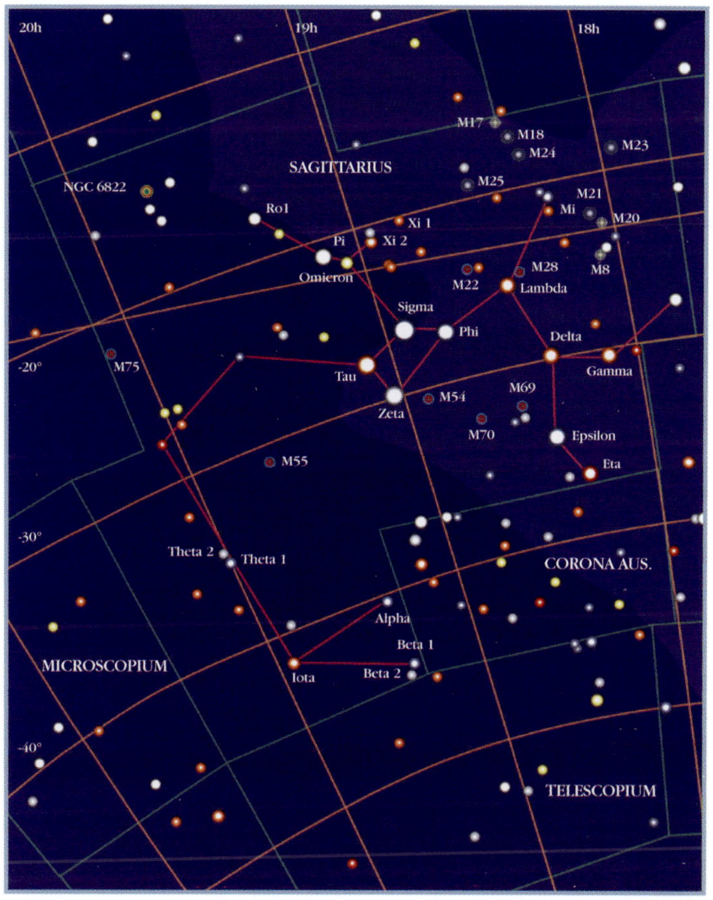

Scorpion, Sco *(Skorpion)*

Nach der Sage brachte der Skorpion dem hochmütigen Orion mit seinem Giftstachel den Tod.

Wie finden wir das Sternbild?

Der Skorpion gehört zu den Tierkreiszeichen und liegt zwischen Waage und Schütze.

Die hellsten Sterne und Objekte

Der hellste Stern, Alpha Scorpii, ist Antares, der Gegenspieler des Kriegsgottes Mars, der auf Griechisch Ares heißt. Wie auch der Planet verdankt auch Antares seinen Namen der Rotfärbung. Antares, das Herz des Skorpions, ist ein Doppelstern, der mit einem Teleskop von mindestens 8 cm Öffnung aufgelöst werden kann, und hat eine rote und eine blaue Komponente. Seine Größe schwankt zwischen 0,9 und 1,1 mag. Die beiden hellen Nachbarn von Antares sind Sigma (2,9 mag) im Westen und Tau (2,8 mag) im Südosten. Außerdem findet man Beta (2,6 mag) oder Akrav, Delta (2,3 mag) oder Dschubba und Pi (2,9 mag). M 4 ist einer der uns nächsten Kugelhaufen, aber nicht besonders spektakulär. M 6 und M 7 sind zwei offene Haufen, und M 7 ist sogar mit dem bloßen Auge zu sehen. M 80 ist ein anderer Kugelhaufen.

Frühling - Sommer | Zwischen Waage und Schütze | Süden | Norden: -8°, Süden: -45° Westen: 18h 00', Osten: 15h 45'

Größe der Sterne 0 1 2 3 4 5 | Offene Haufen | Planetarische Nebel | Kugelhaufen | Nebel | Radiogalaxie | Galaxie | Grenze des Sternbilds | Breiten- und Längengrade

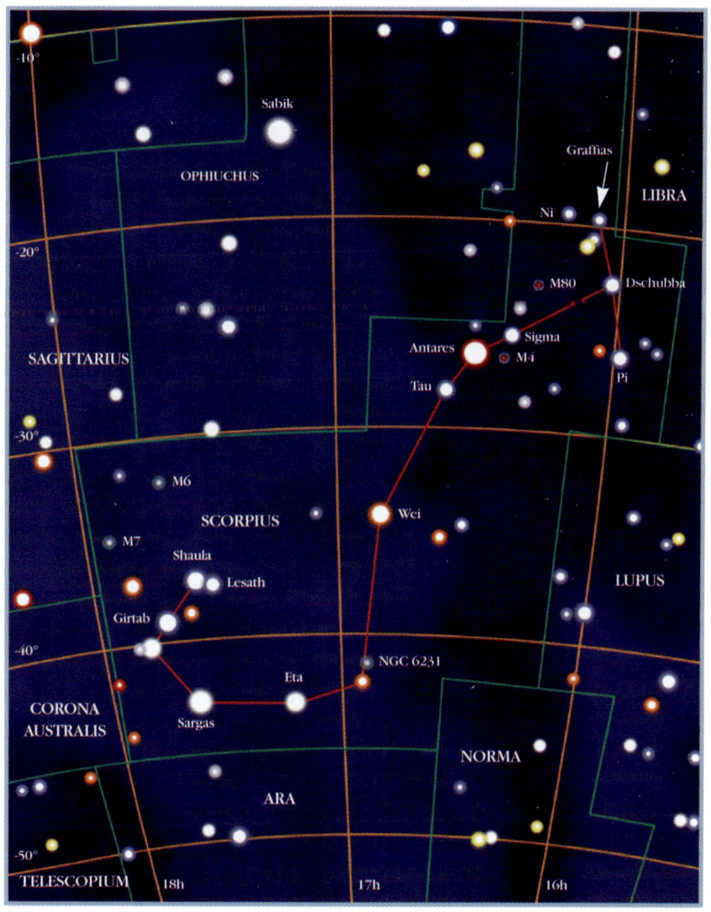

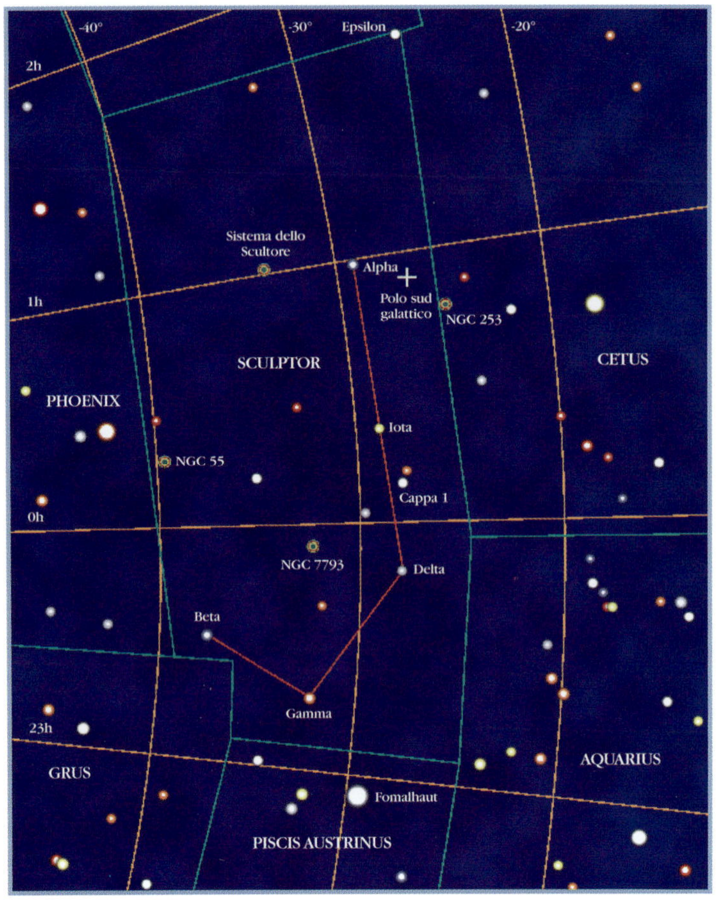

Sculptor, Scl *(Bildhauer)*

Diese Konstellation wurde erst im 18. Jahrhundert von de Lacaille eingeführt und hat keinerlei mythologische Bezüge. Sie hieß ursprünglich Bildhaueratelier.

Wie finden wir das Sternbild?

Ausgehend vom Quadrat des Pegasus gelangt man 40° südlich zum Bildhauer.

Die hellsten Sterne und Objekte

Der Hauptstern ist Alpha (4,5 mag). Er ist blau und hat eine Entfernung von etwa 400 Lichtjahren. Epsilon (5,4 mag) ist ein Doppelstern in etwa 100 Lichtjahren Entfernung: Seine Komponenten haben 5,4 und 8,6 mag. Auch Kappa 1 ist ein Doppelstern (6,1 mag und 6,2 mag). Beide lassen sich mit einem Teleskop mit 10 cm Öffnung auflösen.

Im Bildhauer gibt es in einer Entfernung von einigen zehn Millionen Lichtjahren einen Galaxienhaufen. NGC 253 ist eine besonders ferne Spiralgalaxie 7. Größe, die leuchtkräftigste des so genannten Sculptor-Systems, die sich uns von der Seite zeigt. Auch NGC 7793 gehört zum Sculptor-System, ist aber mit 9. Größe nicht sehr hell. NGC 55 dagegen hat ebenfalls 9. Größe; ist 8 Millionen Lichtjahre entfernt und gehört zur Lokalen Gruppe.

Herbst | Südlich von Pegasus und Wassermann | Süden | Norden: -25°, Süden: -39° Westen: 1h 45', Osten: 23h 05'

Größe der Sterne 0 1 2 3 4 5 | Offene Haufen | Planetarische Nebel | Kugelhaufen | Nebel | Radiogalaxie | Galaxie | Grenze des Sternbilds | Breiten- und Längengrade

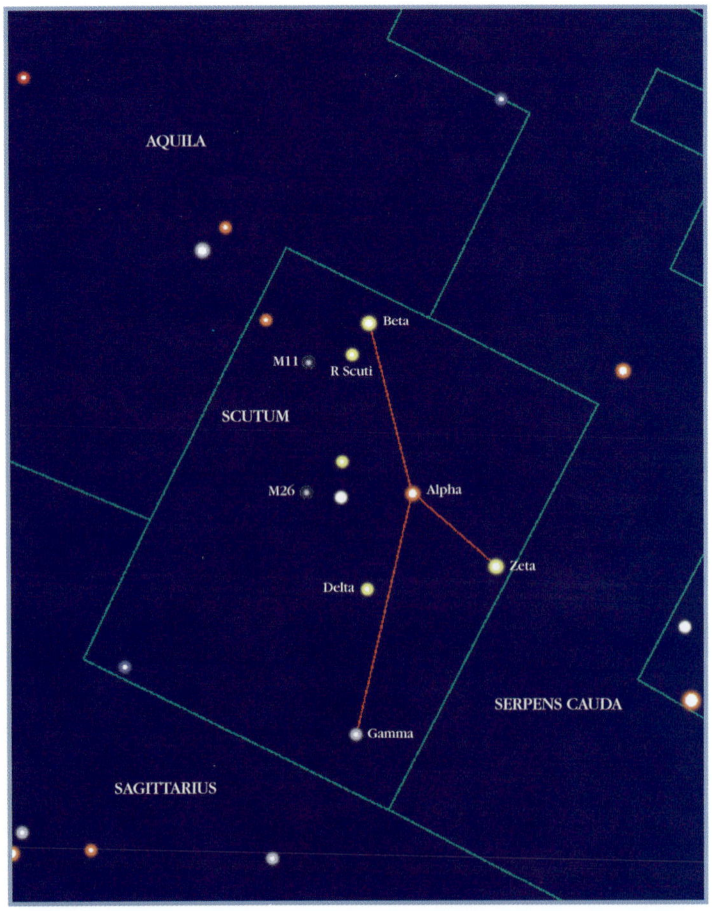

Scutum, Sct *(Schild)*

Dieses Sternbild hieß eigentlich Scutum Sobiescianum und wurde 1684 von Hevelius eingeführt, um den polnischen König Jan Sobieski III. zu ehren, der nach dem Feuer, das die Sternwarte des großen Astronomen zerstörte, den Wiederaufbau finanziell unterstützte. Zuvor gehörten diese Sterne zum Sternbild Adler.

Wie finden wir das Sternbild?

Das Schild ist am einfachsten zu finden, wenn man die Milchstraße vom Schwan aus nach Süden verfolgt: Die durch die Sterne Alpha und Beta Cyg bestimmte Richtung führt jenseits des Schützen zum Schild.

Die hellsten Sterne und Objekte

Der hellste Stern ist der orangegelbe Alpha (3,8 mag) in einer Entfernung von etwa 175 Lichtjahren. Delta ist der Prototyp eines veränderlichen Sterns, dessen Leuchtkraft in Zeiträumen von weniger als einem Tag schwankt. Delta Scu schwankt in vier Stunden zwischen 5 und 5,2 mag.

Zu den Fernrohrobjekten gehören M 11 und M 26, beides offene Haufen. Der Erste (6 mag), besteht aus einigen Dutzend Sternen. M 26 (9 mag) liegt in der Nähe von Delta und ist etwas kleiner und weniger leuchtkräftig. Beide sind etwa 5000 Lichtjahre von uns entfernt.

Sommer | Südlich vom Schwan | Süden | Norden: -4°, Süden: -16° Westen: 19h 00', Osten: 18h 20'

Größe der Sterne 0 1 2 3 4 5 | Offene Haufen | Planetarische Nebel | Kugelhaufen | Nebel | Radiogalaxie | Galaxie | Grenze des Sternbilds | Breiten- und Längengrade

Serpens, Ser *(Schlange)*

Diese Konstellation besteht aus zwei getrennten Teilen, dem nach Westen geneigten Kopf und dem Schwanz. Wenn der Schlangenträger als Äskulap gesehen wird, ist die Schlange das Sinnbild der Heilskraft.

Wie finden wir das Sternbild?

Der Kopf der Schlange liegt rechts vom Schlangenträger, der Rücken ist nach Norden gewandt und der Schwanz links.

Die hellsten Sterne und Objekte

Alpha (2,6 mag) im Kopf ist der hellste Stern und auch als Unulkalhai bekannt, was Hals der Schlange bedeutet; er ist ein orangeroter Riese. Beta (3,7 mag) ist weiß und ein Doppelstern mit einem Begleiter mit 9,9 mag in etwas mehr als 30" Distanz vom Hauptstern. Auch Delta (3,8 mag) ist ein Doppelstern. Dieser weiße Stern hat einen Begleiter in einer Distanz von nur 4". Die beiden Komponenten haben die Größe 4,2 und 5,2 mag. Im Sternbild Schlange gibt es mindestens zwei bemerkenswerte Objekte. Das Erste, M 5, ist ein Kugelhaufen 5,7 mag am Rand der Jungfrau, das zweite, besonders reizvolle ist M 16, ein offener Haufen mit hunderten junger Sterne, in der als Adlernebel bekannten Wasserstoffwolke.

Sommer - Herbst	Neben dem Schlangenträger	am Himmelsäquator	Norden: +26°, Süden: -16° Westen: 19h 00', Osten: 15h 10'
Größe der Sterne: 0 1 2 3 4 5	Offene Haufen; Planetarische Nebel; Kugelhaufen	Nebel; Radiogalaxie; Galaxie	Grenze des Sternbilds; Breiten- und Längengrade

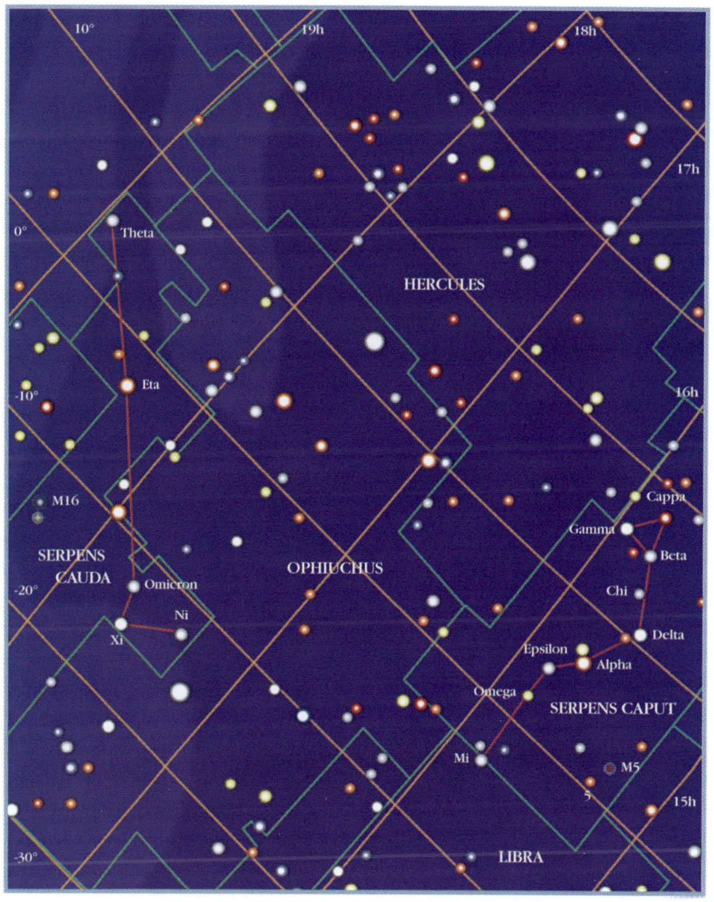

Taurus, Tau *(Stier)*

Um dieses Sternbild ranken sich viele Sagen. Nach einer Sage ist dies der strahlend weiße Stier, in den sich Zeus verwandelte, als er Europa verführen wollte.

Wie finden wir das Sternbild?

Am besten folgt man der Linie durch die drei Gürtelsterne des Orion nach Nordwesten und findet dann in einer Entfernung von 20° das von den Hyaden beschriebene Dreieck, das den Kopf des Stiers bildet.

Die hellsten Sterne und Objekte

Der hellste Stern, Aldebaran (1,0 mag), ist 65 Lichtjahre von uns entfernt und ein roter Überriese. Beta oder El Nath (1,7 mag) ist ein blauer Riese. Theta und Sigma sind Doppelsterne mit 3,4 und 3,8 mag (Theta) bzw. 3,7 und 5,1 mag (Sigma). Ein interessanter Veränderlicher ist T Tauri (9–13 mag), der Prototyp einer Klasse junger Sterne, die starke Sternwinde aussenden.
Die Plejaden (M 45) bilden den bekanntesten offenen Haufen; er besteht aus etwa 2000 Sternen in etwa 380 Lichtjahren Entfernung. Die Hyaden, ein älterer und näherer Haufen, erstrecken sich über einen Bereich von 5°. M 1, der Krebs oder Krabben-Nebel (8 mag) ist der Überrest der berühmten Supernova von 1054. Er enthält einen Pulsar.

Herbst - Winter	Nordwestlich von Orion	am Himmelsäquator	Norden: +31°, Süden: -1,5° Westen: 6h 00', Osten: 3h 25'
Größe der Sterne: 0 1 2 3 4 5	Offene Haufen; Planetarische Nebel; Kugelhaufen	Nebel; Radiogalaxie; Galaxie	Grenze des Sternbilds; Breiten- und Längengrade

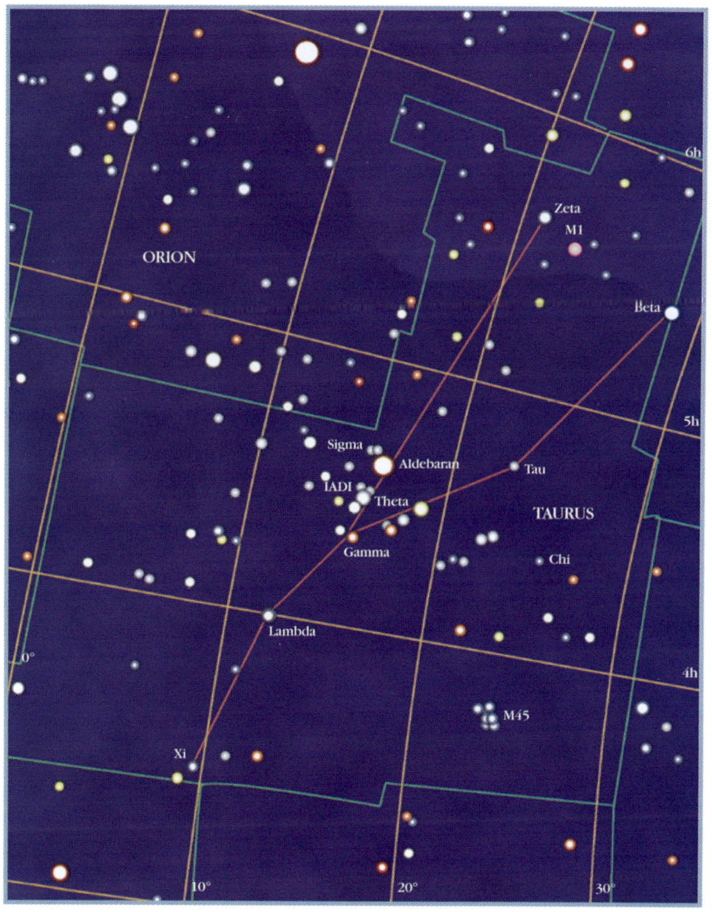

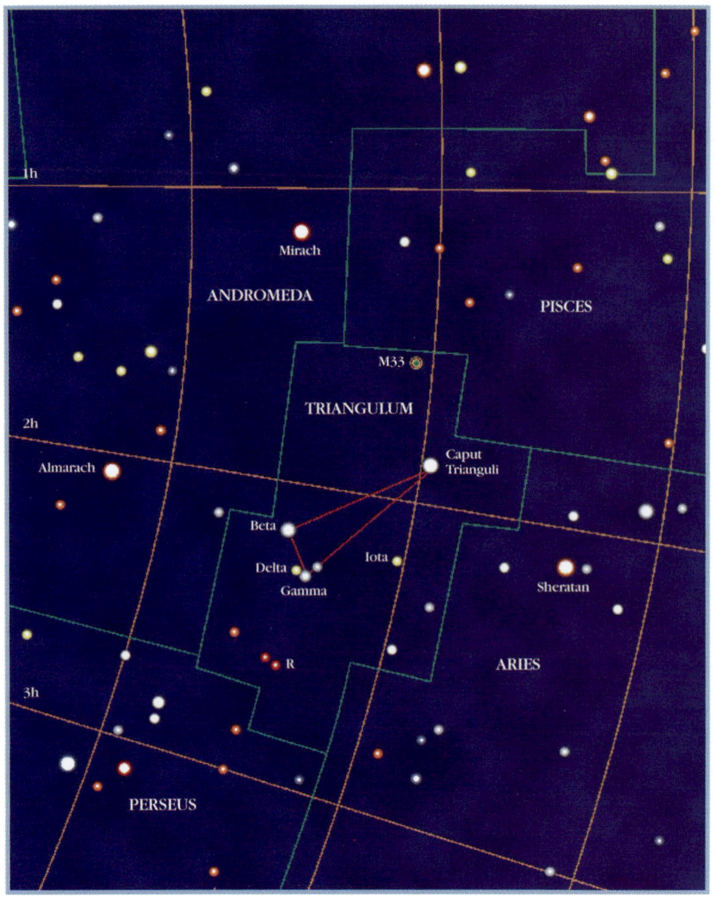

Triangulum, Tri *(Nördliches Dreieck)*

Das Dreieck ist ein altes Sternbild; griechische Dichter sahen darin das Nildelta oder auch die für Sizilien typische Form.

Wie finden wir das Sternbild?

Das Dreieck liegt einige Grade südlich von Gamma And und besteht aus lichtschwachen Sternen.

Die hellsten Sterne und Objekte

Alpha (4,3 mag) oder Caput Trianguli, also Scheitel des Dreiecks, ist ein weißer Stern. Der hellste Stern des Sternbilds ist jedoch Beta (3 mag), mit einem ähnlichen Spektrum wie Alpha. Gamma (4,0 mag) ist der dritte Eckpunkt des Dreiecks. Der Stern mit der Flamsteed-Nummer 6 ist ein Doppelstern, dessen Komponenten 5,3 und 6,9 mag und eine Distanz von etwa 4" haben. R Tri dagegen ist ein Mira-Veränderlicher, der in 266 Tagen zwischen 5,4 und 12,6 mag schwankt.
Das Dreieck enthält eine der größten Galaxien der Lokalen Gruppe, nämlich M 33, eine sehr große Spiralgalaxie, die wir fast von oben sehen. An einem sehr dunklen Himmel ist sie schon mit einem Fernglas als Lichtfleck 7. Größe zu erkennen. Sie ist etwa 2,5 Millionen Lichtjahre von uns entfernt.

Herbst | Südöstlich von Andromeda | Norden | Norden: +37,5°, Süden: +25,5° Westen: 2h 50', Osten: 1h 30'

Größe der Sterne 0 1 2 3 4 5 | Offene Haufen | Planetarische Nebel | Kugelhaufen | Nebel | Radiogalaxie | Galaxie | Grenze des Sternbilds | Breiten- und Längengrade

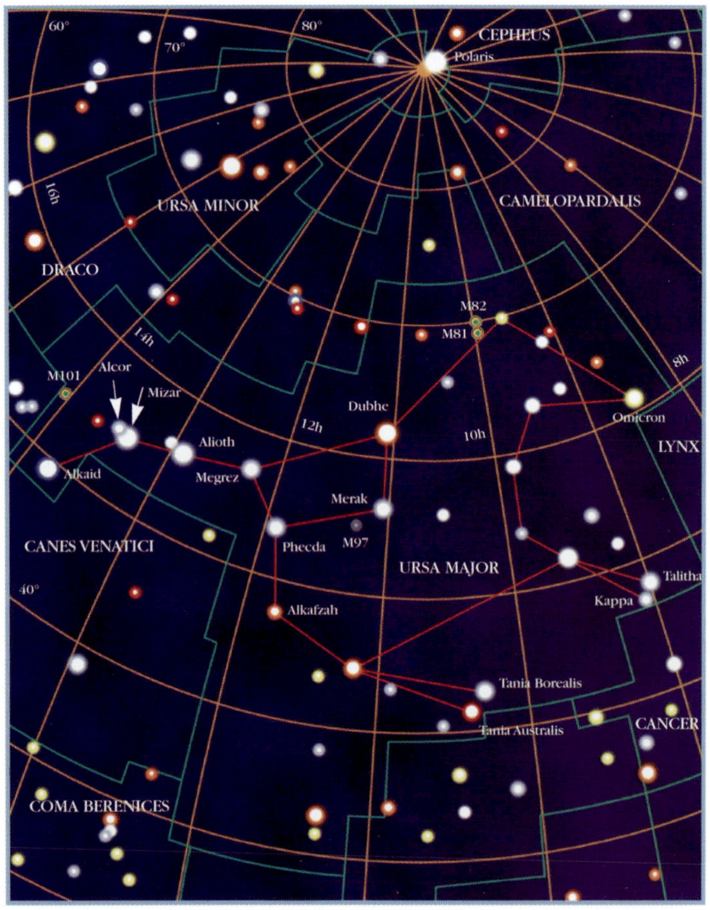

Ursa Major, UMa *(Großer Bär)*

Nach der Sage stellt der Große Bär die wunderschöne griechische Prinzessin Kallisto dar, die von der eifersüchtigen Hera in einen Bär verwandelt wurde.

Wie finden wir das Sternbild?

Der Große Bär ist leicht zu finden, wenn man von den sieben hellen Sternen des Großen Wagens ausgeht.

Die hellsten Sterne und Objekte

Alpha UMa oder Dubhe ist ein gelber Riese der Größe 1,8. Beta oder Merak ist ein weißer Stern der Größe 2,4. Dubhe und Merak werden Zeiger genannt, weil sie zum Nordpol weisen. Gamma, auch Phekda genannt, ist ein weißer Stern 2. Größe. Der Körper des Bären endet mit Delta oder Megrez, einem weißen Stern 3. Größe. Zeta UMa, Mizar, ist besonders interessant, denn er ist ein Doppelstern aus Mizar A (2,5 mag) und Mizar B (4,5 mag), der mit dem schwachen Stern 80 UMa oder Alcor (4 mag) ein Mehrfachsystem bildet.
Das Sternbild enthält 7, wenn auch schwache Objekte des Messier-Katalogs, nämlich die Galaxien M 40, M 81, M 82, M 101, M 108 und M 109, und den Nebel M 97. M 81 und M 82 bilden ein etwa 8 Millionen Lichtjahre entferntes leuchtkräftiges Paar.

ganzjährig | Im Norden | Norden | Norden: 73°, Süden: 28° Osten: 14h 30', Westen: 8h 05'

Größe der Sterne 0 1 2 3 4 5 | Offene Haufen | Planetarische Nebel | Kugelhaufen | Nebel | Radiogalaxie | Galaxie | Grenze des Sternbilds | Breiten- und Längengrade

Ursa Minor, UMi *(Kleiner Bär)*

Der Kleine Bär besteht aus wenigen und leuchtschwachen Sternen, ist aber eine sehr wichtige Konstellation, weil in ihm sehr nahe am Polarstern der nördliche Himmelspol liegt. Die Mythologie verknüpft die Sternbilder Kleiner und Großer Bär, denn der Kleine Bär stellt Arkade dar, die Tochter der Kallisto.

Wie finden wir das Sternbild?

Wegen der geringen Leuchtkraft seiner Sterne lässt sich dieses Sternbild nur an einem dunklen Himmel auffinden. Man findet es leicht vom Polarstern ausgehend, der auf der Verbindungslinie von Alpha und Beta UMa liegt.

Die hellsten Sterne und Objekte

Der Polarstern, Alpha UMi, hat 2,1 mag. Er befindet sich in einer Entfernung von etwa 1° vom nördlichen Himmelspol und hat einen schwachen Begleiter 10. Größe.
Der Polarstern ist besonders interessant, weil er ein Veränderlicher vom Typ der Cepheiden ist, oder besser, war, denn seine Pulsationen sind seit einigen Jahren praktisch nicht mehr bemerkbar.
Gamma oder Pherkad (3 mag) schwankt in wenigen Stunden ohne erkennbare Regelmäßigkeit um etwa 0,1 Größenklassen.
Das Sternbild enthält keine interessanten nicht-stellaren Objekte.

ganzjährig | Im Norden | Norden | Norden: +90°, Süden: +65,5° Westen: zirkumpolar, Osten: zirkumpolar

Größe der Sterne: 0 1 2 3 4 5 — Offene Haufen — Planetarische Nebel — Kugelhaufen — Nebel — Radiogalaxie — Galaxie — Grenze des Sternbilds — Breiten- und Längengrade

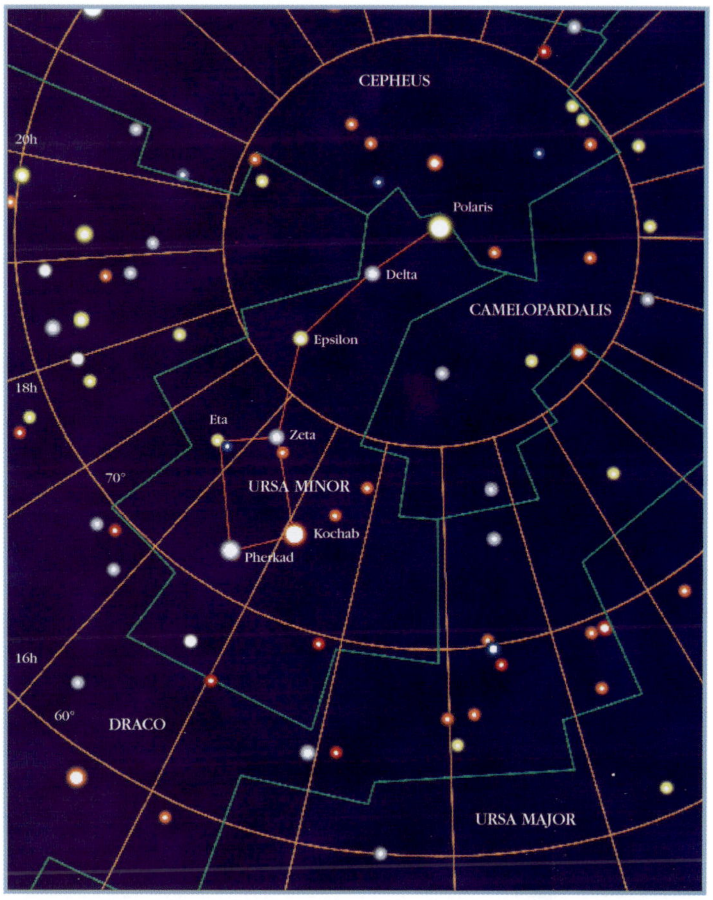

Vela, Vel *(Segel)*

Mit den Sternbildern Schiffskiel, Hinterdeck und Kompass stellt das Segel das sagenhafte Schiff Argo dar.

Wie finden wir das Sternbild?

Das Sternbild Segel liegt in der Nähe der Sternbilder, zu denen es früher gehörte, westlich vom Centaur.

Die hellsten Sterne und Objekte

Es fehlen die Sterne Alpha und Beta. Der hellste und interessanteste Stern ist Gamma, dessen Komponenten der Größe 1,8 und 4,3 schon mit einem Fernglas unterscheidbar sind. Vela enthält den besonderen Sterntyp der Wolf-Rayet-Sterne, junger Sterne, die viel Gas aussenden. Andere Doppelsterne sind Delta mit Komponenten der Größe 2,1 und 5,1 mag und Psi (4,1 mag und 4,6 mag).
Das interessanteste Fernrohrobjekt ist der große, aber schwache Gum-Nebel, dessen dünne Gasschleier von der Explosion einer Supernova vor etwa 10 Jahrtausenden stammen könnten. Diese Vermutung wird bestätigt durch den Pulsar in seinem Inneren, der sich in jeder Sekunde elfmal um seine Achse dreht. Vela enthält auch mehrere offene Haufen, darunter NGC 2547.

südlich des 40. Breitengrades | Westlich von Centaur | Süden | Norden: -37°, Süden: -57° Westen: 11h 05', Osten: 8h 05'

Größe der Sterne: 0 1 2 3 4 5 — Offene Haufen — Planetarische Nebel — Kugelhaufen — Nebel — Radiogalaxie — Galaxie — Grenze des Sternbilds — Breiten- und Längengrade

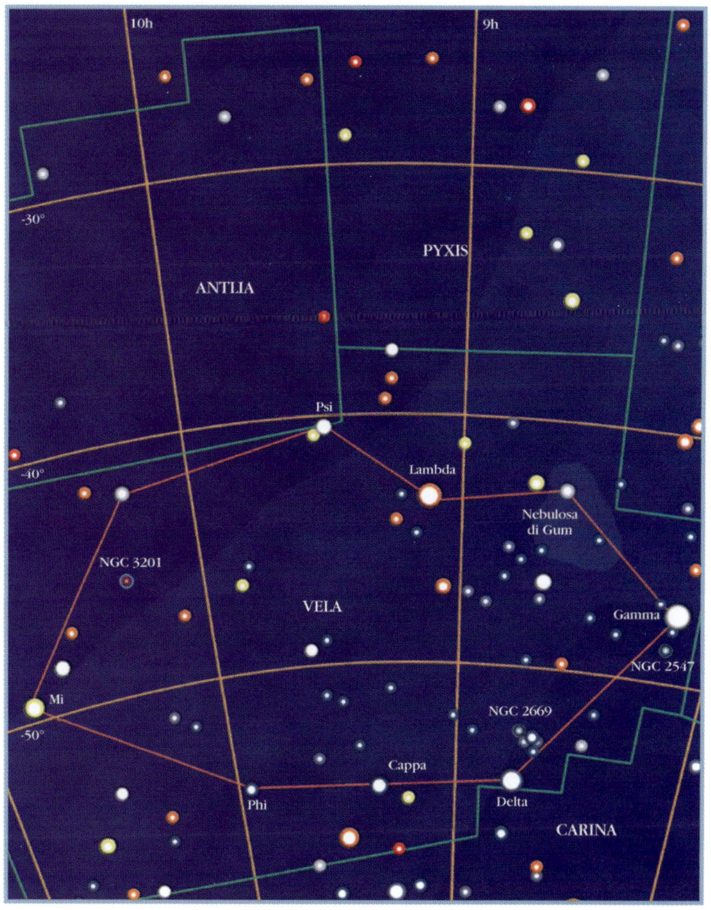

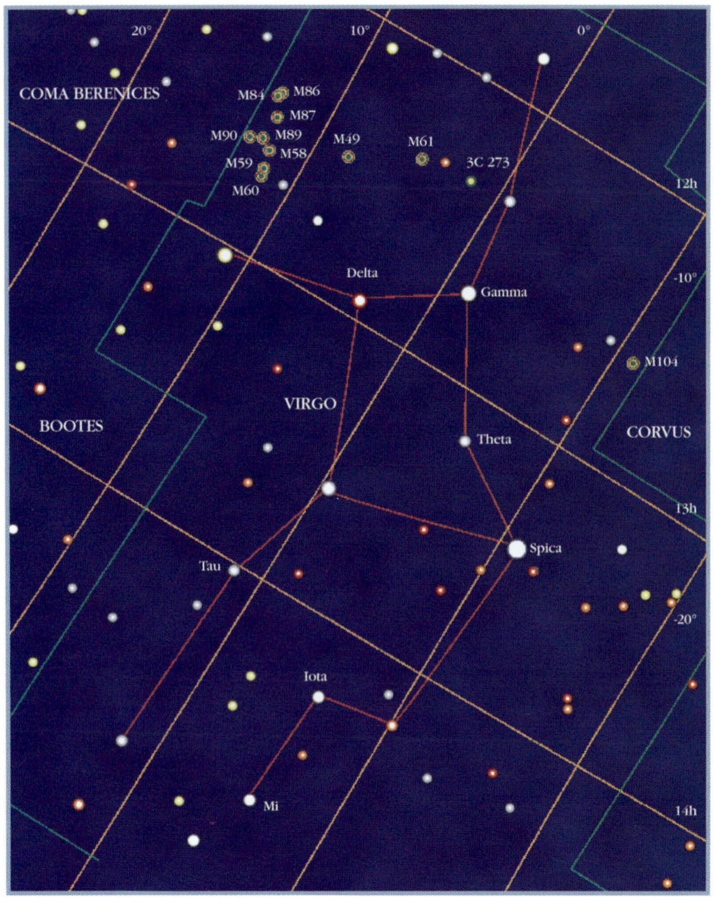

Virgo, Vir *(Jungfrau)*

Nach einer alten Überlieferung stellt die Jungfrau Ceres dar, die römische Göttin der Fruchtbarkeit, die in ihrer Hand eine Kornähre hält.

Wie finden wir das Sternbild?

Virgo liegt südöstlich vom Löwen.

Die hellsten Sterne und Objekte

Alpha oder Spica (0,9 mag), Ähre, ist ein weißer Doppelstern. Die beiden Komponenten sind Bedeckungsveränderliche und lassen die Leuchtkraft in etwa 4 Tagen um 0,1 Größenklassen schwanken. Auch Gamma oder Porrima (2,9 mag) ist ein sehr enger Doppelstern.
Virgo enthält einen Haufen mit einigen tausend Galaxien in 45 bis 80 Millionen Lichtjahren Entfernung und zahlreiche Objekte des Messier-Katalogs: M 49, M 58, M 59, M 60, M 61, M 84, M 86, M 87, M 90 und M 104. Diese Galaxien haben Größen zwischen 9 und 11 mag. M 87 ist eine riesige elliptische Galaxie, die die Gruppe beherrscht, und eine starke Radio- und Röntgenquelle. M 104 dagegen ist die wegen ihrer Form berühmte Sombrero-Galaxie. 3C 273 ist mit einer Größe von 12,8 der hellste Quasar des Himmels.

Frühling | Südöstlich vom Löwen | am Himmelsäquator | Norden: +14°, Süden: -22,5° Westen: 15h 10', Osten: 11h 40'

Größe der Sterne: 0 1 2 3 4 5 | Offene Haufen | Planetarische Nebel | Kugelhaufen | Nebel | Radiogalaxie | Galaxie | Grenze des Sternbilds | Breiten- und Längengrade

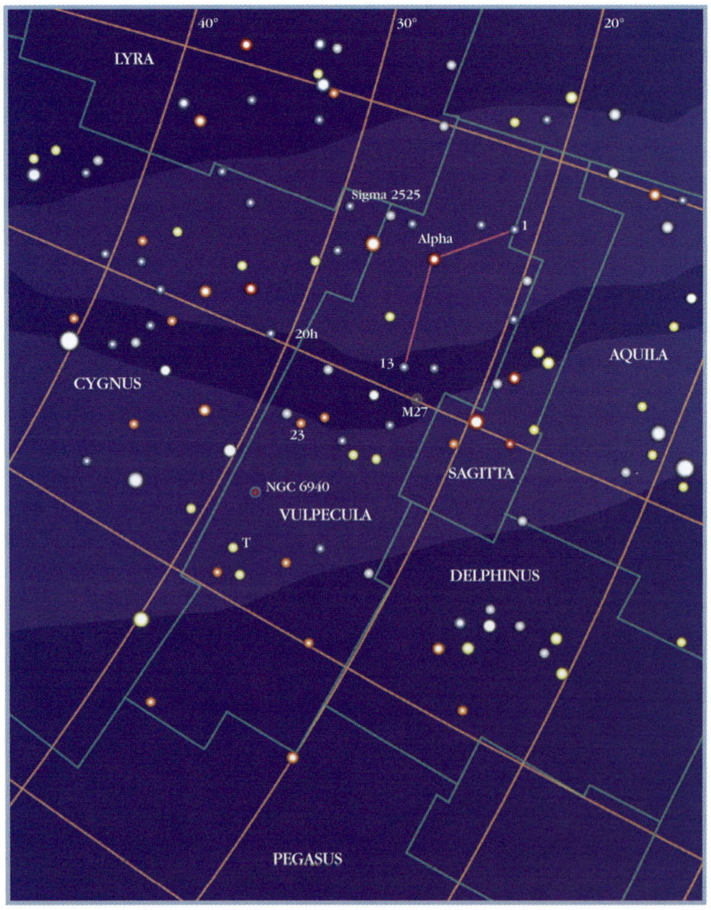

Vulpecula, Vul *(Fuchs oder Füchslein)*

Das Füchslein wurde Ende des 17. Jahrhunderts von Hevelius eingeführt.

Wie finden wir das Sternbild?

Das Füchslein ist in der Nähe der beiden Sommersternbilder Schwan und Adler. Seine schwachen Sterne liegen im Sommerdreieck nördlich von Pfeil und Delphin.

Die hellsten Sterne und Objekte

Der hellste Stern ist Alpha (4,4 mag) oder Anser, was auf Deutsch Gans heißt. Hevelius sah in diesem Sternbild einen Fuchs mit einer Gans im Maul. Alpha ist ein Doppelstern mit einem Begleiter 6. Größe in weniger als 14" Distanz. Der zweithellste Stern ist der orangerote 23 Vul (4,5 mag) in einer Entfernung von 290 Lichtjahren. 13 Vul hat 4,6 mag und ist weißblau. T Vul ist ein veränderlicher Stern, der in wenig mehr als vier Tagen zwischen 5,2 und 6,4 mag schwankt.
Das auffallendste Objekt ist der planetarische Nebel M 27, der Hantelnebel. Er hat 8. Größe und eine scheinbare Ausdehnung von 8' x 4'. Unter den anderen interessanten Objekten ist der offene Haufen NGC 6940 der 6. Größe mit etwa hundert Sternen.

Sommer - Herbst | Im Sommerdreieck | Norden | Norden: +29°, Süden: +19° Westen: 21h 30', Osten: 18h 55'

Größe der Sterne: 0 1 2 3 4 5 | Offene Haufen | Planetarische Nebel | Kugelhaufen | Nebel | Radiogalaxie | Galaxie | Grenze des Sternbilds | Breiten- und Längengrade

Glossar

Aphel Der sonnenfernste Punkt auf der Umlaufbahn eines Planeten oder Kometen.

Asteroid Kleiner Körper, der die Sonne umläuft und im Allgemeinen unregelmäßig geformt und steinig ist. Die Umlaufbahnen der meisten Asteroiden liegen in einem Gürtel zwischen den Bahnen der Planeten Mars und Jupiter.

Astronomische Einheit, AE Eine besonders im Sonnensystem gebräuchliche astronomische Entfernungseinheit, die definiert ist als mittlere Entfernung von Erde und Sonne. Eine AE entspricht etwa 149 600 000 km.

Brauner Zwerg Ein Körper sehr kleiner Masse und geringer Leuchtkraft zwischen Planet und normalem Stern.

Deklination Eine gebräuchliche astronomische Koordinate, die zusammen mit der Rektaszension die Position eines Objekts an der Himmelssphäre angibt. Sie entspricht der auf der Erde gebräuchlichen geografischen Breite.

Dopplereffekt Schwankungen der Frequenz eines Wellenphänomens – beispielsweise des Lichts –, wenn sich Quelle und Beobachter relativ zueinander bewegen.

Eigenbewegung Die als Winkel gemessene scheinbare Bewegung eines Sterns im Laufe eines Jahres am Himmel. Die Eigenbewegung ist immer klein und wird in Bogensekunden gemessen.

Eklipse *siehe* Sonnenfinsternis

Ekliptik Bahnebene der Erde bei ihrem Umlauf um die Sonne. Auf die Himmelskugel projiziert ist sie die scheinbare Bahn der Sonne durch den Tierkreis.

Elongation Der Winkelabstand zwischen einem Planeten (im Allgemeinen Merkur oder Venus) und der Sonne.

Ephemeriden Die Gesamtheit der astronomischen Koordinaten der Positionen von Sonne, Mond und Planeten und anderer für ihre Beobachtung nützlicher Daten. Sie werden alljährlich veröffentlicht.

Galaxie Eine von der Schwerkraft zusammengehaltene Ansammlung von Millionen bis Milliarden Sternen. Auch die Sonne und das Sonnensystem gehören zu einer Galaxie, dem so genannten Milchstraßensystem oder auch Galaxis.

Galaxienhaufen Gesamtheit von hunderten oder tausenden von Galaxien, die durch ihre Schwerkraft wechselseitig aneinander gebunden sind.

Größe Leuchtkraft eines Sterns oder Himmelskörpers.

Herbig-Haro-Objekte Sehr junge, hinter Gas und Staub verborgene Sterne, von denen Materieströme ausgehen, die einen Druck auf das interstellare Medium ausüben.

Himmelsäquator Ein gedachter Kreis auf der Himmelskugel, der sich ergibt, wenn der Erdäquator an den Himmel projiziert wird.

Himmelskoordinaten Ein Paar numerischer Größen (Rektaszension und Deklination), die die Position eines Körpers an der Himmelskugel angeben.

Himmelssphäre Eine gedachte Kugel mit der Erde im Mittelpunkt, auf der man sich die Himmelskörper unabhängig von ihrer Entfernung verteilt denkt.

Interplanetare Sonde Ein Raumfahrzeug, das in den Raum gesandt wurde, um die Körper des Sonnensystems zu erforschen.

Julianischer Tag. Ein Ende des 16. Jahrhunderts eingeführtes astronomisches System der Zeitmessung, das die Tage zählt, die seit dem 1. Januar 4713 v.Chr. vergangen sind. Am Mittag des 1. Januar 2000 begann der 2 451 545. Tag der Julianischen Zeitrechnung. Im Gegensatz zum Sonnentag beginnt der Julianische Tag nicht um Mitternacht, sondern mittags.

Kernsynthese Die Bildung chemischer Elemente in Sternen durch Kernreaktionen, die sich im Inneren des Sterns abspielen. Die Kernsynthese wurde auch für die Frühzeit des Universums nachgewiesen.

Kometen Kleinere Körper des Sonnensystems mit einem Kern aus Gestein und Eis, der nur wenige Kilometer Durchmesser hat, einer Koma und einem Schweif, der heller und auffällig wird, wenn sich der Komet auf seiner lang gezogenen elliptischen Bahn der Sonne nähert.

Konjunktion Situation, bei der zwei Himmelskörper an der Himmelssphäre eng benachbart zu sein scheinen. Man spricht insbesondere bei Planeten in Bezug auf ihre Stellung zur Sonne von Konjunktion.

Konstellation *siehe* Sternbild

Kosmologie Zweig der Astrophysik, der sich mit dem Universum in seiner Gesamtheit befasst und dessen Ursprung, die tatsächliche Gestalt und seine Entwicklung beschreibt.

Lichtjahr Eine in der Astronomie gebräuchliche Entfernungseinheit. Sie entspricht der Entfernung, die Licht in einem Jahr im Vakuum durchläuft. Ein Lichtjahr hat etwa zehntausend Milliarden (genau 9,4607 x 1012) km.

Lokaler Meridian Der Himmelsmeridian, der außer durch den nördlichen und südlichen Himmelspol durch den Zenit geht.

M Abkürzung für Messier-Zahl, die den Objekten des von Charles Messier Ende des 18. Jahrhunderts zusammengestellten Katalogs vorgestellt wird.

Meteore Leuchterscheinungen, wenn kleine Steinbrocken, oft von Kometen, in die Erdatmosphäre gelangen und dort durch die Reibung eine Leuchtspur erzeugen. Sie werden auch Sternschnuppen genannt.

Meteorit Kleiner Körper des Sonnensystems, der von der Schwerkraft eines Planeten angezogen wird und auf ihn fällt. Er kann durch die Reibung mit der Atmosphäre völlig verglühen oder aufprallen und einen Krater erzeugen.

Meteoroid Meteorit, der wegen seines Bahnverlaufs zur Erde gezogen wird.

Milchstraße Der alte Name für unsere Galaxie, die Galaxis oder das Milchstraßensystem. Der hellste Teil, die galaktische Scheibe, gleicht am Nachthimmel einem verschwommenen schwachen Lichtband, das sich quer über den Himmel zieht.

Nebel Ein Gebilde im Inneren einer Galaxie, das aus dünnem Gas und gelegentlich auch Staub besteht.

Neutronenstern Ein Stern in der Endphase seiner Entwicklung, der nur aus Neutronen besteht.

NGC Akürzung für den Ende des 19. Jahrhunderts zusammengestellten New General Catalogue.

Nova Stern, der unerwartet seine bisherige Leuchtkraft bis zu 100 000-mal übertrifft.

Nutation Periodische Schwankungen der Rotationsachse der Erde, die sich der Präzession überlagern.

Opposition Situation, bei der zwei Himmelskörper auf entgegengesetzten Seiten der Sonne zu stehen scheinen. Insbesondere bei Planeten bezogen auf die Sonne gebräuchlich.

Parallaxe Der Winkelabstand, um den ein Himmelskörper gegenüber entfernteren Objekten verschoben wird, wenn er von verschiedenen Enden der großen Halbachse der Erdbahn aus gesehen wird.

Parsec Eine in der Astronomie gebräuchliche Entfernungseinheit. Ein Parsec ist die Entfernung, aus der ein Stern eine Parallaxe von einer Bogensekunde haben würde. Sie entspricht 3,26 Lichtjahren.

Perihel Der Punkt auf der Bahn eines Planeten, an dem der Planet die geringste Entfernung von der Sonne hat. Im allgemeinen Fall, in dem der Stern nicht die Sonne ist, nennt man diesen Punkt das Periastron.

Photon Das »Quantum« des Lichts, also das Elementarteilchen der elektromagnetischen Strahlungsenergie.

Planet Kalter Himmelskörper, der einen Stern umläuft. Das Sonnensystem besteht aus neun Planeten, zu denen auch die Erde gehört.

Planetarischer Nebel Eine Gas- und Staubwolke, wie sie manche Sterne im Lauf ihrer Entwicklung abstoßen.

Präzession Eine extrem langsame Bewegung der Rotationsachse der Erde, die durch die gemeinsame Gravitationsanziehung von Sonne und Mond bewirkt wird. Die Achse beschreibt im Lauf der Jahrhunderte einen Kegel.

Pulsar Abkürzung für Pulsating Radio Source. Ein Neutronenstern, der sich rasch um die eigene Achse dreht und dabei ein Bündel von Radiowellen aussendet, die wir, falls sie in unsere Richtung laufen, auf der Erde empfangen können.

Quasar Abkürzung für Quasi Stellar Radio Source. Ein Quasar ist ein sternähnliches Objekt, das noch in gewaltigen Entfernungen, sogar Milliarden Lichtjahren, sichtbar ist. Man meint, dass die Quasare besonders helle Kerne extrem weit entfernter Galaxien sind.

Rektaszension Eine gebräuchliche astronomische Koordinate, die zusammen mit der Deklination die Position eines Objekts an der Himmelssphäre angibt. Sie entspricht der auf der Erde gebräuchlichen geographischen Länge.

Rotation Drehung eines Körpers mit feststehender Rotationsachse um sich selbst.

Rotverschiebung Die Verschiebung der Wellenlänge, die, als Dopplereffekt gedeutet, zeigt, dass das Licht von Sternen oder Galaxien kommt, die sich von uns entfernen. In den seltenen Fällen, in denen sich uns ein Himmelskörper nähert, ist das Licht blauverschoben.

Satellit Himmelskörper, der einen anderen Körper, der kein Stern ist, umläuft. Man nennt die natürlichen Satelliten der Planeten auch Monde; die die Erde umlaufenden Sonden sind künstliche Satelliten.

Schwarzes Loch Ein Stern, der am Ende seines Lebenszyklus unter seinem eigenen Gewicht zusammengefallen ist. Der Name bezieht sich auf die Tatsache, dass die Schwerkraft eines solchen Sterns so stark ist, dass ihm nicht einmal Licht entkommen kann und er deshalb schwarz erscheint.

Sonnenfinsternis Eine Himmelserscheinung, bei der sich ein Körper zwischen den Beobachter und einen anderen Körper schiebt und die Sicht behindert. Besonders wichtig sind Sonnenfinsternisse, bei denen der Mond die Sonne unserer Sicht verbirgt. Es kommt zu Mondfinsternissen, wenn unser Mond in den von der Erde in den Raum geworfenen Schattenkegel eintaucht und verdunkelt wird. Sonnen- und Mondfinsternisse treten dann ein, wenn Sonne, Erde und Mond auf einer Geraden sind.

Sonnenwende Solstitium Die Zeitpunkte, zu denen die Sonne auf ihrer Bahn in der Ekliptik die größte Entfernung vom Himmelsäquator hat. Die Sommersonnenwende fällt auf den 21. Juni, die Wintersonnenwende auf den 22. Dezember.

Spektrum Die Gesamtheit der elektromagnetischen Wellen. Dazu gehören Radio- und Infrarotstrahlung, das sichtbare Licht, Ultraviolett-, Röntgen- und Gammastrahlung.

Stern Gasförmiger Himmelskörper, der aufgrund von Kernreaktionen in seinem Inneren Energie erzeugt.

Sternbild Gesamtheit der Sterne, die am Himmel aus perspektivischen Gründen benachbart zu sein scheinen. Die klassischen Sternbilder werden als Tiere, mythologische Gestalten und Gebrauchsgegenstände gesehen. Die Sternbilder unterscheiden sich je nach der Kultur und der historischen Periode. Die Himmelskugel ist nach Konvention in 88 Sternbilder eingeteilt.

Sternhaufen Gesamtheit von Sternen gleicher Entfernung und gleichen Alters, die durch die Schwerkraft zusammengehalten werden. Man unterscheidet die offenen oder galaktischen Haufen und die Kugelhaufen.

Supernova Stern, der an einer instabilen Phase seines Lebenslaufs angekommen ist und in einer Explosion zerstört wird. Er ist dann sehr leuchtkräftig und auch aus großen Entfernungen sichtbar.

Tag- und Nachtgleiche Äquinoktien Die beiden Zeitpunkte, zu denen die Sonne auf ihrer scheinbaren Bahn in der Ekliptik den Himmelsäquator schneidet. Die Äquinoktien fallen auf den 20. oder 21. März und den 22. oder 23. September.

Teleskop Ein in der Astronomie zur Himmelsbeobachtung verwendetes Instrument. Das von dem beobachteten Himmelskörper ausgehende Licht wird mittels einer Linse (Refraktor) oder einem Spiegel (Reflektor) gesammelt.

Umlaufbahn Die Bahn, auf der ein Himmelskörper aufgrund seiner Eigenbewegung läuft. Auch bei künstlichen Satelliten und Raumsonden gebräuchlich.

Urknall Gewaltige Explosion, die vermutlich den Beginn des Universums bedeutete und sich vor etwa 15 Milliarden Jahren ereignete.

Weißer Zwerg Ein Stern mit kleiner Masse am Ende seines Lebens. Sein Kern ist außerordentlich dicht.

Weltzeit (Universal Time UT) Die Standardzeit, auf die sich astronomische Beobachter beziehen. Sie stimmt mit der Mittleren Greenwich-Zeit GMT überein.

Widderpunkt Frühlingspunkt Einer der beiden Punkte auf der Himmelskugel, in denen der Himmelsäquator die Ekliptik schneidet; auch Ort der Sonne am Frühlingsäquinoktium.

Zenit Der Punkt der Himmelssphäre genau über dem Kopf des Beobachters.

Register

Fett gedruckte Ziffern beziehen sich auf die Seiten, in denen das Stichwort ausführlich behandelt ist. Die Seitenzahlen zugehöriger Abbildungen sind *kursiv* gedruckt.